大学物理学习导引与检测

主　编　杨　华

副主编　李　霞　宋冬灵　马原飞　陈文博　苗劲松

科 学 出 版 社

北　京

内 容 简 介

本书是根据教育部高等学校大学物理课程教学指导委员会编制的《理工科类大学物理课程教学基本要求》和军队院校大学物理教学的相关要求，结合多年的教学实践经验编写而成的. 全书共分为六篇16章，每章由基本要求、学习导引、思维导图、内容提要、典型例题和单元检测六部分组成. 本书能够帮助读者深化对大学物理基本知识的理解，提高分析问题和解决问题的能力.

本书可作为理工科类学生学习大学物理课程的辅助教材，也可供高等学校从事物理教学的老师参考.

图书在版编目（CIP）数据

大学物理学习导引与检测 / 杨华主编. —北京：科学出版社，2024.3

ISBN 978-7-03-077615-0

Ⅰ. ①大… Ⅱ. ①杨… Ⅲ. ①物理学－高等学校－教学参考资料 Ⅳ. ①O4

中国国家版本馆CIP数据核字(2024)第015754号

责任编辑：罗 吉 赵 颖 / 责任校对：杨聪敏

责任印制：师艳茹 / 封面设计：无极书装

科学出版社 出版

北京东黄城根北街16号

邮政编码：100717

http://www.sciencep.com

北京九州迅驰传媒文化有限公司印刷

科学出版社发行 各地新华书店经销

*

2024年3月第 一 版 开本：787×1092 1/16

2024年3月第一次印刷 印张：23 3/4

字数：563 000

定价：79.00元

（如有印装质量问题，我社负责调换）

前言

大学物理课程是高等学校理工科类学生必修的一门通识性公共基础课程，该课程所传授的基本理论和方法是科学素养的重要组成部分，是一个科技工作者所必备的基础. 然而，在大学物理课程的学习过程中，部分同学效率偏低，存在一定的学习障碍. 为了有效解决这一问题，我们根据教育部高等学校大学物理课程教学指导委员会编制的《理工科类大学物理课程教学基本要求》和军队院校大学物理教学的相关要求，结合多年的教学实践经验，编写了本书. 本书旨在深入讲解物理概念，系统梳理知识结构，精选典型习题. 通过梳理和练习不仅能够检验学生对基本概念和基本理论的理解和掌握程度，还有助于拓展和深化其对物理规律的理解和应用，增强分析问题和解决问题的能力，培养学生的探索精神和求知欲.

本书共分为六篇 16 章，每章由基本要求、学习导引、思维导图、内容提要、典型例题和单元检测六部分组成.

基本要求 将《理工科类大学物理课程教学基本要求》和军队院校大学物理教学相关要求具体化，提出了明确的学习要求.

学习导引 根据每章内容的逻辑关系，从学习思路、重难点内容和解题思路等方面给出了学习建议，引导学生从整体上把握本章内容的知识结构、所渗透的物理思想和方法，以及如何更高效地学习.

思维导图 采用思维导图的形式将本章的基本内容以及基本概念和基本规律之间的逻辑关系呈现出来，旨在帮助学生快速系统地把握知识脉络，从“知识关联”的角度掌握知识体系.

内容提要 简明确切地阐述了每章的基本概念和基本规律，剖析了重难点问题，方便学生快速掌握各知识点的主要内容.

典型例题 由思考题、计算题和进阶题组成. 思考题或针对每章中不易理解、容易混淆的概念和原理进行辨析，或针对某种物理现象、现实应用剖析其物理原理，加深学生对基本概念和原理的理解；计算题是依据知识点精选的例题，每一题都给出了解题思路和延伸思考，帮助学生理清解题步骤、领悟解题方法、检验学习效果；进阶题选编了部分综合性、延伸性的例题，每道题都给出了至少两种详尽的解法，可以帮助学生开拓思路、训练解题能力、提高综合素质.

单元检测 包含基础检测和巩固提高两部分内容. 基础检测部分针对基本概念和基本原理而编写，每道题都标明了相对应的知识点，供学生预习或课后检测使用；巩固提高部分精选了典型习题，旨在帮助学生进一步提升对概念的理解和运用能力，可供学生自我练习和检测.

我们选编了两套综合测试题供不同阶段的模拟测试参考并放在附录的二维码中，同时，将每章的思维导图详细版、基础检测和巩固提高部分的答案放入了二维码中，扫码后可获取对应内容. 此外，本书的附录还给出了常用物理基本常量表以便查阅.

本书的作者都是长期工作在教学一线的教师. 杨华编写了基本要求、学习导引，修订了第一篇的内容；李霞编写了思维导图、单元检测，修订了附录部分及第二篇的内容；陈文博编写了内容提要，修订了第三篇的内容；苗劲松编写了思考题，修订了第四篇的内容；宋冬灵编写了计算题，修订了附录部分及第五篇的内容；马原飞编写了进阶题，修订了第六篇的内容. 杨华承担了本书的组织、规划和统筹工作，李霞、宋冬灵承担了大量的组织、编辑和协调工作.

在本书的编写过程中，信息工程大学基础部给予了大力支持，信息工程大学基础部物理教研室的老师们提出了很多宝贵的意见和建议，编者在编写的过程中也参考了很多现有的大学物理教材、教学辅导书和网络资源等，在此向所有给予帮助的人们表示感谢！

由于编者的水平有限，书中的不足之处在所难免，恳请读者不吝指正.

编　者

2023 年 8 月

目录

第一篇　力学

第二篇　热学

第三篇 电磁学

第四篇 振动与波动

第五篇 波动光学

第六篇 近代物理基础

第一篇　力学

第 1 章　质点运动学

1.1　基 本 要 求

(1) 理解质点、参考系、位置矢量、位移、速度、加速度等概念，能用适当的坐标系研究质点的运动及其规律.

(2) 理解质点运动的矢量性、瞬时性和相对性，掌握运动的叠加原理.

(3) 理解圆周运动的角速度、角加速度、切向加速度、法向加速度等概念，理解角量与线量之间的关系.

(4) 掌握应用矢量、微积分等数学工具解决质点运动学两类问题的基本方法.

(5) 理解运动的相对性、伽利略变换及绝对时空观，掌握质点相对运动问题的计算方法.

1.2　学 习 导 引

(1) 本章主要学习质点运动学，包含描述质点运动的物理量及其在直角坐标系和自然坐标系中的形式、质点运动学的两类问题、圆周运动和曲线运动等内容.

(2) 通过对应教材中绪论的学习，对于物理学以及物理学家怎样试图描述物理世界的机制有一个更好的、更有趣的、更具真实代表性的较为全面的认识，了解大学物理的学习内容和学习方法，了解数学与物理的内在联系、物理与专业的内在联系等.

(3) 为了描述质点的运动而引入了位置、位移、速度和加速度等物理量及其在直角坐标系和自然坐标系中的形式. 通过高等数学工具建立了从位置矢量依次求导得到速度和加速度，从加速度依次积分得到速度和位置矢量的一般关系，这就是运动学的两类问题，由此可以讨论一般的变加速运动的规律. 因此，大学物理比中学物理更着重于描述质点运动的一般规律，由此得出的结论也更具有普遍性.

(4) 位矢、位移、速度、加速度等矢量的计算问题，即运动学的两类问题的求解，需要反复用到矢量运算和微积分知识，这是学习物理学的困难之一. 学习中注重复习矢量的加减、点乘、叉乘和微积分知识，为后续内容提供数学支撑.

(5) 质点曲线运动在自然坐标系下的描述是本章内容的难点之一，学习中要注意自然坐标系建立的条件、方法，以及如何利用自然坐标系描述质点曲线运动的速度和加速度等.

(6) 圆周运动作为一般曲线运动的特例具有重要意义. 为了描述圆周运动而引入了角坐标、角位移、角速度和角加速度的概念，学习中注意对角速度、角加速度的矢量性的理解，重点掌握圆周运动中角量与线量间的关系.

(7) 通过实例学习位矢、速度、加速度等的相对性，理解伽利略变换. 明确一个动点，两个参考系，能够弄清楚哪个是绝对量，哪个是相对量；理解伽利略变换是在绝对时空观下得到的，为后续的相对论学习做准备.

1.3 思维导图

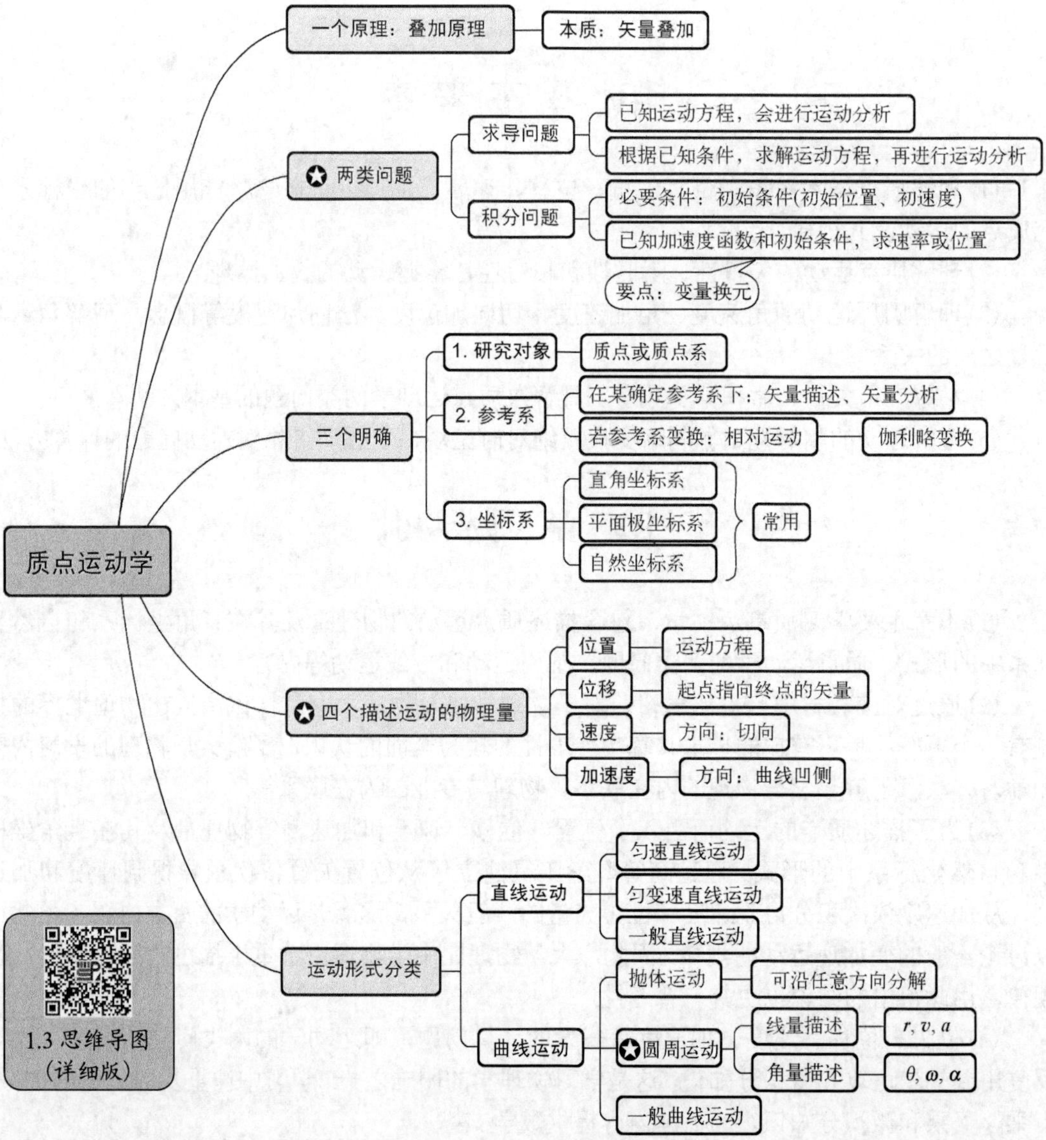

1.4 内容提要

1. 参考系

用以确定物体位置所参考的物体或物体群称为参考物. 与参考物固连的三维空间称为参

考空间. 因物体位置变动总是伴随着时间的变化，因此考察运动还必须有计时装置，即钟. 参考空间和与之固连的钟的组合称为参考系. 但习惯上，常把参考物简称为参考系. 参考系的选择不同，物体运动的形式和描述运动的物理量的数值也会不同.

2. 运动物理量的矢量描述

定量描述质点运动的物理量有四个：位置矢量$\boldsymbol{r}$、位移矢量$\Delta\boldsymbol{r}$、速度矢量$\boldsymbol{v}$和加速度矢量$\boldsymbol{a}$. 这些物理量具有矢量性、瞬时性、叠加性、相对性，它们之间满足如下关系(图1.1).

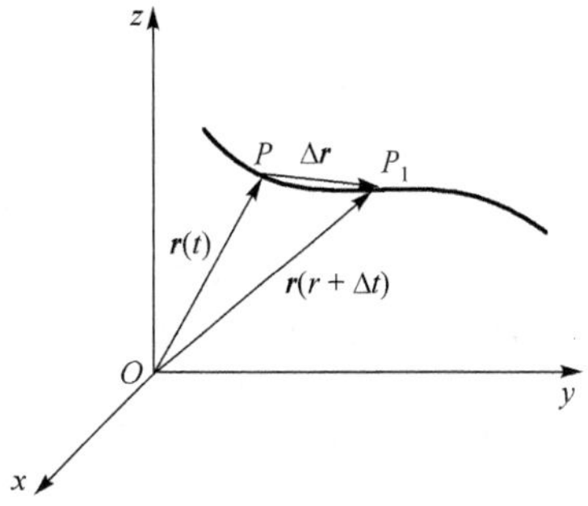

图1.1　质点的位矢和位移

位矢与位移：$\Delta\boldsymbol{r}=\boldsymbol{r}(t+\Delta t)-\boldsymbol{r}(t)$.

位移与速度：$\overline{\boldsymbol{v}}=\dfrac{\Delta\boldsymbol{r}}{\Delta t}$，$\boldsymbol{v}=\lim\limits_{\Delta t\to 0}\dfrac{\Delta\boldsymbol{r}}{\Delta t}$.

微分关系：$\boldsymbol{v}=\dfrac{\mathrm{d}\boldsymbol{r}}{\mathrm{d}t}$，$\boldsymbol{a}=\dfrac{\mathrm{d}\boldsymbol{v}}{\mathrm{d}t}=\dfrac{\mathrm{d}^2\boldsymbol{r}}{\mathrm{d}t^2}$.

积分关系：$\boldsymbol{v}=\int_{t_0}^{t}\boldsymbol{a}\mathrm{d}t+\boldsymbol{v}_0$，$\boldsymbol{r}=\int_{t_0}^{t}\boldsymbol{v}\mathrm{d}t+\boldsymbol{r}_0$.

3. 运动物理量的坐标描述

固定在参考空间的一组坐标轴和用来规定一组坐标的方法就是坐标系. 为了定量描述质点的运动，可在参考系上建立坐标系. 常用的坐标系有直角坐标系(即笛卡儿坐标系)、平面极坐标系、球坐标系、柱坐标系等.

(1) 直角坐标描述.

位置矢量：$\boldsymbol{r}=x\boldsymbol{i}+y\boldsymbol{j}+z\boldsymbol{k}$.

运动方程：$\boldsymbol{r}(t)=x(t)\boldsymbol{i}+y(t)\boldsymbol{j}+z(t)\boldsymbol{k}$.

分量式：$x=x(t),\ y=y(t),\ x=z(t)$.

轨迹方程：分量式消去时间t即得轨迹方程.

速度矢量：$\boldsymbol{v}=v_x\boldsymbol{i}+v_y\boldsymbol{j}+v_z\boldsymbol{k}$.

分量式：$v_x=\dfrac{\mathrm{d}x}{\mathrm{d}t},\ v_y=\dfrac{\mathrm{d}y}{\mathrm{d}t},\ v_z=\dfrac{\mathrm{d}z}{\mathrm{d}t}$.

速率：$v=|\boldsymbol{v}|=\sqrt{v_x^2+v_y^2+v_z^2}$.

加速度矢量：$\boldsymbol{a}=a_x\boldsymbol{i}+a_y\boldsymbol{j}+a_z\boldsymbol{k}$.

分量式：$a_x=\dfrac{\mathrm{d}v_x}{\mathrm{d}t},\ a_y=\dfrac{\mathrm{d}v_y}{\mathrm{d}t},\ a_z=\dfrac{\mathrm{d}v_z}{\mathrm{d}t}$.

(2) 自然坐标系描述.

自然坐标系：沿质点运动的轨迹建立一条曲线坐标轴，在轴上选定一点作为坐标原点O，t时刻质点的位置到原点O的轨迹长度用s表示，并规定在原点的一边s为正，另一边s为负. 显然，s能唯一确定质点的位置.

运动方程：$s=s(t)$.

速度：$\boldsymbol{v}=\dfrac{\mathrm{d}s}{\mathrm{d}t}\boldsymbol{e}_{\mathrm{t}}$，速率：$v=\left|\dfrac{\mathrm{d}s}{\mathrm{d}t}\right|$.

加速度：$\boldsymbol{a}=\boldsymbol{a}_{\mathrm{t}}+\boldsymbol{a}_{\mathrm{n}}=a_{\mathrm{t}}\boldsymbol{e}_{\mathrm{t}}+a_{\mathrm{n}}\boldsymbol{e}_{\mathrm{n}}=\dfrac{\mathrm{d}v}{\mathrm{d}t}\boldsymbol{e}_{\mathrm{t}}+\dfrac{v^2}{\rho}\boldsymbol{e}_{\mathrm{n}}$.

其中，切向加速度 $\boldsymbol{a}_{\mathrm{t}}$ 反映速度大小的变化率；法向加速度 $\boldsymbol{a}_{\mathrm{n}}$ 反映速度方向的变化率，ρ 是曲率半径；加速度 $\boldsymbol{a}$ 的大小 $a=\sqrt{a_{\mathrm{t}}^2+a_{\mathrm{n}}^2}$，方向总是指向曲线的凹侧. 当加速度 $\boldsymbol{a}$ 与速度 $\boldsymbol{v}$ 成锐角时，速率增大；成钝角时，速率减小；垂直时，速率不变.

(3) 圆周运动的角量描述.

运动方程：$\theta=\theta(t)$.

角速度：$\omega=\dfrac{\mathrm{d}\theta}{\mathrm{d}t}$.

角加速度：$\alpha=\dfrac{\mathrm{d}\omega}{\mathrm{d}t}=\dfrac{\mathrm{d}^2\theta}{\mathrm{d}t^2}$.

角加速度与角速度同向时，质点角速度增大；角加速度与角速度反向时，质点角速度减小.

线量描述与角量描述的关系：$s(t)=R\theta(t)$，$v=R\omega$，$a_{\mathrm{t}}=R\alpha$，$a_{\mathrm{n}}=R\omega^2=\dfrac{v^2}{R}$.

4. 相对运动

同一物体的运动，在不同的参考系看来并不相同. 通常，把相对观察者静止的参考系称为固定参考系或静止参考系 S，把物体相对于 S 系的运动称为绝对运动(相应的有绝对速度 $\boldsymbol{v}_{AS}$ 和绝对加速度)；把相对观察者运动的参考系称为运动参考系 S'，把物体相对于 S' 系的运动称为相对运动(相应的有相对速度 $\boldsymbol{v}_{AS'}$ 和相对加速度)；把运动参考系 S' 相对静止参考系 S 的运动称为牵连运动(相应的有牵连速度 $\boldsymbol{v}_{S'S}$ 和牵连加速度).

伽利略速度变换式：$\boldsymbol{v}_{AS}=\boldsymbol{v}_{AS'}+\boldsymbol{v}_{S'S}$，即绝对速度等于相对速度和牵连速度的矢量和. 该式可利用“下标传递法”方便记忆.

1.5 典型例题

1.5.1 思考题

思考题 1 有人说足球很小可视为质点，地球很大不能视为质点，请问这种说法正确吗？

简答 这种说法不正确. 在所研究的问题中，如果物体的形状和大小可以忽略，而把物体看成一个有一定质量的几何点，这就是质点. 质点理想模型的提出，体现了物理学在研究问题时忽略次要因素抓主要问题或问题的主要方面的思想. 物体能否当作质点处理是有条件的、相对的，要根据研究的具体问题来决定，而不是根据物体的绝对大小来决定. 同一物体在一个问题里可以看成质点，而在另外一个问题里就不能看成质点. 比如，当研究运动员在足球场踢足球、足球在空中移动时，足球可以看成质点；当研究足球的自转时，足球就不能看成质点. 同样，地球很大，当研究地球的自转时，地球不能看成质点；当研究地球在太阳系中的运动时，地球就可以看成质点了.

思考题 2 请问描述物体的运动时为何要选择参考系？

简答 运动是绝对的，但是对运动的描述是相对的. 比如对于司机，坐在车上的乘客说其静止，坐在地面上的人说其运动，这就是运动描述的相对性. 车上乘客以车为参考系，司机没有在车上移动，其相对于车是静止的，地面上的人以地面为参考系，司机和车一起相对于地面运动. 参考系的选取就是为了准确描述这种相对运动，参考系选取的不同，对同一运动过程的描述就不同.

思考题 3 请问位移与位矢有何区别和联系？

简答 这两个物理量都是矢量，位矢是位置矢量的简称，是从参考点指向质点所在位置的有向线段，该矢量和参考点的选择密切相关；位移是位移矢量的简称，是质点运动过程中由初位置指向末位置的有向线段，是位置矢量的增量，即末态的位置矢量与初态的位置矢量之差.

思考题 4 请问位移和路程有何区别和联系？

简答 位移是初位置指向末位置的有向线段，是一个矢量，有确定的方向，它的大小反映的是空间两个点之间的直线距离；而路程则是运动轨迹的长度，是一个标量，表示的是物体运动过程中所经过的实际轨迹，比如物体做圆周运动两周，路程为两个圆周长，而位移为零. 只有当物体的运动路径刻画的是空间两个位置之间的最短距离时，位移和路程在数值上才相等，比如方向不变的直线运动，位移的大小就等于路程.

思考题 5 请问平均速度与平均速率、瞬时速度与瞬时速率有何关系？

简答 平均速度等于位移除以时间，平均速率等于路程除以时间，前者是矢量，后者是标量，速率与具体的路径有关，而速度与具体的路径无关，一般情况下，位移的大小不等于路程，因此，平均速度的大小也就不等于平均速率. 瞬时速度是矢量，其数学表达式是 $\frac{\mathrm{d}\boldsymbol{r}}{\mathrm{d}t}$，是位置矢量对时间的导数；瞬时速率是标量，其数学表达式是 $\frac{\mathrm{d}s}{\mathrm{d}t}$，是路程对时间的导数. 瞬时情况下，$|\mathrm{d}\boldsymbol{r}|=\mathrm{d}s$，那么瞬时速度的大小就等于瞬时速率.

思考题 6 请问 $|\Delta\boldsymbol{r}|$ 与 Δr 、$\frac{\mathrm{d}\boldsymbol{r}}{\mathrm{d}t}$ 与 $\frac{\mathrm{d}r}{\mathrm{d}t}$、$\frac{\mathrm{d}\boldsymbol{v}}{\mathrm{d}t}$ 与 $\frac{\mathrm{d}v}{\mathrm{d}t}$ 分别有何异同?

简答 (1) $|\Delta\boldsymbol{r}|=|\boldsymbol{r}_2-\boldsymbol{r}_1|$ 是位移的大小，$\Delta r=|\boldsymbol{r}_2|-|\boldsymbol{r}_1|$ 是位矢大小的增量.

(2) $\frac{\mathrm{d}\boldsymbol{r}}{\mathrm{d}t}=\boldsymbol{v}$ 是速度，$\frac{\mathrm{d}r}{\mathrm{d}t}$ 是位矢大小的时间增加率，是速度在径向上的分量.

(3) $\frac{\mathrm{d}\boldsymbol{v}}{\mathrm{d}t}=\boldsymbol{a}$ 是加速度，$\frac{\mathrm{d}v}{\mathrm{d}t}=a_{\mathrm{t}}$ 是速度大小的时间增加率，是加速度的切向分量.

思考题 7 一质点的运动方程为 $\boldsymbol{r}=x(t)\boldsymbol{i}+y(t)\boldsymbol{j}$，$t_1$ 时刻的位矢为 $\boldsymbol{r}_1=x(t_1)\boldsymbol{i}+y(t_1)\boldsymbol{j}$，求质点在 t_1 时刻的速率时，有下列几种算法，请分析其正确性. (1) $v_1=\frac{\mathrm{d}|\boldsymbol{r}_1|}{\mathrm{d}t}$，(2) $v_1=\frac{|\mathrm{d}\boldsymbol{r}_1|}{\mathrm{d}t}$，(3) $v_1=\left.\frac{\mathrm{d}\boldsymbol{r}}{\mathrm{d}t}\right|_{t=t_1}$，(4) $v_1=\left.\sqrt{\left(\frac{\mathrm{d}x}{\mathrm{d}t}\right)^2+\left(\frac{\mathrm{d}y}{\mathrm{d}t}\right)^2}\right|_{t=t_1}$.

简答 (1)错误. $\frac{\mathrm{d}|\boldsymbol{r}_1|}{\mathrm{d}t}$ 表示的不是 t_1 时刻的速率，而是 t_1 时刻位矢大小对时间的导数，显然 t_1 时刻的位矢大小是一个确定值，一个确定值对时间求导，结果为零.

(2)错误. $\frac{|\mathrm{d}\boldsymbol{r}_1|}{\mathrm{d}t}$ 表示的不是 t_1 时刻的速率，$\frac{|\mathrm{d}\boldsymbol{r}_1|}{\mathrm{d}t}=\left|\frac{\mathrm{d}\boldsymbol{r}_1}{\mathrm{d}t}\right|$，是 t_1 时刻位矢对时间导数的大小，

显然 t_1 时刻的位矢是一个确定值，一个确定值对时间求导，结果为零.

(3) 错误. $\dfrac{\mathrm{d}\boldsymbol{r}}{\mathrm{d}t}$ 是瞬时速度的定义，代入 t_1 时刻，是 t_1 时刻质点的速度，而不是 t_1 时刻质点的速率.

(4) 正确. 根据定义，瞬时速度 $\boldsymbol{v}=\dfrac{\mathrm{d}\boldsymbol{r}}{\mathrm{d}t}=\dfrac{\mathrm{d}x}{\mathrm{d}t}\boldsymbol{i}+\dfrac{\mathrm{d}y}{\mathrm{d}t}\boldsymbol{j}$，瞬时速度的大小 $v=\sqrt{v_x^2+v_y^2}=\sqrt{\left(\dfrac{\mathrm{d}x}{\mathrm{d}t}\right)^2+\left(\dfrac{\mathrm{d}y}{\mathrm{d}t}\right)^2}$，代入 t_1 时刻得 $\sqrt{\left(\dfrac{\mathrm{d}x}{\mathrm{d}t}\right)^2+\left(\dfrac{\mathrm{d}y}{\mathrm{d}t}\right)^2}\Bigg|_{t=t_1}$，即 t_1 时刻质点的速率.

思考题 8 一战士为了练习实弹射击，站在地面上用枪瞄准悬挂在空中的靶标，子弹射出的瞬间靶标正好脱钩并由静止开始自由下落，请问子弹能否击中靶标？

简答 子弹能够击中靶标. 根据运动的叠加原理，子弹参与了竖直方向的自由落体运动和初速度方向的匀速直线运动，靶标只参与了竖直方向的自由落体运动. 由于自由落体运动，在竖直方向上子弹相对于瞄准点下落的距离和靶标相对于瞄准点下落的距离相同，均为 $\dfrac{1}{2}gt^2$，子弹必然能够击中靶标.

思考题 9 请通过实例回答下列问题.

(1) 质点运动的方向是否就是其所受合力的方向？

(2) 是否存在质点的加速度不断减小而速率却不断增大的情况？

(3) 质点的速度为零时，加速度是否也一定为零？加速度为零时，速度是否也一定为零？

简答 (1) 不一定. 质点所受合力的方向就是其加速度的方向，比如平抛运动，受力的方向一直向下，而运动的方向却时刻在改变，轨迹呈抛物线.

(2) 存在. 比如弹簧振子，由最大位移到平衡位置的过程中回复力变小，加速度不断减小，但因为加速度 $\boldsymbol{a}$ 与速度 $\boldsymbol{v}$ 同向，速率在增大，因此说存在质点的加速度不断减小而速率却不断增大的情况.

(3) 不一定. 加速度是速度对时间的一阶导数，反映的是单位时间内速度的增量，某一个瞬间，质点的速度为零，并不意味着该时刻单位时间内速度的增量一定为零；同样，加速度为零，只能说明该时刻单位时间内速度的增量为零，不能说明速度为零. 比如弹簧振子在最大位移处，速度为零，但是受力最大，加速度最大；在平衡位置处受力为零，加速度为零，速度却最大. 因此说，质点的速度为零时，加速度不一定为零，加速度为零时，速度也不一定为零.

1.5.2 计算题

计算题 1 已知一质点的运动方程为 $\boldsymbol{r}=2t\boldsymbol{i}+(2-t^2)\boldsymbol{j}$ (SI)，求：

(1) 质点的轨迹方程；

(2) $t=1\mathrm{s}$ 到 $t=2\mathrm{s}$ 内的位移；

(3) $t=2\mathrm{s}$ 时质点的速度和加速度.

【解题思路】 (1) 求质点的轨迹方程，可先写出运动方程中 x 和 y 两个方向的分量式，然后联立消去 t，得到只含坐标不含时间的方程，即为轨迹方程.

(2) 求某段时间内的位移，即求末时刻的位矢与初时刻的位矢之差，注意位移是矢量.

(3) 知道运动方程求某时刻的速度和加速度，属于运动学的第一类问题，用求导方法求解.

解 (1) 由运动方程 $\boldsymbol{r}=2t\boldsymbol{i}+(2-t^2)\boldsymbol{j}$，可知其分量式为

$$x=2t\,,\qquad y=(2-t^2)$$

两式联立消去时间 t，得轨迹方程为

$$y=2-\frac{1}{4}x^2$$

(2) $t=1\text{s}$ 和 $t=2\text{s}$ 时的位移分别为

$$\boldsymbol{r}_1=2\boldsymbol{i}+\boldsymbol{j}\,,\qquad \boldsymbol{r}_2=4\boldsymbol{i}-2\boldsymbol{j}$$

故 $t=1\text{s}$ 到 $t=2\text{s}$ 内的位移：

$$\Delta\boldsymbol{r}=\boldsymbol{r}_2-\boldsymbol{r}_1=2\boldsymbol{i}-3\boldsymbol{j}\ (\text{m})$$

(3) 速度

$$\boldsymbol{v}=\frac{\mathrm{d}\boldsymbol{r}}{\mathrm{d}t}=2\boldsymbol{i}-2t\boldsymbol{j}\,,\qquad \boldsymbol{v}_2=2\boldsymbol{i}-4\boldsymbol{j}\ (\text{m}\cdot\text{s}^{-1})$$

加速度

$$\boldsymbol{a}=\frac{\mathrm{d}^2\boldsymbol{r}}{\mathrm{d}t^2}=\frac{\mathrm{d}\boldsymbol{v}}{\mathrm{d}t}=-2\boldsymbol{j}\,,\qquad \boldsymbol{a}_2=-2\boldsymbol{j}\ (\text{m}\cdot\text{s}^{-2})$$

【延伸思考】

(1) 本题中1s到2s这段时间内的路程是多少？与位移的大小相等吗？

(2) 本题中如何求1s到2s这段时间内的平均速度和平均速率？它们一样吗？

计算题 2 一质点沿 x 轴运动，已知其加速度为 $a=4t$ (SI)，$t=0$ 时刻其速度为 0，并位于 $x_0=10\text{ m}$ 处. 求该质点的运动方程.

【解题思路】 已知加速度和初始条件求运动方程，属于运动学第二类问题，用积分法求解.

解 质点做一维运动，由加速度定义有

$$a=\frac{\mathrm{d}v}{\mathrm{d}t}=4t$$

$$\mathrm{d}v=4t\mathrm{d}t$$

对上式两边积分，并利用初始条件 $t=0$ 时，$v_0=0$，得

$$\int_0^v \mathrm{d}v=\int_0^t 4t\mathrm{d}t$$

得

$$v=2t^2$$

由速度定义得

$$v=\frac{\mathrm{d}x}{\mathrm{d}t}=2t^2$$

$$dx = 2t^2 dt$$

对上式两边积分，并利用初始条件$t=0$时，$x_0=10\text{m}$，得

$$\int_{10}^{x} dx = \int_{0}^{t} 2t^2 dt$$

即

$$x = \left(\frac{2}{3}t^3 + 10\right)(\text{m})$$

【延伸思考】

(1)此题中质点做一维运动，加速度只有 x 方向分量，若质点做二维或三维运动，如何求解质点的运动方程？

(2)此题中质点做一维运动，加速度是时间 t 的函数，若加速度是不随时间变化的常数，则速度与加速度、位移之间的关系满足什么方程？若质点运动的加速度是三维情况，速度与加速度、位移之间的关系又满足什么方程？

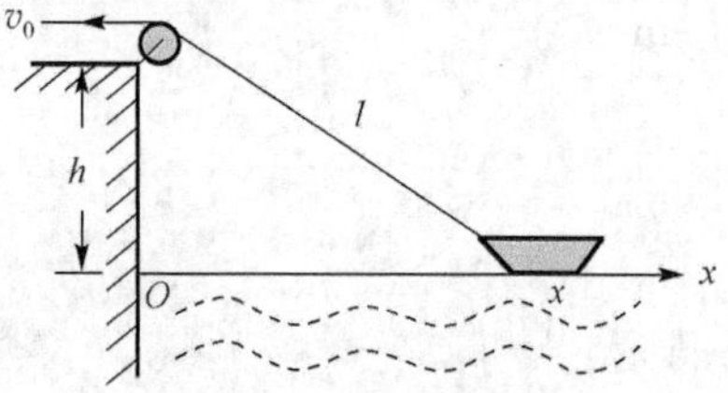

计算题 3 图

计算题 3 如图所示，在离水面高为h的岸边，有人用绳拉船靠岸，设拉绳速率v_0保持恒定. 求小船运动的速度$\boldsymbol{V}$和加速度$\boldsymbol{a}$，并说明船的运动.

【解题思路】 建立坐标系，根据位置、速度、加速度的关系，通过位置求出速度，通过速度求出加速度，在求解过程中注意利用几何关系.

解 建立坐标系如图所示，某时刻船的位置坐标为x，则船的位置矢量为

$$\boldsymbol{r} = x\boldsymbol{i}$$

根据速度与位置的关系，则船运动的速度为

$$\boldsymbol{V} = \frac{dx}{dt}\boldsymbol{i}$$

根据加速度与速度的关系，则船运动的加速度为

$$\boldsymbol{a} = \frac{dV}{dt}\boldsymbol{i}$$

再根据几何关系有

$$x^2 = l^2 - h^2$$

$$dx = \frac{l}{x}dl$$

又$\frac{dl}{dt} = -v_0$，由此可得

$$V=\frac{\mathrm{d}x}{\mathrm{d}t}=\frac{l}{x}\frac{\mathrm{d}l}{\mathrm{d}t}=-\frac{\sqrt{x^2+h^2}}{x}v_0$$

$$a=\frac{\mathrm{d}V}{\mathrm{d}t}=-\frac{\left(\frac{x^2}{\sqrt{x^2+h^2}}\frac{\mathrm{d}x}{\mathrm{d}t}-\frac{\mathrm{d}x}{\mathrm{d}t}\sqrt{x^2+h^2}\right)v_0}{x^2}=-\frac{h^2v_0^2}{x^3}$$

所以船运动的速度为

$$\boldsymbol{V}=-\frac{\sqrt{x^2+h^2}}{x}v_0\boldsymbol{i}$$

船运动的加速度为

$$\boldsymbol{a}=-\frac{h^2v_0^2}{x^3}\boldsymbol{i}$$

由此可见，船运动的速度$V<0$，加速度$a<0$，且a与x有关，所以船沿x轴负向做变加速直线运动，且加速度a越来越大.

【延伸思考】

(1) 本题中船速与绳速的大小关系是$V=v_0\cos\theta$（式中θ为绳与水面的夹角）还是$v_0=V\cos\theta$？为什么？

(2) 路灯距地面高为h_0，行人身高为h，若人以匀速率v背向路灯行走，试利用本题的解题方法求人头影子移动的速度.

计算题 4 如图所示，表面平直的山坡与水平面成 30°，在山脚处一大炮位于原点O处，用炮弹轰击山腰处的目标P，已知炮弹的初速度大小$v_0=150\mathrm{m\cdot s^{-1}}$，炮筒与水平面成 60°，求击中的目标离大炮的距离OP.

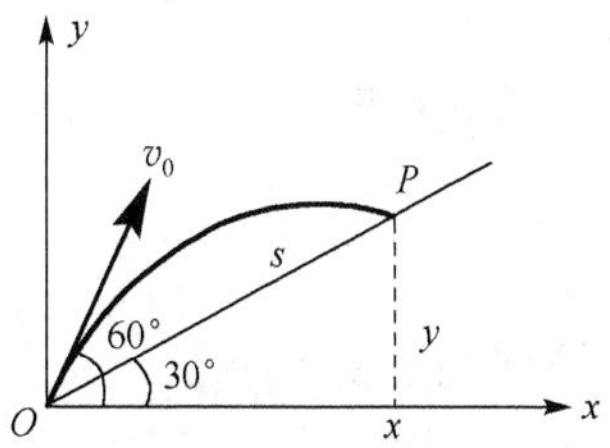

计算题 4 图

【解题思路】 根据y与x的几何关系和斜抛运动轨迹方程，可求出坐标x和y，从而计算出距离OP.

解 设大炮到目标的距离$OP=s$. 根据几个关系有

$$y=x\tan30°$$

斜抛运动的轨迹方程为

$$y=x\tan60°-\frac{gx^2}{2{v_0}^2\cos^2 60°}$$

联立解得

$$x=\frac{2{v_0}^2\cos^2 60°}{g}(\tan60°-\tan30°)\approx1325.55\mathrm{m}$$

$$y=x\tan30°\approx765.31\mathrm{m}$$

根据$s=\sqrt{x^2+y^2}$或者$s=\frac{y}{\sin30°}$，均可以计算出$s=1530.61\mathrm{m}$.

【延伸思考】

(1)本题也可以把斜抛运动分解成水平方向上的匀速直线运动和竖直方向上的竖直上抛运动，再结合几何关系进行求解，请利用这种方法进行计算.

(2)本题利用了运动的分解与合成，试给出利用运动叠加原理的例子.

计算题 5 一质点沿半径为 R 的圆周运动，其角坐标方程为 $\theta = At^3 + 2t$ (A 为常数)，(1)求质点的速度和加速度；(2) t 为何值时，该质点的切向加速度大小等于法向加速度大小？

【解题思路】 根据角位置与角速度、角加速度的关系，通过求导可求出角速度、角加速度，再根据圆周运动时的角量与线量关系，求出速度、切向加速度、法向加速度，从而得到加速度. 由切向加速度大小等于法向加速度大小，可求出 t . 注意速度和加速度都是矢量，在求解和表示这些物理量时不要出错.

解 (1)由角位置与角速度的关系得

$$\omega = \frac{\mathrm{d}\theta}{\mathrm{d}t} = 3At^2$$

由角速度与线速度的关系得质点的速率

$$v = R\omega = 3RAt^2$$

由于在角量描述中，速度只有切向分量，所以

$$\boldsymbol{v} = 3RAt^2\boldsymbol{e}_\mathrm{t}, \qquad \boldsymbol{e}_\mathrm{t}\text{ 为切向单位矢量}$$

角加速度

$$\alpha = \frac{\mathrm{d}\omega}{\mathrm{d}t} = 6At$$

切向加速度大小

$$a_\mathrm{t} = \frac{\mathrm{d}v}{\mathrm{d}t} = R\alpha = 6RAt$$

法向加速度大小

$$a_\mathrm{n} = \omega^2 R = 9RA^2t^4$$

所以，质点加速度的大小为

$$a = \sqrt{a_\mathrm{t}^2 + a_\mathrm{n}^2} = 3RAt\sqrt{9A^2t^6 + 4}$$

其方向与切向的夹角 φ 满足

$$\tan\varphi = \frac{a_\mathrm{n}}{a_\mathrm{t}} = \frac{3}{2}At^3$$

或把加速度写成矢量的形式

$$\boldsymbol{a} = a_\mathrm{n}\boldsymbol{e}_\mathrm{n} + a_\mathrm{t}\boldsymbol{e}_\mathrm{t} = 9RA^2t^4\boldsymbol{e}_\mathrm{n} + 6RAt\boldsymbol{e}_\mathrm{t}, \qquad \boldsymbol{e}_\mathrm{n}\text{ 为切向单位矢量}$$

(2)令 $a_\mathrm{n} = a_\mathrm{t}$ ，得

$$9RA^2t^4 = 6RAt$$

可得当 $t = \sqrt[3]{2/(3A)}$ 时，质点的切向加速度等于法向加速度.

【延伸思考】

(1) 角加速度和线加速度分别代表什么含义？请将切向角速度的大小与速率的关系式、加速度与速度的关系式进行比较，并体会其中的不同之处.

(2) 本题中角加速度是随时间变化的，若角加速度是与时间无关的常量，角位置、角速度、角加速度满足什么关系式？并与质点做匀加速直线运动时的位移、速度、加速度关系式进行对比.

计算题 6 一质点从静止出发，做半径为 $R = 3\text{m}$ 的圆周运动，设其切向加速度 $a_t = 3\text{m/s}^2$ 保持不变，试问：

(1) 经过多长时间它的总加速度 $\boldsymbol{a}$ 恰与半径成 $45°$ 角？

(2) 在上述时间内质点所通过的路程等于多少？

【解题思路】 本题用自然坐标系的线量描述来求解问题，注意理解总加速度与半径成 $45°$ 时，意味着切向加速度大小等于法向加速度大小，由此可解出时间 t，再利用运动学第二类问题的解题思路求解出路程.

解 (1) 总加速度与半径成 $45°$ 时，切向加速度大小等于法向加速度大小，即

$$a_n = a_t = 3\ \text{m/s}^2$$

由 $a_n = \dfrac{v^2}{R}$，得

$$v = \sqrt{a_n R} = 3\ \text{m/s}$$

又

$$a_t = \frac{dv}{dt}$$

因此有

$$v = \int_0^t a_t dt + v_0 = a_t t$$

得

$$t = \frac{v}{a_t} = 1\text{s}$$

(2) 由 $v = \dfrac{ds}{dt}$，得

$$s = \int_0^t v dt + s_0 = \int_0^t a_t t dt = \frac{1}{2} a_t t^2 = 1.5\text{m}$$

【延伸思考】

在圆周运动中，当切线加速度是一个常量时，路程、速率、切向加速度三者的关系式是什么？并与质点做匀加速直线运动时的位移、速度、加速度关系式进行对比.

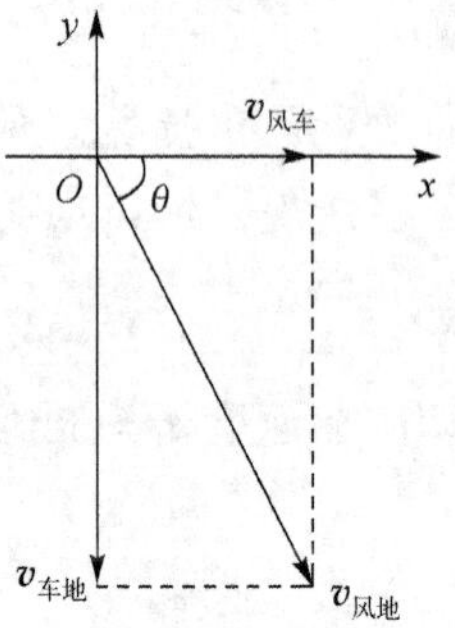

计算题 7 图

计算题 7 一汽车以 $72\text{km}\cdot\text{h}^{-1}$ 的速率相对地面由北向南行驶，汽车上的人测得从西边吹来的风的速率为 $10\text{m}\cdot\text{s}^{-1}$，求风相对地面的速度大小和方向.

【解题思路】 根据相对运动公式 $\boldsymbol{v}_{AB}=\boldsymbol{v}_{AC}+\boldsymbol{v}_{CB}$ 或 $\boldsymbol{v}_{绝对}=\boldsymbol{v}_{相对}+\boldsymbol{v}_{牵连}$，借助坐标系可求出风速，注意风速的方向不要写反，例如若是东风，则风是从东吹过来吹向西边的.

解 设由西向东为 x 轴正方向，由南向北为 y 轴正方向，建立坐标系，并在坐标系中根据题意画出 $\boldsymbol{v}_{车地}$ 和 $\boldsymbol{v}_{风车}$，如图所示. 由题意可知 $v_{车地}=72\text{km}\cdot\text{h}^{-1}=20\text{m}\cdot\text{s}^{-1}$，$v_{风车}=10\text{m}\cdot\text{s}^{-1}$，由相对运动的速度公式可得

$$\boldsymbol{v}_{风地}=\boldsymbol{v}_{风车}+\boldsymbol{v}_{车地}=(10\boldsymbol{i}-20\boldsymbol{j})\text{m}\cdot\text{s}^{-1}$$

风速的大小为

$$v_{风地}=\sqrt{v_{车地}^2+v_{风车}{}^2}=\sqrt{20^2+10^2}\approx 22.36(\text{m}\cdot\text{s}^{-1})$$

风速的方向满足

$$\tan\theta=\frac{v_{车地}}{v_{风车}}=2, \qquad \theta\approx 63.4^\circ$$

所以风速的方向为由西北吹向东南，为西北风.

【延伸思考】

(1) 本题风速方向容易由图误判为东南风，为避免错误，可在坐标系中把 $\boldsymbol{v}_{车地}$ 和 $\boldsymbol{v}_{风车}$ 分别画在 x 轴上原点左侧和 y 轴上原点上方，试着画一下.

(2) 相对运动问题，借助坐标系画图，可以帮助我们很好地解决问题. 试借助坐标系讨论人在地上走，雨从不同方向相对地面落下时，人感觉到的雨的速度.

1.5.3 进阶题

进阶题 1 一个质点沿着抛物线轨迹 $y^2=2px\ (p>0)$ 做曲线运动，求质点在抛物线顶点处的曲率半径.

【解题思路】 本题考查对曲线运动中曲率半径的理解，熟悉高等数学的可以直接套用曲率半径的公式求解，但更加“物理”的方法是构造适当的曲线运动方程并利用曲线运动的相关知识求解.

解 方法 1：用数学的方法求解.

直接利用曲率半径的公式可得

$$y' = \frac{dy}{dx} = \sqrt{\frac{p}{2x}}, \qquad y'' = \frac{d^2 y}{dx^2} = -\frac{1}{2}\sqrt{\frac{p}{2x^3}}$$

$$\rho = \frac{(1+y'^2)^{3/2}}{|y''|} = 2\sqrt{\frac{2}{p}}\left(x+\frac{p}{2}\right)^{3/2}$$

于是得到抛物线顶点 $x=0, y=0$ 处的曲率半径为 $\rho = p$.

方法 2: 用物理的方法求解.

首先构造一个适当的曲线运动，使得其轨迹方程为题目中给出的抛物线. 简单起见，不妨取运动方程为

$$x(t) = \frac{1}{2}pt^2, \qquad y(t) = pt$$

则可以得到速度的直角坐标分量和速度大小分别为

$$v_x = \frac{dx}{dt} = pt, \qquad v_y = \frac{dy}{dt} = p$$

$$v = \sqrt{v_x^2 + v_y^2} = p\sqrt{1+t^2}$$

以及加速度的直角坐标分量和加速度大小分别为

$$a_x = \frac{dv_x}{dt} = p, \qquad a_y = \frac{dv_y}{dt} = 0$$

$$a = \sqrt{a_x^2 + a_y^2} = p$$

另一方面，如果采用自然坐标系，加速度还可以分解成切向加速度和法向加速度，即

$$a_t = \frac{dv}{dt} = \frac{pt}{\sqrt{1+t^2}}, \qquad a_n = \frac{v^2}{\rho}$$

$$a = \sqrt{a_t^2 + a_n^2} = p$$

于是可得曲率半径为

$$\rho = \frac{v^2}{a_n} = \frac{v^2}{\sqrt{a^2 - a_t^2}} = p(1+t^2)^{3/2}$$

抛物线的顶点对应着时刻 $t=0$，则可得顶点处的曲率半径为 $\rho = p$.

这种“物理”的方法实际上就是高等数学中利用曲线的参数方程求曲率半径的方法，读者可以自行验证两种方法得到的曲率半径公式是等价的.

进阶题 2 一个质点从原点出发，以初速度 v_0 沿着 x 轴正方向运动，若其加速度与速度成正比且方向相反，求当质点停止运动时到原点的距离.

【解题思路】 本题已知加速度求距离，是典型的第二类运动学问题. 最直接的做法当然是先求出运动方程然后再求距离，但是题中只要求距离，无须求运动方程也可得到结果.

解 方法 1: 先求出运动方程，然后再求距离.

根据加速度的定义

$$a_x = \frac{dv}{dt} = -kv, \qquad k > 0$$

由题意可知初速度为 v_0，积分可得速度为

$$\int_{v_0}^{v} \frac{dv}{v} = \int_0^t -k dt, \quad \ln\frac{v}{v_0} = -kt, \quad v = v_0 e^{-kt}$$

根据速度的定义 $v = \frac{dx}{dt}$，再次积分可得

$$\int_0^x dx = \int_0^t v_0 e^{-kt} dt, \qquad x = \frac{v_0}{k}(1 - e^{-kt})$$

质点停止运动的条件是 $v = 0$，也即要求 $t \to \infty$，此时 $x = \frac{v_0}{k}$，这就是质点停止运动时到原点的距离. 这种解法比较直观，容易理解，但需要两次积分，计算稍繁.

方法 2: 题目只要求距离，与时间变量无关，消去时间变量即可.

利用复合函数求导法则可得

$$a_x = \frac{dv}{dt} = \frac{dv}{dx}\frac{dx}{dt} = v\frac{dv}{dx} = -kv$$

于是得到 $dv = -kdx$，两边同时积分即可得到

$$\int_{v_0}^{0} dv = \int_0^x -k dx, \qquad -v_0 = -kx$$

也即质点停止运动时到原点的距离为 $x = \frac{v_0}{k}$. 这种方法只需要一次积分即可，但需要灵活运用复合函数的求导法则.

进阶题 3 一个质点做平面曲线运动，沿 x 方向的速度分量为 v_x，且一直保持不变，证明质点运动的加速度大小为 $a = \frac{v^3}{v_x \rho}$，其中 v 是质点的速率，而 ρ 是曲率半径.

【解题思路】 本题涉及加速度和曲率，因此可以用自然坐标系来做，另一方面题中已知的是沿 x 方向的速度分量，所以也可以用直角坐标系来做.

解 方法 1: 用直角坐标系.

根据题意可以写出

$$\frac{dx}{dt} = v_x, \quad \frac{d^2x}{dt^2} = a_x = 0, \quad \frac{d^2y}{dt^2} = a_y = a, \quad \sqrt{\left(\frac{dx}{dt}\right)^2 + \left(\frac{dy}{dt}\right)^2} = v$$

于是可得 $v^2 = v_x^2 + \left(\frac{dy}{dt}\right)^2$，两边同时对时间求导可得

$$2v\frac{dv}{dt} = 0 + 2\frac{dy}{dt}\frac{d^2y}{dt^2}, \qquad v\frac{dv}{dt} = \frac{dy}{dt}a_y = \frac{dy}{dt}a = \sqrt{v^2 - v_x^2}\,a$$

另一方面，在自然坐标系中有

$$\frac{dv}{dt} = a_t = \sqrt{a^2 - a_n^2}, \qquad a_n = \frac{v^2}{\rho}$$

联立这些结果可得

$$a=\frac{v^3}{v_x\rho}$$

方法 2: 用自然坐标系求解.

设速度方向与 x 轴正方向的夹角为 θ，则根据题意可知

$$v_x=v\cos\theta$$

两边对时间求导并考虑到 v_x 是个常量可得

$$0=\frac{\mathrm{d}v}{\mathrm{d}t}\cos\theta-v\sin\theta\frac{\mathrm{d}\theta}{\mathrm{d}t},\qquad \frac{\mathrm{d}v}{\mathrm{d}t}=v\tan\theta\frac{\mathrm{d}\theta}{\mathrm{d}t}$$

另一方面，根据角速度和速度之间的关系可知

$$\frac{\mathrm{d}\theta}{\mathrm{d}t}=\frac{\mathrm{d}\theta}{\mathrm{d}s}\frac{\mathrm{d}s}{\mathrm{d}t}=\frac{v}{\rho}$$

所以切向加速度大小为

$$a_{\mathrm{t}}=\frac{\mathrm{d}v}{\mathrm{d}t}=\frac{v^2}{\rho}\tan\theta$$

于是可得加速度大小为

$$a=\sqrt{a_{\mathrm{t}}^2+a_{\mathrm{n}}^2}=\frac{v^2}{\rho}\sqrt{1+\tan^2\theta}=\frac{v^2}{\rho}\sec\theta=\frac{v^3}{v_x\rho}$$

方法 3: 用曲率半径公式求解.

根据高等数学中利用曲线的参数方程求曲率半径的公式可得

$$\rho=\frac{\left[\left(\frac{\mathrm{d}x}{\mathrm{d}t}\right)^2+\left(\frac{\mathrm{d}y}{\mathrm{d}t}\right)^2\right]^{3/2}}{\left|\frac{\mathrm{d}x}{\mathrm{d}t}\frac{\mathrm{d}^2y}{\mathrm{d}t^2}-\frac{\mathrm{d}^2x}{\mathrm{d}t^2}\frac{\mathrm{d}y}{\mathrm{d}t}\right|}=\frac{v^3}{|v_xa_y-a_xv_y|}=\frac{v^3}{|\boldsymbol{v}\times\boldsymbol{a}|}$$

根据题意可以写出

$$\frac{\mathrm{d}x}{\mathrm{d}t}=v_x,\quad \frac{\mathrm{d}^2x}{\mathrm{d}t^2}=a_x=0,\quad \frac{\mathrm{d}^2y}{\mathrm{d}t^2}=a_y=a$$

代入曲率半径的公式可得

$$\rho=\frac{v^3}{v_xa}$$

与前面两种方法得到的结果完全一致.

1.6 单元检测

1.6.1 基础检测

一、单选题

1. 【质点概念】下面对质点的描述正确的是[　　]

①质点是忽略其大小和形状，具有空间位置和整个物体质量的点

②质点可近似视为微观粒子

③大物体可看作是由大量质点组成

④地球不能当作一个质点来处理，只能认为是有大量质点的组合

⑤在自然界中，可以找到实际的质点

(A)①②③　　(B)②④⑤　　(C)①③　　(D)①②③④

2. 【速度与速率】以下说法错误的是[　　]

(A)速度是位置矢量对时间的变化率

(B)速率是速度的大小，是路程对时间的变化率

(C)当 $\Delta t \to 0$ 时，平均速度等于平均速率

(D)瞬时速度的方向沿质点运动轨道切向指向运动前方

3. 【求导问题】一质点在平面上运动，已知质点位置矢量的表示式为 $\boldsymbol{r} = at^2\boldsymbol{i} + bt^2\boldsymbol{j}$ (其中 a、b 为常量)，则该质点做[　　]

(A)匀速直线运动　　(B)变速直线运动

(C)抛物线运动　　(D)一般曲线运动

4. 【曲线运动加速度】对于沿曲线运动的物体，以下说法中正确的是[　　]

(A)切向加速度必不为零

(B)法向加速度必不为零(拐点处除外)

(C)若物体做匀速率运动，其总加速度必为零

(D)若物体的加速度为恒矢量，它一定做匀变速运动

5. 【相对运动】以下说法错误的是[　　]

(A)位置矢量与参考系的选取有关

(B)位移与参考系的选取无关

(C)质点相对于静止参考系的速度称为绝对速度，相对于运动参考系的速度称为相对速度

(D)若运动参考系相对于静止参考系做匀速直线运动，则绝对加速度等于相对加速度

二、填空题

6.【积分问题】一质点自原点从静止出发，它的加速度是 $\boldsymbol{a} = 10t\boldsymbol{i} + 15t^2\boldsymbol{j}$ (SI)，则 t=2s 时质点的速度矢量是________，位置矢量是________.

7. 【轨迹方程】 已知质点的运动学方程为 $\boldsymbol{r} = 4t^2\boldsymbol{i} + (2t+3)\boldsymbol{j}$ (SI)，则该质点的轨迹方程为________.

8. 【角量和线量】质点沿半径为 R 的圆周运动，运动方程为 $\theta = 3 + 4t^2$ (SI)，则 t 时质点的切向加速度大小 $a_t =$________，法向加速度大小 $a_n =$________.

1.6.2 巩固提高

一、单选题

1. 以下四种运动形式中，$\boldsymbol{a}$ 保持不变的运动是[　　]

(A)单摆的运动　　(B)匀速率圆周运动

(C)行星的椭圆轨道运动　　(D)抛体运动

2. 一质点沿 x 轴做直线运动，其 v-t 曲线如图所示，如 $t=0$ 时，质点位于坐标原点，则 $t=4.5$s 时，质点在 x 轴上的位置为[　　]

(A) 5m

(B) 2.25m

(C) 0m

(D) 2m

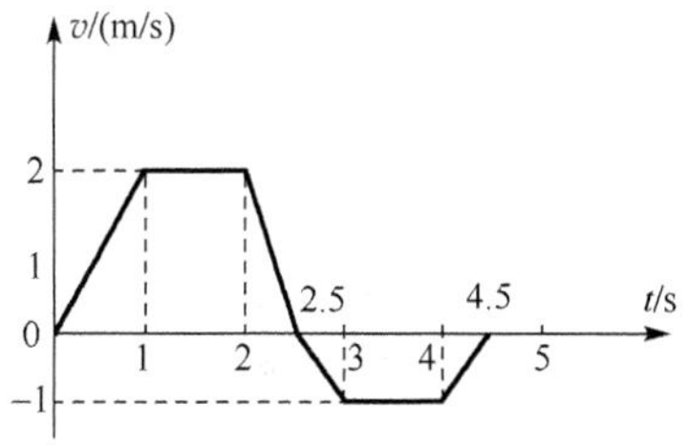

巩固提高题 2 图

3. 质点沿 xOy 平面做曲线运动，其运动方程为 $x=2t$，$y=19-2t^2$，则质点位置矢量与速度矢量恰好垂直的时刻为[ ]

(A) 0s 和 3.16s　　(B) 1.78s

(C) 1.78s 和 3s　　(D) 0s 和 3s

4. 在高台上分别沿 45° 仰角方向和水平方向，以同样速率投出两颗小石子，忽略空气阻力，则它们落地时速度[ ]

(A) 大小不同，方向不同　　(B) 大小相同，方向不同

(C) 大小相同，方向相同　　(D) 大小不同，方向相同

5. 质点在 y 轴上运动，运动方程为 $y=4t^2-2t^3$，则质点返回原点时的速度和加速度分别为[ ]

(A) $8\text{m/s},\ 16\text{m/s}^2$　　(B) $-8\text{m/s},\ -16\text{m/s}^2$

(C) $-8\text{m/s},\ 16\text{m/s}^2$　　(D) $8\text{m/s},\ -16\text{m/s}^2$

6. 一质点在 $t=0$ 时刻从原点出发，以速度 v_0 沿 x 轴运动，其加速度与速度的关系为 $a=-kv^2$，k 为正常数. 这个质点的速度 v 与所经路程 x 的关系是[ ]

(A) $v=v_0\mathrm{e}^{-kx}$　　(B) $v=v_0\left(1-\dfrac{x}{2v_0{}^2}\right)$

(C) $v=v_0\sqrt{1-x^2}$　　(D) 条件不足不能确定

二、填空题

7. 在半径为 R 的圆周上运动的质点，其速率与时间的关系为 $v=ct^2$ (式中 c 为常量)，则从 $t=0$ 到 t 时刻质点走过的路程 $S(t)=$ ________；t 时刻质点的切向加速度 $a_t=$________；t 时刻质点的法向加速度 $a_n=$ ________.

8. 一质量为 M 的质点沿 x 轴正向运动，假设该质点通过坐标为 x 的位置时速度的大小为 kx (k 为正值常量)，则此时作用于该质点上的力 $F=$ ________，该质点从 $x=x_0$ 点出发运动到 $x=x_1$ 处所经历的时间 $\Delta t=$________.

三、计算题

9. 一人自原点出发，25s 内向东走 30m，又 10s 内向南走 10m，再 15s 内向正西北走 18m. 求在这 50s 内 (1) 平均速度的大小和方向；(2) 平均速率的大小.

10. 当火车静止时，乘客发现雨滴下落方向偏向车头，偏角为 30°；当火车以 35 m/s 的速率沿水平直路行驶时，发现雨滴下落方向偏向车尾，偏角为 45°，假设雨滴相对于地的速度保持不变，试计算雨滴相对地的速度大小.

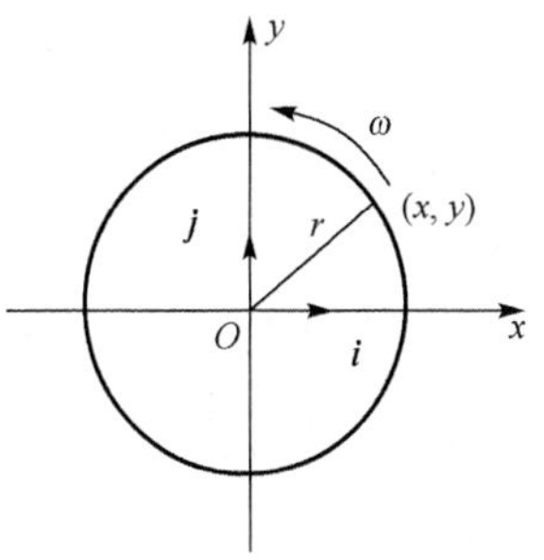

巩固提高题 11 图

11. 如图所示，对于在 xy 平面内以原点 O 为圆心做匀速圆周运动的质点，(1) 试用半径 r、角速度 ω 和单位矢量 $\boldsymbol{i}$、$\boldsymbol{j}$ 表示其 t 时刻的位置矢量. 已

知在 $t=0$ 时，$y=0$，$x=r$，角速度为 ω；(2)由(1)导出速度 $\boldsymbol{v}$ 与加速度 $\boldsymbol{a}$ 的矢量表示式；(3)试证加速度指向圆心.

12. 一物体从静止出发做半径 $R=3\text{m}$ 的圆周运动，设其切向加速度 $a_t=3\text{m}/\text{s}^2$ 保持不变，试问：

(1)经过多长时间它的总加速度 $\boldsymbol{a}$ 恰与半径成 45° 角？

(2)在上述时间内物体所通过的路程等于多少?

13. 一艘正在沿直线行驶的汽车，在发动机关闭后，其加速度方向与速度方向相反、大小与速度呈线性关系 $a=-kv$，式中 k 为常量. 若发动机关闭瞬间汽车的速度为 v_0，试求该汽车又行驶 x 距离后的速度.

14. 如图所示，一艘船以速率 u 驶向码头 P，另一艘船以速率 v 自码头离去，试证当两船的距离最短时，两船与码头间的距离之比为 $(v+u\cos\alpha):(u+v\cos\alpha)$，设航线均为直线，$\alpha$ 为两直线的夹角.

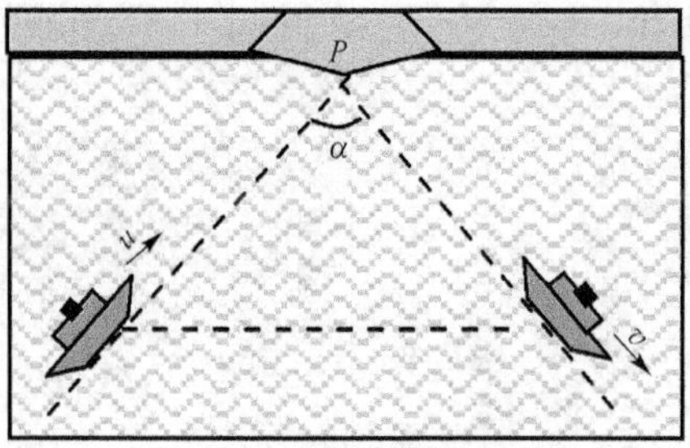

巩固提高题 14 图

1.6 单元检测
参考答案

第 2 章　质点动力学

2.1　基 本 要 求

(1) 理解惯性系的概念，理解牛顿运动定律及其使用条件，掌握应用牛顿运动定律解决质点动力学问题的方法.

(2) 理解动量、冲量的概念，理解质点与质点系的动量定理和动量守恒定律，能够分析质点系的动量、冲量问题，了解火箭飞行原理.

(3) 理解质心的概念和质心运动定理，了解质心位置的计算方法.

(4) 理解功、保守力、动能、势能的概念，掌握功的定义及变力做功的计算方法，掌握势能的计算方法，特别是重力势能、万有引力势能和弹性势能，理解势能零点的选取原则，掌握利用动能定理、功能原理、机械能守恒定律分析问题的思想和方法，能够用微积分方法求解质点动力学问题.

2.2　学 习 导 引

(1) 本章主要学习质点动力学，主要包含牛顿运动定律、质点和质点系的动量定理、动量守恒定律、质点的角动量定理和角动量守恒定律、质点和质点系的动能定理、功能原理和机械能守恒定律等内容.

(2) 牛顿运动定律是同学们比较熟悉的内容，学习时注意与中学内容的区别，特别注意牛顿运动定律的适用条件，掌握重力、弹力、摩擦力、黏性力的性质和求解方法，了解非惯性系和惯性力.

(3) 应用牛顿运动定律解题的关键在于正确地分析物体的受力情况、选取适当的坐标系和列动力学方程. 解题的基本步骤为：确定研究物体；分析物体的运动情况和受力情况，可以用隔离物体法依次画出物体所受到的接触力和非接触力；选择适当的坐标系；列方程.

(4) 从力的时间累积效应出发，学习冲量、动量等重要概念，导出在力的时间累积过程中质点或质点系运动状态改变的规律——质点动量定理和质点系动量定理，并进一步得到系统不受外力或外力矢量和为零的情况下，系统运动状态所遵循的规律，即动量守恒定律.

(5)注意区分冲量和动量的物理意义：冲量是过程量，是力对时间的累积效应；动量是状态量，是物体质量和速度的乘积. 由于力的矢量性，内力可以引起系统内各质点之间的动量传递，但是系统的总动量保持不变，只有外力才能对系统总动量的变化有贡献. 系统内各质点的动量改变量之和等于系统所受到的合外力的冲量.

(6)对于质点系而言，质心是一个非常重要的概念，学习时应注意质心和重心的区别、质心位置矢量的求解方法和质心运动定理的应用.

(7)学习角动量的概念可以结合日常生活和自然现象中常常遇到的物体绕某个中心转动的情况(如地球绕太阳的公转、月球绕地球的旋转、机器中飞轮的转动等)，此时，动量既不能有效地反映转动物体的运动状态，也不能有效地反映外力对转动物体的作用效果，因此引入一个新的物理量——角动量. 需要加深对角动量物理意义的理解.

(8)从力矩的时间累积效应出发，借助牛顿第二定律，学习质点角动量定理，并由此得出质点角动量守恒定律. 最后进一步引出质点系的角动量定理和角动量守恒定律，加深对角动量守恒定律条件的理解.

(9)动量守恒和角动量守恒的条件是不同的. 质点或质点系所受合外力为零时，动量守恒；质点或质点系对某一参考点或轴的合外力矩为零时，对该点或轴的角动量守恒. 当系统所受合外力为零时，合外力矩不一定为零，此时，系统动量守恒，角动量不一定守恒；当系统对某一参考点或轴的合外力矩为零时，合外力不一定为零，此时，系统对该点或轴的角动量守恒，动量不一定守恒.

(10)类比于恒力做功，运用微元法学习变力做功的一般表达式，理解功的图解表示及物理意义. 功的计算是利用高等数学的微分和积分方法，若对微积分的内容还不熟悉，需要及时总结解题思路和技巧，体会无限分割、再求和求极限的思想方法.

(11)从力的空间累积效应出发，讨论质点的运动状态或能量的变化，从而得到质点的动能定理. 注意功与能的区别和联系，功是过程量，能是状态量，功与动能改变量之间的关系即为动能定理. 从质点的动能定理出发，导出质点系的动能定理，这里需要注意的是系统内力做功之和可以不为零，因而可以改变系统的总动能.

(12)分析保守力做功的特点，理解势能的概念，继而导出系统的功能原理，并由此在满足一定条件下给出系统的机械能守恒定律. 注意掌握重力势能、引力势能、弹性势能的计算方法和势能零点的选择方法.

(13)碰撞问题是利用动能定理和动量定理或守恒定律分析物体运动状态变化的典型例子. 要依据不同的碰撞过程，判断是否符合守恒定律的适用条件，必要时，可以依据坐标系进行分解，分别考虑某一方向上碰撞过程是否满足守恒定律的适用条件，根据守恒定律列方程求解.

2.3 思维导图

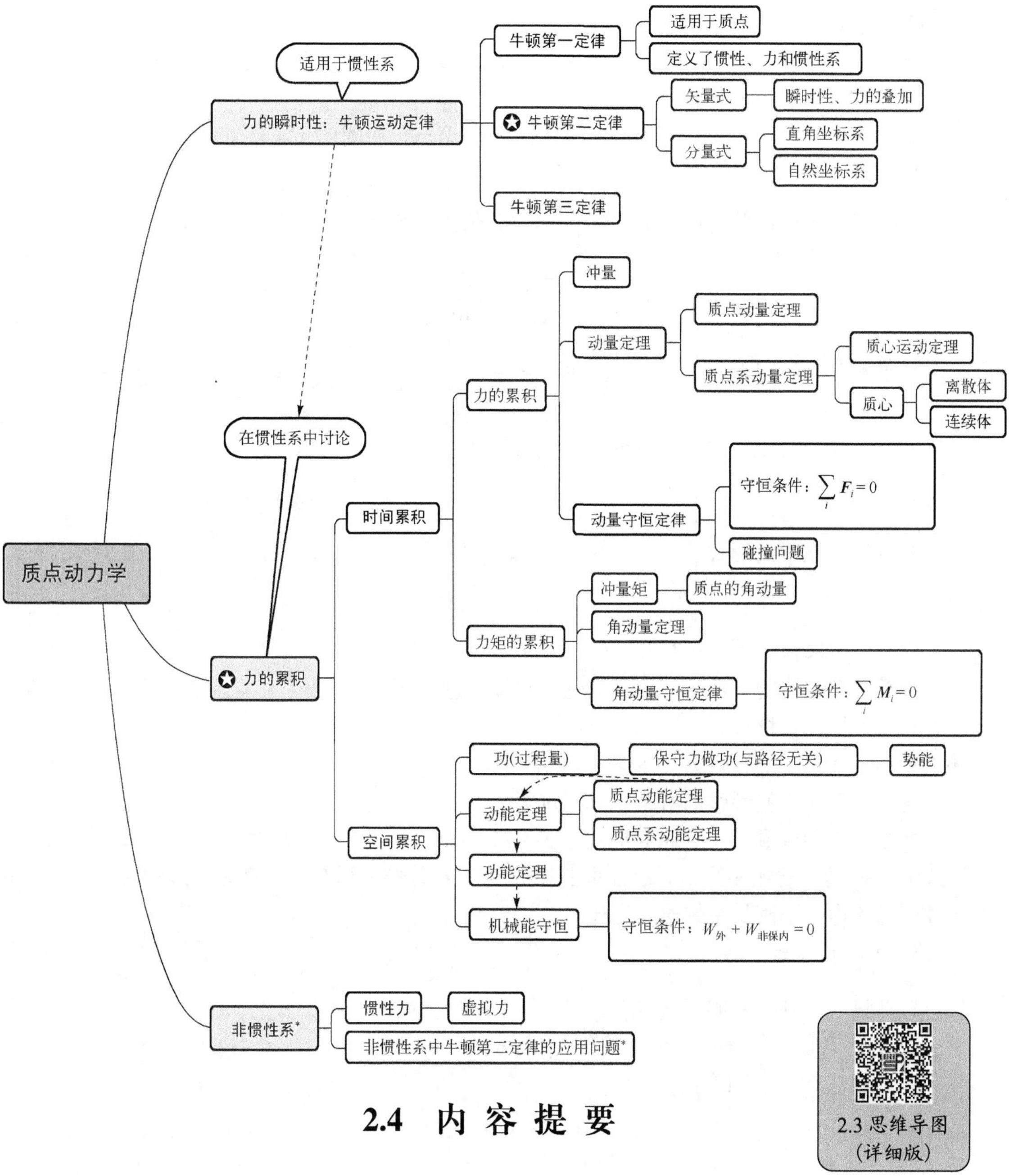

2.3 思维导图
(详细版)

2.4 内容提要

1. 牛顿运动定律

1) 物理学中的力

基本的自然力：万有引力、电磁力、强力、弱力.

常见的接触力：宏观上的接触力是微观原子分子间电磁相互作用力的总和.

弹性力：$F=-kx$，其中 k 为弹簧的刚度系数，x 是弹簧的伸长量.

摩擦力：动摩擦力 $F_k=\mu_k N$，静摩擦力 $F_s\leqslant\mu_s N$，其中 N 为正压力，μ_k 为动摩擦因数，μ_s 为静摩擦因数. 通常 μ_k 在 $0.15\sim0.5$，μ_s 略大于 μ_k.

流体阻力(黏性力)：相对速率较小时，$F_d=-kv$；相对速率较大时，$F_d=-k'v^2$.

2) 牛顿运动定律(力的瞬时作用规律)

牛顿第一定律：$\boldsymbol{F}=0$ 时，$\boldsymbol{v}=$ 恒矢量. 牛顿第一定律阐明了惯性和力两个重要概念，定义了惯性系.

牛顿第二定律：普遍形式 $\boldsymbol{F}=\dfrac{\mathrm{d}(m\boldsymbol{v})}{\mathrm{d}t}$，经典形式 $\boldsymbol{F}=m\boldsymbol{a}$（$m$ 不随时间变化).

直角坐标系中的形式 $\begin{cases} F_x=ma_x=m\dfrac{\mathrm{d}v_x}{\mathrm{d}t}=m\dfrac{\mathrm{d}^2x}{\mathrm{d}t^2} \\ F_y=ma_y=m\dfrac{\mathrm{d}v_y}{\mathrm{d}t}=m\dfrac{\mathrm{d}^2y}{\mathrm{d}t^2} \\ F_z=ma_z=m\dfrac{\mathrm{d}v_z}{\mathrm{d}t}=m\dfrac{\mathrm{d}^2z}{\mathrm{d}t^2} \end{cases}$

自然坐标系中的形式 $\begin{cases} F_\mathrm{t}=ma_\mathrm{t}=m\dfrac{\mathrm{d}v}{\mathrm{d}t} \\ F_\mathrm{n}=ma_\mathrm{n}=m\dfrac{v^2}{\rho} \end{cases}$

牛顿第三定律：$\boldsymbol{F}_{12}=-\boldsymbol{F}_{21}$.

牛顿运动定律的适用范围：宏观低速运动、惯性系.

3) 非惯性系、惯性力

平动加速系中的惯性力：$\boldsymbol{F}_\mathrm{i}=-m\boldsymbol{a}_0$.

转动参考系中的惯性离心力：$\boldsymbol{F}_\mathrm{i}=m\omega^2\boldsymbol{r}$.

非惯性系中牛顿第二定律的形式：$\boldsymbol{F}+\boldsymbol{F}_\mathrm{i}=m\boldsymbol{a}'$.

上式中，$\boldsymbol{a}_0$ 是平动加速系相对惯性系的加速度，$\boldsymbol{a}'$ 是物体相对非惯性系的加速度. 惯性力是一种假想的力，不满足牛顿第三定律.

2. 冲量和动量

1) 冲量(力对时间的累积作用)

恒力的冲量：$\boldsymbol{I}=\boldsymbol{F}(t_2-t_1)=\boldsymbol{F}\Delta t$.

变力的冲量：$\boldsymbol{I}=\int_{t_1}^{t_2}\boldsymbol{F}(t)\mathrm{d}t$.

平均作用力：$\overline{\boldsymbol{F}}=\dfrac{\boldsymbol{I}}{\Delta t}=\dfrac{\int_{t_1}^{t_2}\boldsymbol{F}(t)\mathrm{d}t}{t_2-t_1}$.

2) 动量定理、动量守恒定律

质点的动量：$\boldsymbol{p}=m\boldsymbol{v}$

质点的动量定理：一段时间内作用在质点上合力的冲量，等于在该时间内质点动量的增量.

微分形式：$\boldsymbol{F}_{合}\mathrm{d}t=\mathrm{d}\boldsymbol{p}$.

积分形式：$\boldsymbol{I}=\int_{t_0}^{t}\boldsymbol{F}_{合}(t)\mathrm{d}t=\boldsymbol{p}-\boldsymbol{p}_0$.

质点系的动量：$\boldsymbol{p}=\sum_i m_i\boldsymbol{v}_i$.

质点系的动量定理：在一段时间内作用于质点系的所有外力冲量的矢量和等于该段时间内质点系总动量的增量.

微分形式：$\boldsymbol{F}_{外}\mathrm{d}t=\mathrm{d}\boldsymbol{p}$.

积分形式：$\boldsymbol{I}_{外}=\sum_i\int_{t_0}^{t}\boldsymbol{F}_{i外}(t)\mathrm{d}t=\sum_i m_i\boldsymbol{v}_i-\sum_i m_i\boldsymbol{v}_{i0}=\boldsymbol{p}-\boldsymbol{p}_0$.

动量守恒定律：质点系在不受外力或外力的矢量和为零时，该系统的总动量保持不变，即 $\boldsymbol{p}=\sum_i m_i\boldsymbol{v}_i=$ 常矢量. 当系统内力远大于外力时，可近似认为系统动量守恒；当系统在某一方向上不受外力时，总动量在此方向上的分量守恒.

3) 质心运动定理

质心的位矢

$$\boldsymbol{r}_{\mathrm{C}}=\frac{\sum_i m_i\boldsymbol{r}_i}{\sum_i m_i} \quad 或 \quad \boldsymbol{r}_{\mathrm{C}}=\frac{\int \boldsymbol{r}\mathrm{d}m}{m_{\mathrm{s}}}$$

质心运动定理：质点系的总质量 m_{s} 和质心加速度 $\boldsymbol{a}_{\mathrm{C}}$ 的乘积等于质点系所受外力的矢量和，即

$$\boldsymbol{F}_{外}=\sum_i\boldsymbol{F}_{i外}=m_{\mathrm{s}}\frac{\mathrm{d}^2\boldsymbol{r}_{\mathrm{C}}}{\mathrm{d}t^2}=m_{\mathrm{s}}\boldsymbol{a}_{\mathrm{C}}$$

3. 质点的角动量

质点对定点的角动量：$\boldsymbol{L}=\boldsymbol{r}\times\boldsymbol{p}=\boldsymbol{r}\times m\boldsymbol{v}$，其中 $\boldsymbol{r}$ 是该质点相对于定点的位矢，$\boldsymbol{p}$ 是质点的动量. 角动量 $\boldsymbol{L}$ 是矢量，其大小为 $L=rmv\sin\theta=rmd$，式中 θ 是位矢 $\boldsymbol{r}$ 与动量 $\boldsymbol{p}$（或速度 $\boldsymbol{v}$）的夹角，其方向垂直于 $\boldsymbol{r}$ 和 $\boldsymbol{p}$ 决定的平面，其指向由右手螺旋定则确定.

力 $\boldsymbol{F}$ 对定点的力矩：$\boldsymbol{M}=\boldsymbol{r}\times\boldsymbol{F}$. 力矩 $\boldsymbol{M}$ 是矢量，其大小为 $F=rF\sin\theta$，式中 θ 是位矢 $\boldsymbol{r}$ 与力 $\boldsymbol{F}$ 的夹角，其方向垂直于 $\boldsymbol{r}$ 和力 $\boldsymbol{F}$ 决定的平面，其指向由右手螺旋定则确定.

对于任一固定点，作用在质点上的合力矩等于质点角动量的时间变化率，即 $\boldsymbol{M}=\dfrac{\mathrm{d}\boldsymbol{L}}{\mathrm{d}t}$.

质点的角动量定理：$\int_{t_1}^{t_2}\boldsymbol{M}\mathrm{d}t=\boldsymbol{L}_2-\boldsymbol{L}_1$，对于任一固定点，作用于质点的冲量距(即合力矩对一段时间的积分)等于在同一时间段内质点角动量的增量.

质点的角动量守恒定律：若 $\boldsymbol{M}=0$，则 $\boldsymbol{L}=$ 常矢量，即对某一固定点，如果作用于质点的所有外力矩的矢量和为零，那么该质点对该固定点的角动量保持不变. 如果质点在运动过程中受到的力始终指向某个中心，这种力称为有心力，这个中心称为力心，例如，行星运动时受到太阳的万有引力就是通过力心太阳的有心力. 由于有心力对力心的力矩恒为零，因此仅受有心力作用的质点对力心的角动量保持不变.

4. 功和能

1)功(力对空间的累积作用)

恒力的功：$W=\boldsymbol{F}\cdot\overrightarrow{ab}=F\overline{ab}\cos\theta$，其中$\overrightarrow{ab}$为从起点$a$指向终点$b$的有向线段，$\overline{ab}$是该有向线段的长度，$\theta$是$\overrightarrow{ab}$和恒力$\boldsymbol{F}$之间的夹角.

变力的功：$W=\int_a^b\boldsymbol{F}\cdot\mathrm{d}\boldsymbol{r}=\int_a^b F_x\mathrm{d}x+\int_a^b F_y\mathrm{d}y+\int_a^b F_z\mathrm{d}z=\int_{s_a}^{s_b}F_\mathrm{t}\mathrm{d}s$，其中后面两个等号分别表示变力的功在直角坐标系和自然坐标系中的形式.

功率：力在单位时间内做的功$P=\dfrac{\mathrm{d}W}{\mathrm{d}t}=\boldsymbol{F}\cdot\boldsymbol{v}$.

2)保守力、势能

保守力做功与路径无关，因此有$\oint_L\boldsymbol{F}_{保}\cdot\mathrm{d}\boldsymbol{r}=0$，即物体沿任意闭合路径$L$运动一周时，保守力对它所做的功为零.

保守力的功等于势能增量的负值，即

$$W_{ab}=\int_a^b\boldsymbol{F}_{保}\cdot\mathrm{d}\boldsymbol{r}=E_{\mathrm{p}a}-E_{\mathrm{p}b}=-\Delta E_\mathrm{p}$$

保守力和势能的积分关系：$E_{\mathrm{p}a}=\int_a^{势能零点}\boldsymbol{F}_{保}\cdot\mathrm{d}\boldsymbol{r}$，即质点在某一位置所具有的势能等于把质点从该位置沿任意路径移至势能零点的过程中保守力所做的功.

万有引力势能：$E_{\mathrm{p}引}=-G\dfrac{mM}{r}$(势能零点：无穷远处).

重力势能：$E_{\mathrm{p}重}=mgh$(势能零点：某一水平面上任意点).

弹性势能：$E_{\mathrm{p}弹}=\dfrac{1}{2}kx^2$(势能零点：弹簧无形变，即$x=0$处).

保守力和势能的微分关系

$$\boldsymbol{F}_{保}=-\nabla E_\mathrm{p}=-\left(\frac{\partial E_\mathrm{p}}{\partial x}\boldsymbol{i}+\frac{\partial E_\mathrm{p}}{\partial y}\boldsymbol{j}+\frac{\partial E_\mathrm{p}}{\partial z}\boldsymbol{k}\right)$$

质点系的机械能：$E=E_\mathrm{k}+E_\mathrm{p}$.

3)功能关系

质点的动能定理：$W_{合}=\Delta E_\mathrm{k}=E_\mathrm{k}-E_{\mathrm{k}0}=\dfrac{1}{2}mv^2-\dfrac{1}{2}mv_0^2$，合力对质点所做的功等于质点动能的增量.

质点系的动能定理：$W_{外}+W_{内}=\Delta E_\mathrm{k}=E_\mathrm{k}-E_{\mathrm{k}0}$，作用于质点系的所有外力与所有内力做功的代数和，等于该质点系总动能的增量.

质点系的功能原理：$W_{外}+W_{非保内}=\Delta E=E-E_0=\Delta E_\mathrm{k}+\Delta E_\mathrm{p}$，在质点系的运动过程中，外力和非保守内力做功的代数和等于该系统机械能的增量.

机械能守恒定律：如果在系统运动的过程中，外力和非保守内力都不做功，或者说，只有保守内力做功时，则质点系的机械能保持不变，即$E=E_\mathrm{k}+E_\mathrm{p}=$常数.

能量守恒定律：一个孤立系统经历任何变化时，该系统内各种形式的能量可以相互转化，但能量的总和保持不变. 当我们用做功的方法使一个系统的能量变化时，本质上是这个系统与另一个系统发生了能量交换，而这个能量交换在量值上是用功来描述的，因此功是能量交换或变化的一种量度. 功和能不能等同视之，功总是与能量交换或变化的过程相联系，因此功是过程量；而能量代表系统在一定状态所具有的特征，其量值只取决于系统的状态，因此能量是状态量.

2.5 典型例题

2.5.1 思考题

思考题1 请问(1)质点的运动方向是否与质点所受合力的方向相同?

(2)质点受到的力越多是否产生的加速度就越大?

(3)质点运动的速率不变，其所受到的合力是否为零?

(4)质点运动的速率越大，其所受到的合力是否也越大?

简答 (1)不一定. 由牛顿第二定律可知，质点所受合力的方向即质点加速度的方向，而质点加速度的方向是质点速度增量的方向. 比如，匀变速直线运动，合力的方向即加速度的方向，可以和速度方向即运动方向相同，也可以相反；匀速率圆周运动的加速度就和速度方向垂直.

(2)不一定. 质点加速度的大小取决于其所受到的合力，与受力的多少没有关系. 有时受力很多，若合力为零，则加速度仍为零；有时仅受一个力的作用，反而加速度不为零. 同等条件下，若受力的方向相同，受力越多，加速度越大.

(3)不一定. 若用自然坐标描述，质点运动的速率不变，只能说明其切向加速度为零，而法向加速度不可知，因此合加速度不可知，根据牛顿第二定律，合力不一定为零. 比如匀速率的圆周运动，其速率不变，切向加速度为零，法向加速度不为零，向心力不为零.

(4)不一定. 根据牛顿第二定律，合力越大，加速度越大. 即速度变化越快，并非速度越大.

思考题2 摩擦力通常以阻力的形式呈现，但是摩擦力一定是阻力吗? 请举例说明.

简答 摩擦力是矢量，其大小与摩擦系数和正压力有关，其方向与相对运动或相对运动趋势方向相反. 例如，当我们在地面上加速推动与地面紧密接触的木箱时，地面给木箱的摩擦力与木箱的运动方向相反，此时摩擦力以阻力的形式呈现；但是如果在加速运动的木箱上放一本书，对书而言，其所受到的摩擦力与其运动方向相同，呈现为书本运动的动力而非阻力.

思考题3 两支队伍进行拔河比赛，甲队获胜，乙队落败，有人说“甲队给乙队的拉力大于乙队给甲队的拉力”，请问这种说法是否正确?

简答 这种说法不正确. 事实上，忽略拔河用绳子的质量，甲队给乙队的力和乙队给甲队的力是一对作用力与反作用力，大小相等，方向相反.

思考题4 请问车辆转弯时，作用在车辆上的力的方向是指向道路外侧还是指向道路内侧? 何种路面更有利于车辆转弯?

简答 由运动学及动力学知识可知，物体做曲线运动时，加速度以及物体所受合外力的方向指向轨道弯曲方向的内侧，对于内、外侧在同一水平面的路面而言，这一作用于车辆上的合外力主要来自路面给车辆的摩擦力，并指向道路内侧；若路面沿着法向有一定坡度，使得路面内侧低、外侧高，则车辆除了受到指向内侧的摩擦力外，还受到来自地面的支持力，支持力和摩擦力方向相同，合外力增大，更有利于车辆转弯.

思考题 5 细绳一端固定，一端系一物体在竖直平面内做圆周运动，当这一物体达到最高点时，①有人说：这时物体受到三个力——重力、绳子的拉力和向心力. ②又有人说：因为这三个力的方向都是向下的，物体之所以没下落，是因为物体还受到一个方向向上的离心力，该离心力与向下的重力、绳子的拉力及向心力平衡. 请问这两种说法是否正确？为什么？

简答 两种说法均不正确. 在地面参考系中观测，物体达到最高点时，受到两个力：重力与绳子的拉力，两者均向下，它们的合力提供了物体做圆周运动的向心力. 而在物体所在的非惯性系中观测，需要引入惯性离心力，此时，在物体所处的非惯性系中观测，物体受到的拉力以及重力与惯性离心力平衡，物体加速度为零.

思考题 6 细绳的一端系一金属小球，在竖直平面内做圆周运动，若小球在最低点和最高点时的速率相同，请问小球在这两点中的哪一点张力较大？为什么？

简答 小球在最低点时绳中张力较大. 重力在法向的分力与绳子对球的拉力(绳子的张力)两者的合力提供了小球做圆周运动的向心力，在最高点时，重力向下，拉力也向下，根据牛顿第二定律，$F+mg=m\dfrac{v^2}{R}$；在最低点时，重力向下，拉力向上，根据牛顿第二定律，$F-mg=m\dfrac{v^2}{R}$. 由于小球在最低和最高点速率相同，因此，小球在最低点时绳中张力 F 较大.

思考题 7 有人说，质点做圆周运动，向心力就是其所受到的合力. 请问这种说法是否正确？

简答 向心力是质点受到的合力沿运动轨道法向的分量，指向圆心，因此称为向心力. 一般情况下，合力可以沿着任意方向，根据牛顿第二定律，加速度也可以沿着任意方向. 在自然坐标系下，如果将合力和加速度沿着运动轨道的切向和法向进行分解，称为切向分力和切向加速度、向心力和向心加速度. 一般圆周运动，切向分力和切向加速度不为零，合力不等于向心力；匀速率的圆周运动，切向分力和切向加速度为零，此时合力才等于向心力.

思考题 8 一位老大爷首次乘坐公交，公交车在慢速行驶过程中突然加速，老大爷感觉靠背把他使劲往前推，但是，公交车以很快的速度匀速行驶时，老大爷却没有这种感觉，请问这是为何？

简答 在地面参考系中观测，将老大爷看作研究对象，老大爷随着公交车向前加速运动，与该加速度对应的必然有一个指向前方的力，这个力主要由靠背提供，因此老大爷感觉到靠背对他有很强的推力，这个推力使他的运动速度增加. 推背感源于加速，有时尽管速度很大，但是加速度很小，所需推力很小，推背感不明显. 如果公交车匀速运动，则加速度为零，所需推力也为零，老大爷没有被推的感觉. 若在向前加速的公交车上观测，加速的公交车是非惯性参考系，人体会受到一个向后的惯性力，将人体往后拉，而人体要保持原来的静止状态，必然会受到一个向前的力与该惯性力平衡，这个力主要来自靠背，因此人才会有推背感.

思考题 9 水平直线运动的列车车厢内固定一张桌子，假设桌面光滑，列车匀速运动时，其上放置一小钢球，相对列车静止. 当列车加速时，车厢内的观测者和地面上的观测者看到小球的运动状态如何变化？列车减速时情况又如何？

简答 忽略空气阻力，以地面为参考系，水平方向小球所受合力为零，由牛顿第二定律可知，小球的运动状态不会变，仍相对地面匀速运动；当列车相对地面加速运动时，若以列车为参考系(非惯性系)，小球会受到一个向后的惯性力，这样，小球就会相对于车厢向后加速运动；同理，列车减速时，小球就会相对于车厢向前加速运动.

思考题 10 登岛作战时，船只与堤岸的距离相同，为什么战士从质量小的船跳上岸比较难，而从质量比较大的船跳上岸却比较容易？

简答 人从船向岸上跳跃时，船要离岸而行，忽略水和空气的阻力，取人和船为系统，系统在水平方向所受合力为零，动量守恒. 开始时系统静止，系统动量为零，则其后任一时刻，水平方向上 $m_{人}v_{人对地}+m_{船}v_{船对地}=0$；根据相对运动得 $m_{人}v_{人对地}+m_{船}(-v_{人对船}+v_{人对地})=0$，即 $v_{人对地}=\dfrac{1}{\dfrac{m_{人}}{m_{船}}+1}v_{人对船}$，由此可知，在人相对于船以相同水平速度起跳的情况下，船越大，人对地的速度就越大，越容易跳上岸.

思考题 11 街头卖艺者躺在地上，身上压一块石板，另一人用重锤向下猛击石板，结果石板碎裂而下面的人却安然无恙，请问这是为何？

简答 重锤敲击石板是一个碰撞过程，碰撞瞬间重锤动量的改变量很大，而作用时间极短，根据动量定理，重锤和石板间的作用力就会很大，而这一作用力的受力面积就是重锤和石板接触的那一小部分，因此压强很大，这样重锤会将石板击碎，同时能量被有效消耗. 由于人体具有很好的伸缩性，石板被敲击后和人的碰撞，作用时间比较长，根据动量定理，相互作用力较小，同时，这一作用力的受力面积是石板和人体的接触面积，因为面积很大，所以作用于人体上的压强就很小，所以石板和人的碰撞对人几乎没有伤害.

思考题 12 请举例说明一对内力的冲量之和一定为零，而做功之和不一定为零.

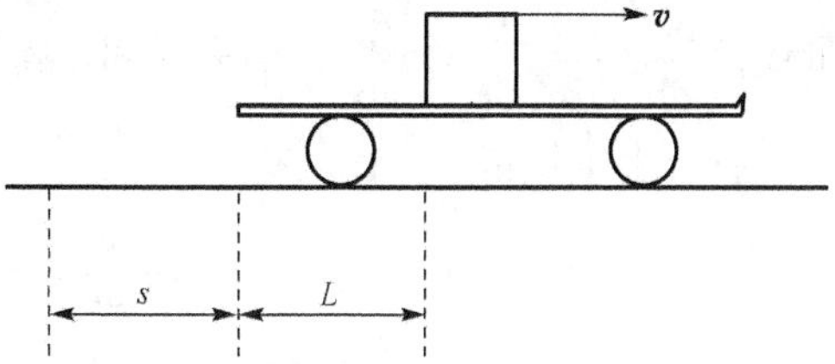

思考题 12 图

简答 冲量是矢量，是力对时间的积累效应. 一对内力是作用力和反作用力，大小相等，方向相反，作用于同一直线上，而且同时存在同时消失，因此其冲量之和为零. 而功是标量，是力对空间的积累效应，由于作用力与反作用力作用在不同的物体上，在运动过程中，两物体各自的位移不一定相同，因此一对内力做功之和不一定为零. 如思考题 12 图所示，木块在平板车上滑动，木块和平板车间相互作用的摩擦力是一对内力，各自作用于平板车和木块，假设这一过程中平板车相对地面的位移为 s，木块在平板车上滑动的距离为 L，则木块相对地面的位移就是 $s+L$，平板车受到木块的摩擦力向前，大小为 f，此摩擦力做的功为 fs；木块受到平板车的摩擦力向后，大小也为 f，此摩擦力做的功为 $-f(s+L)$，那么这一对内力做的总功为 $fs-fs-fL=-fL$.

思考题 13 高铁站台一般采用中间高两边低的设计方案，与站台连接的轨道有一个小的坡度. 请分析这种设计的优点.

简答 站台中间高两边低的设计可以有效提高能量的利用率. 列车进站时，利用上坡使部分动能转化为重力势能，减速并减少了列车刹车的机械磨损；列车出站时利用下坡把储存的重力势能转化为动能，节能的同时提高了列车的启动速度.

思考题 14 如何理解势能概念？请问保守力做功和势能之间有何关系？

简答 我们将做功与具体路径无关只与始末位置有关的力称为保守力，势能属于有保守力相互作用的系统，与质点在保守力场中的位置密切相关. 正确理解势能应注意以下几点：①只要有保守力，就可引入相应的势能. ②势能仅有相对意义，所以计算势能必须指出零势能参考点. 两点间的势能差是绝对的，即势能差是质点间相对位置的单值函数. ③势能属于具有保守力相互作用的质点系统. 质点在某一位置所具有的势能等于把质点从该位置沿任意路径移到零势能点过程中对应保守力所做的功，质点在 a 点的势能与保守力做功的关系为 $E_{pa}=\int_a^{零势能点}\boldsymbol{F}\cdot \mathrm{d}\boldsymbol{l}$.

思考题 15 人造卫星绕地球运动，要受到稀薄空气的微弱阻力，因此有人认为人造卫星的速率要减小，请问这种认识正确吗？

简答 这种认识不正确. 假设卫星和地球的质量分别为 m 和 M，卫星绕地球圆周运动的半径为 r，取无穷远为势能零点，卫星和地球系统的机械能为 $E=-\dfrac{GMm}{2r}$. 忽略其他次要因素，认为卫星圆周运动的向心力是万有引力，即 $\dfrac{mv^2}{r}=\dfrac{GMm}{r^2}$，则 $v^2=\dfrac{GM}{r}$. 由于空气阻力做负功，根据功能原理可知系统的机械能将减少，则 r 将减小，因此速率将增大.

2.5.2 计算题

计算题 1 质量为 m 的质点沿 x 轴运动，质点受到合外力 $F=-k/x^2$ (k 为常数)的作用，已知 $t=0$ 时质点静止于 a 点，求质点在 $x=a/2$ 处的速度大小.

【解题思路】 本题给出了力(或加速度)与位移的关系，求某位置处的速度，可以进行变量代换 $\dfrac{\mathrm{d}v}{\mathrm{d}t}=\dfrac{\mathrm{d}v}{\mathrm{d}x}\cdot\dfrac{\mathrm{d}x}{\mathrm{d}t}=v\dfrac{\mathrm{d}v}{\mathrm{d}x}$，消去时间，得到速度与位移的关系.

解 由牛顿第二定律，有

$$F=-\frac{k}{x^2}=m\frac{\mathrm{d}v}{\mathrm{d}t}=m\frac{\mathrm{d}v}{\mathrm{d}x}\cdot\frac{\mathrm{d}x}{\mathrm{d}t}=mv\frac{\mathrm{d}v}{\mathrm{d}x}$$

$$v\mathrm{d}v=-\frac{k}{m}\frac{\mathrm{d}x}{x^2}$$

由 $x=a$ 时，$v_0=0$，设质点在 $x=a/2$ 处的速度大小为 v，两边积分得

$$\int_0^v v\,\mathrm{d}v=-\frac{k}{m}\int_a^{a/2}\frac{\mathrm{d}x}{x^2}$$

$$\frac{v^2}{2}=\frac{k}{m}\left(\frac{2}{a}-\frac{1}{a}\right)=\frac{k}{ma}$$

可得质点在 $x=a/2$ 处的速度大小为

$$v=\sqrt{\frac{2k}{ma}}$$

【延伸思考】

(1) 本题中若将力与位移的关系变为力与位移成反比，试求某时刻或某位置的速度.

(2) 本题中若将力与位移的关系变为力与位移大小成正比、方向始终相反，试求某时刻或某位置的速度以及求运动方程，并根据运动方程分析质点的运动特点.

计算题 2 在光滑的水平桌面上，水平放置一个固定的半圆屏障，有一质量为 m 的滑块以初速率 v_0 沿切线方向进入屏障一端，如图所示，设滑块与屏障间的摩擦系数为 μ.

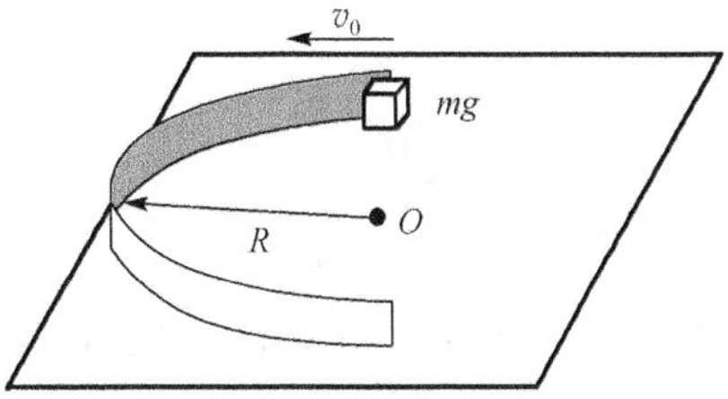

计算题 2 图

(1) 求滑块从另一端滑出时摩擦力所做的功；

(2) 求滑块刚进入屏障时和从另一端滑出时，对圆心 O 点的角动量变化.

【解题思路】 ①根据牛顿第二定律，屏的支持力提供向心力，屏的摩擦力提供切向力，联合向心力和切向力公式，并利用 $v\mathrm{d}t=\mathrm{d}s$，积分可得到速度表达式，再根据动能定理，摩擦力做的功等于动能的增量，可求出摩擦力的功. ②根据质点对点的角动量公式 $\boldsymbol{L}=\boldsymbol{R}\times m\boldsymbol{v}$ 可求出始末状态的角动量及角动量变化.

解 (1) 滑块沿半圆屏障做圆周运动，屏的支持力提供向心力

$$N=ma_{\mathrm{n}}=m\frac{v^2}{R}$$

摩擦力提供切向力

$$f=\mu N=-ma_{\mathrm{t}}=-m\frac{\mathrm{d}v}{\mathrm{d}t}$$

以上两式联立得

$$\mu\frac{v^2}{R}=-\frac{\mathrm{d}v}{\mathrm{d}t}$$

即

$$\frac{\mathrm{d}v}{v}=-\mu\frac{v}{R}\mathrm{d}t=-\frac{\mu}{R}\mathrm{d}s$$

两边积分

$$\int_{v_0}^{v}\frac{\mathrm{d}v}{v}=-\frac{\mu}{R}\int_0^{\pi R}\mathrm{d}s$$

当滑块从半圆屏另一端滑出时其速度为

$$v=v_0\mathrm{e}^{-\pi\mu}$$

在此过程中，只有摩擦力做功，根据动能定理，可得摩擦力做的功

$$W_f = \frac{1}{2}mv^2 - \frac{1}{2}mv_0^2 = \frac{1}{2}mv_0^2(\mathrm{e}^{-2\pi\mu} - 1)$$

(2)滑块刚进入屏障时对圆心 O 点的角动量为

$$\boldsymbol{L}_0 = \boldsymbol{R} \times m\boldsymbol{v}_0$$

角动量的大小为

$$L_0 = Rmv_0$$

方向为垂直水平桌面向上.

滑块从另一端滑出时对圆心 O 点的角动量为

$$\boldsymbol{L} = \boldsymbol{R} \times m\boldsymbol{v}$$

角动量的大小为

$$L = Rmv = Rmv_0\mathrm{e}^{-\pi\mu}$$

方向为垂直水平桌面向上，故两状态角动量的方向不变，两状态角动量大小的增量为 $\Delta L = L - L_0 = Rmv_0(\mathrm{e}^{-\pi\mu} - 1)$.

【延伸思考】

(1)本题求摩擦力做的功，用的是动能定理，试用功的定义进行求解；

(2)思考在研究物体转动时引入角动量这个物理量的重要意义；

(3)从角动量守恒定律角度思考，本题始末状态的角动量不一样，说明什么？

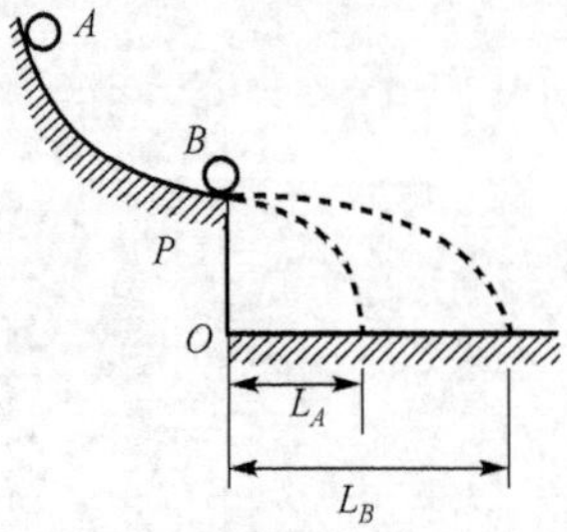

计算题 3 图

计算题 3 如图所示，质量为 m_A 的小球 A 沿光滑的弧形轨道滑下，与放在轨道端点 P 处(该处轨道的切线为水平方向)的静止小球 B 发生完全弹性正碰撞，小球 B 的质量为 m_B，A、B 两小球碰撞后同时落在水平地面上. 如果 A、B 两球的落地点距 P 点正下方 O 点的距离之比为 $\frac{L_A}{L_B} = \frac{2}{5}$，求两小球的质量之比 $\frac{m_A}{m_B}$.

【解题思路】 A、B 两球碰撞过程中动量守恒，由于是完全弹性碰撞，碰撞前后动能守恒，联立可得碰撞后 A、B 两球的速率. 碰撞后两球做平抛运动，且下落时间相同，可得水平方向运动位移与碰撞后速度的关系，从而得到质量关系.

解 A、B 两球发生完全弹性正碰撞，碰撞过程水平方向动量守恒，得

$$m_A v_{A0} = m_A v_A + m_B v_B$$

碰撞前后动能守恒，得

$$\frac{1}{2}m_A v_{A0}^2 = \frac{1}{2}m_A v_A^2 + \frac{1}{2}m_B v_B^2$$

两式联立得

$$v_A=\frac{m_A-m_B}{m_A+m_B}v_{A0},\qquad v_B=\frac{2m_A}{m_A+m_B}v_{A0}$$

由于 A、B 两球碰撞后，分别以速率 v_A 和 v_B 向前做平抛运动，即 $v_A>0$，所以 $m_A>m_B$.

由于两球同时落地，所以水平方向上两球运动时间相同，故有 $L_A=v_At$，$L_B=v_Bt$，所以

$$\frac{L_A}{L_B}=\frac{v_A}{v_B}=\frac{2}{5}$$

即

$$\frac{v_A}{v_B}=\frac{m_A-m_B}{2m_A}=\frac{2}{5}$$

故

$$\frac{m_A}{m_B}=5$$

【延伸思考】

(1) 两个小球碰撞时发生形变，根据碰撞后两小球形变的恢复程度把碰撞分为完全弹性碰撞、完全非弹性碰撞和非完全弹性碰撞，请区分这几种碰撞以及碰撞的动量、动能特点；

(2) 碰撞过程中动量守恒、动能守恒的条件是什么？

(3) 本题中若给出 A、P 两点和 P、O 两点的高度差，试求两球落地时的速度.

计算题 4 如图所示，光滑斜面与水平面的夹角为 $\alpha=30^\circ$，轻质弹簧一端固定，当弹簧处于原长时，在另一端挂一质量为 $M=1.0\text{kg}$ 的木块，木块沿斜面从静止开始向下滑动．当木块向下滑动 $x=30\text{cm}$ 时，恰好有一质量为 $m=0.01\text{kg}$ 的子弹沿水平方向以速度 $v=200\text{m}\cdot\text{s}^{-1}$ 射中木块并陷入其中．设弹簧的刚度系数为 $k=25\text{N}\cdot\text{m}^{-1}$．求子弹打入木块后的共同速度（$g$ 取 $9.8\text{m}\cdot\text{s}^{-2}$）.

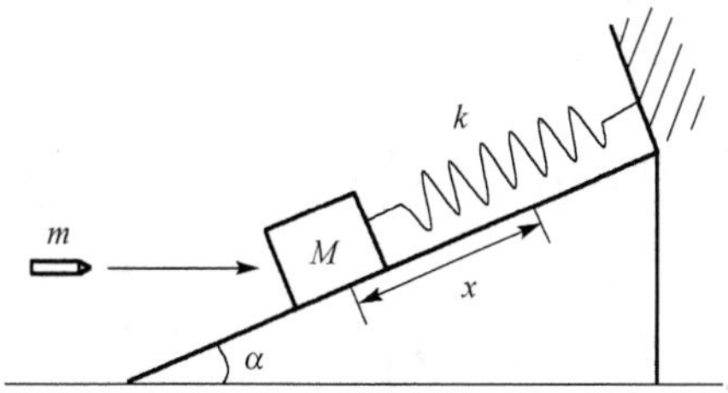

计算题 4 图

【解题思路】利用木块沿斜面下滑过程中机械能守恒，可求出其与子弹碰撞前的速度．利用木块与子弹碰撞过程中沿斜面方向上动量守恒，可求出子弹打入木块后的共同速度.

解 设子弹打木块前木块的速度为 v_1，木块沿斜面运动过程中，机械能守恒，得

$$\frac{1}{2}Mv_1^2+\frac{1}{2}kx^2=Mgx\sin\alpha$$

$$v_1=0.83\text{m}\cdot\text{s}^{-1}$$

设子弹打入木块后的共同速度为 v_2，子弹射入木块过程中沿斜面方向动量守恒，得

$$Mv_1-mv\cos\alpha=(M+m)v_2$$

$$v_2=-0.89\text{m}\cdot\text{s}^{-1}$$

负号表示子弹打入木块后它们沿斜面以共同速度向上运动.

【延伸思考】

(1) 试求子弹打入木块后沿斜面共同向上运动的距离；

(2) 若斜面非光滑，与木块之间的摩擦系数为 μ，其他条件不变，试求子弹打入木块后的共同速度和沿斜面共同向上运动的距离.

2.5.3 进阶题

进阶题 1 在高台跳水运动中，为了保护运动员不受伤害，跳台下面的水池应当具有足够的深度. 设运动员入水后垂直下沉，而水的阻力为 $f=-20v^2$ (SI)，运动员的质量可取为 50kg，由于人体的密度与水接近，浮力和重力可以近似认为相等. 当运动员的速度约为 2m/s 时，最容易翻身，此时可以通过脚蹬池底借助反作用力快速上浮. 试估算 10m 跳台水池的深度取多少较为合理.

【解题思路】 水池太浅，运动员跳下去会有危险；水池太深，则不利于快速翻身上浮，所以应当有一个合适的深度. 运动员入水前可以视为自由落体运动，入水后则受到水的阻力作用开始减速，可以通过牛顿运动定律求解.

解 方法 1：利用牛顿第二定律直接求水深.

首先把运动员视为质点，建立直角坐标系，取竖直向下为 x 轴正方向，以水面为坐标原点. 根据动能定理可知运动员入水速率为 $v_0=\sqrt{2gh}\approx 14\text{m/s}$. 由于重力与浮力近似相等，运动员在水中仅受阻力作用，且阻力方向与速度方向相反，根据牛顿第二定律可得

$$f=m\frac{\mathrm{d}v}{\mathrm{d}t}=-20v^2$$

方程两边同时乘以 $\mathrm{d}x$ 可得(或者利用复合函数求导法则)

$$50\frac{\mathrm{d}v}{\mathrm{d}t}\mathrm{d}x=-20v^2\mathrm{d}x,\qquad -0.4\mathrm{d}x=\frac{\mathrm{d}v}{v}$$

两边同时积分可得

$$\int_0^x -0.4\mathrm{d}x=\int_{v_0}^{v_f}\frac{\mathrm{d}v}{v},\qquad x=2.5\ln\frac{v_0}{v_f}$$

将 $v_0=14\text{m/s}, v_f=2\text{m/s}$ 代入可得水池深度应为 $x\approx 5.0\text{m}$.

方法 2：利用牛顿第二定律可以求出运动方程，从而得到水深.

第一步与方法 1 相同，建立直角坐标系，写出牛顿第二定律方程

$$f=m\frac{\mathrm{d}v}{\mathrm{d}t}=-20v^2,\quad 50\frac{\mathrm{d}v}{\mathrm{d}t}=-20v^2,\quad -\frac{\mathrm{d}v}{v^2}=0.4\mathrm{d}t$$

然后两边积分可以得到速度与时间之间的关系式

$$\int_0^t 0.4\mathrm{d}t=\int_{v_0}^{v}-\frac{\mathrm{d}v}{v^2},\quad \frac{1}{v}=\frac{1}{v_0}+0.4t=\frac{\mathrm{d}t}{\mathrm{d}x}$$

从上式一方面可以得到翻身时对应的时刻为

$$t_f = 2.5\left(\frac{1}{v_f} - \frac{1}{v_0}\right)$$

另一方面再积分一次可以得到运动方程

$$\int_0^x \mathrm{d}x = \int_0^t \frac{\mathrm{d}t}{v_0^{-1} + 0.4t}, \quad x = \frac{5}{2}\ln\left(0.4t + \frac{1}{v_0}\right)\bigg|_0^t = \frac{5}{2}\ln(0.4v_0 t + 1)$$

最后将翻身的时刻 t_f 代入即可得到与方法 1 完全相同的结果.

进阶题 2 如图所示，质量为 M 的楔，其斜面长度为 L，顶角为 θ，置于光滑水平面上. 有一个质量为 m 的小滑块沿着楔的光滑斜面自由滑下. 求楔 M 的加速度以及滑块 m 由斜面顶端滑到底端时对楔 M 做的功.

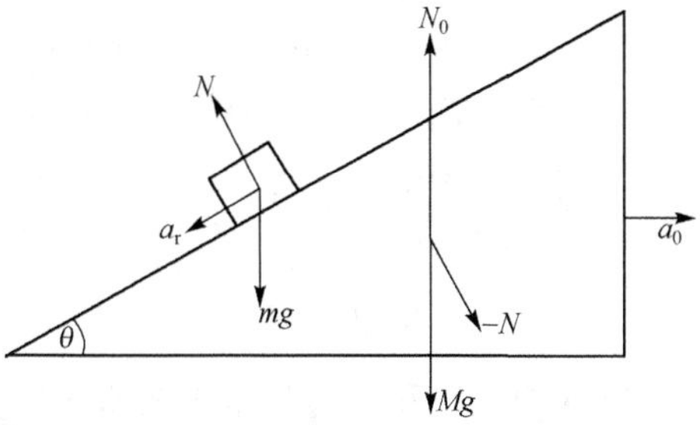

进阶题 2 图

【解题思路】 本题中楔和滑块都在运动，要想在惯性系中运用牛顿第二定律，必须正确处理运动过程中的约束条件，也即要求滑块相对楔的运动方向始终沿着斜面的方向.

解 方法 1：在地面参考系中求解.

选择水平向右和竖直向上的方向分别为 x 轴和 y 轴的正方向. 对楔 M 和滑块 m 的受力分析如图所示，其中 $\boldsymbol{a}_0$ 是楔相对地面的加速度，而 $\boldsymbol{a}_\mathrm{r}$ 是滑块相对楔的加速度，则地面系中滑块的加速度为 $\boldsymbol{a} = \boldsymbol{a}_0 + \boldsymbol{a}_\mathrm{r}$. 对于滑块 m，由牛顿第二定律可得

$$\boldsymbol{N} + m\boldsymbol{g} = m\boldsymbol{a} = m(\boldsymbol{a}_0 + \boldsymbol{a}_\mathrm{r})$$

正交分解为沿着斜面的方向和垂直斜面的方向可得

$$mg\sin\theta = ma_\mathrm{r} - ma_0\cos\theta$$
$$N - mg\cos\theta = -ma_0\sin\theta$$

对于楔 M，由牛顿第二定律可得

$$\boldsymbol{N}_0 - \boldsymbol{N} + M\boldsymbol{g} = M\boldsymbol{a}_0$$

正交分解为水平方向和竖直方向

$$N\sin\theta = Ma_0$$
$$N_0 - N\cos\theta - Mg = 0$$

联立上述方程可以得到

$$a_0 = \frac{mg\sin\theta\cos\theta}{M + m\sin^2\theta}, \quad a_\mathrm{r} = \frac{(M+m)g\sin\theta}{M + m\sin^2\theta}, \quad N = \frac{Mmg\cos\theta}{M + m\sin^2\theta}$$

可见滑块相对于斜面做加速度为 $\boldsymbol{a}_\mathrm{r}$ 的匀加速直线运动.

假设滑块从斜面顶端滑到斜面底端用时为 t，则有 $L=\frac{1}{2}a_\mathrm{r}t^2$，在这段时间内楔 M 的位移为 $l=\frac{1}{2}a_0t^2$. 所以，滑块从斜面顶端滑到斜面底端对楔所做的功为

$$W=(-\boldsymbol{N})\cdot\boldsymbol{l}=Nl\sin\theta=\frac{Mm^2gL\sin\theta\cos^2\theta}{(M+m\sin^2\theta)(M+m)}=\frac{Mm^2gh\cos^2\theta}{(M+m\sin^2\theta)(M+m)}$$

其中 h 是斜面的高度.

方法 2: 第一种解法要求对滑块和楔的运动状况有一定程度的了解，这里提供一种更一般的解法，它只需用到一个事实：楔只能在水平面上运动而没有竖直方向上的运动，这一点是显而易见的.

一般地，假设楔相对地面的加速度为 $\boldsymbol{a}_0=a_0\boldsymbol{i}$，滑块相对地面的加速度为 $\boldsymbol{a}=a_x\boldsymbol{i}+a_y\boldsymbol{j}$，利用第一种方法中的坐标系可以列出牛顿第二定律方程

$$N\sin\theta=Ma_0$$
$$N\cos\theta-mg=ma_y$$
$$-N\sin\theta=ma_x$$

因为滑块相对地面的加速度 $\boldsymbol{a}$ 的大小和方向都是未知的，所以上式中出现的只是最一般的直角坐标分量 a_x 和 a_y. 到此问题仍无法解决，因为有四个未知数 N、a_0、a_x、a_y，却只列出了三个方程. 仔细分析发现还有一个约束条件没有用到，即运动过程中滑块总是沿着楔的斜面下滑，这个条件对滑块和楔的加速度有所限制. 假设楔的位矢为 $\boldsymbol{r}_0$，滑块的位矢为 $\boldsymbol{r}$，则滑块相对楔的位移为 $\boldsymbol{r}-\boldsymbol{r}_0$，要求滑块始终沿着斜面下滑意味着滑块相对楔的位移的方向应当沿着斜面的方向，也即

$$y-y_0=(x-x_0)\tan\theta$$

上式对时间求两次导数，并且考虑到楔只有水平方向加速度的事实，所以

$$a_y=(a_x-a_0)\tan\theta$$

补充了这一个约束方程之后，联立前面的三个牛顿第二定律方程，可以解出

$$a_0=\frac{mg\sin\theta\cos\theta}{M+m\sin^2\theta}，a_x=-\frac{Mg\sin\theta\cos\theta}{M+m\sin^2\theta}，a_y=-\frac{(M+m)g\sin^2\theta}{M+m\sin^2\theta}，N=\frac{Mmg\cos\theta}{M+m\sin^2\theta}$$

注意 a_x、a_y 表达式中的负号，它们表明滑块的加速度分量的方向和选择的坐标系正方向相反，也即 x 分量水平向左，而 y 分量竖直向下，显然这与滑块沿楔的斜面下滑是一致的. 为了与第一种方法比较，下面求出滑块相对楔的加速度大小

$$\boldsymbol{a}_\mathrm{r}=\boldsymbol{a}-\boldsymbol{a}_0=(a_x-a_0)\boldsymbol{i}+a_y\boldsymbol{j}=a_y(\boldsymbol{i}\cot\theta+\boldsymbol{j})$$

$$a_\mathrm{r}=|a_y|\csc\theta=\frac{(M+m)g\sin\theta}{M+m\sin^2\theta}$$

与第一种方法得到的结果完全一致. 用类似的方法还可以求出滑块对楔做的功.

方法 3: 本题的难点是找到滑块和楔的加速度满足的约束关系.

为了确定楔和滑块的位置，引入两个变量，一个是楔的直角顶点的坐标 b，另一个是滑

块从斜面顶端相对于滑块滑下的距离 r，利用这两个变量可以写出地面参考系中滑块(视为质点)的坐标分量

$$x=b-r\cos\theta,\qquad y=h-r\sin\theta$$

其中 h 是斜面的高度. 对时间求两次导数即可得到滑块的加速度分量

$$a_x=\frac{\mathrm{d}^2x}{\mathrm{d}t^2}=\frac{\mathrm{d}^2b}{\mathrm{d}t^2}-\frac{\mathrm{d}^2r}{\mathrm{d}t^2}\cos\theta,\qquad a_y=\frac{\mathrm{d}^2y}{\mathrm{d}t^2}=-\frac{\mathrm{d}^2r}{\mathrm{d}t^2}\sin\theta$$

另一方面，楔作为一个整体在水平面上移动，其加速度可以用楔上任意一点的加速度来表示，不妨取楔的直角顶点作为代表点，则可以得到楔的加速度(只有水平分量)大小为 $a_0=\frac{\mathrm{d}^2b}{\mathrm{d}t^2}$，于是可以得到滑块的加速度分量和楔的加速度分量之间的关系

$$a_x=a_0-\frac{\mathrm{d}^2r}{\mathrm{d}t^2}\cos\theta,\quad a_y=-\frac{\mathrm{d}^2r}{\mathrm{d}t^2}\sin\theta,\quad a_x-a_0=a_y\cot\theta$$

最后一式正是第二种解法中给出的加速度之间的约束关系. 剩下的解题过程与前两种方法相同，这里不再赘述.

这里选择的两个变量 b 和 r 通常称为广义坐标，事实上，通过选择合适的广义坐标可以大大简化力学问题的计算，特别是在有约束存在的情形，这也是在物理学史上牛顿力学的一个发展方向.

方法 4：利用守恒定律求解.

将滑块和楔作为一个系统，则水平方向上没有外力作用，因此可以应用水平方向上的动量守恒定律. 设楔相对地面的速度为 $\boldsymbol{V}$，滑块相对楔的速度为 $\boldsymbol{v}_\mathrm{r}$，则滑块相对地面的速度为 $\boldsymbol{v}=\boldsymbol{V}+\boldsymbol{v}_\mathrm{r}$. 在地面系中，根据水平方向动量守恒定律可知

$$MV+m(V-v_\mathrm{r}\cos\theta)=0,\quad V=\frac{mv_\mathrm{r}\cos\theta}{M+m},\quad a_0=\frac{ma_\mathrm{r}\cos\theta}{M+m}$$

其中第三式是通过对第二式求导得到的. 另一方面，系统在运动过程中只有滑块的重力做功，满足机械能守恒定律，由此可得

$$mgs=\frac{1}{2}mv^2+\frac{1}{2}MV^2=\frac{1}{2}m[(V-v_\mathrm{r}\cos\theta)^2+(v_\mathrm{r}\sin\theta)^2]+\frac{1}{2}MV^2$$

式中 s 是滑块在竖直方向下落的距离. 将上式两边同时对时间求导可得

$$mgv_\mathrm{r}\sin\theta=(m+M)Va_0+mv_\mathrm{r}a_\mathrm{r}-m(a_0v_\mathrm{r}+Va_\mathrm{r})\cos\theta$$

式中左边的结果是因为 $\frac{\mathrm{d}s}{\mathrm{d}t}$ 是滑块相对楔的速度在竖直方向上的分量. 联立上述方程可以得到

$$a_\mathrm{r}=\frac{(M+m)g\sin\theta}{M+m\sin^2\theta},\qquad a_0=\frac{mg\sin\theta\cos\theta}{M+m\sin^2\theta}$$

假设滑块从斜面顶端滑到斜面底端用时为 t，则有 $L=\frac{1}{2}a_\mathrm{r}t^2$，楔获得的速度大小为 $V=a_0t$，对楔应用动能定理可得此过程中滑块对楔所做的功为

$$W=\frac{1}{2}MV^2=MLa_0\frac{a_0}{a_\mathrm{r}}=\frac{Mm^2gL\sin\theta\cos^2\theta}{(M+m\sin^2\theta)(M+m)}$$

值得注意的是，在本题中，滑块和楔之间只有支持力作用，且在整个滑动过程中支持力都是垂直于斜面的，似乎不应该做功. 然而由于楔有水平方向的加速度，并非是一个惯性系，因此在地面惯性系看来，滑块的位移和支持力的方向并非垂直，所以支持力可以做功. 读者也可以尝试在非惯性系中利用惯性力来解此题.

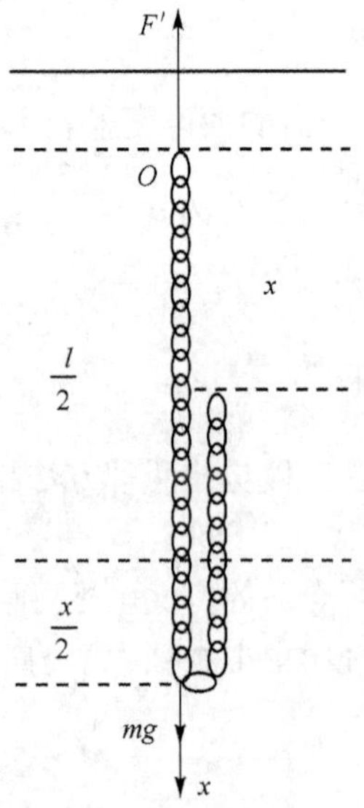

进阶题 3 图

进阶题 3 如图所示，质量为 m、长为 l 的柔软链条悬挂在 O 点，将链条底端提起对折，然后放手让其自由下落直到伸直为止. 试求在链条下落的过程中，挂钩受到的作用力随时间的变化关系.

【解题思路】 本题若是取一段链条进行分析，则需要考虑各部分之间的相互作用，过程比较复杂，细节不易掌握，较简单的做法是将链条视为一个整体，这样可以不必分析各个部分之间的内力，从而大大简化计算过程.

解 方法 1：利用质点系动量定理求解.

将链条整体视为一个质点系，以悬挂点为原点，竖直向下为正方向建立如图所示的坐标系. 则链条受到的外力只有自身重力和挂钩的拉力. 由于链条左边部分始终保持静止，而右边部分做自由落体运动，当下落的时间为 t 时，右边部分的速度和位移分别为

$$v = gt, \qquad x = \frac{1}{2}gt^2$$

此时右边部分的质量为

$$m_R = \rho l_R = \frac{m}{l}\frac{l-x}{2}$$

对整个链条利用质点系动量定理(合外力冲量等于动量变化量)可得

$$mgt - \int_0^t F'\mathrm{d}t = m_R v$$

因为左边链条是静止的，因此只有右边的链条才有动量. 上式对时间求导即可得到挂钩对链条的拉力

$$F' = mg - \frac{\mathrm{d}(m_R v)}{\mathrm{d}t} = mg - \frac{\mathrm{d}m_R}{\mathrm{d}t}v - m_R\frac{\mathrm{d}v}{\mathrm{d}t} = mg + \frac{m}{2l}\frac{\mathrm{d}x}{\mathrm{d}t}v - m_R g$$
$$= \frac{1}{2}mg + \frac{3mg^2}{4l}t^2$$

根据牛顿第三定律可知挂钩受到的力是 F' 的反作用力，其大小为

$$F = \frac{1}{2}mg + \frac{3mg^2}{4l}t^2$$

方法 2：利用质心运动定理求解.

对整个链条利用质心运动定理可得

$$mg - F' = ma_C$$

其中 a_C 是链条质心的加速度. 由于链条的质量是均匀分布的，左右半边的链条其质心在各自的中点，根据质心的定义可以求出整个链条质心的坐标为

$$x_C = \frac{1}{m}\left[m_L \frac{l+x}{4} + m_R\left(x + \frac{l-x}{4}\right)\right] = \frac{1}{4l}(l^2 + 2lx - x^2)$$

其中 m_L 和 m_R 为下落 x 时左右半边链条质量. 对时间求两次导可得

$$a_C = \frac{d^2 x_C}{dt^2} = \frac{1}{2l}\left[l\frac{d^2x}{dt^2} - \left(\frac{dx}{dt}\right)^2 - x\frac{d^2x}{dt^2}\right] = \frac{1}{2l}(gl - v^2 - gx)$$

将 $v = gt$, $x = \frac{1}{2}gt^2$ 代入即可得到挂钩对链条的作用力为

$$F' = mg - ma_C = mg - \frac{m}{2l}(gl - v^2 - gx)$$
$$= \frac{1}{2}mg + \frac{3mg^2}{4l}t^2$$

与第一种方法的结果完全一致. 这种方法物理过程最为清晰，且不易出错.

方法 3：利用变质量物体运动方程求解.

此时选择左边的链条为研究对象，其质量为

$$m_L = \rho l_L = \frac{m}{l}\frac{l+x}{2}$$

其受到的合力为 $m_L g - F'$. 随着右边链条的下落，左边链条的质量不断增加. 若增加的质量为 dm_L，速度为 $u = gt = \sqrt{2gx}$，则左边链条的动量变化为

$$dp = 0 - u\,dm_L = (m_L g - F')dt$$

于是可得

$$F' = m_L g + u\frac{dm_L}{dt} = m_L g + u\frac{m}{2l}\frac{dx}{dt} = \frac{m}{l}\frac{l+x}{2}g + \sqrt{2gx}\frac{m}{2l}v$$

将表达式 $v = gt$, $x = \frac{1}{2}gt^2$ 代入即可得到挂钩对链条的作用力，从而得到挂钩的受力

$$F = \frac{1}{2}mg + \frac{3mg^2}{4l}t^2$$

本题中链条是对折之后放手让一端自由下落，而最终得到的受力公式中第一项刚好是链条重力的一半，这是否仅仅是一种巧合呢？读者可以自行将本题的结论推广到任意的情形，即让链条从任意长度下落，探究是否仍有类似的结论.

进阶题 4 雨滴在重力场中下落，在下落的过程中雨滴不断吸收周围的水蒸气. 假设雨滴可以看作球形，且其质量的增加率 $\frac{dm}{dt}$ 正比于它的表面积. 若初始时刻雨滴的半径近似为零，求雨滴下落时的加速度(空气阻力忽略不计).

【解题思路】 本题是一道典型的变质量问题，可以直接利用变质量物体的运动方程求解，也可以利用质点系动量定理求解.

解 首先我们研究雨滴的质量随时间的变化关系.

设雨滴的半径为 r，密度为 ρ，则质量为 $m = \frac{4}{3}\pi r^3 \rho$，根据题意可知

$$\frac{dm}{dt}=k4\pi r^2,\quad 4\pi r^2\rho\frac{dr}{dt}=k4\pi r^2,\quad \frac{dr}{dt}=\frac{k}{\rho}$$

由于雨滴的初始半径近似为零，因此可以得到$r=(k/\rho)t$，可见雨滴的半径随着时间的增加线性变化，且可以得到雨滴质量的表达式

$$m=\frac{4}{3}\pi r^3\rho=\frac{4\pi k^3}{3\rho^2}t^3$$

方法 1：利用动量定理求解.

由于水蒸气的初始速度为零，仿照处理火箭运动问题的方法，我们可以写出雨滴的动量变化

$$dp=(m+dm)(v+dv)-mv=mdv+vdm=mgdt$$

于是可得

$$\frac{dv}{dt}=g-\frac{v}{m}\frac{dm}{dt}=g-\frac{v}{m}\frac{3m}{t}=g-\frac{3v}{t}$$

在方程两边同时乘以t^3，并整理可得

$$t^3\frac{dv}{dt}=gt^3-3vt^2,\quad \frac{d(vt^3)}{dt}=gt^3,\quad d(vt^3)=d\left(\frac{1}{4}gt^4\right)$$

于是可得$vt^3=\frac{1}{4}gt^4+C$. 由于初始时刻雨滴速度为零，因此积分常数$C=0$，所以可知

$$v=\frac{1}{4}gt,\qquad a=\frac{1}{4}g$$

方法 2：利用变质量物体运动方程求解.

注意到变质量系统遵从牛顿第二定律，即

$$\frac{d(mv)}{dt}=mg=\frac{4\pi gk^3}{3\rho^2}t^3$$

直接积分可得

$$mv=\frac{\pi gk^3}{3\rho^2}t^4,\quad v=\frac{\pi gk^3}{3m\rho^2}t^4=\frac{1}{4}gt,\quad a=\frac{1}{4}g$$

显然这种方法要比第一种方法简单得多. 在上面的计算中没有考虑空气阻力的影响，因而雨滴的速度会不断增大，这显然是不符合事实的. 实际上，由于空气阻力也随着速度的增加而增大，雨滴的速度不会一直增大下去.

2.6 单元检测

2.6.1 基础检测

一、单选题

1. 【法向加速度】如图所示，假设物体沿着竖直面上圆弧形轨道下滑，轨道是光滑的，在从A至C的

下滑过程中，下面哪个说法是正确的？[　　]

(A)它的加速度大小不变，方向永远指向圆心

(B)它的速率均匀增加

(C)它的合外力大小变化，方向永远指向圆心

(D)轨道支持力的大小不断增加

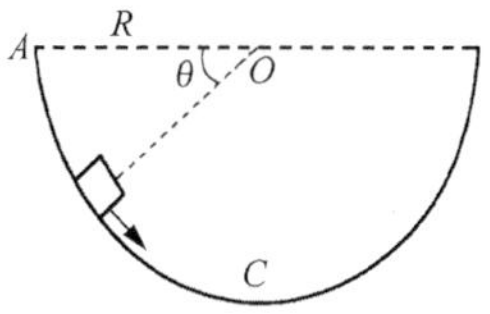

基础检测题 1 图

2. 【做功】在如图所示的系统中(滑轮质量不计，轴光滑)，外力 $\boldsymbol{F}$ 通过不可伸长的绳子和一刚度系数 $k = 200\text{N}/\text{m}$ 的轻弹簧缓慢地拉地面上的物体. 物体的质量 $M = 2\text{kg}$，初始时弹簧为自然长度，在把绳子拉下 20cm 的过程中，所做的功为(重力加速度 g 取 10m/s^2)[　　]

(A) 1J　　(B) 2J　　(C) 3J　　(D) 4J

3. 【做功】如图所示，一物体挂在一弹簧下面，平衡位置在 O 点，现用手向下拉物体，第一次把物体由 O 点拉到 M 点，第二次由 O 点拉到 N 点，再由 N 点送回 M 点，则在这两个过程中[　　]

(A)弹性力做的功相等，重力做的功不相等

(B)弹性力做的功相等，重力做的功也相等

(C)弹性力做的功不相等，重力做的功相等

(D)弹性力做的功不相等，重力做的功也不相等

4. 【动能定理和动量定理】物体在恒力 F 作用下做直线运动，在时间 Δt_1 内速度由 0 增加到 v，在时间 Δt_2 内速度由 v 增加到 $2v$，设 F 在 Δt_1 内做的功是 W_1，冲量是 I_1，在 Δt_2 内做的功是 W_2，冲量是 I_2，那么[　　]

(A) $W_1 = W_2$, $I_2 > I_1$　　(B) $W_1 = W_2$, $I_2 < I_1$

(C) $W_1 < W_2$, $I_2 = I_1$　　(D) $W_1 > W_2$, $I_2 = I_1$

5. 【动量定理】如图所示，砂子从 $h = 0.8\text{m}$ 高处下落到以 4m/s 的速率水平向右运动的传送带上. 取重力加速度 $g = 10\text{m}/\text{s}^2$，传送带给予刚落到传送带上的砂子的作用力的方向为[　　]

(A)与水平夹角 45°向下　　(B)与水平夹角 45°向上

(C)与水平夹角 37°向上　　(D)与水平夹角 37°向下

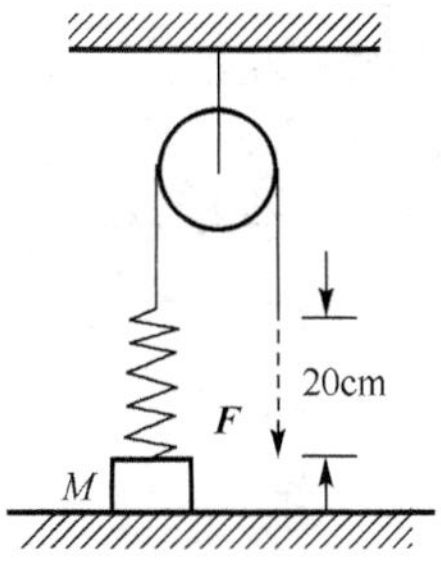

基础检测题 2 图

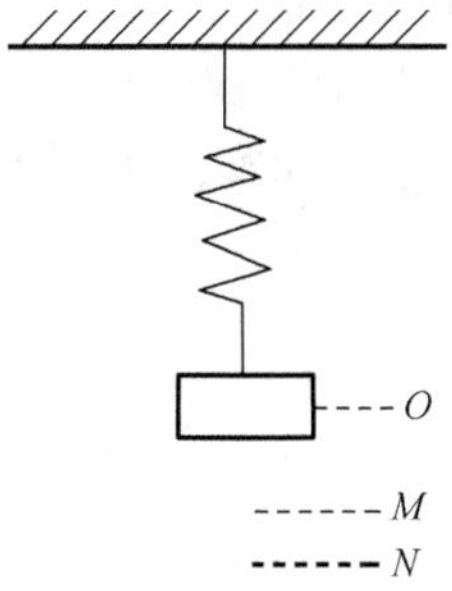

基础检测题 3 图

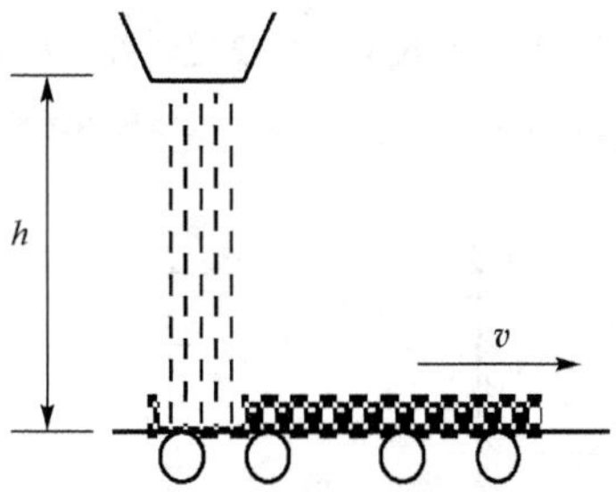

基础检测题 5 图

6. 【动量守恒】一炮弹由于特殊原因在水平飞行过程中，突然炸裂成两块，其中一块做自由下落，则另一块着地点(飞行过程中阻力不计)[　　]

(A)比原来更远　　(B)比原来更近

(C)仍和原来一样远　　(D)条件不足，不能判定

7. 【质心运动定理】一均匀细杆原来静止放在光滑的水平面上，现在其一端给予一垂直于杆身的水平方向的打击，此后杆的运动情况是[　　]

(A)杆沿力的方向平动

(B)杆绕其未受打击的端点转动

(C)杆的质心沿打击力的方向运动，杆又绕质心转动

(D)杆的质心不动，而杆绕质心转动

8. 【变力做功】在变力 $\boldsymbol{F}=(4-2y)\boldsymbol{i}$ 的作用下，一质点在如图所示的坐标平面内由原点沿 OAB 运动到 $B(2,2)$ 点，该过程变力 $\boldsymbol{F}$ 对质点所做的功为[　　]

(A) 0J　　(B) 4J　　(C) 6J　　(D) 8J

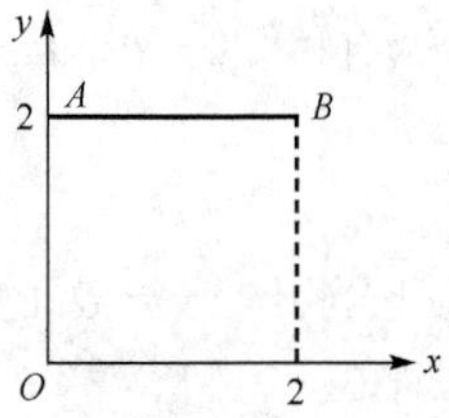

基础检测题 8 图

9. 【质点的角动量】一质点做匀速率圆周运动时[　　]

(A)它的动量不变，对圆心的角动量也不变

(B)它的动量不变，对圆心的角动量不断改变

(C)它的动量不断改变，对圆心的角动量不变

(D)它的动量不断改变，对圆心的角动量也不断改变

二、填空题

10. 【牛顿运动定律】质量为 m 的物体自空中落下，它除受重力外，还受到一个与速度成正比的阻力的作用，比例系数为 k（k 为正的常数），该下落物体的极限速度是________.

11. 【力的瞬时性】质量为 m 的小球，用轻绳 AB 、BC 连接，如图所示，其中 AB 水平. 剪断绳 AB 前后的瞬间，绳 BC 中的张力比 $T:T'=$ ________.

12. 【质心坐标】如图所示，一个细杆总长为 L，单位长度的质量为 $\lambda=\lambda_0+ax$，其中 λ_0 和 a 为正常量. 此杆的质心的坐标 $x_C=$________.

13. 【冲量、做功】一个力 F 作用在质量为1.0kg 的质点上，使之沿 x 轴运动. 已知在此力作用下质点的运动学方程为 $x=3t-4t^2+t^3$ (SI). 在 0 到 4s 的时间间隔内，

(1)力 F 的冲量大小 $I=$________.

(2)力 F 对质点所做的功 $W=$________.

14. 【势能】如图所示，刚度系数为 k 的弹簧，上端固定，下端悬挂重物. 当弹簧伸长 x_0，重物在 O 处达到平衡，现取重物在 O 处时各种势能均为零，则当弹簧长度为原长时，系统的重力势能为________；系统的弹性势能为________；系统的总势能为________.（答案用 k 和 x_0 表示）

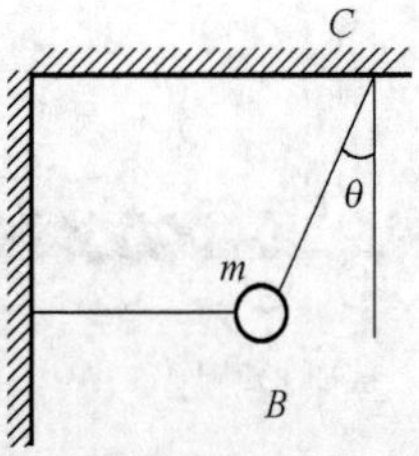

基础检测题 11 图

基础检测题 12 图

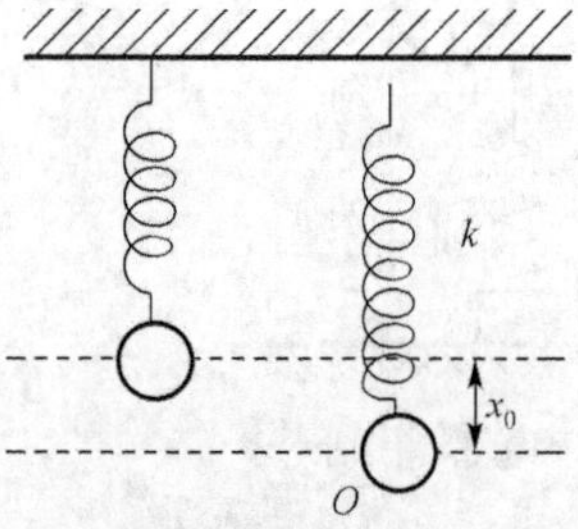

基础检测题 14 图

2.6.2 巩固提高

一、单选题

1. 用一根细线吊一重物，重物质量为5kg，重物下面再系一根同样的细线，细线只能经受70N 的拉力.

现在突然向下拉下面的线，设力最大值为50N，则[　　]

(A)下面的线先断　　(B)上面的线先断　　(C)两根线一起断　　(D)两根线都不断

2. 匀速转动的水平转台上，与转轴相距 R 处有一体积很小的工件 A，如图所示. 设工件与转台间静摩擦系数为 μ_s，若使工件在转台上无滑动，则转台的角速度 ω 应满足[　　]

(A) $\omega \leqslant \sqrt{\frac{\mu_s g}{R}}$　　(B) $\omega \leqslant \sqrt{\frac{3\mu_s g}{2R}}$　　(C) $\omega \leqslant \sqrt{\frac{3\mu_s g}{R}}$　　(D) $\omega \leqslant 2\sqrt{\frac{\mu_s g}{R}}$

3. 如图所示，一只质量为 m 的猴，原来抓住一根用绳吊在天花板上的质量为 M 的直杆，悬线突然断开，小猴则沿杆子竖直向上爬以保持它离地面的高度不变，此时直杆下落的加速度为[　　]

(A) $\frac{M-m}{M}g$　　(B) $\frac{m}{M}g$　　(C) $\frac{M+m}{M}g$　　(D) $\frac{M+m}{M-m}g$

4. 如图所示，质量为20g的子弹，以400m/s的速率沿图示方向射入一原来静止的质量为980g的摆球中，忽略摆线长度伸缩. 子弹射入后开始与摆球一起运动的速率为[　　]

(A) 2m/s　　(B) 4m/s　　(C) 7m/s　　(D) 8m/s

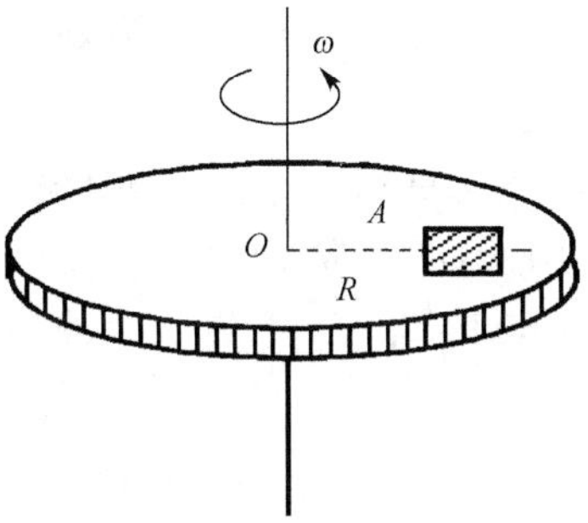

巩固提高题 2 图

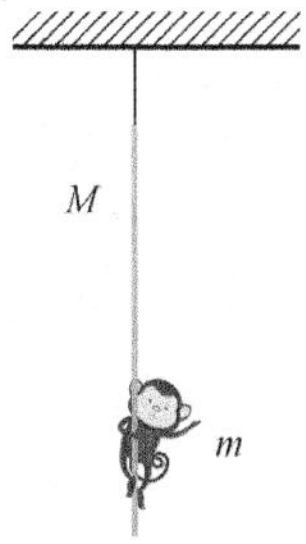

巩固提高题 3 图

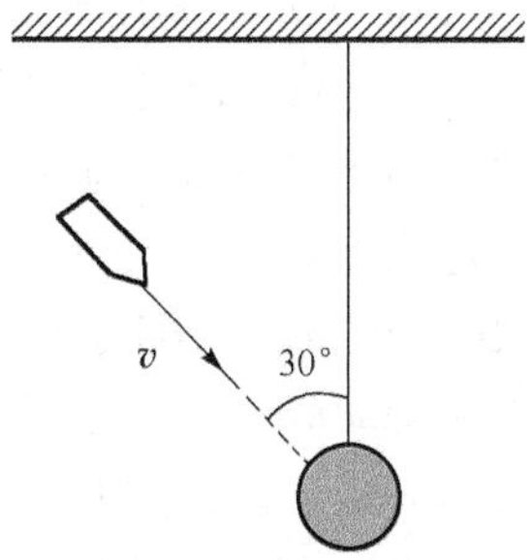

巩固提高题 4 图

5. 一质量为60kg的人起初站在一条质量为300kg，且正以2m/s的速率向湖岸驶近的小木船上，湖水是静止的，其阻力不计. 现在人相对于船以一水平速率 v 沿船的前进方向向河岸跳去，该人起跳后，船速减为原来的一半，v 应为[　　]

(A) 2m/s　　(B) 3m/s　　(C) 5m/s　　(D) 6m/s

6. 一烟火总质量为 $M+2m$，从离地面高 h 处自由下落到 $h/2$ 时炸开成为三块，一块质量为 M，另两块质量均为 m，两块 m 相对于 M 的速度大小相等，方向为一上一下. 爆炸后 M 从 $h/2$ 处落到地面的时间为 t_1，若烟火在自由下落到 $h/2$ 处不爆炸，它从 $h/2$ 处落到地面的时间为 t_2，则[　　]

(A) $t_1 > t_2$　　(B) $t_1 < t_2$　　(C) $t_1 = t_2$　　(D)无法确定 t_1 与 t_2 的关系

7. 如图所示，在光滑平面上有一运动物体 P，在 P 的正前方有一个连有弹簧和挡板 M 的静止物体 Q，弹簧和挡板 M 的质量均不计，P 和 Q 的质量相同，物体 P 与 Q 碰撞后 P 停止，Q 以碰撞前 P 的速度运动. 在此碰撞过程中，弹簧压缩量最大的时刻是[　　]

(A) P 的速度正好变为零时　　(B) P 与 Q 的速度相等时

(C) Q 正好开始运动时　　(D) Q 正好达到原来 P 的速度时

8. 质量为 m 的平板 A，用竖立的弹簧支持而处在水平位置，如图所示. 从平台上投掷一个质量也是 m 的球 B，球的初速为 v，沿水平方向. 球由于重力作用下落，与平板发生完全弹性碰撞. 假定平板是光滑的，则与平板碰撞后球的运动方向应为[　　]

(A) A_0 方向　　(B) A_1 方向　　(C) A_2 方向　　(D) A_3 方向

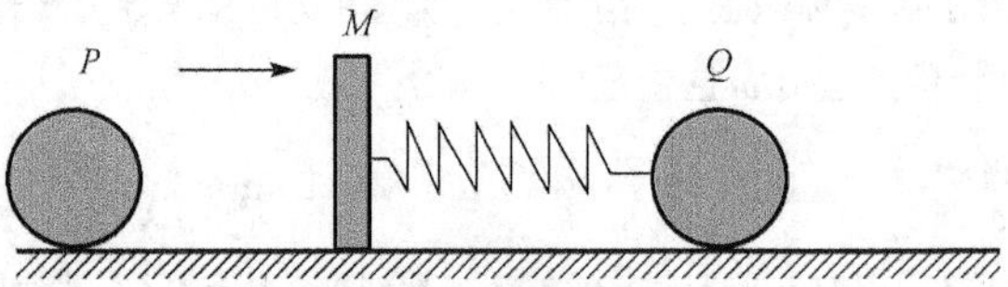

巩固提高题 7 图

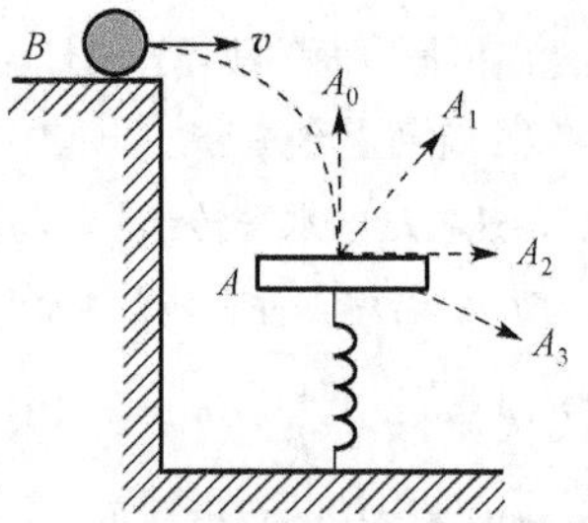

巩固提高题 8 图

9. 有一刚度系数为 k 的轻弹簧，原长为 l_0，将它吊在天花板上. 它下端挂一托盘，平衡时，其长度变为 l_1，然后在托盘中放一重物，弹簧长度变为 l_2，则由 l_1 伸长至 l_2 的过程中，弹性力所做的功为［　　］

(A) $-\int_{l_1}^{l_2} kx\mathrm{d}x$　　(B) $\int_{l_1}^{l_2} kx\mathrm{d}x$　　(C) $-\int_{l_1-l_0}^{l_2-l_0} kx\mathrm{d}x$　　(D) $\int_{l_1-l_0}^{l_2-l_0} kx\mathrm{d}x$

二、填空题

10. 质量分别为 m 和 m' 的两个粒子开始处于静止状态，且彼此相距无限远，在以后任一时刻，当它们相距为 d 时，则该时刻彼此接近的相对速率为________.

11. 如图所示，一质量为 m 的小珠可以在半径为 R 的竖直圆环上做无摩擦滑动. 今使圆环以角速度 ω 绕圆环竖直直径转动，要使小珠离开环的底部而停在环上某一点，则角速度 ω 最小应大于________.

12. 如图所示，一圆锥摆，质量为 m 的小球在水平面内以角速度 ω 匀速转动. 在小球转动一周的过程中，

(1) 小球动量增量的大小等于________.

(2) 小球所受重力的冲量的大小等于________.

(3) 小球所受绳子拉力的冲量大小等于________.

13. 有两艘停在湖上的船，它们之间用一根很轻的绳子连接. 设第一艘船和人的总质量为 250kg，第二艘船的总质量为 500kg，水的阻力不计. 现在站在第一艘船上的人用 $F = 50\text{N}$ 的水平力拉绳子，则 5s 后第一艘船的速度大小为________；第二艘船的速度大小为________.

14. 我国第一颗人造卫星沿椭圆轨道运动，地球的中心 O 为该椭圆的一个焦点，示意图如图所示. 已知地球半径 $R = 6378\text{km}$，卫星与地面的最近距离 $l_1 = 439\text{km}$，与地面的最远距离 $l_2 = 2384\text{km}$. 若卫星在近地点 A_1 的速率 $v_1 = 8.1\text{km/s}$，则卫星在远地点 A_2 的速率 $v_2 =$________.

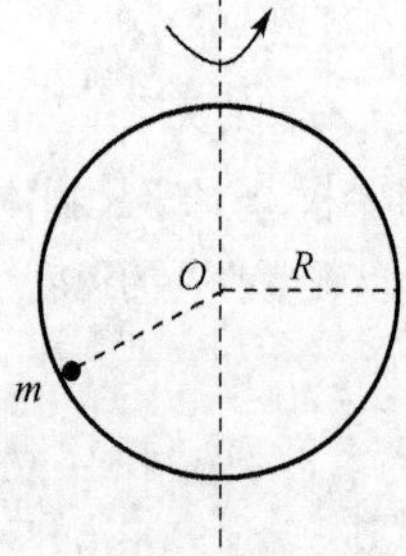

巩固提高题 11 图

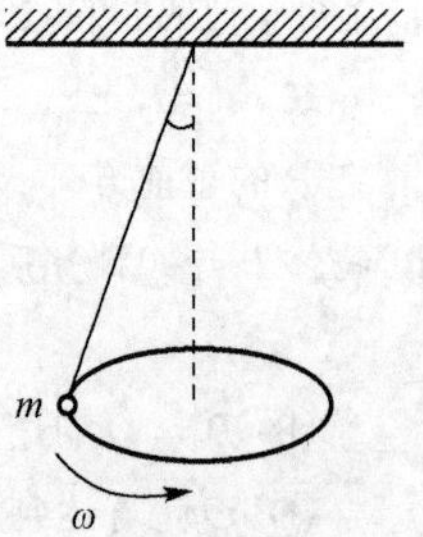

巩固提高题 12 图

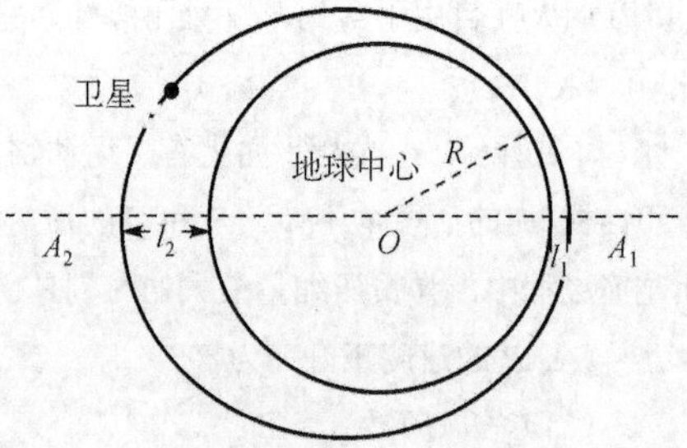

巩固提高题 14 图

三、计算题

15. 三艘质量均为 M 的小船鱼贯而行，速度均为 v. 现在从中间那艘船上同时以相对于船的速度 u 把两个质量均为 m 的物体分别抛到前后两艘船上，速度 u 的方向与速度 v 在同一直线上. 问抛掷物体后，这三

艘船的速度各为多少？（忽略水平方向的阻力）

16. 如图所示，质量为 $M=1.5\text{kg}$ 的物体，用一根长为 $l=1.25\text{m}$ 的细绳悬挂在天花板上．今有一质量为 $m=10\text{g}$ 的子弹以 $v_0=500\text{m/s}$ 的水平速度射穿物体，刚穿出物体时子弹的速度大小 $v=30\text{m/s}$，设穿透时间极短．求：

(1) 子弹刚穿出时绳中张力的大小；

(2) 子弹在穿透过程中所受的冲量．

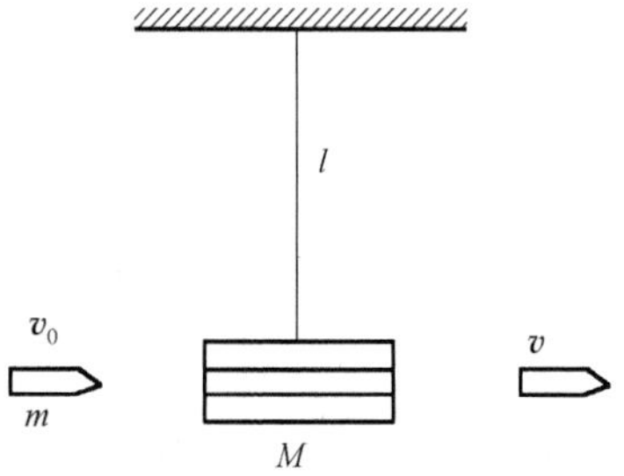

巩固提高题 16 图

17. 表面光滑的直圆锥体，顶角为 2θ，底面固定在水平面上，如图所示，质量为 m 的小球系在绳的一端，绳的另一端系在圆锥的顶点，绳长为 l，忽略绳的形变及质量．今使小球在圆锥面上以角速度 ω 绕 OH 轴匀速转动，

(1) 求锥面对小球的支持力 N 和细绳的张力 T；

(2) 当增大到某一值 ω_c 时，小球将离开锥面，这时 ω_c 及 T 各是多少？

18. 一质点的运动轨迹如图所示，已知质点的质量为 50g，在 A、B 两位置的速率都为 20m/s，$\boldsymbol{v}_A$ 与 x 轴成 $45°$ 角，$\boldsymbol{v}_B$ 垂直于 y 轴，求质点由 A 点到 B 点这段时间内，作用在质点上外力的总冲量．

19. 质量 $m=2\text{kg}$ 的质点在力 $\boldsymbol{F}=12t\boldsymbol{i}$ (SI) 的作用下，从静止出发沿 x 轴正向做直线运动，求在前 3s 内该力所做的功．

20. 如图所示，一质点在平面内做圆周运动，有一力 $\boldsymbol{F}=F_0(x\boldsymbol{i}+y\boldsymbol{j})$ 作用在质点上．在该质点从坐标原点 (0,0) 运动到位置 $(2R,0)$ 的过程中，求此力对质点所做的功．

21. 将线密度 λ 的细线弯成半径为 R 的圆环，将一质量为 m_0 的质点放在环中心点时，求圆环和质点的引力势能．

22. 如图所示，升降机里的水平桌面上有一质量为 m 的物体 A，它通过一根跨过桌边定滑轮的细绳与另一质量为 $2m$ 的物体 B 相连，升降机以加速度 $a=g/2$ 向下运动，设 A 与桌面间的摩擦系数为 μ，略去滑轮轴承处的摩擦及绳的质量，且忽略绳的形变，求出 A、B 两物相对于地面的加速度．

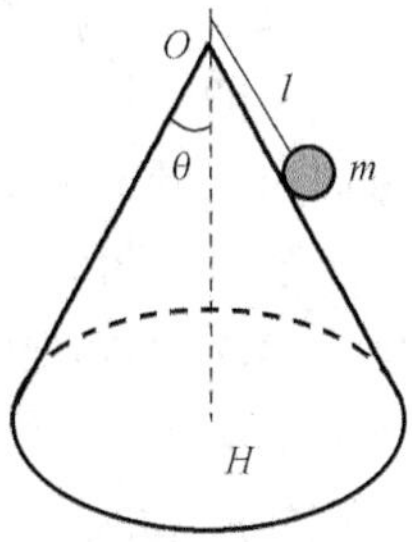

巩固提高题 17 图

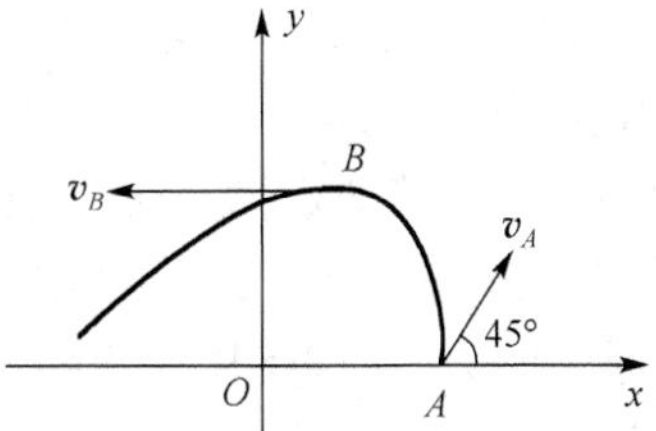

巩固提高题 18 图

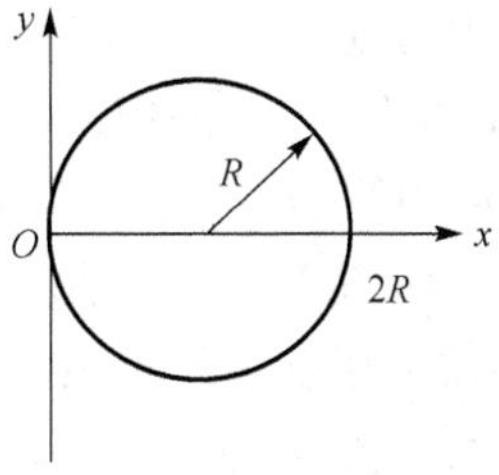

巩固提高题 20 图

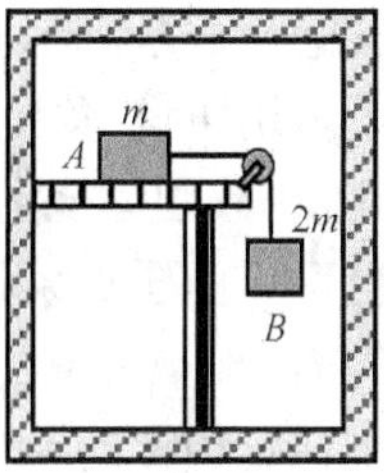

巩固提高题 22 图

2.6 单元检测
参考答案

第 3 章　刚体力学

3.1 基 本 要 求

⑴理解刚体模型、刚体定轴转动的角速度、角加速度等概念，理解刚体定轴转动的角量和线量之间的关系.

⑵理解转动惯量和力矩的概念及计算方法，会利用平行轴定理和垂直轴定理等求刚体的转动惯量.

⑶掌握刚体定轴转动定律，能求解定轴转动刚体和质点联动的问题.

⑷掌握力矩的功、刚体的转动动能和重力势能的概念，能对含有定轴刚体在内的系统正确应用动能定理和机械能守恒定律.

⑸理解刚体(对定轴)角动量的概念和角动量守恒的条件，掌握角动量守恒定律，能联系机械能守恒定律及动量守恒定律解决简单的力学问题.

3.2 学 习 导 引

⑴本章主要学习刚体的运动学和动力学，主要包含刚体的定轴转动定律、刚体绕定轴转动的动能定理、刚体的角动量定理和角动量守恒定律等内容.

⑵刚体是指受力时形状和大小保持不变的理想物体，即各质元之间的相对位置保持不变的质点系，刚体的运动分为平动和转动，平动可以用质心的运动来描述；刚体的定轴转动可以用角量(角坐标、角位移、角速度和角加速度)来描述，与质点类似，可以对比学习.

⑶刚体绕定轴转动的动力学方程，即刚体定轴转动定律，可以由牛顿运动定律得到，也可以由质点系的角动量定理的一般形式推导出来，可以对比着学习. 刚体定轴转动定律中的力矩、转动惯量和角加速度与牛顿运动定律中的力、质量和加速度之间有着类似对应关系. 刚体定轴转动的转动惯量是描述刚体转动惯性大小的量度，明确转动惯量与刚体质量大小、分布及转轴位置有关. 转动定律表达式是矢量式，力矩、角速度和角加速度的方向都沿着轴线方向，可以用正负表示.

⑷可以从力的元功的表达式推导出力矩的功与转动动能的关系，进而得到刚体定轴转动的动能定理. 若考虑质量集中在质心的刚体的重力势能，可得到刚体定轴转动的功能原理. 当只有保守内力做功时，包含刚体的系统的机械能守恒. 若体系中既包含定轴转动的刚体又包含平动的物体，整个系统的动能定理、功能原理和机械能守恒定律的形式与质点系中的表述形式一致.

⑸由刚体的定轴转动定律可以得到定轴转动刚体的角动量定理，即合外力矩对时间的累积效果等于刚体角动量的增量，若合外力对转轴的力矩为零，则角动量守恒. 注意刚体做

定轴转动时角动量的表达式和角动量守恒的条件. 角动量守恒定律对于非刚体也是适用的，利用这一点可以讨论许多实际问题.

(6)解决质点与刚体联动问题时，既要用到质点运动学和动力学的知识也要用到刚体力学的知识，要分析其区别与联系，分别列方程. 一般步骤为：根据题意确定研究对象；分析研究对象的受力情况，对于平动物体列出质点力学的运动方程，对于定轴转动刚体列出刚体力学方程，或者考虑整个系统的动能定理、功能原理和机械能守恒定律；利用角量和线量之间的关系将二者联系起来.

3.3 思维导图

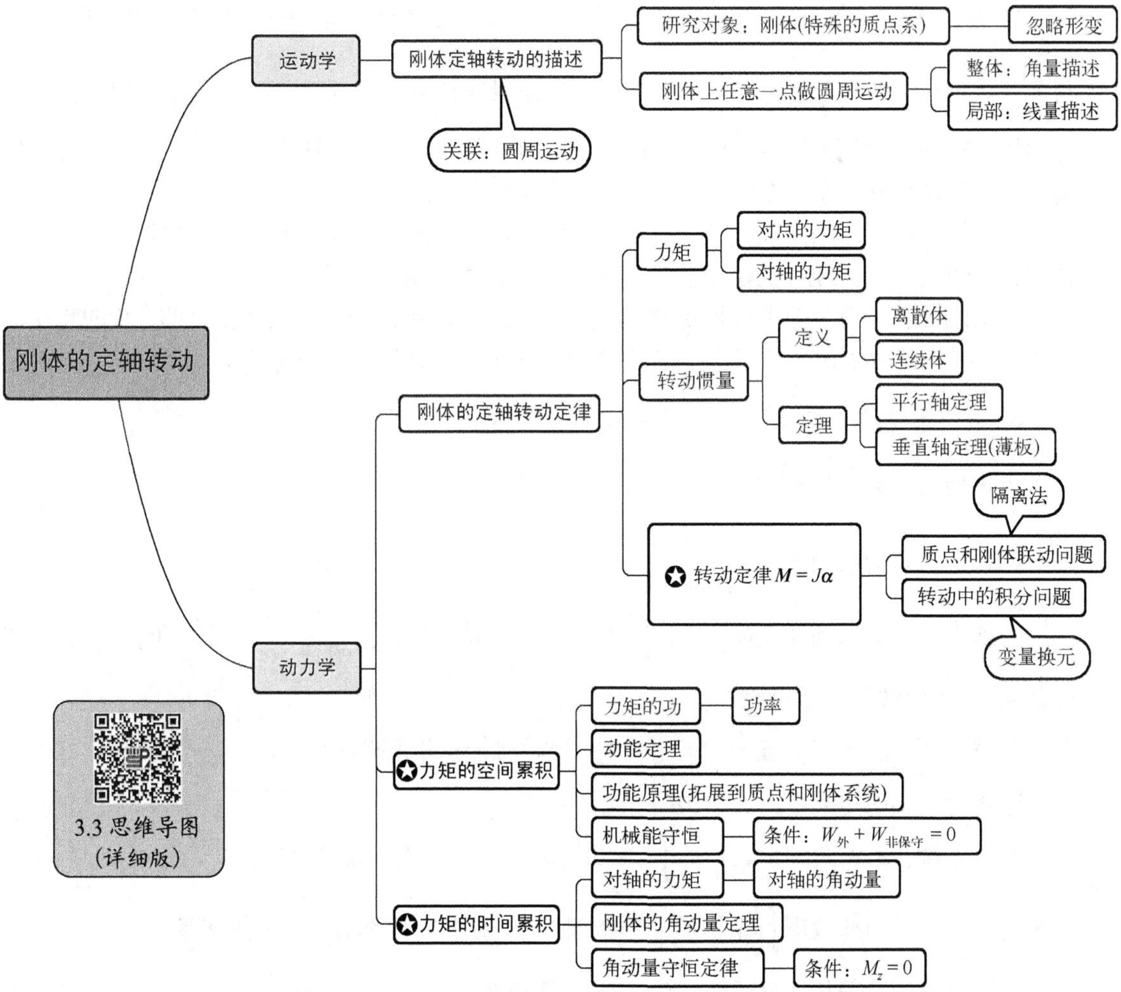

3.4 内容提要

1. 描述刚体定轴转动的角量

角位置：$\theta=\theta(t)$. 单位：弧度(rad).

角速度：$\omega=\dfrac{\mathrm{d}\theta}{\mathrm{d}t}$. 单位：弧度/秒 (rad/s).

角加速度：$\alpha=\dfrac{\mathrm{d}\omega}{\mathrm{d}t}=\dfrac{\mathrm{d}^2\theta}{\mathrm{d}t^2}$. 单位：弧度/秒^2 (rad/s^2).

2. 刚体定轴转动定律(力矩的瞬时作用规律)

刚体定轴转动定律：$M_z=J\alpha=J\dfrac{\mathrm{d}\omega}{\mathrm{d}t}$，即作用在定轴转动刚体上的合外力矩$M_z$等于刚体对该轴的转动惯量$J$与角加速度$\alpha$的乘积. 这是解决刚体转动问题的基本定律，其地位与解决质点动力学问题中的牛顿第二定律相当.

转动惯量：$J=\sum\limits_i \Delta m_i r_i^2$，即刚体对转轴的转动惯量$J$等于组成刚体的各质点的质量$\Delta m_i$与各质点到转轴距离$r_i$平方的乘积之和. 对于质量连续分布的刚体，$J=\int r^2\mathrm{d}m$. 对于给定的外力矩，转动惯量越大，角加速度就越小，即刚体绕定轴转动的状态越难改变，可见转动惯量是物体转动惯性大小的量度.

转动惯量的平行轴定理：$J=J_C+md^2$，其中J_C是刚体对通过刚体质心并与转轴平行的轴的转动惯量，m是刚体的总质量，d是两平行轴间的距离.

薄板刚体转动惯量的垂直轴定理：$J_z=J_x+J_y$，即薄板绕与其板面垂直的z轴的转动惯量J_z，等于该薄板绕位于板上的两相互垂直的x轴、y轴的转动惯量J_x、J_y之和.

3. 刚体定轴转动的动能定理(力矩的空间累积作用规律)

力矩的功：$W=\int_{\theta_0}^{\theta}M_z\mathrm{d}\theta$.

刚体定轴转动的动能：$E_\mathrm{k}=\dfrac{1}{2}J\omega^2$.

刚体定轴转动的动能定理：$W=\int_{\theta_0}^{\theta}M_z\mathrm{d}\theta=\dfrac{1}{2}J\omega^2-\dfrac{1}{2}J\omega_0^2=\Delta E_\mathrm{k}$，外力矩对刚体所做功的代数和等于刚体转动动能的增量.

4. 角动量定理和角动量守恒定律(力矩的时间累积作用规律)

刚体对定轴的角动量：$L_z=J\omega$.

刚体定轴转动的角动量定理：$\int_{t_0}^{t}M_z\mathrm{d}t=J\omega-J_0\omega_0=L_z-L_{z0}=\Delta L_z$，即合外力矩$M_z$作用于定轴转动刚体的冲量矩$\int_{t_0}^{t}M_z\mathrm{d}t$等于同一时间段内刚体对该轴角动量的增量.

刚体定轴转动的角动量守恒定律：刚体绕定轴转动时，若刚体不受外力矩或所受合外力矩M_z恒为零，则刚体对该轴的角动量保持不变，即$L=J\omega=$常量. 对于既有转动物体又有平动物体组成的系统来说，若作用于系统的对某一定轴的合外力矩为零，则系统对该轴的角动量保持不变，即$\sum\limits_i L_i=\sum\limits_i J_i\omega_i=$常量.

3.5 典型例题

3.5.1 思考题

思考题 1 请举例说明定轴转动刚体所受合外力为零时，合外力矩是否一定为零？所受合外力矩为零时，合外力是否一定为零？

简答 均不一定. 以绕中心轴转动的细杆为例，如思考题 1 图所示，细杆放置在水平面内，转轴过杆的中心垂直于水平面向下，作用力均在水平面内. 左图中，两个力大小相等，方向相反，均垂直作用于细杆，对杆的合力为零，力臂均为 l，力矩大小均为 lF，方向相同，则合外力矩为 $2lF$；右图中，向下作用力的大小是向上作用力的 2 倍，但其力臂是向上作用力的力臂的一半，两者的力矩方向相反，因此，合外力矩为零，而合外力大小却是 $\dfrac{F}{2}$，方向向下.

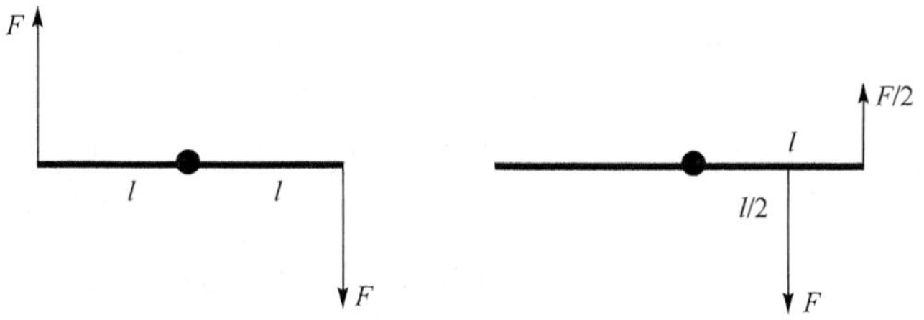

思考题 1 图

思考题 2 当挂在墙壁上的石英钟的电池电能即将耗尽而停止走动时，其秒针往往停在刻度盘上的几点钟附近？请对此进行解释.

简答 秒针最有可能停在 6 点至 9 点之间、接近 9 点的地方. 这一问题涉及刚体的定轴转动，秒针顺时针转动时，12 点到 6 点之间，秒针所受到的重力矩呈现为“动力矩”，6 点到 12 点之间，秒针所受到的重力矩呈现为“阻力矩”. 从时钟的机械构造来看，指针在任何位置都不会因为电力不足而逆时针转动，所以，指针一旦经过稳定平衡位置 6 点处，就不会倒转回来. 秒针旋转一圈所耗用的电力是十分微弱的，重力产生的阻力矩在稳定平衡位置 6 点处为零，在 9 点处最大，所以石英钟的电池电能即将耗尽时，秒针最有可能停在超过六点而接近 9 点的地方.

思考题 3 一轻绳绕在半径为 r 的滑轮上，滑轮对轴的转动惯量为 J，一种情况是以力 F 向下拉绳使滑轮转动；另一种情况是将重量大小等于 F 的重物挂在绳上使滑轮转动，请问哪种情况滑轮转动的角加速度大？

简答 第一种情况下滑轮转动的角加速度大. 设两种情况下滑轮边缘获得的转动角加速度分别为 α_1 和 α_2，第一种情况下，由刚体定轴转动定律可知 $Fr = J\alpha_1$，则 $\alpha_1 = \dfrac{Fr}{J}$；第二种情况下，根据牛顿第二定律有 $mg - T = mr\alpha_2$，其中 m 为重物的质量，T 为绳子的张力，由刚体定轴转动定律可知 $Tr = J\alpha_2$，可得 $\alpha_2 = Fr/(J + mr^2)$，可见 $\alpha_1 > \alpha_2$，即第一种情况角加速度大.

思考题 4 有两个飞轮，一个是塑料的，圆周镶上铁质轮缘；另一个是铁质的，圆周镶上塑料轮缘. 若这两个飞轮的半径和厚度均相同，总质量也相等，并以相同的角速度绕通过飞轮中心的轴转动，请问哪一个飞轮的动能较大？

简答 塑料飞轮的动能较大. 根据刚体的转动动能 $E_k=\frac{1}{2}J\omega^2$，刚体的转动动能与刚体的转动惯量和转动角速度有关，转动惯量 $J=\int r^2\mathrm{d}m$，不但决定于刚体的质量，还决定于质量分布和转轴位置，尽管塑料飞轮和铁质飞轮的质量和转动角速度相同，但是圆周镶上铁质轮缘的塑料飞轮的质量主要集中在圆周上，转动惯量大，因此塑料飞轮的转动动能大.

思考题 5 花样滑冰运动员在转动过程中由双臂平伸到收回的瞬间，并没有受到外力作用，但是身体突然转得飞快，请对此进行解释.

简答 这一过程遵守角动量守恒定律：转动系统所受的合外力矩为零，则角动量 $L=J\omega$ 守恒，其中 ω 是转动角速度，J 是转动惯量. 转动惯量 J 由转动物体的质量、质量分布以及转轴的位置决定. 开始时双臂伸展，转动惯量 J 较大，因此 ω 较小，当双臂回收时，转动惯量 J 突然变小，因此转动角速度 ω 突然变大.

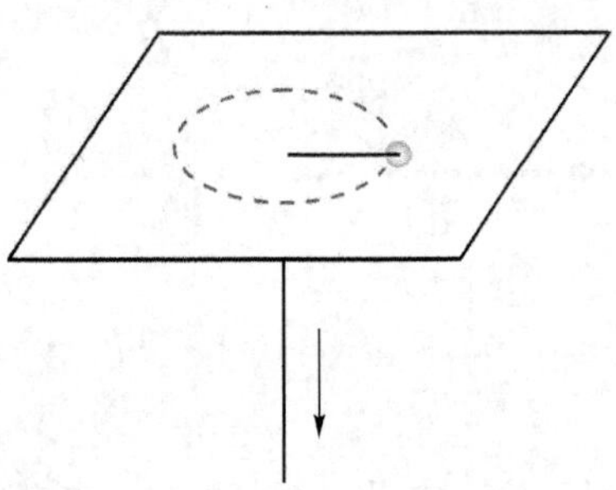

思考题 6 图

思考题 6 如思考题 6 图所示，系着细线的小球放在光滑的水平桌面上，细线的另一端从桌面中间的光滑小孔穿出. 先使小球以一初速度在水平桌面上做圆周运动，然后向下慢慢地拉线使小球的运动半径减小，请问拉线过程中拉力对小球是否做功？开始拉动时细线承受的拉力大还是随后细线承受的拉力大？

简答 拉线过程中拉力对小球做功. 往下拉线的过程，由于小球的转动半径在变小，小球的运动方向并不完全垂直于径向，因此拉力做功，拉力做的功等于小球动能的增量. 设小球的质量为 m，初末态圆周运动时小球的运动半径分别为 r_1、r_2，速度大小分别为 v_1、v_2，因为小球受到有心力作用，合力矩为零，则小球的角动量守恒，即 $r_1v_1=r_2v_2$，由此求出 $v_2=\frac{r_1}{r_2}v_1$，则拉力做的功为 $\frac{1}{2}m(v_2^2-v_1^2)$. 由 $v_2=\frac{r_1}{r_2}v_1$ 可知随着小球运动半径的变小，小球的运动速率在变大，由向心力公式 $F=m\frac{v^2}{r}$ 可知，开始拉动时细线承受的拉力小，随后细线承受的拉力大.

思考题 7 用手指顶一根竖直竹竿，为什么长的比短的容易顶？这与一般常识所说的“长的重心高，不稳”是否矛盾，请对此进行解释.

简答 所谓倾倒就是被顶的竹竿绕下端点转动. 假设该竹竿匀质，匀质直杆绕端点转动的转动惯量为 $J=\frac{1}{3}ml^2$，当杆稍微倾斜 θ 角时，所受重力矩为 $M=\frac{1}{2}mgl\sin\theta$，其倾倒的角加速度为 $\alpha=\frac{M}{J}=\frac{3g}{2l}\sin\theta$，可见竹竿的角加速度与杆的长度成反比，杆越长，所对应的角加速度越小，倾倒得越慢，越易于使人对其姿态进行调整，而短杆的角加速较大，往往来不及调整就已倾倒. 而“重心高，不稳”是指重心越高，平衡越容易被打破. 前者讨论的是平衡被打破后调整的时效问题，后者讨论的是平衡是否容易被打破的问题，两者并不矛盾.

思考题 8 用手指在台面上按压、旋转并搓动乒乓球时，有时会发现乒乓球旋转着向前运动一段距离后会自动返回，请对此做出解释.

简答 乒乓球的运动可分解为球随质心的平动和绕质心轴的转动. 乒乓球在台面上滚动时，受到的水平方向的力只有摩擦力，摩擦力的作用点是乒乓球与台面的接触点. 若乒乓球平动的初始速度方向水平向前，则摩擦力的方向一定向后. 摩擦力的作用有二：对质心的运动来说，它使质心平动的速度逐渐减小；对质心的转动来说，它给乒乓球一个阻力矩，使乒乓球转动的角速度逐渐变小. 当质心的平动速度减小到零而角速度还不为零时，球体的转动依然使台面对乒乓球有摩擦力，若转动方向使得这个摩擦力的方向指向返回的方向，则乒乓球旋转着向前运动一段距离后有可能自动返回. 假设乒乓球的半径为 r，乒乓球离开手指瞬间质心的平动速率为 v_C、乒乓球的自转角速度为 ω，经过计算，若 $v_C < \dfrac{2}{3}\omega r$，则乒乓球旋转着向前运动一段距离后会自动返回.

思考题 9 请证明行星和太阳之间的连线在相等时间内扫过的面积相等.

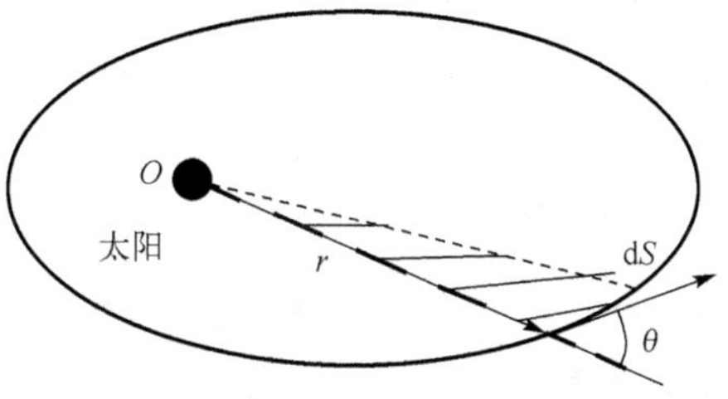

思考题 9 图

简答 忽略其他星体的作用，行星绕太阳转动过程中，受到太阳的引力是有心力，行星在有心力的作用下所受力矩为零，因此角动量守恒. 角动量是矢量，角动量守恒意味着角动量方向保持不变，转动平面保持不变，如思考题 9 图所示，行星保持在平面内转动. 角动量守恒还意味着角动量大小不变，即 $mvr\sin\theta$ 为恒量，由图可知，dt 时间内扫过的面积即阴影部分三角形的面积，$dA = \dfrac{1}{2} r \cdot ds \cdot \sin\theta$，其中 dS 为相应弧长，单位时间扫过的面积：$\dfrac{dA}{dt} = \dfrac{1}{2} r \cdot \dfrac{dS}{dt} \cdot \sin\theta = \dfrac{1}{2} r \cdot v \cdot \sin\theta = \dfrac{1}{2}\dfrac{L}{m}$，由前面分析可知，行星的角动量大小 L 为恒量，质量 m 不变，因此行星和太阳之间的连线在相等时间内扫过的面积相等.

3.5.2 计算题

计算题 1 在 Oxy 平面内有三个质点，其质量分别为 $m_1 = m = 1.40\text{kg}$、$m_2 = 2m$、$m_3 = 3m$，它们的位置坐标分别为 $(-3,-2)$、$(-2,1)$、$(1,2)$（单位：m）. 求这三个质点构成的质点系相对 z 轴的转动惯量 J_z.

【解题思路】 先求出各质点到 z 轴的距离，再根据转动惯量的定义进行求解.

解 根据三个质点的坐标分别为 $(-3,-2)$、$(-2,1)$、$(1,2)$，可得三个质点到 z 轴的距离分别为

$$r_1 = \sqrt{3^2+2^2} = \sqrt{13}(\text{m}),\quad r_2 = \sqrt{2^2+1^2} = \sqrt{5}(\text{m}),\quad r_3 = \sqrt{1^2+2^2} = \sqrt{5}(\text{m})$$

根据转动惯量的定义可得质点系对 z 轴的转动惯量为

$$J_z = m_1 r_1^2 + m_2 r_2^2 + m_3 r_3^2 = 53.2\text{kg}\cdot\text{m}^2$$

【延伸思考】

(1)转动惯量与什么因素有关？在什么情况下转动惯量与时间有关？

(2)对于质量连续分布的物体，如何求其相对某个轴的转动惯量，例如求半径R、质量m的匀质球体对其直径轴的转动惯量或匀质圆盘对其直径轴的转动惯量.

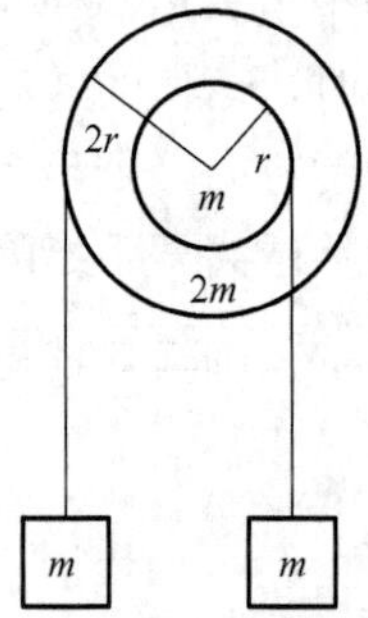

计算题 2(a)图

计算题 2 质量分别为m和$2m$、半径分别为r和$2r$的两个均匀圆盘，同轴地粘在一起，可以绕通过盘心且垂直盘面的水平光滑固定轴转动，对转轴的转动惯量为$\frac{9}{2}mr^2$，大小圆盘边缘都绕有轻绳，绳子下端都挂一质量为m的重物，如计算题 2(a)图所示. 求盘的角加速度大小.

【解题思路】 对质点分析受力，对转动刚体分析受到的力矩，分别利用牛顿第二定律和转动定律列方程，再利用角加速度与切向加速度的关系，可解决问题.

解 受力分析如计算题 2(b)图所示. 对左侧重物有

$$mg - T_2 = ma_2$$

对右侧重物有

$$T_1 - mg = ma_1$$

对圆盘有

$$T_2(2r) - T_1 r = \frac{9}{2}mr^2\alpha$$

由角加速度与切向加速度的关系有

$$2r\alpha = a_2$$

$$r\alpha = a_1$$

联立上述 5 个方程并求解，得

$$\alpha = \frac{2g}{19r}$$

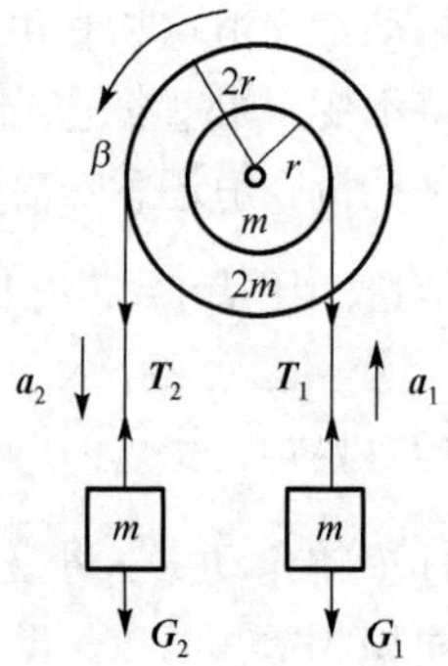

计算题 2(b)图

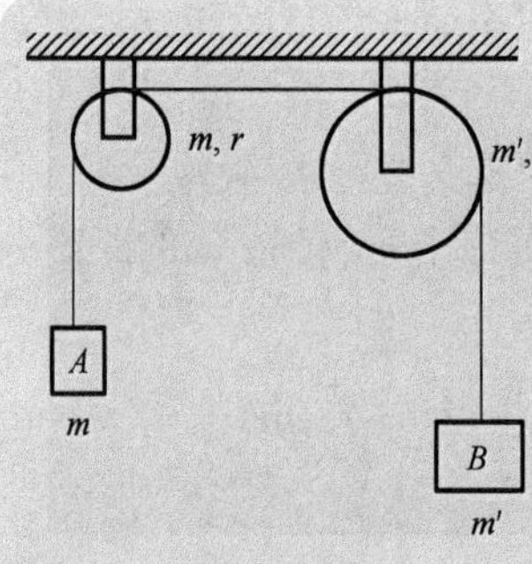

计算题 2(c)图

【延伸思考】

(1)本题中若只有左端绳子上挂有物体，试求物体下落的加速度、绳上拉力，物体下落高度h时的速度；

(2)如计算题 2(c)图所示，两物体分别挂在两个固定的滑轮上，质量$m'=2m$，半径$r'=2r$，试求两滑轮的角加速度和它们之间绳中的张力.

计算题 3 唱机的转盘绕着通过盘心的固定竖直轴转动，唱片放上去后将受转盘的摩擦力作用而随转盘转动. 设转盘的质量为 m' 、半径为 R ，唱片质量为 m 、半径为 R ，转盘和唱片均可看作均匀圆盘，唱片和转盘之间的滑动摩擦系数为 μ_k . 转盘原来以角速度 ω 匀速转动，求：

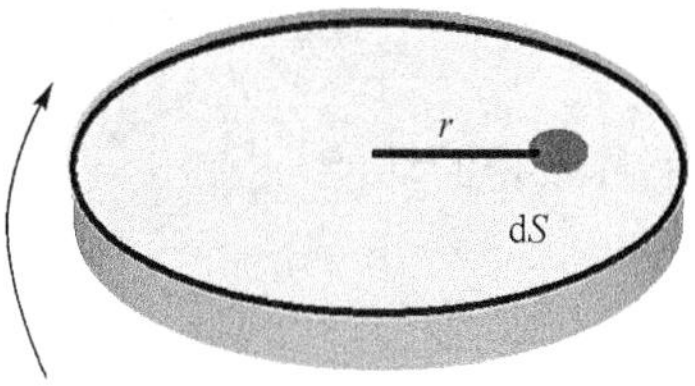

计算题 3 图

(1) 唱片刚放上去时受到的摩擦力矩的大小；

(2) 唱片达到角速度 ω 需要多长时间；

(3) 在这段时间内，摩擦力矩对唱片做的功和唱片获得的动能；

(4) 在这段时间内，转盘保持角速度不变，求驱动力矩做的功.

【解题思路】 ①把唱片看作由无限多圆环组成，先求任一圆环受到的摩擦力矩，再求整个圆盘受到的摩擦力矩；②利用定轴转动定律求出角加速度，再求出角速度表达式，从而得到时间；③根据力矩做功的公式可求出摩擦力矩对转盘做的功，根据动能公式可求唱片获得的动能；④转盘保持角速度不变，意味着其受到的合力矩为零，即驱动力矩大小等于摩擦阻力矩大小，根据力矩做功公式可求得驱动力矩做的功.

解 (1) 唱片的质量密度为 $\sigma = \dfrac{m}{\pi R^2}$ ，唱片上各点受到的摩擦力矩不同，但距离中心相同的圆环上各点受到的摩擦力矩相同，故把唱片看作由无限多同心圆环组成，任取一半径为 r ，宽为 $\mathrm{d}r$ 的圆环，其面积为 $\mathrm{d}S = 2\pi r\mathrm{d}r$ ，其质量为 $\mathrm{d}m = \sigma\mathrm{d}S$ ，该圆环受到的摩擦力大小为

$$\mathrm{d}f = \mu_k g\mathrm{d}m = \mu_k g\sigma\mathrm{d}S$$

受到的摩擦力矩大小为

$$\mathrm{d}M_f = r\mathrm{d}f = \mu_k g r\sigma\mathrm{d}S$$

整个唱片受到的摩擦力矩大小为

$$M_f = \int \mathrm{d}M_f = \int \mu_k g r\sigma\mathrm{d}S = \mu_k g\sigma\int_0^R 2\pi r^2\mathrm{d}r = \frac{2}{3}\pi\mu_k g\sigma R^3 = \frac{2}{3}\mu_k mgR$$

(2) 唱片对过中心的垂直轴的转动惯量为 $J = \dfrac{1}{2}mR^2$ ，根据转动定律 $M_f = J\alpha$ ，得

$$\alpha = \frac{M_f}{J} = \frac{4\mu_k g}{3R}$$

由于角加速度 α 为与时间无关的常数，故

$$\omega = \omega_0 + \alpha t = \alpha t$$

可得

$$t = \frac{\omega}{\alpha} = \frac{3R\omega}{4\mu_k g}$$

(3) 在时间 t 内，唱片的角加速度不变，角速度由零增加到 ω ，唱片的角位移满足关系式

$$\Delta\theta = \frac{\omega^2}{2\alpha}$$

摩擦力矩对唱片做的功

$$W_f=\int M_f\mathrm{d}\theta=M_f\int\mathrm{d}\theta=M_f\Delta\theta=\frac{M\omega^2}{2\alpha}=\frac{J\alpha\omega^2}{2\alpha}=\frac{J\omega^2}{2}=\frac{1}{4}mR^2\omega^2$$

唱片获得的动能

$$E_{\mathrm{k}}=\frac{1}{2}J\omega^2=\frac{1}{4}mR^2\omega^2$$

根据动能定理也可以得到这段时间内摩擦力矩对唱片做的功等于唱片获得的动能.

(4) 转盘保持角速度不变，说明它受到的合力矩为零，故其受到的驱动力矩与摩擦阻力矩大小相等、方向相反，转盘转动的角速度不变，转盘的角位移 $\Delta\theta'=\omega t$，故驱动力矩做功

$$W_{驱}=\int M_f\mathrm{d}\theta=M_f\Delta\theta'=M_f\ \omega t=M_f\omega\frac{\omega}{\alpha}=\frac{M_f\omega^2}{\alpha}=\frac{M_f\omega^2 J}{M_f}=J\omega^2=\frac{1}{2}mR^2\omega^2$$

可见，驱动力矩对转盘做的功与摩擦力矩对唱片做的功不相等.

【延伸思考】

(1) 思考驱动力矩对转盘做的功与摩擦力矩对唱片做的功为什么不相等？驱动力矩的功与摩擦力矩对唱片做的功、唱片获得的动能之间有什么关系？

(2) 请将定轴转动定律与牛顿第二定律进行对比，将转动动能与平动动能公式进行对比，将力矩的功与力的功的关系式进行对比.

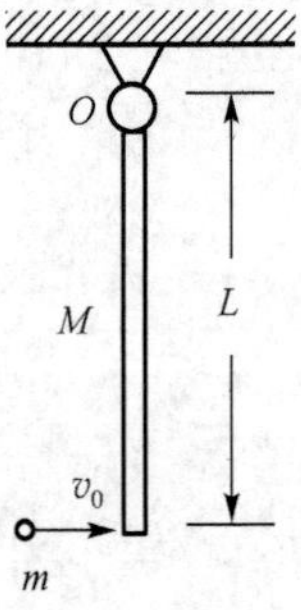

计算题 4 图

计算题 4 质量为 M、长为 L 的均匀直棒，可绕垂直于棒一端的水平轴 O 无摩擦地转动，一质量为 m 的小球沿水平方向以速度 v_0 与静止杆的下端发生碰撞，碰撞后棒从平衡位置处摆动到最大角度 $\theta=30°$ 处. 若碰撞为完全弹性碰撞，求：

(1) 小球的初速度 v_0；

(2) 碰撞过程中小球受到的冲量.

【解题思路】 ①棒与小球碰撞过程角动量守恒、机械能守恒；棒碰撞后绕轴旋转过程中机械能守恒，列出相关的守恒式，联立可求得小球的初速度. ②利用动量定律可求小球受到的冲量.

解 (1) 设棒与小球碰撞后初角速度为 ω，小球的速度变为 v，依题意，小球和棒做完全弹性碰撞，碰撞时小球和棒组成的系统角动量守恒、机械能守恒

$$mv_0L=mvL+J\omega \tag{1}$$

$$\frac{1}{2}mv_0^2=\frac{1}{2}mv^2+\frac{1}{2}J\omega^2 \tag{2}$$

其中，转动惯量 $J=\frac{1}{3}ML^2$. 碰撞后，棒从竖直位置摆到最大角度 $\theta=30°$ 的过程，棒的机械能守恒

$$\frac{1}{2}J\omega^2=Mg\frac{L}{2}(1-\cos30°) \tag{3}$$

由式 (3) 得

$$\omega=\sqrt{\frac{MgL}{J}(1-\cos 30^{\circ})}=\sqrt{\frac{3g}{L}\left(1-\frac{\sqrt{3}}{2}\right)} \tag{4}$$

由式(1)得

$$v=v_0-\frac{J\omega}{mL} \tag{5}$$

由式(2)得

$$v^2=v_0^2-\frac{J\omega^2}{m} \tag{6}$$

所以，将式(4)、(5)、(6)联立得

$$v_0=\frac{\omega L}{2}\left(1+\frac{J}{mL^2}\right)=\frac{\omega L}{2}\left(1+\frac{M}{3m}\right)=\frac{\sqrt{6(2-\sqrt{3})}}{12}\frac{3m+M}{mL}\sqrt{gL}$$

(2)根据动量定律，碰撞时小球受到的冲量为

$$I=\int F\mathrm{d}t=mv-mv_0$$

由式(1)求得

$$I=\int F\mathrm{d}t=mv-mv_0=-\frac{J\omega}{L}=-\frac{1}{3}ML\omega=-\frac{\sqrt{6(2-\sqrt{3})}M}{6}\sqrt{gL}$$

负号表示所受冲量的方向与初速度方向相反.

【延伸思考】

(1)试求小球与静止杆的中间发生碰撞的情况;

(2)试研究小球与静止杆发生完全非弹性碰撞后，棒获得的角速度以及棒绕转轴旋转到某个角度时的角速度或转动动能;

(3)对比角动量守恒的条件、动量守恒的条件，思考什么时候用角动量守恒，什么时候用动量守恒.

3.5.3 进阶题

进阶题 1 求质量为 m，半径为 R 的均匀球体绕沿直径方向的转轴旋转时的转动惯量.

【解题思路】 本题考查转动惯量的计算方法，可以直接利用定义来计算，或者充分利用刚体的对称性，从而大大减少计算量.

解 方法 1：直接用转动惯量定义计算.

取球心为坐标原点，任意垂直的三条直径的方向为坐标轴，建立直角坐标系，不妨取转轴为 z 轴，则根据转动惯量的定义有

$$J=\int_V (x^2+y^2)\mathrm{d}m=\rho\int_V (x^2+y^2)\mathrm{d}x\mathrm{d}y\mathrm{d}z$$

对于均匀球体来说，直角坐标系不是一个适合计算的坐标系，最好是利用对称性选择球坐标

系(r,θ,φ)，根据高等数学知识，可知球坐标系与直角坐标系之间的变换关系为

$$x = r\sin\theta\cos\varphi,\quad y = r\sin\theta\sin\varphi,\quad z = r\cos\theta$$

从直角坐标系变换到球坐标系，体积元也需要进行相应的变换

$$\mathrm{d}V = \mathrm{d}x\mathrm{d}y\mathrm{d}z = r^2\sin\theta\mathrm{d}r\mathrm{d}\theta\mathrm{d}\varphi$$

于是可得

$$J = \rho\int_V (x^2+y^2)\mathrm{d}x\mathrm{d}y\mathrm{d}z = \rho\int_0^R \mathrm{d}r\int_0^{\pi}\mathrm{d}\theta\int_0^{2\pi}\mathrm{d}\varphi r^4\sin^3\theta = \frac{8\pi}{15}\rho R^5$$

另一方面，均匀球体的密度可以通过质量给出

$$m = \rho V = \frac{4\pi}{3}\rho R^3$$

于是可以得到均匀球体绕直径转动时的转动惯量为

$$J = \frac{2}{5}mR^2$$

这种方法直接利用转动惯量的定义来计算，计算稍繁，要求读者熟练掌握球坐标的相关知识.

方法 2：充分利用球的对称性计算.

若选择转动轴为 z 轴，则根据转动惯量的定义有

$$J_z = \rho\int_V (x^2+y^2)\mathrm{d}x\mathrm{d}y\mathrm{d}z$$

类似地，也可以选择 x 轴或 y 轴为转动轴，则

$$J_x = \rho\int_V (z^2+y^2)\mathrm{d}x\mathrm{d}y\mathrm{d}z,\quad J_y = \rho\int_V (z^2+x^2)\mathrm{d}x\mathrm{d}y\mathrm{d}z$$

将三者相加可得

$$J_x + J_y + J_z = 2\rho\int_V (x^2+y^2+z^2)\mathrm{d}x\mathrm{d}y\mathrm{d}z$$

对于均匀球体来说，这三个转动轴是等价的，也即 $J_x = J_y = J_z \equiv J$，于是可得均匀球体绕任意直径转动时的转动惯量

$$J = \frac{2}{3}\rho\int_V (x^2+y^2+z^2)\mathrm{d}x\mathrm{d}y\mathrm{d}z = \frac{2}{3}\rho\int_V r^2\mathrm{d}V = \frac{2}{3}\rho\int_0^R r^2 4\pi r^2\mathrm{d}r = \frac{8\pi}{15}\rho R^5$$

即

$$J = \frac{2}{5}mR^2$$

与第一种方法的结果完全相同. 由于充分利用了球的对称性，这种方法要比第一种方法计算起来简单一些.

进阶题 2 有 A、B 两个均质圆盘可分别绕 O_1、O_2 轴无摩擦地转动，不可伸长的轻绳绕在圆盘 A 上，且通过圆盘 B 构成的滑轮下系重物 C，绳子和圆盘的边缘之间无相对滑动. 已知圆盘 A 和圆盘 B 的质量分别为 m_1、m_2，半径分别为 R_1、R_2，重物 C 的质量为 m. 求重物 C 由静止开始下落高度为 h 时的速度大小.

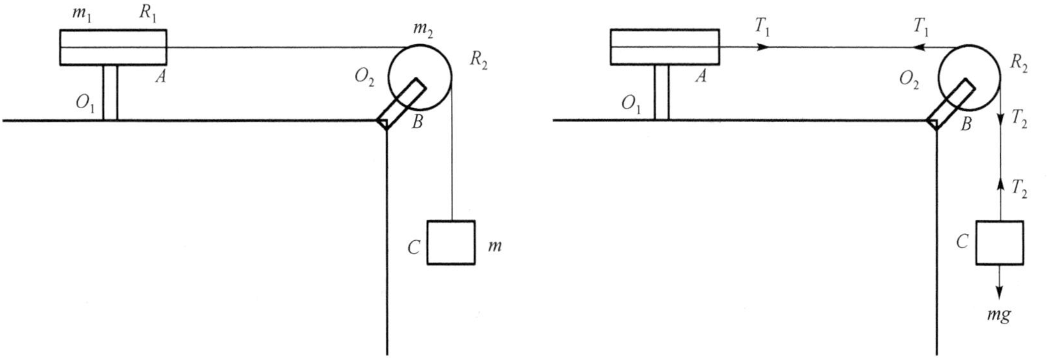

进阶题 2 图

【解题思路】 本题是标准的刚体定轴转动与质点平动的联动问题，可以通过转动定律和牛顿运动定律求解，然而题目只需要求出速度，利用机械能守恒定律求解会更加简便.

解 方法 1：利用转动定律求解.

如右图所示，分别对 A、B 和 C 进行受力分析，假设 A 转动的角速度为 α_1，B 转动的角速度为 α_2，对于圆盘 A，由转动定律可得

$$R_1T_1 = J_1\alpha_1$$

对于圆盘 B，由转动定律可得

$$R_2T_2 - R_1T_1 = J_2\alpha_2$$

对于重物 C，由牛顿第二定律可得

$$mg - T_2 = ma$$

另一方面，轻绳与圆盘之间无相对滑动的约束条件给出

$$R_1\alpha_1 = R_2\alpha_2 = a$$

而圆盘绕与盘面垂直的中心轴的转动惯量为 $J=(1/2)mR^2$，联立上述方程即可得到加速度

$$a = \frac{R_1R_2mg}{J_1R_2/R_1 + J_2R_1/R_2 + mR_1R_2} = \frac{2mg}{m_1+m_2+2m}$$

可见，重物 C 做匀加速直线运动，当下落的距离为 h 时，其速度应为

$$v = \sqrt{2ah} = 2\sqrt{\frac{mgh}{m_1+m_2+2m}}$$

以上便是利用转动定律解题的标准步骤，要求对整个物理过程有比较清晰的理解.

方法 2：利用机械能守恒定律求解.

将 A、B、C 看作一个系统，则系统所受的外力中只有重力做功. 将机械能守恒定律应用于系统可得

$$mgh = \frac{1}{2}J_1\omega_1^2 + \frac{1}{2}J_2\omega_2^2 + \frac{1}{2}mv^2$$

这里同样需要用到轻绳与圆盘之间无相对滑动的约束条件，给出速度和角速度之间的关系

$$R_1\omega_1 = R_2\omega_2 = v$$

联立可得

$$v = 2\sqrt{\frac{mgh}{m_1 + m_2 + 2m}}$$

最后，简单验证一下当不考虑圆盘质量时的极限情况，此时重物 C 在重力作用下做自由落体运动，当下落的距离为 h 时，速度为 $v = \sqrt{2gh}$ ，正是题中取 $m_1 = m_2 = 0$ 时的情形.

进阶题 3 半径为 R，质量为 m 的均匀圆柱体沿粗糙斜面由静止开始无滑动地滚下，斜面与水平面的夹角为 θ，求圆柱质心向下滚动时的加速度.

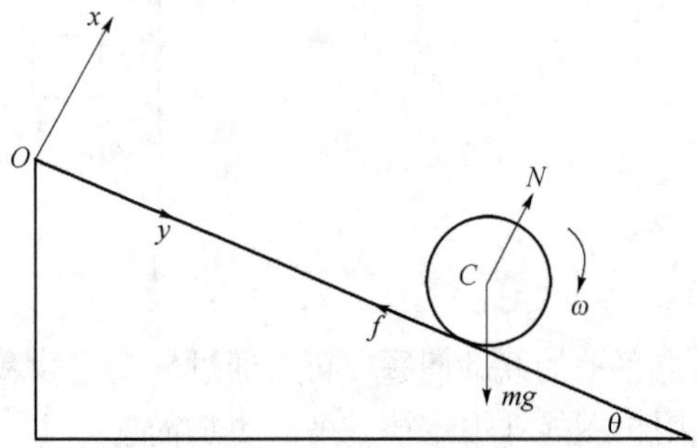

进阶题 3 图

【解题思路】 本题严格来说并不是定轴转动问题，但对于每个瞬时来说，可以看作是一个定轴转动问题，而所求的加速度正是一个瞬时量，因此可以应用定轴转动时的各种规律.

解 方法 1：利用转动定律求解.

以斜面顶点为坐标原点，垂直斜面向上的方向为 x 轴正方向，沿斜面向下的方向为 y 轴正方向建立如图所示的坐标系. 刚体的受力分析如图所示，由质心运动定理可得

$$mg\sin\theta - f = ma_C$$

对每个瞬时圆柱都可以看作是绕通过质心的轴做定轴转动，由转动定律可得

$$fR = J\alpha$$

其中，转动惯量为 $J = \frac{1}{2}mR^2$. 另一方面，圆柱在斜面上无滑动滚动的约束条件给出

$$R\alpha = a_C$$

联立以上方程可得

$$a_C = \frac{g\sin\theta}{1 + J/mR^2} = \frac{2}{3}g\sin\theta$$

方法 2：利用机械能守恒定律求解.

由于圆柱是一个刚体，在沿着斜面滚下的过程中不能作为质点处理，为了计算动能，可以在圆柱上取一个小质量元 dm，其动能可以写为

$$\mathrm{d}E_{\mathrm{k}} = \frac{1}{2}v^2\mathrm{d}m = \frac{1}{2}(\boldsymbol{v}_C + \boldsymbol{v}')^2\mathrm{d}m = \frac{1}{2}v_C^2\mathrm{d}m + \frac{1}{2}v'^2\mathrm{d}m + \boldsymbol{v}_C\cdot\boldsymbol{v}'\mathrm{d}m$$

其中 $\boldsymbol{v}_C$ 是圆柱质心的速度，而 $\boldsymbol{v}'$ 是质量元 dm 相对圆柱质心的速度. 则上面最右式中第一项积分后为圆柱质心的动能 $E_{C\mathrm{k}}$，第二项积分后为相对质心运动的动能 E_{k}'，对于本题中的情形可以利用定轴转动的动能公式来计算. 下面证明第三项为零. 对第三项积分可得总的贡献为

$$\begin{aligned} E_{\mathrm{k}3} &= \int \boldsymbol{v}_C\cdot\boldsymbol{v}'\mathrm{d}m = \boldsymbol{v}_C\cdot\int\boldsymbol{v}'\mathrm{d}m = \boldsymbol{v}_C\cdot\int(\boldsymbol{v}-\boldsymbol{v}_C)\mathrm{d}m = \boldsymbol{v}_C\cdot\int\boldsymbol{v}\mathrm{d}m - \boldsymbol{v}_C\cdot\boldsymbol{v}_C\int\mathrm{d}m \\ &= \boldsymbol{v}_C\cdot m\boldsymbol{v}_C - \boldsymbol{v}_C\cdot\boldsymbol{v}_C m = 0 \end{aligned}$$

其中得到第二行第一项时应用了质心运动定理. 这样就可以得到滚动圆柱的动能公式

$$E_k = E_{Ck} + E'_k = \frac{1}{2}mv_C^2 + \frac{1}{2}J\omega^2$$

根据机械能守恒定律可得

$$mgy\sin\theta = \frac{1}{2}mv_C^2 + \frac{1}{2}J\omega^2$$

其中 y 是圆柱的质心沿着斜面的位移. 上式两边同时对时间求导即可得到

$$mgv_C\sin\theta = mv_C a_C + J\omega\alpha$$

利用圆柱在斜面上无滑动滚动的约束条件可得

$$R\omega = v_C,\quad R\alpha = a_C$$

代入上式即可得到圆柱质心的加速度为

$$a_C = \frac{2}{3}g\sin\theta$$

值得一提的是，上面推导出的动能公式 $E_k = E_{Ck} + E'_k$ 具有普遍性，也即对于任意质点系来说，其动能等于质心的动能和各质点相对质心的动能之和，对于刚体，显然这一结论也是成立的.

3.6 单元检测

3.6.1 基础检测

一、单选题

1. 【线速度】刚体以 60r/min 绕 z 轴做匀速转动（$\boldsymbol{\omega}$ 沿 z 轴正方向）. 设某时刻刚体上一点 P 的位置矢量为 $\boldsymbol{r} = 3\boldsymbol{i} + 4\boldsymbol{j} + 5\boldsymbol{k}$，其单位为“$10^{-2}\text{m}$”，若以“$10^{-2}\text{m}\cdot\text{s}^{-1}$”为速度单位，则该时刻 P 点的速度为[　　]

(A) $\boldsymbol{v} = 94.2\boldsymbol{i} + 125.6\boldsymbol{j} + 157.0\boldsymbol{k}$　　(B) $\boldsymbol{v} = -25.1\boldsymbol{i} + 18.8\boldsymbol{j}$

(C) $\boldsymbol{v} = -25.1\boldsymbol{i} - 18.8\boldsymbol{j}$　　(D) $\boldsymbol{v} = 31.4\boldsymbol{k}$

2. 【力矩】有两个力作用在一个有固定转轴的刚体上[　　]

(1) 这两个力都平行于固定转轴作用时，它们对固定转轴的合力矩一定是零.

(2) 这两个力都垂直于固定转轴作用时，它们对固定转轴的合力矩可能是零.

(3) 这两个力的合力为零时，它们对固定转轴的合力矩也一定是零.

(4) 这两个力对固定转轴的合力矩为零时，它们的合力也一定是零.

(A) 只有 (1) 是正确的

(B) (1) (2) 是正确的 (3) (4) 错误

(C) (1) (2) (3) 是正确的 (4) 错误

(D) (1) (2) (3) (4) 都正确

3. 【转动惯量】质量为 m、长度为 l 的匀质细杆 AB，对通过杆的中心 C 与杆垂直的轴的转动惯量为 $J_1 = ml^2/12$，对通过杆端 A（或 B）与杆垂直的轴的转动惯量为 $J_2 = \frac{1}{3}ml^2$. O 为杆外一点，$AO=d$，AO 与

AB 间的夹角为 θ，如图所示. 若杆对通过 O 点并垂直于杆所在平面的轴的转动惯量为 J，则[　　]

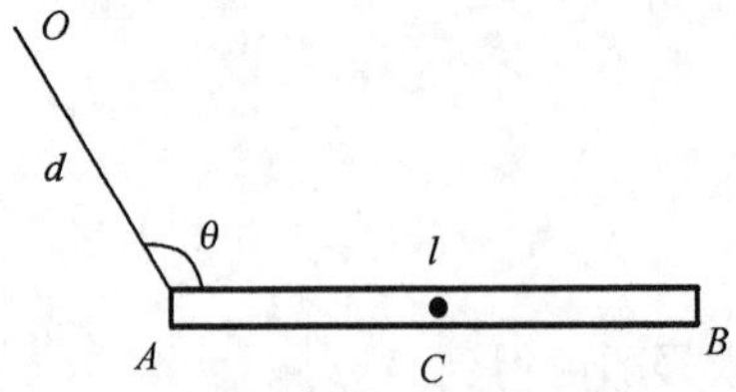

基础检测题 3 图

(A) $J = J_1 + m(d\sin\theta)^2 = ml^2/12 + md^2\sin^2\theta$

(B) $J = J_2 + m(d\sin\theta)^2 = \frac{1}{3}ml^2 + md^2\sin^2\theta$

(C) $J = J_2 + md^2 = \frac{1}{3}ml^2 + md^2$

(D) $J = J_1 + m\left[\left(\frac{1}{2}l\right)^2 + d^2 - 2\left(\frac{1}{2}l\right)d\cos\theta\right] = \frac{1}{3}ml^2 + md^2 - mld\cos\theta$

4. 【转动定律】几个力同时作用在一个具有光滑固定转轴的刚体上，如果这几个力的矢量和为零，则此刚体[　　]

(A) 必然不会转动　　(B) 转速必然不变

(C) 转速必然改变　　(D) 转速可能不变，也可能改变

5. 【转动动能】一人站在旋转平台的中央，两臂侧平举，整个系统以 $2\pi\text{rad/s}$ 的角速度旋转，转动惯量为 $6.0\text{kg}\cdot\text{m}^2$. 如果将双臂收回则系统的转动惯量变为 $2.0\text{kg}\cdot\text{m}^2$. 此时系统的转动动能与原来的转动动能之比 E_k/E_{k0} 为[　　]

(A) $\sqrt{2}$　　(B) $\sqrt{3}$　　(C) 2　　(D) 3

6. 【角动量】圆盘绕垂直于盘面的水平光滑固定轴 O 转动，如图所示，射来两个质量相同，速度大小相等、方向相反并在一条直线上的子弹，子弹射入圆盘并且留在盘内，则子弹射入后的瞬间，圆盘的角速度 ω 将[　　]

(A) 增大　　(B) 不变

(C) 减小　　(D) 不能确定

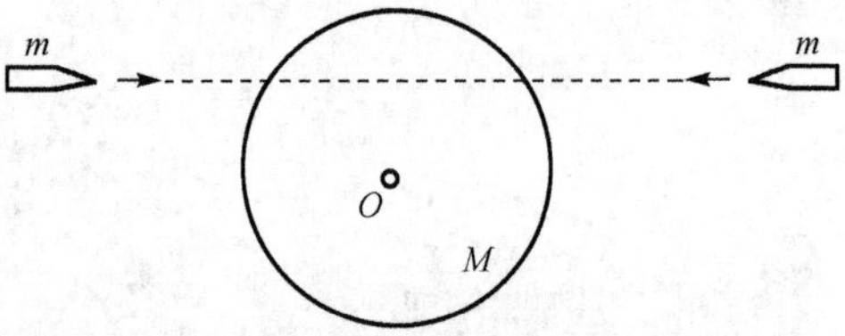

基础检测题 6 图

7. 【角动量守恒】如图所示，一静止的均匀细棒，长为 L、质量为 M，可绕通过棒的端点且垂直于棒长的光滑固定轴 O 在水平面内转动，转动惯量为 $ML^2/3$. 一质量为 m、速率为 v 的子弹在水平面内沿与棒垂直的方向射入并穿出棒的自由端，设穿过棒后子弹的速率为 $\frac{1}{2}v$，则此时棒的角速度应为[　　]

(A) $\frac{mv}{ML}$　　(B) $\frac{3mv}{2ML}$　　(C) $\frac{5mv}{3ML}$　　(D) $\frac{7mv}{4ML}$

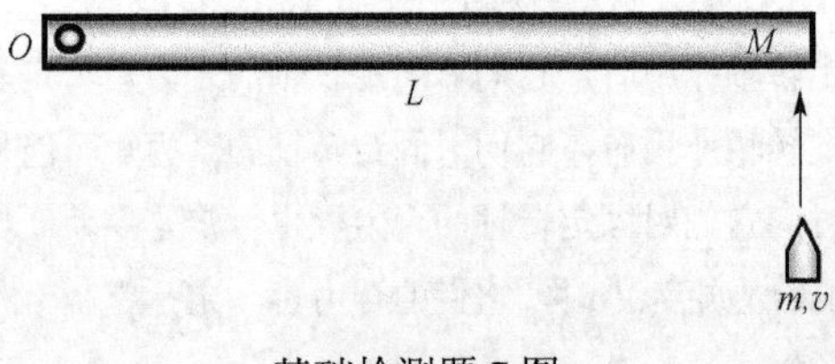

基础检测题 7 图

二、填空题

8. 【角量运算】绕定轴转动的飞轮均匀地减速，$t=0$ 时角速度为 $\omega_0 = 5\text{rad/s}$，$t = 20\text{s}$ 时角速度为 $\omega = 0.8\omega_0$，则飞轮的角加速度 $\beta =$ ________，$t=0$ 到 $t=100\text{s}$ 时间内飞轮所转过的角度 $\theta =$ ________.

9. 【转动定律】如图所示，一轻绳绕于半径 $r = 0.2\text{m}$ 的飞轮边缘，并施以 $F = 98\text{N}$ 的拉力，若不计轴的摩擦，飞轮的角加速度等于 39.2rad/s^2，此飞轮的转动惯量为________.

10. 【转动定律】一个能绕固定轴转动的轮子，除受到轴承的恒定摩擦力矩 M_f 外，还受到恒定的动力矩 M 的作用，若 $M = 20\text{N}\cdot\text{m}$，轮子对固定轴的转动惯量为 $J = 15\text{kg}\cdot\text{m}^2$，在 $t = 10\text{s}$ 内，轮子的角速度由 0 增加到 10rad/s，则 $M_f =$ ________.

11. 【刚体平衡】一长为 l、重 W 的均匀梯子，靠墙放置，如图所示，梯子下端有一刚度系数为 k 的弹簧. 当梯子靠墙竖直放置时，弹簧处于自然长度. 墙和地面都是光滑的. 当梯子倚墙而与地面成 θ 角且处于平衡状态时，

(1) 地面对梯子的作用力的大小为________.

(2) 墙对梯子的作用力的大小为________.

(3) W, k, l, θ 应满足的关系式为________.

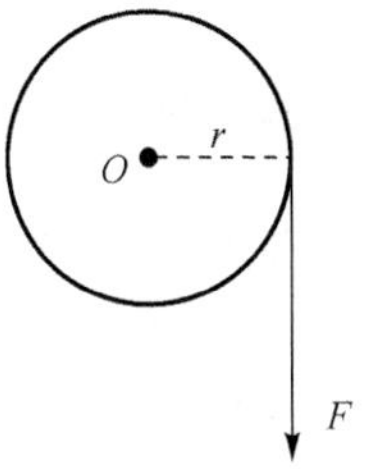

基础检测题 9 图

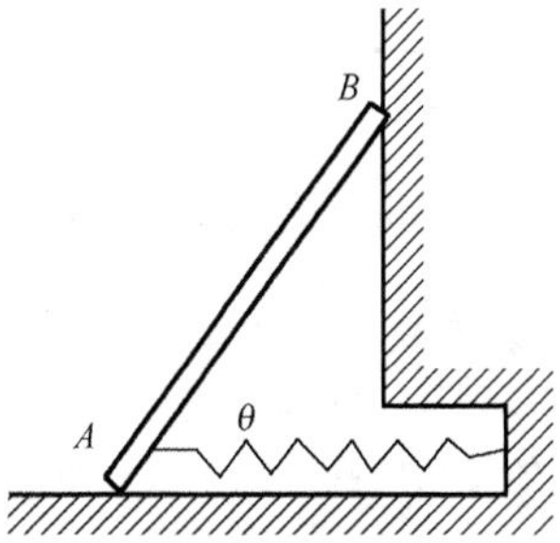

基础检测题 11 图

3.6.2 巩固提高

一、单选题

1. 质量相同的三个均匀刚体 A、B、C（如图所示）以相同的角速度 ω 绕其对称轴旋转，已知 $R_A = R_C < R_B$，若从某时刻起它们受到相同的阻力矩，则[　　]

(A) A 先停转　　(B) B 先停转

(C) C 先停转　　(D) A、C 同时停转

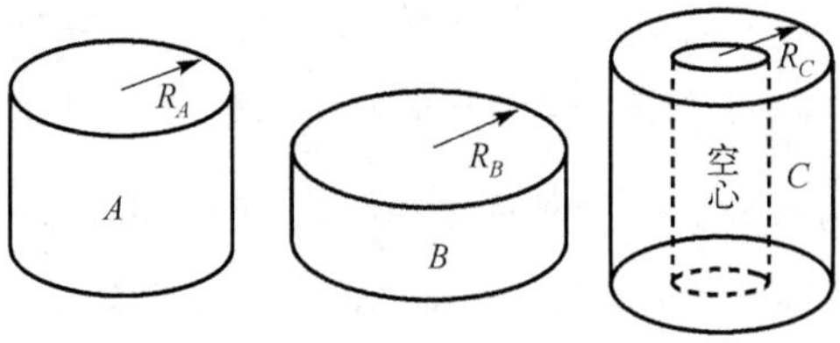

巩固提高题 1 图

2. 如图所示，一水平刚性轻杆，质量不计，杆长 $l = 20\text{cm}$，其上穿有两个小球. 初始时，两小球相对杆中心 O 对称放置，与 O 的距离 $d = 5\text{cm}$，二者之间用细线拉紧. 现在让细杆绕通过中心 O 的竖直固定轴做匀角速的转动，转速为 ω_0，再烧断细线让两球向杆的两端滑动. 不考虑转轴和空气的摩擦，当两球都滑至杆端时，杆的角速度为[　　]

(A) $2\omega_0$　　(B) ω_0　　(C) $\frac{1}{2}\omega_0$　　(D) $\frac{1}{4}\omega_0$

3. 一轻绳跨过一具有水平光滑轴、质量为 M 的定滑轮，绳的两端分别悬有质量为 m_1 和 m_2 的物体（$m_1 < m_2$），如图所示. 绳与轮之间无相对滑动. 若某时刻滑轮沿逆时针方向转动，则绳中的张力[　　]

(A)处处相等　(B)左边大于右边　(C)右边大于左边　(D)哪边大无法判断

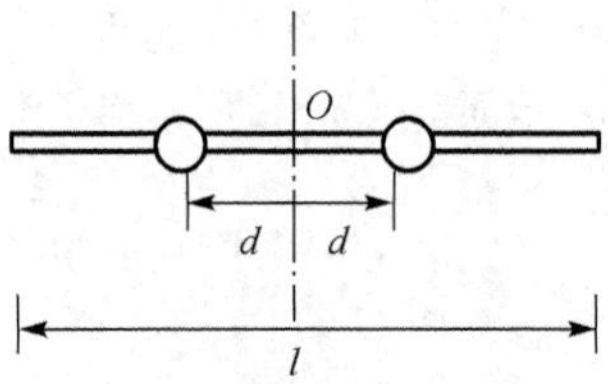

巩固提高题 2 图

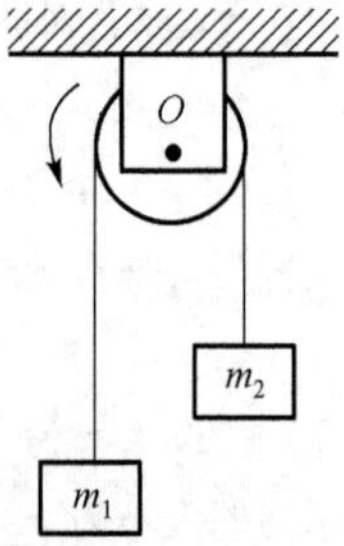

巩固提高题 3 图

二、填空题

4. 一质量为 m 、半径为 R 的薄圆盘，可绕通过其直径的光滑固定轴 AA' 转动，转动惯量 $J=\frac{mR^2}{4}$. 该圆盘从静止开始在恒定力矩 M 作用下转动，t 秒后位于圆盘边缘上与轴 AA' 的垂直距离为 R 的 B 点的切向加速度 $a_t=$________，法向加速度 $a_n=$________.

5. 转动着的飞轮的转动惯量为 J ，在 $t=0$ 时角速度为 ω_0 . 此后飞轮经历制动过程. 阻力矩 M 的大小与角速度 ω 的平方成正比，比例系数为 k（k 为大于 0 的常量）. 当 $\omega=\frac{1}{3}\omega_0$ 时，飞轮的角加速度 $\beta=$________. 从开始制动到 $\omega=\frac{1}{3}\omega_0$ 所经过的时间 $t=$________.

6. 半径为 $r=1.5\text{m}$ 的飞轮，初始角速度 $\omega_0=10\text{rad}\cdot\text{s}^{-1}$ ，角加速度 $\alpha=-5\text{rad}\cdot\text{s}^{-2}$ ，则在 $t=$________时角位移为零，而此时边缘上一点的线速度大小为 $v=$________.

7. 半径为 20cm 的主动轮，通过皮带拖动半径为 50cm 的被动轮转动，皮带与轮之间无相对滑动，主动轮从静止开始做匀角加速度转动，在 4s 内被动轮的角速度达到 $8\pi\text{rad}\cdot\text{s}^{-1}$ ，则主动轮在这段时间内转过的圈数为________ .

8. 两个质量都为100kg 的人，站在一质量为 200kg 、半径为 3m 的水平转台的直径两端. 转台的固定竖直转轴通过其中心且垂直于台面. 初始时，转台每 5s 转一圈. 当这两人以相同的快慢走到转台的中心时，转台的角速度 $\omega=$________.（已知转台对转轴的转动惯量 $J=\frac{1}{2}MR^2$ ，计算时忽略转台在转轴处的摩擦）.

9. 如图所示，质量分别为 m 和 $2m$ 的两物体(都可视为质点)，用一长为 l 的轻质刚性细杆相连，系统绕通过杆且与杆垂直的竖直固定轴 O 转动，已知 O 轴离质量为 $2m$ 的质点的距离为 $\frac{1}{3}l$，质量为 m 的质点的线速度为 v 且与杆垂直，则该系统对转轴的角动量(动量矩)大小为________.

10. 一长为 l ，质量可以忽略的直杆，可绕通过其一端的水平光滑轴在竖直平面内做定轴转动，在杆的另一端固定着一质量为 m 的小球，如图所示. 现将杆由水平位置无初转速地释放，则杆刚被释放时的角加速度 $\beta_0=$________，杆与水平方向夹角为 $60°$ 时的角加速度 $\beta=$________.

11. 在 xOy 平面内的三个质点，质量分别为 $m_1=1\text{kg}$ 、 $m_2=2\text{kg}$ 和 $m_3=3\text{kg}$ ，位置坐标(以 m 为单位)分别为 $m_1(-3,-2)$ 、 $m_2(-2,1)$ 和 $m_3(1,2)$ ，则这三个质点构成的质点组对 z 轴的转动惯量 $I_z=$________.

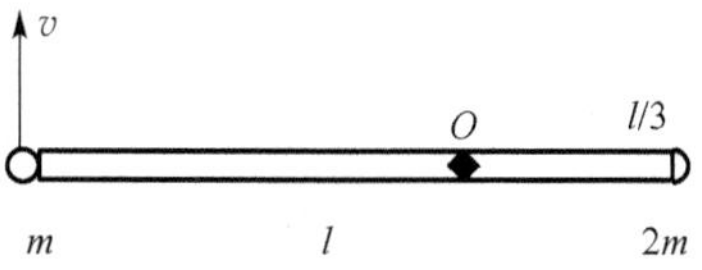

巩固提高题 9 图

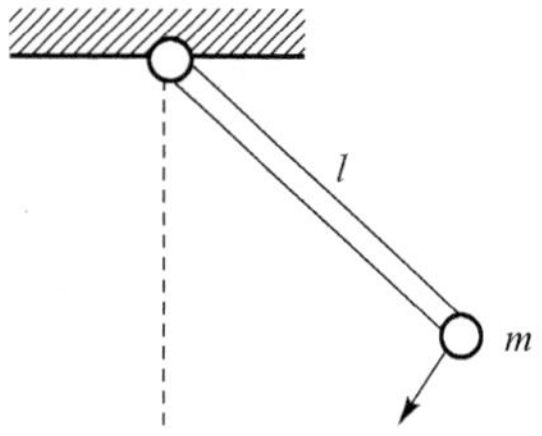

巩固提高题 10 图

12. 一质量为 0.5kg、半径为 0.4m 的薄圆盘，以 1500r/min 的角速度绕过盘心且垂直盘面的轴转动，今在盘缘施以 0.98N 的切向力直至盘静止，则所需时间为________s.

三、计算题

13. 如图所示，一均匀细杆长为 l，质量为 m，平放在摩擦系数为 μ 的水平桌面上，设开始时杆以角速度 ω_0 绕过中心 O 且垂直于桌面的轴转动，试求：

(1) 作用于杆的摩擦力矩；

(2) 经过多长时间杆才会停止转动.

14. 一质量 $M=40\text{kg}$、半径 $R=0.2\text{m}$ 的自行车轮，假定质量均匀分布在轮缘上，可绕轴自由转动. 另一质量为 $m=4\text{g}$ 的子弹以速度 2400m/s 射入轮缘(如图所示). 若开始时轮是静止的，在子弹打入后角速度为何值？

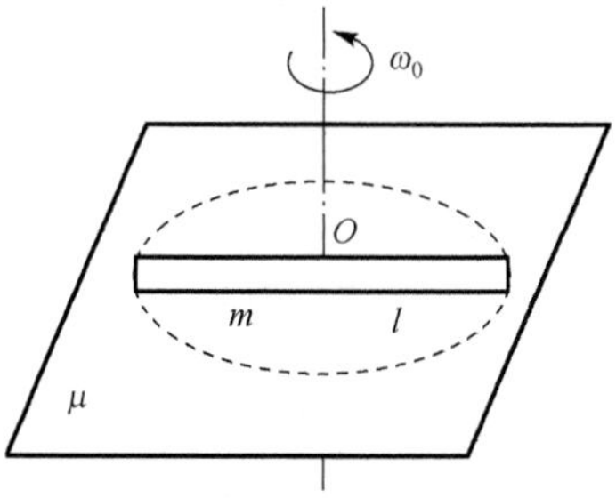

巩固提高题 13 图

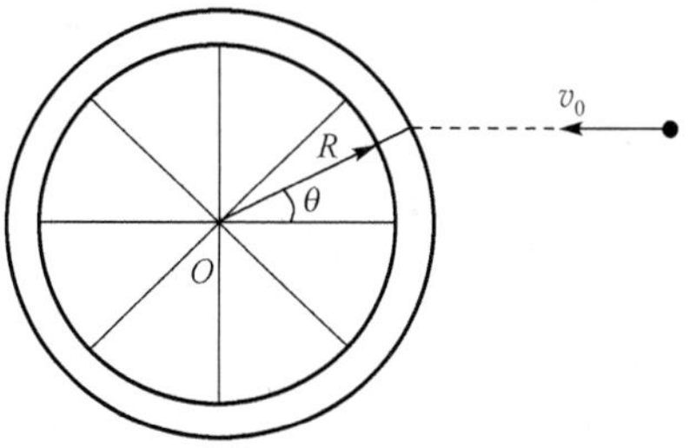

巩固提高题 14 图

15. 如图所示，长为 l 的轻杆，两端各固定质量分别为 m 和 $2m$ 的小球，杆可绕水平光滑固定轴 O 在竖直面内转动，转轴 O 距两端分别为 $2l/3$ 和 $l/3$. 轻杆原来静止在竖直位置. 今有一质量为 m 的小球，以水平速度 v_0 与杆下端小球 m 发生对心碰撞，碰后以 $v_0/2$ 的速度返回，试求碰撞后轻杆所获得的角速度.

16. 设电风扇的恒定功率为 P，叶片受到的空气阻力对风扇转轴的力矩与叶片旋转的角速度 ω 成正比，比例系数为 k，已知叶片转子对转轴的总转动惯量为 J. 则：

(1) 求原来静止的电扇在通电后 t 时刻的角速度；

(2) 电扇稳定转动时的转速为多大？

(3) 电扇以稳定转速旋转时，断开电源后风叶还能继续转多少角度？

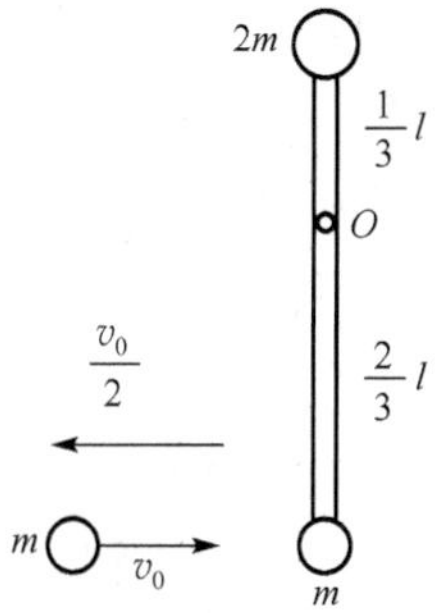

巩固提高题 15 图

17. 两个滑冰运动员 A、B 的质量均为 70kg，以 $v_0=6.5\text{m/s}$ 的速率沿相反方向滑行，滑行路线间的垂直距离 $R=10\text{m}$，当彼此交错时，各抓住 10m 绳索的一端，然后相对旋转，问：

(1) 在抓住绳索之前，各自对绳中心的角动量是多少？抓住后又是多少？

(2) 他们各自收拢绳索，到绳长为 $r = 5\text{m}$ 时，各自的速率是多少？

(3) 绳长为 5m 时，绳子的张力多大？

18. 在半径为 R、质量为 m_0、可绕中心竖直轴自由转动的水平圆盘的边缘上，站着一个质量为 m 的人，开始时圆盘和人都相对地面静止. 当人沿圆盘的边缘相对于圆盘走完一周回到原位置时，圆盘转过的角度为多大？

3.6 单元检测
参考答案

第二篇　热学

第 4 章　气体动理论

4.1　基 本 要 求

⑴ 理解平衡态的概念和状态参量的物理意义，了解热力学第零定律.

⑵ 掌握理想气体状态方程及其应用.

⑶ 理解理想气体的微观模型和统计假设，掌握理想气体的压强和温度公式，理解其统计意义.

⑷ 了解自由度的概念，理解能量均分定理和理想气体内能的微观本质，掌握理想气体的内能公式.

⑸ 理解速率分布函数和速率分布曲线的物理意义，了解麦克斯韦速率分布律，理解三种统计速率.

⑹ 理解平均碰撞频率和平均自由程的概念，了解气体宏观状态变化对其分子平均碰撞频率和平均自由程的影响.

4.2　学 习 导 引

⑴ 本章主要学习气体动理论，主要包含理想气体的状态方程、理想气体的压强和温度公式、能量均分定理、麦克斯韦速率分布律和气体分子的平均自由程等内容.

⑵ 由热力学第零定律引入状态参量——温度，进而给出由摩尔气体常量和玻尔兹曼常量描述的理想气体状态方程的两种形式. 在今后的学习中，这两种形式都会反复出现，需要认真掌握. 可以通过探讨解释人类高空飞行时出现的不良生理现象或气温、气压变化对射击精度的影响等日常生活和军事训练的例子，加深对状态方程的理解.

⑶ 理想气体的压强公式和温度公式是建立在理想气体的微观模型和分子集体的统计性假设基础之上的，这是本章的难点之一，学习中需要深刻领悟其中的统计思想和方法，这也是这部分内容中经常用到的思想和方法.

⑷ 理想气体压强公式将气体的宏观状态参量压强与微观量分子数密度和分子平均平动动能联系在一起，揭示了理想气体压强的微观本质；理想气体温度公式表明温度是反映系统内分子热运动剧烈程度的宏观物理量，是气体分子平均平动动能的量度.

⑸ 气体分子的无规则热运动和碰撞使得内能在系统内部不断地再分配和传递，从而导致内能按自由度均分，通过能量均分定理可以得到理想气体的内能公式，所以能量均分定理和理想气体的内能也是统计规律. 学习过程中注意理解自由度的概念，能够熟练给出单原子分子、刚性双原子分子、刚性多原子分子的自由度；掌握理想气体的内能公式并注意与第 5 章的相关内容进行关联.

(6)麦克斯韦速率分布律是大量气体分子处于平衡态时的统计分布. 注意理解气体分子速率分布函数、最概然速率、平均速率和方均根速率的物理意义，并能解决相关问题.

(7)通过对分子之间碰撞的简化模型可以推导出气体分子的平均碰撞频率和平均自由程. 平均自由程正比于气体温度，反比于气体压强和分子的有效直径，从统计意义上反映了碰撞的剧烈程度.

(8)这部分的问题主要是围绕着概念、定理、定律的直接应用或统计方法的应用. 学习时应特别注意概念及公式的物理意义和总结统计方法.

4.3 思 维 导 图

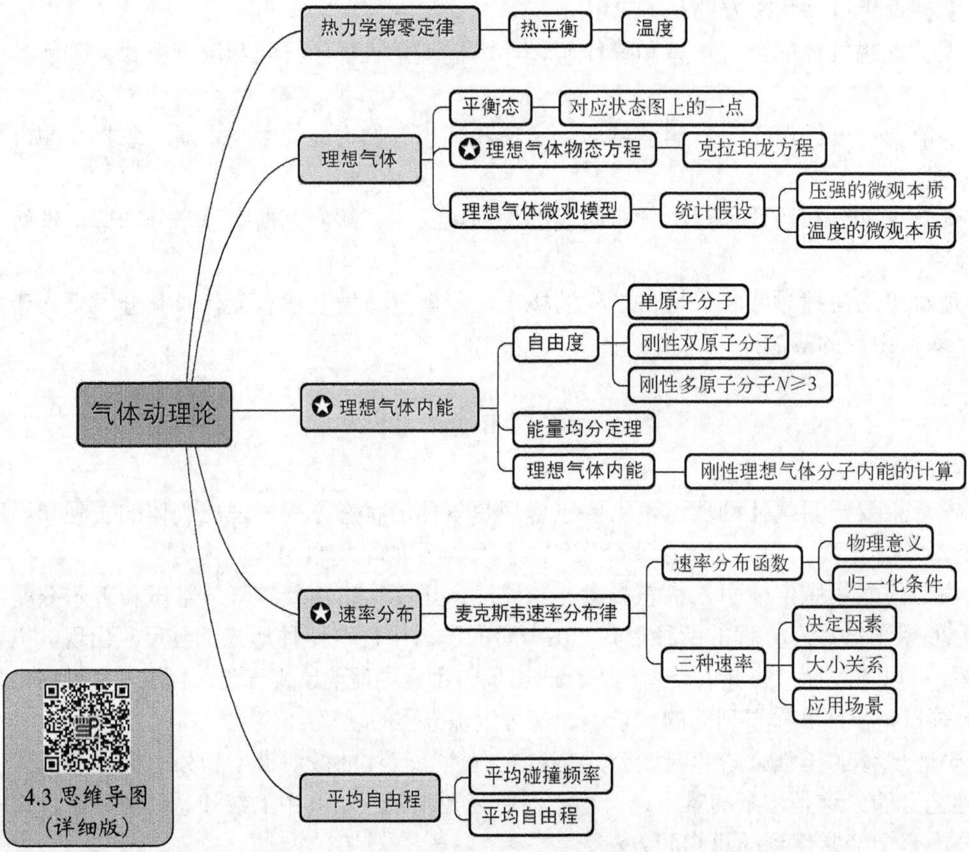

4.4 内 容 提 要

1. 热力学系统的平衡态

(1)热力学系统.

热力学系统：在给定范围内由大量微观粒子所组成的宏观客体.

孤立系统：与外界既没有能量交换也没有物质交换的热力学系统.

封闭系统：与外界有能量交换，但没有物质交换的热力学系统.

开放系统：与外界既有能量交换，又有物质交换的热力学系统.

(2) 平衡态.

平衡态：在不受外界影响的条件下，系统的宏观性质不随时间变化的状态. “不受外界影响”指系统与外界没有能量交换，即外界对系统既不做功也不传热.

处于平衡态的热力学系统其内部无定向的粒子流动和能量流动，系统的宏观性质不随时间变化，但组成系统的微观粒子仍处在不停地无规则运动之中，因此这种平衡称为热动平衡；平衡态是一种理想状态，绝对平衡是不存在的；系统处于平衡态时，只用少数几个宏观参量即可完备地来描述，这些参量称为状态参量.

2. 热力学第零定律、温度

热力学第零定律：如果两个热力学系统 A 和 B 各自与处于确定状态的第三个热力学系统 C 处于热平衡，那么 A 和 B 也必将处于热平衡.

温度：互为热平衡系统的热力学系统所具有共同的宏观性质.

温标：温度的单位和数值表示方法.

热力学温标 T：单位是开尔文，符号是K，1K 等于水的三相点温度的1/273.16，热力学温标的零点称为绝对零度（0K），其中水的三相点温度为273.16K.

摄氏温标 t：单位是摄氏度，符号是℃，摄氏温标与热力学温标的关系为 $t(℃) = T(\mathrm{K}) - 273.15$.

3. 理想气体状态方程

描述气体系统的状态参量：体积（V）、压强（p）、温度（T）.

标准状况：零摄氏度、一个标准大气压，$T = 273.15\mathrm{K}$，$p = 1.01\times10^5\,\mathrm{Pa}$.

常温常压：一般指25℃、一个标准大气压，$T = 298.15\mathrm{K}$，$p = 1.01\times10^5\,\mathrm{Pa}$.

理想气体：任何情况下绝对遵守三个气体实验定律（玻意耳-马里奥特定律、盖吕萨克定律、查理定律）的气体. 一定质量的气体，在压强不太大、温度不太低的条件下，可看作理想气体.

平衡态下，理想气体的状态方程：$pV = \nu RT$ 或 $p = nkT$，其中 R 为摩尔气体常量，$R = 8.31\,\mathrm{J\cdot mol^{-1}\cdot K^{-1}}$；$k$ 为玻尔兹曼常量，$k = 1.38\times10^{-23}\,\mathrm{J\cdot K^{-1}}$；因此，阿伏伽德罗常量 $N_\mathrm{A} = R/k = 6.02\times10^{23}\,\mathrm{mol^{-1}}$；$\nu$ 为气体的物质的量，单位mol，$\nu = m/M = N/N_\mathrm{A}$；$m$ 为气体的质量；M 为气体的摩尔质量；N 为气体的总分子数；n 为分子的数密度，即单位体积内的气体分子数.

例 标准状况下，理想气体的分子数密度为 $n = \dfrac{p}{kT} = \dfrac{1.01\times10^5}{1.38\times10^{-23}\times273.15} \approx 2.68\times10^{25}$（个/$\mathrm{m^3}$）.

4. 理想气体的压强和温度

理想气体的微观模型：理想气体是由大量不断做无规则运动、不计体积、忽略彼此间相互作用的弹性小球所组成. 具体来说：①分子本身的线度与分子间的平均距离相比可忽略不计，即把分子当作质点；②除碰撞的瞬间外，分子之间及分子与器壁之间的相互作用可以忽略不计，因此两次碰撞之间的分子运动可看作是匀速直线运动；③分子之间、分子与器壁之间的碰撞是完全弹性的；④单个分子的运动遵从牛顿力学定律.

理想气体的压强公式：$p=\dfrac{2}{3}n\overline{\varepsilon_{\mathrm{k}}}$. 其中：$\overline{\varepsilon_{\mathrm{k}}}=\dfrac{1}{2}m_0\overline{v^2}$ 为分子的平均平动动能，m_0 为单个分子的质量，$\overline{v^2}=\dfrac{1}{N}\sum_i N_i v_i^2$ 为分子的方均速率.

压强的微观意义：气体的压强是大量气体分子对容器器壁不断碰撞的结果，其实质是大量气体分子施于单位面积器壁上的平均冲力.

理想气体的温度公式：$\overline{\varepsilon_{\mathrm{k}}}=\dfrac{3}{2}kT$.

温度的微观意义：温度是分子平均平动动能的量度，是分子无规则热运动剧烈程度的定量表示. 因此，温度是大量分子热运动的集体表现，具有统计的意义. 对单个分子而言，说它的温度是没有意义的.

5. 能量均分定理、理想气体的内能

自由度：确定一个物体的空间位置所需要的独立坐标数目. 不同分子类型的自由度见表 4.1.

表 4.1 不同分子类型的自由度

分子类型	分子示例	平动自由度 t	转动自由度 r	振动自由度 s	总自由度 $i=t+r+s$
单原子分子	He, Ne, Ar, …	3	0	0	3
刚性双原子分子、 刚性直线型多原子分子	$H_2, O_2, CO, \cdots$ $CO_2, C_2H_2, \cdots$	3	2	0	5
刚性多原子分子	$H_2O, CH_4, \cdots$	3	3	0	6

能量均分定理：在温度为 T 的平衡态下，物质分子的每一个自由度都具有相同的平均动能 $\dfrac{1}{2}kT$.

自由度为 i 的理想气体分子的平均动能：$\overline{\varepsilon_{\mathrm{k}}}=\dfrac{i}{2}kT$.

ν mol 的理想气体的内能：$U=\nu\dfrac{i}{2}RT$. 该式表明，对给定的理想气体，其内能仅与温度有关，而与气体的压强、体积无关. 理想气体的内能是温度的单值函数.

例 标准状况下，空气(主要由氮气 N_2 和氧气 O_2 组成)分子可视为刚性双原子分子，空气分子的平均动能 $\overline{\varepsilon_{\mathrm{k}}}=\dfrac{i}{2}kT=\dfrac{5}{2}\times1.38\times10^{-23}\times273.15\approx9.42\times10^{-21}\,\mathrm{J}$，1mol 空气的内能 $U=\dfrac{5}{2}\times 8.31\times273.15\approx5.67\times10^3(\mathrm{J})$.

6. 麦克斯韦速率分布律

(1) 速率分布函数.

速率分布函数：$f(v)=\dfrac{\mathrm{d}N}{N\mathrm{d}v}$，表示分布在速率 v 附近单位速率区间的分子数占总分子数 N 的比例；也称为概率密度，表示分子速率分布在 v 附近单位速率区间的概率. 归一化条件 $\int_0^\infty f(v)\mathrm{d}v=1$.

$f(v)\mathrm{d}v=\dfrac{\mathrm{d}N}{N}$，表示在速率区间 $v\sim v+\mathrm{d}v$ 内的分子数占总分子数的比例，或者说分子速率分布在速率区间 $v\sim v+\mathrm{d}v$ 内的概率.

$\int_{v_1}^{v_2} f(v)\mathrm{d}v=\dfrac{\Delta N}{N}$，表示在速率区间 $v_1\sim v_2$ 内的分子数占总分子数的比例.

$\int_{v_1}^{v_2} Nf(v)\mathrm{d}v=\Delta N$，表示在速率区间 $v_1\sim v_2$ 内的分子数.

最概然速率 v_{p}：满足 $\left.\dfrac{\mathrm{d}f(v)}{\mathrm{d}t}\right|_{v_{\mathrm{p}}}=0$，$f(v)$ 的极大值对应的速率，常用于讨论速率分布的函数行为.

平均速率 $\overline{v}=\int_0^{\infty} vf(v)\,\mathrm{d}v$：分子速率的算术平均值，常用于计算分子的平均自由程等.

速率区间 $[v_1,v_2]$ 内的平均速率 $\overline{v}_{12}=\dfrac{\int_{v_1}^{v_2} vf(v)\,\mathrm{d}v}{\int_{v_1}^{v_2} f(v)\,\mathrm{d}v}$.

方均根速率 $v_{\mathrm{rms}}\equiv\sqrt{\overline{v^2}}=\sqrt{\int_0^{\infty} v^2 f(v)\,\mathrm{d}v}$：分子速率平方的算术平均值的平方根，常用于计算分子的平均平动动能.

(2) 麦克斯韦速率分布律.

麦克斯韦速率分布律：$f(v)=\left(\dfrac{m_0}{2\pi kT}\right)^{\frac{3}{2}}4\pi v^2\mathrm{e}^{-\frac{mv^2}{2kT}}$，即平衡态下理想气体的速率分布函数.

最概然速率：$v_{\mathrm{p}}=\sqrt{\dfrac{2kT}{m_0}}=\sqrt{\dfrac{2RT}{M}}\approx1.41\sqrt{\dfrac{RT}{M}}$.

平均速率：$\overline{v}=\sqrt{\dfrac{8kT}{\pi m_0}}=\sqrt{\dfrac{8RT}{\pi M}}\approx1.60\sqrt{\dfrac{RT}{M}}$.

方均根速率：$\sqrt{\overline{v^2}}=\sqrt{\dfrac{3kT}{m_0}}=\sqrt{\dfrac{3RT}{M}}\approx1.73\sqrt{\dfrac{RT}{M}}$.

例 空气的摩尔质量 $M\approx29\mathrm{g/mol}$，标准状况下，空气分子的最概然速率 $v_{\mathrm{p}}=\sqrt{\dfrac{2RT}{M}}=\sqrt{\dfrac{2\times8.31\times273.15}{29\times10^{-3}}}\approx397(\mathrm{m/s})$，平均速率 $\overline{v}\approx446\mathrm{m/s}$，方均根速率 $\sqrt{\overline{v^2}}\approx484\mathrm{m/s}$.

7. 分子碰撞、平均自由程

平均碰撞频率：$\overline{Z}=\sqrt{2}\pi d^2 n\overline{v}$，表示一个分子在单位时间内所受到的平均碰撞次数. 其中，d 是分子的有效直径.

平均自由程：$\overline{\lambda}=\dfrac{\overline{v}}{\overline{Z}}=\dfrac{kT}{\sqrt{2}\pi d^2 p}$，表示一个分子在连续两次碰撞之间可能经过的各段自由路程的平均值. 当温度一定时，平均自由程与压强成反比. 当压强很低时，$\overline{\lambda}$ 有可能大于容器的线度，分子之间很少发生碰撞，只是不断碰撞器壁，此时的平均自由程就应该是容器的线度.

例 空气分子的有效直径取0.35nm，在标准状况下，空气分子的平均自由程 $\overline{\lambda}=\dfrac{kT}{\sqrt{2}\pi d^2 p}$ $=\dfrac{1.38\times10^{-23}\times273.15}{\sqrt{2}\pi\times(0.35\times10^{-9})^2\times1.01\times10^5}\approx6.86\times10^{-8}(\mathrm{m})$，约为分子有效直径的200倍. 空气分子的平均碰撞频率 $\overline{Z}=\dfrac{\overline{v}}{\overline{\lambda}}=\dfrac{446}{6.68\times10^{-8}}\approx6.68\times10^{9}(\mathrm{s}^{-1})$，即空气分子在1s内平均碰撞约67亿次！

4.5 典型例题

4.5.1 思考题

思考题1 请问分子热运动和布朗运动有何区别?

简答 分子热运动是微观分子的无规则运动，布朗运动是宏观物质受分子热运动碰撞而产生的运动. 正因为有分子热运动，才会导致宏观物质受到碰撞，碰撞不平衡，产生布朗运动，布朗运动肉眼可见，分子热运动肉眼不可见，所以布朗运动是微观分子热运动的体现，间接验证了分子热运动的存在.

思考题2 容器中盛有温度为T的理想气体,试问该气体分子热运动的平均速度是多少？为什么？

简答 该气体分子的热运动平均速度为零. 速度是矢量. 在平衡态时，由于分子不停地与其他分子及容器壁发生碰撞，其速度也不断地发生变化，分子具有各种可能的速度，由统计假设可知，每个分子向各个方向运动的概率是相等的，沿各个方向运动的分子数也相同，那么气体分子的热运动平均速度必然为零.

思考题3 实战发现，高炮的弹着点夏天比冬天要远，请问这是为什么？

简答 同一地段，夏天和冬天相比气压变化不大，但是气温变化剧烈，因此我们可以认为气压不变. 根据 $p=nkT$，压强不变，夏天时气温高，单位体积内的分子数少，即分子数密度小，空气变得稀薄，对炮弹的阻力小，因此弹着点要远一些. 有经验的炮手，会根据气温的变化适当修正瞄准点.

思考题4 请问地球大气层中为什么几乎没有自由的氢分子？

简答 约27℃(300K)时，氢气($M_{\mathrm{H_2}}=0.002\mathrm{kg\cdot mol^{-1}}$)和氧气($M_{\mathrm{O_2}}=0.032\mathrm{kg\cdot mol^{-1}}$)分子的方均根速率分别为：氢气分子 $v_{\mathrm{rms}}=1.93\times10^{3}\mathrm{m\cdot s^{-1}}$，氧气分子 $v_{\mathrm{rms}}=483\mathrm{m\cdot s^{-1}}$. 地球表面物体脱离地球引力的逃逸速率为 $11.2\mathrm{km\cdot s^{-1}}$，约为氢气分子方均根速率的6倍，氧气分子方均根速率的25倍. 根据麦克斯韦速率分布律，有相当数量的氢气分子的速率超过了逃逸速率，从而逃逸出地球的大气层，经过几十亿年后，地球原始大气中大量的氢气和氦基本完全散去，而氧气分子的方均根速率只有逃逸速度的1/25，这些气体分子逃逸的可能性就相对很小，所以今天的地球大气中就保留了大量自由的氧气分子和氮气分子(氮气分子质量与氧气分子质量接近)，而几乎没有自由的氢气分子.

思考题5 人坐在橡皮艇里，橡皮艇浸入水中一定的深度，夜晚温度降低了，假设橡皮艇内气体压强不变，请问橡皮艇浸入水中的深度将怎样变化？

简答 人和橡皮艇的重量即为橡皮艇所排开水的重量. 因此，白天和夜晚橡皮艇所排开水的重量以及体积不变，由于艇内所充气体的质量m和压强p不变，相当于一个等压过程，由理想气体状态方程$pV=\dfrac{m}{M}RT$可知，夜晚温度T降低后，充气橡皮艇的体积V缩小，为了使橡皮艇排开水的体积保持不变，橡皮艇浸入水中的深度就要增加.

思考题 6 请问热力学的平衡态有何特征？气体的平衡态与力学中的受力平衡有何不同？

简答 一个系统在不受外界影响的条件下，如果它的宏观性质不再随时间变化，我们就说这个系统处于平衡态. 对平衡态的理解应将“无外界影响”与“不随时间变化” 同时考虑，缺一不可. 从微观上看，系统处于平衡态时，组成系统的微观粒子仍处于不停的无规则热运动之中，只是它们的统计平均效果不随时间变化，因此热力学平衡态是一种动态平衡，称为热动平衡. 而力学中的受力平衡，指的是物体所受合外力为零，物体保持静止或匀速直线运动的状态.

思考题 7 在地面上一定高度内，为什么海拔越高气温越低？

简答 人类生活的对流层是大气的最底层，对流层大气对长波辐射的吸收能力较强，对短波辐射的吸收能力较弱. 而太阳辐射主要包括可见光和紫外线等在内的短波辐射，对流层大气很少能够直接吸收这些辐射，因而阳光穿过大气照射到地面，其能量的主要部分被地面所吸收. 地面吸收能量后，放出以红外线为主的地面辐射则是长波辐射，能够被大气所吸收，可见地面才是大气最主要的热源. 海拔高的山地不仅接收到的地面辐射少，而且由于空气稀薄、云量少，大气的储热性能低，这就导致了海拔越高气温越低. 需要注意的是，海拔越高气温越低的说法仅适用于对流层大气. 在对流层之上的平流层，分布着大量臭氧，臭氧能够很好地吸收来自太阳的紫外辐射，因而在平流层中，高度越高，接收到的太阳辐射越多，气温越高.

思考题 8 气体分子的平均速率可达到每秒几百甚至上千米，那么为什么打开一瓶香水，过了很久才能闻到香味？

简答 一般情况下气体单位体积内的分子数n非常大，分子在运动的过程中，必然要与其他分子频繁发生碰撞，从而使分子经历很曲折的路径，以致其平均速率虽然很大，而定向移动速率却很小. 即使个别分子能够很快运动到远处，但是这种概率很低，况且嗅觉反应需要一定数量的香水分子，因此打开香水瓶后，不会马上闻到香味，要过一段时间才能闻到.

思考题 9 有人认为最概然速率就是最大的速率，请问这种说法是否正确？

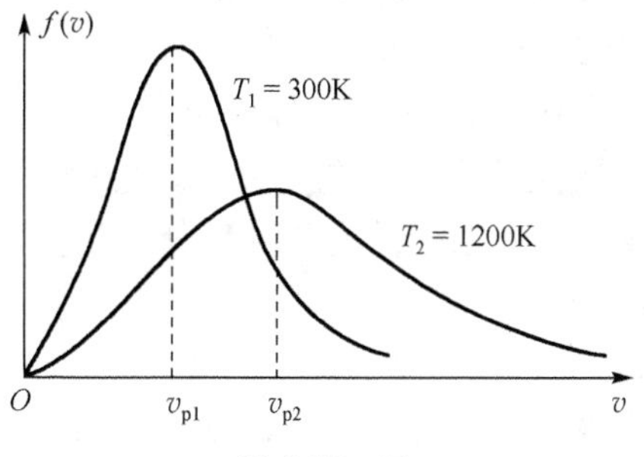

思考题 9 图

简答 这种说法不正确. 所谓最概然速率，是指与速率分布函数极大值对应的速率，即麦克斯韦速率分布曲线峰值点对应的速率，并不是速率的最大值，其物理意义为：该平衡态下，若把整个速率范围划分为许多相等的小区间，则分布在最概然速率所在区间的分子数占总分子数的百分比最大. 事实上如思考题 9 图所示，其他条件不变，温度越高，分布函数的峰值点越低，最概然速率越大，最概然速率与温度的关系为

$v_p = \sqrt{\dfrac{2RT}{M}}$.

思考题 10 请问什么是理想气体的内能？理想气体的内能是否可以等于零？

简答 一个系统的总能量应包括系统整体的平动动能、在外力场中的势能、系统内部分子运动的动能、分子间的势能，以及构成分子的各原子间的相互作用能和各原子的能量等. 但在热力学中，不涉及分子内各原子间的相互作用能和原子能，认为这部分能量是冻结的，即当热力学系统状态改变时，这部分能量不变，也不考虑系统整体运动的动能和势能，所涉及的仅是其中分子的运动能量和分子间相互作用的势能. 对于理想气体，由于完全忽略了分子间的相互作用，计算理想气体的内能时，仅需考虑气体分子运动的各种动能. 因为气体内部分子永远不停地运动着，所以内能不会等于零. 从另外一个角度来讲，理想气体的内能 $U = \dfrac{m}{M}\dfrac{i}{2}RT$ ，其中热力学温度 T 不可能为零，因此内能就不可能为零.

思考题 11 导热系数反映了气体的导热能力，其定义为 $k = \dfrac{C_{V,m}}{3M}\rho\bar{v}\bar{\lambda}$ ，其中 $C_{V,m}$ 是气体的定容摩尔热容，M 是气体的摩尔质量，$\bar{v}$ 是分子运动的平均速率，ρ 是气体的密度，$\bar{\lambda}$ 是平均自由程，请用此式解释保温瓶真空层隔热的基本原理.

简答 平均速率 $\bar{v} = \sqrt{\dfrac{8RT}{\pi M}}$ ，当温度一定时，$C_{V,m}$ 、M 、$\bar{v}$ 三个物理量基本保持不变，然而平均自由程 $\bar{\lambda}$ 与压强呈反比关系 $\left(\bar{\lambda} = \dfrac{kT}{\sqrt{2}\pi d^2 p}\right)$ ，当压强很低或者接近真空时，理论上讲 $\bar{\lambda}$ 将变得很大. 但是由于受到容器线度的限制，此时分子间很少发生碰撞，只是不断地碰撞容器壁，此时的 $\bar{\lambda}$ 应该是容器的线度，保温瓶隔热层很薄，则 $\bar{\lambda}$ 很小；又因为气体的密度 ρ 很小，由公式 $k = \dfrac{C_{V,m}}{3M}\rho\bar{v}\bar{\lambda}$ 可得 k 很小，导热性能很差，保温效果很好.

4.5.2 计算题

计算题 1 某刚性双原子分子理想气体，处于 0℃. 试求：

(1) 分子平均平动动能；

(2) 分子平均转动动能；

(3) 分子平均动能；

(4) 0.5mol 的该气体内能.

【解题思路】 常温下，刚性双原子分子的自由度为 5，包括 3 个平动自由度和 2 个转动自由度，根据能量按自由度均分定理，在温度为 T 的平衡态下，气体分子的每个自由度均分 $\dfrac{1}{2}kT$ 的能量.

解 (1) $\bar{\varepsilon}_t = \dfrac{3}{2}kT = \dfrac{3}{2}\times 1.38\times 10^{-23}\times 273.15 \approx 5.65\times 10^{-21}(\text{J})$ ；

(2) $\bar{\varepsilon}_r = \dfrac{2}{2}kT = \dfrac{2}{2}\times 1.38\times 10^{-23}\times 273.15 \approx 3.77\times 10^{-21}(\text{J})$ ；

(3) $\bar{\varepsilon}_k = \frac{5}{2}kT = \frac{5}{2}\times 1.38\times 10^{-23}\times 273.15 \approx 9.42\times 10^{-21}$(J)；

(4) $U = \nu\frac{i}{2}RT = \frac{1}{2}\cdot\frac{5}{2}\times 8.31\times 273.15 \approx 2.84\times 10^{3}$(J).

【延伸思考】

(1) 本题若将刚性双原子分子换成单原子分子或刚性多原子分子理想气体，题中四个问题如何求解？

(2) 思考分子平均平动动能、分子平均转动动能、分子平均动能以及一定量气体的内能等基本概念的区别与联系.

计算题 2 一容器中储存了一定量的理想气体——氧气，其体积为 $2\times 10^{-3}\text{m}^3$，温度为 300K，内能为 6.9×10^{2}J (已知氧气分子的摩尔质量 $M_{O_2} = 32\times 10^{-3}\text{kg}\cdot\text{mol}^{-1}$).

(1) 求气体的压强；

(2) 单位体积中的分子数 n；

(3) 气体密度 ρ.

【解题思路】 本题主要考查理想气体状态方程 $pV = \nu RT$ 和 $p = nkT$，以及内能的计算.

解 (1) 氧气分子可看作刚性双原子分子，其自由度 $i = 5$，由理想气体状态方程为 $pV = \nu RT$ 和内能公式，可得

$$U = \nu\frac{i}{2}RT = \frac{i}{2}pV$$

所以

$$p = \frac{2U}{iV} = \frac{2\times 6.9\times 10^{2}}{5\times 2\times 10^{-3}} = 1.38\times 10^{5}\,(\text{Pa})$$

(2) 根据理想气体状态方程的另一表达形式 $p = nkT$，可得

$$n = \frac{p}{kT} = \frac{1.38\times 10^{5}}{1.38\times 10^{-23}\times 300} \approx 3.33\times 10^{25}\,(\text{m}^{-3})$$

(3) 由气体状态方程 $pV = \frac{m}{M_{O_2}}RT$，得

$$\rho = \frac{m}{V} = \frac{M_{O_2}p}{RT} = \frac{32\times 10^{-3}\times 1.38\times 10^{5}}{8.31\times 300} = 1.77\,(\text{kg}\cdot\text{m}^{-3})$$

【延伸思考】

本题中若没有给出温度，而是给出了氧气的物质的量或氧气的总分子数，怎么求气体的温度以及氧气分子的平均动能？

计算题 3 若用 $f(v)$ 表示麦克斯韦速率分布函数，N 表示系统所包含的总分子数，v 表示分子速率，v_p 表示最概然速率，请指出下列各式的物理意义：

(1) $f(v)\mathrm{d}v$；

(2) $Nf(v)\mathrm{d}v$；

(3) $\int_0^{v_p} f(v)\mathrm{d}v$；

(4) $\int_{v_1}^{v_2} Nf(v)\mathrm{d}v$；

(5) $\int_0^{\infty} vf(v)\mathrm{d}v$.

【解题思路】 本题主要是对麦克斯韦速率分布相关知识的理解，速率分布函数与分子数的关系式为 $f(v)=\frac{\mathrm{d}N}{N\mathrm{d}v}$，其中 $f(v)$ 为麦克斯韦速率分布函数，N 为总分子数，$\mathrm{d}N$ 为速率 v 附近 $v\sim v+\mathrm{d}v$ 区间内的分子数. $f(v)$ 表示平衡态下，速率 v 附近单位速率区间内的分子数占总分子数的百分比，从概率的角度来说，则表示气体分子速率在 v 附近单位速率间隔的概率.

解 (1) $f(v)\mathrm{d}v=\frac{\mathrm{d}N}{N}$，表示理想气体在平衡态下，速率 v 附近 $v\sim v+\mathrm{d}v$ 区间内的分子数占总分子数的百分比；

(2) $Nf(v)\mathrm{d}v=\mathrm{d}N$，表示理想气体在平衡态下，处于速率 $v\sim v+\mathrm{d}v$ 区间内的分子数；

(3) $\int_0^{v_p} f(v)\mathrm{d}v=\int_0^{v_p}\frac{\mathrm{d}N}{N}$，表示理想气体在平衡态下，处于速率 $0\sim v_p$ 区间内的分子数占总分子数的百分比；

(4) $\int_{v_1}^{v_2} Nf(v)\mathrm{d}v=\int_{v_1}^{v_2}\mathrm{d}N$，表示理想气体在平衡态下，处于速率 $v_1\sim v_2$ 区间内的分子数；

(5) $\int_0^{\infty} vf(v)\mathrm{d}v$，表示理想气体在平衡态下，速率在 $0\sim\infty$ 区间内的所有分子速率的算术平均值.

【延伸思考】

(1) 麦克斯韦速率分布律的适用条件是什么？

(2) 怎样求速率在 $v_1\sim v_2$ 区间内的所有分子速率的算术平均值？

(3) 问题 (3) 和 (4) 的几何意义是什么？

计算题 4 设 N 个粒子系统的速率分布函数 $f(v)$ 满足的关系式为

$$Nf(v)=\begin{cases} av/v_0 & (0\leqslant v\leqslant v_0) \\ a & (v_0\leqslant v\leqslant 2v_0) \\ 0 & (v\geqslant 2v_0) \end{cases}$$

(1) 画出 $Nf(v)$ 与 v 的关系曲线，并指出曲线下的面积表示什么含义；

(2) 利用归一化条件，用 N 和 v_0 表示常数 a；

(3) 速率在 $v_0\sim 2v_0$ 之间的粒子数；

(4) 粒子的平均速率；

(5) $0.5v_0\sim v_0$ 区间内粒子平均速率.

【解题思路】 根据关系式 $f(v)=\frac{\mathrm{d}N}{N\mathrm{d}v}$，可知 $Nf(v)$ 与 v 的关系曲线下的面积表示粒子数.

整个速率区间的平均速率公式为 $\overline{v}=\int_0^\infty vf(v)\mathrm{d}v$.某段速率区间 $v_1\sim v_2$ 内的平均速率公式为

$$\overline{v}=\frac{\int_{v_1}^{v_2} vf(v)\mathrm{d}v}{\int_{v_1}^{v_2} f(v)\mathrm{d}v}.$$

解 (1)根据题意，可画出 $Nf(v)$ 与 v 的关系曲线如图所示，由于 $f(v)=\dfrac{\mathrm{d}N}{N\mathrm{d}v}$，且 $f(v)$ 满足归一化条件，但这里纵坐标是 $Nf(v)$ 而不是 $f(v)$，故曲线下的总面积为 $\int_0^\infty Nf(v)\mathrm{d}v=\int_0^N \mathrm{d}N=N$，即曲线下的总面积表示系统的总粒子数 N.

(2)由题意可得分布函数表达式为

$$f(v)=\begin{cases} av/Nv_0 & (0\leqslant v\leqslant v_0) \\ a/N & (v_0\leqslant v\leqslant 2v_0) \\ 0 & (v\geqslant 2v_0) \end{cases}$$

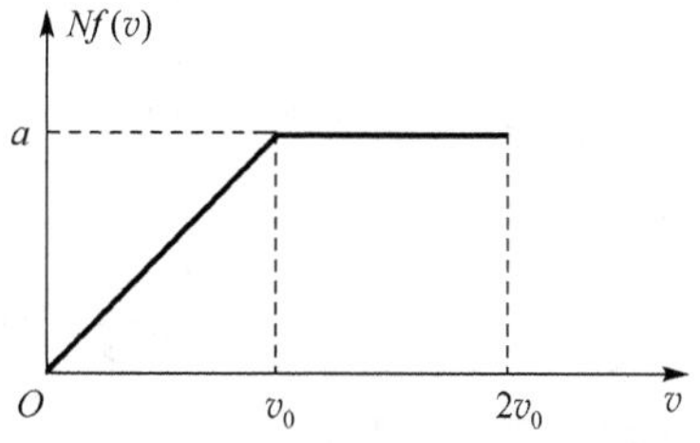

计算题4图

由归一化条件 $\int_0^\infty f(v)\mathrm{d}v=1$，可得

$$\int_0^{v_0}\frac{av}{Nv_0}\mathrm{d}v+\int_{v_0}^{2v_0}\frac{a}{N}\mathrm{d}v=1$$

可得

$$a=\frac{2N}{3v_0}$$

(3)速率在 $v_0\sim 2v_0$ 之间的粒子数为图中 $v_0\sim 2v_0$ 曲线下的面积，故

$$\Delta N=a(2v_0-v_0)=\frac{2N}{3}$$

(4) N 个粒子的平均速率

$$\overline{v}=\int_0^\infty vf(v)\mathrm{d}v=\int_0^{v_0}\frac{av^2}{Nv_0}\mathrm{d}v+\int_{v_0}^{2v_0}\frac{av}{N}\mathrm{d}v$$

$$=\frac{av_0^2}{3N}+\frac{3av_0^2}{2N}=\frac{11v_0}{9}$$

(5) $0.5v_0\sim v_0$ 区间内粒子平均速率

$$\overline{v}=\frac{\int_{0.5v_0}^{v_0} vf(v)\mathrm{d}v}{\int_{0.5v_0}^{v_0} f(v)\mathrm{d}v}=\frac{\int_{0.5v_0}^{v_0} v\frac{av}{Nv_0}\mathrm{d}v}{\int_{0.5v_0}^{v_0}\frac{av}{Nv_0}\mathrm{d}v}=\frac{\int_{0.5v_0}^{v_0} v^2\mathrm{d}v}{\int_{0.5v_0}^{v_0} v\mathrm{d}v}=\frac{7}{9}v_0$$

【延伸思考】

(1)速率分布函数 $f(v)$ 与速率 v 的关系曲线下的总面积表示什么含义？某段速率区间的面积又表示什么含义？与题干第(1)问中的面积含义进行对比.

(2) $0\sim\infty$ 区间内与 $0.5v_0\sim v_0$ 区间内粒子的平均速率公式有所不同，为什么？怎样将两个公式统一起来？

计算题 5 已知氮分子的有效直径 $d = 3.76\times10^{-10}\,\text{m}$，在标准状态下有 0.5m^3 的氮气. 求：

(1) 该气体系统的内能；

(2) 氮分子的最概然速率、平均速率和方均根速率；

(3) 平均碰撞频率和平均自由程.（已知氮气分子的摩尔质量为 $M_{N_2} = 28\times10^{-3}\,\text{kg}\cdot\text{mol}^{-1}$）

【解题思路】 本题考察气体动理论的基本概念和理想气体状态方程的综合应用.

解 依题意可知，$p = 1.01\times10^5\,\text{Pa}$，$T = 273.15\text{K}$，在该温度下氮气分子可看作刚性双原子分子，故自由度 $i = 5$.

(1) 标准状态下氮气可看作理想气体，故有

$$pV = \nu RT$$

根据理想气体内能公式，可得

$$U = \nu\frac{i}{2}RT = \frac{i}{2}pV = \frac{5}{2}\times1.01\times10^5\times0.5 \approx 1.26\times10^5(\text{J})$$

(2) 最概然速率

$$v_{\text{p}} = \sqrt{\frac{2RT}{M_{N_2}}} = 1.41\times\sqrt{\frac{8.31\times273.15}{28\times10^{-3}}} \approx 401.46(\text{m/s})$$

平均速率

$$\overline{v} = \sqrt{\frac{8RT}{\pi M_{N_2}}} = 1.60\times\sqrt{\frac{8.31\times273.15}{28\times10^{-3}}} \approx 455.55(\text{m/s})$$

方均根速率

$$\sqrt{\overline{v^2}} = \sqrt{\frac{3RT}{M_{N_2}}} = 1.73\times\sqrt{\frac{8.31\times273.15}{28\times10^{-3}}} \approx 492.57(\text{m/s})$$

(3) 由理想气体状态方程 $p = nkT$ 得

$$n = \frac{p}{kT} = \frac{1.01\times10^5}{1.38\times10^{-23}\times273.15} \approx 2.68\times10^{25}(\text{m}^{-3})$$

平均碰撞频率

$$\overline{Z} = \sqrt{2}\pi d^2 n\overline{v} = \sqrt{2}\pi\times(3.76\times10^{-10})^2\times2.68\times10^{25}\times455.55 \approx 7.64\times10^9(\text{s}^{-1})$$

平均自由程

$$\overline{\lambda} = \frac{\overline{v}}{\overline{Z}} = \frac{455.55}{7.64\times10^9} \approx 5.96\times10^{-8}(\text{m})$$

【延伸思考】

(1) 最概然速率、平均速率和方均根速率分别在研究什么问题时使用？

(2) 思考平均自由程和平均碰撞频率与其他状态参量的关系，深刻理解其物理含义.

4.5.3 进阶题

进阶题 1 试求理想气体动能的分布函数 .

【解题思路】 麦克斯韦速率分布函数是已知的，而速率和动能之间存在着一一对应的关系，因此可以从速率分布函数得到动能分布函数.

解 方法 1：利用速率分布函数的定义求解.

麦克斯韦速率分布函数为

$$f(v)=4\pi\left(\frac{m}{2\pi kT}\right)^{3/2}\mathrm{e}^{-mv^2/2kT}v^2$$

根据速率分布函数的物理意义可知，速率在 $v\sim v+\mathrm{d}v$ 之间的分子数目占总分子数的比例为

$$\mathrm{d}P=f(v)\mathrm{d}v=4\pi\left(\frac{m}{2\pi kT}\right)^{3/2}\mathrm{e}^{-mv^2/2kT}v^2\mathrm{d}v$$

另一方面，动能 $\varepsilon=\frac{1}{2}mv^2$ 与速率之间存在一一对应的关系，速率在 $v\sim v+\mathrm{d}v$ 之间的分子，其动能落在相应的小区间 $\varepsilon\sim\varepsilon+\mathrm{d}\varepsilon$，若设动能的分布函数为 $f(\varepsilon)$，则动能在此区间内的分子数占总分子数的比例为

$$\mathrm{d}P=f(\varepsilon)\mathrm{d}\varepsilon=f(v)\mathrm{d}v=4\pi\left(\frac{m}{2\pi kT}\right)^{3/2}\mathrm{e}^{-mv^2/2kT}v^2\mathrm{d}v$$

由于 $\mathrm{d}\varepsilon=mv\mathrm{d}v$，将上式中的速率全部换成动能即可得到动能的分布函数为

$$f(\varepsilon)=\frac{2}{\sqrt{\pi}}\left(\frac{1}{kT}\right)^{3/2}\sqrt{\varepsilon}\mathrm{e}^{-\varepsilon/kT}$$

方法 2：利用概率论的知识求解.

麦克斯韦速率分布函数在数学上表示连续随机变量 v 的概率密度，而动能 $\varepsilon=\frac{1}{2}mv^2$ 可看作是随机变量 v 的函数，因此题中所求的即是函数 $\varepsilon=\varepsilon(v)$ 的概率密度. 根据概率论的相关知识可知随机变量的函数的概率密度为

$$\begin{aligned}f(\varepsilon)&=f(v)\frac{\mathrm{d}v}{\mathrm{d}\varepsilon}=f\left(\sqrt{\frac{2\varepsilon}{m}}\right)\frac{\mathrm{d}}{\mathrm{d}\varepsilon}\sqrt{\frac{2\varepsilon}{m}}=4\pi\left(\frac{m}{2\pi kT}\right)^{3/2}\mathrm{e}^{-\varepsilon/kT}\frac{2\varepsilon}{m}\sqrt{\frac{1}{2\varepsilon m}}\\&=\frac{2}{\sqrt{\pi}}\left(\frac{1}{kT}\right)^{3/2}\sqrt{\varepsilon}\mathrm{e}^{-\varepsilon/kT}\end{aligned}$$

与第一种方法的结果完全一致.

进阶题 2 试说明理想气体分子的平均相对速率为 $\bar{u}=\sqrt{2}\bar{v}$，其中 $\bar{v}$ 是理想气体分子的平均速率.

【解题思路】 要严格求出理想气体分子的平均相对速率需要用到麦克斯韦速率分布律，且数学上的积分也较为复杂，本题的解答试图避开这些数学上的困难，采用比较容易理解的处理方法.

解 方法 1: 不太严格的定性分析.

设发生碰撞的两个分子的速度分别为 $\boldsymbol{v}_1$ 和 $\boldsymbol{v}_2$，且二者之间的夹角为 θ，则相对速度等于二者的矢量差 $\boldsymbol{u}=\boldsymbol{v}_1-\boldsymbol{v}_2$，平方可得相对速度的大小

$$u^2=v_1^2+v_2^2-2\boldsymbol{v}_1\cdot\boldsymbol{v}_2=v_1^2+v_2^2-2v_1v_2\cos\theta$$

取统计平均值可得

$$\overline{u^2}=\overline{v_1^2}+\overline{v_2^2}-2\overline{v_1v_2\cos\theta}$$

因为两个分子是等价的，且运动方向是完全随机的，因此可得

$$\overline{v_1^2}=\overline{v_2^2}=\overline{v^2},\quad \overline{v_1v_2\cos\theta}=0$$

于是可知 $\overline{u^2}=\overline{v_1^2}+\overline{v_2^2}=2\overline{v^2}$，所以有

$$\frac{\overline{u}}{\overline{v}}=\frac{\sqrt{\overline{u^2}}}{\sqrt{\overline{v^2}}}=\sqrt{2},\quad \overline{u}=\sqrt{2}\,\overline{v}$$

注意这种方法是很不严格的，特别是最后一步用方均根速率之比代替平均速率之比是否成立还需要进一步说明.

方法 2: 利用麦克斯韦速率分布公式.

为了严格计算平均相对速率，必须依赖麦克斯韦速率分布律，这里提供一种解法，数学上通过类比平均速率的计算得到结果，无须复杂的积分. 由麦克斯韦速率分布公式可知

$$f(v)=4\pi\left(\frac{m}{2\pi kT}\right)^{3/2}\mathrm{e}^{-mv^2/2kT}v^2=\left(\frac{\beta}{\pi}\right)^{3/2}\mathrm{e}^{-\beta v^2}4\pi v^2$$

式中引入了一个参数 $\beta=m/2kT$. 另一方面，利用概率论的知识可以求出平均速率和速率平方的平均值

$$\overline{v}=\int_0^\infty vf(v)\mathrm{d}v=\sqrt{\frac{8kT}{\pi m}}=\sqrt{\frac{4}{\pi\beta}}$$

$$\overline{v^2}=\int_0^\infty v^2f(v)\mathrm{d}v=\frac{3kT}{m}=\frac{3}{2\beta}$$

这些积分都可以利用高斯积分公式算出，但这里无须进行具体的计算，我们只是写出了计算的表达式并引用了课本上的相关结果. 由于气体分子的速率分布是完全随机的，可以合理推测相对速率的分布也应当是完全随机的，应满足类似的麦克斯韦速率分布律，也即对于相对速率也应当具有类似的分布函数

$$f(u)=\left(\frac{\beta'}{\pi}\right)^{3/2}\mathrm{e}^{-\beta'u^2}4\pi u^2$$

式中 β' 是一个尚未确定的新参数. 为了确定这个参数，可以仿照速率平方的公式写出相对速率平方的平均值

$$\overline{u^2}=\int_0^\infty u^2f(u)\mathrm{d}u=\frac{3}{2\beta'}$$

在第一种方法中已经得到了 $\overline{u^2}=2\overline{v^2}=3/\beta$，对比可得新的参数 $\beta'=\beta/2$，因此仿照平均速率的计算方法可以得到相对速率的平均值为

$$\overline{u}=\int_0^{\infty}uf(u)\mathrm{d}u=\sqrt{\frac{4}{\pi\beta'}}=\sqrt{\frac{8}{\pi\beta}}=\sqrt{2}\overline{v}$$

这种方法比第一种方法更加严格，而且也说明了用方均根速率之比代替平均速率之比的合理性.

4.6 单元检测

4.6.1 基础检测

一、单选题

1.【标准状态】在标准状态下，任何理想气体在 $1\mathrm{m}^3$ 中含有的分子数等于[ ]

(A) 6.02×10^{23} (B) 6.02×10^{21} (C) 2.69×10^{25} (D) 2.69×10^{23}

(玻尔兹曼常量 $k=1.38\times10^{-23}\mathrm{J\cdot K^{-1}}$)

2.【物态方程】一个容器内储有 1mol 氢气和 1mol 氦气，若两种气体各自对器壁产生的压强分别为 p_1 和 p_2，则两者的大小关系是[ ]

(A) $p_1>p_2$ (B) $p_1<p_2$ (C) $p_1=p_2$ (D) 不确定的

3.【温度】关于温度的意义，下列几种说法中正确的是[ ]

(1) 气体的温度是分子平均平动动能的量度

(2) 气体的温度是大量气体分子热运动的集体表现，具有统计意义

(3) 温度的高低反映物质内部分子运动剧烈程度的不同

(4) 从微观上看，气体的温度表示每个气体分子的冷热程度

(A) (1)、(2)、(4) (B) (1)、(2)、(3) (C) (2)、(3)、(4) (D) (1)、(3)、(4)

4.【内能】压强为 p、体积为 V 的氢气(视为刚性分子理想气体)的内能为[ ]

(A) $\frac{5}{2}pV$ (B) $\frac{3}{2}pV$ (C) pV (D) $\frac{1}{2}pV$

5.【速率分布函数】速率分布函数 $f(v)$ 的物理意义为[ ]

(A) 具有速率 v 的分子占总分子数的百分比

(B) 具有速率 v 的分子数

(C) 速率分布在 v 附近的单位速率间隔内的分子数占总分子数的百分比

(D) 速率分布在 v 附近的单位速率间隔内的分子数

6.【三种速率】两种不同的理想气体，若它们的最概然速率相等，则它们的[ ]

(A) 平均速率相等，方均根速率相等 (B) 平均速率相等，方均根速率不相等

(C) 平均速率不相等，方均根速率相等 (D) 平均速率不相等，方均根速率不相等

二、填空题

7.【理想气体模型】理想气体微观分子模型的主要内容是

(1) ________________________________;

(2) ________________________________;

(3) ________________________________;

(4) ________________________________.

8. 【理想气体压强】某容器内分子数密度为 n，每个分子的质量为 m，设其中 1/6 分子数以速率 v 垂直地向容器的一壁运动，而其余 5/6 分子或者离开此壁或者平行此壁方向运动，且分子与容器壁的碰撞为完全弹性的，则

(1)每个分子作用于器壁的冲量 $\Delta p =$________；

(2)每秒碰在器壁单位面积上的分子数 $n_0 =$________；

(3)作用在器壁上的压强 $p =$________.

4.6.2 巩固提高

一、单选题

1. 如图所示，两个大小不同的容器用均匀的细管相连，管中有一水银滴作活塞，大容器装有氧气，小容器装有氢气. 当温度相同时，水银滴静止于细管中央，则此时这两种气体中[　　]

(A)氧气的密度较小　　(B)氢气的密度较小

(C)密度一样大　　(D)无法判断哪种气体的密度较大

2. 在标准状态下，若氧气(视为刚性双原子分子的理想气体)和氦气的体积比 $V_1/V_2=1/2$，则其内能之比 U_1/U_2 为[　　]

(A) 3/10　　(B) 1/2　　(C) 5/6　　(D) 5/3

3. 设图示的两条曲线分别表示在相同温度下氧气和氢气分子的速率分布曲线；令 $(v_p)_{O_2}$ 和 $(v_p)_{H_2}$ 分别表示氧气和氢气的最概然速率，则[　　]

(A)图中 a 表示氧气分子的速率分布曲线，$(v_p)_{O_2}/(v_p)_{H_2}=4$

(B)图中 b 表示氧气分子的速率分布曲线，$(v_p)_{O_2}/(v_p)_{H_2}=4$

(C)图中 b 表示氧气分子的速率分布曲线，$(v_p)_{O_2}/(v_p)_{H_2}=1/4$

(D)图中 a 表示氧气分子的速率分布曲线，$(v_p)_{O_2}/(v_p)_{H_2}=1/4$

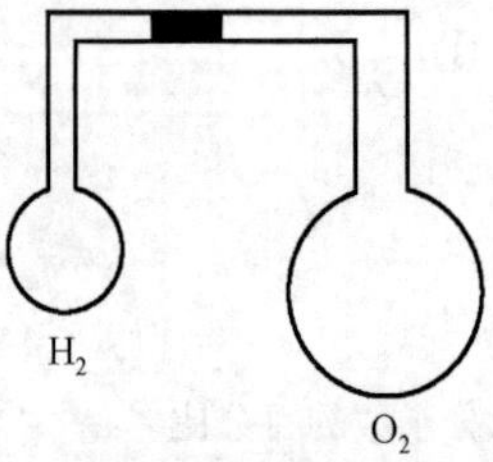

巩固提高题 1 图

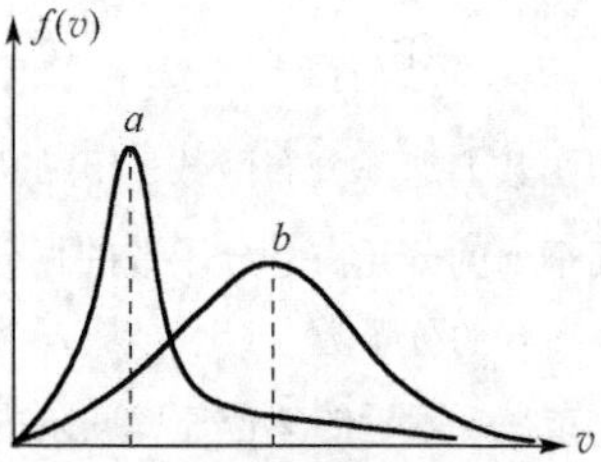

巩固提高题 3 图

4. 理想气体绝热地向真空自由膨胀，体积增大为原来的 2 倍，则始、末两态的温度 T_1 与 T_2 和始、末两态气体分子的平均自由程 $\overline{\lambda}_1$ 与 $\overline{\lambda}_2$ 的关系为[　　]

(A) $T_1=T_2$，$\overline{\lambda}_1=\overline{\lambda}_2$　(B) $T_1=2T_2$，$\overline{\lambda}_1=\overline{\lambda}_2/2$　(C) $T_1=2T_2$，$\overline{\lambda}_1=\overline{\lambda}_2$　(D) $T_1=T_2$，$\overline{\lambda}_1=\overline{\lambda}_2/2$

二、填空题

5. 容器中储有 1 mol 的氮气，压强为 1.33Pa，温度为 280K，则

(1) $1m^3$ 中氮气的分子数为________；

(2)容器中的氮气的密度为________；

(3) $1m^3$ 中氮分子的总平动动能为________.

（$k=1.38\times10^{-23}\,\mathrm{J\cdot K^{-1}}$，$M_{N_2}=28\times10^{-3}\,\mathrm{kg\cdot mol^{-1}}$，$R=8.31\,\mathrm{J\cdot mol^{-1}\cdot K^{-1}}$）

6. 一氧气瓶的容积为V，充入氧气的压强为p_1，用了一段时间后压强降为p_2，则瓶中剩下的氧气的内能与未用前氧气的内能之比为________.

7. 设容器内盛有质量为m_1和m_2的两种不同单原子分子理想气体，气体处于平衡态，其内能均为U．则此两种气体分子的平均速率之比为________.

8. 用总分子数N、气体分子速率v和速率分布函数$f(v)$表示下列各量：

(1) 速率大于v_0的分子数=________；

(2) 速率大于v_0的那些分子的平均速率=________；

(3) 多次观察某一分子的速率，发现其速率大于v_0的概率=________.

9. 一定量的理想气体，经等压过程从体积V_0膨胀到$3V_0$，则描述分子运动的下列各量与原来的量值之比是：

(1) 平均自由程之比$\dfrac{\overline{\lambda}}{\overline{\lambda_0}}=$________；(2) 平均速率之比$\dfrac{\overline{v}}{\overline{v_0}}=$________；(3) 平均动能之比$\dfrac{\varepsilon_k}{\varepsilon_{k0}}=$________.

三、计算题

10. 容积$V=1\,\mathrm{m^3}$的容器内混有$N_1=1.0\times10^{25}$个氧气分子和$N_2=4.0\times10^{25}$个氮气分子，混合气体的压强是$2.76\times10^5\,\mathrm{Pa}$，求：

(1) 分子的平均平动动能；

(2) 混合气体的温度.（玻尔兹曼常量$k=1.38\times10^{-23}\,\mathrm{J\cdot K^{-1}}$）

11. 有$2\times10^{-3}\,\mathrm{m^3}$的刚性双原子分子理想气体，其内能为$6.75\times10^2\,\mathrm{J}$.

(1) 试求气体的压强；

(2) 设分子总数为5.4×10^{22}个，求分子的平均平动动能及气体的温度.

12. 将质量都是 0.28kg 的氮气和氦气由 20℃加热到 70℃，问氮气和氦气的内能增加多少？（已知$M_{N_2}=28\,\mathrm{g/mol}$，$M_{He}=4\,\mathrm{g/mol}$）

13. 计算下列一组粒子的平均速率和方均根速率.

粒子数N_i	2	4	6	8	2
速率v_i(m/s)	10.0	20.0	30.0	40.0	50.0

14. 一假想的气体系统速率分布如图所示，已知v_0和总分子数N，求：

(1) a；

(2) $2v_0\sim3v_0$内的分子数；

(3) 平均速率.

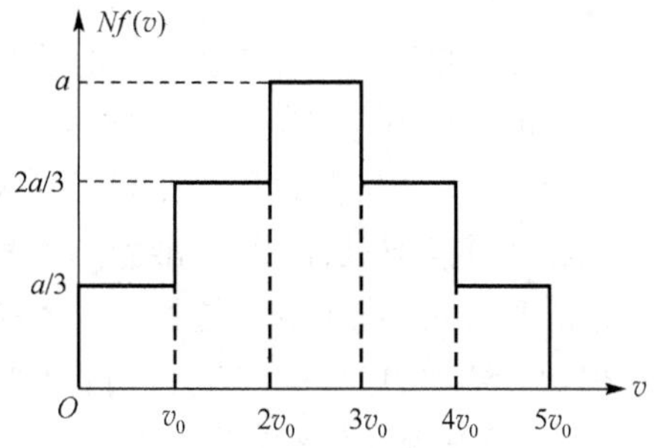

巩固提高题 14 图

4.6 单元检测
参考答案

第 5 章　热力学基础

5.1　基 本 要 求

(1) 理解准静态过程、体积功、热量、摩尔热容等概念，理解热力学第一定律.

(2) 掌握理想气体准静态典型过程的特点及相关计算，了解自由膨胀过程.

(3) 理解循环过程的特点和热机效率的概念，理解卡诺循环、热机和制冷机的工作原理，会计算相应的热机效率和制冷系数.

(4) 理解可逆过程和不可逆过程，理解热力学第二定律两种描述及其意义，了解熵的概念和熵增加原理，理解克劳修斯熵，掌握克劳修斯熵的计算方法.

5.2　学 习 导 引

(1) 本章主要学习热力学系统状态变化过程中所遵循的普遍规律，主要包含热力学第一定律和热力学第二定律等内容.

(2) 准静态过程的概念是本章的基础，它是一个理想过程，只有在过程进行得“无限缓慢”的情况下才可能实现，此时，过程中任何一个中间状态都无限接近于平衡态，可以当成平衡态. 对于实际过程，则要求系统状态发生变化的特征时间远远大于弛豫时间τ，才可近似看作准静态过程. 只有准静态过程可以用状态图上的一条曲线来表示，学会识图用图是本章的基本功. 在准静态过程中，系统对外界做的功可以用系统本身的状态参量来表示，即体积功，做功的大小等于压强对体积的积分.

(3) 系统与外界之间的热传递可用热容来定量表示，即系统温度升高 1K 时所吸收的热量，这是计算传热的基本方法. 在此基础上，引入了比热容和摩尔热容的概念，即单位质量的热容和 1mol 物质的热容. 在某些特殊过程中，如在等容或等压过程中分别给出了定容摩尔热容或定压摩尔热容. 结合气体动理论中内能的表达式，可以得到理想气体的定容摩尔热容和定压摩尔热容以及它们之间的关系式，即迈耶公式.

(4) 做功和热传递是改变系统内能的两种方式，内能、做功和热传递之间的关系就是热力学第一定律. 热力学第一定律是普遍的能量转换与守恒定律在热学中的具体体现，有别于力学中只是涉及一种能量(机械能)转换和守恒，热力学定律涉及机械能、内能和其他形式的能量之间的守恒和转换，它直接否定了设计第一类永动机的想法.

(5)热力学第一定律应用于等值过程，如等温过程、等压过程、等容过程和绝热过程等准静态过程，可以用体积功和各种热容得到相应的功和热量，用理想气体的内能公式得到内能的变化量. 应用热力学第一定律还可以讨论一个非准静态过程，即气体的绝热自由膨胀过程，这是一个外界做功和传热都为零、气体内能不变的过程，注意该过程不是等温过程.

(6)对于由两个或两个以上的热力学过程组成的循环过程，其显著的特点是初态和末态的内能相同，系统对外做功并与外界进行热传递. 若循环的每一个阶段都是准静态过程，则此循环过程可用 p-V 图上的一条闭合曲线表示. 系统对外做正功的循环称为正循环，在 p-V 图上过程曲线沿顺时针方向，进行正循环的机器称为热机，对于工作在相同高低温热源之间的热机来说，卡诺循环的热机效率最高；系统对外做负功的循环称为逆循环，在 p-V 图上过程曲线沿逆时针方向，进行逆循环的机器称为制冷机，对于工作在相同高低温热源之间的制冷机来说，卡诺制冷循环的制冷系数最大.

(7)自然界中发生的一切过程都遵从热力学第一定律，但是遵从热力学第一定律的过程不一定都能够自动发生. 事实上，一切与热现象有关的自发过程都是有方向性的，如热传导过程、功热转换过程和气体自由膨胀过程等，由此给出了可逆过程和不可逆过程的概念. 可逆过程是一个理想过程，只有无摩擦的准静态过程才是可逆过程.

(8)热力学第二定律的克劳修斯表述和开尔文表述是两种典型表述，具有等效性. 事实上，一切与热运动有关的实际宏观过程都具有不可逆性，而且这种不可逆性是相互关联的，每一种不可逆性都可以作为热力学第二定律的一种表述，这就是热力学第二定律的实质.

(9)热力学第二定律的微观含义是一切自发过程总是朝着分子热运动更加无序的方向进行. 为了表征无序性，基于等概率原理给出了热力学概率的概念，含有分子微观状态数越多即热力学概率越大的宏观态无序程度越大，这就指明了自发过程的方向.

(10)玻尔兹曼从微观上给出了熵的定义，即玻尔兹曼熵 $S = k\ln\Omega$；克劳修斯给出了用平衡态的状态参量表示的熵，即克劳修斯熵 $\mathrm{d}S = \mathrm{d}Q / T$，可以证明二者是等价的. 由克劳修斯不等式 $\mathrm{d}S \geqslant \mathrm{d}Q / T$ (式中等式适用于可逆过程，不等式适用于不可逆过程). 可以看出熵值的变化指明了热力学过程的方向，在孤立系统中，系统的熵值永不会减小. 熵和内能一样都是系统的状态量，注意二者的区别和联系.

(11)熵是系统的状态量，在给定的初态和终态之间，系统无论通过何种方式(可逆过程或不可逆过程)变化，熵的改变量相同. 因此，在进行熵计算时，若系统经过一个可逆过程从初态到达终态，可以直接利用克劳修斯熵公式计算；若系统经过一个不可逆过程从初态到达终态，则需要设计一个连接初态和终态的可逆过程来计算熵变，也可以把熵作为状态参量的函数表达式推导出来，再将初、终两态的参量值代入，算出熵变.

5.3 思维导图

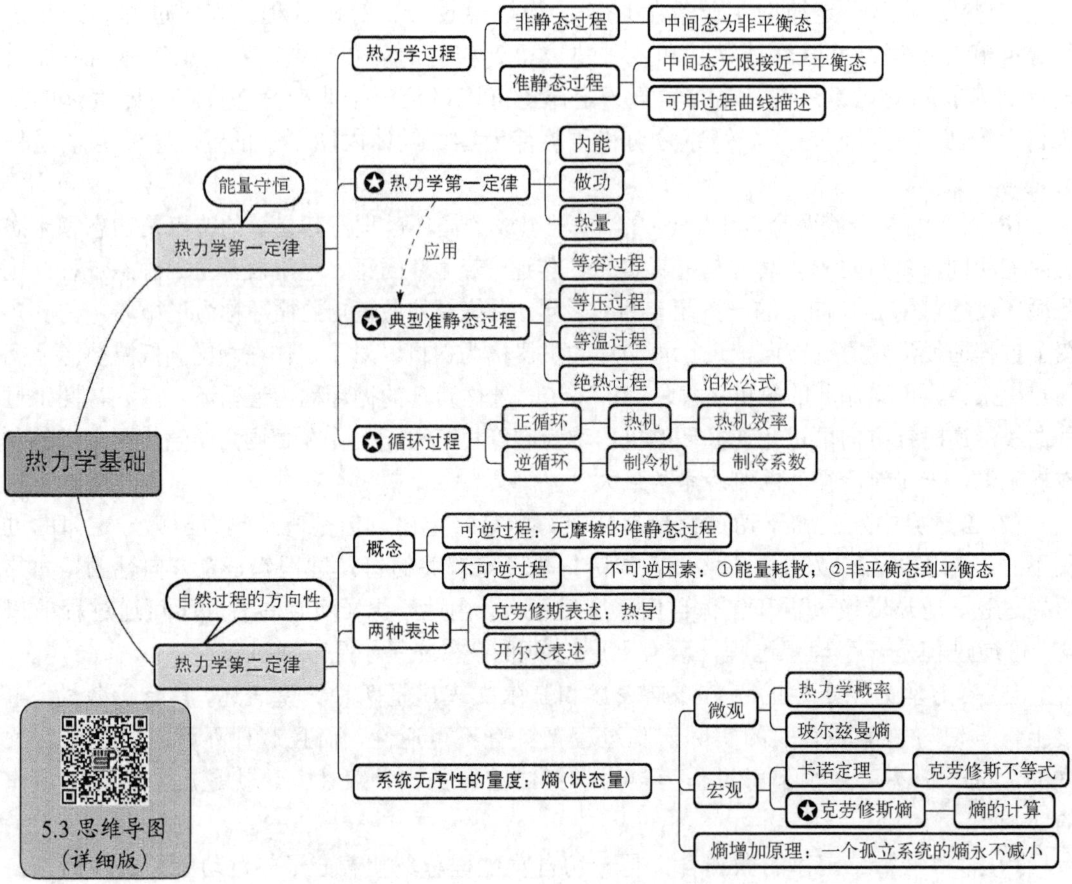

5.4 内容提要

1. 热力学过程

热力学过程：热力学系统从一个状态到另一状态的变化过程，简称过程.

弛豫时间：在一定条件下，原平衡态被破坏后到新平衡态建立所需要经过的时间.

非准静态过程：如果过程进行得较快，在还未达到新的平衡时又开始了下一步变化，即过程时间远小于弛豫时间，那么在该过程中，系统经历一系列非平衡态，这样的过程称为非静态过程.

准静态过程：过程进行的每一时刻，系统都处于平衡态的过程. 准静态过程是一个理想化的过程，是实际过程无限缓慢进行时的极限情形；准静态过程可以用状态图上的一条连续曲线表示.

例 发动机在推进活塞压缩气缸内的气体时，弛豫时间约10^{-3}s；若发动机转速是2000r/min，则压缩一次所用时间约为3×10^{-2}s，是弛豫时间的30倍，这一压缩过程可认为是准静态过程.

2. 功、热量、内能

(1) 功.

准静态过程的功：$\mathrm{d}W = p\mathrm{d}V$，$W = \int_{V_1}^{V_2} p\mathrm{d}V$，在 p-V 图中，功的量值等于过程曲线与 V 轴围成的面积.

功是过程量，不能说“在某一状态，系统有多少功”，只能说“在某一过程中，系统对外(或外界对系统)做了多少功”.

系统对外做功的过程，$W > 0$；外界对系统做功的过程，$W < 0$.

(2) 热量.

热量：$\mathrm{d}Q_x = \nu C_{x,\mathrm{m}}\mathrm{d}T$，$Q_x = \int_{T_1}^{T_2} \nu C_{x,\mathrm{m}}\mathrm{d}T$，其中 x 表示某一等值过程.

热量也是过程量，不能说“在某一状态，系统有多少热量”，只能说“在某一过程，系统吸收(或放出)了多少热量”.

系统从外界吸收热量的过程，$Q > 0$；系统向外界放出热量的过程，$Q < 0$.

摩尔热容 $C_{x,\mathrm{m}} = \dfrac{1}{\nu}\dfrac{\mathrm{d}Q_x}{\mathrm{d}T}$，表示在 x 过程中1mol物质在温度升高1K时吸收的热量.

等容摩尔热容 $C_{V,\mathrm{m}} = \dfrac{1}{\nu}\dfrac{\mathrm{d}Q_V}{\mathrm{d}T}$，表示在等容过程中1mol物质在温度升高1K时吸收的热量.

等压摩尔热容 $C_{p,\mathrm{m}} = \dfrac{1}{\nu}\dfrac{\mathrm{d}Q_p}{\mathrm{d}T}$，表示在等压过程中1mol物质在温度升高1K时吸收的热量.

等温过程中气体的热容量 C_T 为无限大.

理想气体的等容摩尔热容 $C_{V,\mathrm{m}} = \dfrac{i}{2}R$.

理想气体的等压摩尔热容 $C_{p,\mathrm{m}} = C_{V,\mathrm{m}} + R = \dfrac{i+2}{2}R$，该式又称为迈耶公式.

理想气体的比热容比 $\gamma = \dfrac{C_{p,\mathrm{m}}}{C_{V,\mathrm{m}}} = \dfrac{i+2}{i}$.

(3) 内能.

内能：系统内所有分子热运动动能和分子间相互作用势能的总和；内能是与过程无关的态函数.

理想气体的内能：$U = \nu\dfrac{i}{2}RT$.

理想气体内能的变化：$\Delta U = \nu\dfrac{i}{2}R\Delta T = \nu C_{V,\mathrm{m}}\Delta T$ (该式对任意过程的理想气体均适用).

3. 热力学第一定律

表述：系统从外界吸收的热量，一部分用于系统内能的增加，一部分则用于系统对外做功.

无限小过程：$\mathrm{d}Q = \mathrm{d}U + \mathrm{d}W$.

有限过程：$Q = \Delta U + W$.

物理意义：热力学第一定律是包含热交换在内的能量守恒定律.

4. 理想气体的典型准静态过程

典型准静态过程方程及内能增量、做功和热量总结见表 5.1.

表 5.1 典型准静态过程方程及内能增量、做功和热量一览表

准静态过程	过程方程	内能增量 ΔU	对外做功 W	吸收热量 Q
等容过程	$\frac{p}{T}=\frac{p_1}{T_1}=$ 常量	$\nu C_{V,\mathrm{m}}(T_2-T_1)$	0	$\nu C_{V,\mathrm{m}}(T_2-T_1)$
等压过程	$\frac{V}{T}=\frac{V_1}{T_1}=$ 常量		$p(V_2-V_1)$	$\nu C_{p,\mathrm{m}}(T_2-T_1)$
等温过程	$pV=p_1V_1=$ 常量		$\nu RT\ln\frac{V_2}{V_1}$	$\nu RT\ln\frac{V_2}{V_1}$
绝热过程	$pV^{\gamma}=p_1V_1^{\gamma}=$ 常量		$\nu C_{V,\mathrm{m}}(T_2-T_1)$ $=\frac{1}{\gamma-1}(p_1V_1-p_2V_2)$	0

5. 循环过程、卡诺循环

(1) 循环过程.

循环过程：系统由某状态出发，经历一系列状态变化过程后又回到原来的状态.

系统经历一循环过程后内能不变，吸热等于对外做的功. 在循环过程的讨论中，常约定用 Q_1 表示系统与高温热源交换热量的绝对值，Q_2 表示系统与低温热源交换热量的绝对值，W 表示做功的绝对值.

准静态过程构成的循环，在 p-V 状态图中可用一闭合曲线表示.

正循环(热机循环)：系统从高温热源吸热，对外做净功，并向低温热源放热. 在 p-V 图上对应一条顺时针旋转的闭合曲线. 正循环的热机效率 $\eta=\frac{W}{Q_1}=1-\frac{Q_2}{Q_1}$. 热机效率总小于 1.

逆循环(制冷循环)：外界对系统做功，系统从低温热源吸热，并向高温热源放热. 在 p-V 图上对应一条逆时针旋转的闭合曲线. 逆循环的制冷系数 $\omega=\frac{Q_2}{W}=\frac{Q_2}{Q_1-Q_2}$. 制冷系数可大于 1.

(2) 卡诺循环.

卡诺循环：系统只与两个恒温热源进行热量交换，由两个等温过程和两个绝热过程构成的循环过程.

卡诺循环是在两个恒温热源间工作的一种理想循环. 对于工作在相同高低温热源的热机而言，卡诺热机效率最高.

卡诺正循环的热机效率 $\eta_{\mathrm{C}}=1-\frac{T_2}{T_1}$，卡诺热机的效率只由高温热源温度 T_1 和低温热源温度 T_2 决定. 由于 $T_1\neq\infty, T_2\neq 0$，因此卡诺循环的效率总小于 1，即热机效率不可能达到 100%. 从能量转化的角度来看，不可能把从高温热源吸收的热量全部用来对外做功，而不产生其他影响.

卡诺逆循环的制冷系数 $\omega_{\mathrm{C}}=\frac{T_2}{T_1-T_2}$，通过减小高低温热源的温差或降低低温热源的温度可以有效提高制冷系数.

6. 热力学第二定律

(1) 自然过程的方向性.

自发过程：自然界中可自动发生的宏观过程. 功转变为热(如摩擦生热)、热量由高温物体传向低温物体、气体扩散等过程都是自发过程. 在自然界中，系统在不受外界影响下进行的任何宏观自发过程都是按一定方向进行的，即具有方向性.

可逆过程和不可逆过程：系统由一初态出发，经某一过程到达一末态后，如果能使系统回到初态而不引起外界的任何变化，则称该过程为可逆过程；反之，若用任何办法都不可能使系统和外界完全复原，则此过程为不可逆过程. 所谓一个过程不可逆，并不是说该过程的逆过程一定不能进行，而是说当该过程逆向进行时，逆过程对外界的影响不能将正过程的影响完全消除掉.

一切自发进行的过程都是不可逆的；只有无摩擦的准静态过程才是可逆过程. 可逆过程是一个理想的过程.

(2) 热力学第二定律.

开尔文表述：不可能从单一热源吸取热量，使之完全变为有用的功而不引起其他变化. 开尔文表述指出了功转化为热的过程不可逆. 与开尔文表述等价的另一表述是第二类永动机是不可能制成的.

克劳修斯表述：不可能使热量从低温物体传向高温物体而不引起其他变化. 克劳修斯表述指出了热传导过程不可逆.

宏观意义：可以证明，克劳修斯表述和开尔文表述是等价的. 自然界的各种不可逆过程都是相互关联的，由一种过程的不可逆性可以推出另一种过程的不可逆性，它们都是等价的. 据此，热力学第二定律可概括为一切与热现象有关的实际自发过程都是不可逆的.

微观含义：一切自发过程总是朝着分子热运动更加无序的方向进行.

统计表述：孤立系统内部发生的过程，总是从热力学概率小的状态向热力学概率大的状态过渡.

数学表述：一个孤立系统的熵永不减少，即熵增加原理.

(3) 熵.

熵：系统分子热运动无序性的一种量度，是描述系统自发变化方向性的一个态函数，与系统实际进行的过程无关.

玻尔兹曼熵：$S = k\ln\Omega$，其中热力学概率 Ω 是系统任一宏观态对应的微观状态数. 玻尔兹曼熵是从微观上定义熵的.

克劳修斯熵：$S_b - S_a = \int_{a(\text{可逆})}^{b} \frac{\mathrm{d}Q}{T}$，表示系统从一个平衡态 a 经历任一可逆过程变化到平衡态 b 的过程中熵的增量，S_a 是初态的熵，S_b 是末态的熵. 熵是态函数，当系统从初态变化至末态时，不管经历了什么过程，熵的增量总是一定的. 克劳修斯熵是从宏观上定义熵的. 克劳修斯熵和玻尔兹曼熵是等价的.

克劳修斯不等式：任意过程的熵增 $S_b - S_a \geqslant \int_{a(\text{实际})}^{b} \frac{\mathrm{d}Q}{T}$ (积分路径为连接状态 a 和状态 b 的实际过程，等号适用于可逆过程，不等号适用于不可逆过程).

可逆绝热过程的熵增：$S_b - S_a = 0$.

绝热自由膨胀的熵增：$S_b - S_a = \nu R \ln\dfrac{V_b}{V_a} > 0$（绝热自由膨胀是不可逆的）.

理想气体的熵增：$S_b - S_a = \nu C_{V,\mathrm{m}} \ln\dfrac{T_b}{T_a} + \nu R \ln\dfrac{V_b}{V_a}$.

5.5 典型例题

5.5.1 思考题

思考题 1 请说明摩尔气体常量 R 的物理意义.

简答 根据阿伏伽德罗定律，在相同的温度和压强下 1mol 任何理想气体的体积都相等. 标准状态下任何理想气体的摩尔体积 $V_{\mathrm{m},0} = 22.4\times10^{-3}\,\mathrm{m}^3$. 若用 p_0、V_0、T_0 表示该气体在标准状态下的状态参量值，设气体的摩尔数为 ν mol，则 $V_0 = \nu V_{\mathrm{m},0}$，理想气体的物态方程可表示为 $\dfrac{pV}{T} = \nu\dfrac{p_0 V_{\mathrm{m},0}}{T_0} = \nu R$，其中 R 称为摩尔气体常量，$R = \dfrac{p_0 V_{\mathrm{m},0}}{T_0} = \dfrac{1.013\times10^5\times22.4\times10^{-3}}{273.15}\,\mathrm{J\cdot mol^{-1}\cdot K^{-1}} = 8.31\,\mathrm{J\cdot mol^{-1}\cdot K^{-1}}$. 确定了摩尔气体常量 R 后，理想气体物态方程就简化为 $pV = \nu RT$. 从做功的角度看，摩尔气体常量 R 就是 1mol 的理想气体温度升高 1K，等压过程对外做的功；从等压过程和等容过程间能量的差异性来看，迈耶公式告诉我们 $C_{p,\mathrm{m}} - C_{V,\mathrm{m}} = R$，即 1mol 的理想气体温度升高 1K，等压过程比等容过程多吸收 $R = 8.31\mathrm{J}$ 的热量. 这是因为在等压过程中气体吸收的热量一部分用来增加内能，一部分用来使气体膨胀对外做功，而等容过程内能增量和等压过程相同，但是不需要对外做功，因此等容过程从外界吸收热量少，比等压过程少吸收了 8.31J 的热量.

思考题 2 加热食物温度就会升高，那么对物体加热而使其温度保持不变，有可能吗？没有加热而使其温度升高，有可能吗？

简答 这两种过程都有可能发生. 加热食物温度升高的过程可以看作等容过程，根据热力学第一定律 $Q = \Delta U + W$，体积不变对外做功为零，那么吸收的热量全部转化为内能，因此温度升高. 对一个热力学系统加热，若系统从外界吸收的热量全部用于对外做功，即 $Q = W > 0$，则系统内能和温度均不变，可见对物体加热而使其温度保持不变可以通过等温过程实现. 若外界没有给系统传递热量而对系统做功，做的功全部转化为系统内能，则系统温度会升高，可见没有加热而使其温度升高可以通过绝热过程实现.

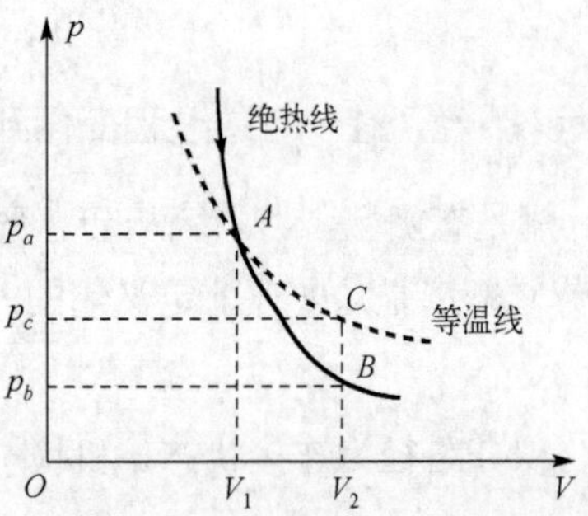

思考题 3 图

思考题 3 如思考题 3 图所示，当绝热线和等温线同时出现在 p-V 图中时，我们如何区分哪条是绝热线？哪条是等温线？为什么？

简答 如思考题 3 图所示，斜率大的、相对陡峭的是绝热线，另外一条是等温线. 可用过程方程计算过程曲线的斜率. 对于等温过程 $pV =$ 常量，两边微分得 $p\mathrm{d}V + V\mathrm{d}p = 0$，由此得到 p-V 图上等温线的斜率

$\frac{dp}{dV}=-\frac{p}{V}$；对绝热过程 $pV^{\gamma}=$常量，两边微分得 $p\gamma V^{\gamma-1}dV+V^{\gamma}dp=0$，由此得到 p-V 图上绝热线的斜率 $\frac{dp}{dV}=-\gamma\frac{p}{V}$. 因为 $\gamma>1$，所以绝热线比等温线更陡，图中 AB 线是绝热线，AC 是等温线. 定性分析，在体积变化相同的情况下，压强变化更大的是绝热线. 由图可知，若气体从状态 A 出发，分别经过绝热过程和等温过程到达状态 B 和状态 C，体积都从 V_1 膨胀到 V_2，体积 V 的增加量相同，分子数密度 n 的减小量相同，而压强 p 的减小量不同. 由 $p=nkT$ 可知，在等温过程中温度不变，压强的降低只因 n 的减小；在绝热过程中体积变大，对外做功，内能减少，温度降低，在分子数密度 n 的减小导致压强降低的基础上，温度的降低使得压强进一步降低，因此压强比等温过程降得更低，即图中 AB 线是绝热线.

思考题 4 为了减小发射炮弹时炮口的火焰，常常在炮口安装喇叭型的消烟器，请分析其物理原理.

简答 炮弹在发射时，膛内高温高压气体在喇叭口骤然膨胀，这可近似看作对外做功的绝热过程. 一方面，绝热过程 $Q=0$，根据热力学第一定律 $Q=\Delta U+W$，得 $\Delta U=-W<0$，内能减小，温度降低；另一方面，膨胀后气体体积增大，分子数密度 n 减小，由 $p=nkT$ 可知压强明显降低. 温度和压强的明显降低在一定程度上减少了弹药燃烧时生成气体与空气中氧气的氧化反应，从而使得炮口的火焰减小.

思考题 5 夏天到了，人们将手伸进冰箱取东西的时候会感到丝丝凉意，于是有人提出打开冰箱门对室内进行制冷，请问这是否合理？请说明原因.

简答 打开冰箱门对室内进行制冷很不合理. 冰箱是制冷机，其低温热源为冰箱内部待冷却的食物，高温热源为室内环境. 冰箱工作过程中，向室内释放的热量是从冰箱内部吸收的热量与压缩机工作所消耗的电能之和. 打开冰箱门之后，冰箱从室内环境吸收热量，这部分热量连同压缩机工作产生的热量一并又释放到室内，因此打开冰箱门只能使整个室内的平均温度升高，而不能对室内进行制冷.

思考题 6 试根据热力学第一定律证明两条绝热线不可能相交于两点.

简答 热力学第一定律告诉我们，系统从外界吸收的热量 Q 一部分用来使系统的内能增加，另一部分用来对外界做功 W，其数学表述为 $Q=\Delta U+W$. 假定两条绝热线可以相交于两点，那么这两条绝热线就可以构成一个正循环. 这时，系统经历一个循环过程，内能增量为零，也没有从外界吸收热量，但却对外做了正功，这显然违背了热力学第一定律，因此两条绝热线不可能相交于两点.

思考题 7 请问卡诺热机高低温热源的温差越大，效率越高还是越低？制冷机的制冷系数呢？

简答 用 T_1、T_2 分别表示高低温热源的温度，$T_1>T_2$. 由卡诺热循环的效率 $\eta=1-\frac{T_2}{T_1}$ 可知，高低温热源的温差越大，热机的效率就越高；将卡诺制冷机的制冷系数 $\omega=\frac{T_2}{T_1-T_2}$ 变形可得 $\omega=\frac{1}{T_1/T_2-1}$，由此可知，高低温热源温差越大，则分母越大，制冷系数越低.

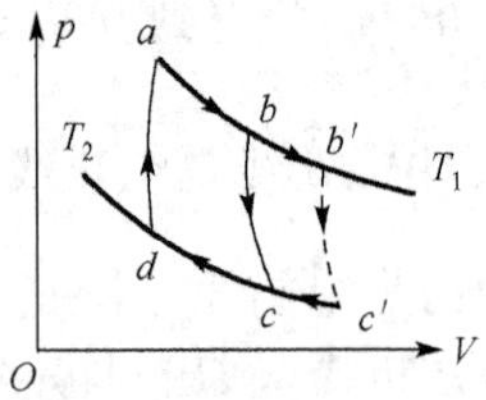

思考题 8 图

思考题 8　如思考题 8 图所示，两个工作在相同高低温热源的卡诺循环，循环 $ab'c'd$ 曲线所包围的面积大，循环 $abcd$ 曲线所包围的面积小. 有人认为，循环 $ab'c'd$ 对外所做的净功多，其对应的热机效率 η 高；反之，循环 $abcd$ 对外所做的净功就少，其对应的热机效率 η 就低. 请问这种认识正确吗？

简答　这种认识不正确. 卡诺热机的效率 $\eta=\dfrac{W}{Q_1}$，热机效率与循环所做净功 W 成正比，与从高温热源吸收的热量 Q_1 成反比，因此不能简单从净功 W 的大小来判断卡诺热机的效率. 对于卡诺循环，热量与温度满足 $\dfrac{Q_2}{Q_1}=\dfrac{T_2}{T_1}$，因此热机效率可用温度表示，即 $\eta=\dfrac{W}{Q_1}=\dfrac{Q_1-Q_2}{Q_1}=1-\dfrac{Q_2}{Q_1}=1-\dfrac{T_2}{T_1}$，由于卡诺循环 $ab'c'd$ 和 $abcd$ 工作于相同的高低温热源间，故其效率一定相等.

思考题 9　有人说不可逆过程就是不能反方向进行的过程，请问这种说法正确吗，为什么？

简答　这种说法不正确. 判断一个过程是否可逆，并不以它是否能沿反方向进行为根据，而是要看这个过程反方向进行后，包括系统和外界在内的一切改变是否都能够完全消除，或者说系统和外界能否完全复原.

思考题 10　试说明若物体的温度可以等于绝对零度，则热力学第二定律将不再成立.

简答　热力学第二定律的开尔文表述为不可能从单一热源吸收热量，使之完全变成有用的功而不产生其他影响. 由卡诺热机效率 $\eta=1-\dfrac{T_2}{T_1}$ 可知，假设低温热源的温度可以达到绝对零度，那么卡诺热机效率就可以达到 100%，这意味着可以制造一种循环工作的热机，仅从单一热源吸热做功，不需要向低温热源放热，其效果就是吸收的热量全部转化为功而不产生其他影响，这时热力学第二定律的开尔文表述将不再成立.

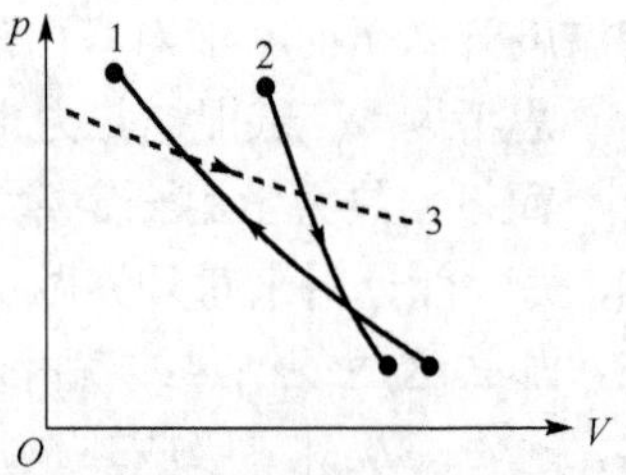

思考题 11 图

思考题 11　请用热力学第二定律证明 p-V 图上两条绝热线不可能相交.

简答　热力学第二定律的开尔文表述告诉我们，不可能从单一热源吸收热量，使之完全变成有用的功而不产生其他影响. 如思考题 11 图所示，假设 p-V 图上两条绝热线 1 和 2 相交，若引入等温线 3 与两条绝热线构成一个正循环，则此循环仅在等温过程从高温热源吸热对外做功，效率为 100%，这违反了热力学第二定律的开尔文叙述，所以两条绝热线不可能相交.

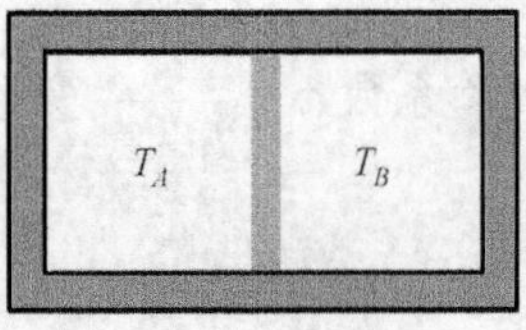

思考题 12 图

思考题 12　高温物体放在低温环境中，热平衡后与环境温度相同，此过程中高温物体的熵在减小，这是否与熵增加原理相矛盾？

简答　该过程与熵增加原理不矛盾. 熵增加原理是指在孤立系统中发生的任何不可逆过程都导致了整个系统熵的增加. 应该

特别注意，该原理针对与外界无能量和物质交换的孤立系统而言. 此题设条件下，高温物体与周围低温环境有能量交换，不能把高温物体单独视为孤立系统，而应将低温环境和高温物体一起作为一个系统，整个系统的熵等于低温环境熵的增加与高温物体熵的减少之和，这一系统总熵必定是增加的，符合熵增加原理. 举例说明以上分析结论. 如思考题 12 图所示，由绝热壁构成的容器中间用导热隔板分成两部分，体积均为V，各盛 1mol 同种理想气体，开始时左、右两半的温度分别为T_A和T_B（$T_B<T_A$），两部分气体达到热平衡温度$T=(T_A+T_B)/2$后整个容器内气体的熵变等于左、右两部分气体的熵变之和. 从开始到热平衡，左边气体熵变为$\Delta S_A=S_A-S_0=C_{V,\mathrm{m}}\ln\dfrac{T}{T_A}<0$，右边气体熵变为$\Delta S_B=S_B-S_0=C_{V,\mathrm{m}}\ln\dfrac{T}{T_B}>0$，式中$C_{V,\mathrm{m}}$是摩尔定容热容，整个绝热容器内气体的熵变$\Delta S=\Delta S_A+\Delta S_B=C_{V,\mathrm{m}}\ln\dfrac{(T_A+T_B)^2}{4T_AT_B}>0$，即该孤立系统的熵是增加的，符合熵增加原理.

5.5.2 计算题

计算题 1 如计算题 1 图所示，一定量的单原子分子理想气体从状态 1 分别经历等压、等温和等容过程，最终到达状态 4. 求整个过程中内能变化、对外做的功和吸收的热量.

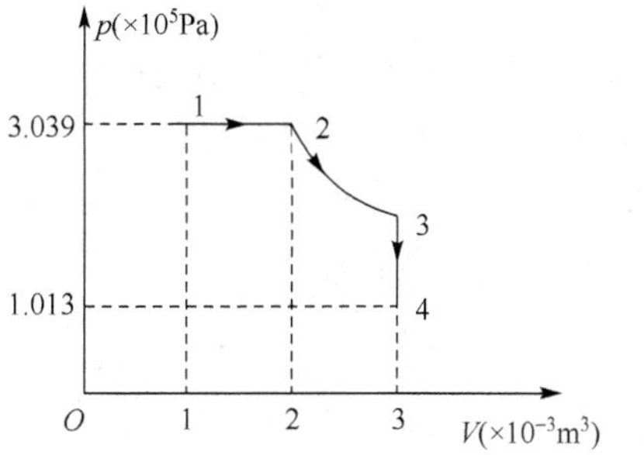

计算题 1 图

【解题思路】 本题要有整体思想，求整个过程的内能变化，只需要根据 p-V 图提供的信息，判断初末状态的温度情况，从而发现初末温度相同，所以内能变化为零，而不必计算各过程的内能变化，再求总内能变化. 而做功以及吸热都是过程量，与过程有关，求总功，需要先求出各过程的功，然后再得出总功. 求整个过程的吸热，因为已经求出总内能变化和总功，可以利用热力学第一定律，轻易求出，当然也可以把各个过程吸收的热量求出来，求出总热量，但是这样相对会比较麻烦.

解 由图可知

$$p_1=p_2=3.039\times10^5\,\mathrm{Pa},\quad p_4=1.013\times10^5\,\mathrm{Pa},\quad V_1=1\times10^{-3}\,\mathrm{m}^3$$

$$V_2=2\times10^{-3}\,\mathrm{m}^3,\qquad V_3=V_4=3\times10^{-3}\,\mathrm{m}^3$$

由于$p_1V_1=p_4V_4$，根据理想气体物态方程$pV=\nu RT$，可得

$$T_1=T_4$$

(1) 内能是状态量，整个过程的内能变化只与初状态 1 和末状态 4 的温度有关，故

$$\Delta U = \nu\frac{i}{2}R\Delta T = \nu\frac{i}{2}R(T_4 - T_1) = 0$$

(2) 做功是过程量，可结合 p-V 图分段计算.

1 到 2 过程为等压过程　$W_p = p_1(V_2 - V_1)$

2 到 3 过程为等温过程　$W_T = \nu RT_2 \ln\frac{V_3}{V_2} = p_2V_2 \ln\frac{V_3}{V_2}$

3 到 4 过程为等容过程　体积不变，做功为零，即 $W_V = 0$

整个过程对外做的总功

$$W = W_p + W_T + W_V = p_1(V_2 - V_1) + p_2V_2\ln\frac{V_3}{V_2} + 0$$

$$= 3.039\times10^5\times10^{-3} + 3.039\times10^5\times2\times10^{-3}\times\ln\frac{3}{2} = 550.3(\text{J})$$

(3) 由热力学第一定律可得整个过程系统吸热

$$Q = \Delta U + W = 550.3\text{J}$$

【延伸思考】

(1) 本题可以分段求各个过程的内能变化、吸收热量，再求总内能变化和吸收热量，并与上面方法进行比较，从而强化整体分析的思想.

(2) 本题若反过来，求从状态 4 经历等容过程、等温过程、等压过程到状态 1，整个过程的内能变化、做的功和吸收的热量，你能根据上面的作答情况直接给出吗？

计算题 2　1mol 单原子分子理想气体经历准静态过程从 300K 加热至 350K. 求以下过程中内能的增量、吸收的热量和对外做的功：(1) 等容过程；(2) 等压过程；(3) 绝热过程.

【解题思路】 系统一定时，内能变化由温度变化决定，与过程无关，根据内能变化公式即可求出三个过程的内能变化. 准静态过程的功 $W = \int_{V_1}^{V_2} p\mathrm{d}V$，由此得等容过程的功为零，等压过程的功 $W_p = pV$，绝热过程的功等于内能增量. 在解决这类问题时，通常根据已知的条件，先求出内能变化、做功、吸热量中的任两个，再利用热力学第一定律求出第三个.

解　单原子分子自由度 $i = 3$，已知 $\nu = 1\text{mol}$，$T_1 = 300\text{K}$，$T_2 = 350\text{K}$. 三个过程初末态都相同，故内能的变化都相同，即

$$\Delta U_V = \Delta U_p = \Delta U_Q = \nu\frac{i}{2}R(T_2 - T_1) = \frac{3}{2}\times8.31\times(350-300) = 623.25(\text{J})$$

(1) 等容过程

$$W_V = 0,\quad Q_V = \Delta U_V = 623.25\text{J}$$

(2) 等压过程

$$Q_p = \nu C_p(T_2 - T_1) = \nu\frac{i+2}{2}R(T_2 - T_1) = \frac{5}{2}\times8.31\times(350-300) = 1038.75(\text{J})$$

由热力学第一定律得

$$W_p = Q_p - \Delta U = 1038.75 - 623.25 = 415.50\ (\mathrm{J})$$

(3) 绝热过程

$$Q_Q = 0,\quad W_Q = -\Delta U_Q = -623.25\mathrm{J}$$

【延伸思考】

(1) 请总结理想气体系统经历准静态的等温过程、等容过程、等压过程、绝热过程这四个过程中各过程的内能变化、吸收热量和做功的公式，并进行比较.

(2) 思考理想气体系统经历准静态的等温过程、等容过程、等压过程、绝热过程这四个过程的过程性方程.

(3) 理解准静态过程、理想气体等理想模型，思考并总结内能变化公式$\Delta U = \nu C_V \Delta T$、做功公式$W = \int_{V_1}^{V_2} P\mathrm{d}V$、热量公式$Q = \nu C_{\mathrm{m},x}\Delta T$以及热力学第一定律$Q = \Delta U + W$成立的条件.

计算题 3 一台卡诺机在温度为 27℃及 127℃两个热源之间运转，(1) 若循环中该热机从高温热源吸收 5016J 的热量，问该机向低温热源放出多少热量？对外做功多少？(2) 若使该机反向运转，当从低温热源吸收 5016J 的热量时，将向高温热源放出多少量？外界做功多少？

【解题思路】 ①联合卡诺热机效率公式和热机效率公式，可求出W和Q_2. 卡诺热机的效率$\eta = 1 - \dfrac{T_2}{T_1}$，其中$T_1$和$T_2$分别为高温热源和低温热源的温度，热机效率公式$\eta = \dfrac{W}{Q_1} = 1 - \dfrac{Q_2}{Q_1}$，其中$Q_1$和$Q_2$分别为从高温热源吸收的热量和向低温热源放出的热量，W为系统对外做的净功. ②联合卡诺制冷机的制冷系数公式和一般循环的制冷系数公式，求出W'和Q_1'. 卡诺制冷机的制冷系数$\omega = \dfrac{T_2}{T_1 - T_2}$，又制冷机的制冷系数$\omega = \dfrac{Q_2}{W} = \dfrac{Q_2}{Q_1 - Q_2}$，其中$Q_1$和$Q_2$分别为向高温热源放出的热量和从低温热源吸收的热量，都为正值，W为外界对系统做的功. 注意公式中各量都是取正值.

解 由题意可知，高温热源的温度$T_1 = 400\mathrm{K}$，低温热源的温度$T_2 = 300\mathrm{K}$.

(1) 卡诺热机，热机从高温热源吸收的热量$Q_1 = 5016\mathrm{J}$，根据热机和卡诺热机效率公式可得

$$\eta = \frac{W}{Q_1} = 1 - \frac{Q_2}{Q_1} = 1 - \frac{T_2}{T_1} = 1 - \frac{300}{400} = 0.25$$

热机对外做功

$$W = \eta Q_1 = 0.25 \times 5016 = 1254(\mathrm{J})$$

向低温热源放出热量

$$Q_2 = Q_1 - W = 5016 - 1254 = 3762(\mathrm{J})$$

(2) 卡诺制冷机，制冷机从低温热源吸收的热量$Q_2' = 5016\mathrm{J}$，根据制冷机和卡诺机制冷系数公式

$$\omega=\frac{Q_2'}{W'}=\frac{Q_2'}{Q_1'-Q_2'}=\frac{T_2}{T_1-T_2}=\frac{300}{400-300}=3$$

外界对制冷机做功

$$W'=\frac{Q_2'}{\omega}=\frac{5016}{3}=1672(\mathrm{J})$$

向高温热源放出热量

$$Q_1'=Q_2'+W'=5016+1672=6688(\mathrm{J})$$

【延伸思考】

(1)卡诺热机对应的卡诺循环过程由哪几个过程组成？请试着推导卡诺热机的效率公式.

(2)卡诺循环是一种理想循环，对于工作于相同高低温热源的循环来说，卡诺循环的热机效率最高，并且其效率公式为人们指明了提高热机效率的方向和极限，这个方向和极限是什么？

计算题 4 如图所示，已知 1 mol 理想气体经历以下三个可逆准静态过程：(1)从 a 到 b 绝热膨胀至体积增大一倍；(2)从 b 到 c 等容增压；(3)从 c 到 a 等温压缩回到初始状态. 求系统在每个过程的熵变.

【解题思路】 ①系统经历可逆绝热过程，熵不变. ②可逆等温过程的熵增可利用熵增公式 $\Delta S_{ca}=\int_c^a\frac{\mathrm{d}Q_{可逆}}{T}$ 直接求出. ③熵是状态量，一个状态对应一个熵，所以从状态 a 经历一个循环又回到 a，整个过程的总熵增为零，从而可求出由 b 到 c 等容增压过程的熵增.

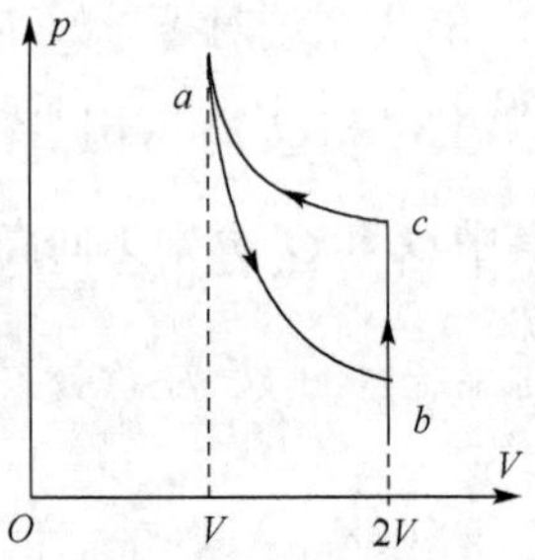

计算题 4 图

解 从 a 到 b 过程为可逆绝热过程，根据熵增加原理，可知可逆绝热过程熵不变，故

$$\Delta S_{ab}=0$$

从 c 到 a 过程为可逆等温过程，满足过程方程

$$\mathrm{d}Q=\mathrm{d}W=p\mathrm{d}V$$

根据理想气体状态方程，有

$$pV=\nu RT=RT$$

根据熵变公式，有

$$\Delta S_{ca}=\int_c^a\frac{\mathrm{d}Q}{T}=\int_{2V}^{V}\frac{p\mathrm{d}V}{T}=\int_{2V}^{V}\frac{R\mathrm{d}V}{V}=-R\ln 2$$

因为熵是态函数，故系统经历一个循环回到初始状态后，总熵变为零，即

$$\Delta S=\Delta S_{ab}+\Delta S_{bc}+\Delta S_{ca}=0$$

故

$$\Delta S_{bc} = -\Delta S_{ab} - \Delta S_{ca} = 0 - (-R\ln 2) = R\ln 2$$

【延伸思考】

(1)请利用热力学第一定律的微分式、理想气体状态方程、内能变化微分式和熵增微分式推导出用状态参量压强 p、体积 V、温度 T 表示的理想气体熵增公式，并利用这些公式求解题中三个过程的熵变，与题中的解法进行比较.

(2)我们学过的热学知识中，除了压强、体积和温度是状态参量外，内能和熵也是状态参量，对于这两个状态量以及它们的增量如何理解和计算？请将状态量(内能和熵)与过程量(做功和热量)的计算进行比较.

5.5.3 进阶题

进阶题1 1mol 的单原子理想气体经历了某一个准静态过程，其热容为 $C = 2R$. 试求该过程的方程.

【解题思路】 通常的问题是给出准静态过程，然后求相应的热力学参量，本题则反其道而行之，给出相关热力学参量反过来推导对应的准静态过程，令人耳目一新. 我们仍然可以采用热力学第一定律求解，也可以根据热容的特殊形式选择其他合理的方法.

解 方法1：利用理想气体状态方程和热力学第一定律求解.

根据热容的定义可得该过程中吸热为

$$\mathrm{d}Q = C\mathrm{d}T = 2R\mathrm{d}T$$

另一方面，根据热力学第一定律可得

$$\mathrm{d}Q = \mathrm{d}U + \mathrm{d}W = \mathrm{d}U + p\mathrm{d}V$$

而理想气体的内能只跟温度有关，不依赖于具体的过程，因此可以构造一个初末状态与题中相同的等容过程，此时系统不对外做功，内能的改变可以通过热量来计算，而单原子气体的定容摩尔热容为 $C_{V,\mathrm{m}} = 3R/2$，于是可将热力学第一定律写成

$$\mathrm{d}Q = C_{V,\mathrm{m}}\mathrm{d}T + p\mathrm{d}V = \frac{3}{2}R\mathrm{d}T + p\mathrm{d}V$$

再对 1mol 理想气体状态方程 $pV = RT$ 两边取微分可得 $p\mathrm{d}V + V\mathrm{d}p = R\mathrm{d}T$，联立以上各式可得

$$\frac{1}{2}R\mathrm{d}T = p\mathrm{d}V,\quad \frac{1}{2}(p\mathrm{d}V + V\mathrm{d}p) = p\mathrm{d}V,\quad \frac{\mathrm{d}p}{p} = \frac{\mathrm{d}V}{V}$$

两边同时积分可得 $\ln p = \ln V + c_1$，因此可知过程方程为

$$p = c_2 V \quad 或 \quad pV^{-1} = c_2$$

其中 c_2 是由初始条件决定的积分常数.

方法2：利用 p-T 变量求解.

前面的步骤与方法1相同，只是在将状态方程代入热力学第一定律时消去参量 p

$$\frac{1}{2}R\mathrm{d}T = p\mathrm{d}V = \frac{RT}{V}\mathrm{d}V,\quad \frac{\mathrm{d}T}{T} = 2\frac{\mathrm{d}V}{V}$$

两边积分可得 $\ln T = 2\ln V + c_0$，因此可知过程方程为

$$T = c_1V^2 \quad 或 \quad TV^{-2} = c_1$$

再利用状态方程消去 T 参量可以得到与第一种方法相同形式的状态方程

$$p = c_2V \quad 或 \quad pV^{-1} = c_2$$

方法 3：利用多方过程求解.

满足 $pV^n = c$ (其中 c 是常数)的准静态过程通常称为多方过程，利用热力学第一定律可以得到多方过程的摩尔热容为

$$C_{n,\mathrm{m}} = C_{V,\mathrm{m}} - \frac{R}{n-1} = \left(\frac{3}{2} - \frac{1}{n-1}\right)R$$

显然本题中的热容具有多方过程的特点，对比可得

$$\left(\frac{3}{2} - \frac{1}{n-1}\right)R = 2R$$

容易得到 $n = -1$，于是可知过程方程为

$$pV^{-1} = c$$

熟悉多方过程的可以直接用这个公式得到本题的解答，这是最快捷的方法.

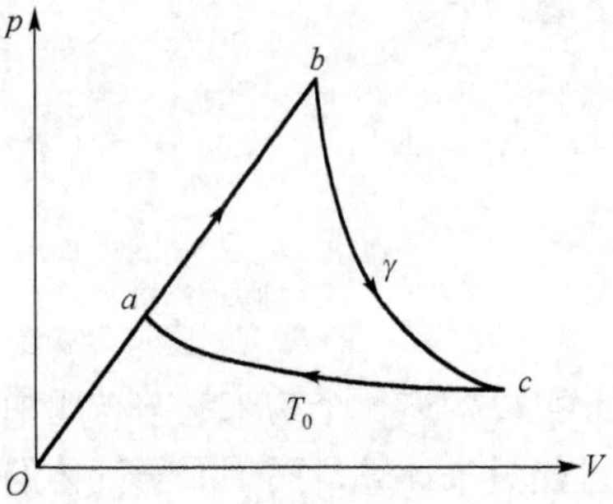

进阶题 2 图

进阶题 2 1mol 理想气体经过如图所示的循环过程，已知定容热容为 C_V，比热容比为 γ，状态 a 和 b 的热力学参量分别为 $a(p_0,V_0,T_0)$、$b(2p_0,2V_0,4T_0)$，且 ab 过程沿着一条通过原点的直线. 假设 bc 为绝热过程，而 ca 为等温过程. 求 ab 过程的热容和循环的效率.

【解题思路】 本题是一道典型的已知循环过程求热力学变量和循环效率的题目，只是 ab 过程并非熟知的那些准静态过程，因此需要特别的处理方法，不能直接套用公式.

解 方法 1：先求出过程方程，然后再求热容和循环效率.

(1)首先求出 ab 过程的过程方程，也即 p-V 图上 ab 曲线的方程，根据题意 ab 过程沿着一条通过原点的直线，可知过程方程为

$$p = \frac{p_0}{V_0}V$$

由热容的定义可知

$$C = \frac{\mathrm{d}Q}{\mathrm{d}T} = \frac{\mathrm{d}U}{\mathrm{d}T} + \frac{\mathrm{d}W}{\mathrm{d}T} = C_V + p\frac{\mathrm{d}V}{\mathrm{d}T}$$

其中利用了热力学第一定律以及内能是状态变量跟过程无关的性质. 再把 1mol 理想气体状态方程 $pV = RT$ 代入过程方程可知

$$\frac{p_0}{V_0}V^2 = RT$$

两边同时微分可得

$$\frac{p_0}{V_0}2V\mathrm{d}V = R\mathrm{d}T, \quad 2p\mathrm{d}V = R\mathrm{d}T, \quad \frac{p\mathrm{d}V}{\mathrm{d}T} = \frac{R}{2}$$

为了得到定容摩尔热容，需要知道理想气体的分子构成，但题目并没有给出，不妨假设分子的自由度为 i，则可得 $C_V = \frac{i}{2}R$，于是可得 ab 过程的热容为

$$C = C_V + p\frac{\mathrm{d}V}{\mathrm{d}T} = \frac{i+1}{2}R$$

(2) 为了计算循环效率，需要知道循环过程中对外做的功以及吸收的热量. 对于本题来说，只有 ab 过程和 ca 过程对外有热交换，利用热容的定义可知 ab 过程吸收的热量为

$$Q_1 = C\Delta T = \frac{i+1}{2}R(T_b - T_a) = \frac{i+1}{2}3RT_0$$

ca 过程是等温过程，利用热力学第一定律可得放出的热量为

$$Q_2 = \Delta W = RT_0 \ln\frac{V_c}{V_a}$$

而 c 点是等温线和绝热线的交点，满足方程

$$p_cV_c = p_aV_a, \qquad p_cV_c^\gamma = p_bV_b^\gamma$$

于是可得 c 点的体积为 $V_c = 2^{\frac{\gamma+1}{\gamma-1}}V_0$，因此 ca 过程放出的热量为

$$Q_2 = RT_0 \ln\frac{V_c}{V_a} = RT_0\frac{\gamma+1}{\gamma-1}\ln 2$$

根据定义可知该循环过程的效率为

$$\eta = 1 - \frac{Q_2}{Q_1} = 1 - \frac{2}{3(i+1)}\frac{\gamma+1}{\gamma-1}\ln 2$$

注意到比热容比 $\gamma = C_p / C_V = (i+2)/i$，代入可得循环效率为

$$\eta = 1 - \frac{2}{3(i+1)}\frac{\gamma+1}{\gamma-1}\ln 2 = 1 - \frac{2}{3}\ln 2 \approx 53.79\%$$

一个有趣的事实是热容跟分子的自由度有关，而循环效率却与自由度无关，换句话说，循环效率与理想气体的本身属性无关.

方法 2：直接利用热力学第一定律计算热容和循环效率.

由热力学第一定律得 ab 过程吸热为

$$Q_1 = \Delta U + W = C_V(T_b - T_a) + \frac{1}{2}(p_a + p_b)(V_a - V_b) = \frac{3}{2}iRT_0 + \frac{3}{2}p_0V_0 = \frac{3}{2}(i+1)RT_0$$

其中第一项为内能的改变量，可以利用等容过程来计算，第二项为系统对外做的功，可以用过程曲线下的面积来计算. 于是可得 ab 过程的热容为 $C = \frac{Q_1}{T_b - T_a} = \frac{i+1}{2}R$. 题中已知 bc 过程为绝热过程，与外界没有热量交换，由热力学第一定律可知系统对外做的功为

$$W_{bc}=-\Delta U=-C_V(T_c-T_b)=\frac{3}{2}iRT_0$$

整个循环过程系统对外做功即是循环曲线包围的面积，也即

$$W=S_{abca}=W_{ab}+W_{bc}-W_{ac}=\frac{3}{2}RT_0+\frac{i}{2}R3T_0-RT_0\ln\frac{V_c}{V_a}$$

利用绝热过程方程和等温过程方程可以算出 c 点的体积为 $V_c=2^{\frac{\gamma+1}{\gamma-1}}V_0$，因此整个循环过程系统对外做的功为

$$W=\frac{3}{2}RT_0+\frac{3}{2}iRT_0-RT_0\frac{\gamma+1}{\gamma-1}\ln 2=\frac{3(i+1)}{2}RT_0-(i+1)RT_0\ln 2$$

于是根据循环效率的定义可得

$$\eta=\frac{W}{Q_1}=1-\frac{2}{3}\ln 2\approx 53.79\%$$

与第一种方法得到的结果完全一致.

5.6 单 元 检 测

5.6.1 基础检测

一、单选题

1. 【平衡过程】如图所示，当气缸中的活塞迅速向外移动从而使气体膨胀时，气体所经历的过程[　　]

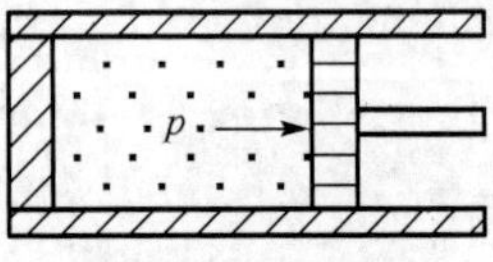

基础检测题 1 图

(A) 是平衡过程，它能用 p-V 图上的一条曲线表示

(B) 不是平衡过程，但它能用 p-V 图上的一条曲线表示

(C) 不是平衡过程，它不能用 p-V 图上的一条曲线表示

(D) 是平衡过程，但它不能用 p-V 图上的一条曲线表示

2. 【内能】1mol 的单原子分子理想气体从状态 A 变为状态 B，如果不知是什么气体，变化过程也不知道，但 A、B 两态的压强、体积和温度都知道，则可求出[　　]

(A) 气体所做的功　　(B) 气体内能的变化

(C) 气体传给外界的热量　　(D) 气体的质量

3. 【热力学第一定律】一定量的理想气体分别由初态 a 经①过程 ab 和由初态 a' 经②过程 $a'cb$ 到达相同的终态 b，如 p-T 图所示，则两个过程中气体从外界吸收的热量 Q_1、Q_2 的关系为[　　]

(A) $Q_1<0,\ Q_1>Q_2$　　(B) $Q_1>0,\ Q_1>Q_2$

(C) $Q_1<0,\ Q_1<Q_2$　　(D) $Q_1>0,\ Q_1<Q_2$

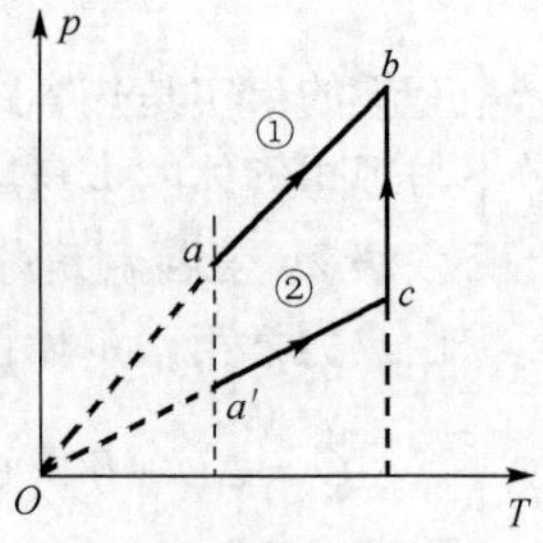

基础检测题 3 图

4. 【绝热膨胀】理想气体向真空做绝热膨胀[　　]

(A) 膨胀后，温度不变，压强减小　　(B) 膨胀后，温度降低，压强减小

(C) 膨胀后，温度升高，压强减小　　(D) 膨胀后，温度不变，压强不变

5. 【循环过程】图(a)、(b)、(c)各表示联接在一起的两个循环过程，其中图(c)是两个半径相等的圆

构成的两个循环过程，图(a)和(b)则为半径不等的两个圆，那么[　　]

(A)图(a)总净功为负，图(b)总净功为正，图(c)总净功为零

(B)图(a)总净功为负，图(b)总净功为负，图(c)总净功为正

(C)图(a)总净功为负，图(b)总净功为负，图(c)总净功为零

(D)图(a)总净功为正，图(b)总净功为正，图(c)总净功为负

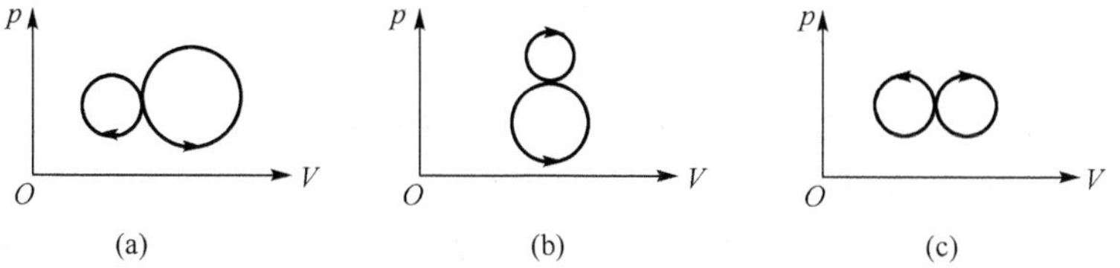

基础检测题5图

6. 【热量】一定质量的理想气体完成一循环过程. 此过程在 V-T 图中用图线 $a \to b \to c \to a$ 描写. 该气体在循环过程中吸热、放热的情况是[　　]

(A)在 $a \to b$ 、 $c \to a$ 过程吸热，在 $b \to c$ 过程放热

(B)在 $b \to c$ 过程吸热，在 $a \to b$ 、 $c \to a$ 过程放热

(C)在 $a \to b$ 过程吸热，在 $b \to c$ 、 $c \to a$ 过程放热

(D)在 $b \to c$ 、 $c \to a$ 过程吸热，在 $a \to b$ 过程放热

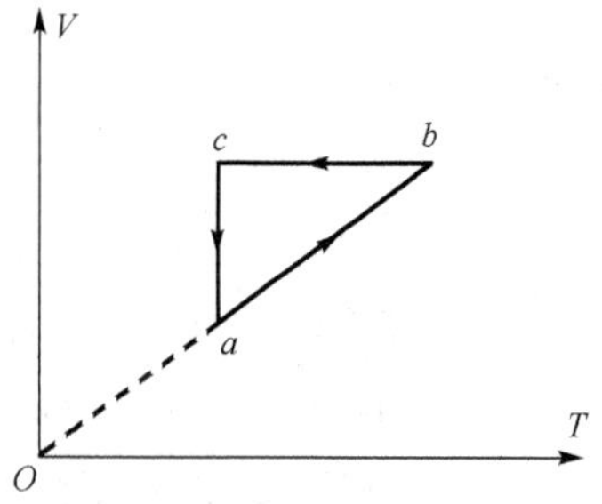

基础检测题6图

7. 【热力学定律】“理想气体和单一热源接触做等温膨胀时，吸收的热量全部用来对外做功.”对此说法，有如下几种评论，哪种是正确的？[　　]

(A)不违反热力学第一定律，但违反热力学第二定律

(B)不违反热力学第二定律，但违反热力学第一定律

(C)不违反热力学第一定律，也不违反热力学第二定律

(D)违反热力学第一定律，也违反热力学第二定律

8. 【可逆过程】设有下列过程：

(1)用活塞缓慢地压缩绝热容器中的理想气体(设活塞与器壁无摩擦)

(2)用缓慢地旋转的叶片使绝热容器中的水温上升

(3)一个不受空气阻力及其他摩擦力作用的单摆的摆动

(4)一滴墨水在水杯中缓慢弥散开

其中是可逆过程的为[　　]

(A)(1)、(2)、(4)　(B)(1)、(2)、(3)　(C)(1)、(3)、(4)　(D)(1)、(3)

二、填空题

9. 【平衡态、准静态过程】在 p-V 图上：

(1)系统的某一平衡态用________来表示；

(2)系统的某一平衡过程用________来表示；

(3)系统的某一平衡循环过程用________来表示.

10. 【数值含义】对于单原子分子理想气体，下面各式分别代表什么物理意义？

(1) $\frac{3}{2}RT$：____；

(2) $\frac{3}{2}R$：____；

(3) $\frac{5}{2}R$：____.

11. 【热力学过程】理想气体状态变化满足 $p\mathrm{d}V=\nu R\mathrm{d}T$ 为________过程，满足 $V\mathrm{d}p=\nu R\mathrm{d}T$ 为________过程；满足 $p\mathrm{d}V+V\mathrm{d}p=0$ 为________过程.

12. 【热量】一定量的某种理想气体在等压过程中对外做功 200J. 若此种气体为单原子分子气体，则该过程中需吸热________J；若为双原子分子气体，则需吸热 ________J.

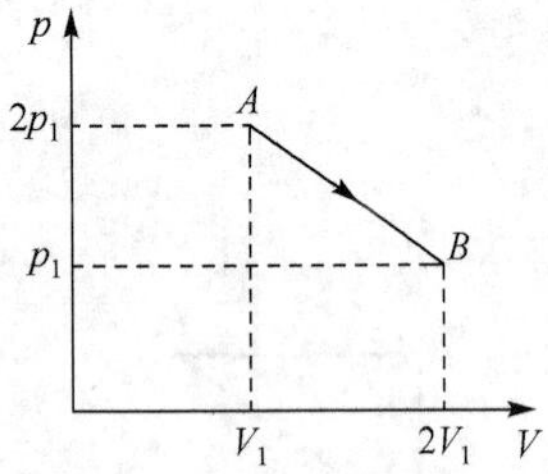

基础检测题 13 图

13. 【热力学第一定律】如图所示，一定量理想气体从 A 状态 $(2p_1, V_1)$ 经历如图所示的直线过程变到 B 状态 $(p_1, 2V_1)$，则 AB 过程中系统做功 $W=$ ________；内能增加 $\Delta U=$ ________.

14. 【卡诺定理】卡诺定理指出了提高热机效率的途径是：就循环过程而论，应当________；就热源温度而论，应当________.

15. 【热机效率】一卡诺热机(可逆的)，低温热源的温度为 27℃，热机效率为 40%，其高温热源温度为________K. 今欲将该热机效率降低到 33.3%，若低温热源保持不变，则高温热源的温度应减少________K.

16. 【熵的计算】质量为 m、摩尔质量 M 的气体处于相同的初始温度和压强下，把它们从体积 V 压缩到 $V/2$，过程无限缓慢地进行. 若初始温度为 T，则等温压缩时，$Q=$ ________，熵变 $\Delta S=$ ________；绝热压缩时，$Q=$ ________，熵变 $\Delta S=$ ________.

5.6.2 巩固提高

一、单选题

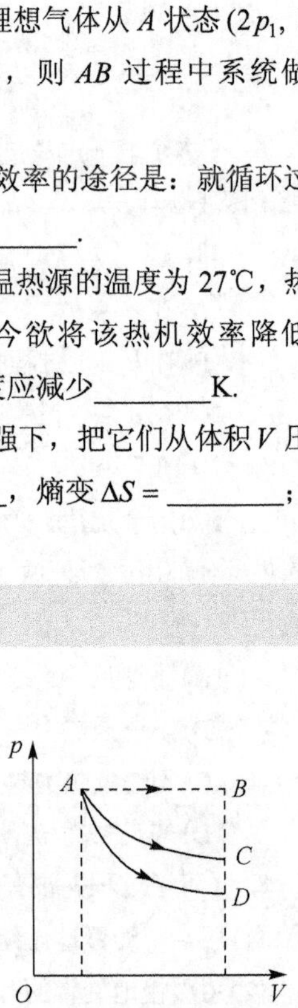

巩固提高题 1 图

1. 如图所示，一定量理想气体从体积 V_1 膨胀到体积 V_2 分别经历的过程是：$A\to B$ 等压过程，$A\to C$ 等温过程，$A\to D$ 绝热过程，其中吸热量最多的过程[　　]

(A) 是 $A\to B$ 过程　　(B) 是 $A\to C$ 过程

(C) 是 $A\to D$ 过程

(D) 既是 $A\to B$ 也是 $A\to C$，两过程吸热一样多

2. 如图所示，一定量的理想气体从 a 态出发经过①或②过程到达 b 态，acb 为等温线，则①、②两过程中外界对系统传递的热量 Q_1、Q_2 是[　　]

(A) $Q_1>0,\ Q_2>0$　　(B) $Q_1<0,\ Q_2<0$　　(C) $Q_1>0,\ Q_2<0$　　(D) $Q_1<0,\ Q_2>0$

3. 一定质量的某种理想气体，从标准状态 (p_0,V_0,T_0) 开始做绝热膨胀，体积增至原体积的 3 倍. 膨胀后温度 T、压强 p 与标准状态时 T_0、p_0 之间的关系为(γ 为摩尔热容比)[　　]

(A) $T=\left(\frac{1}{3}\right)^{\gamma}T_0$，$p=\left(\frac{1}{3}\right)^{\gamma-1}p_0$　　(B) $T=\left(\frac{1}{3}\right)^{\gamma-1}T_0$，$p=\left(\frac{1}{3}\right)^{\gamma}p_0$

(C) $T=\left(\frac{1}{3}\right)^{-\gamma}T_0$，$p=\left(\frac{1}{3}\right)^{\gamma-1}p_0$　　(D) $T=\left(\frac{1}{3}\right)^{\gamma-1}T_0$，$p=\left(\frac{1}{3}\right)^{-\gamma}p_0$

4. 某理想气体分别进行了如图所示的两个卡诺循环Ⅰ$(abcda)$和Ⅱ$(a'b'c'd'a')$，且两个循环曲线所围面

积相等. 设循环Ⅰ的效率为η，每次循环在高温热源处吸收的热量为Q，循环Ⅱ的效率为η'，每次循环在高温热源处吸的热量为Q'，则[　　]

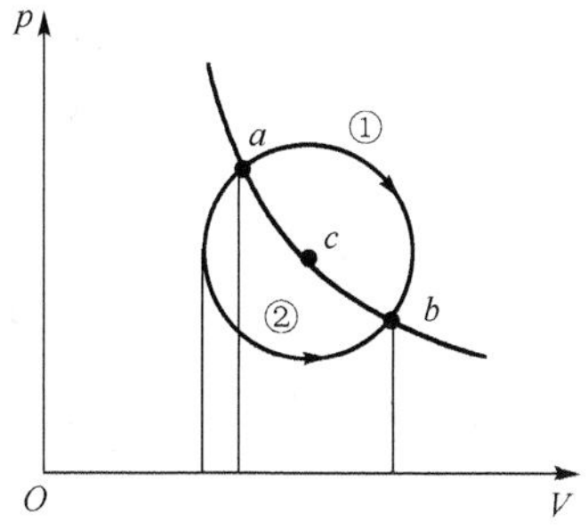

巩固提高题 2 图

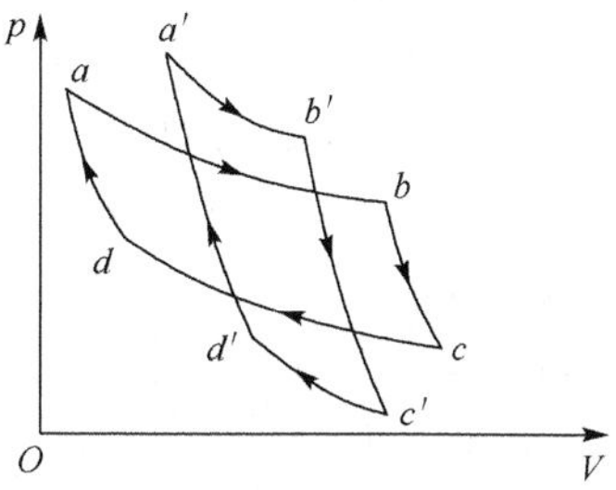

巩固提高题 4 图

(A) $\eta<\eta',Q<Q'$　　(B) $\eta<\eta',Q>Q'$　　(C) $\eta>\eta',Q<Q'$　　(D) $\eta>\eta',Q>Q'$

5. 有人设计一台卡诺热机(可逆的). 每循环一次可从 400K 的高温热源吸热 1800J，向 300K 的低温热源放热 800J. 同时对外做功 1000J，这样的设计是[　　]

(A)可以的，符合热力学第一定律

(B)可以的，符合热力学第二定律

(C)不行的，卡诺循环所做的功不能大于向低温热源放出的热量

(D)不行的，这个热机的效率超过理论值

6. 用下列两种方法：(1)使高温热源的温度T_1升高ΔT；(2)使低温热源的温度T_2降低同样的ΔT值，分别可使卡诺循环的效率升高$\Delta\eta_1$和$\Delta\eta_2$，两者相比[　　]

(A) $\Delta\eta_1>\Delta\eta_2$　　(B) $\Delta\eta_1<\Delta\eta_2$　　(C) $\Delta\eta_1=\Delta\eta_2$　　(D)无法确定哪个大

7. 甲说：“由热力学第一定律可证明任何热机的效率不可能等于 1.”乙说：“热力学第二定律可表述为效率等于 100%的热机不可能制造成功.”丙说：“由热力学第一定律可证明任何卡诺循环的效率都等于$1-(T_2/T_1)$.”丁说：“由热力学第一定律可证明理想气体卡诺热机(可逆的)循环的效率等于$1-(T_2/T_1)$.”对以上说法，有如下几种评论，哪种是正确的？[　　]

(A)甲、乙、丙、丁全对　　(B)甲、乙、丙、丁全错

(C)甲、乙、丁对，丙错　　(D)乙、丁对，甲、丙错

二、填空题

8. 压强、体积和温度都相同的氢气和氦气(均视为刚性分子的理想气体)，它们的质量之比为$m_1:m_2=$ ________，它们的内能之比为$U_1:U_2=$ ________，如果它们分别在等压过程中吸收了相同的热量，则它们对外做功之比为$W_1:W_2=$ ________.(各量下角标 1 表示氢气，2 表示氦气)

9. 有ν mol 理想气体，做如图所示的循环过程$acba$，其中acb为半圆弧，ab为等压线，$p_c=2p_a$. 令气体进行$a\to b$的等压过程时吸热Q_{ab}，则在此循环过程中气体净吸热量Q ________ Q_{ab}.(填入>，<或=)

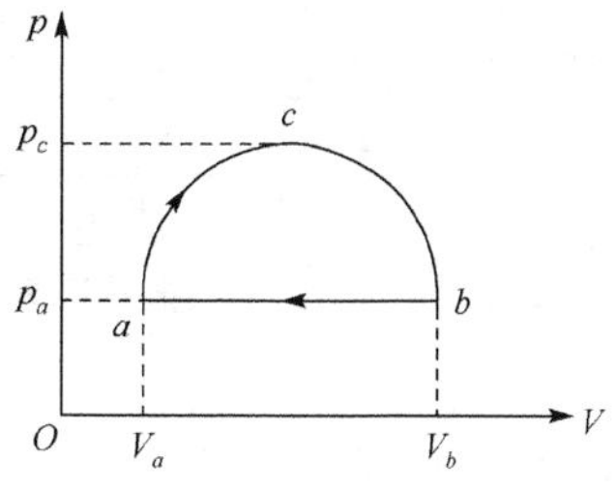

巩固提高题 9 图

三. 计算题

10. 一定量的单原子分子理想气体，从初态A出发，沿图示直线过程变到另一状态B，又经过等容、

等压两个过程回到状态 A. 求：

(1) $A\to B$，$B\to C$，$C\to A$ 各过程中系统对外所做的功，内能的增量以及所吸收的热量；

(2) 整个循环过程中系统对外所做的总功以及从外界吸收的总热量(过程吸热的代数和).

11. 1mol 双原子分子理想气体做如图所示的可逆循环过程，其中 $1\to 2$ 为直线，$2\to 3$ 为绝热线，$3\to 1$ 为等温线. 已知 $T_2=2T_1$，$V_3=8V_1$，试求：

(1) 各过程的功，内能增量和传递的热量；(用 T_1 和已知摩尔气体常量 R 表示)

(2) 此循环的效率 η.

12. 1mol 单原子分子的理想气体，经历如图所示的可逆循环，联结 ac 两点的曲线Ⅲ的方程为 $p=p_0V^2/V_0^2$，a 点的温度为 T_0.

(1) 试以 T_0、摩尔气体常量 R 表示Ⅰ、Ⅱ、Ⅲ过程中气体吸收的热量；

(2) 求此循环的效率.

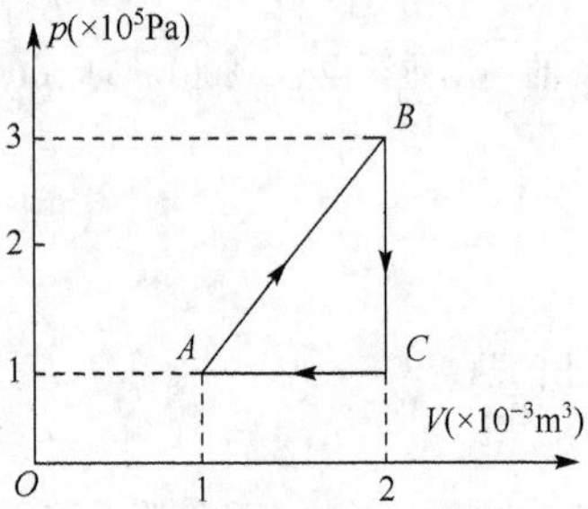

巩固提高题 10 图

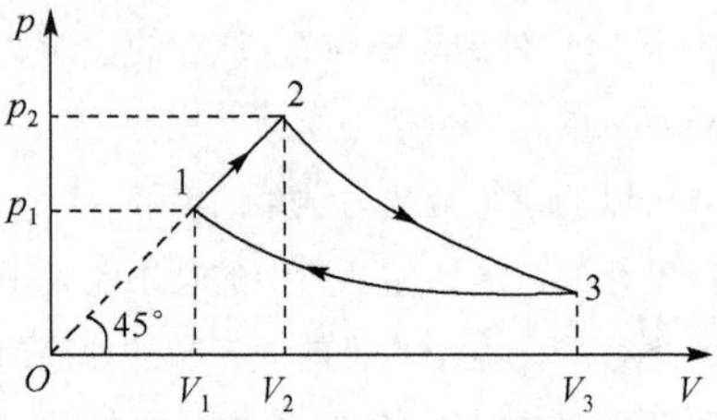

巩固提高题 11 图

13. 一热力学系统由 2mol 单原子分子与 2mol 双原子分子理想气体混合组成(均可视为刚性分子). 系统经历如图所示的 $abcda$ 可逆循环，其中 ab、cd 为等压过程，bc、da 为绝热过程，且 $T_a=300\text{K}$，$T_b=900\text{K}$，$T_c=450\text{K}$，$T_d=150\text{K}$. 求：

(1) ab 过程中系统的熵变；

(2) cd 过程中系统的熵变；

(3) 整个循环中系统的熵变. (摩尔气体常量 $R=8.31\ \text{J}\cdot\text{mol}^{-1}\cdot\text{K}^{-1}$)

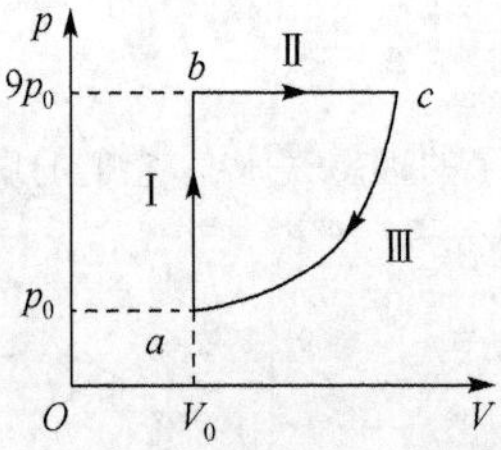

巩固提高题 12 图

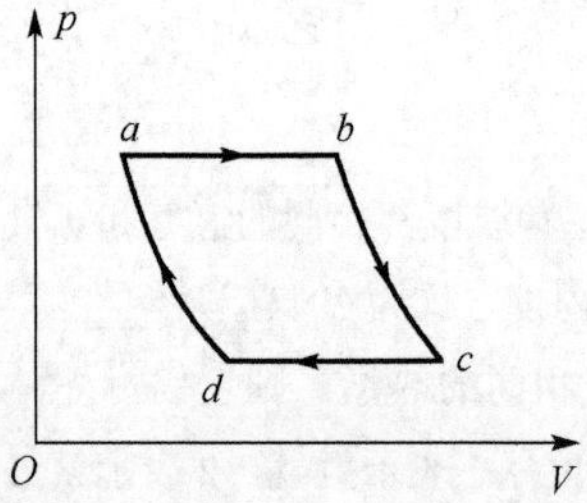

巩固提高题 13 图

5.6 单元检测
参考答案

第三篇　电磁学

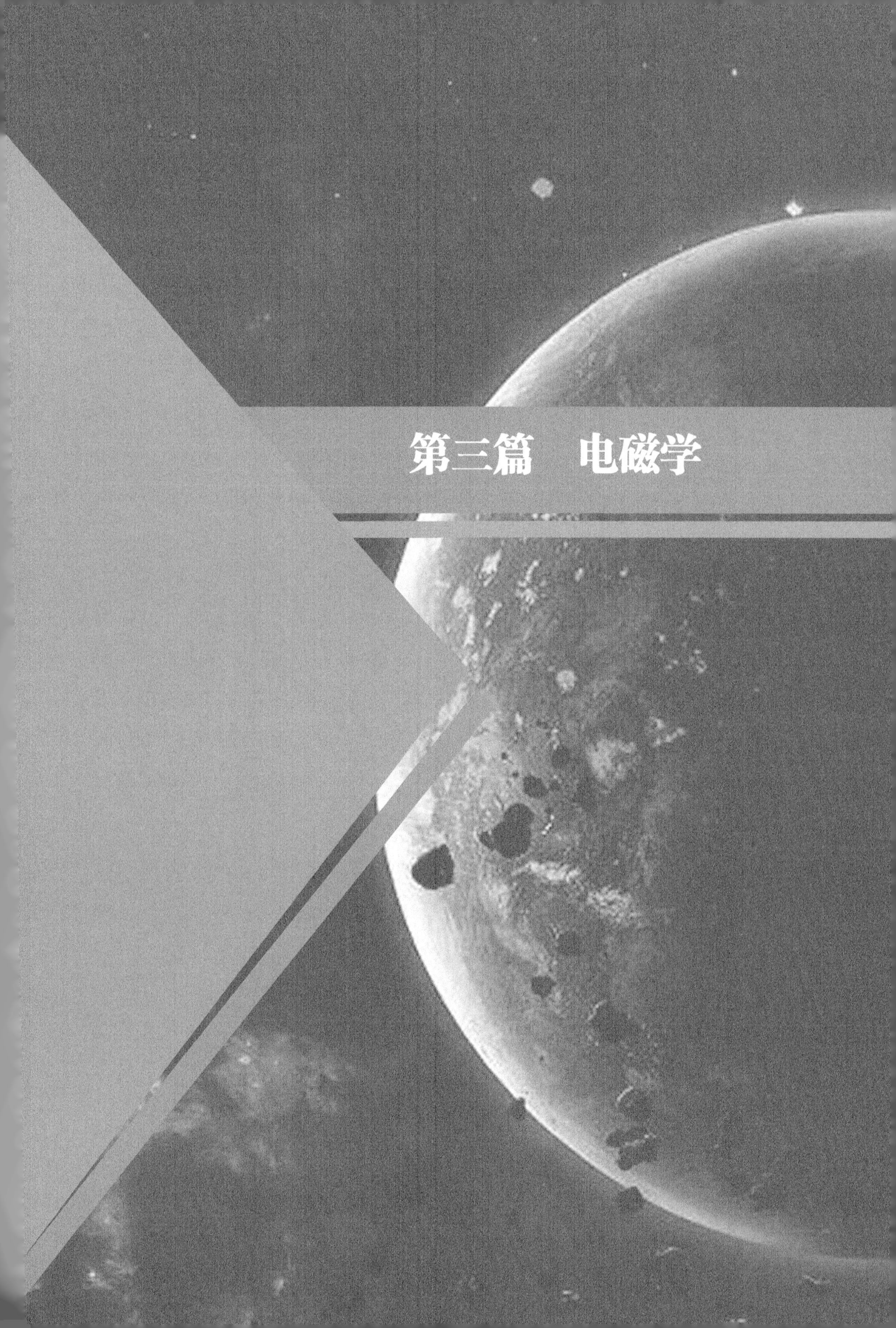

第 6 章　真空中的静电场

6.1　基 本 要 求

(1) 了解电荷量子化、电荷守恒定律和点电荷的概念，掌握真空中库仑定律.

(2) 理解电场、电场强度、电偶极子等概念，掌握用点电荷场强公式和电场叠加原理计算电场强度的方法.

(3) 理解电通量的概念，理解静电场中的高斯定理，掌握用高斯定理求电荷分布具有对称性的带电体的电场强度的方法.

(4) 理解静电场力做功的特点、静电场中安培环路定理的意义，理解电势能、电势、电势差的概念，掌握用电势的叠加原理计算电势的方法.

(5) 理解等势面的概念，理解静电场中电场强度与电势的积分关系，了解其微分关系.

6.2　学 习 导 引

(1) 本章主要学习描述静电场的物理量及静电场的性质，主要包含静电场的实验规律、静电场的高斯定理和环路定理、电场强度和电势及其关系等内容.

(2) 静电场的内容是从电荷、库仑定律、电场强度和电势等概念开始的，同学们在中学物理中已经接触过这部分的概念，学习过程中要注意与以往知识的区别和联系，不可麻痹大意. 否则，随着学习的逐步深入，部分同学就会感受到这部分内容和习题看起来都好像很面熟，却无从下手，这是因为抽象的场的概念和复杂的数学处理方法使同学们似懂非懂，没有透彻理解和掌握，这也是学习上的一个难点.

(3) 本章内容从人们对电现象的早期研究和电荷、电荷的量子化等概念引入三条实验定律，即电荷守恒定律、库仑定律和静电力的叠加原理，进而给出了描述电场性质的物理量：电场强度. 电场中某点的电场强度与该点是否存在试验电荷无关，是空间坐标的矢量函数.

(4) 按照由“特殊(点)到一般(连续带电体)”的认识逻辑，由点电荷电场的电场强度，利用场强叠加原理，可以得到点电荷系和连续分布带电体的电场强度. 这些矢量式子是计算电场强度的基础.

(5) 求解均匀带电直线段周围的场强分布、带电圆环轴线上的场强分布是利用叠加原理求解场强的典型例子，它们的结论又是计算更为复杂带电体场强分布的基础，需要认真掌握. 在求解连续带电体场强分布时，注意体会在“先确定电荷元、再分解、求积分”的计算方法中体现的从部分到整体的物理思想方法.

(6) 为了形象地描述电场的空间分布，引入了电场线和电通量的概念，进而给出了高斯定理. 作为一个重要的场方程，高斯定理体现了静电场的一个基本特征——有源性. 高斯定理不仅适用于静电场，后续会推广到非静电场中，成为电磁场的麦克斯韦方程组的重要组成部分. 求解具有对称性分布的带电体激发的场强是利用高斯定理的典型例子，如均匀带电球体(壳)、无限长圆柱体(面)、无限大带电平面等. 利用高斯定理求解场强分布时注意体会在“先确定对称性电场的整体分布、再选取合适的高斯面、求某点场强”的解题思路中体现的从整体到部分的物理思想方法.

(7) 由静电力做功与路径无关引入了环路定理，体现了静电场的另一个基本特征，即无旋性和保守性. 由环路定理引入了电势能的概念，引入过程可以与力学中的重力势能、弹力势能和引力势能的引入过程相类比. 由电势能引入了描述静电场的性质的另一个物理量——电势，即单位正电荷在某点处所具有的电势能. 为了形象地描述电势分布，引入了等势面的概念. 电势的求解有两种方法：一种是利用电势的定义；另一种是根据叠加原理，利用点电荷的电势公式到点电荷系或连续带电体的电势分布公式分别求和或求积分，此时的求和或求积分是标量求和或求积分，运算相对简单.

(8) 电场强度和电势的积分关系和微分关系是本章内容的一个难点，也是利用积分关系求电势和利用微分关系求场强的关键，学习时注意归纳总结.

(9) 电荷与电场之间的关系一般表现为两个方面：电荷激发电场；放入电场中的电荷受到电场力的作用. 通过探讨在均匀外电场中电偶极子的运动情况可以加深对电场力和力偶矩的理解. 力偶矩的作用效果总使电偶极矩的方向转向外电场的方向.

6.3 思维导图

6.3 思维导图（详细版）

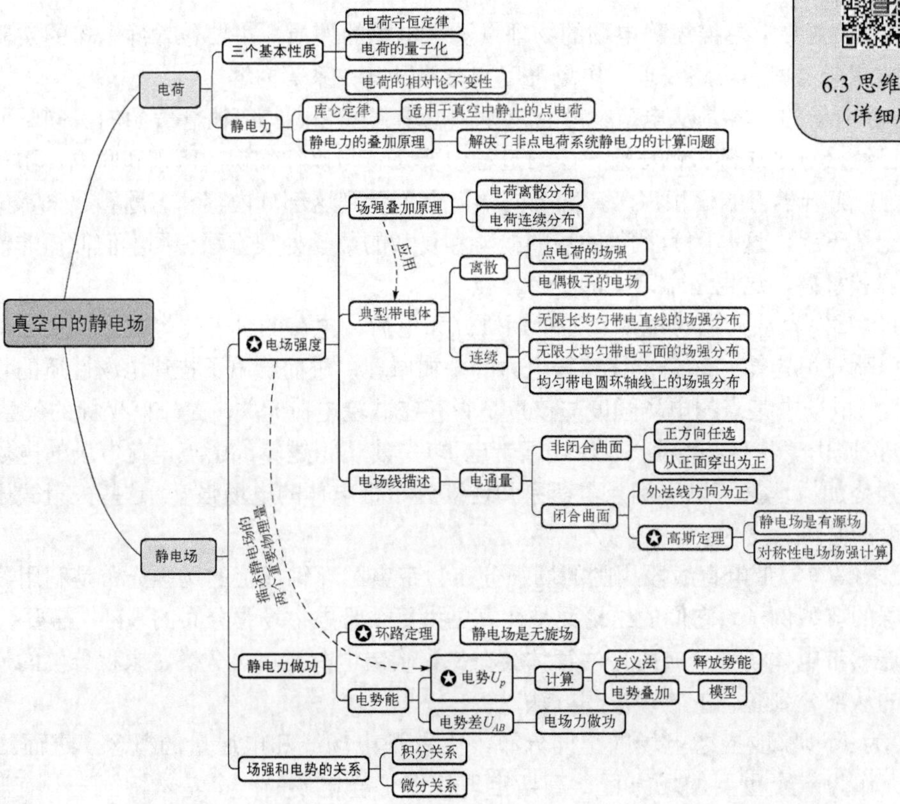

6.4 内容提要

1. 电荷的实验规律

(1) 电荷守恒定律：在一个与外界没有电荷交换的系统内，系统正负电荷的代数和在任何物理过程中保持不变.

(2) 电荷的量子化：物质所带电量及其变化都是不连续的，它只能是基本电荷e的整数倍，其中基本电荷$e = 1.602\ 176\ 634 \times 10^{-19}\,\mathrm{C}$. 值得注意的是，在粒子物理的标准模型中，夸克带有分数电荷，但夸克是受到“禁闭”的，尚未在实验中找到自由状态的夸克.

(3) 电荷的相对论不变性：电荷的电量与它的运动速度和加速度均无关，或者说，在不同的参考系内观察，同一个带电粒子的电量不变.

2. 库仑定律

(1) 库仑定律：$\boldsymbol{F} = k\dfrac{q_1 q_2}{r^2}\boldsymbol{e}_r = \dfrac{1}{4\pi\varepsilon_0}\cdot\dfrac{q_1 q_2}{r^3}\boldsymbol{r}$，描述了真空中电量分别为$q_1$和$q_2$、距离为$r$的两个静止点电荷之间的相互作用力，其中比例系数$k = \dfrac{1}{4\pi\varepsilon_0} \approx 9\times10^9\,\mathrm{N\cdot m^2\cdot C^{-2}}$，$\boldsymbol{e}_r$为由施力电荷指向受力电荷的单位矢量.

(2) 静电力的叠加原理：$\boldsymbol{F} = \sum\limits_i \dfrac{1}{4\pi\varepsilon_0}\dfrac{q q_i}{r_i^3}\boldsymbol{r}_i$，当空间有两个以上的点电荷存在时，作用在点电荷$q$上的总静电力等于其他每一个点电荷单独存在时对该点电荷所施静电力的矢量和，其中$\boldsymbol{r}_i$为第i个点电荷q_i指向受力电荷q的位置矢量.

3. 电场强度

(1) 电场：任何电荷都将在自己周围的空间激发电场. 电场是一种特殊的物质，电场的物质性体现在：①给电场中的带电体施以力的作用，这种力称为电场力；②当带电体在电场中移动时，电场力做功，这表明电场具有能量；③变化的电场以光速在空间传播，表明电场具有动量.

(2) 电场强度$\boldsymbol{E}$：电场中某场点上的电场强度在量值上等于置于该点的单位正电荷所受的电场力，即$\boldsymbol{E} = \dfrac{\boldsymbol{F}}{q_0}$，其中$q_0$是试验电荷的电量. 注意：试验电荷必须是电量足够小的点电荷，①如果q_0太大，它自身的电场就会显著地改变原来的电场分布；②要求q_0是点电荷，是因为只有这样才可以用它来确定空间各点的电场特征. 在国际单位制中，电场强度的单位为$\mathrm{N\cdot C^{-1}}$或$\mathrm{V\cdot m^{-1}}$. 静电场中各点场强的大小、方向一般是空间坐标的函数，即$\boldsymbol{E}(x,y,z) = E_x(x,y,z)\boldsymbol{i} + E_y(x,y,z)\boldsymbol{j} + E_z(x,y,z)\boldsymbol{k}$.

(3) 静止点电荷的电场强度：$\boldsymbol{E} = \dfrac{1}{4\pi\varepsilon_0}\dfrac{q}{r^3}\boldsymbol{r}$，其中$\boldsymbol{r}$为场源点电荷$q$指向场点的位置矢量.

(4) 场强叠加原理：$\boldsymbol{E} = \sum\limits_i \boldsymbol{E}_i$，点电荷系所激发的电场中某点的电场强度，等于各个点电荷单独存在时在该点产生的场强的矢量和.

(5)利用场强叠加原理求电场强度：如果电荷分布已知，那么从点电荷的场强公式出发，利用场强叠加原理，就可以求出任意电荷分布所激发的电场的场强. ①离散点电荷系的场强 $\boldsymbol{E}=\sum_i \dfrac{1}{4\pi\varepsilon_0}\dfrac{q_i}{r_i^3}\boldsymbol{r}_i$，其中 $\boldsymbol{r}_i$ 为第 i 个点电荷 q_i 指向场点的位置矢量；②连续带电体的场强 $\boldsymbol{E}=\int \dfrac{1}{4\pi\varepsilon_0}\dfrac{\mathrm{d}q}{r^3}\boldsymbol{r}$，其中 $\boldsymbol{r}$ 为电荷元 $\mathrm{d}q$ 指向场点的位置矢量，若连续带电体是一维的，其电荷线密度为 λ，则 $\mathrm{d}q=\lambda\mathrm{d}l$；若连续带电体是二维的，其电荷面密度为 σ，则 $\mathrm{d}q=\sigma\mathrm{d}S$；若连续带电体是三维的，其电荷体密度为 ρ，则 $\mathrm{d}q=\rho\mathrm{d}V$.

4. 高斯定理

(1)电场线：为了更直观、形象地显示电场的总体分布情况，在电场中人为地画出一些假想的线，规定：①电场线上每一点的切线方向与该点场强的方向一致，电场线的方向就反映了电场强度方向的分布情况；②使通过垂直于场点电场强度方向的单位面积的电场线数目(即电场线密度)正比于该点电场强度的大小，电场线的疏密就描述了电场强度大小的分布情况.

(2)电通量：电场中通过曲面 S 的电通量 $\varPhi=\int_S \boldsymbol{E}\cdot\mathrm{d}\boldsymbol{S}=\int_S E\mathrm{d}S\cos\theta$，等于通过电场中曲面 S 的电场线的数目. 当 S 是闭合曲面时，$\varPhi=\oint_S \boldsymbol{E}\cdot\mathrm{d}\boldsymbol{S}=\oint_S E\mathrm{d}S\cos\theta$；通常规定自内向外为面元法线的正方向，如果电场线从曲面之内向外穿出，则电通量为正($\varPhi>0$)，反之如果电场线从外部穿入曲面，则电通量为负($\varPhi<0$)；通过整个闭合曲面的电通量等于穿入和穿出闭合曲面的电通量的代数和，即净穿出闭合曲面的电场线的总条数.

(3)静电场的高斯定理：$\varPhi=\oint_S \boldsymbol{E}\cdot\mathrm{d}\boldsymbol{S}=\dfrac{1}{\varepsilon_0}\sum_{S内} q_i$，在静电场中穿过任何一闭合曲面 S 的电通量，等于该曲面所包围的所有电荷的代数和的 $1/\varepsilon_0$，上式中的闭合曲面 S 称为高斯面. 注意：①高斯定理是静电场的基本定理之一，该定理的重要意义在于把电场与产生电场的电荷联系了起来，它反映了静电场是有源场，这个源就是电荷；②高斯定理积分号中的 $\boldsymbol{E}$ 是高斯面上面积元 $\mathrm{d}\boldsymbol{S}$ 处的场强，它是由空间所有电荷(S 内和 S 外的电荷)所产生的合场强；但通过高斯面 S 的电通量 $\varPhi=\oint_S \boldsymbol{E}\cdot\mathrm{d}\boldsymbol{S}$ 只决定于它所包围的电荷的代数和，与高斯面 S 外的电荷无关；总之，高斯面 S 外的电荷对 S 上的电场强度有贡献，但对通过 S 的电通量无贡献.

(4)利用高斯定理求场强：当电荷分布具有某种对称性时，用高斯定理求电荷系统的场强分布，比用场强叠加原理简便. 对于具有球对称、柱对称或镜面对称等电荷分布的带电体，应用高斯定理求电场强度的步骤为：①分析问题中的电场强度分布的对称性，明确 $\boldsymbol{E}$ 的大小和方向分布的特点；②选取适当的高斯面 S，这是求解的关键，待求 $\boldsymbol{E}$ 的场点必须在此高斯面上，一般使高斯面各面积元法向与电场强度 $\boldsymbol{E}$ 平行或垂直，在平行的那部分高斯面上，$\boldsymbol{E}$ 的大小要与待求场点的处处相等，使积分号中的场强 $\boldsymbol{E}$ 能以标量形式提到积分号外；③求出通过高斯面 S 的电通量并化简；④计算高斯面 S 包围的电荷的代数和 $\sum_{S内} q_i$；⑤代入高斯定理求出 $\boldsymbol{E}$.

5. 静电场的基本场方程

(1) 高斯定理：$\oint_S \boldsymbol{E}\cdot \mathrm{d}\boldsymbol{S}=\frac{1}{\varepsilon_0}\sum_{S内} q_i$ ，高斯定理反映静电场是有源场.

(2) 环路定理：$\oint_L \boldsymbol{E}\cdot \mathrm{d}\boldsymbol{l}=0$，环路定理反映静电场是无源场、保守场.

6. 描述静电场的基本物理量

(1) 电场强度.

电场强度：$\boldsymbol{E}=\dfrac{\boldsymbol{F}}{q_0}$，其中 q_0 为试验电荷.

(2) 电势.

电势：$U_a=\dfrac{W_{ea}}{q_0}=\int_a^{“0”}\boldsymbol{E}\cdot \mathrm{d}\boldsymbol{l}$，电场中 a 点的电势 U_a 在量值上等于放在该点的单位正电荷的电势能，或等于把单位正电荷从该点移到势能零点“0”时电场力所做的功.

电势零点的选取：当激发电场的带电体为有限大时，电势零点通常选在无穷远处；当激发电场的带电体无限大时，电势零点不能选在无穷远处，只能选在有限远处的某一点.

电势差：$U_{ab}=U_a-U_b=\int_a^b \boldsymbol{E}\cdot \mathrm{d}\boldsymbol{l}$

电场力做功：$W_{ab}=qU_{ab}=q(U_a-U_b)=W_{ea}-W_{eb}=q\int_a^b \boldsymbol{E}\cdot \mathrm{d}\boldsymbol{l}$.

(3) 电场强度和电势的关系.

电场线处处与等势面垂直，并指向电势降低的方向.

积分关系：$U_a=\int_a^{“0”}\boldsymbol{E}\cdot \mathrm{d}\boldsymbol{l}$.

微分关系：$\boldsymbol{E}=-\nabla U=-\left(\dfrac{\partial U}{\partial x}\boldsymbol{i}+\dfrac{\partial U}{\partial y}\boldsymbol{j}+\dfrac{\partial U}{\partial z}\boldsymbol{k}\right)$.

7. 电场强度和电势的计算方法

(1) 电场强度的计算.

①应用点电荷的场强公式和场强叠加原理求电场强度；

②电荷分布具有某种对称性时，应用高斯定理求电场强度；

③先求电势，再应用场强和电势的微分关系求电场强度.

(2) 电势的计算.

①应用点电荷的电势公式和电势的叠加原理求电势，即 $U_a=\int\dfrac{\mathrm{d}q}{4\pi\varepsilon_0 r}$，其中 r 是电荷元 $\mathrm{d}q$ 到场点 a 的距离；

②先求出场强分布，根据电势的定义式求电势，即 $U_a=\int_a^{“0”}\boldsymbol{E}\cdot \mathrm{d}\boldsymbol{l}$.

(3) 典型静电场的电场强度和电势.

①点电荷的电场和电势

$$\boldsymbol{E}=\frac{q}{4\pi\varepsilon_0 r^2}\boldsymbol{e}_r$$ （其中 $\boldsymbol{e}_r$ 为由点电荷 q 指向场点的单位矢量）

$$U=\frac{q}{4\pi\varepsilon_0 r}$$ （取无穷远处为电势零点）

②均匀带电球面的电场和电势

$$E=\begin{cases}0 & (r<R)\\ \dfrac{q}{4\pi\varepsilon_0 r^2} & (r>R)\end{cases}$$ （方向沿径向）

$$U=\begin{cases}\dfrac{q}{4\pi\varepsilon_0 R} & (r\leqslant R)\\ \dfrac{q}{4\pi\varepsilon_0 r} & (r\geqslant R)\end{cases}$$ （取无穷远处为电势零点）

③无限长均匀带电直线的电场和电势（电荷线密度为 λ）

$$E=\frac{\lambda}{2\pi\varepsilon_0 r}$$ （方向垂直于带电直线）

$$U=-\frac{\lambda}{2\pi\varepsilon_0}\ln r$$ （取 $r=1\,\mathrm{m}$ 处为电势零点）

④无限大均匀带电平面的电场和电势（电荷面密度为 σ）

$$E=\frac{\sigma}{2\varepsilon_0}$$ （方向垂直于带电平面）

$$U=-\frac{\sigma}{2\varepsilon_o}d$$ （取平面上某处为电势零点）

⑤均匀带电圆环中轴线上距圆心为 x 处的电场和电势（半径为 R）

$$E=\frac{qx}{4\pi\varepsilon_0(R^2+x^2)^{3/2}}$$

$$U=\frac{q}{4\pi\varepsilon_0(R^2+x^2)^{1/2}}$$ （取无穷远处为电势零点）

6.5 典型例题

6.5.1 思考题

思考题 1 请问试验电荷与点电荷有何区别和联系？

简答 点电荷是电学中的重要理想模型，当带电体的线度与它们之间的距离相比可以忽略时，可以将带电体看作点电荷. 试验电荷是为了探测电场某点的性质而引入的，首先，要求试验电荷的电量必须足够小，使得它不致影响原有电场的分布，否则所测得的结果并非原电场的特性；其次，场强是空间的函数，为了准确测定电场中各不同点的性质，要求试验电荷的体积足够小，否则没有意义. 因此带电量足够小的点电荷可以看作试验电荷.

思考题 2 在一个带有负电荷的导体附近 P 点，放置一电量为 $-q$ 的点电荷，测得该点电荷受力的大小为 F . 若该点电荷的带电量 $-q$ 不是足够小，那么由 $\boldsymbol{E}=\boldsymbol{F}/(-q)$ 计算的场强值比原来 P 点的场强值大还是小？若点电荷不变，导体上带正电荷，情况又如何？这时该点电荷能否作为试验电荷？

简答 如果点电荷的带电量 $-q$ 不足够小，它将影响导体上的电荷分布，从而影响空间的电场分布. 放置 $-q$ 后，因为同性相斥，导体上的负电荷将远离 P 点，P 点的场强将变弱，由 $\boldsymbol{F}/(-q)$ 测量的是重新分布后的场强值，它比原来场强值要小. 若点电荷不变，导体上带正电荷，因为异性相吸，导体上的正电荷将靠近 P 点. 因而，$\boldsymbol{F}/(-q)$ 比原来 P 点的场强值大. 显然，点电荷电量较大时，由力和电荷电量的比值测量的已经不是该点原来的场强，这时该点电荷不能作为试验电荷.

思考题 3 真空中点电荷 q 的场强大小为 $E=\dfrac{1}{4\pi\varepsilon_0}\dfrac{q}{r^2}$，有人由此公式得出 $r\to 0$ 时，$E\to\infty$ 的结论，请问这一结论正确吗？为什么？

简答 这一结论不正确. 真空中点电荷 q 的场强大小为 $E=\dfrac{1}{4\pi\varepsilon_0}\dfrac{q}{r^2}$，式中 r 为场点到点电荷的距离，由公式可知，随着 r 的增大，场强 E 将减小；随着 r 的减小，场强 E 将增大. 当 $r\to 0$ 时，任何带电体都不能视为点电荷，因此得出 $E\to\infty$ 这一推论是没有物理意义的.

思考题 4 一个点电荷在静电场中某点由静止释放，仅受电场力作用，该点电荷是否一定沿电场线运动？

简答 电场线曾称电力线，是电场的形象化描述，电场线的切线方向就是正电荷在该点的受力方向，而不是电荷在该点的运动方向. 电场线一般是曲线，而要沿着曲线运动，则必然要受到法向力，然而静电场力只能提供沿着电场线方向的切向力，没有法向分力，故电荷必然要偏离电场线运动. 因此电荷在静电场中某点由静止释放后一般不会沿着电场线运动. 若电场线为直线，如匀强场或点电荷的电场，电荷由静止释放后能沿电场线运动.

思考题 5 电场的物质性体现在哪些方面？

简答 电场的物质性体现在：①给电场中的带电体施以力的作用；②当带电体在电场中移动时，电场力做功，表明电场具有能量；③变化的电场以光速在空间传播，表明电场具有动量.

思考题 6 高斯定理的数学表述为 $\Phi_E=\oint_S \boldsymbol{E}\cdot \mathrm{d}\boldsymbol{S}=\dfrac{1}{\varepsilon_0}\sum\limits_{S内} q_i$，其中 $\boldsymbol{E}$ 是空间所有电荷产生的电场，而等式右侧的电荷电量求和却只对高斯面内的电荷求和，请问这是为何？

简答 静电场的高斯定理指出穿过静电场中任一闭合曲面 S 的电通量 $\Phi_E=\oint_S \boldsymbol{E}\cdot \mathrm{d}\boldsymbol{S}$ $=\dfrac{1}{\varepsilon_0}\sum\limits_{S内} q_i$，高斯面 S 是一个闭合曲面，积分号中的 $\boldsymbol{E}$ 是高斯面上面元 $\mathrm{d}\boldsymbol{S}$ 处的场强，它是由

空间所有电荷(S内和S外的电荷)共同产生的，而通过高斯面S的电通量$\oint_S \boldsymbol{E}\cdot d\boldsymbol{S}$大小只决定于高斯面$S$所包围的电荷的代数和，与高斯面$S$外的电荷无关，也与高斯面$S$内电荷的分布无关. 仅对高斯面内电荷求和，是因为高斯面外电荷的电场对高斯面的通量为零，即高斯面外的电荷对高斯面上的电场强度有贡献，但对通过高斯面的$\boldsymbol{E}$通量无贡献，因此等式右侧的电荷电量求和只对高斯面内的电荷求和.

思考题 7 如果高斯面上的场强处处为零，那么此高斯面内是否一定没有电荷？如果高斯面内没有电荷，那么高斯面上的场强是否处处为零？

简答 由高斯定理$\Phi_E=\oint_S \boldsymbol{E}\cdot d\boldsymbol{S}=\frac{1}{\varepsilon_0}\sum_{S内} q_i$可知，如果高斯面上$\boldsymbol{E}$处处为零，只能说明通过高斯面的电通量为零，高斯面内电荷代数和为零，高斯面内无电荷或存在等量异号电荷，不能说明高斯面内一定没有电荷. 若高斯面内没有电荷，则高斯面内电荷代数和必为零，通过整个高斯面的电通量为零，说明高斯面有些地方的电通量为正，有些地方的电通量为负，其代数和为零，不能说明高斯面上各点的场强处处为零.

思考题 8 在静电场中引入电势能概念的依据是什么？

简答 静电场的环路定理$\oint_L \boldsymbol{E}\cdot d\boldsymbol{l}=0$告诉我们静电场是保守力场，可以引入与静电场力相对应的势能，即电势能，电势能在量值上等于将电荷由该点沿任意路径移到零势能点过程中对应静电场力做的功.

思考题 9 请举例说明下列说法是否正确：

(1) 场强大的地方，电势一定高；

(2) 电势高的地方，场强一定大；

(3) 场强为零的地方，电势也一定为零；

(4) 电势为零的地方，场强也一定为零；

(5) 电势不变的空间，场强处处为零；

(6) 场强不变的空间，电势处处相等.

简答 要正确回答上述问题，必须清楚电势与场强间的积分关系$U_P=\int_P^{零电势点}\boldsymbol{E}\cdot d\boldsymbol{l}$、电势差与场强间的积分关系$U_P-U_Q=\int_P^Q \boldsymbol{E}\cdot d\boldsymbol{l}$、电势与场强间的微分关系$\boldsymbol{E}=-\frac{\partial U}{\partial l_n}\boldsymbol{e}_n$.

(1) 不正确. 例如，在负点电荷的电场中，距离场源越近场强越大，但是电势却越低；

(2) 不正确. 例如，在负点电荷的电场中，距离场源越远电势越高，但是场强却越小；

(3) 不正确. 例如，带电导体球静电平衡后内部场强为零，若取无穷远为电势零点，导体球的电势却不为零；

(4) 不正确. 场中某点的电势与零电势点的选取有关，例如，均匀带电导体球q的电场中，取球面外距离球心r处的电势为零，而此处的场强大小却为$E=\frac{1}{4\pi\varepsilon_0}\frac{q}{r^2}$.

(5) 正确. 符合电势与场强的微分关系$\boldsymbol{E}=-\frac{\partial U}{\partial l_n}\boldsymbol{e}_n$，例如，静电平衡导体内部是一电势不变的空间，场强处处为零；

(6)不正确. 例如，匀强电场，场强处处相等，但是沿着电场线方向电势减小，并非处处相等.

6.5.2 计算题

计算题1 如图所示，长为 l 的均匀带正电直线棒 AB，其上电荷线密度为 λ. 求：(1)在 AB 延长线上与 AB 中点 O 相距为 a 的 P 点处的电场强度；(2)在 AB 垂直平分线上与 AB 中点 O 相距为 a 的 Q 点处的电场强度.

【解题思路】 根据点电荷的电场强度公式和场强叠加原理，空间某处的电场强度为所有电荷元在该处产生的电场强度的矢量和，利用微积分方法求解. 电荷线分布，将带电直线分成许多无限小的段，任取一小段，求其上电荷元在某处产生的元电场强度，再积分得到整个带电直线在该处产生的总电场强度.

解 以 AB 中点 O 为坐标原点，沿直线向右为 Ox 轴正方向，垂直直线向上为 Oy 轴正方向，建立坐标系如图所示. 在直线段 AB 上任一位置 x 处取线元 $\mathrm{d}x$，其上电量 $\mathrm{d}q=\lambda\mathrm{d}x$.

(1) $\mathrm{d}q$ 在 AB 延长线上 P 点处产生的电场强度大小为

$$\mathrm{d}E_P=\frac{1}{4\pi\varepsilon_0}\frac{\lambda\mathrm{d}x}{(a-x)^2}$$

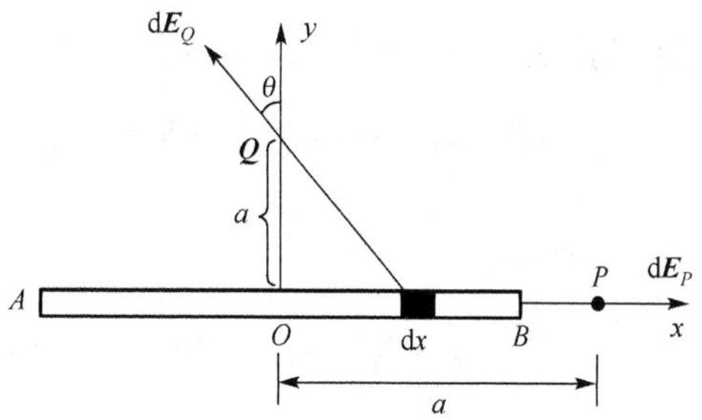

计算题1图

直线棒在 P 点产生的电场强度大小为

$$E_P=\int\mathrm{d}E_P=\frac{1}{4\pi\varepsilon_0}\int_{-\frac{l}{2}}^{\frac{l}{2}}\frac{\mathrm{d}x}{(a-x)^2}=\frac{\lambda}{4\pi\varepsilon_0}\left[\frac{1}{a-\frac{l}{2}}-\frac{1}{a+\frac{l}{2}}\right]=\frac{\lambda l}{\pi\varepsilon_0(4a^2-l^2)}$$

P 点的电场强度方向沿 x 轴正方向.

(2) $\mathrm{d}q$ 在 AB 垂直平分线上 Q 点处产生的电场强度大小为

$$\mathrm{d}E_Q=\frac{1}{4\pi\varepsilon_0}\frac{\lambda\mathrm{d}x}{x^2+a^2}$$

由于直线棒 AB 上的电荷关于其中垂线对称分布，故所有电荷在 Q 点处产生的电场强度的 x 方向上的分量相互抵消，即 $E_{Qx}=0$，只有 y 分量，所以 Q 点处的总电场强度方向沿 y 轴正方向.

$$\mathrm{d}E_{Qy}=\mathrm{d}E_Q\cos\theta=\frac{1}{4\pi\varepsilon_0}\frac{\lambda\mathrm{d}x}{x^2+a^2}\frac{a}{\sqrt{a^2+x^2}}=\frac{\lambda a}{4\pi\varepsilon_0}\frac{\mathrm{d}x}{(x^2+a^2)^{3/2}}$$

$$E_Q=E_{Qy}=\int\mathrm{d}E_{Qy}=\frac{\lambda a}{4\pi\varepsilon_0}\int_{-\frac{l}{2}}^{\frac{l}{2}}\frac{\mathrm{d}x}{(x^2+a^2)^{3/2}}=\frac{\lambda l}{2\pi\varepsilon_0 a\sqrt{l^2+4a^2}}$$

【延伸思考】

(1) 本题中若棒长 $l \to \infty$，试求棒外任一点的电场强度；

(2) 若棒上电荷不是均匀分布，如 $\lambda = kx$（以棒左端为原点，沿棒向右为 x 轴正方向，$k > 0$），试求棒延长线上一点 P 的电场强度；

(3) 若将均匀带电直线棒弯曲成圆形，中心处的电场强度为多少？若将均匀带电直线棒弯曲成半圆形，试求中心处的电场强度.

计算题 2 (1) 点电荷 q 位于一边长为 a 的正立方体中心，试求在该点电荷电场中穿过立方体的一个面的电通量；(2) 如果该场源点电荷移动到该立方体的一个顶点上，这时穿过立方体各面的电通量是多少?

【解题思路】 点电荷的电场分布具有球对称性，其电场线呈以点电荷为中心的均匀辐射状分布. 由电场强度分布的对称性特点，取同心球面为高斯面，根据高斯定理 $\oint_S \boldsymbol{E} \cdot \mathrm{d}\boldsymbol{S} = \dfrac{1}{\varepsilon_0}\sum_{S内} q_i$ 可得，一个电量为 q 的正点电荷，将发出 $\dfrac{q}{\varepsilon_0}$ 条电场线，一直延伸到无穷远处. 对于点电荷在正方形顶点的情况，利用在中心的结论，构造新的正方体，可得到通过各面的电通量.

解 根据高斯定理 $\oint_S \boldsymbol{E} \cdot \mathrm{d}\boldsymbol{S} = \dfrac{1}{\varepsilon_0}\sum_{S内} q_i$，任何一包围电荷 q 的闭合曲面，通过该曲面的电通量都为 $\dfrac{q}{\varepsilon_0}$.

(1) 正立方体六个面，q 位于立方体中心，通过每个面上的电通量相等，所以通过正立方体每个面的电通量都为 $\dfrac{q}{6\varepsilon_0}$.

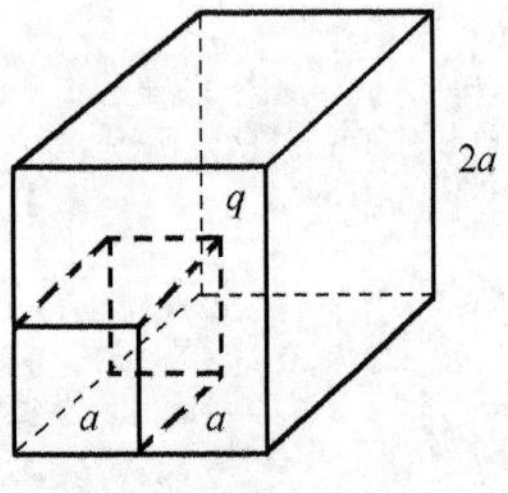

计算题 2 图

(2) 电荷在正立方体顶点时，假想将立方体延伸为边长为 $2a$ 的正立方体，并使电荷 q 位于该立方体中心，如图所示，则通过该边长为 $2a$ 的正立方体每个面的电通量为 $\dfrac{q}{6\varepsilon_0}$，又因为边长为 $2a$ 的正方形面积是边长为 a 的正方形面积的 4 倍，故对于边长为 a 的立方体的六个面，电荷 q 不在正方形面上的，通过这些面的电通量为 $\dfrac{q}{24\varepsilon_0}$，电荷 q 在正方形面上的，通过这些面的电通量为 0.

【延伸思考】

(1) 若电量为 q 的点电荷位于一半球面的中心，试求通过该半球面的电通量；

(2) 若电量为 q 的点电荷位于一半径为 R 的圆平面垂直轴线上，点电荷到圆心的距离为 a. 试求通过圆平面的电通量.

计算题 3 均匀带电球壳内外半径分别为 R_1 和 R_2，电荷体密度为 ρ，求空间各点的场强.

【解题思路】 电场分布具有球对称性，选择同心球面作为高斯面，根据高斯定理可求出各处电场强度.

解 电荷分布具有球对称性，故其产生的电场也具有球对称的特点，距离球心相同的任一球面上各点的电场强度大小相等，方向沿径矢方向. 设空间任一点到球心的距离为 r，作半径为 r 的同心球面为高斯面，由高斯定理 $\oint_S \boldsymbol{E}\cdot \mathrm{d}\boldsymbol{S}=\dfrac{1}{\varepsilon_0}\sum\limits_{S内} q_i$，得

$$\oint_S \boldsymbol{E}\cdot \mathrm{d}\boldsymbol{S}=\oint_S E\mathrm{d}S=E\oint_S \mathrm{d}S=4\pi r^2 E=\frac{1}{\varepsilon_0}\sum_{S内} q_i$$

所以

$$E=\frac{1}{4\pi\varepsilon_0 r^2}\sum_{S内} q_i$$

(1) $r<R_1$，$\sum\limits_{S内} q_i=0$，$E=0$.

(2) $R_1<r<R_2$，$\sum\limits_{S内} q_i=\rho\dfrac{4}{3}\pi(r^3-R_1^3)$，$E=\dfrac{\rho(r^3-R_1^3)}{3\varepsilon_0 r^2}$.

(3) $r>R_2$，$\sum\limits_{S内} q_i=\rho\dfrac{4}{3}\pi(R_2^3-R_1^3)$，$E=\dfrac{\rho(R_2^3-R_1^3)}{3\varepsilon_0 r^2}$.

【延伸思考】

(1) 当电场分布具有对称性时，利用高斯定理求电场强度有什么优点？

(2) 利用高斯定理分别求同半径、同电荷量的均匀带电球面和均匀带电球体的电场强度分布，并将结果进行对比.

计算题 4 两均匀带电同心球面，半径分别为 R_1 和 R_2（$R_1<R_2$），带电量分别为 Q_1 和 Q_2，求空间各处的电场强度和电势分布.

【解题思路】 根据电荷分布的球对称性，可判断电场分布也具有球对称性，据此，利用高斯定理可求出电场强度的分布，再根据电势的定义，求出电势的分布. 或根据电势叠加原理，利用均匀带电球面的电势公式，求出电势分布.

解 电场分布具有球对称性，取半径为 r 的同心球面为高斯面，根据高斯定理，可得

$$E=\frac{1}{4\pi\varepsilon_0 r^2}\sum_{S内} q_i$$

(1) 求电场强度

$$r<R_1,\quad \sum_{S内} q_i=0,\quad E_1=0$$

$$R_1<r<R_2,\quad \sum_{S内} q_i=Q_1,\quad E_2=\frac{Q_1}{4\pi\varepsilon_0 r^2}$$

$$r>R_2,\quad \sum_{S内} q_i=Q_1+Q_2,\quad E_3=\frac{Q_1+Q_2}{4\pi\varepsilon_0 r^2}$$

电场强度方向沿径向.

(2)求电势

方法 1: 取无限远处为电势零点，根据电势定义，得

$$r < R_1, \quad U_1 = \int_r^{\infty} \boldsymbol{E} \cdot \mathrm{d}\boldsymbol{r} = \int_r^{R_1} E_1 \mathrm{d}r + \int_{R_1}^{R_2} E_2 \mathrm{d}r + \int_{R_2}^{\infty} E_3 \mathrm{d}r$$

$$= \int_{R_1}^{R_2} \frac{Q_1}{4\pi\varepsilon_0 r^2} \mathrm{d}r + \int_{R_2}^{\infty} \frac{Q_1 + Q_2}{4\pi\varepsilon_0 r^2} \mathrm{d}r$$

$$= \frac{Q_1}{4\pi\varepsilon_0}\left(\frac{1}{R_1} - \frac{1}{R_2}\right) + \frac{Q_1 + Q_2}{4\pi\varepsilon_0} \frac{1}{R_2}$$

$$= \frac{Q_1}{4\pi\varepsilon_0 R_1} + \frac{Q_2}{4\pi\varepsilon_0 R_2}$$

$$R_1 < r < R_2, \quad U_2 = \int_r^{\infty} \boldsymbol{E} \cdot \mathrm{d}\boldsymbol{r} = \int_r^{R_2} E_2 \mathrm{d}r + \int_{R_2}^{\infty} E_3 \mathrm{d}r$$

$$= \int_r^{R_2} \frac{Q_1}{4\pi\varepsilon_0 r^2} \mathrm{d}r + \int_{R_2}^{\infty} \frac{Q_1 + Q_2}{4\pi\varepsilon_0 r^2} \mathrm{d}r$$

$$= \frac{Q_1}{4\pi\varepsilon_0}\left(\frac{1}{r} - \frac{1}{R_2}\right) + \frac{Q_1 + Q_2}{4\pi\varepsilon_0} \frac{1}{R_2}$$

$$= \frac{Q_1}{4\pi\varepsilon_0 r} + \frac{Q_2}{4\pi\varepsilon_0 R_2}$$

$$r > R_2, \quad U_3 = \int_r^{\infty} \boldsymbol{E} \cdot \mathrm{d}\boldsymbol{r} = \int_r^{\infty} E_3 \mathrm{d}r = \int_r^{\infty} \frac{Q_1 + Q_2}{4\pi\varepsilon_0 r^2} \mathrm{d}r = \frac{Q_1 + Q_2}{4\pi\varepsilon_0 r}$$

方法 2: 取无限远处为电势零点，利用电势叠加原理.

一个半径为 R，带电量为 Q 的均匀带电球面，其电势分布为：在 $r < R$ 区域，$U = \dfrac{Q}{4\pi\varepsilon_0 R}$；在 $r > R$ 区域，$U = \dfrac{Q}{4\pi\varepsilon_0 r}$. 利用此结论，根据电势叠加原理，得本题电势分布为

$$r < R_1, \quad U_1 = \frac{Q_1}{4\pi\varepsilon_0 R_1} + \frac{Q_2}{4\pi\varepsilon_0 R_2}$$

$$R_1 < r < R_2, \quad U_2 = \frac{Q_1}{4\pi\varepsilon_0 r} + \frac{Q_2}{4\pi\varepsilon_0 R_2}$$

$$r > R_2, \quad U_3 = \frac{Q_1 + Q_2}{4\pi\varepsilon_0 r}$$

【延伸思考】

电场强度和电势都是描述电场性质的物理量，它们分别从哪个角度描述电场的性质？它们之间有什么关系？求电场强度和电势的方法有哪些？

计算题 5 半径分别为 R_1 和 R_2（$R_1 < R_2$）的两个无限长同轴圆柱面，单位长度上带电量分别为 λ 和 $-\lambda$，求：(1)空间各处的电场强度分布；(2)内外圆柱面间的电势差.

【解题思路】 ①根据电荷的轴对称性分布，可得到电场强度的分布具有轴对称性，根据这个特点，取同轴圆柱面作为高斯面，利用高斯定理，可求得电场强度分布. ②根据电势差的定义式 $U_{ab} = \int_a^b \boldsymbol{E} \cdot \mathrm{d}\boldsymbol{l}$ 可求出电势差.

解 (1)电荷分布具有轴对称性，因此其产生的电场也具有轴对称性分布，距离轴线相同的同一圆柱面上各点的电场强度大小相等，方向沿径矢方向. 设空间任一点到轴线的距离为 r，作半径为 r、高为 l 的同轴圆柱面为高斯面，由高斯定理 $\oint_S \boldsymbol{E} \cdot \mathrm{d}\boldsymbol{S} = \frac{1}{\varepsilon_0}\sum_{S内} q_i$，得

$$\oint_S \boldsymbol{E} \cdot \mathrm{d}\boldsymbol{S} = \int_{上底} \boldsymbol{E} \cdot \mathrm{d}\boldsymbol{S} + \int_{下底} \boldsymbol{E} \cdot \mathrm{d}\boldsymbol{S} + \int_{侧面} \boldsymbol{E} \cdot \mathrm{d}\boldsymbol{S}$$
$$= 0 + 0 + E \cdot 2\pi r L = \frac{1}{\varepsilon_0}\sum_{S内} q_i$$

所以

$$E = \frac{1}{2\pi\varepsilon_0 l r}\sum_{S内} q_i$$

在内圆筒之内，$r < R_1$，$\sum_{S内} q_i = 0$，$E_1 = 0$.

在两筒之间，$R_1 < r < R_2$，$\sum_{S内} q_i = \lambda l$，$E_2 = \frac{\lambda}{2\pi\varepsilon_0 r}$.

电场强度方向垂直于轴线沿径向向外.

在外筒之外，$r > R_2$，$\sum_{S内} q_i = (\lambda - \lambda)l = 0$，$E_3 = 0$.

(2)沿一条电场线作为积分路径，则内外圆柱面间的电势差为

$$U_{12} = \int_{R_1}^{R_2} \boldsymbol{E}_2 \cdot \mathrm{d}\boldsymbol{r} = \int_{R_1}^{R_2} E_2 \mathrm{d}r = \int_{R_1}^{R_2} \frac{\lambda}{2\pi\varepsilon_0 r}\mathrm{d}r = \frac{\lambda}{2\pi\varepsilon_0}\ln\frac{R_2}{R_1}$$

【延伸思考】

(1)本题中若内外圆筒所带电荷线密度分别为 λ_1 和 λ_2，且 $\lambda_1 \neq -\lambda_2$，试求空间的场强分布；

(2)利用高斯定理求无限长均匀带电直线的场强分布，无限大均匀带电平面的场强分布.

6.5.3 进阶题

进阶题 1 如图所示，有一个带电圆环，AB 是它的一条直径，如果要使得 AB 上的电场强度处处为零，则圆环上的电荷应当如何分布？

【解题思路】 通常的静电学问题是已知电荷分布求电场强度分布，本题则反其道而行之，已知电场强度分布，要反过来推导电荷的分布情况.

解 方法 1: 利用场强叠加原理直接求电场强度.

以圆环直径 AB 所在的直线为坐标轴，以圆环的中心为坐标原点建立坐标系，如图所示.

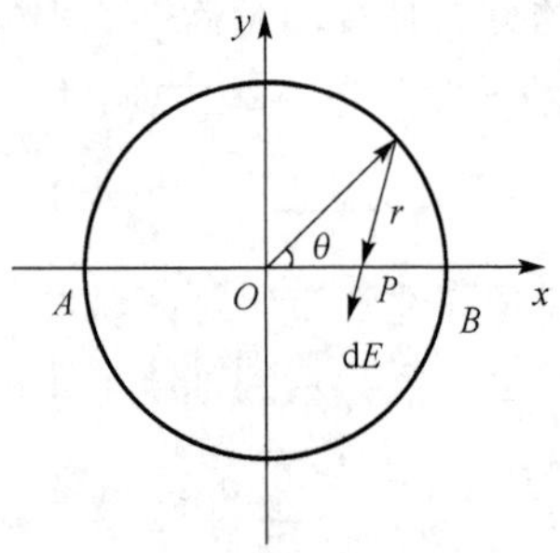

进阶题 1 图

设圆环上电荷分布的线密度为 $\lambda(\theta)$，在圆环上取一段线元 $\mathrm{d}l$，则对应的电荷元为 $\mathrm{d}q=\lambda\mathrm{d}l=R\lambda\mathrm{d}\theta$，因此可得该电荷元在直径 AB 上任意一点 $P(x,0)$ 处产生的电场强度为

$$\mathrm{d}\boldsymbol{E}=\frac{\boldsymbol{r}}{4\pi\varepsilon_0 r^3}\mathrm{d}q=\frac{\boldsymbol{r}}{4\pi\varepsilon_0 r^3}R\lambda\mathrm{d}\theta$$

其中 $\boldsymbol{r}$ 是从电荷元指向 P 点的矢径，根据矢量运算的三角形法则可知

$$\boldsymbol{r}=(x-R\cos\theta)\boldsymbol{i}+(0-R\sin\theta)\boldsymbol{j}$$

于是可得沿坐标轴方向的电场强度分量为

$$\mathrm{d}E_x=\frac{x-R\cos\theta}{4\pi\varepsilon_0 r^3}R\lambda\mathrm{d}\theta=\frac{R}{4\pi\varepsilon_0}\frac{\lambda(\theta)(x-R\cos\theta)}{(x^2-2xR\cos\theta+R^2)^{3/2}}\mathrm{d}\theta$$

$$\mathrm{d}E_y=\frac{-R\sin\theta}{4\pi\varepsilon_0 r^3}R\lambda\mathrm{d}\theta=\frac{R}{4\pi\varepsilon_0}\frac{\lambda(\theta)(-R\sin\theta)}{(x^2-2xR\cos\theta+R^2)^{3/2}}\mathrm{d}\theta$$

积分可得整个圆环上的电荷在直径 AB 上任意点 $P(x,0)$ 产生的电场强度分量

$$E_x=\int_{-\pi}^{\pi}\frac{R}{4\pi\varepsilon_0}\frac{\lambda(\theta)(x-R\cos\theta)}{(x^2-2xR\cos\theta+R^2)^{3/2}}\mathrm{d}\theta=\int_0^{\pi}\frac{R}{4\pi\varepsilon_0}\frac{(\lambda(\theta)+\lambda(-\theta))(x-R\cos\theta)}{(x^2-2xR\cos\theta+R^2)^{3/2}}\mathrm{d}\theta$$

$$E_y=\int_{-\pi}^{\pi}\frac{R}{4\pi\varepsilon_0}\frac{\lambda(\theta)(-R\sin\theta)}{(x^2-2xR\cos\theta+R^2)^{3/2}}\mathrm{d}\theta=\int_0^{\pi}\frac{R}{4\pi\varepsilon_0}\frac{(\lambda(\theta)-\lambda(-\theta))(-R\sin\theta)}{(x^2-2xR\cos\theta+R^2)^{3/2}}\mathrm{d}\theta$$

显然，如果取电荷的线密度为偶函数，即 $\lambda(\theta)=\lambda(-\theta)$，则电场强度的 y 分量总是零. 为了使电场强度的 x 分量也是零，不妨取直径 AB 上的一个特殊点 $x=0,y=0$，此时电场强度的 x 分量为

$$E_x=\int_0^{\pi}\frac{R}{4\pi\varepsilon_0}\frac{2\lambda(\theta)(-R\cos\theta)}{R^3}\mathrm{d}\theta=-\frac{1}{2\pi\varepsilon_0 R}\int_0^{\pi}\lambda(\theta)\cos\theta\mathrm{d}\theta$$

为了计算式中的积分，我们将积分区间从 $\pi/2$ 分成两段，然后再利用换元将积分区间变换到 $0\sim\pi/2$，可得

$$\begin{aligned}\int_0^{\pi}\lambda(\theta)\cos\theta\mathrm{d}\theta&=\int_0^{\pi/2}\lambda(\theta)\cos\theta\mathrm{d}\theta+\int_{\pi/2}^{\pi}\lambda(\theta)\cos\theta\mathrm{d}\theta\\&=\int_0^{\pi/2}\lambda(\theta)\cos\theta\mathrm{d}\theta+\int_0^{\pi/2}\lambda(\theta+\pi/2)\cos(\theta+\pi/2)\mathrm{d}\theta\\&=\int_0^{\pi/2}\left[\lambda(\theta)\cos\theta+\lambda(\theta+\pi/2)\cos(\theta+\pi/2)\right]\mathrm{d}\theta\end{aligned}$$

可见，只需要取 $\lambda(\theta)=\sin\theta$ 即可使得上述积分为零，也即对于直径 AB 上的一个特殊点 $x=0$，电场强度的 x 分量也为零. 由于前面得到电场强度的 y 分量为零的条件要求电荷的线密度应取为偶函数，所以综合上述结论可知电荷线密度正确的函数形式应取为 $\lambda(\theta)=|\sin\theta|$.

下面证明这个电荷分布函数对于直径AB上的任意点都可使得电场强度的x分量为零. 这只需将$\lambda(\theta)=|\sin\theta|$代入电场强度$x$分量的积分式中即可

$$E_x=\int_0^{\pi}\frac{R}{4\pi\varepsilon_0}\frac{2\sin\theta(x-R\cos\theta)}{(x^2-2xR\cos\theta+R^2)^{3/2}}\mathrm{d}\theta=\int_{-1}^{+1}\frac{R}{4\pi\varepsilon_0}\frac{2(x-Rt)}{(x^2-2xRt+R^2)^{3/2}}\mathrm{d}t$$

为了计算式中的积分，我们可以查表得下列的积分公式：

$$\int\frac{\mathrm{d}t}{\sqrt{(a+bt)^3}}=-\frac{2}{b\sqrt{a+bt}},\quad \int\frac{t\mathrm{d}t}{\sqrt{(a+bt)^3}}=\frac{2(2a+bt)}{b^2\sqrt{a+bt}}$$

令$a=x^2+R^2, b=-2xR$，代入上述积分公式，经过一些代数运算即可得到电场强度的x分量积分为零.

方法 2：不直接求电场强度，而是先求电势，然后根据电场强度和电势的关系得到电场强度，由于电势是标量，因此这种方法要比上一种方法计算简单.

空间任意点的电势为

$$U(x,y)=\int_{-\pi}^{\pi}\frac{R}{4\pi\varepsilon_0}\frac{\lambda(\theta)}{(x^2+y^2-2xR\cos\theta-2yR\sin\theta+R^2)^{1/2}}\mathrm{d}\theta$$

利用电场强度和电势的关系可知直径AB上任意一点$P(x,0)$处产生的电场强度为

$$E_x(x,0)=E_x\big|_{y=0}=-\frac{\partial U}{\partial x}\bigg|_{y=0},\quad E_y(x,0)=E_y\big|_{y=0}=-\frac{\partial U}{\partial y}\bigg|_{y=0}$$

代入电势的公式并完成求导运算可得

$$E_x(x,0)=\int_{-\pi}^{\pi}\frac{R}{4\pi\varepsilon_0}\frac{\lambda(\theta)(x-R\cos\theta)}{(x^2-2xR\cos\theta+R^2)^{1/2}}\mathrm{d}\theta$$

$$E_y(x,0)=\int_{-\pi}^{\pi}\frac{R}{4\pi\varepsilon_0}\frac{\lambda(\theta)(0-R\sin\theta)}{(x^2-2xR\cos\theta+R^2)^{1/2}}\mathrm{d}\theta$$

与第一种解法给出的场强公式完全一致，类似的分析可以得到电荷的分布函数$\lambda(\theta)=|\sin\theta|$.

注意，若直接求直径AB上任意一点$P(x,0)$处的电势，则结果为

$$U(x,0)=\int_{-\pi}^{\pi}\frac{R}{4\pi\varepsilon_0}\frac{\lambda(\theta)}{(x^2-2xR\cos\theta+R^2)^{1/2}}\mathrm{d}\theta$$

利用微分关系可得场强的y分量为零，与电荷密度分布无关，这显然是不合理的. 因此，应当先求任意一点的电势和场强，再取直径AB上$P(x,0)$处的坐标值才能得到正确的结果.

进阶题 2 已知电量为q_1的点电荷位于点$(0,0,a)$，电量为q_2的点电荷位于点$(0,0,-a)$，试求出电场线的分布函数.

【解题思路】 电场线是描述电场分布的一种非常直观的方式，但是大多数教材并不会详细解释到底电场线是如何画出来的，本题试图解决这个问题.

解 *方法 1：利用电场线的定义求解.*

根据电场线的定义，空间中任一点处的电场线的方向沿着该处的电场强度的切线方向. 如果在电场线上取一段小微元$\mathrm{d}\boldsymbol{r}$，则应满足

$$d\boldsymbol{r}\times\boldsymbol{E}=0 \quad 或者 \quad \frac{dx}{E_x}=\frac{dy}{E_y}=\frac{dz}{E_z}$$

这便是电场线应满足的方程. 因为本题中的电荷分布在一条直线上，采用柱坐标更加方便，取 z 轴沿着电荷 q_1 和 q_2 连线的方向，则根据旋转对称性可知，在柱坐标系中，电场线的方程与 θ 坐标无关，只是 r 和 z 的函数，且应满足柱坐标中的方程

$$\frac{dr}{E_r}=\frac{dz}{E_z}$$

我们首先写出这两个点电荷产生的电场强度在直角坐标系中的表达式

$$\boldsymbol{E}=\frac{q_1}{4\pi\varepsilon_0}\frac{x\boldsymbol{i}+y\boldsymbol{j}+(z-a)\boldsymbol{k}}{(x^2+y^2+(z-a)^2)^{3/2}}+\frac{q_2}{4\pi\varepsilon_0}\frac{x\boldsymbol{i}+y\boldsymbol{j}+(z+a)\boldsymbol{k}}{(x^2+y^2+(z+a)^2)^{3/2}}$$

则变换到柱坐标系中可以表示成

$$\boldsymbol{E}=\frac{q_1}{4\pi\varepsilon_0}\frac{r\boldsymbol{e}_r+(z-a)\boldsymbol{k}}{(r^2+(z-a)^2)^{3/2}}+\frac{q_2}{4\pi\varepsilon_0}\frac{r\boldsymbol{e}_r+(z+a)\boldsymbol{k}}{(r^2+(z+a)^2)^{3/2}}=E_r\boldsymbol{e}_r+E_z\boldsymbol{k}$$

将电场强度的表达式代入电场线满足的方程 $E_z dr=E_r dz$ 中，可得

$$\left\{\frac{q_1(z-a)}{(r^2+(z-a)^2)^{3/2}}+\frac{q_2(z+a)}{(r^2+(z+a)^2)^{3/2}}\right\}dr$$

$$=\left\{\frac{q_1 r}{(r^2+(z-a)^2)^{3/2}}+\frac{q_2 r}{(r^2+(z+a)^2)^{3/2}}\right\}dz$$

其中两边约掉了公共常数因子. 引入变量 $u=(z+a)/r, v=(z-a)/r, k=q_2/q_1$，则上式可以用新变量写出

$$\left\{\frac{v}{(1+v^2)^{3/2}}+\frac{uk}{(1+u^2)^{3/2}}\right\}dr=\left\{\frac{1}{(1+v^2)^{3/2}}+\frac{k}{(1+u^2)^{3/2}}\right\}dz \tag{1}$$

对新变量求微分可得

$$du=\frac{rdz-(z+a)dr}{r^2}=\frac{1}{r}dz-\frac{u}{r}dr$$

$$dv=\frac{rdz-(z-a)dr}{r^2}=\frac{1}{r}dz-\frac{v}{r}dr$$

于是可得 $\frac{dz}{dr}=\frac{vdu-udv}{du-dv}$，代入式(1)中整理可得

$$\frac{v(du-dv)}{(1+v^2)^{3/2}}+\frac{uk(du-dv)}{(1+u^2)^{3/2}}=\frac{vdu-udv}{(1+v^2)^{3/2}}+\frac{k(vdu-udv)}{(1+u^2)^{3/2}}$$

进一步合并同类项并化简可得

$$\frac{dv}{(1+v^2)^{3/2}}=-\frac{kdu}{(1+u^2)^{3/2}},\quad d\left[\frac{v}{(1+v^2)^{1/2}}+\frac{ku}{(1+u^2)^{1/2}}\right]=0$$

于是可得电场线的方程应满足

$$\frac{v}{(1+v^2)^{1/2}}+\frac{ku}{(1+u^2)^{1/2}}=C$$

这里 C 是一个常数. 最后我们把所有变量都还原，即可得到电场线的方程

$$\frac{(z-a)}{(x^2+y^2+(z-a)^2)^{1/2}}+\frac{q_2}{q_1}\frac{(z+a)}{(x^2+y^2+(z+a)^2)^{1/2}}=C$$

这种方法是求电场线分布的最一般的方法.

方法 2：利用电场线和电场强度通量的物理意义求解.

根据定义可知，穿过某个曲面的电场强度通量等于穿过该曲面的电场线的条数，换句话说，如果由电场线本身组成一个曲面，则这个曲面上必定没有任何其他电场线穿过，也即通过曲面的电场强度通量必定为零. 我们可以利用这个性质来求电场线的方程.

如图(a)所示，位于球心的点电荷 q 产生的电场穿过球缺底面(阴影部分)的电通量应等于穿过球缺的电通量，其大小为

$$\Phi_E=\int_S \boldsymbol{E}\cdot d\boldsymbol{S}=\int_S \frac{q\boldsymbol{r}}{4\pi\varepsilon_0 r^3}\cdot d\boldsymbol{S}=\int_0^{\theta}\sin\theta d\theta\int_0^{2\pi}d\varphi\frac{q}{4\pi\varepsilon_0}=\frac{q}{2\varepsilon_0}(1-\cos\theta) \tag{1}$$

式中 θ 是球缺底面圆周对点电荷所张成的圆锥的半顶角.

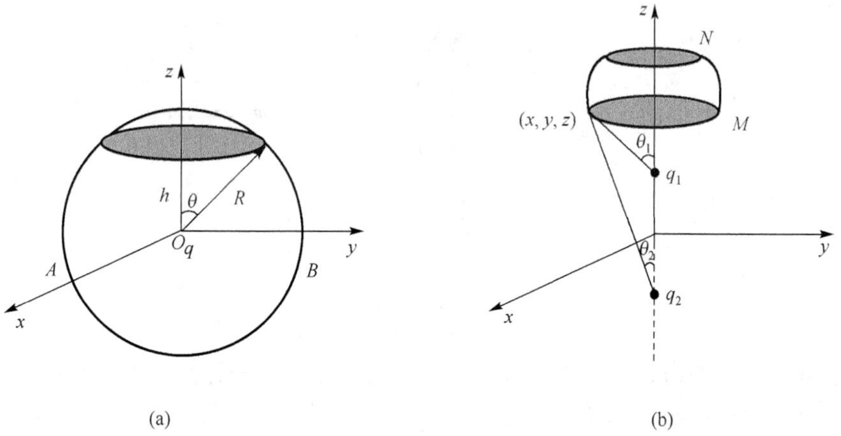

进阶题 2 图

对于本题中的两个点电荷，建立如图(b)所示的坐标系，则根据旋转对称性可知，电场线也应当具有对于 z 轴的旋转不变性，因此由电场线构成的曲面是关于 z 轴的旋转曲面. 不妨取一段曲线 $\overset{\frown}{MN}$，绕 z 轴旋转一圈，得到一个旋转曲面，再加上两个底边的圆面，构成如图所示的闭合曲面，显然其内部没有电荷分布，穿过整个闭合曲面的电通量为零. 如果要求穿过两个底面的电通量大小相等，则可知穿过侧面的电通量也必为零，因此这个闭合曲面的侧面即是电场线组成的曲面，此时曲线 $\overset{\frown}{MN}$ 就是一段电场线.

利用公式(1)可得，穿过两个底面的电通量分别为

$$\Phi_{下}=\frac{q_1}{2\varepsilon_0}(1-\cos\theta_1)+\frac{q_2}{2\varepsilon_0}(1-\cos\theta_2)$$

$$\Phi_{上}=\frac{q_1}{2\varepsilon_0}(1-\cos\theta_1')+\frac{q_2}{2\varepsilon_0}(1-\cos\theta_2')$$

式中θ_1、θ_2分别是下底面的圆周对两个点电荷所张的圆锥的半顶角，而θ_1'、θ_2'则是上底面的圆周对两个点电荷所张成的圆锥的半顶角. 因此$\Phi_{下}=\Phi_{上}$的条件给出

$$q_1\cos\theta_1+q_2\cos\theta_2=q_1\cos\theta_1'+q_2\cos\theta_2'$$

又因为曲线$\widehat{MN}$是任意选择的，上面的等式意味着对于闭合曲面侧面上的任意一个圆周，对两个点电荷所张成的圆锥的半顶角都应当满足：

$$q_1\cos\theta_1+q_2\cos\theta_2=C$$

其中C是一个常数. 这就是电场线应当满足的方程，或者用原始坐标展开为

$$\frac{q_1(z-a)}{(x^2+y^2+(z-a)^2)^{1/2}}+\frac{q_2(z+a)}{(x^2+y^2+(z+a)^2)^{1/2}}=C$$

与第一种方法得到的结果完全一致. 这种方法充分利用了电荷系统的对称性和电场线的性质，因此计算起来比较简单，但是它不能推广到一般的电荷分布情形.

进阶题 3 半径为R的均匀带电球面带电量为Q，均匀带电直线段长为l，其左端到球心的距离为a，电荷线密度为λ沿着径向放置. 求均匀带电球面在直线段的电场中的电势能.

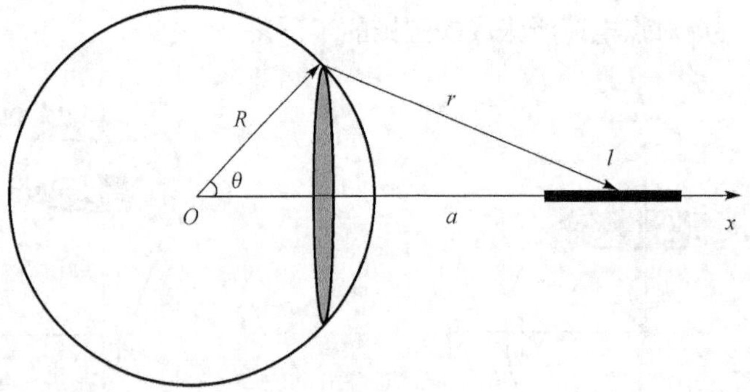

进阶题 3 图

【解题思路】 本题考查电势能的计算，可以直接用微元法计算，或者利用相互作用的性质转换为求直线段在球面的电场中的电势能.

解 方法 1：先求均匀带电球面在一个点电荷产生的电场中的电势能.

根据对称性，如图所示，在球面取电荷元为

$$\mathrm{d}Q=\sigma\mathrm{d}S=\frac{Q}{4\pi R^2}2\pi R\sin\theta R\mathrm{d}\theta=\frac{Q}{2}\sin\theta\mathrm{d}\theta$$

此电荷元在点电荷q产生的电场中的电势能为

$$\mathrm{d}W=\frac{q\mathrm{d}Q}{4\pi\varepsilon_0 r}=\frac{qQ}{8\pi\varepsilon_0}\frac{\sin\theta}{r}\mathrm{d}\theta$$

其中r是点电荷到电荷元的距离. 设点电荷到球心的距离为x(此时视为一个常数)，如图所示，根据三角形几何关系可得$r^2=x^2+R^2-2xR\cos\theta$，两边取微分有

$$2r\mathrm{d}r=2xR\sin\theta\mathrm{d}\theta,\quad \frac{\sin\theta}{r}\mathrm{d}\theta=\frac{1}{xR}\mathrm{d}r$$

于是可得带电量为Q的均匀球面在点电荷q产生的电场中的电势能为

$$W=\frac{qQ}{8\pi\varepsilon_0}\int_0^{\pi}\frac{\sin\theta}{r}\mathrm{d}\theta=\frac{qQ}{8\pi\varepsilon_0}\int_{x-R}^{x+R}\frac{1}{xR}\mathrm{d}r=\frac{qQ}{4\pi\varepsilon_0 x}$$

下面将上式中的点电荷 q 取为直线段上的电荷线元 $\mathrm{d}q=\lambda\mathrm{d}x$，并对 x 积分即可得到均匀带电球面在均匀带电直线段产生的电场中的电势能

$$W=\int_a^{a+l}\frac{\lambda Q}{4\pi\varepsilon_0 x}\mathrm{d}x=\frac{\lambda Q}{4\pi\varepsilon_0}\ln\frac{a+l}{a}$$

方法 2：电势能是两个带电体相互作用产生的，因此求均匀带电球面在均匀带电直线段产生的电场中的电势能，即相当于求均匀带电直线段在均匀带电球面产生的电场中的电势能.

而均匀带电的球面在球面外距离球心为 x 处产生的电势为 $U=\dfrac{Q}{4\pi\varepsilon_0 x}$，在均匀带电直线段上取一段电荷元 $\mathrm{d}q=\lambda\mathrm{d}x$，则这段电荷元在均匀带电球面产生的电场中的电势能为

$$\mathrm{d}W=\frac{Q\mathrm{d}q}{4\pi\varepsilon_0 x}=\frac{\lambda Q}{4\pi\varepsilon_0 x}\mathrm{d}x$$

积分即可得到

$$W=\int_a^{a+l}\frac{\lambda Q}{4\pi\varepsilon_0 x}\mathrm{d}x=\frac{\lambda Q}{4\pi\varepsilon_0}\ln\frac{a+l}{a}$$

与第一种方法得到的结果完全一致.

6.6 单 元 检 测

6.6.1 基础检测

一、单选题

1. 【电场强度定义】关于电场强度定义式 $\boldsymbol{E}=\boldsymbol{F}/q_0$，下列说法中哪个是正确的？[　　]

(A) 场强 $\boldsymbol{E}$ 的大小与试验电荷 q_0 的大小成反比

(B) 对场中某点，试验电荷受力 $\boldsymbol{F}$ 与 q_0 的比值不因 q_0 而变

(C) 试验电荷受力 $\boldsymbol{F}$ 的方向就是场强 $\boldsymbol{E}$ 的方向

(D) 若场中某点不放试验电荷 q_0，则 $\boldsymbol{F}=0$，从而 $\boldsymbol{E}=0$

2. 【点电荷源的电场】一均匀带电球面，电荷面密度为 σ，球面内场强处处为零，球面上面元 $\mathrm{d}S$ 带有 $\sigma\mathrm{d}S$ 的电荷，该电荷在球面内各点产生的场强[　　]

(A) 处处为零　　(B) 不一定都为零　　(C) 处处不为零　　(D) 无法判定

3. 【均匀带电直线电场】如图所示为一沿 x 轴放置的"无限长"分段均匀带电直线，电荷线密度分别为 $+\lambda(x<0)$ 和 $-\lambda(x>0)$，则 xOy 坐标平面上点 $(0,a)$ 处的场强 $\boldsymbol{E}$ 为[　　]

(A) 0　　(B) $\dfrac{\lambda}{2\pi\varepsilon_0 a}\boldsymbol{i}$

(C) $\dfrac{\lambda}{4\pi\varepsilon_0 a}\boldsymbol{i}$　　(D) $\dfrac{\lambda}{4\pi\varepsilon_0 a}(\boldsymbol{i}+\boldsymbol{j})$

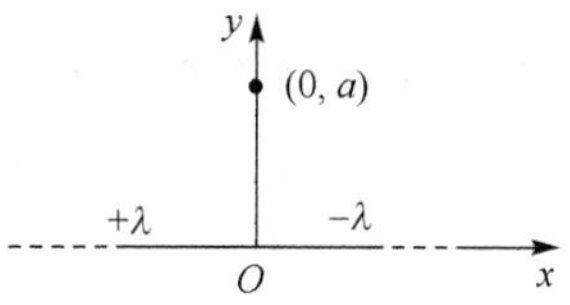

基础检测题 3 图

4. 【非闭合曲面通量】一场强为 $\boldsymbol{E}$ 的均匀电场，$\boldsymbol{E}$ 的方向沿 x 轴正向，如图所示，则通过图中一半径为 R 的半球面的电通量为[　　]

(A) $\pi R^2 E$　　(B) $\pi R^2 E/2$

(C) $2\pi R^2 E$　　(D) 0

5. 【闭合曲面通量】点电荷 Q 被曲面 S 所包围，从无穷远处引入另一点电荷 q 至曲面外一点，如图所示，则引入前后[　　]

(A) 曲面 S 的电通量不变，曲面上各点场强不变

(B) 曲面 S 的电通量变化，曲面上各点场强不变

(C) 曲面 S 的电通量变化，曲面上各点场强变化

(D) 曲面 S 的电通量不变，曲面上各点场强变化

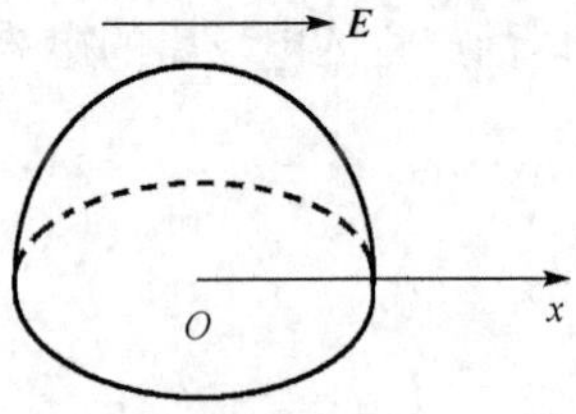

基础检测题 4 图

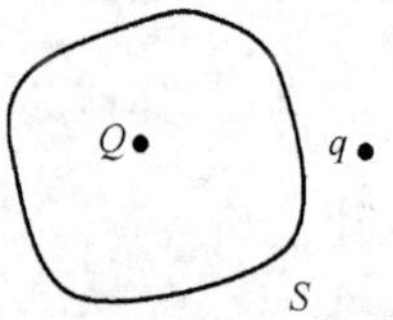

基础检测题 5 图

6. 【高斯定理理解】根据高斯定理的数学表达式 $\oint_S \boldsymbol{E}\cdot \mathrm{d}\boldsymbol{S} = \sum q/\varepsilon_0$ 可知下述说法中，正确的是[　　]

(A) 闭合面内的电荷代数和为零时，闭合面上各点场强一定为零

(B) 闭合面内的电荷代数和不为零时，闭合面上各点场强一定处处不为零

(C) 闭合面内的电荷代数和为零时，闭合面上各点场强不一定处处为零

(D) 闭合面上各点场强均为零时，闭合面内一定处处无电荷

7. 【电势】关于静电场中某点电势值的正负，下列说法中正确的是[　　]

(A) 电势值的正负取决于置于该点的试验电荷的正负

(B) 电势值的正负取决于电场力对试验电荷做功的正负

(C) 电势值的正负取决于电势零点的选取

(D) 电势值的正负取决于产生电场的电荷的正负

8. 【电势与电势能】静电场中某点电势的数值等于[　　]

(A) 试验电荷 q_0 置于该点时具有的电势能

(B) 单位试验电荷置于该点时具有的电势能

(C) 单位正电荷置于该点时具有的电势能

(D) 把单位正电荷从该点移到电势零点外力所做的功

9. 【场强与电势】在静电场中，关于静电场的场强与电势之间的关系，下列说法正确的是[　　]

(A) 场强大的地方电势一定高　　(B) 场强相等的各点电势一定相等

(C) 场强为零的点电势不一定为零　　(D) 场强为零的点电势必定是零

二、填空题

10. 【带电直线组合体电场】由一根绝缘细线围成的边长为 l 的正方形线框，使它均匀带电，其电荷线密度为 λ，则在正方形中心处的电场强度的大小 $E=$________.

11. 【无限大平面电场】两块“无限大”的均匀带电平行平板，其电荷面密度分别为 $\sigma(\sigma>0)$ 及 -2σ，如图所示. 试写出各区域的电场强度 $\boldsymbol{E}$. Ⅰ区 $\boldsymbol{E}$ 的大小________，方向________；Ⅱ区 $\boldsymbol{E}$ 的大小________，方向________；Ⅲ区 $\boldsymbol{E}$ 的大小________，方向________.

12. 【高斯定理】在点电荷 $+q$ 和 $-q$ 的静电场中，作出如图所示的三个闭合面 S_1、S_2、S_3，则通过这些闭合面的电场强度通量分别是：$\Phi_1=$________，$\Phi_2=$________，$\Phi_3=$________.

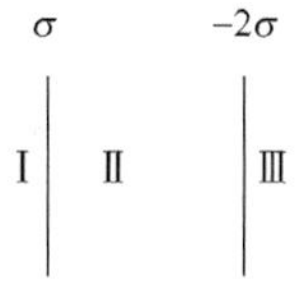

基础检测题 11 图

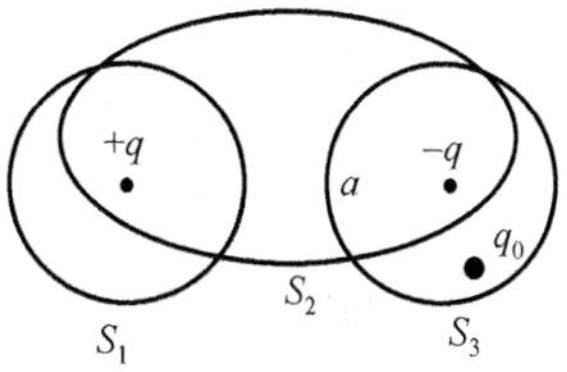

基础检测题 12 图

13. 【保守力做功】如图所示，在电荷为 q 的点电荷的静电场中，将一电荷为 q_0 的试验电荷从 a 点经任意路径移动到 b 点，电场力所做的功 $W=$________.

14. 【电场力做功、电势】在静电场中，一质子(带电荷 $e=1.6\times10^{-19}$C)沿四分之一的圆弧轨道从 A 点移到 B 点(如图所示)，电场力做功 8.0×10^{-15}J，则当质子沿四分之三的圆弧轨道从 B 点回到 A 点时，电场力做功 $W=$________. 设 A 点电势为零，则 B 点电势 $U=$________.

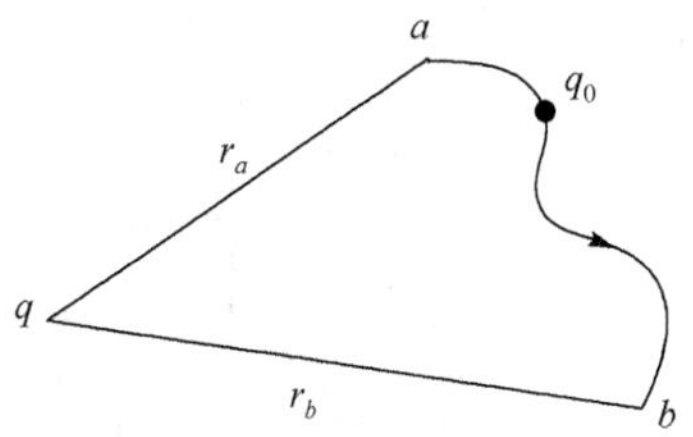

基础检测题 13 图

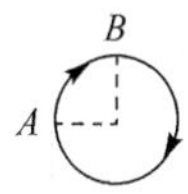

基础检测题 14 图

6.6.2 巩固提高

一、单选题

1. 半径为 R 的均匀带电球面，若其电荷面密度为 σ，则在距离球面 R 处的场强大小为[　　]

(A) $\dfrac{\sigma}{\varepsilon_0}$　　(B) $\dfrac{\sigma}{2\varepsilon_0}$　　(C) $\dfrac{\sigma}{4\varepsilon_0}$　　(D) $\dfrac{\sigma}{8\varepsilon_0}$

2. 半径为 R 的均匀带电球体的静电场中各点的场强的大小 E 与距球心的距离 r 的关系曲线为[　　]

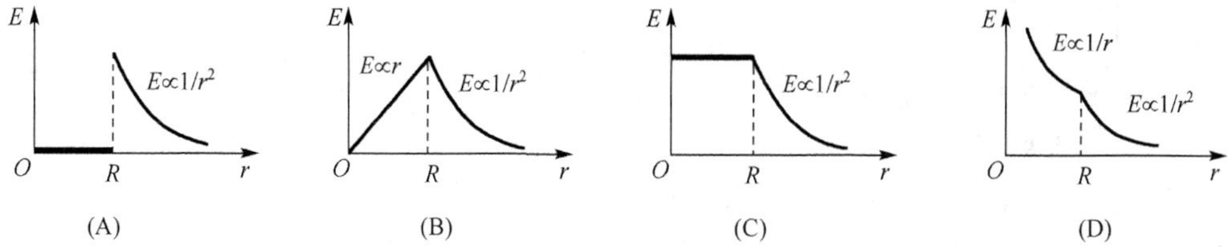

巩固提高题 2 图

3. 两个同心均匀带电球面，半径分别为 R_a 和 $R_b(R_a<R_b)$，所带电荷分别为 Q_a 和 Q_b. 设某点与球心相

距 r，当 $R_a < r < R_b$ 时，该点的场强大小为[　　]

(A) $\dfrac{1}{4\pi\varepsilon_0}\cdot\dfrac{Q_a+Q_b}{r^2}$　　(B) $\dfrac{1}{4\pi\varepsilon_0}\cdot\dfrac{Q_a-Q_b}{r^2}$　　(C) $\dfrac{1}{4\pi\varepsilon_0}\cdot\left(\dfrac{Q_a}{r^2}+\dfrac{Q_b}{R_b^2}\right)$　　(D) $\dfrac{1}{4\pi\varepsilon_0}\cdot\dfrac{Q_a}{r^2}$

4. 对于高斯定理 $\oint_S \boldsymbol{E}\cdot \mathrm{d}\boldsymbol{S}=\int_V \rho \mathrm{d}V/\varepsilon_0$，以下说法正确的是[　　]

(A) 适用于任何静电场

(B) 只适用于真空中的静电场

(C) 只适用于具有球对称性、轴对称性和平面对称性的静电场

(D) 只适用于虽然不具有(C)中所述的对称性，但可以找到合适的高斯面的静电场

5. 如图所示，一个电量为 q 的点电荷位于立方体的 A 角上，则通过侧面 $abcd$ 的场强通量等于[　　]

(A) $\dfrac{q}{6\varepsilon_0}$　　(B) $\dfrac{q}{12\varepsilon_0}$　　(C) $\dfrac{q}{24\varepsilon_0}$　　(D) $\dfrac{q}{48\varepsilon_0}$

6. 在一点电荷 q 产生的静电场中，一块电介质如图所示放置，以点电荷所在处为球心作一球形闭合面 S，则对此球形闭合面[　　]

(A) 高斯定理成立，且可用它求出闭合面上各点的场强

(B) 高斯定理成立，但不能用它求出闭合面上各点的场强

(C) 由于电介质不对称分布，高斯定理不成立

(D) 即使电介质对称分布，高斯定理也不成立

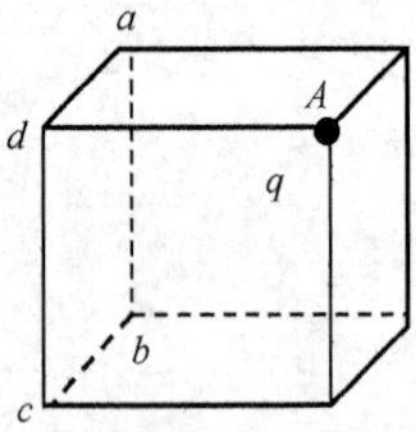

巩固提高题 5 图

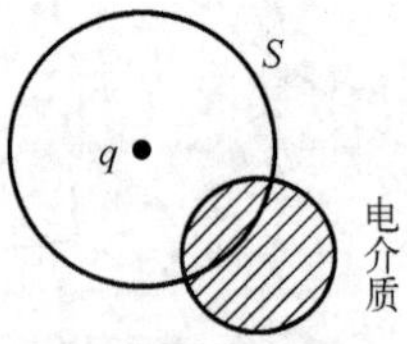

巩固提高题 6 图

7. 一点电荷，放在球形高斯面的中心处. 下列哪一种情况通过高斯面的场强通量发生变化？[　　]

(A) 将另一点电荷放在高斯面外

(B) 将另一点电荷放进高斯面内

(C) 将球心处的点电荷移开，但仍在高斯面内

(D) 将高斯面半径缩小

8. 如图所示为某种球对称分布的电荷系统电场强度大小 E 随径向距离 r 变化的关系曲线，试判断该电场是由下列哪一种带电体产生的[　　]

(A) 点电荷

(B) 半径为 R 的均匀带电球体

(C) 半径为 R 的均匀带电球面

(D) 外半径为 R，内半径为 $R/2$ 的均匀带电球壳

9. 如图所示，边长为 l 的正方形，在其四个顶点上各放有等量的点电荷. 若正方形中心 O 处的场强值和电势值都等于零，则[　　]

(A) 顶点 a、b、c、d 处都是正电荷

(B) 顶点 a、b 处是正电荷，c、d 处是负电荷

(C) 顶点 a、c 处是正电荷，b、d 处是负电荷

(D) 顶点 a、b、c、d 处都是负电荷

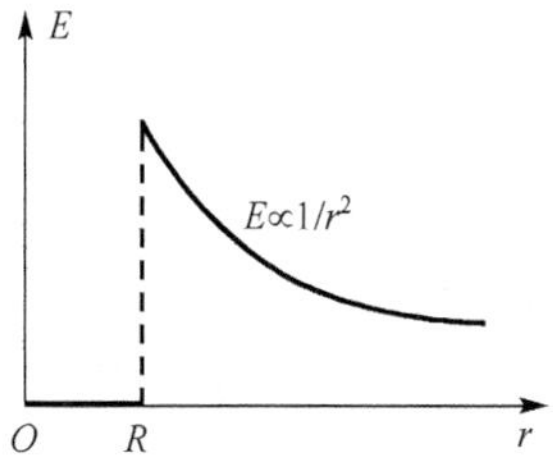

巩固提高题 8 图

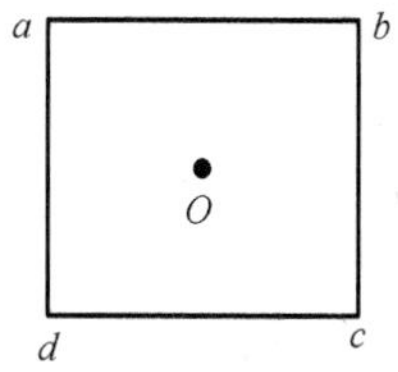

巩固提高题 9 图

二、填空题

10. 如图所示，在场强为 $\boldsymbol{E}$ 的均匀电场中，A、B 两点间距离为 d，AB 连线方向与 $\boldsymbol{E}$ 方向一致. 从 A 点经任意路径到 B 点的场强线积分 $\int_{AB} \boldsymbol{E} \cdot \mathrm{d}\boldsymbol{l} =$________.

11. 如图所示，在电场强度为 $\boldsymbol{E}$ 的均匀电场中，有一半径为 R、长为 h 的半圆柱面，柱面的轴线以及柱面的剖面均与电场强度方向正交，则穿过半圆柱面的电场强度通量等于________.

12. 有一个球形的橡皮膜气球，电荷 q 均匀地分布在表面上，在此气球被吹大的过程中，被气球表面掠过的点(该点与球中心距离为 r)，其电场强度的大小将由________变为________.

13. 如图所示，把一块原来不带电的金属板 B，移近一块已带有正电荷 Q 的金属板 A，平行放置. 设两板面积都是 S，板间距离是 d，忽略边缘效应. 当 B 板不接地时，两板间电势差 $U_{AB} =$________；当 B 板接地时，两板间电势差 $U'_{AB} =$________.

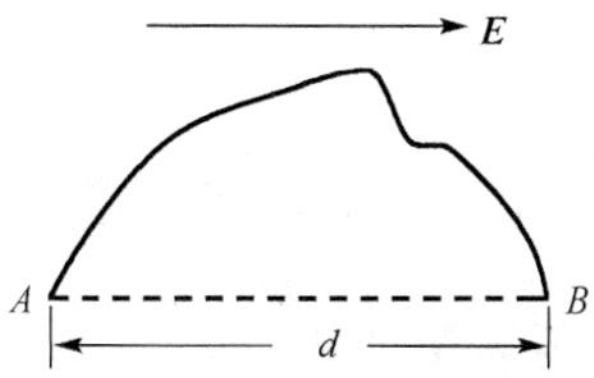

巩固提高题 10 图

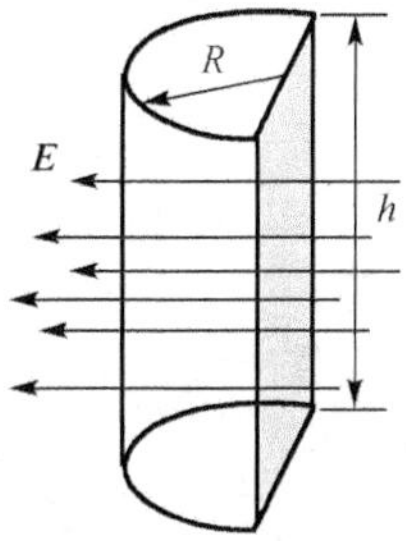

巩固提高题 11 图

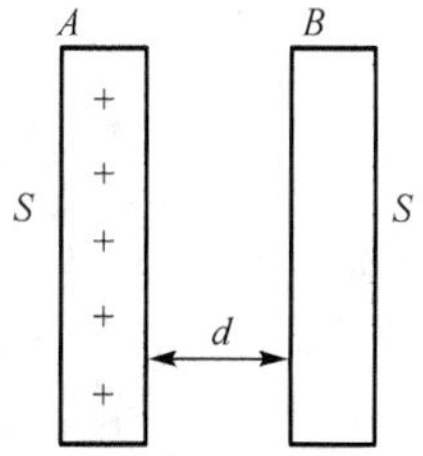

巩固提高题 13 图

14. 半径 r_1 的金属球 A，带电荷 q_1，另一个内半径 r_2、外半径 r_3 的金属球壳 B，带电荷 q_2，两球同心放置，如图所示. 若以无穷远处为电势零点，则 A 球电势 $U_A =$________；B 球电势 $U_B =$ ________.

15. 半径为 R 的均匀带电圆环，电荷线密度为 $\lambda(\theta)$，总电量为 q，设无穷远处为零电势点，则圆环中心 O 点的电势 $\varphi_O =$________.

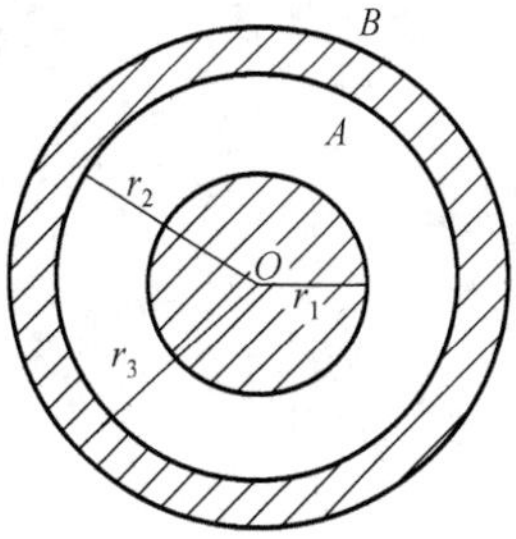

巩固提高题 14 图

三、计算题

16. 无限长均匀带电的半圆柱面，半径为 R，设半圆柱面沿轴线 OO' 单位长度上的电荷为 λ，试求轴线上一点的场强.

17. 真空中两条平行的无限长均匀带电直线相距为 $2a$，其电荷线密度分别为 $-\lambda$ 和 $+\lambda$. 如图所示，取两直线的中点为坐标原点，两直线所在平面上向右为 x 轴正方向，试求：

(1) 在两带电直线间 x 轴上任一点的电场强度；

(2) 两带电直线上单位长度之间的相互作用力.

18. 半径为 R 的带电细圆环，其电荷线密度为 $\lambda=\lambda_0\sin\theta$，式中 λ_0 为一常数，θ 为半径 R 与 x 轴所成的夹角，如图所示. 试求环心 O 处的场强.

19. 一环形薄片由细绳悬吊着，环的外半径为 R，内半径为 $R/2$，并有电荷 Q 均匀分布在环面上. 细绳长 $3R$，也有电荷 Q 均匀分布在绳上，如图所示，试求圆环中心 O 处的电场强度(圆环中心在细绳延长线上).

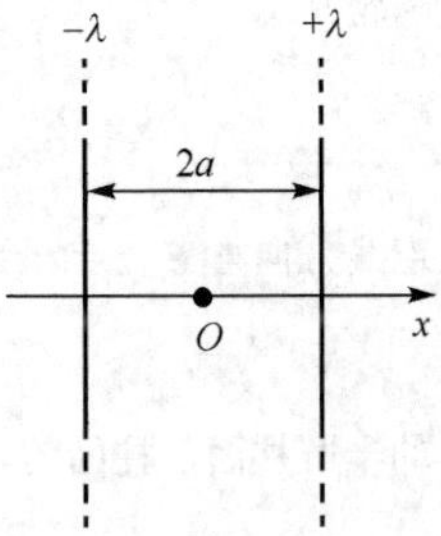

巩固提高题 17 图

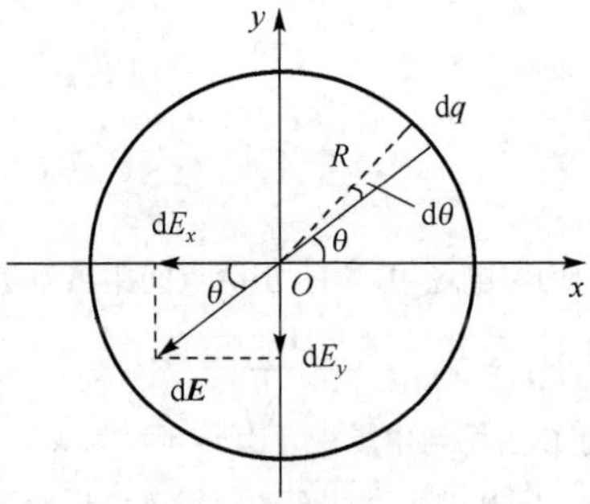

巩固提高题 18 图

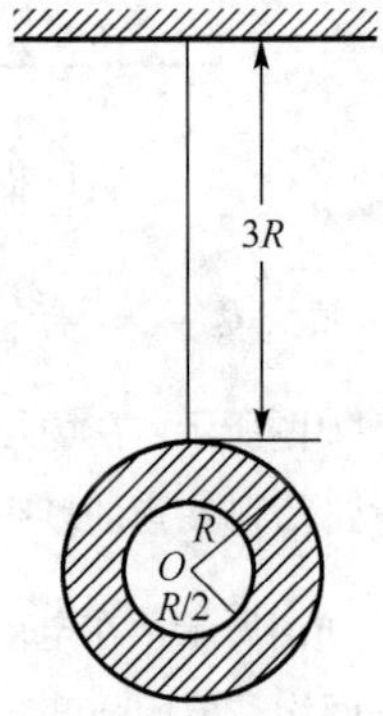

巩固提高题 19 图

20. 将一无限长带电细线弯成图示形状，设电荷均匀分布，电荷线密度为 λ，四分之一圆弧 $\overset{\frown}{AB}$ 的半径为 R，试求圆心 O 点的场强.

21. 如图所示为一沿 x 轴放置的长度为 l 的不均匀带电细棒，其电荷线密度为 $\lambda=\lambda_0(x-a)$，λ_0 为一常量，a 为细棒左端与原点 O 的距离，取无穷远处为电势零点，求坐标原点 O 处的电势.

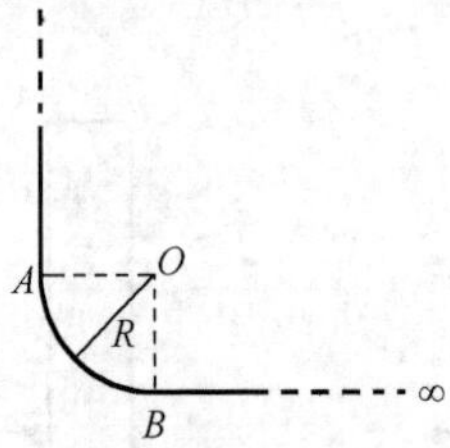

巩固提高题 20 图

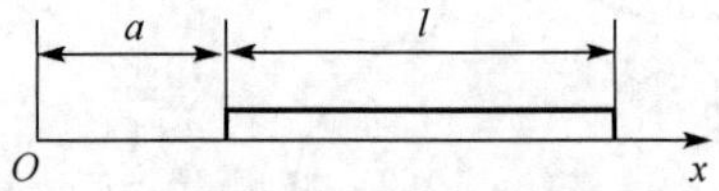

巩固提高题 21 图

22. 半径为 R 的无限长圆柱形带电体，其电荷体密度 $\rho=Ar(r\leqslant R)$，式中 A 为常量. 试求：

(1) 圆柱体内、外各点场强大小分布；

(2) 选与圆柱轴线的距离为 $l(l>R)$ 处为电势零点，计算圆柱体内、外各点的电势分布.

6.6 单元检测
参考答案

第 7 章　静电场中的导体和电介质

7.1　基 本 要 求

(1) 理解导体静电平衡的条件和性质，会利用导体静电平衡规律分析电荷和电场的分布，了解静电平衡的原理和应用.

(2) 了解电介质的极化机理，了解电极化强度的概念以及电介质极化规律.

(3) 理解电位移矢量的概念，掌握有电介质时的高斯定理、安培环路定理，会用有电介质时的高斯定理求电介质具有特殊形状分布时的电场.

(4) 理解电容的概念，掌握电容的计算方法.

(5) 理解电场能量密度的概念，掌握电场能量的计算方法.

7.2　学 习 导 引

(1) 本章主要学习静电场与物质的相互作用，主要包含静电场中的导体、电介质和静电场的能量三部分内容. 导体的特征是其内部存在大量可以自由移动的电荷，在静电场中会产生静电感应现象；电介质中电子被束缚在原子核附近，电介质内部没有自由移动的电荷，不导电，在静电场中会产生极化现象.

(2) 将导体放入静电场中，导体内部的自由电子会在电场力的作用下发生定向运动，从而改变了电荷分布，这种改变反过来会影响到总场强的分布，直到导体内部及表面没有电荷做定向运动为止，即达到静电平衡状态，这就是静电平衡的微观机制.

(3) 导体处于静电平衡的条件是导体内部的场强处处为零，导体表面紧邻处的场强处处与表面垂直，由此可推导出导体是等势体，导体表面是等势面.

(4) 由静电平衡条件、电荷守恒定律及高斯定理可以推导出实心导体和空腔导体内电荷的分布情况. 实心导体处于静电平衡时电荷只分布在导体表面，导体内部无净电荷；导体表面附近某处的场强大小与该处面电荷密度成正比，即 $E=\dfrac{\sigma}{\varepsilon_0}$；孤立导体表面曲率越大的地方，面电荷密度越大，场强越大. 由此可以解释尖端放电现象和避雷针的原理等. 空腔导体处于静电平衡时，如果腔内无带电体，则空腔内表面无电荷，外表面可以根据电荷守恒来判断；如果腔内有带电体，则空腔内表面带电荷，电量与带电体所带电量等值异号，外表面可以根据电荷守恒来判断. 由此可以解释静电屏蔽现象.

(5) 求解处于静电平衡状态时导体内外场强和电势分布的主要步骤为：根据静电场的基本规律、电荷守恒定律和静电平衡条件分析处于静电平衡时电荷的分布，再利用高斯定理和场强与电势的关系求出场强分布和电势分布.

(6) 将电介质放入静电场中，电介质在电场中会出现极化现象，在电介质表面会出现极化电荷(束缚电荷)，此时，电介质内部的场强不再为零. 学习中，要注意区分无极分子电介质和有极分子电介质的极化机理. 如果是非均匀电介质的情况，电介质内部也会出现极化电荷，这种情况，我们在大学物理阶段不做深入讨论.

(7) 无论是无极分子电介质还是有极分子电介质，在静电场中极化后分子电矩的矢量和都不再为零，单位体积内分子的电矩的矢量和定义为电极化强度，它是描写电介质极化程度的物理量. 因此，电极化强度与极化电荷和总电场强度密切相关. 电极化强度与极化电荷的关系为：极化电荷面密度等于电极化强度在电介质表面外法线方向上的投影，即 $\sigma' = \boldsymbol{P} \cdot \boldsymbol{e}_{\mathrm{n}}$. 电极化强度与总场强的关系为：在各向同性的介质中，电极化强度与总场强成正比，即 $\boldsymbol{P} = \chi_e \varepsilon_0 \boldsymbol{E}$.

(8) 电介质中的电场是外电场和极化电荷产生的电场的叠加. 通过定义一个与总场强和电极化强度对应的辅助物理量，即电位移矢量，引入有电介质时的高斯定理. 在有电介质时的高斯定理中，电位移矢量的通量只与自由电荷有关，利用它可以不必考虑电介质的极化情况而方便地求解电场分布. 为了形象地描述电位移矢量而引入了电位移线的概念，学习时应该注意其与电场线的区别和联系.

(9) 电容器具有储存电荷和电能的功能. 计算电容器的电容时，常常先假设电容器带有一定的电量，然后计算出两极板间的电势差，再利用定义求解电容. 注意几个典型电容器的电容求解过程和结论的运用，如平行板电容器的电容、同心球形电容器的电容、同轴圆柱形电容器的电容. 电容器的串、并联是提高耐压能力或提高电容的重要方法，学习中注意体会.

(10) 场是物质存在的一种形式，场具有能量. 由电容器的储能公式给出静电场的能量密度，进而给出静电场的总电能，可以证明它是一个普适的公式，在非均匀电场和变化的电场中仍然成立.

7.3 思维导图

7.3 思维导图
(详细版)

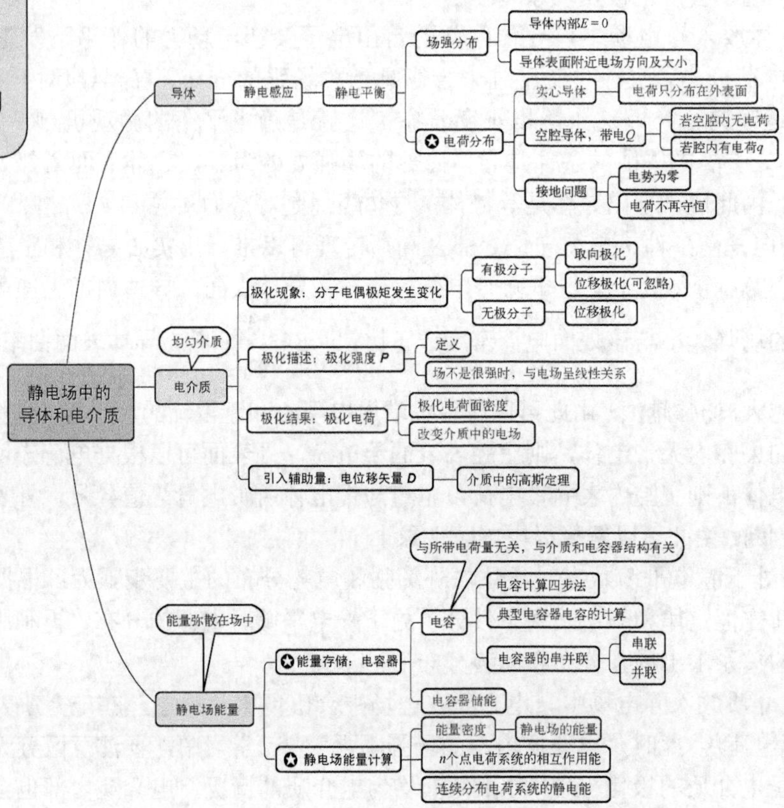

7.4 内容提要

1. 静电场中的导体

(1) 导体的静电平衡条件.

以电场强度表示：$\boldsymbol{E}_{内}=0$，$\boldsymbol{E}_{表面}\perp$导体表面.

以电势表示：导体是一个等势体，导体表面为等势面.

(2) 静电平衡时导体上的电荷分布.

$q_{内}=0$，$E_{表面}=\dfrac{\sigma_{表面}}{\varepsilon_0}$ (即导体表面各处的面电荷密度与该处表面外紧邻处的电场强度大小成正比).

(3) 导体空腔的静电特性.

腔内无带电体时，空腔内表面处处无电荷，电荷只能分布在导体外表面；腔内无电场；腔内空间是个等势区，其电势与导体壳的电势相同.

腔内有带电体时，空腔内表面所带电荷与腔内带电体的电荷等量异号；腔内有电场，腔内电荷与空腔内表面所带电荷在腔外产生的合场强为零，腔外电荷与空腔外表面所带电荷在腔内产生的合场强为零；腔内是非等势区，腔内任意两点的电势差仅由腔内电荷及空腔内表面电荷决定，不受腔外电荷的影响.

(4) 静电屏蔽.

空腔导体不论接地与否，其内部场强不受外电荷的影响，空腔内的场强只由空腔内电荷及内壁上电荷决定；接地的空腔导体外部的场强不受空腔内电荷的影响，而只由空腔导体外壁及外部的电荷决定.

2. 静电场中的电介质

(1) 电介质的极化.

在外电场作用下，对于均匀电介质来说，在其表面出现极化电荷(又称束缚电荷)的现象叫做电介质的极化. 对于无极分子电介质，在外场作用下，会出现位移极化；对于有极分子的电介质，在外场作用下，会出现取向极化(又称转向极化).

(2) 电极化强度矢量：$\boldsymbol{P}=\dfrac{1}{\Delta V}\sum_i \boldsymbol{p}_i$.

在均匀各向同性线性电介质中：$\boldsymbol{P}=\varepsilon_0\chi_e\boldsymbol{E}=\varepsilon_0(\varepsilon_r-1)\boldsymbol{E}$. 其中电介质的极化率 $\chi_e=\varepsilon_r-1$，ε_r 称为电介质的相对介电常量，或称相对电容率.

(3) 电介质表面极化电荷面密度：$\sigma'=\boldsymbol{P}\cdot\boldsymbol{e}_n$.

对于均匀各向同性线性电介质，极化电荷体密度为零.

(4) 静电场的基本定理在电介质中的形式.

环路定理：$\oint_L \boldsymbol{E}\cdot d\boldsymbol{l}=0$.

高斯定理：$\oint_S \boldsymbol{D}\cdot d\boldsymbol{S}=\sum_{(S内)} q_0$，即电位移矢量 $\boldsymbol{D}$ 对任一闭合曲面 S 的通量等于该闭合曲面 S 内的自由电荷的代数和.

其中电位移$\boldsymbol{D}=\varepsilon_0\boldsymbol{E}+\boldsymbol{P}$；对于各向同性电介质，$\boldsymbol{D}=\varepsilon\boldsymbol{E}$，其中电介质的介电常量$\varepsilon=\varepsilon_0\varepsilon_r$.

利用高斯定理求电位移，场的分布必须具有对称性，即自由电荷分布有对称性，且介质无限大或介质表面规则对称.

3. 电容器

(1) 电容定义：$C=\dfrac{Q}{U}$.

电容器电容的大小取决于极板的形状、大小、相对位置及极板间电介质的介电常量，与电容器的极板是否带电、带多少电、电势差是多少无关.

(2) 几种常见电容器的电容.

孤立导体球：$C=4\pi\varepsilon R$.

平行板电容器：$C=\dfrac{\varepsilon S}{d}$.

圆柱形电容器：$C=\dfrac{2\pi\varepsilon l}{\ln(R_{外}/R_{内})}$.

球形电容器：$C=\dfrac{4\pi\varepsilon R_{外}R_{内}}{R_{外}-R_{内}}$.

(3) 电容器的串、并联.

并联：$C=\sum\limits_i C_i$，能使电容增大.

串联：$\dfrac{1}{C}=\sum\limits_i\dfrac{1}{C_i}$，能提高耐压能力.

(4) 电容器的能量：$W_e=\dfrac{Q^2}{2C}=\dfrac{1}{2}CU^2=\dfrac{1}{2}QU$.

4. 电场的能量

能量密度：$w_e=\dfrac{1}{2}\boldsymbol{D}\cdot\boldsymbol{E}$.

均匀各向同性线性电介质的能量密度：$w_e=\dfrac{1}{2}DE=\dfrac{1}{2}\varepsilon_0\varepsilon_r E^2$

电场能量：$W_e=\int_V w_e\mathrm{d}V$.

7.5 典型例题

7.5.1 思考题

思考题 1 为何达到静电平衡的实心导体是等势体？

简答 因为处于静电平衡的实心导体内部场强处处为零，那么导体上任意两点A和B间的电势差$U_{AB}=\int_A^B\boldsymbol{E}\cdot\mathrm{d}\boldsymbol{l}=0$，因此达到静电平衡的实心导体是等势体.

思考题 2 为什么静电平衡后导体表面紧邻外侧的场强必定和导体表面垂直?

简答 如果导体表面外侧的场强和导体表面不垂直，那么场强在导体表面就有一切向分量，电子就会在这个切向分量的作用下沿导体表面做定向移动，这与静电平衡条件不符.

思考题 3 用σ表示面电荷密度的大小，在σ相同的情况下，如何理解：

(1) 无限大均匀带电平面两侧的电场强度大小为$\sigma/(2\varepsilon_0)$；

(2) 平行板电容器两极板间的电场强度大小为σ/ε_0；

(3) 静电平衡时导体表面紧邻外侧的电场强度大小为σ/ε_0.

简答 (1) 由高斯定理可直接得出无限大均匀带电平面两侧的电场强度大小为$\sigma/(2\varepsilon_0)$.

(2) 平行板电容器两极板带等量异号电荷时，每个极板可视作无限大带电平面，产生的电场均为$\sigma/(2\varepsilon_0)$，在极板之间方向一致，场强相加，因此极板之间场强为σ/ε_0.

(3) 静电平衡时导体表面紧邻外侧的电场强度不是只由该处的电荷产生的，而是由空间所有电荷共同产生的. 利用高斯定理计算如下，如图所示，P点为导体表面外无限靠近表面的一点，设该点附近导体表面的电荷面密度为σ，通过P点作平行于导体表面的面元ΔS_1，以此面元为上底面作一个穿过导体表面的扁柱形高斯面，在导体内的下底面为ΔS_2，侧面积为ΔS_3. 根据导体的静电平衡性质，$E_{内}=0$，$\boldsymbol{E}_{外表面}$垂直于表面，则通过ΔS_2和ΔS_3的电场强度通量均为零，通过扁柱形高斯面的电场强度通量仅为$E\Delta S_1$. 由高斯定理，得到$E\Delta S_1=\sigma\Delta S_1/\varepsilon_0$，即$E=\sigma/\varepsilon_0$，这表明导体表面紧邻外侧的场强与该处导体表面的面电荷密度成正比.

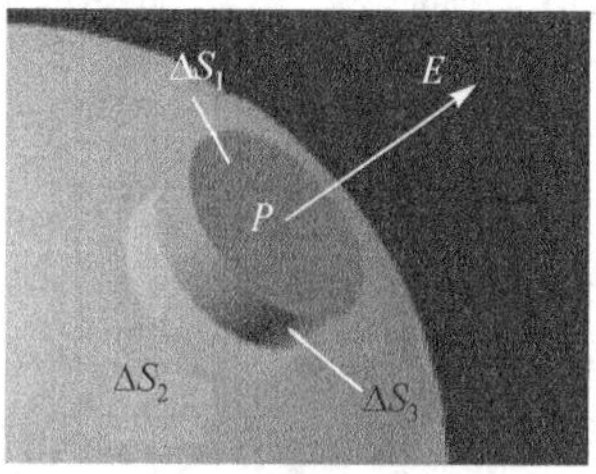

思考题 3 图

思考题 4 在雷雨天气，我们有时会看到一些参天大树被雷电击倒，而周围的一些高塔、高楼等高层建筑却安然无恙，请问这是什么原因?

简答 原因就在于高楼上装有金属做的避雷针，避雷针和大地良好接触. 避雷针的工作分为缓慢放电和激烈放电两种情形. 在雷雨天气，高楼上空出现带电云层时，避雷针和高楼顶部都被感应上大量异号电荷，由于避雷针的曲率大，其上电荷密度最大，附近电场极强，产生尖端放电，缓慢释放电荷，避免雷击. 同时，极强的电场很容易使避雷针与云层之间的空气被电离击穿，使带电云层与避雷针之间形成强大的电流通路，电荷经引线和接地体泄入大地，从而使建筑物免遭雷击.

思考题 5 取无限远处为电势零点时带正电物体的电势是否一定为正? 请举例说明.

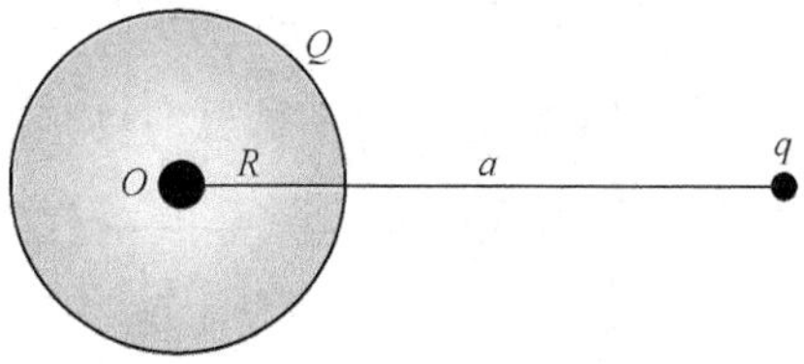

思考题 5 图

简答 不一定. 这和周围是否存在其他带电体以及这些带电体所带电荷、电量及其与该带电体的相对位置等因素有关. 如图所示，半径为R的实心金属球带电量为Q（$Q>0$），今在距球心a处放一点电荷q（$q<0$），取无限远处为电势零点，则金属球及其球心处的电势为$U=\dfrac{Q}{4\pi\varepsilon_0 R}+\dfrac{q}{4\pi\varepsilon_0 a}$，当$q=-\dfrac{a}{R}Q$时，$U=0$；当$q>-\dfrac{a}{R}Q$时，$U>0$；当$q<-\dfrac{a}{R}Q$时，$U<0$. 可见，取无限远处为电势零点时，带正电物体的电势不一定为正.

思考题 6 我们在挑选电路板时，有经验的内行常常挑选焊点光滑的电路板，请问这是为什么？

简答 一般来说，导体表面各处的面电荷密度与该处表面的曲率有关. 表面曲率越大的地方面电荷密度越大；表面曲率越小的地方面电荷密度越小；由于导体表面紧邻外侧的场强与该处导体表面的面电荷密度成正比，即$E=\sigma/\varepsilon_0$，那么面电荷密度越大的地方，附近的电场就越强，越容易产生尖端放电，因此，焊点光滑比焊点粗糙不容易产生放电现象，有利于电路的稳定.

思考题 7 通常认为平行板电容器带等量异号电荷时电场只分布在两极板之间，而板外没有，请问这有何理论依据？

简答 假设面积为S，带电量Q_1的一个金属板，与另一同面积的带电量为Q_2的金属平板平行放置，忽略边缘效应，将金属板近似看成是无限大带电平板. 设静电平衡后，金属板各面所带电荷面密度如图所示，则$\sigma_1 S+\sigma_2 S=Q_1$，$\sigma_3 S+\sigma_4 S=Q_2$，假设各面所带的电荷均为正，则各面电荷产生的电场强度均应垂直于板面向外，由于静电平衡时两金属板内场强处处为零，左侧金属板内一点$\dfrac{\sigma_1}{2\varepsilon_0}-\dfrac{\sigma_2}{2\varepsilon_0}-\dfrac{\sigma_3}{2\varepsilon_0}-\dfrac{\sigma_4}{2\varepsilon_0}=0$，右侧金属板内一点$\dfrac{\sigma_1}{2\varepsilon_0}+\dfrac{\sigma_2}{2\varepsilon_0}+\dfrac{\sigma_3}{2\varepsilon_0}-\dfrac{\sigma_4}{2\varepsilon_0}=0$，将以上四式联立求解，可

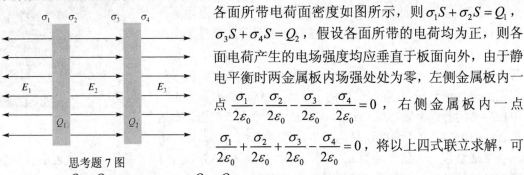

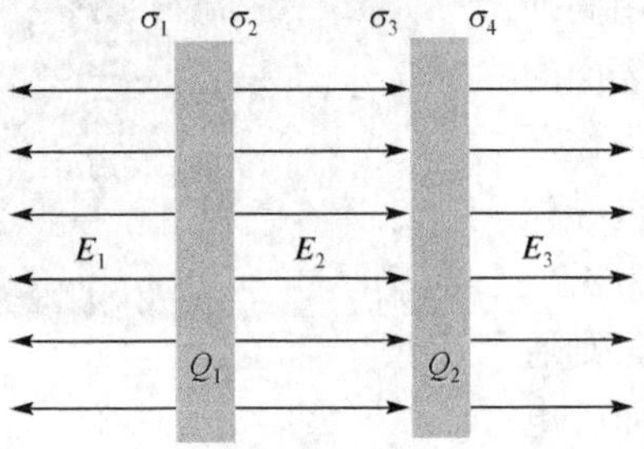

思考题 7 图

得：$\sigma_1=\sigma_4=\dfrac{Q_1+Q_2}{2S}$，$\sigma_2=-\sigma_3=\dfrac{Q_1-Q_2}{2S}$，内侧两面带等量异号电荷，外侧两面带等量同号电荷. 电场分布如图所示，其中$\boldsymbol{E}_1$、$\boldsymbol{E}_2$、$\boldsymbol{E}_3$的大小分别为$E_1=E_3=\dfrac{Q_1+Q_2}{2\varepsilon_0 S}$，$E_2=\dfrac{|Q_1-Q_2|}{2\varepsilon_0 S}$，当两极板带等量异号电荷时，$Q_1=-Q_2$，$\sigma_1=\sigma_4=0$，$\sigma_2=-\sigma_3=\dfrac{Q_1-Q_2}{2S}$，此时$E_1=E_3=0$，$E_2=\dfrac{|\sigma_2|}{\varepsilon_0}$，可见两极板带等量异号电荷时，电荷只分布在极板的内表面，且电场只存在于两板之间.

思考题 8 请分析均匀带电球面变大过程中电场能量的变化.

简答 设球面上均匀带电量q，由于球面内部场强为零，外部场强为$\dfrac{q}{4\pi\varepsilon_0 r^2}$，随着球面不断变大，带电球面电场为零的空间在变大，场空间在变小，电场能量是能量密度对场空间的积分，即$W=\int_V \dfrac{1}{2}\varepsilon_0 E^2 \mathrm{d}V$，可见带电球面变大过程中电场能量在变小. 将$\dfrac{q}{4\pi\varepsilon_0 r^2}$代入$W=\int_V \dfrac{1}{2}\varepsilon_0 E^2 \mathrm{d}V$，可得带电球面的电场能量为$\dfrac{q^2}{8\pi\varepsilon_0 r}$，随着$r$的增大电场能量在减小.

思考题 9 真空中有“孤立的”均匀带电球体、均匀带电球面、带电导体球、带电导体球壳，如果它们的半径和所带的电量都相等，请问它们的静电能有何异同？

简答 均匀带电球体内部和表面均有电荷，其余三种情况电荷只分布在球体外表面，因

此，根据高斯定理，四个带电体外部的电场完全相同，然而均匀带电球体内部还有电场，而均匀带电球面、带电导体球、带电导体球壳内部没有电场，因此均匀带电球体的电场能量最大，均匀带电球面、带电导体球、带电导体球壳的电场能量相等.

思考题 10 在干燥的冬季人们脱毛衣时，常听见噼里啪啦的放电声，请对这一现象作出解释.

简答 这是一种尖端放电现象，脱毛衣时，毛衣与内衣发生摩擦，摩擦使毛衣与内衣分别带有异号电荷. 由于毛衣和内衣都是绝缘材料，这些电荷就会在衣服表面积聚起来. 在一般情况下，空气比较潮湿，含有大量的正负离子，它们很容易快速地将出现在毛衣和内衣表面上的电荷中和掉，但在干燥的冬季，空气里的正负离子很少，摩擦导致毛衣和内衣表面毛尖上形成电荷积聚，由于毛尖曲率很大，其上电荷面密度很大，在临近处产生很强的电场，当场强达到大约30kV/cm时，发生尖端放电，空气被击穿，可以听见噼里啪啦的放电声.

思考题 11 为什么微波能够快速加热食物?

简答 微波加热食物的物理原理是食物分子(水分子)在高频电场中快速振荡. 食物中总是含有一定量的水分，而水是由有极分子组成的，当微波辐射到食物时，食物在高频电场的作用下，其内有极分子将沿着外电场的方向转向，由于这种运动，以及相邻分子间的相互作用，产生了类似摩擦的现象，使水温升高，因此食品的温度也就上升了. 微波以 24.5 亿次/s 的频率使水分子反复转向极化，水分越多的食物，越容易加热. 用微波加热食物，因其外表和内部同时被加热，食物均匀受热，温度升高很快.

7.5.2 计算题

计算题 1 一半径为 R_1 的金属球外面套一内外半径分别为 R_2 和 R_3 的同心金属球壳，现使金属球带 $+q$ 的电荷，取无穷远处为电势零点. 求:

(1) 金属球壳上的电荷分布和电势;

(2) 把金属球壳接地，此时金属球壳的电荷分布及电势;

(3) 把金属球壳与地断开后再把外金属球接地，此时金属球上的电荷以及外金属球壳内外表面的电荷和电势.

【解题思路】 根据静电感应、静电平衡条件、电荷守恒定律、电势叠加原理、均匀带电球面的电势分布公式以及接地后电势为零的条件，可求出电荷分布和电势.

解 (1) 内球壳带 $+q$ 的电荷，由于静电感应，外球壳内表面必带 $-q$ 的电荷，而外球壳原来不带电，根据电荷守恒定律，外球壳外表面必带 $+q$ 的电荷，且均匀分布.

设空间任一点到球心的距离为 r，由高斯定理可得场强分布为

$$r < R_1, \quad E_1 = 0$$

$$R_1 < r < R_2, \quad E_2 = \frac{q}{4\pi\varepsilon_0 r^2}$$

$$R_2 < r < R_3, \quad E_3 = 0$$

$$r > R_3, \quad E_4 = \frac{q}{4\pi\varepsilon_0 r^2}$$

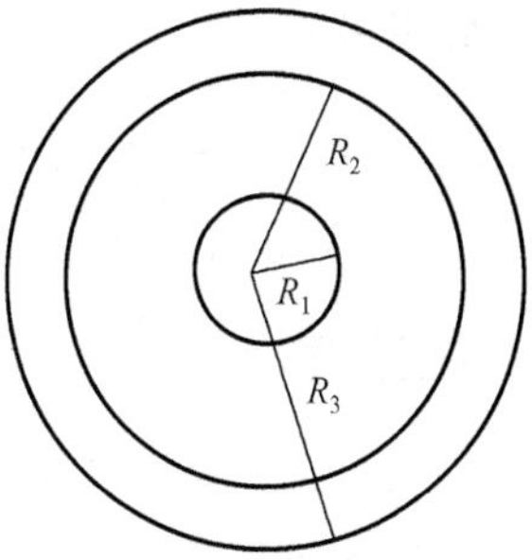

计算题 1 图

电场强度的方向沿径矢方向.

根据电势定义，外球壳的电势为

$$U=\int_{R_3}^{\infty}\boldsymbol{E}\cdot\mathrm{d}\boldsymbol{r}=\int_{R_3}^{\infty}E_4\mathrm{d}r=\int_{R_3}^{\infty}\frac{q}{4\pi\varepsilon_0 r^2}\mathrm{d}r=\frac{q}{4\pi\varepsilon_0 R_3}$$

(2)外金属球壳接地时，其外表面的电势与大地的电势相等，都为零，由于沿着电场线的方向电势逐渐降低，故在外球壳的外表面与大地之间没有电场线，电场强度为零. 又因为外导体球壳处于静电平衡，导体内场强处处为零，这样利用高斯定理，在外球壳外表面上任意点处取任意包围该点的无限小闭合面，则通过该面的电通量为零，从而得到该点处电荷为零，又因为该点是外球壳外表面上任意点，故外球壳外表面上各处电荷均为零，即此时外表面不带电，外表面的电荷传给了大地. 设此时内表面电荷为 q_1，由于外球壳电势由内金属球上电荷 $+q$ 与外金属球壳内表面电荷 q_1 产生，而外金属球壳电势为零，故有

$$U=\frac{q}{4\pi\varepsilon_0 R_3}+\frac{q_1}{4\pi\varepsilon_0 R_3}=0$$

得

$$q_1=-q$$

所以外金属球壳接地后电势为零，外金属球壳外表面不带电，内表面带 $-q$ 的电荷.

(3)把金属球壳与地断开后再把金属球接地，则此时金属球电势为零，设此时金属球带电量为 q'，则由于静电感应，外球壳内表面带电量为 $-q'$，同时由于电荷守恒，外球壳外表面必然感应出 q' 的电荷，加上外球壳原本带的 $-q$ 的电荷，所以此时外球壳外表面带电量为 $-q+q'$，因此，内金属球的电势满足方程

$$U_{内}=\frac{q'}{4\pi\varepsilon_0 R_1}+\frac{-q'}{4\pi\varepsilon_0 R_2}+\frac{-q+q'}{4\pi\varepsilon_0 R_3}=0$$

解得

$$q'=\frac{qR_1R_2}{R_1R_2+R_2R_3-R_1R_3}$$

所以此时内金属球和外金属球壳内、外表面带电量分别为

$$\frac{qR_1R_2}{R_1R_2+R_2R_3-R_1R_3}，-\frac{qR_1R_2}{R_1R_2+R_2R_3-R_1R_3} \quad 和 \quad -q+\frac{qR_1R_2}{R_1R_2+R_2R_3-R_1R_3}$$

外球壳电势为

$$U_{外}=\frac{q'}{4\pi\varepsilon_0 R_3}+\frac{-q'}{4\pi\varepsilon_0 R_3}+\frac{-q+q'}{4\pi\varepsilon_0 R_3}=\frac{-q+q'}{4\pi\varepsilon_0 R_3}=\frac{q(R_1-R_2)}{4\pi\varepsilon_0(R_1R_2+R_2R_3-R_1R_3)}$$

【延伸思考】

(1)沿着电场线的方向，电势逐渐降低，试画出题中三种情况下的电场线.

(2)导体静电平衡后，导体内部电场强度处处为零，导体是个等势体，导体表面是个等势面，结合本题，加深对其的理解.

(3)题干第一问中，内金属球与外球壳内表面之间构成了球形电容器，试求该电容器的电容.

计算题 2 如图(a)所示，在平行板电容器的左半部分充入相对介电常量为 ε_r 的电介质，右半部分为真空. 若在两极板上充入等量异号电荷，求在有电介质部分和无电介质部分极板上自由电荷面密度的比值.

【解题思路】 极板导体处于静电平衡状态，故极板内场强为零，两极板间电场为电场线由正极板指向负极板的匀强电场，根据电场的分布特点，选择合适的圆柱形高斯面，由有电介质的高斯定理，可求出电位移矢量的大小 D 与自由电荷面密度 σ 的关系，再根据 $\boldsymbol{D}$ 与 $\boldsymbol{E}$ 的关系，最终可得到自由电荷面密度之比.

解 设两极板间真空部分和有电介质部分的场强分别为 $\boldsymbol{E}_1$ 和 $\boldsymbol{E}_2$，电位移矢量分别为 $\boldsymbol{D}_1$ 和 $\boldsymbol{D}_2$，极板上的自由电荷面密度分别为 σ_1 与 σ_2，取底面与极板平行，上底面在上极板的导体中，下底面在两极板之间的侧面与极板垂直的一个圆柱面为高斯面，设底面面积为 S，如图所示.由有电介质的高斯定理 $\oint_S \boldsymbol{D}\cdot \mathrm{d}\boldsymbol{S}=\sum_{S内} q_0$，得

$$\oint_S \boldsymbol{D}\cdot \mathrm{d}\boldsymbol{S}=\int_{侧面}\boldsymbol{D}\cdot \mathrm{d}\boldsymbol{S}+\int_{上底}\boldsymbol{D}\cdot \mathrm{d}\boldsymbol{S}+\int_{下底}\boldsymbol{D}\cdot \mathrm{d}\boldsymbol{S}=0+0+D_1S=D_1S=\sum_{S内} q_0=\sigma_1 S$$

所以

$$D_1=\sigma_1$$

同理

$$D_2=\sigma_2$$

而

$$D_1=\varepsilon_0 E_1，\quad D_2=\varepsilon_0\varepsilon_r E_2$$

又因为左右两部分两极板间的电势差相等，都为 U，而

$$E_1=E_2=\frac{U}{d}$$

故

$$\frac{\sigma_2}{\sigma_1}=\frac{D_2}{D_1}=\varepsilon_r$$

即有电介质部分和无电介质部分极板上自由电荷面密度的比值为 ε_r.

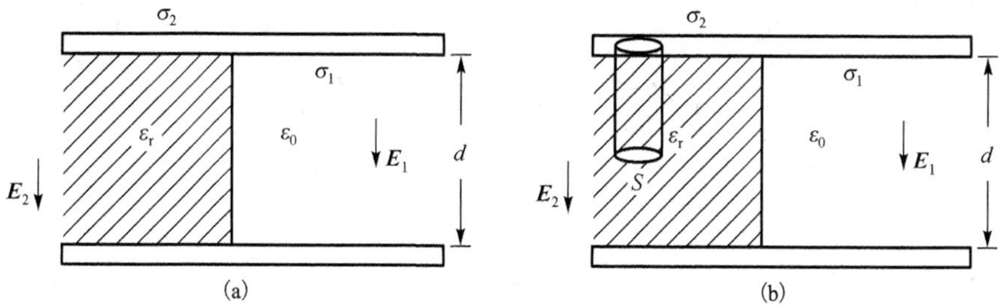

计算题 2 图

【延伸思考】

(1)本题若给出两极板间电压，试求电容；

(2)平行板电容器若两极板间为真空时电场强度大小为E_0，充满相对介电常量为ε_r的电介质后电场强度大小为E，试推出E与E_0的关系.

计算题 3 半径为R_A、R_B的两个导体球A、B相距很远，因而可将两球视为孤立导体球. 原来A球带电Q，B球不带电，现用一根细长导线将两球连接，静电平衡后忽略导线中所带电荷. 求：

(1) A、B球上带电量之比；

(2)两球的电势；

(3)该系统的电容.

【解题思路】 ①求A、B球上的带电量，可假设两球所带电量分别为Q_A和Q_B，由电荷守恒定律可知$Q_A+Q_B=Q$. 利用孤立导体电容的定义式$C=\dfrac{Q}{U}$、孤立导体球的电容公式$C=4\pi\varepsilon_0 R$，以及两金属球用导线连接后电势相等的条件，列方程可求出两金属球所带的电量和各自的电势. ②根据电容定义可求出总电容，也可利用电容器串并联公式求总电容.

解 (1)设A、B球上所带电量分别为Q_A、Q_B，根据孤立导体电容的定义可知，它们的电势分别为

$$U_A=\frac{Q_A}{C_A},\qquad U_B=\frac{Q_B}{C_B}$$

已知导体球的电容分别为

$$C_A=4\pi\varepsilon_0 R_A,\qquad C_B=4\pi\varepsilon_0 R_B$$

由于两球相连，有

$$U_A=U_B$$

以上各式联立，可得

$$\frac{Q_A}{R_A}=\frac{Q_B}{R_B}$$

由电荷守恒定律，可得

$$Q_A+Q_B=Q$$

因此可解出

$$Q_A=\frac{R_A}{R_A+R_B}Q,\qquad Q_B=\frac{R_B}{R_A+R_B}Q$$

由此可得

$$\frac{Q_A}{Q_B}=\frac{R_A}{R_B}$$

即两个导体球用细导线连接后，导体球所带电量之比等于半径之比.

(2) 两球相连后电势相等，则有

$$U = U_A = U_B = \frac{Q_A}{4\pi\varepsilon_0 R_A} = \frac{Q_B}{4\pi\varepsilon_0 R_B} = \frac{Q}{4\pi\varepsilon_0 (R_A + R_B)}$$

(3) 由电容的定义式可知

$$C = \frac{Q}{U} = 4\pi\varepsilon_0 (R_A + R_B) = C_A + C_B$$

可以发现，整个系统的电容相当于两个孤立球形电容器的并联.

【延伸思考】

(1) 本题中若将 A 球带电 Q，改为 A 球电荷面密度为 σ，其他条件不变，试求 A、B 球上的电荷面密度与两球半径的关系；

(2) 试列出电容器串并联公式，并利用电容器并联公式求本题中系统的总电容.

计算题 4 在半径为 R_1 的金属球之外包有一层外半径为 R_2 的均匀电介质球壳，介质相对介电常量为 ε_r，金属球带正电 Q. 求：

(1) 空间场强分布；

(2) 空间电势分布；

(3) 求电场储存的总电能.

【解题思路】 ①对于电荷分布具有某种对称性且存在电介质的问题，可利用有介质时的高斯定理 $\oint_S \boldsymbol{D}\cdot \mathrm{d}\boldsymbol{S} = \sum_{S内} q_0$，先求出电位移矢量 $\boldsymbol{D}$，再根据电位移矢量与电场强度的关系 $\boldsymbol{D} = \varepsilon \boldsymbol{E}$，求出电场强度分布. ②根据定义式 $U_a = \int_a^{“0”} \boldsymbol{E}\cdot \mathrm{d}\boldsymbol{r}$ 求出电势分布. ③根据电场能量密度公式可知，能量分布具有球对称性，将空间看作无限多个厚度无限小的同心球壳组成，任取一半径为 r，厚度为 $\mathrm{d}r$ 的薄球壳，其体积元 $\mathrm{d}V = 4\pi r^2 \mathrm{d}r$，利用公式求出电场能量密度 $w_e = \frac{1}{2}DE$，积分求出总能量 $W = \int_V w_e \mathrm{d}V$.

解 (1) 静电平衡时，实心金属带电球体的电荷只能分布在金属球的外表面，设空间任一点到金属球球心的距离为 r，利用有电介质时的高斯定理 $\oint_S \boldsymbol{D}\cdot \mathrm{d}\boldsymbol{S} = \sum_{S内} q_0$，以及 $\boldsymbol{D} = \varepsilon_0 \varepsilon_r \boldsymbol{E}$，得

在金属球内部：$r < R_1$，$D_1 = 0$，$E_1 = 0$.

在电介质内部：$R_1 < r < R_2$，$D_2 = \dfrac{Q}{4\pi r^2}$，$E_2 = \dfrac{Q}{4\pi\varepsilon_0\varepsilon_r r^2}$.

在电介质球壳以外：$r > R_2$，$D_3 = \dfrac{Q}{4\pi r^2}$，$E_3 = \dfrac{Q}{4\pi\varepsilon_0 r^2}$.

$\boldsymbol{D}$ 和 $\boldsymbol{E}$ 的方向均沿径矢向外.

(2) 取无限远处为势能零点，在 $r \leqslant R_1$ 区域，金属球是一个等势体，其电势

$$U_1=\int_{R_1}^{\infty}\boldsymbol{E}\cdot d\boldsymbol{r}=\int_{R_1}^{R_2}E_2dr+\int_{R_2}^{\infty}E_3dr=\int_{R_1}^{R_2}\frac{Q}{4\pi\varepsilon_0\varepsilon_r r^2}dr+\int_{R_2}^{\infty}\frac{Q}{4\pi\varepsilon_0 r^2}dr$$
$$=\frac{Q}{4\pi\varepsilon_0}\left[\frac{1}{\varepsilon_r}\left(\frac{1}{R_1}-\frac{1}{R_2}\right)+\frac{1}{R_2}\right]$$

在电介质内部：$R_1<r<R_2$，距离球心 r 处的电势

$$U_2=\int_{r}^{\infty}\boldsymbol{E}\cdot d\boldsymbol{r}=\int_{r}^{R_2}E_2dr+\int_{R_2}^{\infty}E_3dr=\int_{r}^{R_2}\frac{Q}{4\pi\varepsilon_0\varepsilon_r r^2}dr+\int_{R_2}^{\infty}\frac{Q}{4\pi\varepsilon_0 r^2}dr$$
$$=\frac{Q}{4\pi\varepsilon_0}\left[\frac{1}{\varepsilon_r}\left(\frac{1}{r}-\frac{1}{R_2}\right)+\frac{1}{R_2}\right]$$

在电介质球壳以外：$r>R_2$，距离球心 r 处的电势

$$U_2=\int_{r}^{\infty}\boldsymbol{E}\cdot d\boldsymbol{r}=\int_{r}^{\infty}E_3dr=\int_{r}^{\infty}\frac{Q}{4\pi\varepsilon_0 r^2}dr=\frac{Q}{4\pi\varepsilon_0 r}$$

(3)根据电场能量密度公式可知，能量分布具有球对称性，任取一半径为 r，厚度为 dr 的薄球壳，其体积元 $dV=4\pi r^2dr$，该处的电场能量密度为

$$w_e=\frac{1}{2}DE=\frac{1}{2}\varepsilon_0\varepsilon_r E^2$$

在金属球内部：$r<R_1$，$E_1=0$，则

$$W_1=\int_V w_1dV=\int_0^{R_1}\frac{1}{2}\varepsilon_0E_1^2 4\pi r^2dr=0$$

在电介质内部：$R_1<r<R_2$，$E_2=\dfrac{Q}{4\pi\varepsilon_0\varepsilon_r r^2}$，则

$$W_2=\int_V w_2dV=\int_{R_1}^{R_2}\frac{1}{2}\varepsilon_0\varepsilon_r E_2^2 4\pi r^2dr=\int_{R_1}^{R_2}\frac{1}{2}\varepsilon_0\varepsilon_r\left(\frac{Q}{4\pi\varepsilon_0\varepsilon_r r^2}\right)^2 4\pi r^2dr$$
$$=\frac{Q^2}{8\pi\varepsilon_0\varepsilon_r}\left(\frac{1}{R_1}-\frac{1}{R_2}\right)$$

在电介质球壳以外：$r>R_2$，$E_3=\dfrac{Q}{4\pi\varepsilon_0 r^2}$，则

$$W_3=\int_V w_3dV=\int_{R_3}^{\infty}\frac{1}{2}\varepsilon_0\left(\frac{Q}{4\pi\varepsilon_0 r^2}\right)^2 4\pi r^2dr$$
$$=\frac{Q^2}{8\pi\varepsilon_0}\frac{1}{R_3}$$

电场储存的总电能

$$W=W_1+W_2+W_3=\frac{Q^2}{8\pi\varepsilon_0\varepsilon_r}\left(\frac{1}{R_1}-\frac{1}{R_2}\right)+\frac{Q^2}{8\pi\varepsilon_0}\frac{1}{R_3}$$

【延伸思考】

(1) 本题若电介质球壳之外包有另一层外半径为 R_3，相对介电常量为 ε_{r2} 的同心均匀电介质球壳，试求电势分布；

(2) 本题若电介质球壳之外为内外半径分别为 R_3 和 R_4（$R_3 < R_4$）的均匀金属球壳，试求电场和电势分布；

(3) 本题中若均匀带电金属球外为真空，其储存的电场能量为多少？试用题中的解题方法和电场能量与电容的关系两种方法进行求解；

(4) 半径为 R，带电量为 Q 的均匀带电球面与均匀带电球体储存的电场能量是否一样？

计算题 5 设无限长同轴电缆的芯线半径为 R_1，外皮的内半径为 R_2．芯线与外皮之间充入两层绝缘的均匀电介质，相对电容率分别为 ε_{r1} 和 ε_{r2}．两层电介质的分界面的半径为 R，如图所示，求单位长度电缆的电容.

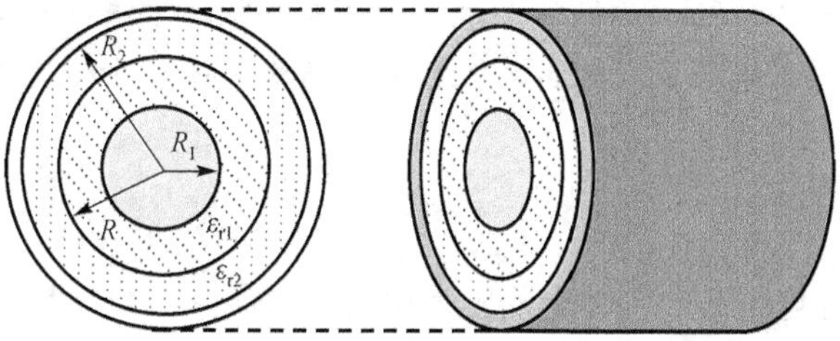

计算题 5 图

【解题思路】 求电容，可根据电容的定义 $C = \dfrac{Q}{U}$，先假设电容器两极板带上线电荷密度相等的异号电荷，再求出电缆芯线与外皮之间的电势差，即可得. 而求电势差，根据电势差的定义式 $U_{ab} = \int_a^b \boldsymbol{E} \cdot \mathrm{d}\boldsymbol{r}$，需先求出场强分布；利用有电介质时的高斯定理 $\oint_S \boldsymbol{D} \cdot \mathrm{d}\boldsymbol{S} = \sum_{S内} q_0$ 以及 $\boldsymbol{D} = \varepsilon_0 \varepsilon_r \boldsymbol{E}$，可求出场强分布，从而得到电势分布.

解 设电缆芯线和外皮分别带等量异号电荷，芯线带正电荷，外皮带负电荷，单位长度上所带的电量分别为 $+\lambda$ 和 $-\lambda$．以 r（$R_1 < r < R_2$）为底面半径作一个长为 l 并与电缆同轴的圆柱面 S 为高斯面. 由自由电荷和电介质分布的对称性可知，$\boldsymbol{E}$ 和 $\boldsymbol{D}$ 的分布也具有对称性. 由高斯定理有

$$\oint_S \boldsymbol{D} \cdot \mathrm{d}\boldsymbol{S} = D \cdot 2\pi r l = \lambda l$$

由此得，当 $R_1 < r < R_2$ 时，$D = \dfrac{\lambda}{2\pi r}$.

内层和外层电介质中电场强度的大小分别为

$$R_1 < r < R, \qquad E_1 = \frac{D}{\varepsilon_0 \varepsilon_{r1}} = \frac{\lambda}{2\pi \varepsilon_0 \varepsilon_{r1} r}$$

$$R < r < R_2, \qquad E_2 = \frac{D}{\varepsilon_0 \varepsilon_{r2}} = \frac{\lambda}{2\pi \varepsilon_0 \varepsilon_{r2} r}$$

电场强度的方向垂直于柱面向外.

电缆芯线与外皮之间的电势差为

$$U=\int_{R_1}^{R_2}\boldsymbol{E}\cdot\mathrm{d}\boldsymbol{r}=\int_{R_1}^{R}E_1\mathrm{d}r+\int_{R}^{R_2}E_2\mathrm{d}r$$

$$=\frac{\lambda}{2\pi\varepsilon_0\varepsilon_{r1}}\ln\frac{R}{R_1}+\frac{\lambda}{2\pi\varepsilon_0\varepsilon_{r2}}\ln\frac{R_2}{R}$$

所以，单位长度的电缆所具有的电容为

$$C=\frac{\lambda}{U}=\frac{2\pi\varepsilon_0\varepsilon_{r1}\varepsilon_{r2}}{\varepsilon_{r2}\ln\dfrac{R}{R_1}+\varepsilon_{r1}\ln\dfrac{R_2}{R}}$$

【延伸思考】

(1) 本题中相当于两个电容器串联，试用电容器串联的方法计算单位长度电缆的电容.

(2) 本题中若已知芯线与外皮之间的电势差，试求芯线表面处的电场强度.

7.5.3 进阶题

进阶题 1 达到静电平衡的导体表面附近电荷面密度分布为σ，试求导体表面单位面积受到的电场力的大小.

【解题思路】 此题一种常见的错误是直接用$\boldsymbol{F}=q\boldsymbol{E}$来计算电场力，其中$q=\sigma$是单位面积的电荷量，而$E=\sigma/\varepsilon_0$是导体表面附近的电场强度. 这种做法的错误之处在于$E=\sigma/\varepsilon_0$是所有电荷产生的电场，而$\boldsymbol{F}=q\boldsymbol{E}$中的电场并不包括$q$本身的贡献(即$q$在外场中的受力)，因此本题的难点在于如何正确扣除电荷对自身的相互作用.

解 *方法 1：采用合适的方法扣除自相互作用.*

如图所示，在导体上取一个小面元，因为面积足够小，所以可以看作是平面，且电荷面密度为常数，则导体表面附近总的电场包括两部分，一部分来自小面元的贡献，另一部分来自其他区域的贡献. 这个小面元不能对自身施加作用力，因此作用在小面元上的电场力完全来自其他区域产生的电场，而这个电场在小面元附近是连续分布的. 导体表面电场分布的不连续性(导体表面内侧没有电场，外侧有电场)完全来自小面元上的电荷的贡献，它在每一侧产生的电场均为$\sigma/(2\varepsilon_0)$，且方向相反(都垂直于面元). 因此可知小面元两侧附近的电场分布为

$$\boldsymbol{E}_{上}=\frac{\sigma}{2\varepsilon_0}\boldsymbol{n}+\boldsymbol{E}_{其他}$$

$$\boldsymbol{E}_{下}=-\frac{\sigma}{2\varepsilon_0}\boldsymbol{n}+\boldsymbol{E}_{其他}$$

其中$\boldsymbol{E}_{上}=\dfrac{\sigma}{\varepsilon_0}\boldsymbol{n}$是导体小面元外侧的电场强度，$\boldsymbol{E}_{下}=0$是导体小面元内侧的电场强度. 于是可得其他区域在小面元附近产生的电场为

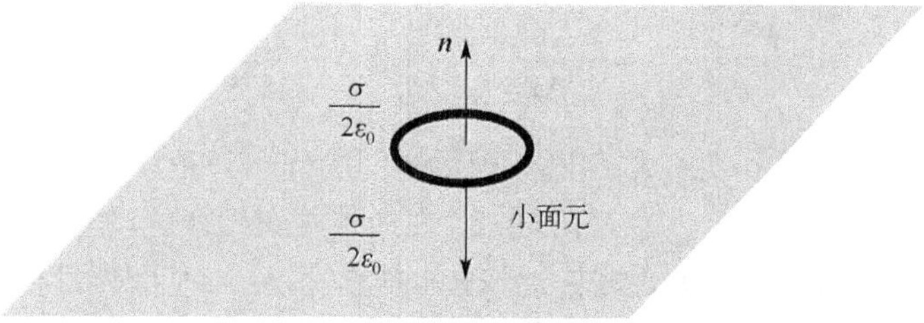

进阶题 1 图

$$\boldsymbol{E}_{其他}=\frac{1}{2}(\boldsymbol{E}_{上}+\boldsymbol{E}_{下})=\frac{1}{2}\left(\frac{\sigma}{\varepsilon_0}\boldsymbol{n}+0\right)=\frac{\sigma}{2\varepsilon_0}\boldsymbol{n}$$

因此导体表面附近单位面积的受力为

$$\boldsymbol{f}=\sigma\boldsymbol{E}_{其他}=\frac{\sigma^2}{2\varepsilon_0}\boldsymbol{n}$$

从上式可以得到一个有趣的结果，即这个力总是指向导体外部(排斥力)，与导体表面电荷的正负无关，因此这个力总是倾向于把导体吸引到电场里(只有导体外部才有电场).

方法 2：用能量法求解.

电场的能量密度为 $w_e=\frac{1}{2}\varepsilon_0 E^2$，在导体表面取一个小面元 ΔS，当此面元向外发生一个小位移 Δx 时，相当于导体上出现一个小的缺口，因此导体的静电能减少的量为能量密度与小面元扫过的体积(即缺口的体积)的乘积

$$\Delta W=-w_e\Delta V=-w_e\Delta S\Delta x=-\frac{1}{2}\varepsilon_0 E^2\Delta S\Delta x=-\frac{\sigma^2}{2\varepsilon_0}\Delta S\Delta x$$

导体能量的减少是因为对外做功导致的，于是可得导体表面的外向力为

$$F=-\frac{\Delta W}{\Delta x}=\frac{\sigma^2}{2\varepsilon_0}\Delta S$$

也即单位面积的外向力为

$$f=\frac{F}{\Delta S}=\frac{\sigma^2}{2\varepsilon_0}$$

与方法 1 得到的结果完全一致.

用同样的方法，如果平行板电容器的一个极板向外发生一个小位移 Δx，则可知电容器的静电能增加的量为

$$\Delta W=w_e\Delta V=w_e S\Delta x=\frac{1}{2}\varepsilon_0 E^2 S\Delta x=\frac{\sigma^2}{2\varepsilon_0}S\Delta x$$

其中 S 是极板的面积. 于是可知电容器两极板之间的作用力为

$$F=-\frac{\Delta W}{\Delta x}=-\frac{\sigma^2}{2\varepsilon_0}S=-\frac{Q^2}{2\varepsilon_0 S}$$

其中Q是电容器的带电量. 可见，电容器两极板之间的作用力是一个吸引力，这是显然的.

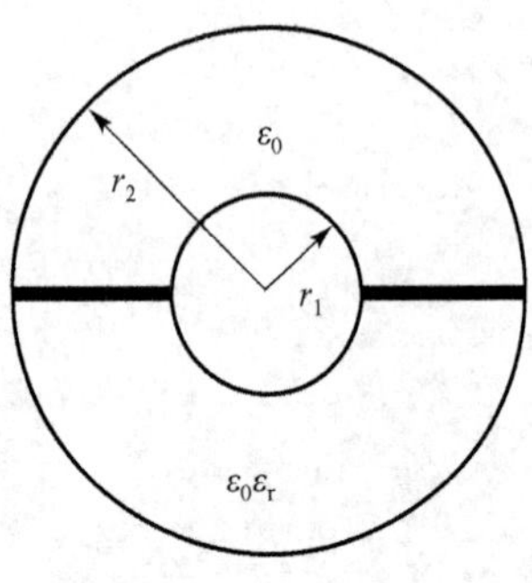

进阶题 2 图

进阶题 2 一个同心球形电容器，内外半径分别为r_1和r_2，其中一半空间是真空，一半空间充满相对介电常量为ε_r的电介质. 求电容器的电容.

【解题思路】 本题可以按照电容的定义来求解，或者利用电容器的串、并联来求解.

解 方法 1：利用电容器的串并联来求解.

球形电容器的电容为

$$C=\frac{4\pi\varepsilon_0\varepsilon_r r_1 r_2}{r_2-r_1}$$

设想通过球心的平面把球形电容器一分为二，变成两个半球形电容器；于是一个球形电容器可以看作是两个半球形电容器并联而成，则每个半球形电容器的电容为$C'=C/2$. 本题可以看作是两个半球形电容器并联而成，其电容分别为

$$C_1=\frac{2\pi\varepsilon_0 r_1 r_2}{r_2-r_1},\quad C_2=\frac{2\pi\varepsilon_0\varepsilon_r r_1 r_2}{r_2-r_1}$$

于是可得并联而成的电容器的总电容为

$$C=C_1+C_2=\frac{2\pi\varepsilon_0(1+\varepsilon_r)r_1 r_2}{r_2-r_1}$$

与球形电容器的结果对比可知，本题的情形相当于一个均匀填充的球形电容器，其中填充介质的相对介电常量为$(1+\varepsilon_r)/2$.

方法 2：先求出电场分布，然后利用电容的定义求解.

设内外球壳的电势分别为U_1和U_2，根据对称性，不妨设球壳内的电势分布为

$$U=a+\frac{b}{r} \tag{1}$$

于是可得两个边界条件为

$$U_1=a+\frac{b}{r_1},\quad U_2=a+\frac{b}{r_2}$$

解之可得

$$a=\frac{U_2 r_2-U_1 r_1}{r_2-r_1},\quad b=\frac{r_1 r_2(U_1-U_2)}{r_2-r_1}$$

于是可知球壳内的电势分布为

$$U=U(r)=\frac{U_2 r_2-U_1 r_1}{r_2-r_1}+\frac{r_1 r_2(U_1-U_2)}{r_2-r_1}\frac{1}{r}$$

根据唯一性定理可知这就是本题的解. 对应的电场强度为

$$E = -\nabla U = -\frac{\partial U}{\partial r}e_r = \frac{U_1 - U_2}{r_2 - r_1}\frac{r_1 r_2}{r^2}e_r$$

电位移矢量为

$$\text{真空中：} \quad D_1 = \varepsilon_0 E = \varepsilon_0 \frac{U_1 - U_2}{r_2 - r_1}\frac{r_1 r_2}{r^2}e_r$$

$$\text{介质中：} \quad D_2 = \varepsilon_0 \varepsilon_r E = \varepsilon_0 \varepsilon_r \frac{U_1 - U_2}{r_2 - r_1}\frac{r_1 r_2}{r^2}e_r$$

根据高斯定理可得内球壳上的带电量为

$$\begin{aligned} Q &= \oint_S D \cdot dS = \int_{S_1} D_1 \cdot dS + \int_{S_2} D_2 \cdot dS = 2\pi r^2 \varepsilon_0 \frac{(U_1 - U_2)(1+\varepsilon_r)}{r_2 - r_1}\frac{r_1 r_2}{r^2} \\ &= 2\pi\varepsilon_0 \frac{(U_1 - U_2)(1+\varepsilon_r) r_1 r_2}{r_2 - r_1} \end{aligned}$$

其中 S_1 对应着上半高斯面(真空中)，而 S_2 对应着下半高斯面(介质中). 于是根据定义可知所求的电容为

$$C = \frac{Q}{U} = \frac{Q}{U_1 - U_2} = \frac{2\pi\varepsilon_0(1+\varepsilon_r) r_1 r_2}{r_2 - r_1}$$

与第一种方法得到的结果完全一致.

在本题中我们用到了唯一性定理，在这里不需要知道定理具体的细节，可以类比高等数学中微分方程的求解过程，通俗地理解为只要能找到一个解能满足题中的各种条件，则这个解就是唯一正确的解，至于这个解是用什么方法得到的则并不重要. 我们在(1)式中假设了电势的函数形式，在这里可以认为是一种猜测，如果猜测的解刚好满足所有的条件，则就是正确的，否则就是错误的，换用其他的函数形式继续进行直到得到正确的解为止.

7.6 单元检测

7.6.1 基础检测

一、单选题

1. 【静电感应】有一带正电荷的大导体，欲测其附近 P 点处的场强，将一电荷量为 $q_0(q_0>0)$ 的点电荷放在 P 点，测得它所受的电场力大小为 F. 若电荷量 q_0 不足够小，则[　　]

(A) F/q_0 比 P 点处场强的数值大　　(B) F/q_0 比 P 点处场强的数值小

(C) F/q_0 与 P 点处场强的数值相等　　(D) 无法确定 F/q_0 与 P 点处场强的数值哪个大

2. 【静电平衡】在一个孤立的导体球壳内，若在偏离球中心处放一个点电荷，则在球壳内、外表面上将出现感应电荷，其电荷分布将是[　　]

(A) 内表面均匀，外表面也均匀　　(B) 内表面不均匀，外表面均匀

(C) 内表面均匀，外表面不均匀　　(D) 内表面不均匀，外表面也不均匀

3. 【静电平衡】一“无限大”均匀带电平面 A，其附近放一与它平行的有一定厚度的“无限大”平面

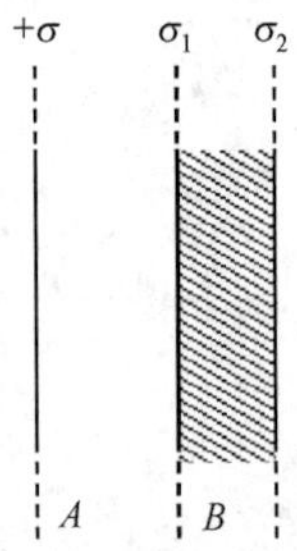

基础检测题 3 图

导体板 B，如图所示. 已知 A 上的电荷面密度为 $+\sigma$，则在导体板 B 的两个表面 1 和 2 上的感应电荷面密度为[　　]

(A) $\sigma_1=-\sigma,\ \sigma_2=+\sigma$　　(B) $\sigma_1=-\dfrac{\sigma}{2},\ \sigma_2=+\dfrac{\sigma}{2}$

(C) $\sigma_1=-\dfrac{\sigma}{2},\ \sigma_2=-\dfrac{\sigma}{2}$　　(D) $\sigma_1=-\sigma,\ \sigma_2=0$

4. 【电位移矢量】关于介质中的高斯定理，下列说法中正确的是[　　]

(A) 高斯面内不包围自由电荷，则面上各点电位移矢量 $\boldsymbol{D}$ 为零

(B) 高斯面上处处 $\boldsymbol{D}$ 为零，则面内必不存在自由电荷

(C) 高斯面的 $\boldsymbol{D}$ 通量仅与面内自由电荷有关

(D) 以上说法都不正确

5. 【静电能】真空中有"孤立的"均匀带电球体和一均匀带电球面，如果它们的半径和所带的电荷都相等，则它们的静电能之间的关系是[　　]

(A) 球体的静电能等于球面的静电能

(B) 球体的静电能大于球面的静电能

(C) 球体的静电能小于球面的静电能

(D) 球体内的静电能大于球面内的静电能，球体外的静电能小于球面外的静电能

6. 【电容】两个半径相同的金属球，一为空心，一为实心，两者的电容值相比较[　　]

(A) 实心球电容值大　　(B) 实心球电容值小

(C) 两球电容量值相等　　(D) 大小关系无法确定

二、填空题

7. 【静电平衡】两同心导体球壳，内球壳带电荷 $+q$，外球壳带电荷 $-2q$. 静电平衡时，外球壳的电荷分布为：内表面带电________；外表面带电________.

8. 【极化】分子的正负电荷中心重合的电介质叫做________电介质，在外电场作用下，分子的正负电荷中心发生相对位移，形成________.

9. 【介质中的电场】一平行板电容器，两板间充满各向同性均匀电介质，已知相对介电常量为 ε_r. 若极板上的自由电荷面密度为 σ，则介质中电位移的大小 $D=$________；场强的大小 $E=$________.

10. 【场线】如图所示，平行板电容器中充有各向同性均匀电介质. 图中画出两组带有箭头的线分别表示电场线和电位移线. 则其中(1)为________线，(2)为________线.

11. 【电容器并联】平行板电容器的两极板 A、B 的面积均为 S，相距为 d，如图所示，在两板中间左右两半分别插入相对介电常量为 ε_{r1} 和 ε_{r2} 的电介质，则电容器的电容为________.

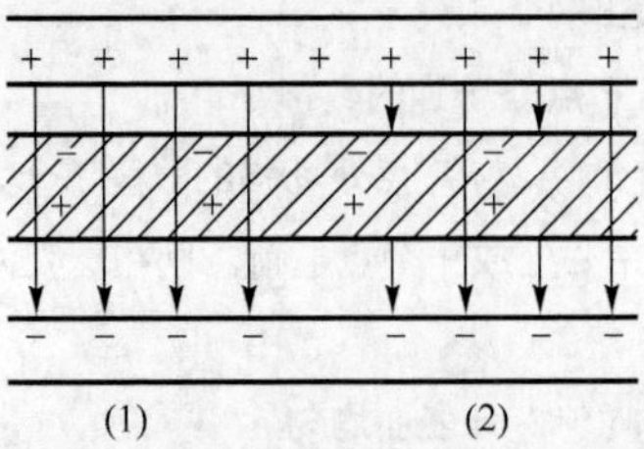

基础检测题 10 图

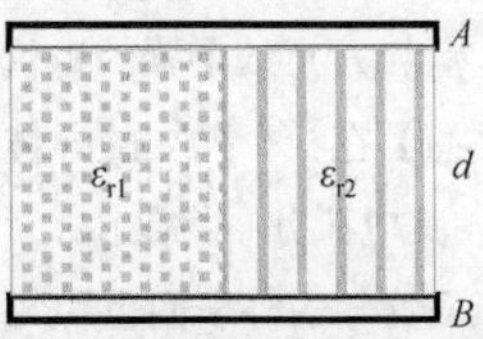

基础检测题 11 图

12. 【电场能量密度】一平行板电容器两极板间电压为 U，其间充满相对介电常量为 ε_r 的各向同性电

介质，其厚度为 d，则电介质中电场能量密度________.

7.6.2 巩固提高

一、单选题

1. 如图所示，有一接地的金属球，用一弹簧吊起，金属球原来不带电. 若在它的下方放置一电荷为 q 的点电荷，如图所示，则[　　]

(A) 只有当 $q>0$ 时，金属球才下移　　(B) 只有当 $q<0$ 时，金属球才下移

(C) 无论 q 是正是负金属球都下移　　(D) 无论 q 是正是负金属球都不动

2. 如图所示，一球形导体，带有电荷 q，置于一任意形状的空腔导体中. 当用导线将两者连接后，则与未连接前相比，系统静电场能量将[　　]

(A) 增大　　(B) 减小　　(C) 不变　　(D) 如何变化无法确定

3. 如图所示，在真空中半径分别为 R 和 $2R$ 的两个同心球面，其上分别均匀地带有电荷 $+q$ 和 $-3q$. 今将一电荷为 $+Q$ 的带电粒子从内球面处由静止释放，则该粒子到达外球面时的动能为[　　]

(A) $\dfrac{Qq}{4\pi\varepsilon_0 R}$　　(B) $\dfrac{Qq}{2\pi\varepsilon_0 R}$　　(C) $\dfrac{Qq}{8\pi\varepsilon_0 R}$　　(D) $\dfrac{3Qq}{8\pi\varepsilon_0 R}$

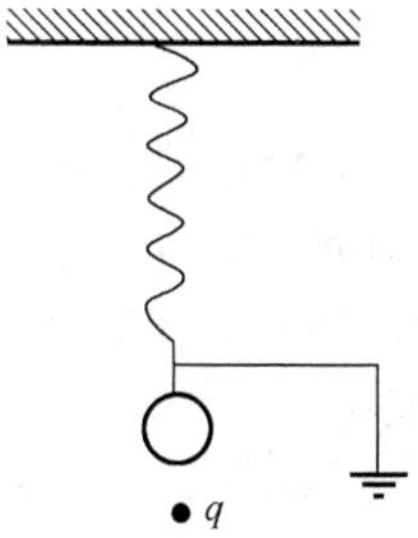

巩固提高题 1 图

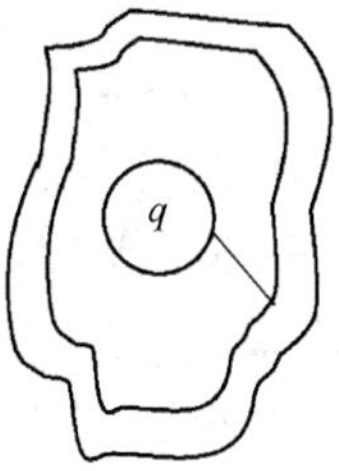

巩固提高题 2 图

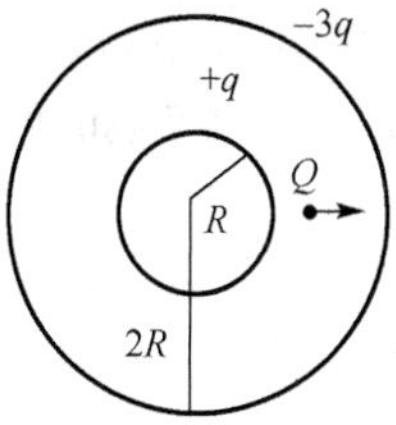

巩固提高题 3 图

4. 相距为 r_1 的两个电子，在重力可忽略的情况下由静止开始运动到相距为 r_2，从相距 r_1 到相距 r_2 期间，两电子系统的下列哪一个量是不变的？[　　]

(A) 动能总和　　(B) 电势能总和　　(C) 动量总和　　(D) 电相互作用力

5. 一平行板电容器，两板间距离为 d，若插入一面积与极板面积相同而厚度为 $d/2$、相对介电常量为 ε_r 的各向同性均匀电介质板(如图所示)，则插入介质后的电容值与原来的电容值之比 C/C_0 为[　　]

(A) $\dfrac{1}{\varepsilon_r+1}$　　(B) $\dfrac{\varepsilon_r}{\varepsilon_r+1}$

(C) $\dfrac{2\varepsilon_r}{\varepsilon_r+1}$　　(D) $\dfrac{2}{\varepsilon_r+1}$

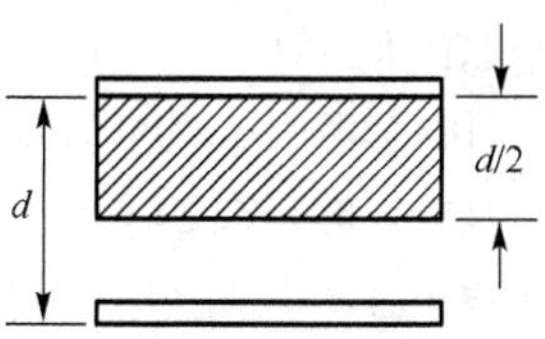

巩固提高题 5 图

6. 一空气平行板电容器充电后与电源断开，然后在两极板间充满某种各向同性均匀电介质，则电场强度的大小 E、电容 C、电压 U、电场能量 W 四个量各自与充入介质前相比较，增大(↑)或减小(↓)的情形为[　　]

(A) E↑，C↑，U↑，W↑　　(B) E↓，C↑，U↓，W↓

(C) E↓，C↑，U↑，W↓　　(D) E↑，C↓，U↓，W↑

7. 两个完全相同的电容器 C_1 和 C_2，串联后与电源连接. 现将一各向同性均匀电介质板插入 C_1 中，如

图所示，则[　　]

(A) 电容器组总电容减小　　(B) C_1 上的电荷大于 C_2 上的电荷

(C) C_1 上的电压高于 C_2 上的电压　　(D) 电容器组储存的总能量增大

8. 将一空气平行板电容器接到电源上充电到一定电压后，断开电源. 再将一块与极板面积相同的各向同性均匀电介质板平行地插入两极板之间，如图所示，则由于介质板的插入及其所放位置的不同，对电容器储能的影响为[　　]

(A) 储能减少，但与介质板相对极板的位置无关

(B) 储能减少，且与介质板相对极板的位置有关

(C) 储能增加，但与介质板相对极板的位置无关

(D) 储能增加，且与介质板相对极板的位置有关

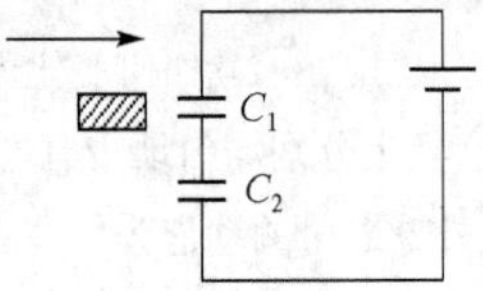

巩固提高题 7 图

巩固提高题 8 图

二、填空题

9. 在一个不带电的导体球壳内，先放进一电荷为 $+q$ 的点电荷，点电荷不与球壳内壁接触. 然后使该球壳与地接触一下，再将点电荷 $+q$ 取走. 此时，球壳的电荷为________，电场分布的范围是________.

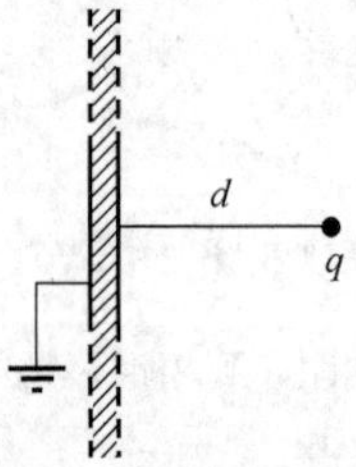

巩固提高题 10 图

10. 如图所示，一“无限大”接地金属板，在距离板面 d 处有一电荷为 q 的点电荷，则板上离点电荷最近一点处的感应电荷面密度 $\sigma' =$________.

11. 一任意形状的带电导体，其电荷面密度分布为 $\sigma(x、y、z)$，则在导体表面外附近任意点处的电场强度的大小 $E(x、y、z) =$________，方向________.

12. 两个点电荷在真空中相距为 r_1 时的相互作用力等于它们在某一“无限大”各向同性均匀电介质中相距为 r_2 时的相互作用力，则该电介质的相对介电常量 $\varepsilon_r =$________.

13. 半径为 R_1 和 R_2 的两个同轴金属圆筒，其间充满着相对介电常量为 ε_r 的均匀介质. 设两筒上单位长度带有的电荷分别为 $+\lambda$ 和 $-\lambda$，则介质中离轴线的距离为 r 处（$R_1 < r < R_2$）的电位移矢量的大小 $D =$________；场强的大小 $E =$________.

14. 如图所示，电容 C_1、C_2、C_3 已知，电容 C 可调，当调节到 A、B 两点电势相等时，电容 $C =$________.

15. 电容为 C_0 的平板电容器，接在电路中，如图所示. 若将相对介电常量为 ε_r 的各向同性均匀电介质插入电容器中(填满空间)，则此时电容器的电容为原来的________倍，电场能量是原来的________倍.

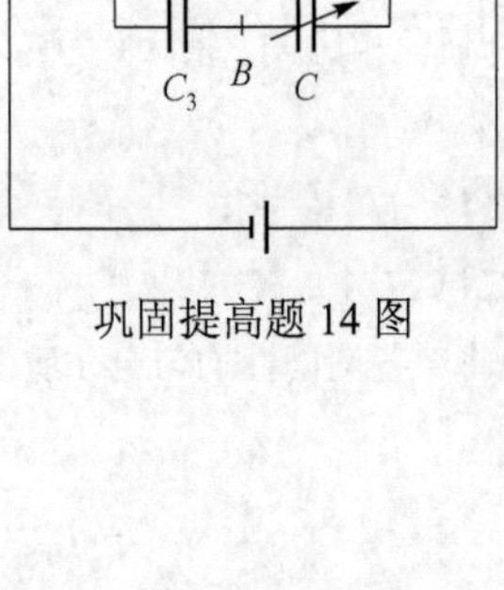

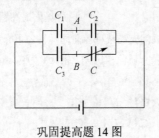

巩固提高题 14 图

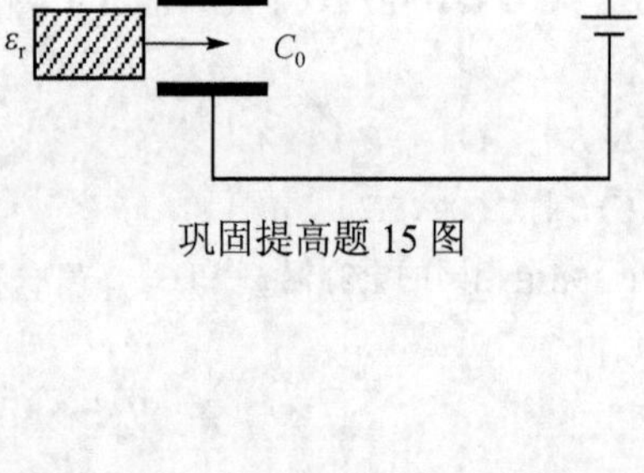

巩固提高题 15 图

三、计算题

16. 厚度为 d 的无限大均匀带电导体板，两表面单位面积上电荷之和为 σ，试求图示离左板面距离为 a 的一点 1 与离右板面距离为 b 的一点 2 之间的电势差.

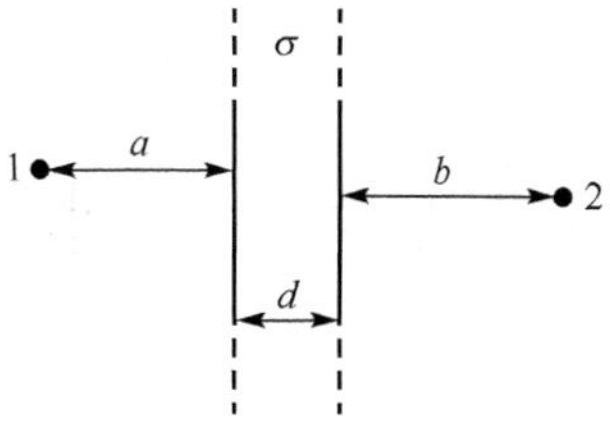

巩固提高题 16 图

17. 有一无限大的接地导体板，在距离板面 b 处有一电量为 q 的点电荷. 试求：

(1) 导体板面上各点的感应电荷面密度分布；

(2) 面上感应电荷的总电荷.

18. 半径分别为 a 和 b 的两个金属球，它们的间距比本身线度大得多. 今用一细导线将两者相连接，并给系统带上电荷 Q.

(1) 问每个球上分配到的电荷是多少？

(2) 按电容定义式，计算此系统的电容.

19. 两金属球的半径之比为 1∶4，带等量的同号电荷. 当两者的距离远大于两球半径时，有一定的电势能. 若将两球接触一下再移回原处，则电势能变为原来的多少倍？

7.6 单元检测
参考答案

第 8 章　恒定磁场

8.1　基 本 要 求

(1) 了解恒定电场和产生恒定电流的条件，理解电流密度、电源电动势的概念，了解欧姆定律的微分形式.

(2) 了解磁现象，掌握磁感应强度的定义及物理意义.

(3) 理解毕奥-萨伐尔定律和磁场叠加原理，掌握用毕奥-萨伐尔定律计算磁感应强度的方法.

(4) 理解磁感应线、磁通量等概念，理解恒定磁场的高斯定理，会计算简单情况的磁通量.

(5) 理解安培环路定理，掌握用安培环路定理计算磁感应强度的方法.

(6) 理解洛伦兹力，掌握带电粒子在电场、磁场中的运动规律，了解霍尔效应，理解安培定律，掌握安培力的计算方法，理解磁矩的概念，掌握均匀磁场中磁力矩的计算方法，会计算稳恒磁场对载流线圈所做的功.

(7) 了解磁介质的分类及其磁化机理，了解磁化强度、磁场强度、磁化电流等概念，了解铁磁质的特性及其规律.

(8) 理解磁场强度的概念，理解有磁介质时的安培环路定理，并会用其计算某些具有对称性分布的磁介质和传导电流的磁场.

8.2　学 习 导 引

(1) 本章主要学习运动电荷或电流所产生的磁场和磁场与物质之间的相互作用，主要包含恒定磁场、磁场对运动的带电粒子和载流导线的作用、物质的磁性三部分内容.

(2) 由于磁场是由运动电荷或电流产生的，本部分内容首先给出了电流强度和电流密度的概念，进而引出了欧姆定律的微分形式和连续性方程. 电流强度是一个标量，其定义为单位时间内通过导体任一截面的电量. 它是一个宏观量，是针对导体中某个截面而言的；电流密度是一个矢量，其方向为某点处正电荷的运动方向，大小为单位时间内通过在该点附近垂直于正电荷运动方向的单位截面上的电量. 它是一个微观量，反映了某点处电荷的运动情况. 在后续学习中经常用到电流强度和电流密度的关系式 $I=\int_S \boldsymbol{J}\cdot \mathrm{d}\boldsymbol{S}$，注意学习.

(3) 电源是提供非静电力的装置，也是将其他形式的能量转化为电能的装置. 电源转换能量的本领用物理量电动势来描述，即电动势描述电源非静电力做功本领的大小. 类比于电场力，将非静电力当作一种非静电场提供的，电源的电动势是把单位正电荷从负极板经电源内部移动至正极板过程中非静电场力所做的功：$\varepsilon=\int_{-}^{+}\boldsymbol{E}_{\mathrm{k}}\cdot\mathrm{d}\boldsymbol{l}$. 电源非静电力和电动势的概念在后续电磁感应的学习中会反复用到.

(4) 由带电粒子在磁场中运动时的受力情况引入了描述磁场性质的基本物理量——磁感应强度. 根据电流激发磁场的实验结果分析得出的电流元产生磁场的规律，即毕奥-萨伐尔定律，是这部分内容的重要基础. 利用毕奥-萨伐尔定律可以得到任意电流激发的磁场分布和运动电荷的磁场分布. 直导线的磁场、圆电流轴线上的磁场、螺线管的磁场分布是利用毕奥-萨伐尔定律的典型例子，也是进行更为复杂计算的基础，学习时注意掌握.

(5) 磁场的基本规律包含高斯定理和安培环路定理. 磁场的高斯定理表明恒定磁场是无源场，磁感应线是闭合曲线；安培环路定理表明恒定电流产生的磁场是涡旋场. 利用安培环路定理可以求解具有某种对称性电流分布的磁场，如无限长载流直导线的磁场、无限长载流圆柱(面)的磁场、无限长载流直螺线管内的磁场、载流螺绕环的磁场. 利用安培环路定理解题的步骤为：分析磁场分布的对称性；选取适当的闭合回路，确定积分路径的方向；由安培环路定理列方程并求解.

(6) 运动的带电粒子进入磁场中会受到洛伦兹力的作用，洛伦兹力可以通过磁感应强度的定义给出. 利用洛伦兹力可以探讨在均匀磁场中的磁聚焦现象和霍尔效应、在非均匀磁场中的磁约束和磁镜现象及带电粒子进入地磁场后存在范艾伦辐射带的物理成因.

(7) 载流导线放到磁场中会受到安培力的作用，安培力是洛伦兹力的宏观体现. 大学物理讨论的任意形状的载流导线在磁场中受到的安培力是中学物理只讨论通电直导线的情况的拓展. 对于均匀磁场中的载流线圈而言，作用在每一段电流元上的安培力可能不为零，但合力为零，但作用在整个线圈上的磁力矩可能不为零. 线圈磁力矩的作用效果总是使线圈磁矩的方向转向外磁场的方向. 载流导线或线圈在受到安培力和磁力矩的作用下发生平动或转动，安培力就要做功. 当电流恒定时，磁力的功等于电流强度与磁通量增量的乘积.

(8) 与电介质放在电场中会发生极化现象类似，磁介质放在磁场中会发生磁化现象. 按照磁化后的宏观性质将磁介质分为三类：顺磁质、抗磁质和铁磁质. 顺磁质和抗磁质磁化后其内部总的磁感应强度分别略大于和略小于外磁场的磁感应强度；铁磁质磁化后其内部总的磁感应强度远大于外磁场的磁感应强度.

(9) 顺磁质和抗磁质发生磁化的微观机理源于在外磁场中磁介质分子的固有磁矩的变化和产生的附加磁矩的影响. 当顺磁质磁化时，由于磁力矩的作用，分子固有磁矩转向外磁场方向，同时在顺磁质表面出现磁化电流(束缚电流)；当抗磁质磁化时，由于其固有磁矩为零，分子在外磁场作用下产生与外磁场反向的附加磁矩，同时在抗磁质表面也出现磁化电流.

(10) 磁化强度是反应磁介质磁化程度的物理量. 外磁场越强，磁介质的磁化程度越高，磁化电流越大，磁化强度越大. 磁介质表面某处的磁化电流面密度等于磁化强度与该处外法线方向单位矢量的叉积.

(11) 由于磁介质内部的磁场是外磁场和磁化电流产生的磁场的叠加，通过真空中的安培环路定理引入了一个与磁感应强度和磁化强度相关的物理量——磁场强度，用它来描述有磁介质存在时的磁场. 由此，将真空中由磁感应强度描述的安培环路定理推广到磁介质中，建立了由磁场强度描述的普遍的安培环路定理. 求解磁介质中具有一定对称性的磁场分布问题的步骤与真空中的安培环路定理的解题步骤相似. 求出磁场强度后，可以根据磁场强度与磁感应强度、磁化强度、磁化面电流密度的关系求解各相关物理量.

(12) 铁磁质的相对磁导率比较大，而且随着磁场强度的变化而变化. 铁磁质的特殊性质可以用磁畴理论来解释. 铁磁质中存在磁滞现象，在反复磁化时有能量损耗，即磁滞损耗. 学习中注意铁磁质的性质和应用.

8.3 思维导图

8.3 思维导图（详细版）

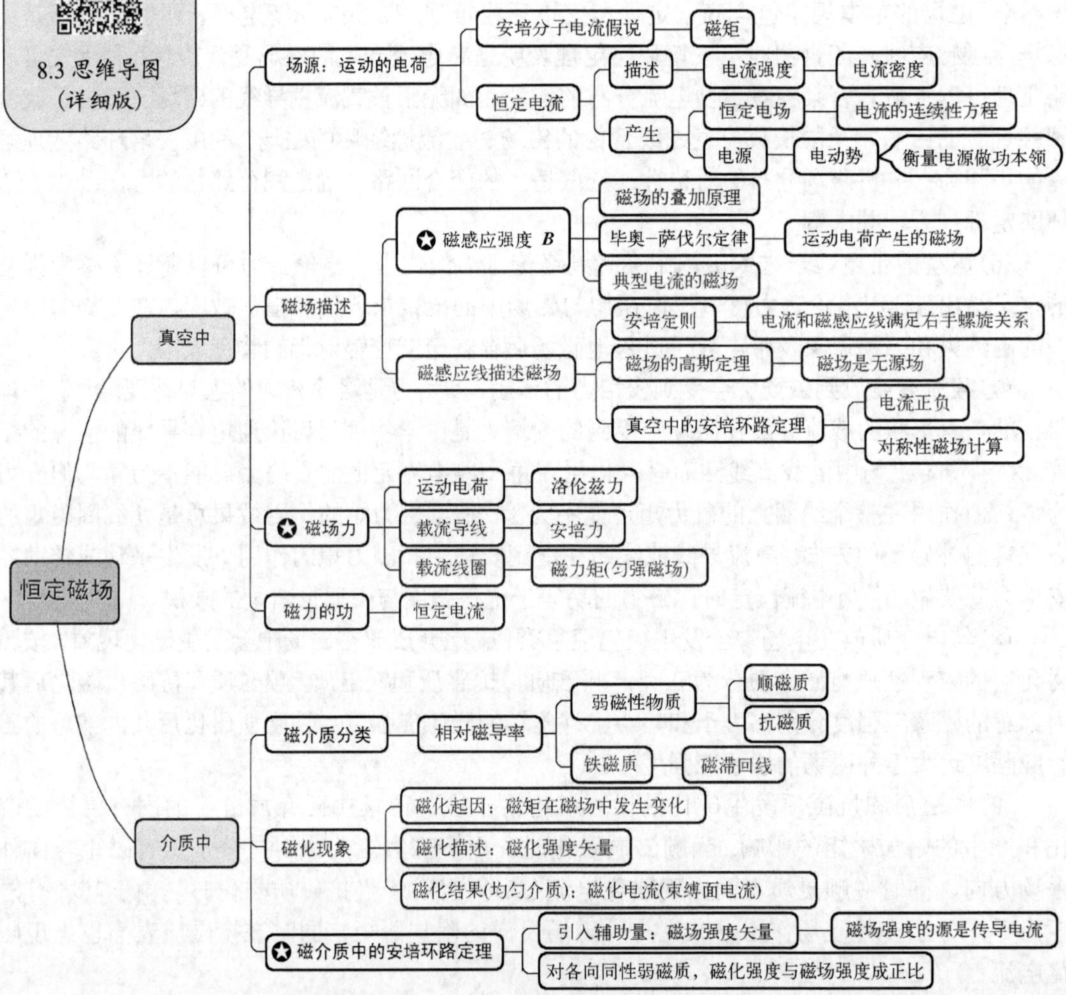

8.4 内容提要

1. 电流和电流密度

(1) 电流强度 $I=\lim\limits_{\Delta t\to 0}\dfrac{\Delta Q}{\Delta t}=\dfrac{\mathrm{d}Q}{\mathrm{d}t}$：单位时间内通过导体任一横截面的电量，描述电流强弱的物理量.

电流强度是标量. 电流强度只能描述导体中通过某一截面电流的整体特征，但是当通过任一截面的电量不均匀时，只用电流强度来描述就不够用了.

(2) 电流密度$\boldsymbol{J}$：描述空间不同点电流大小和方向的物理量.

电流密度是矢量，其方向为某点正电荷的运动方向，其大小等于单位时间内通过在该点附近垂直于正电荷运动方向的单位截面上的电量，即$|\boldsymbol{J}|=\lim\limits_{\Delta S_{\perp}\to 0}\dfrac{\Delta I}{\Delta S_{\perp}}=\dfrac{\mathrm{d}I}{\mathrm{d}S_{\perp}}=\dfrac{\mathrm{d}Q}{\mathrm{d}t\cdot\mathrm{d}S_{\perp}}$.

电流密度矢量是导体内空间各点位置的函数，它描述了电流在导体内的分布情况；若导体内各处的$\boldsymbol{J}$都相同，则称为均匀电流；若$\boldsymbol{J}$不随时间变化，则称为恒定电流；类似于电场线，引入电流线来描述由$\boldsymbol{J}$组成的电流分布，称为电流场.

对于有一定电流分布的有限截面S，穿过面元$\mathrm{d}\boldsymbol{S}$的电流强度$\mathrm{d}I=\boldsymbol{J}\cdot\mathrm{d}\boldsymbol{S}$；穿过截面$S$的电流强度等于电流密度矢量通过该截面的通量，即$I=\int_S\boldsymbol{J}\cdot\mathrm{d}\boldsymbol{S}$.

导体内的电流密度矢量$\boldsymbol{J}=en\boldsymbol{v}$，其中$n$为电子数密度，即单位体积内的电子数；$\boldsymbol{v}$为沿电场方向的平均漂移速度.

(3) 欧姆定律.

欧姆定律的微分形式$\boldsymbol{J}=\gamma\boldsymbol{E}=\dfrac{1}{\rho}\boldsymbol{E}$：描述了导体内部任一点的电场强度$\boldsymbol{E}$和电流密度$\boldsymbol{J}$之间的关系，其中$\gamma$和$\rho$分别称为导体的电导率和电阻率.

欧姆定律的积分形式$I=\dfrac{U}{R}$，其中U为导线两端的电势差，R为导线的电阻.

对于一段横截面积为S、长为L、电阻率ρ处处均匀的导线，其电阻$R=\dfrac{l}{\gamma S}=\rho\dfrac{l}{S}$；

对于一段横截面积为S、长为L、电阻率ρ不均匀的导线，其电阻$R=\int_L\rho\dfrac{\mathrm{d}l}{S}$.

(4) 焦耳-楞次定律$Q_{热}=I^2Rt$：电流I流过电阻为R的导体时，经过t秒后从导体内放出的热量.

2. 恒定电场、电源、电动势

(1) 电流的连续性方程$\oint_S\boldsymbol{J}\cdot\mathrm{d}\boldsymbol{S}=-\dfrac{\mathrm{d}q}{\mathrm{d}t}=-\int_V\dfrac{\partial\rho}{\partial t}\mathrm{d}V$：在有电流分布的空间取一闭合曲面$S$，单位时间内通过该曲面向外净流出的电荷量应等于闭合曲面内单位时间电荷量的减少，式中q、ρ分别是闭合曲面S内的电荷量和电荷体密度分布. 电流连续性方程的实质是电荷守恒定律.

(2) 恒定电场：如果要在导线中维持一个各点电流密度大小和方向都不随时间变化的恒定电流，必须在导体内建立一个不随时间变化的恒定电场.

恒定电场和静电场的异同：静电场要求场源电荷是静止的，而恒定电场的场源电荷可以不断运动，只要达到动态稳定就行；静电场中，空间无电流，导体内部场强处处为零，净电荷也为零，而恒定电场无这个要求，导体内可以有电荷的移动、可以有净电荷分布，导体内场强也可以不为零. 静电场是特殊的恒定电场.

电流恒定的条件是电荷分布不随时间变化，即$\oint_S\boldsymbol{J}\cdot\mathrm{d}\boldsymbol{S}=0$. 因此，在没有分支的恒定电路中，通过各截面的电流必定相等；恒定电流的电流线是既无起点又无终点的闭合曲线，这称为恒定电流的闭合性.

单靠静电场不能在导体中维持恒定的电流流动，必须由电源产生非静电外力. 从能量角度看，实际上电源是把其他形式的能量转换为电能的装置.

(3) 电动势：描述电源非静电力做功能力的物理量.

电源电动势 $\varepsilon=\int_{-(内)}^{+}\boldsymbol{E}_{\mathrm{k}}\cdot\mathrm{d}\boldsymbol{l}$，即把单位正电荷从负极经过电源内部移到正极时，非静电场力所做的功.

若非静电力作用存在于整个回路中，则电动势应表示为对闭合回路积分 $\varepsilon=\oint\boldsymbol{E}_{\mathrm{k}}\cdot\mathrm{d}\boldsymbol{l}$.

电动势是标量，但有正负. 为了便于计算，通常规定电动势的方向由电源内部从电源负极指向电源正极，即在内电路，电动势沿电势升高的方向.

3. 磁感应强度

(1) 磁感应强度 $\boldsymbol{B}$：描述磁场的基本物理量.

在磁场中任意一点磁感应强度矢量 $\boldsymbol{B}$ 可用运动点电荷 q 在该点所受的磁场力 $\boldsymbol{F}$ 来定义.

$\boldsymbol{B}$ 方向：带电粒子在磁场中运动时，受力为零的方向指向小磁针稳定平衡时 N 极的方向.

$\boldsymbol{B}$ 大小：$B=\dfrac{F}{qv\sin\theta}$，其中 v 是带电粒子的速率，θ 为速度 $\boldsymbol{v}$ 和磁感应强度 $\boldsymbol{B}$ 之间的夹角.

实验表明：运动点电荷所受的磁力 $\boldsymbol{F}$ 总是垂直于 $\boldsymbol{v}$ 和 $\boldsymbol{B}$，其矢量式为 $\boldsymbol{F}=q\boldsymbol{v}\times\boldsymbol{B}$，称为洛伦兹力.

(2) 磁场叠加原理 $\boldsymbol{B}=\sum_{i=1}^{n}\boldsymbol{B}_i$：在由 n 个电流共同激发的磁场中，某点的磁感应强度 $\boldsymbol{B}$ 等于各个电流单独存在时在该点产生的磁感应强度的矢量和.

4. 毕奥-萨伐尔定律

(1) 毕奥-萨伐尔定律 $\mathrm{d}\boldsymbol{B}=\dfrac{\mu_0}{4\pi}\cdot\dfrac{I\mathrm{d}\boldsymbol{l}\times\boldsymbol{e}_r}{r^2}=\dfrac{\mu_0}{4\pi}\cdot\dfrac{I\mathrm{d}\boldsymbol{l}\times\boldsymbol{r}}{r^3}$：描述了一段电流元 $I\mathrm{d}\boldsymbol{l}$ 产生的磁感应强度 $\mathrm{d}\boldsymbol{B}$，其中 $\boldsymbol{r}$、r 和 $\boldsymbol{e}_r$ 分别为由电流元到场点的位矢、距离和方向矢量，$\mu_0=\dfrac{1}{\varepsilon_0c^2}=4\pi\times10^{-7}(\mathrm{N\cdot A^{-2}})$ 为真空磁导率.

$\mathrm{d}\boldsymbol{B}$ 的方向：垂直于 $I\mathrm{d}\boldsymbol{l}$ 与 $\boldsymbol{r}$ 组成的平面，指向由 $I\mathrm{d}\boldsymbol{l}$ 经小于 180° 的角转向 $\boldsymbol{r}$ 时的右手螺旋定则判定.

$\mathrm{d}\boldsymbol{B}$ 的大小：$\mathrm{d}B=\dfrac{\mu_0}{4\pi}\cdot\dfrac{I\mathrm{d}l\sin\theta}{r^2}$，式中 θ 为电流元 $I\mathrm{d}\boldsymbol{l}$ 与位矢 $\boldsymbol{r}$ 之间的夹角.

(2) 利用毕奥-萨伐尔定律计算载流体的磁场分布：一段电流产生的磁感应强度 $\boldsymbol{B}=\int_L\dfrac{\mu_0}{4\pi}\cdot\dfrac{I\mathrm{d}\boldsymbol{l}\times\boldsymbol{r}}{r^3}$，这是矢量积分. 在一般情况下，各电流元 $I\mathrm{d}\boldsymbol{l}$ 在所研究的场点产生的 $\mathrm{d}\boldsymbol{B}$ 方向不同，利用该式积分计算 $\boldsymbol{B}$ 时，应建立坐标系，考虑磁场的对称性，先求出 $\boldsymbol{B}$ 沿坐标轴的分量，再合成. 一些典型载流体的磁场分布如下.

有限长载流直导线的磁场：$B=\frac{\mu_0 I}{4\pi a}(\cos\theta_1-\cos\theta_2)$，$\theta_1$、$\theta_2$分别为沿电流方向$I\mathrm{d}\boldsymbol{l}$与$\boldsymbol{r}$之间的夹角.

无限长载流直导线的磁场：$B=\frac{\mu_0 I}{2\pi a}$.

圆电流轴线上的磁场：$B=\frac{\mu_0 IR^2}{2(R^2+x^2)^{3/2}}$.

长直载流螺线管内的磁场：$B=\mu_0 nI$.

载流密绕细螺绕环内的磁场：$B=\frac{\mu_0 NI}{2\pi r}=\mu_0 nI$.

运动电荷的磁场：$\boldsymbol{B}=\frac{\mu_0}{4\pi}\cdot\frac{q\boldsymbol{v}\times\boldsymbol{e}_r}{r^2}$.

5. 磁场的高斯定理

(1) 磁感应线：磁场中能够表示磁感应强度大小和方向的假想曲线. 磁感应线是一些有向曲线，其方向和疏密程度可以表示出空间磁感应强度的分布. 磁感应线上任一点的切向代表该点的磁感应强度$\boldsymbol{B}$的方向；而通过垂直于切向的单位面积上的磁感应线条数正比于该点$\boldsymbol{B}$的大小.

(2) 磁通量：通过磁场中某一曲面的磁感应线条数.

计算式：$\Phi=\int_S \boldsymbol{B}\cdot\mathrm{d}\boldsymbol{S}=\int_S B\mathrm{d}S\cos\theta$.

单位：Wb (韦伯)，$1\,\mathrm{Wb}=1\,\mathrm{T}\cdot\mathrm{m}^2$.

磁通量是标量，对于闭合曲面，取外法线方向为正. 在$\boldsymbol{B}$线穿出曲面的地方，磁通量为正，$\Phi>0$；在$\boldsymbol{B}$线穿入曲面的地方，磁通量为负，$\Phi<0$；在$\boldsymbol{B}$线与曲面法线垂直的地方，磁通量为零，$\Phi=0$.

磁感应强度的大小B可以看成是单位面积上的磁通量.

(3) 磁场的高斯定理$\oint_S \boldsymbol{B}\cdot\mathrm{d}\boldsymbol{S}=0$：磁场中通过任一封闭曲面的磁通量一定为零.

物理意义：表明了磁场是一种无源场，磁感应线是闭合的，自然界中不存在与电荷相对应的“磁荷”(或称“磁单极”).

6. 安培环路定理

(1) 安培环路定理$\oint_L \boldsymbol{B}\cdot\mathrm{d}\boldsymbol{l}=\mu_0\sum_{(穿过L)} I_i$：在真空中的恒定磁场内，磁感应强度$\boldsymbol{B}$的环流等于穿过积分回路的所有电流强度代数和的$\mu_0$倍. 电流强度$I$的正负约定：穿过回路$L$的电流方向与$L$的环绕方向服从右手螺旋关系的$I$为正，反之为负.

物理意义：表明了磁场是一种涡旋场，电流是磁场涡旋的中心. 对比静电场$\boldsymbol{E}$的环流为零，说明静电场是保守力场，并由此可引入电势的概念；恒定磁场中不能引入磁势的概念.

若穿过闭合路径L的电流密度具有一定分布，则安培环路定理应写为$\oint_L \boldsymbol{B}\cdot\mathrm{d}\boldsymbol{l}=\mu_0\int_S \boldsymbol{J}\cdot\mathrm{d}\boldsymbol{S}$，其中积分面积$S$是为$L$边界所包围的面积，$\boldsymbol{J}$是积分面积各处的电流密度矢量.

注意：安培环路定理式中的 $\boldsymbol{B}$ 是闭合积分路径上 $\mathrm{d}\boldsymbol{l}$ 处的磁感应强度，它是由空间中所有电流产生的，其中包括那些不穿过 L 的电流产生的磁场；但不穿过闭合曲线 L 的电流所激发的磁场沿该闭合曲线 L 的环流等于零.

(2)利用安培环路定理计算具有对称性的载流体的磁场分布：首先要根据电流分布的对称性来分析磁场分布的对称性，根据磁场分布的对称性，选取适当的积分路径进行计算.

7. 磁场对带电粒子、载流体的作用

(1)洛伦兹力 $\boldsymbol{F}=q\boldsymbol{v}\times\boldsymbol{B}$：定量描述了电量为 q、速度为 $\boldsymbol{v}$ 的带电粒子在磁感应强度 $\boldsymbol{B}$ 处受到的磁场力.

洛伦兹力的大小为 $F=|q|vB\sin\theta$，方向始终与电荷的运动方向垂直，因此洛伦兹力不改变运动电荷速度的大小，只能改变电荷速度的方向，可使路径发生弯曲；洛伦兹力对运动电荷永远不做功.

若带电粒子的速度 $\boldsymbol{v}$ 与磁场 $\boldsymbol{B}$ 平行，则洛伦兹力为零，带电粒子的运动状态不受影响.

在均匀磁场中，若带电粒子的速度 $\boldsymbol{v}$ 与磁场 $\boldsymbol{B}$ 垂直，则洛伦兹力的方向与 $\boldsymbol{v}$ 和 $\boldsymbol{B}$ 两两垂直，带电粒子做匀速圆周运动；若带电粒子的速度 $\boldsymbol{v}$ 与磁场 $\boldsymbol{B}$ 既不垂直也不平行，则粒子做螺旋线运动，其回旋半径 $R=\dfrac{mv_{\perp}}{qB}$，周期 $T=\dfrac{2\pi R}{v_{\perp}}=\dfrac{2\pi m}{qB}$，螺距 $h=v_{//}T=v_{//}\dfrac{2\pi m}{qB}$.

(2)霍尔效应：通有电流 I 的金属或半导体板置于磁感应强度为 $\boldsymbol{B}$ 的均匀磁场中，若磁场的方向和电流方向垂直，则在金属板与电流方向垂直的另外一个方向的两侧之间会显示出微弱的横向电势差，这就是霍尔效应，该电势差称为霍尔电压 $U_{\mathrm{H}}=R_{\mathrm{H}}\dfrac{BI}{d}=\dfrac{1}{nq}\cdot\dfrac{BI}{d}$，其中霍尔系数 $R_{\mathrm{H}}=\dfrac{1}{nq}$，$q$ 为载流子的带电量，n 为载流子的数密度，d 为沿磁场方向的导体厚度. 利用霍尔效应可以方便地测量磁感应强度、载流子数密度、判断载流子的类型等.

(3)安培力 $\mathrm{d}\boldsymbol{F}=I\mathrm{d}\boldsymbol{l}\times\boldsymbol{B}$：定量描述了载流导线的一段电流元 $I\mathrm{d}\boldsymbol{l}$ 在磁感应强度 $\boldsymbol{B}$ 处受到的磁场力.

安培力是洛伦兹力的宏观表现，在金属导体中做定向运动的自由电子会受到与其定向运动方向垂直的洛伦兹力，不断地与金属中的晶体点阵相碰撞，把力传给导体从而产生安培力.

一段有限长载流导线 L 在任意磁场中受到的安培力 $\mathrm{d}\boldsymbol{F}=\int_L I\mathrm{d}\boldsymbol{l}\times\boldsymbol{B}$. 在一般情况下，当导线上各电流元所受的力 $\mathrm{d}\boldsymbol{F}$ 的方向不一致时，应首先根据对称性建立坐标系，化矢量积分为标量积分，最后合成矢量结果.

在均匀磁场中，一段有限长载流导线受到的安培力 $\boldsymbol{F}=I\boldsymbol{L}\times\boldsymbol{B}$，其中 $\boldsymbol{L}$ 是由导线起点指向终点的位置矢量，该安培力的大小为 $F=I|\boldsymbol{L}|B\sin\theta$，方向垂直于 $\boldsymbol{B}$ 和 $I\boldsymbol{L}$ 组成的平面. 因此，一个任意弯曲的载流导线放在均匀磁场中所受到的磁场力，等效于从弯曲导线起点到终点的直线电流在磁场中所受的力.

在均匀磁场中，一个载流线圈受到安培力的矢量和为零.

(4)磁力矩 $\boldsymbol{M}=\boldsymbol{m}\times\boldsymbol{B}=IS\boldsymbol{n}\times\boldsymbol{B}$：在磁感应强度为 $\boldsymbol{B}$ 的均匀磁场中，面积为 S 的刚性平面载流线圈受到的磁场作用，其中线圈磁矩 $\boldsymbol{m}=IS\boldsymbol{e}_{\mathrm{n}}$，$\boldsymbol{e}_{\mathrm{n}}$ 为线圈平面的法向矢量，也是磁矩的方向，与电流方向成右手螺旋关系.

在均匀磁场中，磁力矩的作用总是使线圈磁矩转向磁场方向；在非均匀磁场中，载流线圈除受到磁力矩而转动外，还受到磁力的作用. 当载流线圈转向外磁场方向时，磁力的方向指向强磁场区域，因此载流小线圈总是被磁极吸引.

(5)磁力的功.

当回路中的电流恒定时，磁力的功等于电流与回路包围面积内磁通量增量的积$W = I(\Phi_2 - \Phi_1) = I\Delta\Phi$；

当回路中的电流变化时，磁力的功$W = \int_{\Phi_1}^{\Phi_2} I\mathrm{d}\Phi$.

8. 物质的磁性

1)磁介质的分类

相对磁导率$\mu_\mathrm{r} = \dfrac{B}{B_0}$：磁介质中某点的总磁感应强度$\boldsymbol{B}$等于电流在真空中激发的磁感应强度$\boldsymbol{B}_0$与磁介质磁化产生附加磁场的磁感应强度$\boldsymbol{B}'$的矢量和，即$\boldsymbol{B} = \boldsymbol{B}_0 + \boldsymbol{B}'$.

分子的固有磁矩$\boldsymbol{m} = IS\boldsymbol{e}_\mathrm{n}$：$I$和$S$是分子电流的电流强度和圆面积，$\boldsymbol{e}_\mathrm{n}$为圆电流平面法向单位矢量，它与电流方向成右手螺旋关系. 从微观上看，分子的固有磁矩是分子(原子)中的所有电子的轨道磁矩和自旋磁矩的矢量和.

顺磁质：μ_r略大于1的常数的磁介质. 从微观上看，顺磁质的分子固有磁矩不为零，在无外磁场时，各个分子固有磁矩的方向完全无规则，宏观上不产生磁效应；有外磁场时，当达到热平衡后，分子磁矩将不同程度地沿外磁场方向排列起来，在宏观上呈现出附加磁场，这个附加磁场的方向与外磁场方向相同，使介质中的磁感应强度增加. 顺磁质在外磁场中的磁化过程主要体现为取向磁化.

抗磁质：μ_r略小于1的常数的磁介质. 从微观上看，抗磁质的分子固有磁矩等于零，在外磁场中，各个分子中的电子都因拉莫进动而产生感应磁矩. 感应磁矩的方向与外磁场方向相反，这样抗磁质体内的感应磁矩激发一个和外磁场方向相反的附加磁场，使介质中的磁感应强度减弱. 抗磁质在外磁场中的磁化过程称为感应磁化. $\mu_\mathrm{r} = 0$表示完全抗磁性，如超导体就是理想的完全抗磁体.

铁磁质：$\mu_\mathrm{r} \gg 1$且不为常数的磁介质. 从微观上看，铁磁质的分子固有磁矩在不同区域内组成磁畴，每个磁畴区域内部包含大量分子，这些分子的磁矩都像一个个小磁铁那样整齐排列. 当铁磁质未被磁化时，相邻的不同区域之间原子磁矩排列的方向不同；当铁磁质被外磁场磁化后，所有磁畴整齐排列，由此可产生特别强的附加磁场，使铁磁质中的磁场增强$10^2 \sim 10^4$倍. 铁磁质的磁化过程具有磁滞现象，即磁感应强度$\boldsymbol{B}$的变化落后磁场强度$\boldsymbol{H}$的变化，磁化过程形成的B-H曲线称为磁滞回线. 磁滞回线所围面积与磁滞损耗成正比，在研究铁磁性和亚铁磁性材料特性时，具有重要的作用.

2)磁化现象的定量描述

磁化强度$\boldsymbol{M} = \dfrac{1}{\Delta V}\sum_i \boldsymbol{m}_i$：单位体积内分子磁矩的矢量和，单位是$\mathrm{A \cdot m^{-1}}$. 磁化强度可定量描述磁介质的磁化程度，无外磁场时，抗磁质和顺磁质的磁化强度$\boldsymbol{M}$均为零；有外磁场时，抗磁质发生感应磁化，$\boldsymbol{M}$的方向与外磁场方向相反；顺磁质主要发生取向磁化，$\boldsymbol{M}$的方向与外磁场同向. 外磁场越强，磁化程度越强，磁化强度越大.

磁化电流：定量描述磁化程度的另一个物理量. 对于均匀各向同性的磁介质，磁化后其内部任一处相邻的分子电流都是成对反向相互抵消的，结果就形成沿磁介质横截面边缘的宏观电流效应，称为磁化电流 I'. 不同于导体中自由电荷定向运动形成的传导电流，磁化电流没有自由电荷的定向运动，也称为束缚电流. 磁化电流不产生热效应.

磁化强度 $\boldsymbol{M}$ 与磁化电流 I' 满足 $\oint_L \boldsymbol{M}\cdot \mathrm{d}\boldsymbol{l} = \sum_{(穿过L)} I'$，即磁化强度 $\boldsymbol{M}$ 对任意闭合回路 L 的线积分等于回路所包围的面积内的总磁化电流 I'. 磁介质表面某处磁化强度的大小等于此处单位长度的磁化面电流 α，即 $M = \dfrac{I'}{l} = \alpha$. 一般地，磁介质表面某处磁化强度的切向分量在大小上等于此处单位长度的磁化面电流密度，即 $\boldsymbol{\alpha} = \boldsymbol{M}\times \boldsymbol{e}_\mathrm{n}$，其中 $\boldsymbol{e}_\mathrm{n}$ 是磁介质表面某处的法线单位矢量.

磁场强度 $\boldsymbol{H} = \dfrac{\boldsymbol{B}}{\mu_0} - \boldsymbol{M}$：为建立传导电流与磁化程度之间定量关系而引入的辅助物理量，单位是 $\mathrm{A\cdot m^{-1}}$. 对于各向同性均匀的线性磁介质，磁化强度 $\boldsymbol{M} = \chi_\mathrm{m}\boldsymbol{H}$，总磁感应强度 $\boldsymbol{B} = \mu_0(1+\chi_\mathrm{m})\boldsymbol{H} = \mu_0\mu_\mathrm{r}\boldsymbol{H} = \mu\boldsymbol{H}$，其中 χ_m 是磁介质的磁化率，μ_r 是磁介质的相对磁导率，$\mu = \mu_0\mu_\mathrm{r}$ 是磁介质的磁导率.

3) 有磁介质存在的磁场规律

磁场的高斯定理 $\oint_S \boldsymbol{B}\cdot \mathrm{d}\boldsymbol{S} = 0$：传导电流和磁化电流激发的磁场是无源场，其磁感应线都是无头无尾的闭合曲线.

有磁介质的安培环路定理 $\oint_L \boldsymbol{H}\cdot \mathrm{d}\boldsymbol{l} = \sum_{(穿过L)} I_i$：沿任一闭合路径磁场强度的环流等于该闭合路径所包围的传导电流的代数和. $\boldsymbol{H}$ 的环流仅与传导电流 I 有关，与介质磁化电流 I' 无关.

8.5 典型例题

8.5.1 思考题

思考题 1 为什么不能把磁场作用于运动电荷受力的方向定义为该点磁感应强度的方向？

简答 磁感应强度是描述磁场空间特性的一个物理量，是空间的点函数，它与处在该点的电荷的性质和运动状态无关. 由该点运动电荷受到的洛伦兹力 $\boldsymbol{f} = q\boldsymbol{v}\times\boldsymbol{B}$ 可知，该力与电荷的正负有关，并随电荷运动的方向而改变，因而在磁场中同一点运动电荷受力的方向是不确定的，所以不能把作用于运动电荷的磁力的方向定义为该点磁感应强度的方向. 该点磁感应强度的方向定义为放于该点的小磁针平衡时 N 极的指向，带电粒子沿该方向运动时，所受磁力为零.

思考题 2 毕奥-萨伐尔定律告诉我们电流元 $I\mathrm{d}\boldsymbol{l}$ 在 $\boldsymbol{r}$ 处产生的磁场磁感应强度大小为

$dB = \frac{\mu_0}{4\pi} \cdot \frac{Idl\sin\theta}{r^2}$，有人由此得出 $r \to \infty$ 时 $dB \to 0$，$r \to 0$ 时 $dB \to \infty$，请问这样理解是否合理？

简答 不完全合理. 毕奥-萨伐尔定律中，电流元 $I\mathrm{d}\boldsymbol{l}$ 是线电流，是其线度和其到场点的距离相比可以忽略的理想模型. $r \to \infty$ 时 $dB \to 0$ 这一推理符合线电流的定义，因此是合理的；$r \to 0$ 时 $I\mathrm{d}\boldsymbol{l}$ 的线度和其到场点的距离相比不能忽略，由此得出 $dB \to \infty$ 这一结论不合理，没有物理意义.

思考题 3 细长直密绕螺线管和螺绕环内部的磁感应强度都可以写成 $B = \mu nI$，请问这两者有何区别？

简答 细长直密绕螺线管内的磁场是均强场，大小为 $B = \mu nI$，方向沿着轴向，弯成螺绕环后，其内的磁场是非均匀场，大小为 $B = \frac{\mu NI}{2\pi r}$，方向沿螺绕环圆周的切向，当螺绕环足够细时，其内部的磁感应强度可近似写为 $B = \mu nI$.

思考题 4 请问为何绚丽多彩的极光只出现在南北两极？

简答 宇宙射线含有高速带电粒子，它们交叉来往于星际空间并从各个方向射向地球. 因为地球磁场不均匀，如思考题 4 图所示，除两极外的其他地方磁感应强度沿平行于地面的分量较强，而在地磁两极附近磁感应强度近似与地面垂直. 由于磁镜效应，宇宙射线从其他位置进入地磁场时会被地磁场捕获而无法到达大气层，而在地球的非均匀磁场中振荡，如图中左侧螺旋线所示. 而从两极接近地球时，粒子流的速度方向与磁场方向近似平行，所受的洛伦兹力很小或者不受洛伦兹力，速度方向几乎不变，因此粒子可从两极进入地球大气层，与大气分子发生碰撞，产生绚丽多彩的极光.

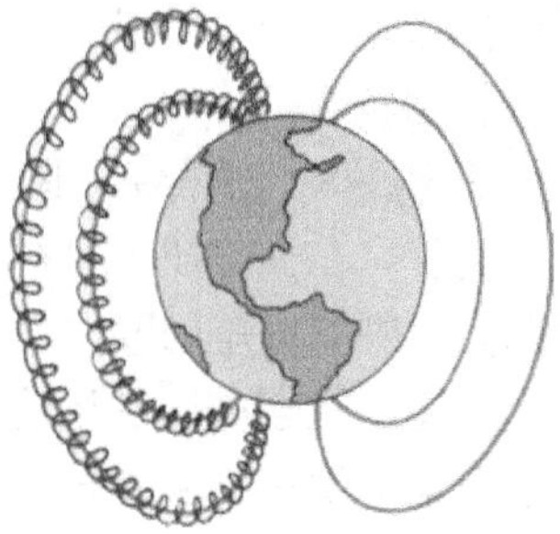

思考题 4 图

思考题 5 磁介质在磁场中被磁化后会形成磁化电流，试问磁化电流能否产生焦耳热？为什么？

简答 不能产生焦耳热. 磁化电流也称为束缚电流，由分子电流叠加而成，并没有形成磁介质中电荷的定向运动，不同于导体中自由电荷定向运动形成的传导电流，只是在产生磁效应方面与传导电流相当，所以称为磁化电流，由于没有微观粒子的定向运动及其频繁碰撞，因此不产生热效应.

思考题 6 等离子体受到自身电流的磁场作用向中心收缩，这种现象称为箍缩效应，请对此进行解释.

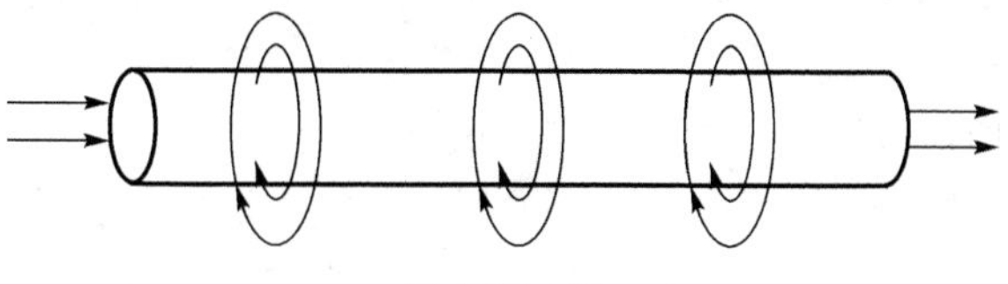

思考题 6 图

简答 等离子体是由大量阳离子、自由电子、中性粒子等多种不同性质的粒子所组成的电中性物质，是一种很好的导电体. 当等离子体中有电流流过时，这一电流就会产生磁场，而等离子体会受到自身电流的磁场的作用. 如图所示，一个通有纵向电流的等离子体圆柱，该圆柱形成的电流在圆柱体内外均产生磁场，圆柱体外的磁场大小为 $B_{外}=\dfrac{\mu_0 I}{2\pi r}$，圆柱体内的磁场大小为 $B_{内}=\dfrac{\mu_0 Ir}{2\pi R^2}$，可见在圆柱体内部由内向外，磁场越来越强，在圆柱表面处达到最强. 由于在非均匀磁场中，带电粒子总要被推向磁场较弱区域，这就使得等离子体圆柱有向中心收缩的趋势，导致箍缩效应的发生.

思考题 7 磁盘和磁头上的铁磁质分别是软磁材料还是硬磁材料？

简答 磁头上的铁磁质是软磁材料，磁盘上的铁磁质是硬磁材料. 这是因为磁盘是为了保存信息，硬磁材料矫顽力大、剩磁大、磁滞回线宽且包围面积大、磁滞损耗大，这样，外界要使记录信息的磁化状态改变或消失，需要做的功就多，即磁化状态保留时间较长，磁盘根据其功能要求其保留信息时间尽量长久，因此用硬磁材料较好. 软磁材料则正好相反，其矫顽力小、剩磁小、磁滞回线窄且包围面积较小、磁滞损耗较小，这样，外界要使记录信息的磁化状态改变或消失，需要做的功就少，即磁化状态保留时间较短，磁头是通过磁性原理向磁性介质读取或存储数据的部件，根据其功能要求其反复被磁化，因此用软磁材料比较合适.

思考题 8 磁铁经过摔打或高温加热后为什么会退磁？

简答 在铁磁质内存在着无数个自发磁化的小区域，称为磁畴. 铁磁质之所以显示磁性，是因为各磁畴磁矩的取向呈现出定向排列，当这种定向排列被打乱或者磁畴完全瓦解时，铁磁质的磁性就会减退甚至消失，这就是我们所说的退磁. 摔打或者加热，会加剧铁磁质内分子的运动，均可打乱磁畴的定向排列，使铁磁质退磁. 当温度超过某一温度(居里点)时，磁畴被瓦解，磁性发生突变，铁磁性立即消失，铁磁质变为普通的顺磁质.

思考题 9 顺磁质和铁磁质的磁导率明显地依赖于温度，而抗磁质的磁导率几乎与温度无关，请问这是为什么？

简答 反映介质磁化程度的磁化强度 $\boldsymbol{M}=\lim\limits_{\Delta V\to 0}\dfrac{\sum \boldsymbol{m}_i}{\Delta V}$. 顺磁质具有分子固有磁矩，分子磁矩的矢量和 $\sum \boldsymbol{m}_i$ 主要来源于固有磁矩，磁化的程度决定于分子磁矩依外磁场方向排列的程度，固有磁矩的有序排列明显受到分子热运动的干扰，因此顺磁质的磁导率明显与温度有关. 抗磁质无固有磁矩，但在外磁场中会产生感生磁矩，感生的这个附加磁矩的方向总是与外磁场方向相反，分子磁矩的矢量和 $\sum \boldsymbol{m}_i$ 主要来源于外磁场引起的附加磁矩，分子热运动对其影响很小，因而抗磁质的磁导率与温度几乎无关. 铁磁质的磁化程度与磁畴磁矩的有序排列程度有关，这一机制和顺磁质类似，其有序排列也受分子热运动的影响，因此铁磁质的磁导率也明显与温度有关.

思考题 10 请问电流强度的单位安培是如何定义的？

简答 在真空中相距 1m 的两根无限长平行直导线内通以相等的恒定电流，调节电流的大小，使得两根导线上每米长度上受到的安培力恰好为 2×10^{-7}N，这时导线上的电流大小就定义为 1A.

8.5.2 计算题

计算题 1 如计算题 1 图(a)所示，半径为 R 的无限长半圆柱形载流圆柱面上的总电流为 I，电流自上向下流且均匀分布在半圆柱面上. 求圆柱轴线上任一点 P 处的磁感应强度.

【解题思路】 将均匀载流半圆柱面看成由无数条无限长载流直导线组成，利用无限长载流直导线产生的磁感应强度公式，通过磁场叠加原理，积分求解. 由于作为元电流的各无限长载流直导线在半圆柱面轴线上任一点 P 处产生的磁感应强度 $\mathrm{d}\boldsymbol{B}$ 的方向各不相同，故先求 $\mathrm{d}\boldsymbol{B}$ 的分量式 $\mathrm{d}B_x$ 和 $\mathrm{d}B_y$，分别积分后得出 B_x 和 B_y，最后再求出 $\boldsymbol{B}$.

解 无限长载流半圆柱面可看作由无数条无限长载流直导线沿圆柱面平行于轴线排列而成，画出半圆柱面的横截面图，并建立如计算题 1 图(b)所示的坐标系，截面上电流方向垂直纸面向里.

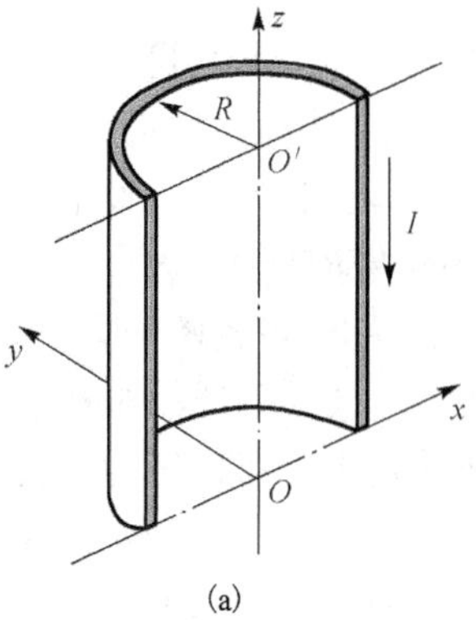

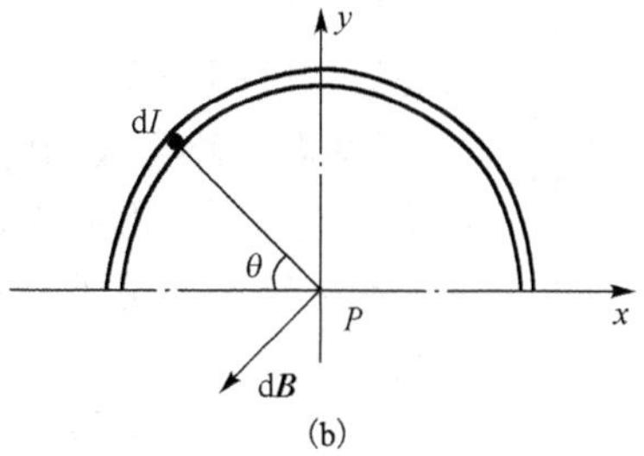

计算题 1 图

因为半圆柱面为无限长，所以圆柱轴线上任一点 P 的磁感应强度方向都在半圆柱截面上，取宽为 $\mathrm{d}l$ 的一无限长直电流元 $\mathrm{d}I=\dfrac{I}{\pi R}\mathrm{d}l$，其在轴上 P 点产生的磁感应强度为 $\mathrm{d}\boldsymbol{B}$，根据右手螺旋定则，可判断其方向如图所示，$\mathrm{d}\boldsymbol{B}$ 垂直于由 $\mathrm{d}l$ 引向圆心 P 的半径，由无限长载流直导线产生的磁场公式，可得 $\mathrm{d}\boldsymbol{B}$ 的大小为

$$\mathrm{d}B=\frac{\mu_0\mathrm{d}I}{2\pi R}=\frac{\mu_0\dfrac{I}{\pi R}R\mathrm{d}\theta}{2\pi R}=\frac{\mu_0 I\mathrm{d}\theta}{2\pi^2 R}$$

$$\mathrm{d}B_x=\mathrm{d}B\sin\theta$$

$$\mathrm{d}B_y=\mathrm{d}B\cos\theta$$

对上面两分量式分别积分得

$$B_y=\int_0^{\pi}\mathrm{d}B\cos\theta=\int_0^{\pi}\frac{\mu_0 I\cos\theta\mathrm{d}\theta}{2\pi^2 R}=0$$

根据磁场分布的对称性特点，也可得出 $B_y = 0$.

$$B_x = \int_0^{\pi} \mathrm{d}B\sin\theta = \int_0^{\pi} \frac{\mu_0 I \sin\theta \mathrm{d}\theta}{2\pi^2 R} = \frac{\mu_0 I}{\pi^2 R}$$

$\boldsymbol{B}$ 的方向沿 x 轴负方向.

【延伸思考】

(1) 利用毕奥-萨伐尔定律和叠加原理，通过积分求磁感应强度是常见题型，试利用该方法求长度为 L 的直电流的磁感应强度、圆电流轴线上的磁感应强度、半圆形载流线圈圆心处的磁感应强度等.

(2) 本题中若将半圆柱面换成圆柱面，其他条件不变，试根据对称性特点分析轴线上任一点 P 处的磁感应强度.

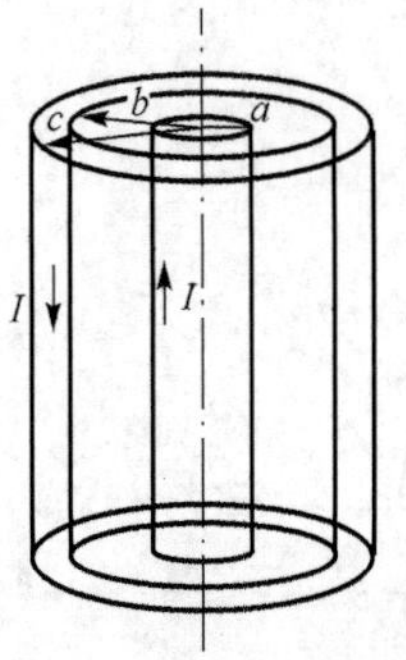

计算题 2 图

计算题 2 一根很长的同轴电缆，由一导体圆柱（半径为 a）和一同轴的导体圆管（内、外半径分别为 b、c）构成，如图所示. 电流 I 由下而上自导体圆柱流去，再自上而下沿导体圆管流回，设电流都是均匀地分布在导体的横截面上，求空间各处的磁感应强度大小.

【解题思路】 根据电流分布的轴对称性可判断磁场分布的轴对称性，磁感线是一系列圆心在轴线上的圆环. 根据磁场的对称性特点，选取合适的积分路径即圆周，利用安培环路定理，可以较为容易地求出各处的磁场分布.

解 电流分布具有轴对称性，根据安培环路定理，取圆心在轴线上，半径为 r，面与轴线垂直的圆周为积分路径 L，则该圆周上各点处磁感应强度大小相等，方向为各处切线方向，取逆时针为环路积分正方向，根据安培环路定理 $\oint_L \boldsymbol{B}\cdot \mathrm{d}\boldsymbol{l} = \mu_0 \sum_{L内} I_i$，可得

$$\oint_L \boldsymbol{B}\cdot \mathrm{d}\boldsymbol{l} = B\cdot \oint_L \mathrm{d}l = B\cdot 2\pi r = \mu_0 \sum_{L内} I_i$$

$$B = \frac{\mu_0}{2\pi r}\sum_{L内} I_i$$

在导体圆柱内 $(r<a)$：$\sum_{L内} I_i = \frac{I\pi r^2}{\pi a^2} = \frac{I r^2}{a^2}$，$B = \frac{\mu_0 I r}{2\pi a^2}$

在两导体之间 $(a<r<b)$：$\sum_{L内} I_i = I$，$B = \frac{\mu_0 I}{2\pi r}$

在导体圆管内 $(b<r<c)$：$\sum_{L内} I_i = I - \frac{\pi(r^2-b^2)}{\pi(c^2-b^2)} I = \frac{I(c^2-r^2)}{c^2-b^2}$，$B = \frac{\mu_0 I}{2\pi r}\frac{(c^2-r^2)}{(c^2-b^2)}$

在电缆外 $(r>c)$：$\sum_{L内} I_i = I - I = 0$，$B = 0$

【延伸思考】

(1)本题中若导体圆柱与导体管中通的电流分别为 I_1 和 I_2，求磁场分布;

(2)本题中若导体圆柱与导体管之间充满相对磁导率为 μ_r 的磁介质，试求磁场分布;

(3)本题中若导体圆柱变为导体薄圆筒，且与导体管之间充满相对磁导率为 μ_r 的磁介质，试求磁场分布以及轴线右侧单位长度纵截面上的磁通量.

计算题 3 如图所示，在半径为 R 的无限长直圆柱形导体内部，挖去一半径为 r_0 的无限长直圆柱形空腔，空腔与圆柱形导体的轴线平行，两轴间距离为 a，且 $a > r_0$. 若导体中有电流 I 沿轴向流动，且电流均匀分布在横截面上. 求:

(1)圆柱导体轴线上的磁感应强度;

(2)圆柱形空腔轴线上的磁感应强度.

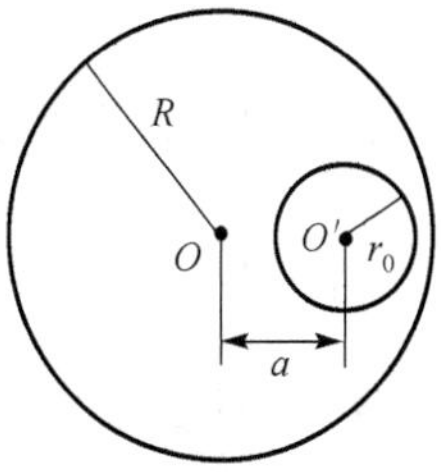

计算题 3 图

【解题思路】 补偿法. 假设在圆柱形空腔中补上与圆柱形导体相同电流密度的同方向电流 I'，再补上反方向电流 $-I'$，这样相当于没补电流. 这时，空间任意位置处的磁场相当于由两个无限长载流圆柱形直电流产生，分别是半径为 R 的圆柱形直电流 $I+I'$ 和半径为 r 的圆柱形直电流 $-I'$，求他们的合磁场即得.

解 空间各点磁场可看作由两个均匀分布的圆柱形电流产生，分别是半径为 R 的圆柱导体上的电流 $I+I'$ 和半径为 r_0 的圆柱导体上的电流 $-I'$，且

$$I' = \frac{I}{(\pi R^2 - \pi r_0^2)}\pi r_0^2 = \frac{I r_0^2}{(R^2 - r_0^2)}$$

设空间任一点到轴线的距离为 r，由安培环路定理可得，半径为 R 的无限长均匀载电流 I_0 的圆柱体的磁场分布为

圆柱体内部 $(r < R)$： $B = \dfrac{\mu_0 I_0 r}{2\pi R^2}$

圆柱体外部 $(r > R)$： $B = \dfrac{\mu_0 I_0}{2\pi r}$

下面求解过程中可利用此结论.

(1)求圆柱导体轴线上的磁感应强度. 电流 $I+I'$ 在其圆柱导体轴线上产生的磁场

$$B_1 = 0$$

电流 $-I'$ 产生的磁场

$$B_2 = -\frac{\mu_0 I'}{2\pi a} = -\frac{\mu_0 I}{2\pi a}\frac{r_0^2}{(R^2 - r_0^2)}$$

因此

$$B = B_2 = -\frac{\mu_0 I}{2\pi a}\frac{r_0^2}{(R^2 - r_0^2)}$$

负号表示 $\boldsymbol{B}$ 的方向垂直于两轴距离连线，与电流 I 的方向成反右手螺旋关系.

(2) 求空心部分轴线上的磁感应强度. 电流 $I+I'$ 产生的磁场

$$B_1'=\frac{\mu_0(I+I')a}{2\pi R^2}=\frac{\mu_0 Ia}{2\pi(R^2-r_0^2)}$$

电流 $-I'$ 产生的磁场

$$B_2'=0$$

因此

$$B'=B_1'=\frac{\mu_0 Ia}{2\pi(R^2-r_0^2)}$$

$\boldsymbol{B}'$ 的方向垂直于两轴距离的连线，与电流 I 的方向成右手螺旋关系.

【延伸思考】

(1) 试求空间任一位置的磁感应强度；

(2) 本题采用补偿法，并借助无限长均匀载流圆柱体磁场分布的结论进行求解比较简单，请对比无线长载流圆柱面与圆柱体的磁场分布结论，并会灵活运用这些结论.

(3) 若将本题中的半径为 R 的无限长圆柱导体改成厚度可忽略的圆柱薄筒，半径为 r_0 的圆柱形空腔改成圆柱形导体，所载电流分别为 I 和 $-I$，各自电流均匀分布，试求题干中两轴线上的磁感应强度.

计算题 4 如计算题 4 图 (a) 所示，长直电流 I_1 右侧有一等腰直角三角形导线框，通以电流 I_2，二者共面，已知三角形直角边长为 a，与直电流平行的直角边到直电流的距离为 d. 求 $\triangle ABC$ 各边所受的安培力.

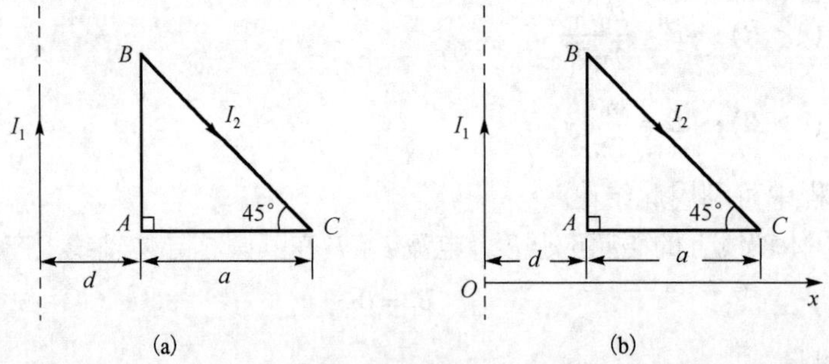

计算题 4 图

【解题思路】 电流 I_2 处于电流 I_1 产生的磁场中而受到该磁场给它的安培力，写出直电流产生的磁场，并利用安培定律 $\mathrm{d}\boldsymbol{F}=I\mathrm{d}\boldsymbol{l}\times\boldsymbol{B}$，积分可求出三角形各边受到的安培力.

解 如计算题 4 图 (b) 所示，以直电流上一点为坐标原点 O，垂直于直电流向右为 Ox 轴正方向，建立坐标系. 无限长载流直导线在距离其 x 处产生的磁感应强度 $\boldsymbol{B}$ 的大小为

$$B=\frac{\mu_0 I_1}{2\pi x}$$

方向为在 $x>0$ 的区域，$\boldsymbol{B}$ 的方向垂直于纸面向内.

根据安培定律 $\mathrm{d}\boldsymbol{F}=I\mathrm{d}\boldsymbol{l}\times\boldsymbol{B}$，可得任一载流导线上受到的安培力为

$$\boldsymbol{F}=\int I\mathrm{d}\boldsymbol{l}\times\boldsymbol{B}$$

AB 边受到的安培力

$$F_{AB}=\int_A^B B_\mathrm{d}I_2\mathrm{d}l=B_\mathrm{d}I_2a=\frac{\mu_0I_1I_2a}{2\pi d}$$

方向垂直于 AB 向左.

AC 边受到的安培力

$$F_{AC}=\int_d^{d+a}\frac{\mu_0I_1I_2}{2\pi x}\mathrm{d}x=\frac{\mu_0I_1I_2}{2\pi}\ln\frac{d+a}{d}$$

方向垂直于 AC 向下.

BC 边受到的安培力为

$$\mathrm{d}l=\frac{\mathrm{d}x}{\cos45^\circ}=\sqrt{2}\mathrm{d}x\text{，}\quad F_{BC}=\int_B^C I_2B\mathrm{d}l=\int_d^{d+a}\frac{\sqrt{2}\mu_0I_1I_2}{2\pi x}\mathrm{d}x=\frac{\sqrt{2}\mu_0I_1I_2}{2\pi}\ln\frac{d+a}{d}$$

$\boldsymbol{F}_{BC}$ 方向垂直 BC 向上.

【延伸思考】

(1) 试求本题中长直电流作用到 $\triangle ABC$ 的合力，并判断合力的方向.

(2) 本题中的三角形若处在垂直纸面向里的均匀外磁场中，其受到的合力为多少？并与(1)结论进行比较.

(3) 电流会产生磁场，电流在磁场中会受力，安培定律 $\mathrm{d}\boldsymbol{F}=I\mathrm{d}\boldsymbol{l}\times\boldsymbol{B}$ 中的 $\boldsymbol{B}$ 是式中的电流元 $I\mathrm{d}\boldsymbol{l}$ 产生的磁场还是电流元 $I\mathrm{d}\boldsymbol{l}$ 所在处的外磁场？

计算题 5 如计算题 5 图(a)所示，在长直电流 I_1 的磁场中，有一直角边长为 a 的等腰直角三角形线圈通以电流 I_2，直电流与线圈共面，且线圈一直角边与直电流平行，其到直接电流的距离为 $d(d>2a)$，如果将线圈绕 AB 边旋转180° 至图中虚线位置，求：

(1) 线圈分别位于初位置(实线位置 ABC)和末位置(虚线位置 ABC')时，通过线圈的磁通量；

(2) 若线圈不是处于直电流 I_1 的磁场中，而是处于磁感应强度为 $\boldsymbol{B}$ 的均匀磁场中，$\boldsymbol{B}$ 的方向垂直于纸面朝里，则线圈由初位置 ABC 旋转到末位置 ABC'，磁力矩对线圈所做的功.

【解题思路】①长直电流产生的磁场是非均匀磁场，三角形线圈处于其磁场中，求通过线圈的磁通量，需要先得到斜边满足的方程，然后根据磁通量定义进行求解；②当线圈处于均匀磁场中且通过线圈中的电流不变时，磁力矩对载流平面线圈做的功为 $W=I\Delta\Phi$，求出初始位置和末位置通过线圈的磁通量变化，即可求出磁力矩的功. 在求磁通量时要注意磁通量的正负，当线圈平面与外磁场方向一致时，磁通量为正，反正为负.

解 (1) 如计算题 5 图(b)所示，直线 BC 满足的方程为 $y_1=a+d-x$，直线 BC' 满足的方程为 $y_2=x+a-d$. 取线圈平面正法线方向垂直于纸面朝里为正，由于直电流 I_1 在线圈所在位置产生的磁场垂直纸面朝里，则线圈在初始位置时通过它的磁通量为正，末位置时为负.

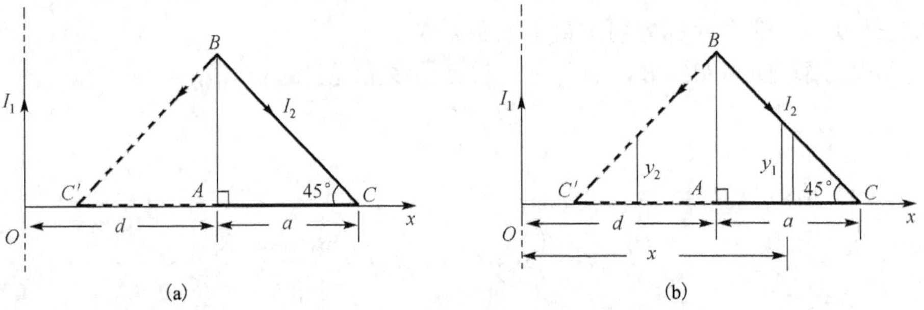

计算题 5 图

无限长载流直导线在距离其 x 处产生的磁感应强度 $\boldsymbol{B}$ 的大小为

$$B=\frac{\mu_0 I_1}{2\pi x}$$

则线圈在初位置 ABC 时通过整个线圈的磁通量为

$$\Phi_1=\int_d^{d+a} By_1\mathrm{d}x=\int_d^{d+a}\frac{\mu_0 I_1}{2\pi x}(a+d-x)\mathrm{d}x=\frac{\mu_0 I_1}{2\pi}\left[(a+d)\ln\frac{a+d}{d}-a\right]$$

线圈在末位置 ABC' 时通过整个线圈的磁通量为

$$\Phi_2=-\int_{d-a}^{d} By_2\mathrm{d}x=-\int_{d-a}^{d}\frac{\mu_0 I_1}{2\pi x}(x+a-d)\mathrm{d}x=-\frac{\mu_0 I_1}{2\pi}\left[a+(a-d)\ln\frac{d}{d-a}\right]$$

(2) 当线圈处于磁感应强度为 $\boldsymbol{B}$ 的均匀磁场中时，通过线圈初位置 ABC 和末位置 ABC' 的磁通量分别为

$$\Phi_1'=BS=\frac{1}{2}Ba^2,\qquad \Phi_2'=-BS=-\frac{1}{2}Ba^2$$

因此在旋转过程中，磁力矩所做的功为

$$W=I_2\Delta\Phi=I_2(\Phi_2'-\Phi_1')=-I_2Ba^2$$

【延伸思考】

(1) 本题中若将三角形线圈换成矩形线圈，其他条件不变，试求题干中的两个问题.

(2) 磁力矩做功公式 $W=I_2\Delta\Phi$ 成立的条件是什么？探索在非均匀磁场中该公式是否成立？

(3) 磁力矩与磁矩是两个不同的概念，试比较这两个概念，并理解他们之间的关系.

计算题 6　如计算题 6 图(a)所示，在水平向右的均匀磁场 $\boldsymbol{B}$ 中，有一半径为 R、带电量为 q（$q>0$）的均匀带电圆盘以角速度 ω 绕过圆心的垂直轴(垂直纸面)旋转，圆盘盘面与磁场方向平行. 求圆盘受到的磁力矩的大小.

【解题思路】　带电圆盘转动时等效于许多同心圆电流，圆电流的磁矩在磁场中会受到磁场给它的磁力矩作用. 将圆盘分成无限多同心圆环，任取一个宽度无限小的圆环，求出其上的元电流和元磁矩，然后求出磁场对它的元磁力矩，积分得到整个圆盘受到的磁力矩.

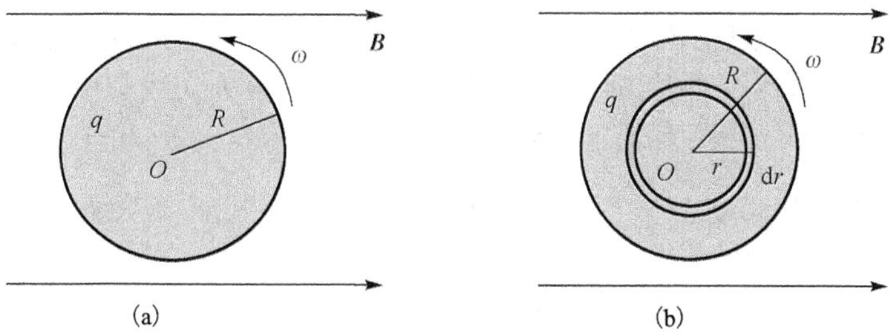

计算题 6 图

解 圆盘上电荷面密度为 $\sigma=\dfrac{q}{\pi R^2}$，圆盘可看作许多同心圆环构成，如计算题 6 图(b)所示. 取半径为 r，宽为 $\mathrm{d}r$ 的圆环，其面积为 $\mathrm{d}S=2\pi r\mathrm{d}r$，其上所带电荷

$$\mathrm{d}q=\sigma\mathrm{d}S=2\pi r\sigma\mathrm{d}r$$

等效电流

$$\mathrm{d}I=\frac{\mathrm{d}q}{T}=\frac{\omega}{2\pi}\mathrm{d}q=\frac{\omega}{2\pi}2\pi r\sigma\mathrm{d}r=\omega\sigma r\mathrm{d}r$$

等效磁矩

$$\mathrm{d}\boldsymbol{m}=\mathrm{d}I\boldsymbol{S}=\omega\sigma r\mathrm{d}r\cdot\pi r^2\boldsymbol{n}=\pi\omega\sigma r^3\mathrm{d}r\boldsymbol{n}$$

$\boldsymbol{n}$ 为圆盘面的正法线方向，与电流成右手螺旋关系，垂直于盘面向外.

圆环受到的磁力矩

$$\mathrm{d}\boldsymbol{M}=\mathrm{d}\boldsymbol{m}\times\boldsymbol{B}$$

方向沿盘面垂直于磁场方向向上，大小为

$$\mathrm{d}M=B\mathrm{d}m\sin 90^\circ=B\pi\omega\sigma r^3\mathrm{d}r$$

整个圆盘受到的磁力矩

$$M=\int\mathrm{d}M=\int_0^R B\pi\omega\sigma r^3\mathrm{d}r=\frac{\pi\omega\sigma R^4B}{4}=\frac{\pi\omega R^4B}{4}\frac{q}{\pi R^2}=\frac{\omega R^2qB}{4}$$

整个圆盘受到的磁力矩方向为沿盘面垂直于磁场方向向上.

【延伸思考】

(1) 试研究一个任意形状的平面载流线圈在均匀磁场中受到的磁力矩，以及磁力矩的功.

(2) 磁力矩与磁矩两个概念一样吗？它们有什么区别和联系？磁场对载流线圈的作用是什么？

计算题 7 一均匀密绕螺绕环，单位长度上的导线匝数为 n，环内充满相对磁导率为 μ_r 的磁介质，已知环的横截面为圆形，且其半径远小于螺绕环的平均半径 r，当导线中通过的电流强度为 I 时，求：

(1) 螺绕环内的磁场强度和磁感应强度大小；

(2) 螺绕环内磁介质的磁化强度和面磁化电流大小.

【解题思路】 根据电流分布的对称性特点，可知螺绕环内部的磁场分布具有对称性，即环内到环心距离相等的各点的磁场强度大小相等，方向为各处切线与电流成右手螺旋关系，故可利用有磁介质的安培环路定理求出磁场强度，再根据 $B=\mu_0\mu_r H$ 求出磁感应强度，根据 $M=\frac{B}{\mu_0}-H$ 表示出磁化强度 M，而面磁化电流密度满足 $\alpha=M$，从而可求出面磁化电流 I'.

解 (1) 螺绕环环内，磁场为轴对称分布，由有磁介质的环路定理 $\oint_L \boldsymbol{H}\cdot d\boldsymbol{l}=\sum_{L内} I$，得

$$\oint_L \boldsymbol{H}\cdot d\boldsymbol{l}=H\cdot 2\pi r=NI$$

$$H=\frac{NI}{2\pi r}=nI$$

$$B=\mu_0\mu_r H=\mu_0\mu_r nI$$

(2) 螺绕环内磁介质的磁化强度大小

$$M=\frac{B}{\mu_0}-H=(\mu_r-1)nI$$

环内磁介质的面磁化电流密度 $\alpha=M$，总磁化电流

$$I'=\alpha\cdot 2\pi r=2\pi r(\mu_r-1)nI$$

【延伸思考】

(1) 试求本题中螺绕环环外的磁感应强度；

(2) 本题中若螺绕环的横截面是高为 h 的矩形，且环的内外半径分别为 R_1 和 R_2，不满足 $R_2-R_1\ll r$ 的条件，试求环内磁场的分布和通过矩形横截面的磁通量.

8.5.3 进阶题

进阶题 1 一个半径为 R、均匀带电面密度为 σ 的球面，以匀角速度 ω 绕一条直径转动，求球心 O 处的磁感应强度.

【解题思路】 旋转的电荷可以看作圆电流圈，因此可将旋转球面作为电流圈的叠加来计算磁感应强度.

解 方法 1：利用电流圈产生的磁场公式求解.

建立如进阶题 1 图所示的坐标系，在带电球面上取一圈小微元，则微元上的电荷量为

$$dq=\sigma dS=\sigma 2\pi R\sin\theta R d\theta=\sigma 2\pi R^2\sin\theta d\theta$$

由于球面绕直径旋转，这一圈电荷元相当于一个圆电流圈，电流大小为

$$dI=\frac{dq}{T}=\frac{dq}{2\pi/\omega}=\omega\sigma R^2\sin\theta d\theta$$

这个电流圈在球心处产生的磁感应强度方向可以由右手螺旋定则确定，为竖直向上(假设球面

带的是正电，如果带负电则方向相反)，根据圆电流圈的公式可知大小为

$$\mathrm{d}B=\frac{\mu_0\mathrm{d}I}{2}\frac{r^2}{(x^2+r^2)^{3/2}}=\frac{\mu_0}{2}\omega\sigma R^2\sin\theta\mathrm{d}\theta\frac{(R\sin\theta)^2}{R^3}=\frac{\mu_0}{2}\omega\sigma R\sin^3\theta\mathrm{d}\theta$$

其中 r 是圆电流圈的半径. 积分可得旋转球面在球心产生的磁感应强度大小为

$$B=\int\mathrm{d}B=\frac{\mu_0}{2}\omega\sigma R\int_0^{\pi}\sin^3\theta\mathrm{d}\theta=\frac{2}{3}\mu_0\omega\sigma R$$

方向竖直向上.

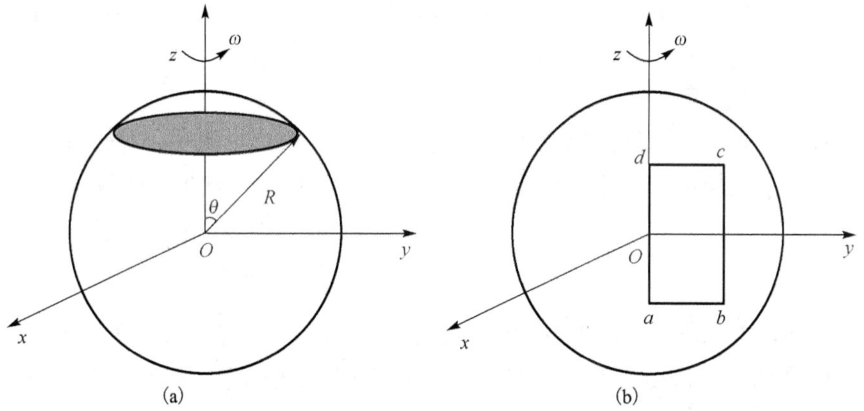

进阶题 1 图

方法 2：利用运动电荷产生的磁场公式求解.

在球面上任取一个小面元(不要与方法 1 中的面元混淆，二者无关)，则相应的电荷元为

$$\mathrm{d}q=\sigma\mathrm{d}S=\sigma R^2\sin\theta\mathrm{d}\theta\mathrm{d}\varphi$$

电荷元绕着直径旋转可以看作运动的点电荷，则运动电荷在球心产生的磁感应强度为

$$\mathrm{d}\boldsymbol{B}=\frac{\mu_0}{4\pi}\frac{\mathrm{d}q\boldsymbol{v}\times(-\boldsymbol{r})}{r^3}=\frac{\mu_0}{4\pi}\frac{\mathrm{d}q(\boldsymbol{\omega}\times\boldsymbol{r})\times(-\boldsymbol{r})}{r^3}=\frac{\mu_0}{4\pi}\frac{\mathrm{d}q(\boldsymbol{\omega}r^2-\boldsymbol{r}(\boldsymbol{\omega}\cdot\boldsymbol{r}))}{r^3} \tag{1}$$

这里的 $\boldsymbol{r}$ 是从球心指向电荷元的矢径，因此在上式中要取负号. 因为

$$\boldsymbol{\omega}=\omega\boldsymbol{k},\quad \boldsymbol{r}=R(\sin\theta\cos\varphi\boldsymbol{i}+\sin\theta\sin\varphi\boldsymbol{j}+\cos\theta\boldsymbol{k})$$

代入(1)式可得

$$\begin{aligned}\mathrm{d}\boldsymbol{B}&=\frac{\mu_0}{4\pi}\frac{\mathrm{d}q(\boldsymbol{\omega}r^2-\boldsymbol{r}(\boldsymbol{\omega}\cdot\boldsymbol{r}))}{r^3}\\&=\frac{\mu_0\mathrm{d}q}{4\pi R^3}[R^2\omega(\sin^2\theta\boldsymbol{k}-\sin\theta\cos\theta\cos\varphi\boldsymbol{i}-\sin\theta\cos\theta\sin\varphi\boldsymbol{j})]\\&=\frac{\mu_0\omega\sigma R}{4\pi}(\sin^3\theta\boldsymbol{k}-\sin^2\theta\cos\theta\cos\varphi\boldsymbol{i}-\sin^2\theta\cos\theta\sin\varphi\boldsymbol{j})\mathrm{d}\theta\mathrm{d}\varphi\end{aligned}$$

积分可得磁感应强度的各个分量为

$$B_x=\int\mathrm{d}B_x=\int_0^{2\pi}\mathrm{d}\varphi\int_0^{\pi}\mathrm{d}\theta\frac{\mu_0\omega\sigma R}{4\pi}(-\sin^2\theta\cos\theta\cos\varphi)=0$$

$$B_y=\int \mathrm{d}B_y=\int_0^{2\pi}\mathrm{d}\varphi\int_0^{\pi}\mathrm{d}\theta\frac{\mu_0\omega\sigma R}{4\pi}(-\sin^2\theta\cos\theta\sin\varphi)=0$$

$$B_z=\int \mathrm{d}B_z=\int_0^{2\pi}\mathrm{d}\varphi\int_0^{\pi}\mathrm{d}\theta\frac{\mu_0\omega\sigma R}{4\pi}\sin^3\theta=\frac{2}{3}\mu_0\omega\sigma R$$

与第一种方法得到的结果完全一致. 我们还可以进一步证明带电球壳内的磁场分布是均匀的，这可以利用安培环路定理，取进阶题 1 图(b)所示的安培环路来证明，读者不妨把它当作一个练习自己完成.

进阶题 2 如何理解物质的抗磁性？

【解题思路】 物质的磁性是物理学中非常复杂的课题，原则上应当采用量子力学才能得到解释. 本题我们试图在大学物理的层次上给出一个经典的解释.

解 方法 1: 不太严格的方法.

根据现代物理学知识可知，物质由原子组成，原子中的电子绕原子核旋转，可以看作一个电流环. 以氢原子为例. 设电子轨道半径为 r，角速度为 ω_0，则根据牛顿第二定律可得

$$\frac{e^2}{4\pi\varepsilon_0 r^2}=mr\omega_0^2,\qquad \omega_0=\sqrt{\frac{e^2}{4\pi\varepsilon_0 mr^3}}$$

加上外磁场之后，电子还受到洛伦兹力的作用 $\boldsymbol{f}=-e\boldsymbol{v}\times\boldsymbol{B}$，简单起见，假设电子的轨道平面与外磁场方向垂直. 若角速度方向与外磁场同向，则洛伦兹力的方向指向轨道中心，于是根据牛顿第二定律可得运动方程为

$$\frac{e^2}{4\pi\varepsilon_0 r^2}+e\omega rB=mr\omega^2$$

这里假设轨道的半径不变. 当磁场不太强时，近似有

$$\omega^2=(\omega_0+\Delta\omega)^2\approx\omega_0^2+2\Delta\omega\omega_0$$

于是可以得到电子角速度改变量的大小为 $\Delta\omega=\dfrac{eB}{2m}$. 对于角速度方向与外磁场方向相反的情况，也可得到相同的结果，所以可将角速度的改变量写成下面的矢量形式：

$$\Delta\boldsymbol{\omega}=\frac{e\boldsymbol{B}}{2m}$$

因此角动量也会发生相应的改变，且改变量的方向总是和外磁场方向相同. 另一方面，角动量的变化会导致磁矩的变化，电子原来的磁矩为

$$\boldsymbol{m}_0=-\frac{e}{2m}\boldsymbol{L}=-\frac{e}{2m}J\boldsymbol{\omega}_0=-\frac{1}{2}er^2\boldsymbol{\omega}_0$$

角动量改变引起的磁矩变化为

$$\Delta\boldsymbol{m}=-\frac{e}{2m}\Delta\boldsymbol{L}=-\frac{e}{2m}J\Delta\boldsymbol{\omega}=-\frac{1}{2}er^2\Delta\boldsymbol{\omega}=-\frac{e^2r^2}{4m}\boldsymbol{B}$$

因为感生的附加磁矩的方向总是和外磁场方向相反，所以表现出抗磁性.

方法 2：更加严格的方法.

电子绕原子核旋转对应的圆电流圈产生的轨道磁矩为

$$\boldsymbol{\mu}_L = -\frac{e}{2m}\boldsymbol{L}$$

这里我们沿用现代物理学中常用的符号 $\boldsymbol{\mu}_L$ 来表示电子的轨道磁矩. 在外加磁场中，圆电流圈会受到磁力矩的作用

$$\boldsymbol{M}_L = \boldsymbol{\mu}_L \times \boldsymbol{B} = -\frac{e}{2m}\boldsymbol{L}\times\boldsymbol{B}$$

根据角动量定理可得

$$\frac{\mathrm{d}\boldsymbol{L}}{\mathrm{d}t} = \boldsymbol{M}_L = -\frac{e}{2m}\boldsymbol{L}\times\boldsymbol{B} = \frac{e}{2m}\boldsymbol{B}\times\boldsymbol{L}$$

回顾圆周运动中角速度与线速度的关系

$$v = \frac{\mathrm{d}\boldsymbol{r}}{\mathrm{d}t} = \boldsymbol{\omega}\times\boldsymbol{r}$$

于是可知电子的轨道角动量在外磁场中获得一个角速度

$$\boldsymbol{\omega}_L = \frac{e}{2m}\boldsymbol{B}$$

电子以这个角速度绕外磁场转动，通常称为拉莫进动，这个角速度即拉莫进动角速度. 电子的拉莫进动导致的附加角动量为

$$\Delta\boldsymbol{L} = J\boldsymbol{\omega}_L = \frac{e\rho^2}{2}\boldsymbol{B}$$

这里我们用平面二维坐标 ρ 来表示转动惯量. 电子的附加角动量引起的附加磁矩为

$$\Delta\boldsymbol{\mu}_L = -\frac{e}{2m}\Delta\boldsymbol{L} = -\frac{e^2\rho^2}{4m}\boldsymbol{B}$$

设单位体积的电子数目为 n，则单位体积内的磁矩，也即磁化强度矢量为

$$\boldsymbol{M} = n\Delta\boldsymbol{\mu}_L = -\frac{ne^2\rho^2}{4m}\boldsymbol{B}$$

于是可得相应的磁化率

$$\chi_m = -\frac{\mu_0 n e^2\rho^2}{4m}$$

由于电子的运动是无规则的热运动，通常需要取统计平均值，也即

$$\chi_m = -\frac{\mu_0 n e^2}{4m}\overline{\rho^2} = -\frac{\mu_0 n e^2}{4m}\overline{x^2+y^2} = -\frac{\mu_0 n e^2}{4m}\frac{2}{3}\overline{x^2+y^2+z^2} = -\frac{\mu_0 n e^2}{6m}\overline{r^2}$$

上面便是关于物质抗磁性的朗之万理论，其最后的形式与量子力学中得到的结果非常相似.

8.6 单 元 检 测

8.6.1 基础检测

一、单选题

1.【电流密度】两段粗细均匀的不同金属导体电阻率之比为 $\rho_1:\rho_2=1:2$，横截面积之比为 $S_1:S_2=1:4$，将它们串联在一起后两端加上电压 U，则各段导体内电流密度 $j_1:j_2$ 之比为[　　]

(A) 1:1　　(B) 1:2　　(C) 1:4　　(D) 4:1

2.【电流】一均匀的导体，截面积为 S，单位体积内有 n 个原子，每个原子有 2 个自由电子，当导体两端加一电势差后，自由电子的平均漂移速度为 $\overline{u}$，则导体中的电流为[　　]

(A) $ne\overline{u}S$　　(B) $2ne\overline{u}S$　　(C) $n\overline{u}S/e$　　(D) $n\overline{u}S/2e$

3.【电动势】关于电动势的概念，下列说法中正确的是[　　]

(A) 电动势是电源对外做功的本领

(B) 电动势是电场力将单位正电荷从负极经电源内部运送到正极所做的功

(C) 电动势是正负两极间的电势差

(D) 电动势是非静电力将单位正电荷绕闭合回路移动一周所做的功

4.【洛伦兹力】电荷量为 q 的粒子在均匀磁场中运动，下列说法正确的是[　　]

(A) 只要速度大小相同，所受的洛伦兹力就一定相同

(B) 速度相同，带电量符号相反的两个粒子，它们所受磁场力的方向相反，大小相等

(C) 质量为 m，电量为 q 的粒子受洛伦兹力作用，其动能和动量都不变

(D) 洛伦兹力总与速度方向垂直，所以带电粒子的运动轨迹必定是圆

5.【磁感应强度】平面内有两条垂直交叉但相互绝缘的导线，流过每条导线的电流 I 的大小相等，其方向如图所示. 问哪些区域中有某些点的磁感应强度可能为零？[　　]

(A) 仅在象限Ⅰ　　(B) 仅在象限Ⅱ

(C) 仅在象限Ⅰ，Ⅳ　　(D) 仅在象限Ⅱ，Ⅳ

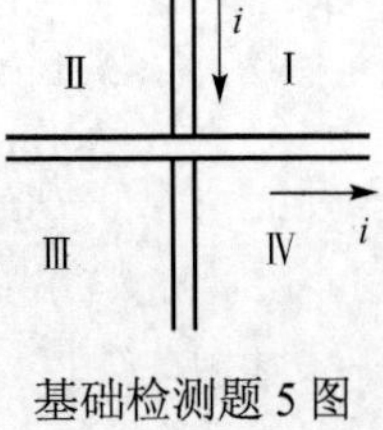

基础检测题 5 图

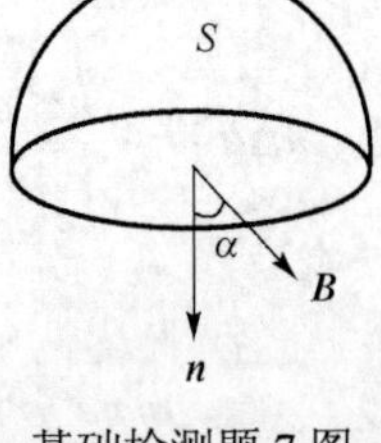

基础检测题 7 图

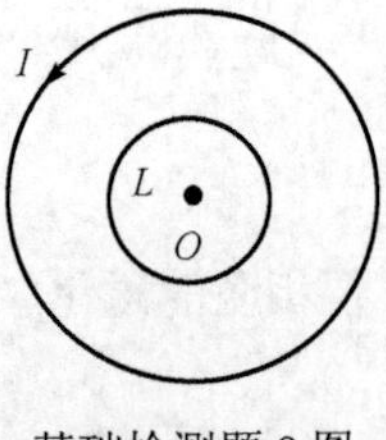

基础检测题 8 图

6.【带电半圆环的磁场】在真空中有一根半径为 R 的半圆形细导线，流过的电流为 I，则圆心处的磁感应强度为[　　]

(A) $\dfrac{\mu_0 I}{4\pi R}$　　(B) $\dfrac{\mu_0 I}{2\pi R}$　　(C) $\dfrac{\mu_0 I}{4R}$　　(D) $\dfrac{\mu_0 I}{2R}$

7.【磁通量和高斯定理】如图所示，在磁感应强度为 $\boldsymbol{B}$ 的均匀磁场中作一半径为 r 的半球面 S，S 边

线所在平面的法线方向单位矢量 $\boldsymbol{n}$ 与 $\boldsymbol{B}$ 的夹角为 α，则通过半球面 S 的磁通量(取弯面向外为正)为[　　]

(A) $\pi r^2 B$　　　　(B) $2\pi r^2 B$

(C) $-\pi r^2 B\sin\alpha$　　　　(D) $-\pi r^2 B\cos\alpha$

8. 【安培环路定理】如图所示，在一圆形电流 I 所在的平面内，选取一个同心圆形闭合回路 L，则由安培环路定理可知[　　]

(A) $\oint_L \boldsymbol{B}\cdot d\boldsymbol{l}=0$，且环路上任意一点 $B=0$

(B) $\oint_L \boldsymbol{B}\cdot d\boldsymbol{l}=0$，且环路上任意一点 $B\neq 0$

(C) $\oint_L \boldsymbol{B}\cdot d\boldsymbol{l}\neq 0$，且环路上任意一点 $B\neq 0$

(D) $\oint_L \boldsymbol{B}\cdot d\boldsymbol{l}\neq 0$，且环路上任意一点 $B=$ 常量

9. 【磁场的计算】若空间存在两根无限长直载流导线，空间的磁场分布就不具有简单的对称性，则该磁场分布[　　]

(A)不能用安培环路定理来计算

(B)可以直接用安培环路定理求出

(C)只能用毕奥-萨伐尔定律求出

(D)可以用安培环路定理和磁感应强度的叠加原理求出

10. 【霍尔电压】一铜条置于均匀磁场中，铜条中电子流的方向如图所示. 试问下述哪一种情况将会发生？[　　]

(A)在铜条上 a 、b 两点产生一小电势差，且 $U_a > U_b$

(B)在铜条上 a 、b 两点产生一小电势差，且 $U_a < U_b$

(C)在铜条上产生涡流

(D)电子受到洛伦兹力而减速

11. 【安培定律】如图所示，在磁感应强度为 $\boldsymbol{B}$ 的均匀磁场中，有一圆形载流导线，a 、b 、c 是其上三个长度相等的电流元，则它们所受安培力大小的关系为[　　]

(A) $F_a > F_b > F_c$　　(B) $F_a < F_b < F_c$　　(C) $F_b > F_c > F_a$　　(D) $F_a > F_c > F_b$

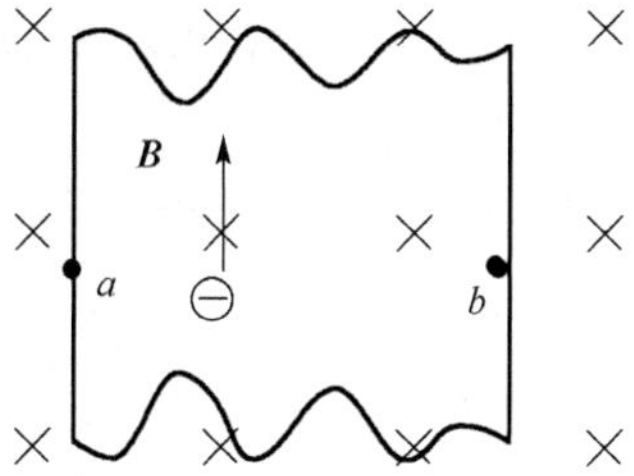

基础检测题 10 图

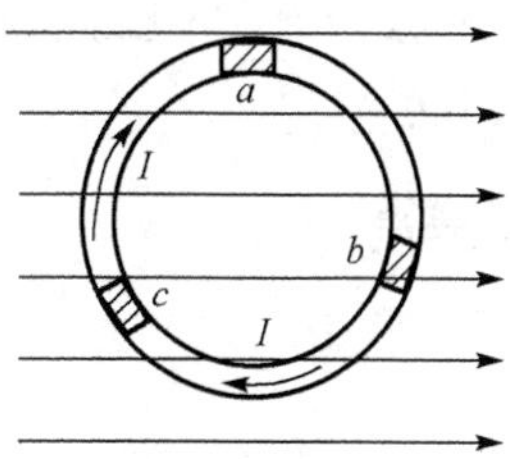

基础检测题 11 图

12. 【磁力矩】在匀强磁场中，有两个平面线圈，其面积 $A_1=2A_2$，通有电流 $I_1=2I_2$，它们所受的最大磁力矩之比 M_1/M_2 等于[　　]

(A) 1　　(B) 2　　(C) 4　　(D) 1/4

13. 【磁场强度】关于恒定电流磁场的磁场强度 $\boldsymbol{H}$，下列几种说法中哪个是正确的[　　]

(A) $\boldsymbol{H}$ 仅与传导电流有关

(B) 若闭合曲线内没有包围传导电流，则曲线上各点的 $\boldsymbol{H}$ 必为零

(C) 若闭合曲线上各点 $\boldsymbol{H}$ 均为零，则该曲线所包围传导电流的代数和为零

(D) 以闭合曲线 L 为边缘的任意曲面的 $\boldsymbol{H}$ 通量均相等

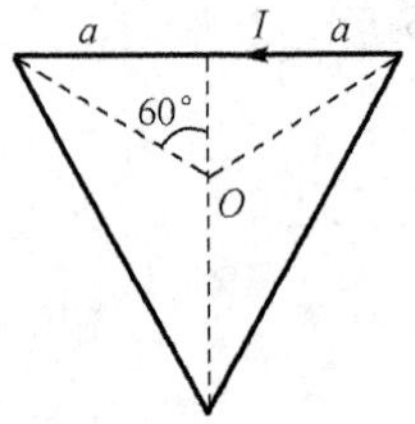

基础检测题 14 图

二、填空题

14. 【有限长直电流的磁场】如图所示，边长为 $2a$ 的等边三角形线圈，通有电流 I，则线圈中心处的磁感应强度的大小为________.

15. 【磁力矩】磁场中任一点放一个小的载流试验线圈可以确定该点的磁感应强度，其大小等于放在该点处试验线圈所受的________和线圈的________的比值.

16. 【磁通量】在一根通有电流 I 的长直导线旁，与之共面地放着一个长、宽各为 a 和 b 的矩形线框，线框的长边与载流长直导线平行，且二者间距离为 b，如图所示. 在此情形中，线框内的磁通量 $\Phi=$________.

17. 【安培环路定理】在安培环路定理 $\oint_L \boldsymbol{B}\cdot \mathrm{d}\boldsymbol{l}=\mu_0\sum I_i$ 中，$\sum I_i$ 是指________；$\boldsymbol{B}$ 是指________，它是由________决定的.

18. 【安培环路定理】如图所示，磁感应强度 $\boldsymbol{B}$ 沿闭合曲线 L 的环流 $\oint_L \boldsymbol{B}\cdot \mathrm{d}\boldsymbol{l}=$ ________.

19. 【磁场力】如图所示，一半径为 R，通有电流为 I 的圆形回路，位于 xOy 平面内，圆心为 O. 一带正电荷为 q 的粒子，以速度 $\boldsymbol{v}$ 沿 z 轴向上运动，当带正电荷的粒子恰好通过 O 点时，作用于圆形回路上的力为________，作用在带电粒子上的力为________.

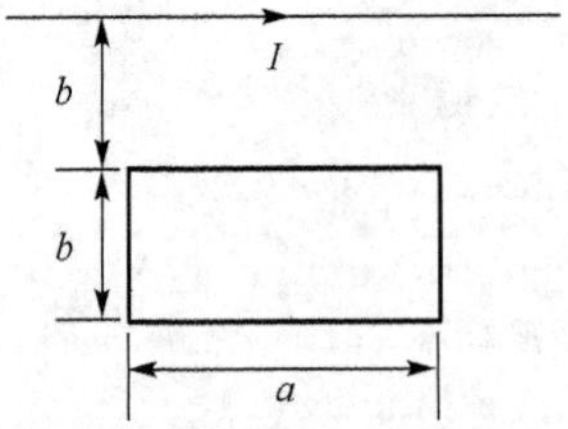

基础检测题 16 图

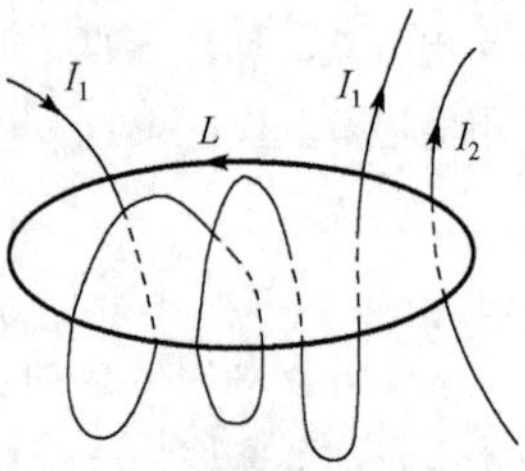

基础检测题 18 图

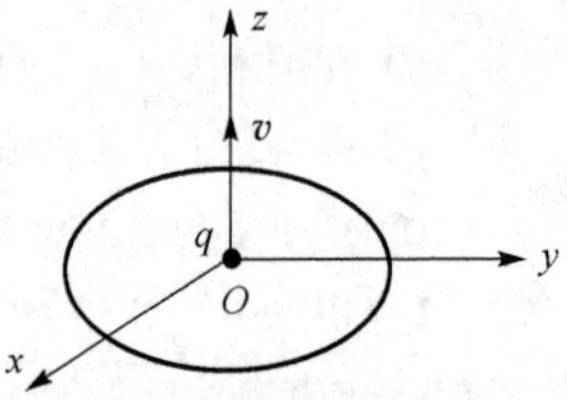

基础检测题 19 图

20. 【磁化强度】一均匀磁化的介质棒，长 10cm，横截面积为 $2.5\mathrm{cm}^2$，总磁矩为 $12000\mathrm{A}\cdot\mathrm{m}^2$，棒中磁化强度 M 的大小为________.

8.6.2 巩固提高

一、单选题

1. 如图所示，三条无限长直导线等距地并排安放，导线Ⅰ、Ⅱ、Ⅲ分别载有 1A、2A、3A 同方向的电流. 由于磁相互作用的结果，导线Ⅰ、Ⅱ、Ⅲ单位长度上分别受力 F_1、F_2 和 F_3，则 F_1 与 F_2 的比值是[　　]

(A) 7/16　　(B) 5/8　　(C) 7/8　　(D) 5/4

2. 如图所示，边长为 a 的正方形的四个角上固定有四个电荷均为 q 的点电荷. 此正方形以角速度 ω 绕 AC 轴旋转时，在中心 O 点产生的磁感应强度大小为 B_1；此正方形同样以角速度 ω 绕过 O 点垂直于正方形平面的轴旋转时，在 O 点产生的磁感应强度的大小为 B_2，则 B_1 与 B_2 间的关系为[　　]

(A) $B_1=B_2$　　(B) $B_1=2B_2$　　(C) $B_1=\dfrac{1}{2}B_2$　　(D) $B_1=B_2/4$

3. 如图两个半径为 R 的相同的金属环在 a 、b 两点接触（ab 连线为环直径），并相互垂直放置. 电流 I 沿 ab 连线方向由 a 端流入，b 端流出，则环中心 O 点的磁感应强度的大小为[　　]

(A) 0　　(B) $\dfrac{\mu_0 I}{4R}$　　(C) $\dfrac{\sqrt{2}\mu_0 I}{4R}$　　(D) $\dfrac{\mu_0 I}{R}$

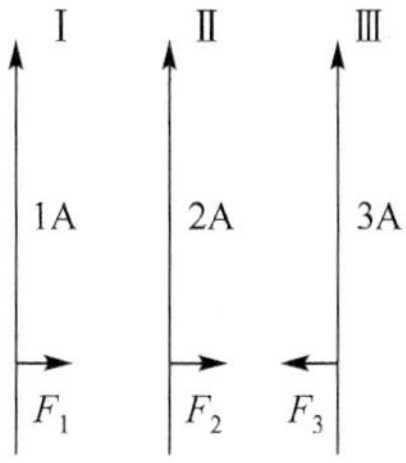

巩固提高题 1 图

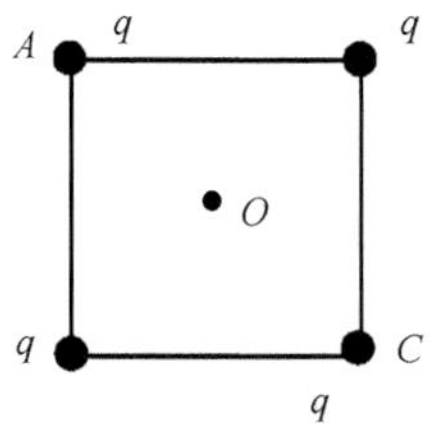

巩固提高题 2 图

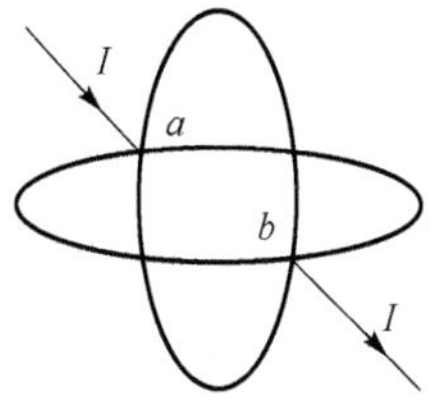

巩固提高题 3 图

4. 取一闭合积分回路 L ，使三根载流导线穿过它所围成的面. 现改变三根导线之间的相互间隔，但不越出积分回路，则[　　]

(A) 回路 L 内的 $\sum I$ 不变，L 上各点的 $\boldsymbol{B}$ 不变

(B) 回路 L 内的 $\sum I$ 不变，L 上各点的 $\boldsymbol{B}$ 改变

(C) 回路 L 内的 $\sum I$ 改变，L 上各点的 $\boldsymbol{B}$ 不变

(D) 回路 L 内的 $\sum I$ 改变，L 上各点的 $\boldsymbol{B}$ 改变

5. α 粒子与质子以同一速率垂直于磁场方向入射到均匀磁场中，它们各自做圆周运动的半径比 R_α / R_p 和周期比 T_α / T_p 分别为[　　]

(A) 1 和 2　　(B) 1 和 1　　(C) 2 和 2　　(D) 2 和 1

6. 如图所示，长载流导线 ab 和 cd 相互垂直，它们相距 l ，ab 固定不动，cd 能绕中点 O 转动，并能靠近或离开 ab . 当电流方向如图所示时，导线 cd 将[　　]

(A) 顺时针转动同时离开 ab　　(B) 顺时针转动同时靠近 ab

(C) 逆时针转动同时离开 ab　　(D) 逆时针转动同时靠近 ab

7. 如图所示，把轻的导线圈用线挂在磁铁 N 极附近，磁铁的轴线穿过线圈中心，且与线圈在同一平面内. 当线圈内通以如图所示方向的电流时，线圈将[　　]

(A) 不动　　(B) 发生转动，同时靠近磁铁

(C) 发生转动，同时离开磁铁　　(D) 不发生转动，只靠近磁铁

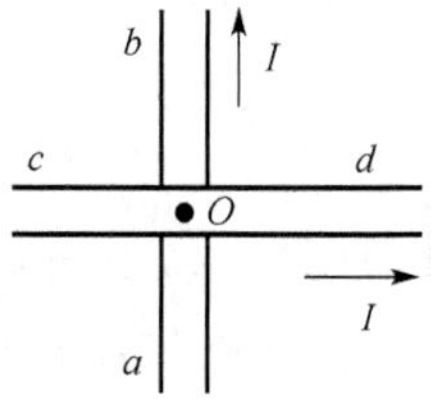

巩固提高题 6 图

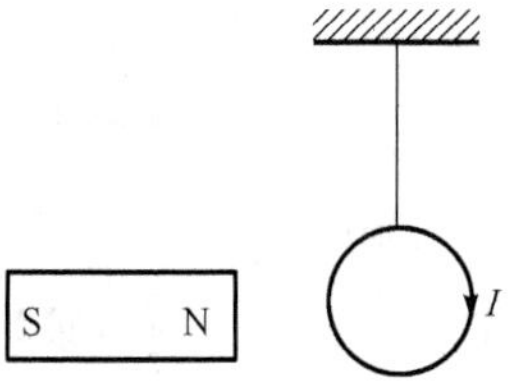

巩固提高题 7 图

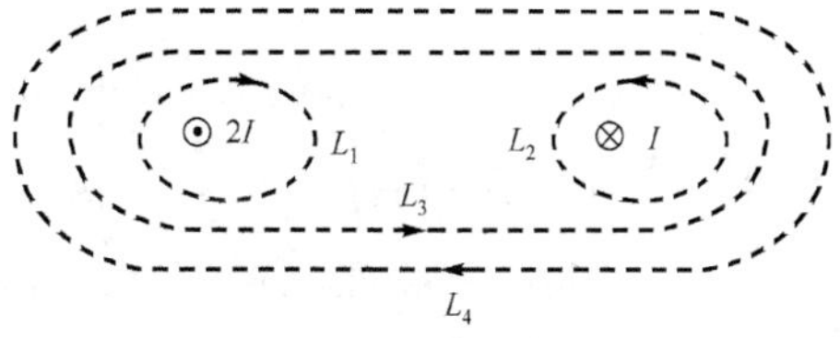

巩固提高题 8 图

8. 如图所示，流出纸面的电流为 $2I$ ，流进纸面的电流为 I ，则下述各式中哪一个是正确的？[　　]

(A) $\oint_{L_1} \boldsymbol{H} \cdot \mathrm{d}\boldsymbol{l} = 2I$　　(B) $\oint_{L_2} \boldsymbol{H} \cdot \mathrm{d}\boldsymbol{l} = I$

(C) $\oint_{L_3} \boldsymbol{H} \cdot \mathrm{d}\boldsymbol{l} = -I$ (D) $\oint_{L_4} \boldsymbol{H} \cdot \mathrm{d}\boldsymbol{l} = -I$

二、填空题

9. 一条无限长载流导线折成如图所示的形状，导线上通有电流 $I = 10\mathrm{A}$．P 点在 cd 的延长线上，它到折点的距离 $a = 2\mathrm{cm}$，则 P 点的磁感应强度 $B =$ ________．（$\mu_0 = 4\pi \times 10^{-7}\,\mathrm{N \cdot A^{-2}}$）

10. 如图所示，将同样的几根导线焊成立方体，并在其对顶角 A、B 上接上电源，则立方体框架中的电流在其中心处所产生的磁感应强度等于________.

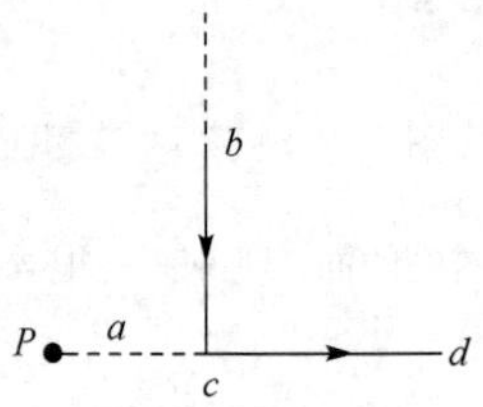

巩固提高题 9 图

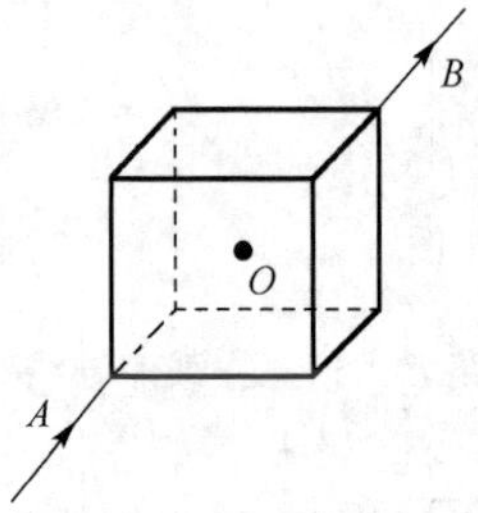

巩固提高题 10 图

11. 如图所示，一半径为 a 的无限长直载流导线，沿轴向均匀地流有电流 I．若作一个半径为 $R = 5a$、高为 l 的柱形曲面，已知此柱形曲面的轴与载流导线的轴平行且相距 $3a$，则 $\boldsymbol{B}$ 在圆柱侧面 S 上的积分 $\int_S \boldsymbol{B} \cdot \mathrm{d}\boldsymbol{S} =$ ________.

12. 如图所示，均匀磁场中放一均匀带正电荷的圆环，其线电荷密度为 λ，圆环可绕通过环心 O 与环面垂直的转轴旋转. 当圆环以角速度 ω 转动时，圆环受到的磁力矩为________，其方向________.

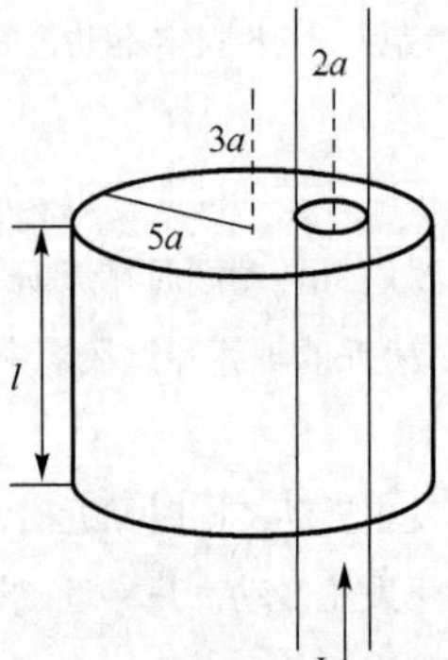

巩固提高题 11 图

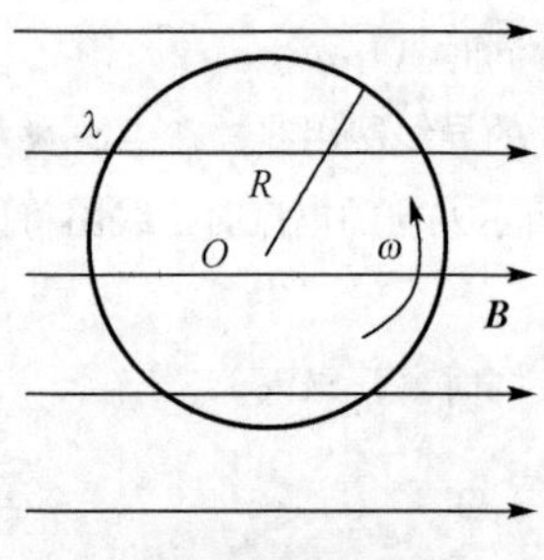

巩固提高题 12 图

13. 一平均半径比横截面半径大很多的环形铁芯上均匀绕着线圈，单位长度上的匝数为 n，线圈上通以电流 I．设在此情况下铁芯的相对磁导率为 μ_r，则铁芯表面磁化电流密度为________，线圈中的传导电流在铁芯中产生的磁感应强度为________，磁化电流在铁芯中产生的磁感应强度为________.

三、计算题

14. 如图所示，由一段导线弯成的平面图形，其中直线段 ab 和 ef 的长度比两个半圆半径 R_1 和 R_2 大得多. 设导线中的电流为 I，求圆心 O 处的磁感应强度.

15. 如图所示，真空中有一边长为 l 的正三角形导体框架，另有相互平行并与三角形的 bc 边平行的长直导线 1 和 2 分别在 a 点和 b 点与三角形导体框架相连. 已知直导线中的电流为 I，三角形框的每一边长为 l，求正三角形中心点 O 处的磁感应强度 $\boldsymbol{B}$.

16. 如图所示，一半径 $R=1.0\text{cm}$ 的无限长 1/4 圆柱形金属薄片，沿轴向通有 $I=10.0\text{A}$ 的电流，设电流在金属片上均匀分布，试求圆柱轴线上任意一点 P 的磁感应强度.

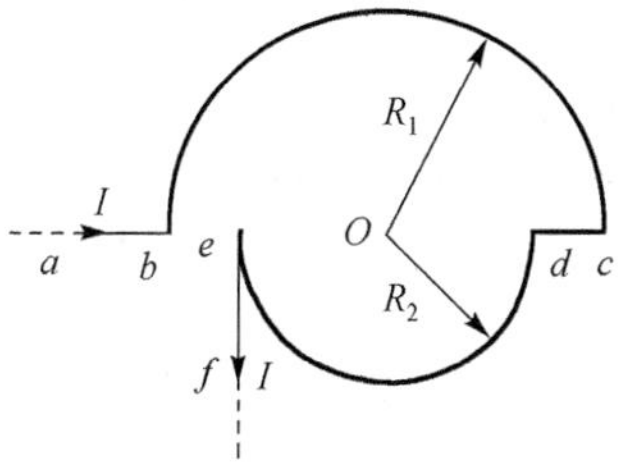

巩固提高题 14 图

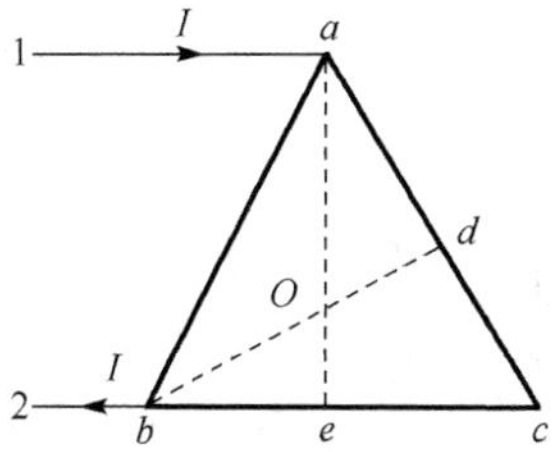

巩固提高题 15 图

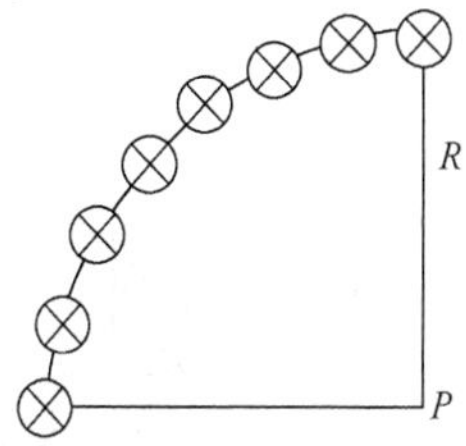

巩固提高题 16 图

17. 如图所示，一个半径为 R 的薄圆盘，电量 $+q$ 均匀分布其上，圆盘以角速度 ω 绕通过圆盘中心且垂直于盘面的轴匀速转动. 求圆盘中心处的磁感应强度.

18. 如图所示，一根长直单芯电缆的芯是一根半径为 R 的金属导体，它与导电外壁之间充满相对磁导率为 μ_r 的均匀介质. 今有电流 I 均匀地流过芯的横截面并沿外壁均匀流回. 求磁介质中磁感应强度的分布和紧贴导体芯的磁介质表面上的磁化电流.

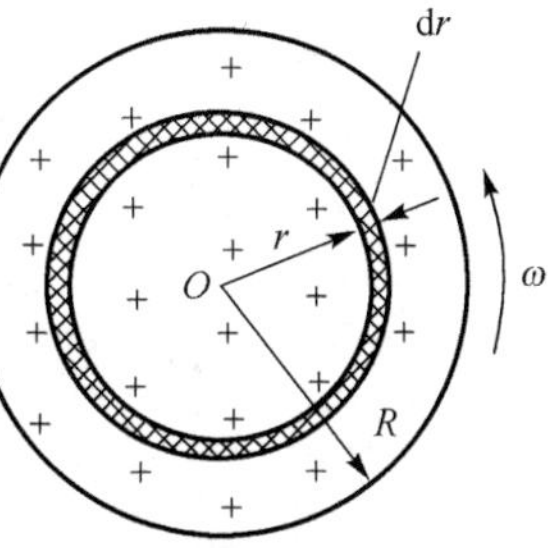

巩固提高题 17 图

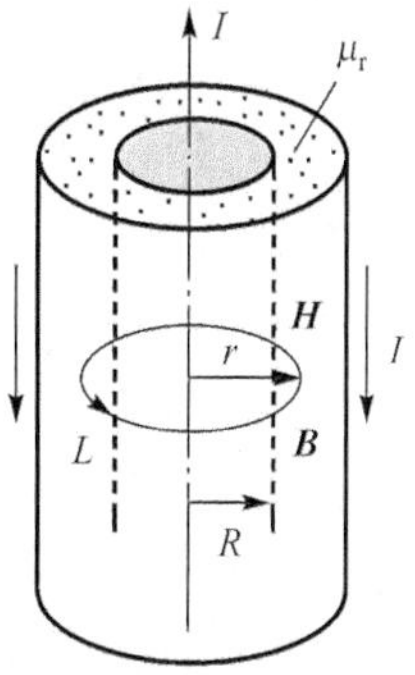

巩固提高题 18 图

19. 如图所示，线圈均匀密绕在截面为长方形的整个木环上，木环内外直径分别为 D_2 和 D_1，厚度为 h，若木料对磁场分布无影响. 设木环上共有 N 匝线圈，通入电流为 I，求：

(1) 木环内外磁场的分布；

(2) 通过木环截面的磁通量.

20. 如图所示，半径为 R 的无限长半圆柱面导体，其上通有沿 z 轴正方向的电流，电流 I 在半圆柱面上均匀分布，在半圆柱轴线上有一无限长直导线通有与半圆柱面等值反向的电流.

(1) 求轴线上导线单位长度电流所受的安培力；

(2) 若用另一通有沿 z 轴正方向的电流 I 的无限长直导线代替圆柱面产生同样的作用力，该导线应放在何处?

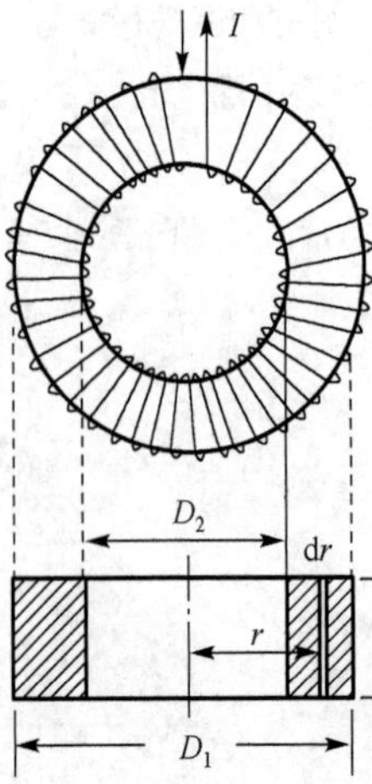

巩固提高题 19 图

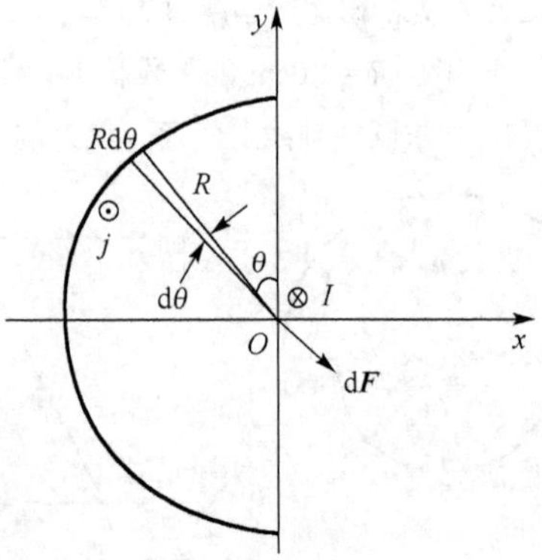

巩固提高题 20 图

8.6 单元检测
参考答案

第9章　电磁感应 电磁场

9.1　基 本 要 求

(1)理解电磁感应现象、楞次定律、法拉第电磁感应定律，掌握运用法拉第电磁感应定律计算感应电动势的方法.

(2)理解动生电动势产生机理，掌握动生电动势的计算方法.

(3)了解麦克斯韦感生电场假说，理解感生电动势的概念，了解典型感生电场的分布.

(4)理解自感与互感等概念，掌握自感系数和互感系数的计算方法.

(5)理解磁场能量及能量密度的概念，掌握磁场能量的计算方法.

(6)了解麦克斯韦位移电流假说，理解位移电流的概念，掌握全电流安培环路定理，理解麦克斯韦方程组的积分形式及其物理意义.

9.2　学 习 导 引

(1)本章主要学习电磁感应规律、磁场的能量和电磁场的基本方程组，主要包含法拉第电磁感应定律、动生电动势和感生电动势、自感和互感、磁场的能量、麦克斯韦方程组等内容.

(2)奥斯特发现电流的磁效应后，深受对称性思想影响的法拉第认为：既然“电”能够生“磁”，那么“磁”也应该能够产生“电”. 经过近10年的努力，法拉第在1831年建立了电磁感应的基本规律：电磁感应现象是“磁”感应出“电”的现象，就感应的基本方式而言，感应电动势可分为动生电动势和感生电动势两类，就感应的对象而言，感生电动势可分为自感和互感两类.

(3)1834年，楞次给出了确定感应电动势方向的楞次定律：闭合回路中感应电流的方向，总是使得它所激发的磁场来阻碍引起感应电流的原磁通量的变化. 学习中应多体会“阻碍”和“原磁通量的变化”的物理意义，理解楞次定律是能量守恒定律在电磁感应现象中的体现.

(4)含楞次定律的法拉第电磁感应定律的一般形式为：$\varepsilon=-\dfrac{\mathrm{d}\Phi}{\mathrm{d}t}$. 负号即为楞次定律的体现. 法拉第电磁感应定律的本质是能量从一种形式向另一种形式的转换. 应用法拉第电磁感应定律求解感应电动势的一般步骤为：首先规定回路的绕行正方向，如果通过回路的磁感应线的方向与回路绕行正方向成右手螺旋关系，就规定该磁通量为正，反之为负；其次求出穿过闭合回路的磁通量随时间变化的函数关系；最后，利用法拉第电磁感应定律求出感应电动势. 所得结果为正值时，表明感应电动势的方向与回路正方向相同，反之相反.

(5)产生感应电动势的一种方式为：磁场不发生变化，导体回路整体或局部在磁场中运动，切割磁感应线，这就是动生电动势. 产生动生电动势的非静电力就是导体中带电粒子在磁场中运动所受到的洛伦兹力，动生电动势的表达式为：$\varepsilon=\oint_L(\boldsymbol{v}\times\boldsymbol{B})\cdot\mathrm{d}\boldsymbol{l}$，式子中既含有矢量的叉积又含有矢量的点积，是本章内容的重点和难点，学习中注意理解公式的物理意义. 由动生电动势的表达式可知导线不切割磁场线时不会产生动生电动势.

(6) 产生感应电动势的另一种方式为：闭合回路不发生变化，回路中的磁感应强度发生变化，这就是感生电动势. 产生感生电动势的非静电力是感生电场的电场力. 这里麦克斯韦引入了感生电场的假设，即变化的磁场在空间激发出一种电场，并通过法拉第电磁感应定律得出了感生电场与变化磁场之间的关系为：$\varepsilon = \oint_L \boldsymbol{E}_{\mathrm{i}} \cdot \mathrm{d}\boldsymbol{l} = -\int_S \frac{\partial \boldsymbol{B}}{\partial t} \cdot \mathrm{d}\boldsymbol{S}$. 由此可见，感生电场是涡旋场，这一点是与前面的静电场不同的. 学习时注意静电场和感生电场的对比.

(7) 自感电动势发生在磁通量有变化的自身线圈中，互感电动势发生在磁通量有变化的两个线圈中，它们的本质都是电磁感应. 自感系数和互感系数与导体的几何形状、相对位置、线圈匝数、介质分布等线圈本身的因素有关，与所通电流大小无关. 学习时应注意自感系数和互感系数的物理意义.

(8) 磁场和电场一样，都是能量的一种载体，是物质的一种存在形式. 一个自感线圈的磁能就是在建立磁场的过程中电源克服自感电动势所做的功. 由自感线圈的磁能可以引出磁能密度的概念，进而得到磁场的能量公式.

(9) 麦克斯韦提出的位移电流假设揭示了变化的电场在空间激发出一种磁场，并通过引入了位移电流的概念得到了普遍形式下的安培环路定理，即全电流定律：$\oint_L \boldsymbol{H} \cdot \mathrm{d}\boldsymbol{l} = I + I_{\mathrm{d}}$. 由此可见，恒定电流和位移电流都可以激发磁场，位移电流激发的磁场仍然是涡旋磁场.

(10) 麦克斯韦方程组给出了电场和磁场的内在联系，是电磁场的基本理论，其揭示的物理规律如下：变化的电场产生磁场，变化的磁场产生电场；变化的电场和磁场相互联系着，形成一个不可分割的统一体——电磁场. 学习时可以用类比的方法回顾前面学习过的静电场和恒定磁场的规律，理解它们的区别和统一性，由从静到动的认识论角度理解和掌握电磁场的基本规律.

9.3 思维导图

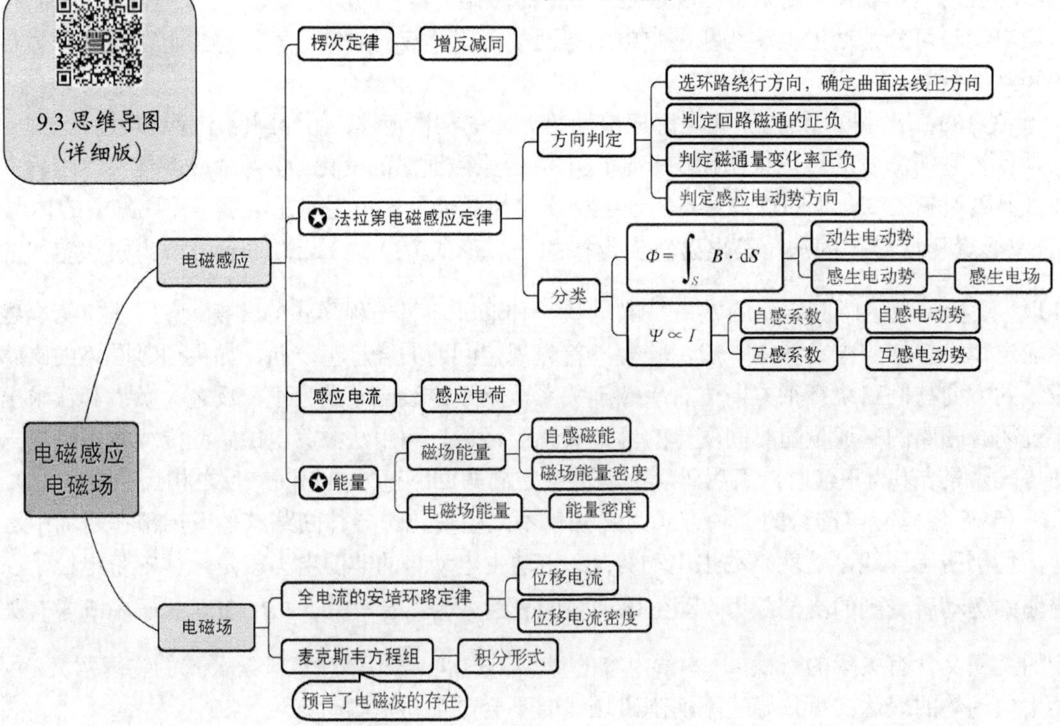

9.4 内容提要

1. 法拉第电磁感应定律

(1) 电磁感应现象：当穿过闭合导体回路的磁通量发生变化时，不管这种变化是什么原因引起的，在导体回路中就会产生感应电流的现象. 1831 年，英国物理学家法拉第首次发现电磁感应现象.

(2) 楞次定律：闭合回路中感应电流的方向，总是使得它所激发的磁场来阻碍引起感应电流的磁通量的变化. 1834 年，俄国物理学家楞次在概括了大量实验事实的基础上，总结出判断感应电流方向的规律.

(3) 法拉第电磁感应定律：$\varepsilon=-\dfrac{\mathrm{d}\Phi_{\mathrm{m}}}{\mathrm{d}t}=-\dfrac{\mathrm{d}}{\mathrm{d}t}\int_S \boldsymbol{B}\cdot\mathrm{d}\boldsymbol{S}$，通过回路所包围面积的磁通量发生变化时，回路中产生的感应电动势的大小与磁通量对时间的变化率成正比；负号表示感应电动势总是反抗磁通量的变化，即 ε 的正负总是与磁通量的时间变化率的正负相反，是楞次定律的数学表示.

若导体回路的电阻为 R，则通过回路的电流为 $I=\dfrac{\varepsilon}{R}=-\dfrac{1}{R}\dfrac{\mathrm{d}\Phi}{\mathrm{d}t}$.

在 $\Delta t=t_2-t_1$ 时间内，流过导线横截面的感应电荷的电量为 $q=\left|\int_{t_1}^{t_2} I\mathrm{d}t\right|=\dfrac{1}{R}\left|\Phi_2-\Phi_1\right|$，即通过导体的感应电量仅与磁通量变化的绝对值成正比，与其变化的快慢无关.

对于 N 匝密绕线圈回路，整个回路的总磁通量为磁链数 $\Psi=N\Phi$，法拉第电磁感应定律为 $\varepsilon=-\dfrac{\mathrm{d}\Psi}{\mathrm{d}t}$.

感应电动势方向的判断步骤：

①任意规定回路的绕行正方向.

②确定通过回路的磁通量的正负：如果通过回路的磁感应线方向与回路绕行正方向成右手螺旋关系，规定该磁通量为正，反之为负.

③确定磁通量的时间变化率 $\dfrac{\mathrm{d}\Phi}{\mathrm{d}t}$ 的正负.

④最后确定感应电动势的正负. 当感应电动势为正时，表示感应电动势的方向和回路的绕行正方向相同；当感应电动势为负时，表示感应电动势的方向和回路的绕行正方向相反.

2. 动生电动势、感生电动势

(1) 动生电动势 $\varepsilon=\int_a^b(\boldsymbol{v}\times\boldsymbol{B})\cdot\mathrm{d}\boldsymbol{l}$：当磁场不随时间变化时，一段导体在磁场中运动产生的电动势，其中 $\boldsymbol{v}$、$\boldsymbol{B}$ 分别是导体线元 $\mathrm{d}\boldsymbol{l}$ 的速度和其所在处的磁感应强度.

从感应电动势的产生机制来看，动生电动势对应的非静电力是洛伦兹力. 注意：洛伦兹力永不做功，即洛伦兹力并不提供能量，只是传递能量. 因此，动生电动势产生过程中的能量转换关系为：外力做正功输入机械能，安培力做负功吸收了它，同时感应电流以电能的形式在回路中输出这份能量.

对于闭合的导体回路 L，感应电动势可用 $\varepsilon=-\dfrac{\mathrm{d}\Phi}{\mathrm{d}t}$ 或 $\varepsilon=\oint_L(\boldsymbol{v}\times\boldsymbol{B})\cdot\mathrm{d}\boldsymbol{l}$ 计算.

对于不构成回路的导体，感应电动势可用 $\varepsilon=\int_a^b(\boldsymbol{v}\times\boldsymbol{B})\cdot\mathrm{d}\boldsymbol{l}$ 计算，也可设计一个合适的假想回路以便于应用法拉第电磁感应定律公式. 注意引入的辅助路径应不产生新的电动势.

利用动生电动势计算感应电动势的步骤：

①任意选取 $\mathrm{d}\boldsymbol{l}$ 的正方向，作为参考方向.

②采用微元法，在导体上任选一段线元 $\mathrm{d}\boldsymbol{l}$（依据第 1 步规定的正方向确定线元的方向），计算该段线元的动生电动势 $\mathrm{d}\varepsilon=(\boldsymbol{v}\times\boldsymbol{B})\cdot\mathrm{d}\boldsymbol{l}$.

③对整段导线积分，得动生电动势 $\varepsilon=\int_a^b(\boldsymbol{v}\times\boldsymbol{B})\cdot\mathrm{d}\boldsymbol{l}$.

④最后确定感应电动势的正负. 当感应电动势为正时，表示感应电动势的方向和参考方向相同；当感应电动势为负时，表示感应电动势的方向和参考方向相反.

(2) 感生电动势 $\varepsilon=\oint_L\boldsymbol{E}_{\mathrm{i}}\cdot\mathrm{d}\boldsymbol{l}=-\int_S\dfrac{\partial\boldsymbol{B}}{\partial t}\cdot\mathrm{d}\boldsymbol{S}$：导体回路不动、由于磁场变化产生的感应电动势.

从感应电动势的产生机制来看，感生电动势对应的非静电力是感生电场(或称涡旋电场). 这是变化的磁场在其周围空间激发一种新型的电场，这种电场的存在与空间有无导体无关. 感生电动势的产生，就是导体中的自由电子受到感生电场力作用的结果，或者说产生感生电动势的非静电力是感生电场对自由电荷作用的感生电场力.

感生电场不是静电场，沿闭合回路的积分不为零，感生电场的电场线是闭合的. 变化的磁场在其周围激发涡旋状的感生电场，它们在方向上满足左手螺旋关系. 变化的磁场和感生电场之间的积分关系，是电磁学的基本方程之一.

3. 自感和互感

(1) 自感.

自感现象：当线圈中电流变化时，它所激发的磁场通过线圈自身的磁通量也在变化，使线圈自身产生感应电动势的现象. 产生的感应电动势称为自感电动势.

自感系数 $L=\dfrac{\Psi}{I}$：在周围的磁介质不含铁磁质的情况下，穿过线圈自身的磁链数与电流 I 成正比，其比例系数称为自感系数 L，简称自感或电感. 自感的单位是 H（亨利），$1\mathrm{H}=1\mathrm{Wb}\cdot\mathrm{A}^{-1}$. 注意：回路的自感仅取决于回路自身的形状、大小、匝数以及线圈内磁介质的性质，与回路中是否有电流无关.

自感电动势 $\varepsilon_L=-L\dfrac{\mathrm{d}I}{\mathrm{d}t}$（$L$ 不变）：自感电动势的方向总是要使它阻碍回路本身电流的变化. 回路的自感越大，回路中的电流越不易改变，自感有维持原电路状态的能力，回路的这种性质与力学中物体的惯性有些类似，称为电磁惯性.

(2) 互感.

互感现象：如果有两个通电线圈，当一个线圈中的电流发生变化时，会在与它邻近的另一个线圈中产生感应电动势的现象. 产生的感应电动势称为互感电动势.

互感系数 $M=\dfrac{\Psi_{21}}{I_1}=\dfrac{\Psi_{12}}{I_2}$：线圈 1 激发的磁场在线圈 2 的磁链数 Ψ_{21} 与线圈 1 中的电流 I_1 成正比，线圈 2 激发的磁场在线圈 2 的磁链数 Ψ_{12} 与线圈 2 中的电流 I_2 成正比. 由实验及能量守恒均可证明，这两个比例系数相等，称为互感系数，简称互感. 互感的单位也是 H（亨利）. 线圈的互感仅取决于线圈自身性质、两线圈间的相对位置以及周围介质的性质，与线圈中是否有电流无关.

互感电动势：$\varepsilon_{21}=-M\dfrac{\mathrm{d}I_1}{\mathrm{d}t}$，$\varepsilon_{12}=-M\dfrac{\mathrm{d}I_2}{\mathrm{d}t}$（若 M 不随时间变化）.

(3) 自感系数和互感系数关系：$M\leqslant\sqrt{L_1L_2}$（无漏磁时取等号）.

4. *磁场能量*

(1) 自感磁能 $W_{\mathrm{m}}=\dfrac{1}{2}LI^2$：自感线圈储有的能量与线圈中电流的平方成正比.

(2) 磁场能量密度 $w_{\mathrm{m}}=\dfrac{1}{2}\boldsymbol{B}\cdot\boldsymbol{H}$：磁场中一点附近单位体积所分布的磁场能量，对于各向同性均匀线性的磁介质，$w_{\mathrm{m}}=\dfrac{1}{2}\dfrac{B^2}{\mu}=\dfrac{1}{2}\mu H^2$.

(3) 磁场总能量 $W_{\mathrm{m}}=\int_V w_{\mathrm{m}}\mathrm{d}V=\dfrac{1}{2}\int_V(\boldsymbol{B}\cdot\boldsymbol{H})\mathrm{d}V$.

一般地，当既存在电场又存在磁场时，电磁场中某点的能量密度应为 $w_{\mathrm{em}}=\dfrac{1}{2}(\boldsymbol{E}\cdot\boldsymbol{D}+\boldsymbol{B}\cdot\boldsymbol{H})$，体积 V 内电磁场的总能量 $W_{\mathrm{em}}=\dfrac{1}{2}\int_V(\boldsymbol{E}\cdot\boldsymbol{D}+\boldsymbol{B}\cdot\boldsymbol{H})\mathrm{d}V$.

5. *麦克斯韦方程组*

1) 麦克斯韦前电场、磁场的规律

$$\oint_S\boldsymbol{D}_{静}\cdot\mathrm{d}\boldsymbol{S}=\sum_{(S内)}q_0\ \text{（静电场的高斯定理）}$$

$$\oint_L\boldsymbol{E}_{静}\cdot\mathrm{d}\boldsymbol{l}=0\ \text{（静电场的环路定理）}$$

$$\oint_S\boldsymbol{B}_{恒}\cdot\mathrm{d}\boldsymbol{S}=0\ \text{（恒定磁场的高斯定理）}$$

$$\oint_L\boldsymbol{H}_{恒}\cdot\mathrm{d}\boldsymbol{l}=\sum_{(穿过L)}I_0=\int_S\boldsymbol{J}_0\cdot\mathrm{d}\boldsymbol{S}\ \text{（恒定磁场的安培环路定理）}$$

2) 麦克斯韦的两个大胆的推广

推广 1：静电场的高斯定理同样适用随时间变化的电场，即 $\boldsymbol{D}=\boldsymbol{D}(t)$，$\oint_S\boldsymbol{D}\cdot\mathrm{d}\boldsymbol{S}=\sum_{(S内)}q_0$.

推广 2：恒定磁场的高斯定理同样适用于随时间变化的磁场，即 $\boldsymbol{B}=\boldsymbol{B}(t)$，$\oint_S\boldsymbol{B}\cdot\mathrm{d}\boldsymbol{S}=0$.

3) 麦克斯韦的两个重要的假说

涡旋电场假说：麦克斯韦提出随时间变化的磁场在其周围产生感生电场，或称涡旋电场

$\boldsymbol{E}_{旋}$，从而回答了法拉第电磁感应定律中感生电动势的非静电力来源正是这种涡旋电场，即 $\varepsilon_{感生}=\oint_L \boldsymbol{E}_{旋}\cdot \mathrm{d}\boldsymbol{l}=-\int_S \frac{\partial \boldsymbol{B}}{\partial t}\cdot \mathrm{d}\boldsymbol{S}$．将总电场视为静电场和涡旋电场的叠加，即 $\boldsymbol{E}=\boldsymbol{E}_{静}+\boldsymbol{E}_{旋}$，则电场的环路定理为 $\oint_L \boldsymbol{E}\cdot \mathrm{d}\boldsymbol{l}=-\int_S \frac{\partial \boldsymbol{B}}{\partial t}\cdot \mathrm{d}\boldsymbol{S}$．

位移电流假说：麦克斯韦假设随时间变化的电场在其周围产生位移电流，其电流强度 $I_{\mathrm{d}}=\int_S \frac{\partial \boldsymbol{D}}{\partial t}\cdot \mathrm{d}\boldsymbol{S}$，其电流密度矢量 $\boldsymbol{J}_{\mathrm{d}}=\frac{\partial \boldsymbol{D}}{\partial t}$．考虑到电位移矢量 $\boldsymbol{D}=\varepsilon_0\boldsymbol{E}+\boldsymbol{P}$，位移电流密度分为两部分 $\boldsymbol{J}_{\mathrm{d}}=\varepsilon_0\frac{\partial \boldsymbol{E}}{\partial t}+\frac{\partial \boldsymbol{P}}{\partial t}$，式中第一部分与电场强度 $\boldsymbol{E}$ 随时间的变化率有关，即使在真空中也存在；第二部分与介质的极化强度 $\boldsymbol{P}$ 随时间的变化率有关，是分子内部束缚电荷的微观运动所引起的，称为极化电流. 因此，麦克斯韦位移电流假说的实质是：电流(包括传导电流 I_0、极化电流、磁化电流)和随时间变化的电场都能激发磁场，将总磁场视为这些磁场的叠加，则磁场的安培环路定理为 $\oint_L \boldsymbol{H}\cdot \mathrm{d}\boldsymbol{l}=I_0+I_{\mathrm{d}}=\int_S\left(\boldsymbol{J}_0+\frac{\partial \boldsymbol{D}}{\partial t}\right)\cdot \mathrm{d}\boldsymbol{S}$，称为全电流安培环路定理.

4) 麦克斯韦方程组

积分形式：

$\oint_S \boldsymbol{D}\cdot \mathrm{d}\boldsymbol{S}=\sum_{(S内)} q_0=\int_V \rho_0 \mathrm{d}V$ (电场的高斯定理，其中 ρ_0 是闭合曲面 S 内的自由电荷体密度)

$\oint_L \boldsymbol{E}\cdot \mathrm{d}\boldsymbol{l}=-\int_S \frac{\partial \boldsymbol{B}}{\partial t}\cdot \mathrm{d}\boldsymbol{S}$ (电场的环路定理，表明变化的磁场可产生电场)

$\oint_S \boldsymbol{B}\cdot \mathrm{d}\boldsymbol{S}=0$ (磁场的高斯定理)

$\oint_L \boldsymbol{H}\cdot \mathrm{d}\boldsymbol{l}=\int_S\left(\boldsymbol{J}_0+\frac{\partial \boldsymbol{D}}{\partial t}\right)\cdot \mathrm{d}\boldsymbol{S}$ (磁场的安培环路定理，表明变化的电场可产生磁场)

利用矢量场 $\boldsymbol{A}$ 的高斯公式 $\oint_S \boldsymbol{A}\cdot \mathrm{d}\boldsymbol{S}=\int_V (\nabla\cdot \boldsymbol{A})\mathrm{d}V$ 和斯托克斯公式 $\oint_L \boldsymbol{A}\cdot \mathrm{d}\boldsymbol{l}=\int_S (\nabla\times \boldsymbol{A})\cdot \mathrm{d}\boldsymbol{S}$，从麦克斯韦方程组的积分形式可得微分形式

$$\nabla\cdot \boldsymbol{D}=\rho_0,\quad \nabla\times \boldsymbol{E}=\frac{\partial \boldsymbol{B}}{\partial t}$$

$$\nabla\cdot \boldsymbol{B}=0,\quad \nabla\times \boldsymbol{H}=\boldsymbol{J}_0+\frac{\partial \boldsymbol{D}}{\partial t}$$

在真空中，不存在自由电荷和传导电流，即 $\rho_0=0$，$\boldsymbol{J}_0=0$；不存在电介质，极化强度 $\boldsymbol{P}=0$，则电位移矢量 $\boldsymbol{D}=\varepsilon_0\boldsymbol{E}$；不存在磁介质，磁化强度 $\boldsymbol{M}=0$，则磁场强度 $\boldsymbol{H}=\frac{1}{\mu_0}\boldsymbol{B}$，则真空中的麦克斯韦方程组为

$$\nabla\cdot \boldsymbol{E}=0,\quad \nabla\times \boldsymbol{E}=\frac{\partial \boldsymbol{B}}{\partial t}$$

$$\nabla\cdot \boldsymbol{B}=0,\quad \nabla\times \boldsymbol{B}=\frac{1}{c^2}\frac{\partial \boldsymbol{E}}{\partial t}\ \left(真空中的光速\ c=\frac{1}{\sqrt{\varepsilon_0\mu_0}}\right)$$

结合矢量运算，可得真空中的电场和磁场分别满足波动方程：$\frac{\partial^2 \boldsymbol{E}}{\partial t^2}=c^2\left(\frac{\partial^2}{\partial x^2}+\frac{\partial^2}{\partial y^2}+\frac{\partial^2}{\partial z^2}\right)\boldsymbol{E}$，$\frac{\partial^2 \boldsymbol{B}}{\partial t^2}=c^2\left(\frac{\partial^2}{\partial x^2}+\frac{\partial^2}{\partial y^2}+\frac{\partial^2}{\partial z^2}\right)\boldsymbol{B}$，表明电磁场的振荡可以在真空中传播，这就是电磁波.

9.5 典型例题

9.5.1 思考题

思考题1 将一多匝线圈在磁场中高速转动，发现线圈略微发热，请问这是为什么？

简答 线圈在磁场中高速旋转，穿过线圈回路的磁通量反复变化，根据电磁感应定律，线圈中就会产生感应电动势和感应电流. 这一在磁场中高速转动的线圈就相当于发电机，外力转动线圈消耗的机械能转化为了电能，部分电能通过电阻转化为焦耳热，因此线圈会微微发热.

思考题2 请举例说明楞次定律是能量守恒定律在电磁感应中的体现.

简答 如思考题2图所示，均匀磁场方向垂直纸面向里，导体棒斜放在磁场中并向右做切割磁感线运动. 根据楞次定律，在回路上产生逆时针方向的感应电流，因此产生一作用于导体棒上的向左的安培力，该安培力阻碍导体棒的运动，而要保持导体棒向右运动，必须要有外力反抗安培力做功. 外力做功转化为电路的电能，符合能量守恒和转化定律. 否则，如果违反楞次定律，感应电流为顺时针方向，这时只需一个瞬间的启动力使导体棒开始运动，顺时针方向的电流受到的安培力向右使导体棒不断加速，动能不断增大的同时，电路中还有源源不断的电能产生，最终将产生无限大的能量. 显然，这违反了能量守恒定律. 可见楞次定律是能量守恒定律在电磁感应中的体现.

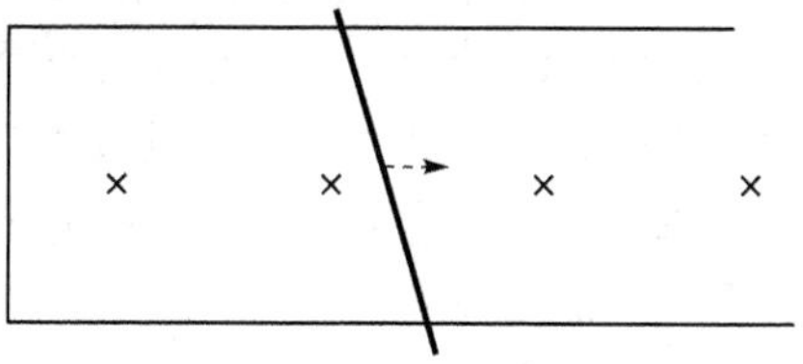

思考题2图

思考题3 磁场中，切割磁感线的导体两端带有正负电荷，电势差不为零，可作为电源，但是置于静电场中的导体两端也分别带有正负电荷，其电势差为零，不能作为电源，请问这是为什么？

简答 电源是能够提供非静电力的装置. 导体在磁场中切割磁感线，洛伦兹力提供了非静电力，因此切割磁感线的导体两端有电势差，可以作为电源. 导体放入静电场中，在静电场力的作用下出现静电感应，导体两端将会出现正负电荷，当达到静电平衡后，导体内部场强为零，导体成为等势体，导体两端电势差为零，不能作为电源. 两者的根本区别在于，前者在非静电力作用下出现电荷分离，产生了电势差；后者在静电力作用下出现了电荷分离，但是没有产生电势差，因此前者可以作为电源，后者则不行.

思考题4 “洛伦兹力是产生动生电动势的非静电力”但是“洛伦兹力不做功”，请问你对此如何理解？

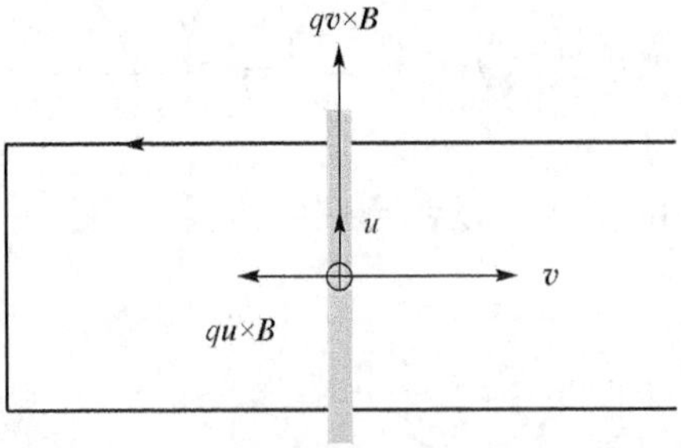

思考题 4 图

简答 如思考题 4 图所示，一导体棒在平行导轨上滑动，并与导轨形成回路，匀强磁场 $\boldsymbol{B}$ 垂直于回路平面向里. 现以恒定外力向右拉动导体棒，棒上产生动生电动势，在回路中出现感应电流. 感应电流在磁场中又受到向左的安培力，阻碍导体棒向右运动. 当安培力增大到与外力相平衡时，导体棒开始以匀速 $\boldsymbol{v}$ 运动. 此时回路中的感应电流也达到稳定值，载流子在导体棒中将以稳定的漂移速度 $\boldsymbol{u}$ 相对于导体棒做定向运动. 因此在平衡时，导体棒中的载流子参与两个运动：随导体棒以速度 $\boldsymbol{v}$ 平动和沿导体棒以速度 $\boldsymbol{u}$ 漂移. 设载流子电量为 q，则载流子受到的洛伦兹力为 $\boldsymbol{F}=q(\boldsymbol{v}+\boldsymbol{u})\times\boldsymbol{B}=q\boldsymbol{v}\times\boldsymbol{B}+q\boldsymbol{u}\times\boldsymbol{B}$，洛伦兹力对载流子做功的功率为 $P=\boldsymbol{F}\cdot(\boldsymbol{u}+\boldsymbol{v})=[q(\boldsymbol{v}+\boldsymbol{u})\times\boldsymbol{B}]\cdot(\boldsymbol{u}+\boldsymbol{v})=(q\boldsymbol{v}\times\boldsymbol{B})\cdot\boldsymbol{u}+(q\boldsymbol{u}\times\boldsymbol{B})\cdot\boldsymbol{v}$，式中右边第一项是产生动生电动势的非静电力的功率，因 $\boldsymbol{u}$ 与 $q\boldsymbol{v}\times\boldsymbol{B}$ 同方向，此项大于零，故非静电力做正功；第二项是宏观上表现为安培力的分力的功率，因 $\boldsymbol{v}$ 与 $q\boldsymbol{u}\times\boldsymbol{B}$ 反向，此项小于零，安培力做负功. 由于 $\boldsymbol{F}$ 与 $\boldsymbol{u}+\boldsymbol{v}$ 垂直，故洛伦兹力对载流子的功率 $P=\boldsymbol{F}\cdot(\boldsymbol{u}+\boldsymbol{v})=0$，这表明非静电力做的正功和安培力做的负功大小相等，正好抵消. 洛伦兹力对载流子(运动电荷)不做功，即洛伦兹力并不提供能量，只是传递能量. 在这里，外力克服洛伦兹力的一个分量 $q\boldsymbol{u}\times\boldsymbol{B}$ 所做的功，通过另一个分量 $q\boldsymbol{v}\times\boldsymbol{B}$ 转换为感应电流的能量. 这实质上揭示了动生电动势产生过程中的能量转换关系：外力做正功输入机械能，安培力做负功吸收了它，同时感应电流以电能的形式在回路中输出这份能量.

思考题 5 用电阻丝绕成的标准电阻要求没有自感，请思考怎样绕制才能使线圈的自感为零，试说明理由.

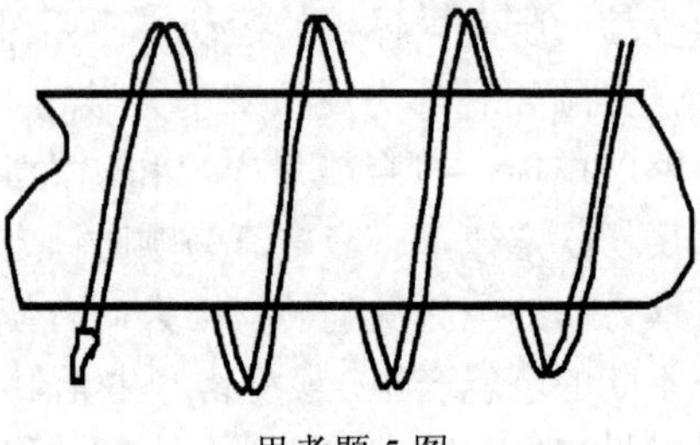

思考题 5 图

简答 通常采取如思考题 5 图所示的双线并绕的方法，即将电阻丝在中间对折后以双线密绕成线圈，此时电阻丝的电阻特征没有任何变化，而自感几乎为零. 由于电阻丝双线并绕，当线圈中通有电流时，每一半电阻丝任意时刻通过的电流大小相等、方向相反，它们在线圈内激发的磁场也是大小相等、方向相反，总磁场为零，在线圈内通过的磁通量总和 Ψ 为零，按自感的定义 $L=\dfrac{\Psi}{I}=0$，这样的线圈能够满足标准电阻要求.

思考题 6 有一足够长的空心铜质直管竖直放置，将一没有磁性的铁块从管的上端放入管中时，铁块立即从管中落下，若换成形状相同的磁铁块，却需要较长时间才能从管中落下，请对此进行解释.

简答 空心铜管可看作由无数多匝铜线圈排列而成，当铁块从管的上端放入管中时，铁块所受重力远大于空气阻力，它很快就从管中掉了下来. 当把磁铁块从管的上端放入时，磁铁块在重力作用下下落的过程中，相当于磁铁不断穿过一匝匝线圈. 当磁铁块在某匝线圈上方靠近该线圈时，该线圈中的磁通量要增加，线圈中产生感应电流，感应电流的磁场与磁铁块的磁场方向相反，产生一个向上的力，阻碍其下落；当磁铁块下落到该线圈下方时，该线圈中的磁通量要减小，线圈中产生感应电流，感应电流的磁场与磁铁块的磁场方向相同，将磁铁块向上吸引. 这样，磁铁块在重力作用下下落的过程中，总要受到每匝线圈给它向上的阻力，所以磁铁块要经过较长时间才能从管中落下.

思考题 7 假设两个线圈的自感分别为 L_1 和 L_2，请问如思考题 7 图(a)所示顺接时，总自感 $L=L_1+L_2$ 吗？如图(b)反接时，总自感 $L=L_1-L_2$ 吗？

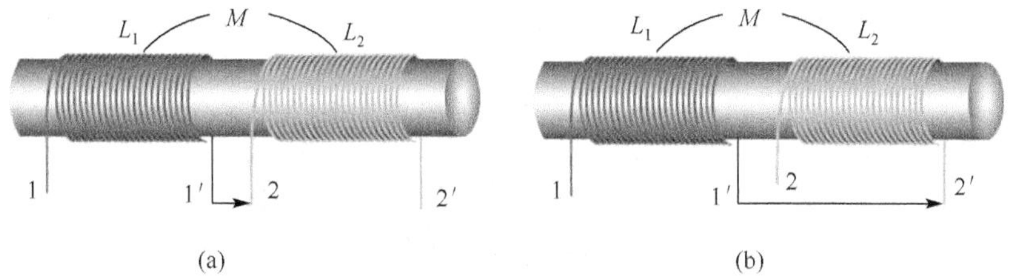

思考题 7 图

简答 顺接时，总自感 L 不等于 L_1+L_2；反接时，总自感 L 也不等于 L_1-L_2. 因为线圈间有互感存在，不能简单进行加减. 设两个线圈串联后的互感系数为 M，通过的电流为 I，如图所示. 如果顺接，即1′ 端与 2 端相连，如图(a)，两线圈的磁通量互相加强；如果反接，即1′ 端与2′ 端相连，如图(b)，两线圈的磁通量互相减弱. 当两线圈顺接时，两个线圈中的电动势有相同的方向，$\varepsilon=\varepsilon_1+\varepsilon_2=\left(-L_1\dfrac{\mathrm{d}I}{\mathrm{d}t}-M\dfrac{\mathrm{d}I}{\mathrm{d}t}\right)+\left(-L_2\dfrac{\mathrm{d}I}{\mathrm{d}t}-M\dfrac{\mathrm{d}I}{\mathrm{d}t}\right)=-(L_1+L_2+2M)\dfrac{\mathrm{d}I}{\mathrm{d}t}$，则线圈的等效自感为 $L=L_1+L_2+2M$. 当两线圈反接时，每个线圈中的自感电动势和互感电动势方向相反，$\varepsilon=\varepsilon_1+\varepsilon_2=\left(-L_1\dfrac{\mathrm{d}I}{\mathrm{d}t}+M\dfrac{\mathrm{d}I}{\mathrm{d}t}\right)+\left(-L_2\dfrac{\mathrm{d}I}{\mathrm{d}t}+M\dfrac{\mathrm{d}I}{\mathrm{d}t}\right)=-(L_1+L_2-2M)\dfrac{\mathrm{d}I}{\mathrm{d}t}$，则线圈的等效自感为 $L=L_1+L_2-2M$.

思考题 8 根据麦克斯韦电磁场理论，变化的磁场要激发电场，那么激发的电场是否受限于磁场存在的空间，请举例说明.

简答 变化的磁场所激发的电场不受磁场存在空间的限制. 如思考题 8 图所示，半径为 R 的圆柱形空间(横截面)内分布着均匀磁场，磁感应强度 B 的大小随时间作线性变化，由于 $\dfrac{\mathrm{d}B}{\mathrm{d}t}$ 处处相同，圆柱体内磁场分布始终保持轴对称性，所以变化的磁场所激发的感生电场的电场线是一系列与圆柱的轴线同轴的同心圆，同一条电场线上各点的场强大小相等，方向沿圆周切向. 选半径为 r 的圆周 L 为积分路径，取顺时针方向为环路 L 的正绕向，则

$$\oint_L \boldsymbol{E}_{\mathrm{i}}\cdot \mathrm{d}\boldsymbol{l}=\oint_L E_{\mathrm{i}}\mathrm{d}l=2\pi rE_{\mathrm{i}}=\int_S\frac{\partial \boldsymbol{B}}{\partial t}\cdot \mathrm{d}\boldsymbol{S}$$

$$E_{\mathrm{i}}=-\frac{1}{2\pi r}\int_S\frac{\partial \boldsymbol{B}}{\partial t}\cdot \mathrm{d}\boldsymbol{S}$$

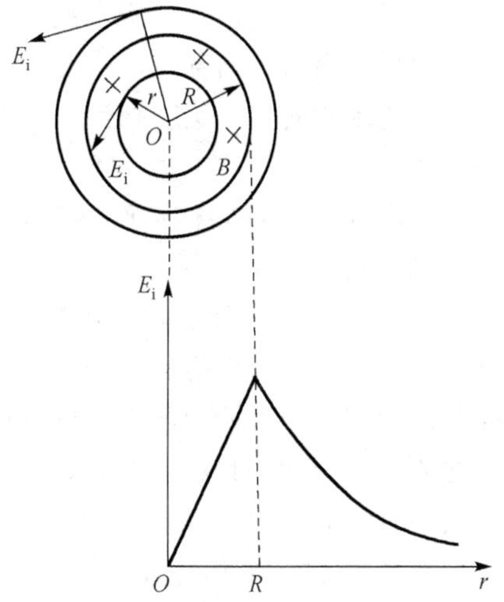

思考题 8 图

在圆柱体内$(r<R)$

$$\int_S \frac{\partial \boldsymbol{B}}{\partial t}\cdot \mathrm{d}\boldsymbol{S} = \int_S \frac{\partial B}{\partial t}\mathrm{d}S = \pi r^2 \frac{\mathrm{d}B}{\mathrm{d}t}$$

$$E_{\mathrm{i}} = -\frac{r}{2}\frac{\mathrm{d}B}{\mathrm{d}t}$$

在圆柱体外$(r>R)$

$$\int_S \frac{\partial \boldsymbol{B}}{\partial t}\cdot \mathrm{d}\boldsymbol{S} = \int_S \frac{\partial B}{\partial t}\mathrm{d}S = \pi R^2 \frac{\mathrm{d}B}{\mathrm{d}t}$$

$$E_{\mathrm{i}} = -\frac{R^2}{2r}\frac{\mathrm{d}B}{\mathrm{d}t}$$

由此可见，磁场存在于圆柱体内，而激发的电场在圆柱体内外均存在，也就是说只要存在变化的磁场，就会在整个空间激发感生电场，不管该空间是否存在磁场，正因为如此，才会有电磁波在空间的传播.

思考题 9 有人说微波炉与电磁炉加热食物的物理原理是相同的，请问这种说法正确吗？

简答 这种说法不正确. 微波炉加热食物的主要原理是电场直接作用于食物，食物内的有极分子在高频电场的作用下快速振荡从而对食物进行加热；而电磁炉加热食物的主要原理是利用电磁感应来间接加热食物，电磁炉盛放食物的容器是金属材质，当金属容器处于电磁炉所产生的交变电磁场中时，由于通过金属容器的磁通量发生变化，因此在金属容器中产生感应电流，即涡流. 由于交变电磁场的频率很高，金属容器的电阻很小，所以涡流很大，瞬间产生大量的焦耳热，以此来加热食物.

思考题 10 电磁屏蔽的实际应用非常广泛，请问金属薄板能否屏蔽磁场？

简答 金属薄板经静电感应现象达到静电平衡后，成为等势体，其内部电场强度为零，这样金属薄板可以屏蔽静电场. 然而金属薄板中允许有磁场存在，即磁场可以穿过金属薄板，因此金属薄板不能屏蔽恒定磁场. 如果磁场发生变化，由于电磁感应，在金属薄板内出现涡旋电场和涡旋电流，此涡旋电流的磁场要阻碍原磁场的变化，尤其是在磁场变化频率很高而金属电阻率很低的情况下，交变的涡旋电流很大，涡旋电流产生的交变磁场基本阻碍和补偿了原来磁场的变化，这就相当于对磁场进行了屏蔽，因此金属薄板能起到屏蔽高频交变磁场的作用.

思考题 11 许多探雷设备都是应用电磁感应原理进行工作的，请问探雷设备能否用恒定电流来探测？

简答 不能用恒定电流来探测. 探雷设备探测的原理是：探雷设备中的振荡线圈产生并定向发射一束交变电磁波，当交变电磁波的磁场遇到含有金属零部件的地雷时，就会因为电磁感应而在金属目标上产生涡旋电场和涡流，涡流也要产生磁场，其辐射的电磁波被接收线圈接收，从而发现目标. 若是恒定电流，其不会产生并定向发射交变电磁波，更不会有涡流及其电磁辐射，也就无法进行有效探测.

思考题 12 如思考题 12 图所示，图(a)是充电后切断电源的平行板电容器；图(b)是与直流电源相连的电容器，且两极板间距离不断变化；图(c)是与交流电源相连的电容器. 试判断三种情况下，极板间有无位移电流，并说明原因.

简答 位移电流$I_d=\frac{d\Phi_d}{dt}=\frac{d}{dt}\int_S \boldsymbol{D}\cdot d\boldsymbol{S}=\int_S \frac{\partial \boldsymbol{D}}{\partial t}\cdot d\boldsymbol{S}$，即电位移通量的时间变化率. 对于图(a)，因为平行板电容器所带电荷不变，两极板间距不变，极板间电场和电位移及其通量不变，因此无位移电流. 对于图(b)，极板间距变化，电容器的电容改变，而电源所加电压不变，根据$Q=UC$可知电容器上的电荷必定改变，那么极板间电场和电位移及其通量必定改变，则极板间有位移电流. 对于图(c)，由于是交变电源，电容器两极板间的电势差不断变化，而电势差$U=Ed$，两极板间距不变，则极板间电场和电位移及其通量反复变化，则极板间有位移电流.

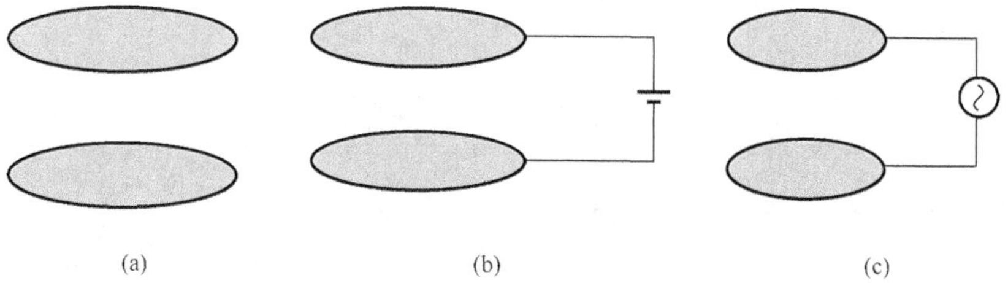

思考题 12 图

9.5.2 计算题

计算题 1 如计算题 1(a)图所示，在均匀磁场中有一导体棒ab长为L，绕过O点的垂直轴以匀角速ω转动，已知$aO=\frac{L}{3}$，磁感应强度$\boldsymbol{B}$平行于转轴. 求导体棒ab两端的电势差，并指明a, b两端哪端的电势高.

【解题思路】 导体棒转动时切割磁感线，产生动生电动势，由于导体棒各处速度不同，故求导体棒中产生的电动势需要用微积分的方法. 先微分，将导体棒分成无数多段，再积分求出电动势. 这里需要注意的是导体棒的Oa、Ob段产生的电动势方向相反，故需要先求出Oa、Ob各段产生的电动势，再求出总电动势. 注意动生电动势的方向与矢量$\boldsymbol{v}\times\boldsymbol{B}$的方向一致.

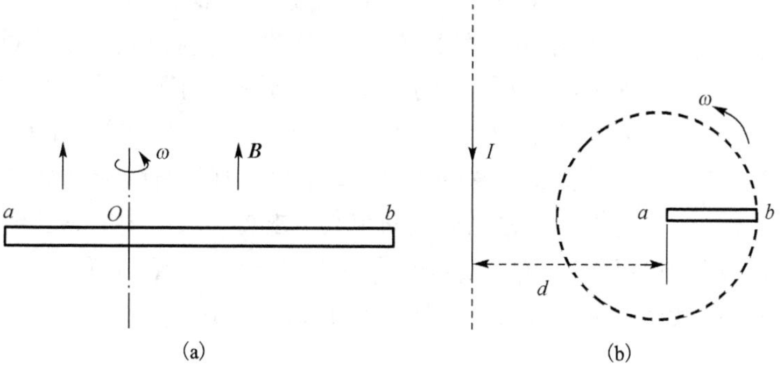

计算题 1 图

解 在导体棒的Ob段上，距O点l处取线元dl，则Ob段上产生的电动势为

$$\varepsilon_{Ob}=\int_0^{\frac{2L}{3}}(\boldsymbol{v}\times\boldsymbol{B})\cdot d\boldsymbol{l}=\int_0^{\frac{2L}{3}}vBdl=\int_0^{\frac{2L}{3}}\omega lBdl=\frac{2}{9}B\omega L^2$$

ε_{Ob} 方向由 $O \to b$，b 端电势高.

同理

$$\varepsilon_{Oa} = \int_0^{\frac{L}{3}} \omega l B \mathrm{d}l = \frac{1}{18} B\omega L^2$$

ε_{Oa} 方向由 $O \to a$，a 端电势高，所以导体棒上的电动势为

$$\varepsilon_{ab} = \varepsilon_{aO} + \varepsilon_{Ob} = \left(-\frac{1}{18} + \frac{2}{9}\right) B\omega l^2 = \frac{1}{6} B\omega l^2$$

ab 两端的电势差

$$U_{ab} = -\varepsilon_{ab} = -\frac{1}{6} B\omega l^2$$

因为 $U_{ab} = U_a - U_b < 0$，所以 b 点电势高.

【延伸思考】

(1) 若导体棒 ab 绕 a 端匀角速 ω 转动，则 ab 两端的电势差为多少？

(2) 若导体棒 ab 处在与其共面的无限长直电流的右侧磁场中绕端点 a 转动，如计算题 1(b) 图所示，设 a 点到直电流的距离为 d，且 $d > L$，则怎么求 ab 两端的电势差？

(3) 本题中若外磁场 $\boldsymbol{B}$ 与导体棒 ab 的转轴不平行，而是有一个夹角 θ，试求导体棒 ab 两端的电势差.

计算题 2 如图所示，圆形小线圈 C_2 由绝缘导线绕制而成，其匝数 $N_2 = 50$，面积 $S_2 = 40\mathrm{cm}^2$，今把它放在半径为 $R_1 = 20\mathrm{cm}$，匝数 $N_1 = 100$ 的大线圈 C_1 的圆心处，两者同轴共面.

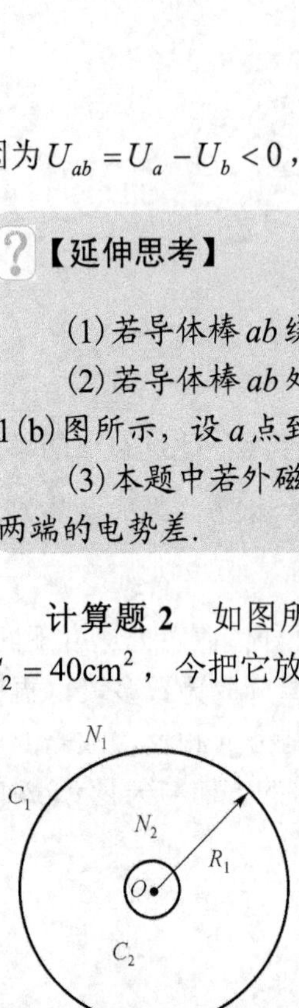

计算题 2 图

(1) 求两线圈的互感；

(2) 当大线圈的电流以 $5\mathrm{A \cdot s^{-1}}$ 的变化率减小时，求小线圈中的感应电动势大小（已知真空磁导率 $\mu_0 = 4\pi \times 10^{-7}\mathrm{N \cdot A^{-2}}$）.

【解题思路】 ①求互感的步骤为：先假设线圈 1 中通电流 I，求出电流 I 激发的磁场通过线圈 2 的磁通量，再用该磁通量除以电流 I 即得. 本题中小线圈面积远小于大线圈，故可视为小线圈处于大线圈圆心处的匀强磁场中，因此小线圈的磁通量更容易求出. ②根据互感电动式的定义可求得小线圈中的感应电动势.

解 (1) 设大线圈中通有电流 I_1，由题意可知，$S_2 \ll S_1 = \pi R_1^2$，可认为电流 I_1 在圆形小线圈 C_2 面上各处激发的磁场为均匀磁场，磁感应强度的大小

$$B = N_1 \frac{\mu_0 I_1}{2R_1}$$

通过小线圈 C_2 的磁链为

$$\Psi_{21} = N_2 \Phi_{21} = N_2 B S_2 = N_2 N_1 \frac{\mu_0 I_1}{2R_1} S_2$$

互感系数为

$$M=\frac{\Psi_{21}}{I_1}=N_2N_1\frac{\mu_0}{2R_1}S_2=\frac{50\times100\times4\pi\times10^{-7}\times40\times10^{-4}}{2\times20\times10^{-2}}=6.28\times10^{-5}\,(\mathrm{H})$$

(2) 小线圈中的互感电动势大小为

$$\varepsilon=-M\frac{\mathrm{d}I_1}{\mathrm{d}t}=(-6.28\times10^{-5})\times(-5)=3.14\times10^{-4}\,(\mathrm{V})$$

【延伸思考】

(1) 若小线圈与大线圈同轴不共面平行放置，面间距为 d，求他们之间的互感系数.

(2) 本题第(2)问，若改为给小线圈通变化的电流，能否求出大线圈中的感应电动势大小?

(3) 一无限长直导线右侧有一矩形线圈与其在同一平面内，如何求直导线与线圈之间的互感?

(4) 若大小两个线圈换成大小两个同轴的螺线管，补充完整条件，求他们之间的互感系数.

(5) 线圈间的互感系数与哪些因素有关？如何有效利用或避免互感?

计算题 3 如图所示，两个厚度可忽略的同轴圆筒状导体组成“无限长”电缆，其间充满了相对磁导率为 μ_r 的磁介质，内、外圆筒的半径分别为 R_1 和 R_2，均匀流过大小相等方向相反的电流 I. 求：

(1) 单位长度电缆的自感系数;

(2) 同轴电缆单位长度内的磁能.

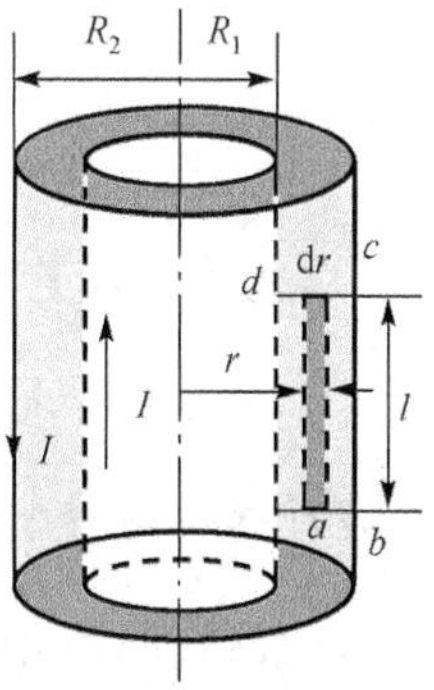

计算题 3 图

【解题思路】 ①求自感系数的步骤：首先假设线圈中通电流 I，然后求出线圈中的磁通量，最后利用 $L=\dfrac{\Phi}{I}$ 求出自感系数. ②有磁场的区域就有磁能，求磁能的步骤为：先求磁场的分布，然后求出磁能密度，最后根据磁场(或磁能密度)的分布特点选取合适的体积元，求体积元中磁能，再积分求出磁场存在的空间的总磁能. ③线圈的磁能与自感系数之间有关系，也可以利用其关系式，由一个已知量求解另一个量.

解 (1) 设空间任一点到电缆轴线的距离为 r，同轴电缆的电流分布具有轴对称性，根据有磁介质的安培环路定理，可得

$$r<R_1 \text{ 和 } r>R_2,\quad H=0,\quad B=0$$

$$R_1<r<R_2,\quad H=\frac{I}{2\pi r},\quad B=\frac{\mu_0\mu_r I}{2\pi r}$$

电缆的电流回路是电缆的纵截面在两圆筒上截出的平行往返回路，考虑长为 l 的矩形闭合回路 $adcd$，其磁通量为

$$\Phi=\int\boldsymbol{B}\cdot\mathrm{d}\boldsymbol{S}=\int Bl\mathrm{d}r=\int_{R_1}^{R_2}\frac{\mu_0\mu_r Il}{2\pi}\frac{\mathrm{d}r}{r}=\frac{\mu_0\mu_r Il}{2\pi}\ln\frac{R_2}{R_1}$$

长为l的电缆的自感系数为

$$L=\frac{\Phi}{I}=\frac{\mu_0\mu_r l}{2\pi}\ln\frac{R_2}{R_1}$$

单位长度电缆的自感系数为

$$L_0=\frac{L}{l}=\frac{\mu_0\mu_r}{2\pi}\ln\frac{R_2}{R_1}$$

(2) 由于$r<R_1$和$r>R_2$的区域，$B=0$，故此区域的磁能为零.

在$R_1<r<R_2$区域，根据磁场分布的对称性，取一个与电缆同轴的薄圆筒状体积元$\mathrm{d}V$，它由半径为r和$r+\mathrm{d}r$、高为l的两个圆筒面围成，则$\mathrm{d}V=2\pi rl\mathrm{d}r$. 该体元中的磁能密度和磁能为

$$w_m=\frac{1}{2}\frac{B^2}{\mu_0\mu_r}=\frac{\mu_0\mu_r I^2}{8\pi^2 r^2}$$

长为l的一段电缆的总磁能为

$$W_{ml}=\int w_m\mathrm{d}V=\int_{R_1}^{R_2}\frac{\mu_0\mu_r I^2}{8\pi^2 r^2}2\pi rl\mathrm{d}r=\int_{R_1}^{R_2}\frac{\mu_0\mu_r I^2 l}{4\pi}\frac{1}{r}\mathrm{d}r=\frac{\mu_0\mu_r I^2 l}{4\pi}\ln\frac{R_2}{R_1}$$

单位长度内的磁能

$$W_m=\frac{W_{ml}}{l}=\frac{\mu_0\mu_r I^2}{4\pi}\ln\frac{R_2}{R_1}$$

【延伸思考】

(1) 本题中求磁能和自感，也可以先求出其中的一个量，根据自感与磁能的关系$W_m=\frac{1}{2}LI^2$求出另一个量，请试着用此方法进行求解.

(2) 线圈的自感系数与哪些因素有关？如何有效避免或利用自感？

(3) 线圈的自感系数与自感电动势之间有什么关系？自感系数有什么物理含义？

9.5.3 进阶题

进阶题 1 如图所示，一根同轴电缆，由很长的直导线和套在它外边的同轴导体圆筒构成，导线的半径为R_1，圆筒的半径为R_2，它们之间充满相对磁导率为μ_r的弱磁性介质. 在使用时，电流沿着导线流去，然后通过圆筒流回. 设电流在圆筒上和在导线的横截面上都是均匀分布的. 试求同轴电缆单位长度的自感系数.

【解题思路】自感系数可以利用磁场能量来求解，也可以利用自感系数的定义来求解. 本题中导体截面上电流均匀分布，如何正确求出总磁链数是一个难点.

解 方法 1：磁场能量法求解.

首先假设同轴电缆中通过的电流大小为I，则根据安培环路定理可求出空间的磁场分布

$$H_1 = \frac{Ir}{2\pi R_1^2}, \quad r < R_1$$

$$H_2 = \frac{I}{2\pi r}, \quad R_1 < r < R_2$$

$$H_3 = 0, \quad r > R_2$$

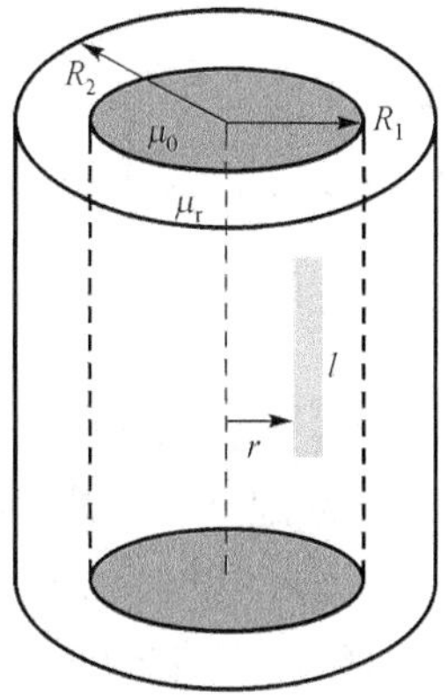

进阶题 1 图

取长为 l 的一段同轴电缆，则可得到它具有的磁场能量为

$$W_m = \int_V \frac{1}{2}\mu_0\mu_r H^2 \mathrm{d}V = \frac{\mu_0}{2}\int_0^{R_1} H_1^2 2\pi r l \mathrm{d}r + \frac{\mu_0\mu_r}{2}\int_{R_1}^{R_2} H_2^2 2\pi r l \mathrm{d}r$$
$$= \frac{\mu_0 l I^2}{16\pi} + \frac{\mu_0\mu_r l I^2}{4\pi}\ln\frac{R_2}{R_1}$$

因为 $W_m = \frac{1}{2}LI^2$，则从能量的表达式可以得到单位长度的自感系数为

$$L = \frac{\mu_0}{8\pi} + \frac{\mu_0\mu_r}{2\pi}\ln\frac{R_2}{R_1}$$

这种方法物理意义明确，不易出错，是计算自感系数最简单的方法.

方法 2：用自感系数的定义求解.

首先求出空间的磁场分布，方法 1 中已经给出了结果，这里不再重复. 接下来需要求出同轴电缆中的总磁链数(总磁通量). 取长为 l 的一段同轴电缆，在导线内部取小面元 $\mathrm{d}S = l\mathrm{d}r$，如图中所示，由于磁感线是一圈圈的同心圆环，则通过小面元的磁通量为

$$\mathrm{d}\Phi_1 = \boldsymbol{B}_1 \cdot \mathrm{d}\boldsymbol{S} = \mu_0 H_1 l \mathrm{d}r = \frac{\mu_0 I l}{2\pi R_1^2} r \mathrm{d}r$$

注意此时由于 $r < R_1$，并非所有电流都对小面元处的磁通量有贡献，只有位于半径 r 以内的电流才对磁通量有贡献，其所占的比例为

$$\frac{I'}{I} = \frac{\pi r^2}{\pi R_1^2}, \quad I' = I\frac{r^2}{R_1^2}$$

所以真正的通过小面元的磁链数应为

$$\mathrm{d}\Psi_1 = \frac{r^2}{R_1^2}\mathrm{d}\Phi_1 = \frac{\mu_0 I l}{2\pi R_1^4} r^3 \mathrm{d}r$$

则导线产生的总的磁链数为

$$\Psi_1 = \int \mathrm{d}\Psi_1 = \int_0^{R_1} \frac{\mu_0 I l}{2\pi R_1^4} r^3 \mathrm{d}r = \frac{\mu_0 I l}{8\pi}$$

导线和圆筒之间的磁通量的计算比较简单，因为此时所有的电流都有贡献，于是可得

$$\Psi_2 = \int \mathrm{d}\Psi_2 = \int_{R_1}^{R_2} \frac{\mu_0\mu_r I}{2\pi r} l \mathrm{d}r = \frac{\mu_0\mu_r I l}{2\pi}\ln\frac{R_2}{R_1}$$

所以总的磁链数为

$$\Psi = \Psi_1 + \Psi_2 = \frac{\mu_0 Il}{8\pi} + \frac{\mu_0\mu_r Il}{2\pi}\ln\frac{R_2}{R_1}$$

则根据定义可知单位长度的自感系数为

$$L = \frac{1}{l}\frac{\Psi}{I} = \frac{\mu_0}{8\pi} + \frac{\mu_0\mu_r}{2\pi}\ln\frac{R_2}{R_1}$$

与方法 1 得到的结果完全一致.

进阶题 2 如进阶题 2 图所示，在半径为 R 的圆柱形空间里有磁感应强度为 $\boldsymbol{B}$ 的均匀磁场，$\boldsymbol{B}$ 与圆柱的轴线方向平行，$\boldsymbol{B}$ 的大小随时间变化的规律为 $B = B_0 + kt$，其中 B_0 和 k 都是常量，且有 $k > 0$，圆柱外部空间的磁感应强度为零. 有一条长度为 $2R$ 的直导线一半放在圆柱的横截面内，且满足 $ac = cb = R$. 试求这根直导线两端的电势差 U_{ab}.

【解题思路】 这是一道磁场变化引起感应电动势的问题，可以采用感生电动势的方法求解，也可以构造适当的回路，利用法拉第电磁感应定律求解.

解 方法 1: 利用感生电场求解.

设圆柱内外的感生电场分别为 $\boldsymbol{E}_{i1}$ 和 $\boldsymbol{E}_{i2}$，以顺时针方向为正方向，则根据电动势的定义以及法拉第电磁感应定律可知

$$\oint \boldsymbol{E}_{i1}\cdot d\boldsymbol{l} = E_{i1}2\pi r = -\frac{d\Phi}{dt} = -\pi r^2\frac{dB}{dt} = -k\pi r^2$$

$$\oint \boldsymbol{E}_{i2}\cdot d\boldsymbol{l} = E_{i1}2\pi r = -\frac{d\Phi}{dt} = -\pi R^2\frac{dB}{dt} = -k\pi R^2$$

于是可得感生电场的大小为

$$\begin{aligned} E_{i1} &= -\frac{k}{2}r, \qquad r < R \\ E_{i2} &= -\frac{k}{2}\frac{R^2}{r}, \quad r > R \end{aligned} \tag{1}$$

式中的负号表示感生电场的方向沿着逆时针方向.

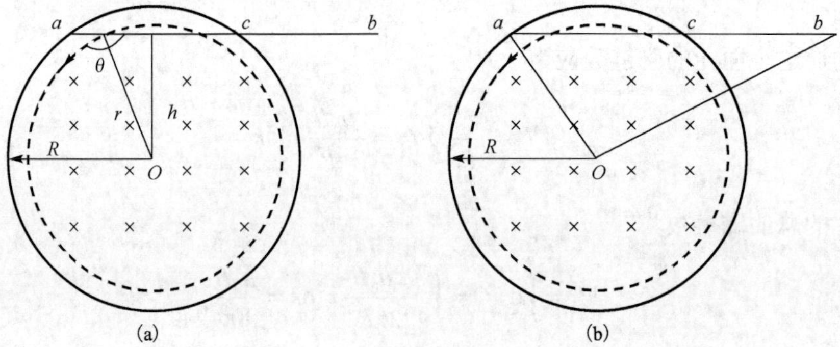

进阶题 2 图

设从 a 到 b 的方向为正方向，则可知 ab 直导线上产生的感生电动势为

$$\varepsilon = \int_a^b \boldsymbol{E}_i\cdot d\boldsymbol{l} = \int_a^c \boldsymbol{E}_{i1}\cdot d\boldsymbol{l} + \int_c^b \boldsymbol{E}_{i2}\cdot d\boldsymbol{l}$$

设 ac 上的线元与该处的感生电场的夹角为 θ，则利用几何关系可知 O 点到直线 ac 的垂直距离为 $h=\frac{\sqrt{3}}{2}R=-r\cos\theta$，于是可得第一个积分为

$$\int_a^c \boldsymbol{E}_{i1}\cdot \mathrm{d}\boldsymbol{l}=\int_a^c \frac{k}{2}r\cos\theta \mathrm{d}l=\int_a^c -\frac{k}{2}h\mathrm{d}l=-\frac{k}{2}hR=-\frac{\sqrt{3}}{4}kR^2$$

注意(1)式中的负号代表方向，已经体现在夹角 θ 的选择上，代入上式时不需要再带负号. 类似的可以得到第二个积分为

$$\int_c^b \boldsymbol{E}_{i2}\cdot \mathrm{d}\boldsymbol{l}=\int_c^b \frac{k}{2}\frac{R^2}{r}\cos\theta \mathrm{d}l=-\frac{\pi}{12}kR^2$$

所以直导线上的感生电动势为

$$\varepsilon=-\frac{\sqrt{3}}{4}kR^2-\frac{\pi}{12}kR^2=-\frac{3\sqrt{3}+\pi}{12}kR^2$$

负号说明电动势的方向从 b 到 a，也即是说 a 点的电势比较高，所以 a、b 两端的电势差为

$$U_{ab}=V_a-V_b=\frac{3\sqrt{3}+\pi}{12}kR^2$$

方法 2：利用法拉第电磁感应定律求解.

首先，构造如进阶题 2(b)图所示的回路(图中箭头表示感生电场的方向)，且设顺时针方向为正方向，则通过回路的磁通量为

$$\Phi=BS_{有效}=B\left(\frac{\sqrt{3}}{4}R^2+\frac{1}{2}R^2\frac{\pi}{6}\right)=\frac{3\sqrt{3}+\pi}{12}R^2B$$

其中因为圆柱外部没有磁场，回路的有效面积包括圆柱内部的一个等边三角形和一个扇形. 于是可得回路中的感生电动势为

$$\varepsilon=-\frac{\mathrm{d}\Phi}{\mathrm{d}t}=-\frac{3\sqrt{3}+\pi}{12}R^2\frac{\mathrm{d}B}{\mathrm{d}t}=-\frac{3\sqrt{3}+\pi}{12}kR^2$$

另一方面，回路上的电动势由三段组成

$$\varepsilon=\oint \boldsymbol{E}_i\cdot \mathrm{d}\boldsymbol{l}=\int_O^a \boldsymbol{E}_i\cdot \mathrm{d}\boldsymbol{l}+\int_a^b \boldsymbol{E}_i\cdot \mathrm{d}\boldsymbol{l}+\int_b^O \boldsymbol{E}_i\cdot \mathrm{d}\boldsymbol{l}=\int_a^b \boldsymbol{E}_i\cdot \mathrm{d}\boldsymbol{l}$$

其中 Oa 和 bO 段的感生电动势为零是由于这两条边沿着半径的方向，总是和感生电场的方向垂直，因此没有感生电动势，所以回路的感生电动势即是直导线 ab 上的感生电动势，与第一种方法的结果完全一致.

9.6 单元检测

9.6.1 基础检测

一、单选题

1. 【法拉第电磁感应定律】关于法拉第电磁感应定律的表达式 $\varepsilon_i=-\frac{\mathrm{d}\Phi}{\mathrm{d}t}$ 的理解正确的是[　　]

(A)若磁场增强，则 $\mathrm{d}\Phi/\mathrm{d}t>0$

(B)若磁场减弱，则 $\mathrm{d}\Phi/\mathrm{d}t<0$

(C) $\mathrm{d}\Phi/\mathrm{d}t$ 的正负与磁通量的正方向选取有关

(D) $\mathrm{d}\Phi/\mathrm{d}t$ 的正负与磁通量的正方向选取无关

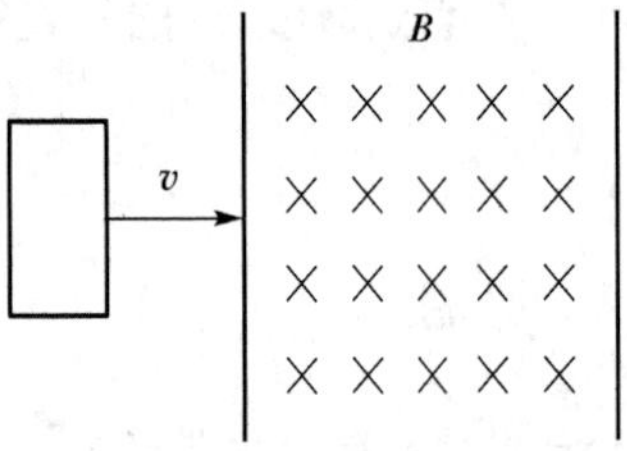

基础检测题 2 图

2. 【感应电流】如图所示，一矩形金属线框，以速度 $\boldsymbol{v}$ 从无场空间进入一均匀磁场中，然后又从磁场中出来，到无场空间中. 不计线圈的自感，下面哪一条图线正确地表示了线圈中的感应电流对时间的函数关系？(从线圈刚进入磁场时刻开始计时，I 以顺时针方向为正) [　　]

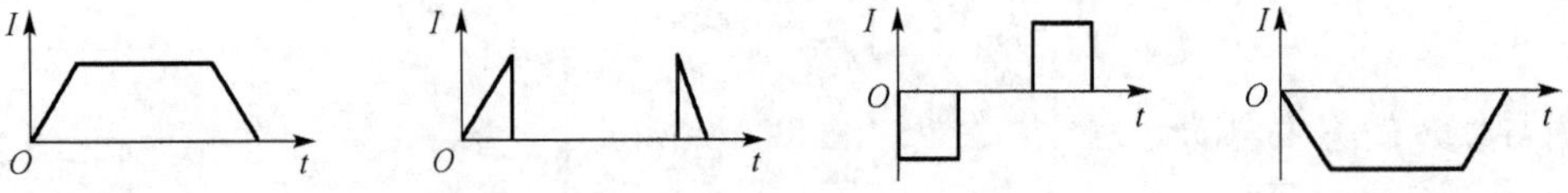

(A)　(B)　(C)　(D)

3. 【动生电动势】如图所示，一匀强磁场 $\boldsymbol{B}$ 垂直纸面向内，长为 L 的导线 ab 可以无摩擦地在导轨上滑动，除电阻 R 外，其他部分电阻不计，当 ab 以匀速 v 向右运动时，则外力的大小是[　　]

(A) B^2L^2v　　(B) $\dfrac{BLv}{R}$

(C) $\dfrac{B^2L^2v}{2R}$　　(D) $\dfrac{B^2L^2v}{R}$

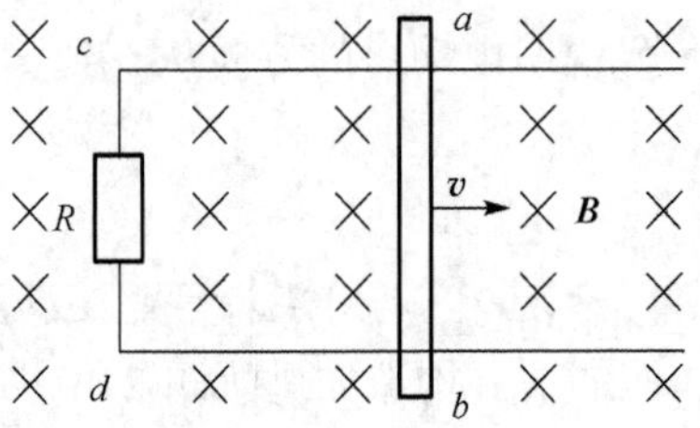

基础检测题 3 图

4. 【动生电动势】如图所示，导体棒 AB 在均匀磁场 $\boldsymbol{B}$ 中绕过其中点 O 且与棒长垂直的轴转动，磁场方向与转轴平行(角速度 $\boldsymbol{\omega}$ 与 $\boldsymbol{B}$ 同方向)，则[　　]

(A) A 点比 B 点电势高　　(B) A 点与 B 点电势相等

(C) A 点比 B 点电势低　　(D)有恒定电流从 A 点流向 B 点

5. 【感生电场】一无限长的圆柱形区域内，存在随时间变化的均匀磁场，图中画出了磁场空间的一个横截面. 下面四种说法中正确的是[　　]

(A)圆柱形区域内有感应电场，区域外无感应电场

(B)圆柱形区域内无感应电场，区域外有感应电场

(C)圆柱区域内、外均有感应电场

(D)圆柱区域内、外均无感应电场

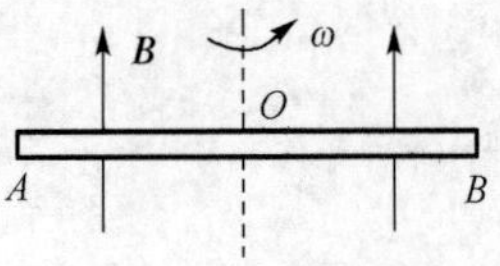

基础检测题 4 图

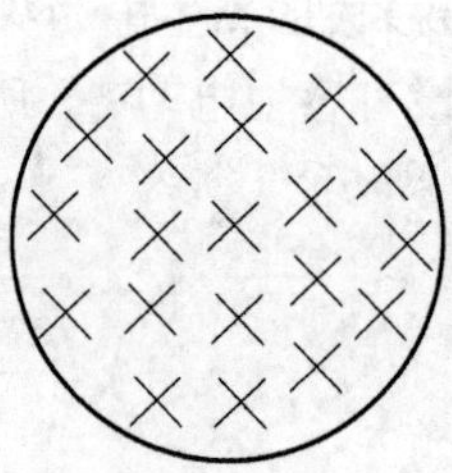

基础检测题 5 图

6. 【自感系数】对于单匝线圈取自感系数的定义式为 $L=\Psi/I$. 当线圈的几何形状、大小及周围磁介质分布不变，且无铁磁性物质时，若线圈中的电流强度变小，则线圈的自感系数 L [　　]

(A)变大，与电流成反比关系　　(B)变小

(C)变大，但与电流不成反比关系　　(D)不变

7. 【自感电动势】自感为0.25H的线圈中，当电流在$\frac{1}{16}$s内由2A均匀减小到零时，线圈中自感电动势的大小为[　　]

(A) 7.8×10^{-3}V　(B) 3.1×10^{-2}V　(C) 8.0V　(D) 12.0V

8. 【互感现象】两个相距不太远的平面圆线圈，怎样可使其互感系数近似为零？设其中一线圈的轴线恰通过另一线圈的圆心[　　]

(A)两线圈的轴线互相平行放置　　(B)两线圈并联

(C)两线圈的轴线互相垂直放置　　(D)两线圈串联

9. 【互感系数和互感电动势】有两个线圈，线圈1对线圈2的互感系数为M_{21}，而线圈2对线圈1的互感系数为M_{12}. 若它们分别流过i_1和i_2的变化电流且$\left|\frac{\mathrm{d}i_1}{\mathrm{d}t}\right|>\left|\frac{\mathrm{d}i_2}{\mathrm{d}t}\right|$，并设由$i_2$变化在线圈1中产生的互感电动势为$\varepsilon_{12}$，由$i_1$变化在线圈2中产生的互感电动势为$\varepsilon_{21}$，判断下述哪个论断正确[　　]

(A) $M_{12}=M_{21}$，$\varepsilon_{12}=\varepsilon_{21}$　　(B) $M_{12}\neq M_{21}$，$\varepsilon_{12}\neq\varepsilon_{21}$

(C) $M_{12}=M_{21}$，$\varepsilon_{21}>\varepsilon_{12}$　　(D) $M_{12}=M_{21}$，$\varepsilon_{21}<\varepsilon_{12}$

10. 【磁场能量】用线圈的自感系数L来表示载流线圈磁场能量的公式$W_\mathrm{m}=\frac{1}{2}LI^2$[　　]

(A)只适用于无限长密绕螺线管　　(B)只适用于单匝圆线圈

(C)只适用于一个匝数很多，且密绕的螺绕环　　(D)适用于自感系数L一定的任意线圈

11. 【磁能密度】真空中一根无限长直细导线上通电流I，则距导线垂直距离为a的空间某点处的磁能密度为[　　]

(A) $\frac{1}{2}\mu_0\left(\frac{\mu_0 I}{2\pi a}\right)^2$　(B) $\frac{1}{2\mu_0}\left(\frac{\mu_0 I}{2\pi a}\right)^2$　(C) $\frac{1}{2}\left(\frac{2\pi a}{\mu_0 I}\right)^2$　(D) $\frac{1}{2\mu_0}\left(\frac{\mu_0 I}{2a}\right)^2$

12. 【位移电流密度】由两个圆形金属板组成的平行板电容器，其极板面积为A，将该电容器接于交流电源时，极板上的电荷随时间变化，即$q=q_0\sin\omega t$，则电容器内的位移电流密度为[　　]

(A) $q_0\omega\cos\omega t$　(B) $\frac{q_0\omega}{A}\cos\omega t$　(C) $\frac{q_0}{A}\cos\omega t$　(D) $q_0\omega A\cos\omega t$

13. 【全电流定律】如图所示，平板电容器(忽略边缘效应)充电时，沿环路L_1的磁场强度$\boldsymbol{H}$的环流与沿环路L_2的磁场强度$\boldsymbol{H}$的环流，两者必有[　　]

(A) $\oint_{L_1}\boldsymbol{H}\cdot\mathrm{d}\boldsymbol{l}'>\oint_{L_2}\boldsymbol{H}\cdot\mathrm{d}\boldsymbol{l}'$　　(B) $\oint_{L_1}\boldsymbol{H}\cdot\mathrm{d}\boldsymbol{l}'=\oint_{L_2}\boldsymbol{H}\cdot\mathrm{d}\boldsymbol{l}'$

(C) $\oint_{L_1}\boldsymbol{H}\cdot\mathrm{d}\boldsymbol{l}'<\oint_{L_2}\boldsymbol{H}\cdot\mathrm{d}\boldsymbol{l}'$　　(D) $\oint_{L_1}\boldsymbol{H}\cdot\mathrm{d}\boldsymbol{l}'=0$

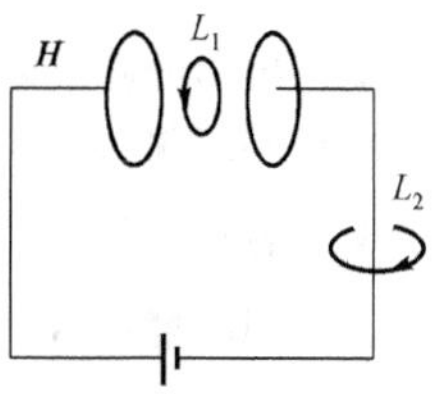

基础检测题13图

二、填空题

14. 【法拉第电磁感应定律】长、宽分别为a和b的矩形线圈置于均匀磁场$\boldsymbol{B}$中，且随时间变化的规律为$B=B_0\sin\omega t$，线圈平面与磁场方向垂直，则此线圈中的感应电动势为________.

15. 【电磁感应】如图所示，在与纸面相平行的平面内有一载有向上方向电流的无限长直导线和一接有电压表的矩形线框. 当线框中有顺时针方向的感应电流时，直导线中的电流变化为________.(填写“逐渐增大”或“逐渐减小”或“不变”)

16. 【动生电动势】如图所示，等边三角形的金属框边长为l，放在均匀磁场中，ab边平行于磁感应

强度 $\boldsymbol{B}$ ，当金属框绕 ab 边以角速度 AB 转动时，bc 边上沿 bc 的电动势大小为________，金属框内的总电动势为________.

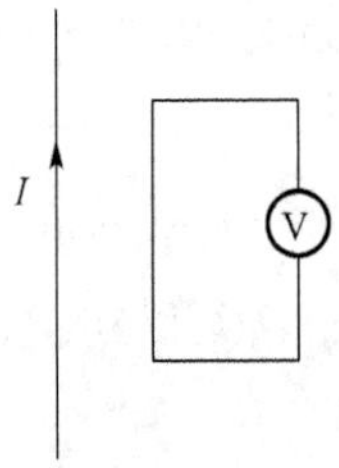

基础检测题 15 图

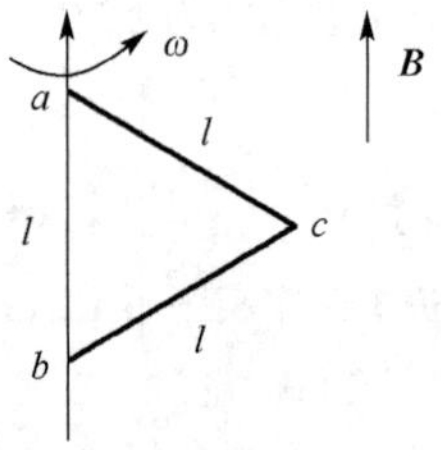

基础检测题 16 图

17. 【感应电动势】用导线制成一半径为 $r=10\text{cm}$ 的闭合圆形线圈，其电阻 $R=1\Omega$ ，均匀磁场垂直于线圈平面. 欲使电路中有一稳定的感应电流 $i=0.1\text{A}$ ， B 的变化率应为 $\mathrm{d}B/\mathrm{d}t=$ ________.

18. 【自感电动势】一自感线圈中，电流强度在 0.002s 内均匀地由 10A 增加到 12A ，此过程中线圈内自感电动势为 400V ，则线圈的自感系数为 $L=$ ________.

19. 【自感磁能】自感系数 $L=0.2\text{H}$ 的螺线管中通以 $I=4\text{A}$ 的电流时，螺线管存储的磁场能量 $W=$ ________.

20. 【位移电流】平行板电容器的电容 C 为 $10.0\mu\text{F}$ ，两板上的电压变化率为 $\dfrac{\mathrm{d}U}{\mathrm{d}t}=2.50\times10^5\,\text{V/s}$ ，则该平行板电容器中的位移电流为________.

21. 【麦克斯韦方程组】完成下列麦克斯韦方程组：

$\oint_S \boldsymbol{D}\cdot\mathrm{d}\boldsymbol{S}=$ ________； $\oint_C \boldsymbol{H}\cdot\mathrm{d}\boldsymbol{l}=\sum I_C+$ ________.

9.6.2 巩固提高

一、单选题

1. 如图所示，两根无限长平行直导线载有大小相等、方向相反的电流 I ，并各以 $\mathrm{d}I/\mathrm{d}t$ 的变化率增长，一矩形线圈位于导线平面内，则[　　]

(A)线圈中无感应电流　　(B)线圈中感应电流为顺时针方向

(C)线圈中感应电流为逆时针方向　　(D)线圈中感应电流方向不确定

2. 如图所示，一个圆形线环，它的一半放在一分布在方形区域的匀强磁场 $\boldsymbol{B}$ 中，另一半位于磁场之外，磁场 $\boldsymbol{B}$ 的方向垂直指向纸内. 欲使圆线环中产生逆时针方向的感应电流，应使[　　]

(A)线环向右平移　　(B)线环向上平移　　(C)线环向左平移　　(D)磁场强度减弱

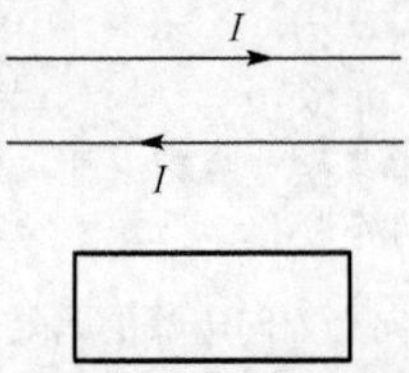

巩固提高题 1 图

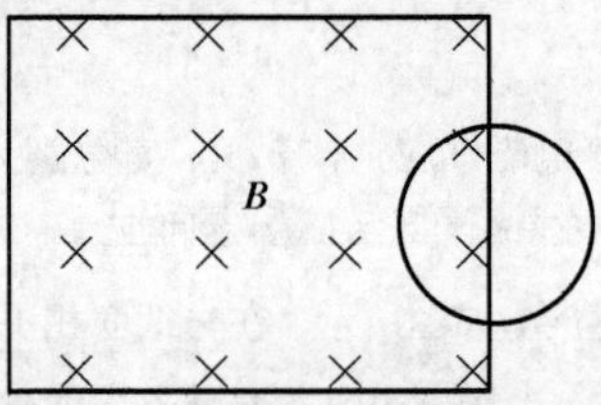

巩固提高题 2 图

3. 如图所示，一根金属杆，上端有一孔，套在固定的水平轴上，杆可以绕轴在竖直平面内摆动；磁场 $\boldsymbol{B}$

与杆摆动的平面垂直并向内. 问杆的下端摆到下列哪个位置时，上端的电势比下端的电势高[　　]

(A) 左边最高处 a　　(B) 下边最低处 b，杆向右摆

(C) 下边最低处 b，杆向左摆　　(D) 右边 c 处，杆向左摆

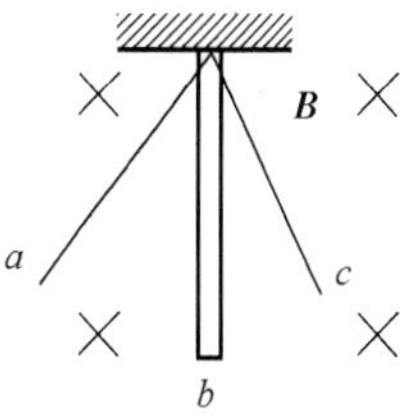

巩固提高题 3 图

4. 如图所示，一载流螺线管的旁边有一圆形线圈，欲使线圈产生图示方向的感应电流 i，下列哪一种情况可以做到[　　]

(A) 载流螺线管向线圈靠近　　(B) 载流螺线管离开线圈

(C) 载流螺线管中电流增大　　(D) 载流螺线管中插入铁芯

5. 如图所示，一导体棒 ab 在均匀磁场中沿金属导轨向右做匀加速运动，磁场方向垂直导轨所在平面. 若导轨电阻忽略不计，并设铁芯磁导率为常数，则电容器达到稳定后在 M 极板上[　　]

(A) 带有一定量的正电荷　　(B) 带有一定量的负电荷

(C) 带有越来越多的正电荷　　(D) 带有越来越多的负电荷

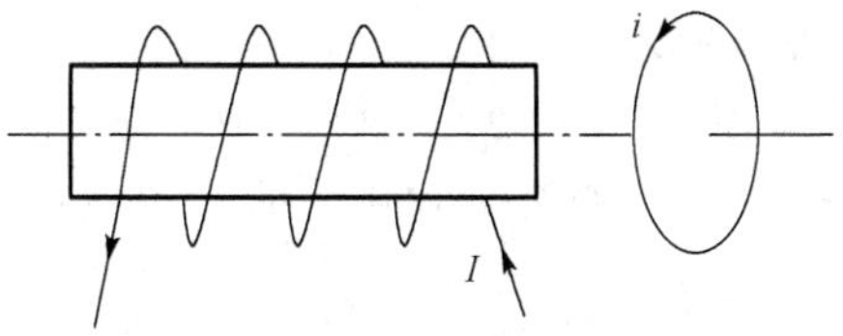

巩固提高题 4 图

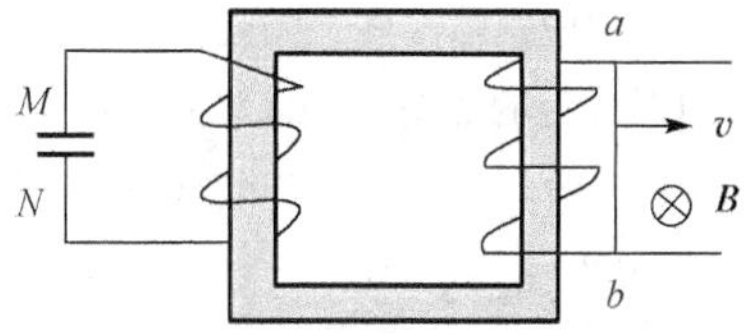

巩固提高题 5 图

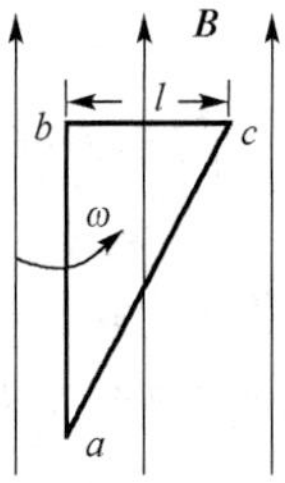

巩固提高题 6 图

6. 如图所示，直角三角形金属框架 abc 放在均匀磁场中，磁场 $\boldsymbol{B}$ 平行于 ab 边，bc 的长度为 l. 当金属框架绕 ab 边以匀角速度 ω 转动时，abc 回路中的感应电动势 ε_i 和 a、c 两点间的电势差 U_a-U_c 为[　　]

(A) $\varepsilon_i=0,\ U_a-U_c=\frac{1}{2}B\omega l^2$　　(B) $\varepsilon_i=0,\ U_a-U_c=-\frac{1}{2}B\omega l^2$

(C) $\varepsilon_i=B\omega l^2,\ U_a-U_c=\frac{1}{2}B\omega l^2$　　(D) $\varepsilon_i=B\omega l^2,\ U_a-U_c=-\frac{1}{2}B\omega l^2$

7. 有两个长直密绕螺线管，长度及线圈匝数均相同，半径分别为 r_1 和 r_2. 管内充满均匀介质，其磁导率分别为 μ_1 和 μ_2. 设 $r_1:r_2=1:2$，$\mu_1:\mu_2=2:1$，当将两螺线管串联在电路中通电稳定后，其自感系数之比 $L_1:L_2$ 与磁能之比 $W_{m1}:W_{m2}$ 分别为[　　]

(A) $L_1:L_2=1:1$，$W_{m1}:W_{m2}=1:1$　　(B) $L_1:L_2=1:2$，$W_{m1}:W_{m2}=1:1$

(C) $L_1:L_2=1:2$，$W_{m1}:W_{m2}=1:2$　　(D) $L_1:L_2=2:1$，$W_{m1}:W_{m2}=2:1$

8. 已知一螺绕环的自感系数为 L. 若将该螺绕环锯成两个半环式的螺线管，则两个半环螺线管的自感系数[　　]

(A) 都等于 $\frac{1}{2}L$　　(B) 有一个大于 $\frac{1}{2}L$，另一个小于 $\frac{1}{2}L$

(C) 都大于 $\frac{1}{2}L$　　(D) 都小于 $\frac{1}{2}L$

9. 在一个电子仪器内，要安装三个螺线管，为了使它们之间的互感尽可能小，应把它们安装成[　　]

(A) 轴线在同一直线上　　(B) 轴线呈三角形

(C) 轴线平行，三者并排　　(D) 三者轴线互相垂直

10. 面积为 S 和 $2S$ 的两圆线圈 1、2 如图放置，通有相同的电流 I. 线圈 1 的电流所产生的通过线圈 2

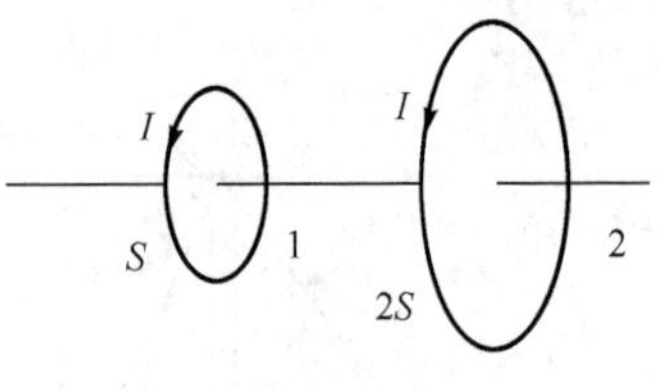

巩固提高题 10 图

的磁通用 Φ_{21} 表示，线圈 2 的电流所产生的通过线圈 1 的磁通用 Φ_{12} 表示，则 Φ_{21} 和 Φ_{12} 的大小关系为[　　]

(A) $\Phi_{21}=2\Phi_{12}$　(B) $\Phi_{21}>\Phi_{12}$　(C) $\Phi_{21}=\Phi_{12}$　(D) $\Phi_{21}=\frac{1}{2}\Phi_{12}$

11. 两个线圈 P 和 Q 并联地接到一电动势恒定的电源上. 线圈 P 的自感和电阻分别是线圈 Q 的两倍，线圈 P 和 Q 之间的互感可忽略不计. 当达到稳定状态后，线圈 P 的磁场能量与 Q 的磁场能量的比值是[　　]

(A) 4　(B) 2　(C) 1　(D) $\frac{1}{2}$

12. 对于恒定电磁场，下述四种说法中正确的是[　　]

(A) 磁场强度沿任一闭合曲线的线积分仅与传导电流及位移电流的分布有关

(B) 磁场强度沿任一闭合曲线的线积分仅与磁化电流的分布有关

(C) 磁场强度沿任一闭合曲线的线积分与传导电流、位移电流及磁化电流的分布有关

(D) 磁感应强度沿任一闭合曲线的线积分仅与传导电流及位移电流的分布有关

13. 一电量为 q 的点电荷，以匀角速度 ω 做圆周运动，圆周的半径为 R. 设 $t=0$ 时 q 所在点的坐标为 $x_0=R$，$y_0=0$，以 $\boldsymbol{i}$、$\boldsymbol{j}$ 分别表示 x 轴和 y 轴上的单位矢量，则圆心处 O 点的位移电流密度为[　　]

(A) $\frac{q\omega}{4\pi R^2}\sin\omega t\boldsymbol{i}$　(B) $\frac{q\omega}{4\pi R^2}\cos\omega t\boldsymbol{j}$

(C) $\frac{q\omega}{4\pi R^2}\boldsymbol{k}$　(D) $\frac{q\omega}{4\pi R^2}(\sin\omega t\boldsymbol{i}-\cos\omega t\boldsymbol{j})$

二、填空题

14. 在一马蹄形磁铁下面放一铜盘，铜盘可自由绕轴转动，如图所示. 当上面的磁铁逆时针迅速旋转时，下面的铜盘做________方向转动.（填写：顺时针或逆时针）

15. 磁换能器常用来检测微小的振动. 如图所示，在振动杆的一端固接一个 N 匝的矩形线圈，线圈的一部分在匀强磁场 $\boldsymbol{B}$ 中，设杆的微小振动规律为 $x=A\cos\omega t$，线圈随杆振动时，线圈中的感应电动势为________.

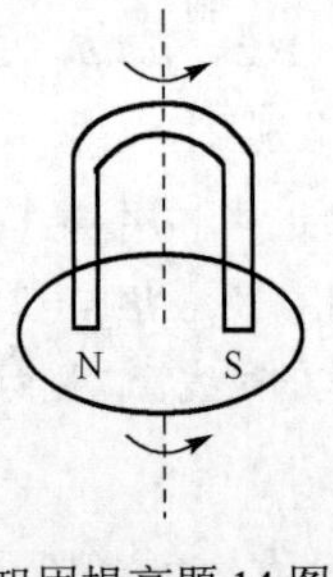

巩固提高题 14 图

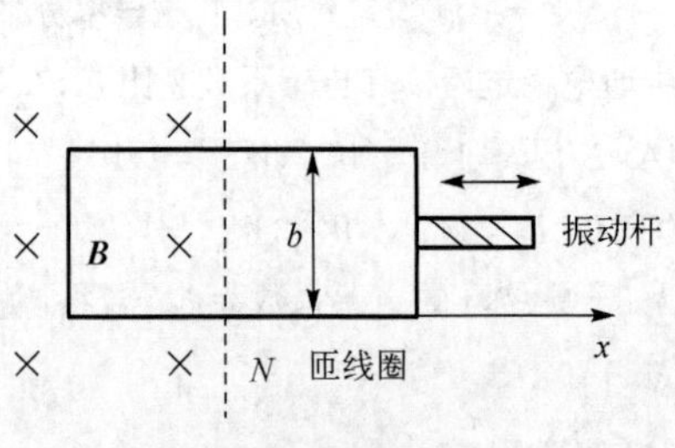

巩固提高题 15 图

16. 如图所示，一均匀磁场局限在半径为 R 的圆周、柱形空腔内，$\mathrm{d}\boldsymbol{B}/\mathrm{d}t$ 为一恒矢量，且 B 随时间减少，腔内置一等腰梯形金属线框，$dc=R$，$ab=ad=R/2$，da 和 cb 的延长线均与轴线相交，则线框中的感应电动势的大小为________；方向________.

17. 如图所示，一长螺线管的横截面半径为 b，单位长度的匝数为 n，导线中载有电流 I. 当 I 以 $\frac{\mathrm{d}I}{\mathrm{d}t}$ 的速率增加时，管内离轴线为 r 处感应电场的大小为________，方向为________.

18. 长为 l 的单层密绕管，共绕有 N 匝导线，螺线管的自感为 L，换用直径比原来导线直径大一倍的导线密绕，自感为原来的________.

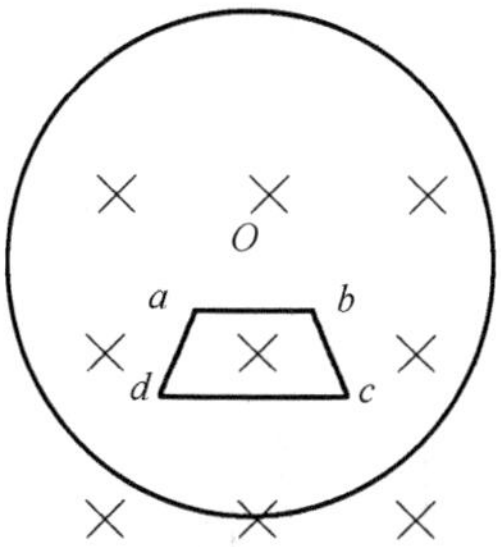

巩固提高题 16 图

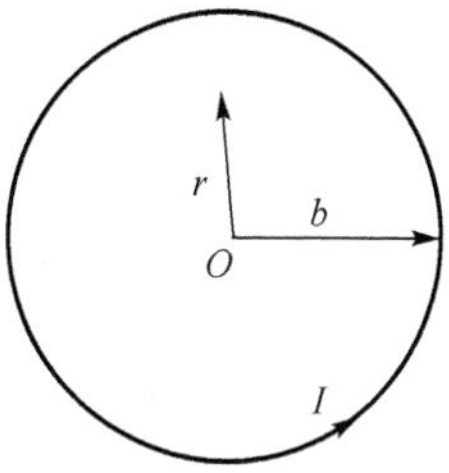

巩固提高题 17 图

19. 如图所示，两共轴螺线管的半径分别为 a_1 和 a_2（$a_2>a_1$），匝数分别为 N_1 和 N_2，长度都是 l（$l\gg a_2$）. 略去端缘效应，第一个线圈（里面的 N_1 匝线圈）对第二个线圈（外面的 N_2 匝线圈）的互感为 $M_{21}=$________；第二个线圈对第一个线圈的互感为 $M_{12}=$ ________.

20. 如图所示，真空中两条相距 $2a$ 的平行长直导线，通以方向相同、大小相等的电流 I，O、P 两点与两导线在同一平面内，与导线的距离如图所示，则 O 点的磁场能量密度 $w_{mO}=$________，P 点的磁场能量密度 $w_{mP}=$________.

21. 半径为 r 的两块圆板组成的平行板电容器充了电，在放电时两板间的电场强度的大小为 $E=E_0e^{-t/RC}$，式中 E_0、R、C 均为常量，则两板间的位移电流的大小为________，其方向与场强方向________.

22. 如图为一圆柱体的横截面，圆柱体内有一均匀电场 $\boldsymbol{E}$，其方向垂直纸面向内，$\boldsymbol{E}$ 的大小随时间 t 线性增加，P 为柱内与轴线相距为 r 的一点，则：(1) P 点的位移电流密度的方向为________；(2) P 点感应磁场的方向为________.

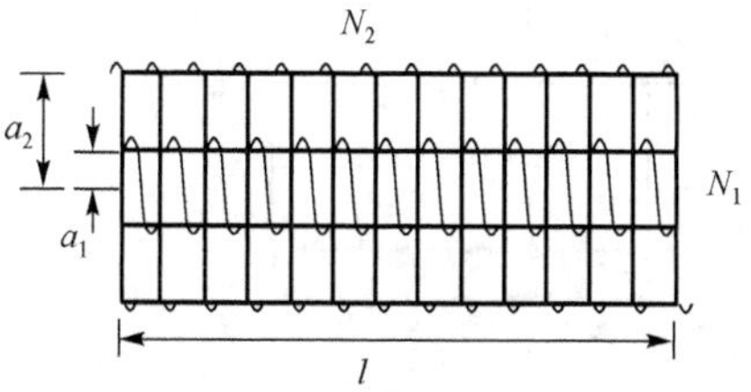

巩固提高题 19 图

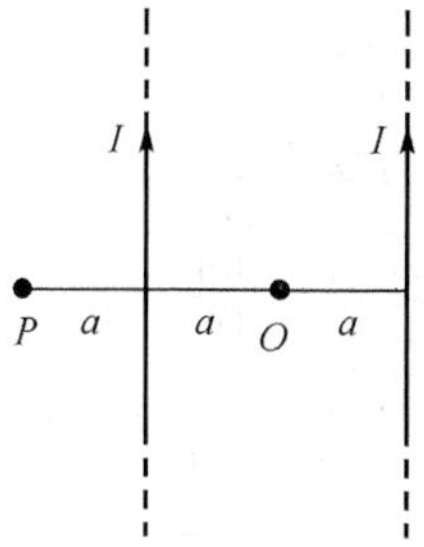

巩固提高题 20 图

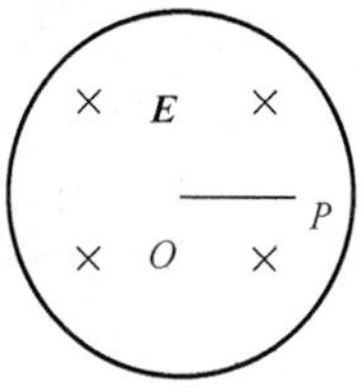

巩固提高题 22 图

三、计算题

23. 如图所示，一个空心的密绕环形细螺线管，设其单位长度上匝数为 $n=50\text{cm}^{-1}$，横截面积为 $S=20\text{cm}^2$，其上套一线圈 A，共有匝数 $N=5$. 线圈 A 与一电流计连成闭合回路，回路电阻为 $R=5\Omega$. 如果环形螺线管中的电流按 $0.2\text{A}\cdot\text{s}^{-1}$ 的变化率增加，试求线圈 A 中的感应电动势和感应电流（$\mu_0=4\pi\times\ 10^{-7}\text{N}\cdot\text{A}^{-2}$）.

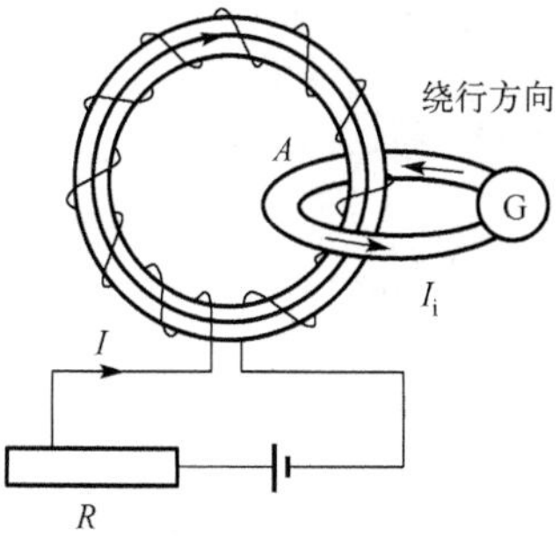

巩固提高题 23 图

24. 如图所示，磁场 $\boldsymbol{B}$ 中有一弯成 θ 角的金属架 COD，导体细棒 $MN\perp OD$，并以恒定速度 $\boldsymbol{v}$ 向右滑动. 设 $t=0$ 时，$x=0$. 试就下列情

况求框架内的感应电动势 ε_i：

(1) $\boldsymbol{B}$ 为均匀场，方向垂直纸面向外；

(2) $\boldsymbol{B}$ 为非均匀交变磁场，$B = kx\cos\omega t$（$B>0$ 时，垂直纸面向外），其中 k 和 ω 为正常量.

25. 如图，求长直导线和与其共面的等边三角形线圈之间的互感系数. 设三角形高为 h，平行于直导线的一边到直导线的距离为 b.

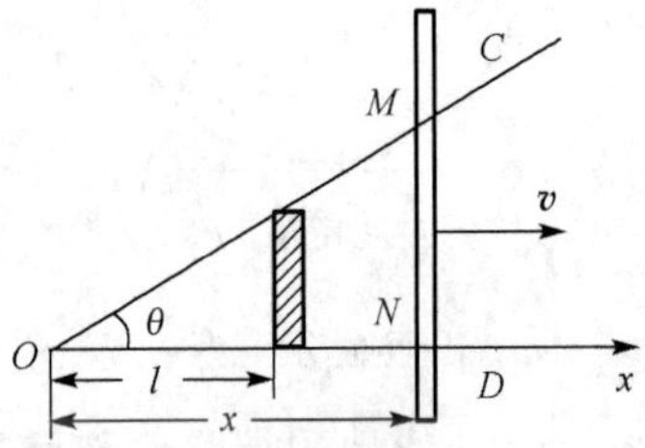

巩固提高题 24 图

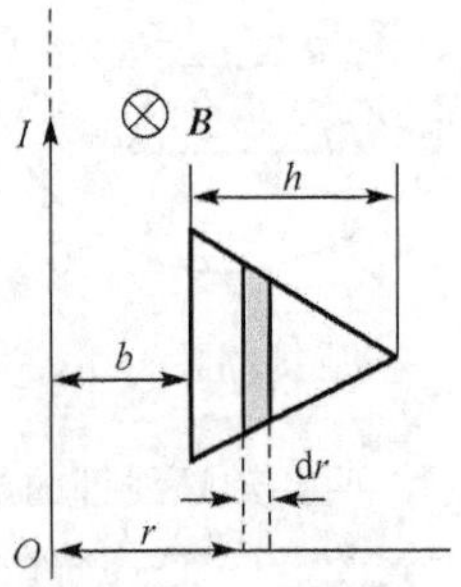

巩固提高题 25 图

26. 如图，截面为矩形的螺绕环，内外半径分别为 R_1 和 R_2，厚度为 h，总匝数为 N.

(1) 求此螺绕环的自感系数 L；

(2) 沿环的轴线拉一根长直导线，求长直导线与螺绕环的互感系数 M_{12} 和 M_{21}，两者是否相等？

27. 一无限长直导线通以电流 $I = I_0\sin\omega t$，和直导线在同一平面内有一矩形线框，其短边与直导线平行，线框的尺寸及位置如图所示，求：

(1) 直导线和线框的互感系数；

(2) 线框中的互感电动势.

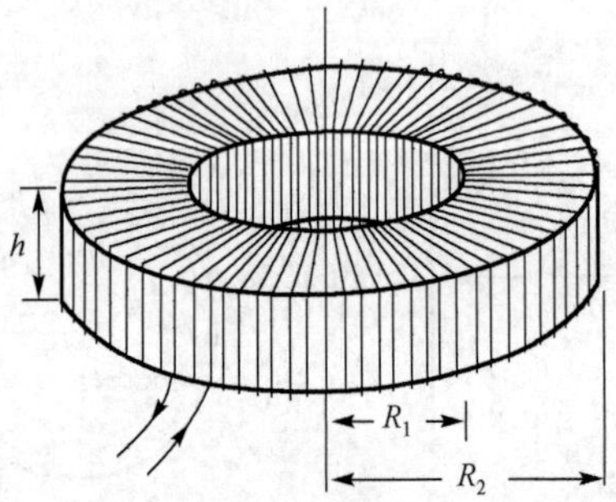

巩固提高题 26 图

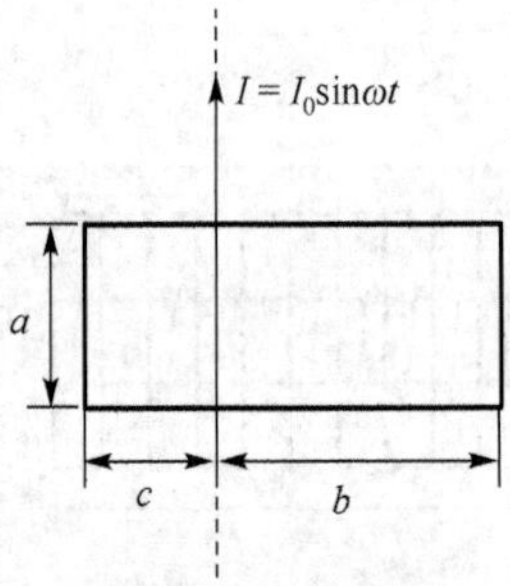

巩固提高题 27 图

9.6 单元检测
参考答案

第四篇 振动与波动

第 10 章　机械振动

10.1　基 本 要 求

(1) 理解简谐振动及三个特征量的物理意义，掌握描述简谐振动的解析法、图像法和旋转矢量法.

(2) 理解简谐振动的动力学特征，会建立简谐振动动力学方程.

(3) 理解简谐振动的能量特征，会用能量法分析简谐振动.

(4) 掌握振动方向相互平行、同频率的简谐振动的合成规律，了解拍现象、拍频的计算方法及其应用，了解振动方向相互垂直的两个同频率的简谐振动的合成规律.

10.2　学 习 导 引

(1) 本章主要学习简谐振动和简谐振动的合成，主要包含简谐振动的特征、简谐振动的表示方法和简谐振动的合成等内容.

(2) 与质点理想化模型类似，为了研究简谐振动，首先建立了一个理想化模型——弹簧振子，弹簧振子的运动就是简谐振动. 在本章内容的学习过程中，时刻联想到这一物理图像有助于问题的理解.

(3) 做简谐振动的物体受到的力是一种特殊形式的力——力的大小与位移(相对于平衡位置)大小成正比，方向与位移方向相反，这种力称为线性回复力. 这就是简谐振动的动力学特征.

(4) 由简谐振动的动力学特征可以得到简谐振动的运动学特征：运动物体的位移(相对于平衡位置)随时间作余弦(或正弦)变化. 由简谐振动的运动方程逐次对时间求导可以得到简谐振动的速度和加速度的表达式，它们也是随时间作余弦(或正弦)变化. 除了位移、速度、加速度之外，在描述简谐振动时，还引入了振幅、周期(频率)和相位三个特征物理量，这是简谐振动特有的，理解其物理意义是学习简谐振动的重点.

(5) 简谐振动的能量特征是做简谐振动的系统的动能和势能都随时间周期性地改变并相互转化，但总机械能守恒，动能或势能的时间平均值都等于总能量的一半.

(6) 简谐振动的表示方法有数学解析法、图形法和旋转矢量法. 数学解析法就是利用简谐振动的动力学特征、运动学特征和能量特征来表示简谐振动或者判断一个运动是否为简谐振动；图形法就是根据振动曲线判断一个运动是否为简谐振动以及分析简谐振动的振幅、周期、相位等，或者利用弹簧振子势能、动能曲线观察和分析弹簧振子能量的变化；旋转矢量法形象地把在直线上做简谐振动的质点与做匀速圆周运动的质点的运动之间建立起一种对应关系，有助于求解简谐振动的相位、运动时间等问题.

(7)简谐振动的合成本质上体现的是不同机械运动形式之间的相互转换. 两个简谐振动合成以后可能是简谐振动，也可能是圆周运动、椭圆运动或者更为复杂的运动等. 本章讨论了四种类型的简谐振动的合成：一是同方向同频率的两个简谐振动合成后仍为同方向同频率的简谐振动；二是同方向不同频率的两个简谐振动合成后不再是简谐振动，但当两个分振动的频率都很大且相差不大时，产生拍的现象；三是相互垂直的同频率简谐振动合成后一般为椭圆运动；四是频率比为整数比的两个相互垂直的简谐振动合成后形成李萨如图形. 学习中重点掌握前两种情况.

10.3 思维导图

10.3 思维导图
(详细版)

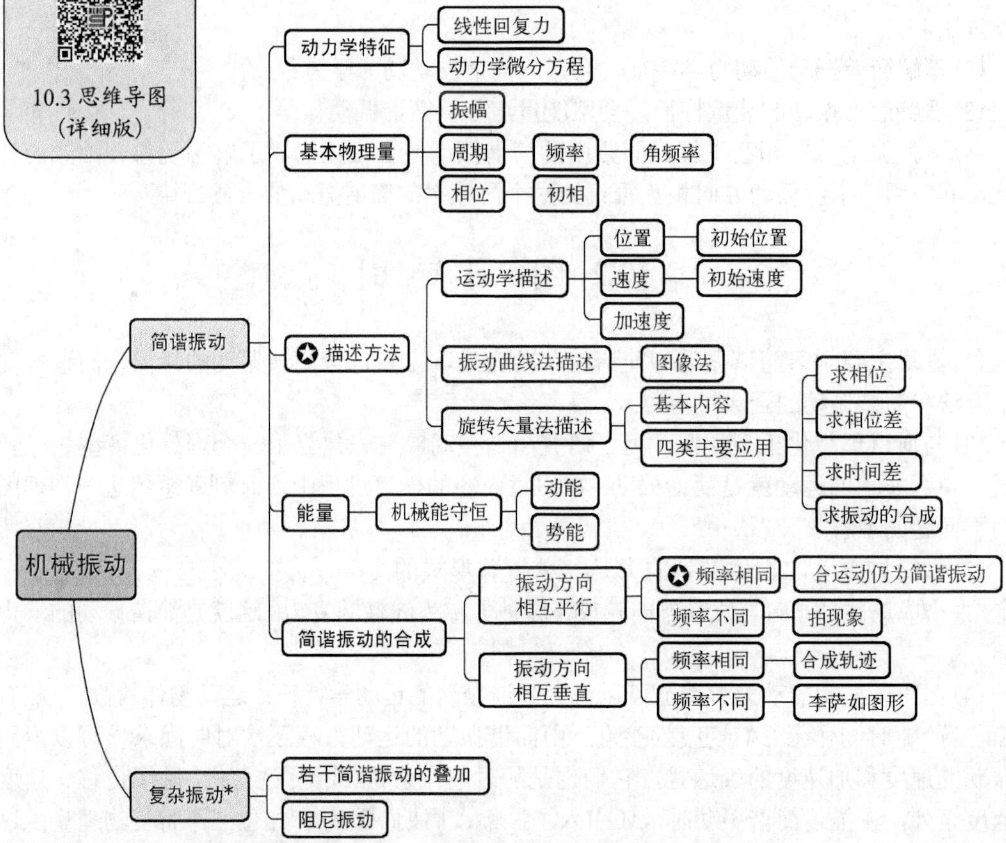

10.4 内容提要

1. 简谐振动

1)简谐振动的特征

定义：质点相对于平衡位置的位移按余弦函数(或正弦函数)规律随时间变化的运动形式.

动力学特征：质点只在线性回复力 $F=-kx$ 作用下的运动.

运动学特征：简谐振动的位移 x、速度 v、加速度 a 与时间 t 的函数关系分别为

$$x = A\cos(\omega t + \varphi_0)$$

$$v = \frac{dx}{dt} = -A\omega\sin(\omega t + \varphi_0)$$

$$a = \frac{dv}{dt} = -A\omega^2\cos(\omega t + \varphi_0) = -\omega^2 x$$

能量特征：简谐振动系统的弹性势能 E_p、动能 E_k、总机械能分别为

$$E_p = \frac{1}{2}kx^2 = \frac{1}{2}kA^2\cos^2(\omega t + \varphi_0)$$

$$E_k = \frac{1}{2}mv^2 = \frac{1}{2}kA^2\sin^2(\omega t + \varphi_0), \qquad \omega^2 = \frac{k}{m}$$

$$E = E_p + E_k = \frac{1}{2}kA^2 \quad \text{（机械能守恒）}$$

2）简谐振动的三个特征物理量

振幅 A：简谐振动离开平衡位置的最大位移的绝对值.

角频率 ω：又称圆频率，与频率 ν 和周期 T 满足 $\omega = 2\pi\nu = \dfrac{2\pi}{T}$，简谐振动的周期和频率仅与振动系统本身的物理性质有关.

初相位 φ_0：$t = 0$ 时刻的相位，决定了开始时刻振子的运动状态，其取值范围一般为 $[0, 2\pi]$ 或 $[-\pi, \pi]$.

振幅 A 和初相位 φ_0 的确定：若简谐振动的质点在 $t = 0$ 时刻的初始位移为 x_0，初始速度为 v_0，则 $A = \sqrt{x_0^2 + \dfrac{v_0^2}{\omega^2}}$，$\tan\varphi_0 = -\dfrac{v_0}{\omega x_0}$.

任意时刻的相位 $\varphi = \omega t + \varphi_0$ 是决定简谐振子的运动状态的重要物理量. 相位体现了简谐振动的周期性：如图 10.1 所示，$\varphi(t + nT) = \varphi(t)$，其中 n 是整数，即时间间隔为周期 T 的整数倍时，质点的运动状态相同. 相位的同相、反相、超前、落后：对于两个同频率的简谐振动 x_1 和 x_2，二者的相位差 $\Delta\varphi = \varphi_2 - \varphi_1 = \varphi_{20} - \varphi_{10}$ 不随时间变化，两个简谐振动同相 $\Delta\varphi = 2n\pi, n = 0, \pm1, \pm2, \cdots$；反相 $\Delta\varphi = (2n+1)\pi, n = 0, \pm1, \pm2, \cdots$；振动 2 的相位比振动 1 的相位超前 $\Delta\varphi > 0$，即到达同一运动状态，x_2 比 x_1 需要的时间少；落后 $\Delta\varphi < 0$，则到达同一运动状态，x_2 比 x_1 需要的时间多.

3）简谐振动的描述方法

解析法：$x = A\cos(\omega t + \varphi_0)$.

旋转矢量法：一个矢量 $\boldsymbol{A}$ 绕其一端点 O 以角速度 ω 逆时针匀角速转动，其矢端 P 做匀速圆周运动，该圆称为参考圆，P 点称为参考点. 如图 10.2 所示，x 轴表示振动方向，P 点在 x 轴的投影点将做简谐振动，简谐振动的振幅、角频率、初相位与旋转矢量 $\boldsymbol{A}$ 的大小、旋转的角速度、初始时刻 $\boldsymbol{A}$ 与 x 轴正向的夹角一一对应.

4）几种常见的简谐振动

弹簧振子：$\dfrac{d^2x}{dt^2} + \omega^2 x = 0$，$\omega = \sqrt{\dfrac{k}{m}}$，$x = A\cos(\omega t + \varphi_0)$.

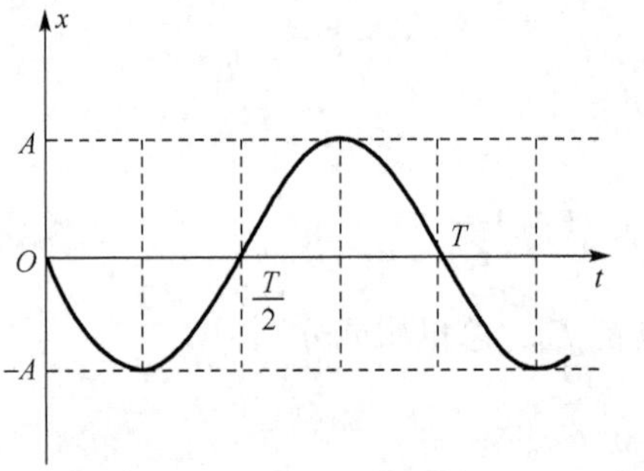

图 10.1 简谐振动的振幅和周期

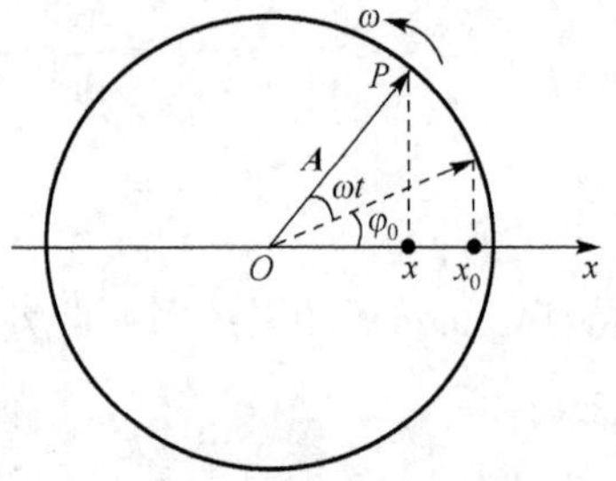

图 10.2 简谐振动的旋转矢量表示法

单摆(小角度摆动)：$\dfrac{d^2\theta}{dt^2}+\omega^2\theta=0,\quad \omega=\sqrt{\dfrac{g}{l}},\quad \theta=A\cos(\omega t+\varphi_0).$

复摆(小角度摆动)：$\dfrac{d^2\theta}{dt^2}+\omega^2\theta=0,\quad \omega=\sqrt{\dfrac{mgh}{J_0}},\quad \theta=A\cos(\omega t+\varphi_0).$

2. 简谐振动的合成

1)振动方向相互平行的同频率的简谐振动合成

设质点参与两个振动方向相互平行的频率相同的简谐振动 x_1 和 x_2：

$$\begin{cases} x_1(t)=A_1\cos(\omega t+\varphi_{10}) \\ x_2(t)=A_2\cos(\omega t+\varphi_{20}) \end{cases}$$

其合振动 $x(t)=x_1(t)+x_2(t)=A\cos(\omega t+\varphi_0)$ 仍为简谐振动，式中

$$A=\sqrt{A_1^2+A_2^2+2A_1A_2\cos(\varphi_{20}-\varphi_{10})}$$

$$\tan\varphi_0=\frac{A_1\sin\varphi_{10}+A_2\sin\varphi_{20}}{A_1\cos\varphi_{10}+A_2\cos\varphi_{20}}$$

若两振动同相：$\varphi_{20}-\varphi_{10}=2k\pi, k=0,\pm1,\pm2,\cdots$，则合振幅最大，$A_{max}=A_1+A_2$.

若两振动反相：$\varphi_{20}-\varphi_{10}=(2k+1)\pi, k=0,\pm1,\pm2,\cdots$，则合振幅最小，$A_{min}=|A_1-A_2|$.

2)振动方向相互平行的不同频率的简谐振动合成、拍现象

设质点参与两个振动方向相互平行的频率不同的简谐振动：

$$x_1(t)=A_1\cos(\omega_1 t+\varphi_{10})$$
$$x_2(t)=A_2\cos(\omega_2 t+\varphi_{20})$$

它们的合振动 $x=x_1+x_2$ 与两个分振动的振幅、频率和初相位都有关，且合振动不再是简谐振动.

拍现象：设两个分振动的振幅均为 A，初相位均为 φ_0，则合振动为

$$x=2A\cos\left(\frac{\omega_2-\omega_1}{2}t\right)\cos\left(\frac{\omega_2+\omega_1}{2}t+\varphi_0\right)$$

若两分振动的角频率 ω_1、ω_2 都很大，但二者相差不大，即 $|\omega_2-\omega_1|\ll(\omega_2+\omega_1)$，合振动

可近似看成是振幅为 $|2A\cos[(\omega_2-\omega_1)t/2]|$、角频率为 $(\omega_2+\omega_1)/2$ 的振动. 因振幅在 0 到 $2A$ 范围内变化，即振动忽强忽弱，这种现象称为拍，如图 10.3 所示. 合振动振幅变化的周期称为拍的周期 $T_{拍}$，频率称为拍频 $\nu_{拍}$，注意到余弦函数的绝对值以π为周期，则 $\nu_{拍}=|\nu_2-\nu_1|=\dfrac{|\omega_2-\omega_1|}{2\pi}=\dfrac{1}{T_{拍}}$.

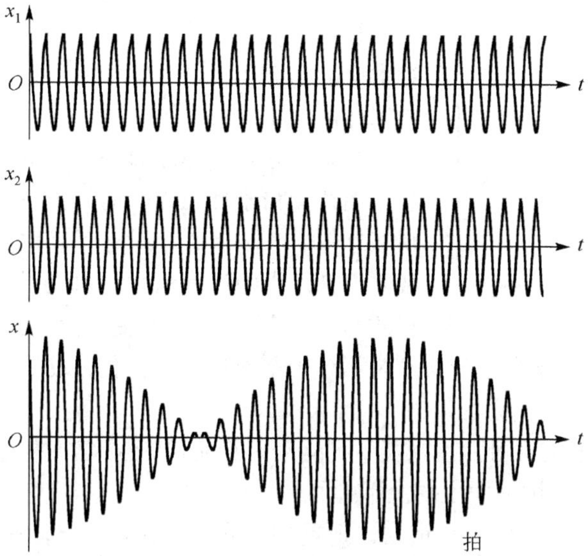

图 10.3 拍现象

3) 振动方向相互垂直的同频率的简谐振动合成

如果一个质点同时参与了两个振动方向相互垂直的同频率简谐振动 x 和 y，那么质点的位移是这两个振动的位移 $\boldsymbol{x}$ 和 $\boldsymbol{y}$ 的矢量和，因此质点将在 xy 平面内做曲线运动. 设

$$x(t)=A_1\cos(\omega t+\varphi_1)$$
$$y(t)=A_2\cos(\omega t+\varphi_2)$$

记两振动的初始相位差 $\Delta\varphi=\varphi_2-\varphi_1$，消去参数 t，即得该质点合振动的轨迹方程，如图 10.4 所示，表达式如下：

$$\frac{x^2}{A_1^2}+\frac{y^2}{A_2^2}-\frac{2xy}{A_1A_2}\cos\Delta\varphi=\sin^2\Delta\varphi$$

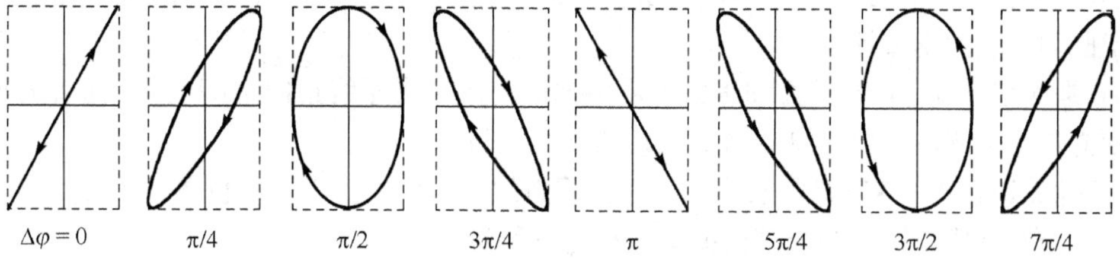

图 10.4 不同相位差时两个同频率相互垂直的简谐振动的合成轨迹

10.5 典型例题

10.5.1 思考题

思考题 1 如思考题 1 图所示，将一立方形木块浮于水中，其浸入部分高度为 a. 今用手指沿竖直方向将其慢慢压下然后放手让其运动. 若不计水对木块的黏滞阻力，请问木块的运动是否是简谐振动？并说明理由.

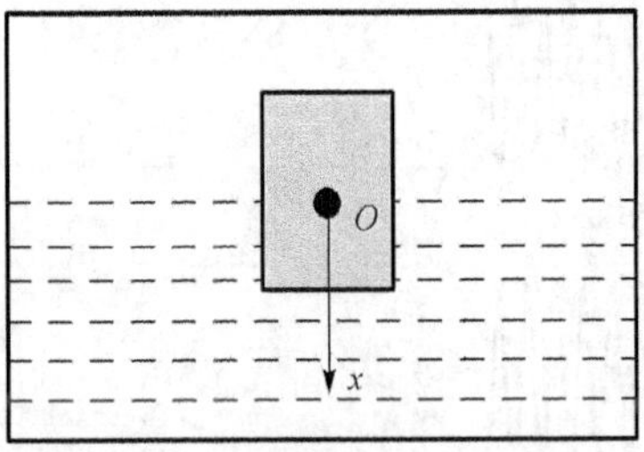

思考题 1 图

简答 木块的运动是简谐振动. 取木块受力平衡时重心所在位置为坐标原点，向下为正方向建立坐标系如图，则 x 为任一时刻重心相对于平衡位置的位移. 设木块的横截面为 S，水的密度为 ρ，木块受力平衡时 $mg=\rho gaS$，则木块在任一位置所受合外力 $F=mg-(a+x)s\rho g=-s\rho gx$，显然木块所受合外力 F 与木块相对于平衡位置的位移 x 成正比、方向相反，符合简谐振动的动力学特点，是简谐振动.

思考题 2 不考虑空气阻力，判断下列运动是否是简谐振动，并说明理由.

(1) 完全弹性的球在硬地面上的上下弹跳；

(2) 竖直悬挂的弹簧上挂一个重物，把重物从静止位置拉下一段距离(在弹性限度内)，然后放手任其运动；

(3) 小钢珠在半径很大的光滑凹球面底部荡来荡去；

(4) 光滑斜面上弹簧振子的运动；

(5) 竖直浮在水面的一均匀圆柱形木块，部分按入水中后松开，使木块上下浮动；

(6) 拍篮球时篮球的运动；

(7) 圆锥摆的运动.

简答 当物体受到的合外力与物体离开平衡位置的位移成正比而反向时，物体的运动就是简谐振动，这样的合外力称为回复力. 根据这一定义：

(1) 不是简谐振动. 除了与地面碰撞瞬间外，弹性球只受到竖直向下的重力作用，此恒力不是回复力.

(2) 是简谐振动. 运动过程中，弹簧弹力和重力的合力始终指向平衡位置，而且大小和离开平衡位置的位移成正比，符合简谐振动的动力学特征.

(3) 是近似的简谐振动，在小角度摆动的情况下，合外力矩和角位移成正比而反向，符合简谐振动的动力学特征.

(4) 是简谐振动. 弹簧弹力和重力沿着斜面分力的合力始终指向平衡位置，而且大小和离开平衡位置的位移成正比，符合简谐振动的动力学特征.

(5) 是简谐振动. 忽略黏滞阻力，浮力和重力的合力始终指向平衡位置，而且大小和离开平衡位置的位移成正比，符合简谐振动的动力学特征.

(6) 不是简谐振动. 除篮球接触手和地面瞬间外，其他时间受到的力是重力，不具备回复力的特点，不符合简谐振动的动力学特征.

(7)不是简谐振动. 圆锥摆的摆球做圆周运动，摆球受绳的张力和重力作用，其合力指向圆心，大小恒定，不符合简谐振动的动力学特征，故整体不做简谐振动，但其在 x 轴、y 轴的投影做简谐振动.

思考题 3 一弹簧振子，水平放置，当其振幅变为原来的一半时，试分析它的振动周期、总机械能、最大速度和最大加速度如何变化.

简答 弹簧振子的周期 $T=2\pi\sqrt{\dfrac{m}{k}}$（$m$ 是振子质量，k 是弹簧的刚度系数）仅与系统的固有特性有关，与外界因素无关，与振幅无关，所以周期不变；总机械能 $E=\dfrac{1}{2}kA^2$，振幅 A 变为原来的一半，则总机械能变为原来的四分之一；由最大速度 $v_{\max}=\omega A$ 和最大加速度 $a_{\max}=\omega^2 A$（ω 为弹簧振子的固有圆频率）可知，振幅 A 变为原来的一半时，最大速度和最大加速度均变为原来的一半.

思考题 4 一个刚度系数为 k 的轻弹簧系一质量为 m_0 的铁块，在光滑的水平面上做振幅为 A 的简谐振动时，现将一质量为 m 的黏土，在下列两种情况下轻轻放在铁块上：

(1)物体通过平衡位置时；

(2)物体在最大位移处时.

请问两种情况下振动的周期有何变化？振幅有何变化？

简答 (1)振动固有周期为 $T_0=2\pi\sqrt{m_0/k}$，附上黏土后，振动周期变为 $T=2\pi\sqrt{(m_0+m)/k}$，显然周期增大了. 不管黏土在哪个位置粘在铁块上，这一结论都正确.

(2)铁块通过平衡位置时和黏土碰撞，设速度从 v_0 变为 v，由水平方向动量守恒得 $v=\dfrac{m_0}{m_0+m}v_0$，又设黏土粘上前后铁块的振幅由 A_0 变为 A，则有 $\dfrac{1}{2}m_0v_0^2=\dfrac{1}{2}kA_0^2$，$\dfrac{1}{2}(m_0+m)v^2=\dfrac{1}{2}kA^2$，由以上三式解出 $A=\sqrt{\dfrac{m_0}{m_0+m}}A_0$，即振幅减小了.

若铁块在最大位移处和黏土碰撞，这一瞬间水平速度同为零，没有相对运动，系统能量没有损失，$\dfrac{1}{2}kA_0^2=\dfrac{1}{2}kA^2$，振幅不变.

思考题 5 在做弹簧振子实验时，若将弹簧串联或并联，请问振动频率有何变化？

简答 (1)串联如思考题 5 图(a)所示，质量为 m 的质点，由刚度系数为 k_1 和 k_2 的两个轻弹簧连接，在水平光滑导轨上做微小振动，设当 m 离开平衡位置的位移为 x 时，刚度系数为 k_1 和 k_2 的两个轻弹簧的伸长量分别为 x_1 和 x_2，显然有关系 $x_1+x_2=x$，此时两个弹簧之间、第二个弹簧和物体之间的作用力相等. 因此有 $k_1x_1=k_2x_2$，由此两式解出 $x_1=\dfrac{k_2x}{k_1+k_2}$，将 x_1 代入 $m\dfrac{\mathrm{d}^2x}{\mathrm{d}t^2}=-k_1x_1$，可得 $m\dfrac{\mathrm{d}^2x}{\mathrm{d}t^2}=-\dfrac{k_1k_2}{k_1+k_2}x$，将此式与简谐振动的动力学方程比较，并令 $\omega^2=\dfrac{k_1k_2}{m(k_1+k_2)}$，得振动频率 $\nu=\dfrac{1}{2\pi}\sqrt{\dfrac{k_1k_2}{m(k_1+k_2)}}$. 与单个弹簧频率 $\nu=\dfrac{1}{2\pi}\sqrt{\dfrac{k_{1(2)}}{m}}$ 相比，串联后振动频率 ν 变小了，由此可得弹簧串联后的等效刚度系数 k 满足 $\dfrac{1}{k}=\dfrac{1}{k_1}+\dfrac{1}{k_2}$.

(2)并联如思考题 5 图(b)所示，质量为 m 的质点由刚度系数为 k_1 和 k_2 的两个轻弹簧连接，在水平光滑导轨上做微小振动. 质点在平衡位置时两弹簧均处于原长，设质点离开平衡位置的位移是 x，假设 $x>0$，则第一个弹簧被拉长 x，而第二个弹簧被压缩 x，作用在质点上的回复力为 $-(k_1x+k_2x)$. 简谐振动的动力学方程为 $m\dfrac{\mathrm{d}^2x}{\mathrm{d}t^2}=-(k_1+k_2)x$，令 $\omega^2=\dfrac{k_1+k_2}{m}$，即 $\nu=\dfrac{1}{2\pi}\sqrt{\dfrac{k_1+k_2}{m}}$，与单个弹簧 $\nu=\dfrac{1}{2\pi}\sqrt{\dfrac{k_{1(2)}}{m}}$ 相比，并联后振动频率 ν 变大了，由此可得弹簧并联后的等效刚度系数 k 满足 $k=k_1+k_2$.

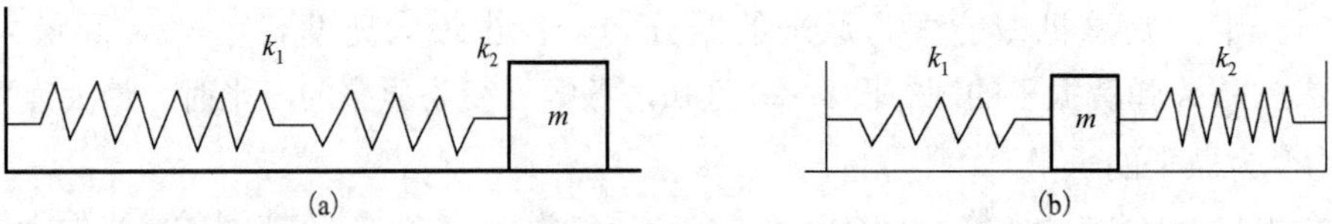

思考题 5 图

思考题 6 请问如何改动才能使一个单摆从地球上移到月球上后周期不变?

简答 在地球上，单摆的周期为 $T=2\pi\sqrt{l/g}$，其中 l 是摆长，g 是当地的重力加速度. 月球表面的重力加速度约为地球表面重力加速度的六分之一，因此，要使单摆的周期不变，就要缩短摆长，使摆长也变为其在地球上摆长的六分之一.

思考题 7 水平放置的两组弹簧振子，弹簧质量忽略不计，刚度系数 k 相同，但振子质量不同，当它们以相同的振幅做简谐运动时，请问：振动周期是否相同？系统的机械能是否相同？振子经过平衡位置时的动能是否相同？振子经过平衡位置时的速度是否相同？

简答 振动周期 $T=2\pi\sqrt{\dfrac{m}{k}}$，$m$ 是振子质量，质量不同，则周期不同；简谐振动系统的机械能为 $E=\dfrac{1}{2}kA^2$，刚度系数 k 和振幅 A 均相同，则系统的机械能相同；平衡位置时，机械能全部转化为动能，机械能相同，则经过平衡位置时的动能也相同；平衡位置时，动能相同，但是质量不同，则经过平衡位置时的速度不同.

思考题 8 考虑弹簧振子系统，如果忽略弹簧的质量，则系统的固有周期为 $T=2\pi\sqrt{\dfrac{M}{k}}$，其中 M 为振子的质量. 有人认为如果弹簧的质量为 m 且均匀分布，则系统的固有周期为 $T=2\pi\sqrt{\dfrac{M+m}{k}}$，请问这种认识正确吗？

简答 这种认识没有理论依据，不正确. 因为弹簧振子的周期推导基于不考虑弹簧质量的胡克定律，本题弹簧的质量分布并不是在一个点上，其质量分布使得弹簧的对外作用力表现得很复杂，不能简单地应用胡克定律来表示弹簧对振子的回复力，从而也就不能应用简谐振动的周期公式简单类推. 事实上，当不能忽略弹簧质量，但是 $M>m$ 时，系统做微振动，系统的运动可认为是简谐振动，其周期为 $T=2\pi\sqrt{\dfrac{M+\dfrac{m}{3}}{k}}$，显然，周期与不计弹簧质量时的周期相比变大了，但小于 $2\pi\sqrt{\dfrac{M+m}{k}}$，这是因为 $2\pi\sqrt{\dfrac{M+m}{k}}$ 是把弹簧质量完全加在振子上得出的结论，实际上弹簧质量并不在振子上，而是均匀分布于弹簧上.

思考题 9 什么叫简谐振动的旋转矢量表示法？

简答 如思考题 9 图所示，一矢量 $\boldsymbol{A}$ 绕其一端点 O 以角速度 ω 逆时针匀速旋转，其矢端 M 做匀速圆周运动，该圆称为参考圆，M 点称为参考点，矢量 $\boldsymbol{A}$ 称为旋转矢量. 当 $t=0$ 时，矢量 $\boldsymbol{A}$ 与 x 轴夹角为 φ_0，则 t 时刻矢量 $\boldsymbol{A}$ 转过 ωt 角，参考点 M 在 x 轴上投影点的坐标为 $x=A\cos(\omega t+\varphi_0)$. 显然投影点做简谐振动，其振幅、角频率、初相位与旋转矢量 $\boldsymbol{A}$ 的大小、旋转角速度、初始时刻 $\boldsymbol{A}$ 与 x 轴夹角一一对应. 矢量 $\boldsymbol{A}$ 旋转一周，其投影点做一次完全振动，所需时间 $T=\dfrac{2\pi}{\omega}$ 为简谐振动的周期，一秒内 $\boldsymbol{A}$ 转过的周数为简谐振动的频率. 简谐振动的这种表示法称为旋转矢量法. 借助旋转矢量 $\boldsymbol{A}$ 表示简谐振动，研究振动的合成，确定 A、φ_0 等简谐振动参量，空间方位感强，形象直观，计算简便.

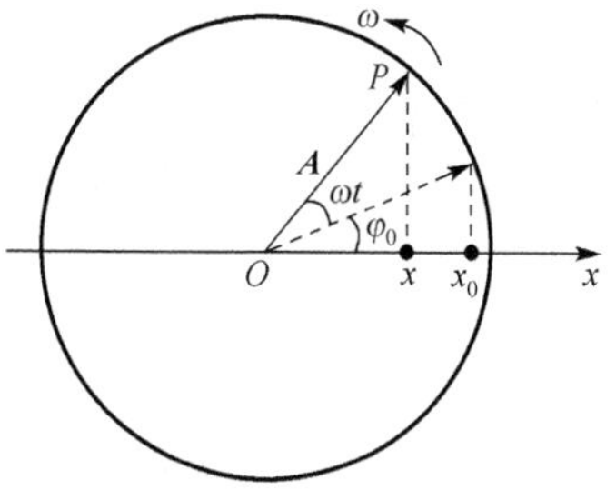

思考题 9 图

思考题 10 振动方向相互平行的两个同频率的简谐振动合成后还是简谐振动吗？

简答 振动方向相互平行的两个同频率的简谐振动合成后还是简谐振动. 设有两个 x 方向的简谐振动 x_1 和 x_2，$x_1(t)=A_1\cos(\omega t+\varphi_1)$，$x_2(t)=A_2\cos(\omega t+\varphi_2)$，其合振动为 $x=A\cos(\omega t+\varphi)$，符合简谐振动的运动学特征，是振动方向和频率与两个分振动一致的简谐振动，其中 $A=\sqrt{A_1^2+A_2^2+2A_1A_2\cos(\varphi_2-\varphi_1)}$，$\tan\varphi=\dfrac{A_1\sin\varphi_1+A_2\sin\varphi_2}{A_1\cos\varphi_1+A_2\cos\varphi_2}$.

思考题 11 举例说明如何利用拍现象测定某音叉的频率？

简答 例如待测音叉为 C，设待求频率为 ν（大概在 800Hz），再取两个频率分别为 800Hz 和 797Hz 的音叉 A 和音叉 B. 先使频率为 800Hz 的音叉 A 和音叉 C 同时振动，每秒钟听到了两次强音；再使频率为 797Hz 的音叉 B 和音叉 C 同时振动，每秒钟听到了一次强音. 因为拍频 $\nu=|\nu_2-\nu_1|$，则两次实验的频率关系有如下四种情况：$800-\nu=2$，$\nu-800=2$，$797-\nu=1$，$\nu-797=1$，两次实验的组合中，显然只有 $800-\nu=2$ 和 $\nu-797=1$ 的组合是合理的，由此测得待测音叉 C 的频率 $\nu=798\,\text{Hz}$.

10.5.2 计算题

计算题 1 有一竖直放置的轻质弹簧，上端固定，当其下端挂一质量为 m 的物体时，弹簧伸长量为 $9.8\times10^{-2}\,\text{m}$，若使物体上下振动，且规定向下为正方向，求以下两种情况的运动方程：

(1) $t=0$ 时，物体在平衡位置上方 $8.0\times10^{-2}\,\text{m}$ 处，由静止开始向下运动；

(2) $t=0$ 时，物体在平衡位置并以 $0.6\,\text{m}\cdot\text{s}^{-1}$ 的速度向上运动.

【解题思路】 根据题意首先判断并证明物体做简谐振动，给出运动方程，求出角频率，再根据初始条件求出振幅和初相位，即可得到运动方程.

解 选取平衡时物体的位置为原点，向下为 Ox 轴正方向，如计算题 1 图所示，设弹簧的刚度系数为 k，平衡时弹簧的伸长量为 l_0，则

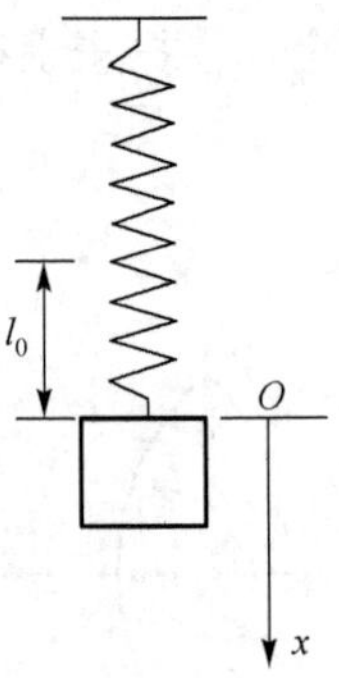

计算题 1 图

$$kl_0 = mg \tag{1}$$

当物体运动到任意位置 x 处时，其所受的合力为

$$F = -k(l_0 + x) + mg \tag{2}$$

将(1)式代入(2)式得

$$F = -kx$$

又由牛顿第二定律 $F = ma$，得

$$-kx = ma = m\frac{\mathrm{d}^2 x}{\mathrm{d}t^2}$$

令 $\omega^2 = \dfrac{k}{m}$，并对上式变形得

$$\frac{\mathrm{d}^2 x}{\mathrm{d}t^2} + \omega^2 x = 0$$

故物体做简谐振动，设其运动方程为

$$x = A\cos(\omega t + \varphi) \tag{3}$$

则其振动速度为

$$v = -\omega A\sin(\omega t + \varphi) \tag{4}$$

其中角频率 $\omega = \sqrt{\dfrac{k}{m}} = \sqrt{\dfrac{g}{l_0}} = 10\text{rad}\cdot\text{s}^{-1}$，振幅 A 和初相位 φ 由初始条件决定.

(1) 由题意，当 $t = 0$ 时，$x_0 = -8.0\times10^{-2}\,\text{m}$，$v_0 = 0$，代入(3)式和(4)式得

$$\begin{cases} x_0 = A\cos\varphi = -8.0\times10^{-2}\,\text{m} & (5) \\ v_0 = -10A\sin\varphi = 0 & (6) \end{cases}$$

由(6)式得，$\varphi = 0$或π，再联立(5)式得：$A = 8.0\times10^{-2}\,\text{m}$，$\varphi = \pi$，故运动方程为

$$x_1 = 8.0\times10^{-2}\cos(10t + \pi) \quad \text{(SI)}$$

(2) 由题意，当 $t = 0$ 时，$x_0 = 0$，$v_0 = -0.60\text{m}\cdot\text{s}^{-1} < 0$，代入(3)式和(4)式得

$$\begin{cases} x_0 = A\cos\varphi = 0 & (7) \\ v_0 = -10A\sin\varphi = -0.60\text{m}\cdot\text{s}^{-1} < 0 & (8) \end{cases}$$

由(7)式得，$\varphi = \pi/2$或$-\pi/2$，再联立(8)式得：$A = 6.0\times10^{-2}\,\text{m}$，$\varphi = \pi/2$，故运动方程为

$$x_2 = 6.0\times10^{-2}\cos(10t + \pi/2) \quad \text{(SI)}$$

【延伸思考】

(1) 简谐振动有什么特点？如何判断一个物体在做简谐振动？

(2) 求出物体的运动方程后，请进一步求出物体运动的速度和加速度，并得出速度和加速度的最大值.

(3) 在利用初始条件求振幅 A 和初相位 φ 时，除了运用上面的解析法求解外，还可以利用旋转矢量法非常快速地求出，请试一试吧.

(4) 从上面的求解中可知，由弹簧和物体组成的系统，物体在竖直面内做简谐振动，若系统处于无摩擦的水平面或斜面上，是否也做简谐振动？其角频率一样吗？系统的周期、频率和角频率与什么因素有关？

计算题 2 如计算题 2 图(a)所示为某质点做简谐振动的振动曲线，求其振动方程.

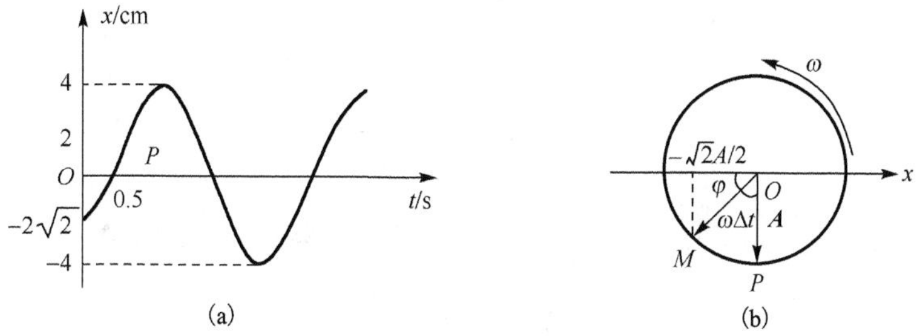

计算题 2 图

【解题思路】 先假设简谐振动方程的一般形式和速度表达式，由题图可得振幅以及周期的范围，再根据题图求出初相位和角速度即可.

方法 1：解析法. 根据题图，判断出 $t=0$ 和 $t=0.5\text{s}$ 时刻质点的位移和速度方向，代入振动方程和速度表达式中，联立可得初相位和角速度.

方法 2：旋转矢量法. 画出旋转矢量图，标出 $t=0$ 的矢端位置，可得初相位；标出 $t=0.5\text{s}$ 时刻的矢端位置，可得 $\Delta t=0.5\text{s}$ 内旋转矢量旋转的角度，即相位变化 $\Delta\varphi=\omega\Delta t$，得到角速度.

解 方法 1：解析法.

设振动方程为 $x=A\cos(\omega t+\varphi)$，则速度方程为 $v=-A\sin(\omega t+\varphi)$. 由图可知，振幅 $A=4\text{cm}$，周期 $\frac{T}{2}>0.5\text{s}$，所以角速度

$$\omega=\frac{2\pi}{T}<2\pi\ \text{rad}\cdot\text{s}^{-1}$$

当 $t=0$ 时，$x_0=-2\sqrt{2}=-\frac{\sqrt{2}}{2}A$，且 $v_0>0$，代入振动方程和速度方程，可得

$$\begin{cases}x_0=-\dfrac{\sqrt{2}}{2}A=A\cos\varphi\\ v_0=-A\sin\varphi>0\end{cases}$$

解得

$$\varphi=-\frac{3}{4}\pi$$

由题图可知，当 $t=0.5\text{s}$ 时，$x=0$，$v>0$，代入振动方程和速度方程，可得

$$\begin{cases} x_{0.5}=0=A\cos\left(0.5\omega-\dfrac{3}{4}\pi\right) \\ v_{0.5}=-A\sin\left(0.5\omega-\dfrac{3}{4}\pi\right)>0 \end{cases}$$

即

$$\cos\left(0.5\omega-\frac{3}{4}\pi\right)=0$$

于是

$$0.5\omega-\frac{3}{4}\pi=\pm\frac{\pi}{2}$$

又当$t=0.5\text{s}$时，$v>0$，则$\sin\left(0.5\omega-\dfrac{3}{4}\pi\right)<0$，再加上条件$\omega<2\pi\ \text{rad}\cdot\text{s}^{-1}$，于是

$$0.5\omega-\frac{3}{4}\pi=-\frac{\pi}{2},\quad \omega=\frac{\pi}{2}\ \text{rad/s}$$

所以物体的振动方程为

$$x=4\times10^{-2}\cos\left(\frac{\pi}{2}t-\frac{3}{4}\pi\right)\quad(\text{SI})$$

方法 2：旋转矢量法.

设振动方程为$x=A\cos(\omega t+\varphi)$，由题图可知，振幅$A=4\text{cm}$.

当$t=0$时，质点的初位移：$x_0=-2\sqrt{2}=-\dfrac{\sqrt{2}}{2}A$，且$v_0>0$. 旋转矢量图如计算题 2 图(b)所示，旋转矢量A的矢端位于M点，可得初相位$\varphi=-\dfrac{3}{4}\pi$.

由题图可知，当$t=0.5\text{s}$时，$x=0$，$v>0$.

旋转矢量图中，旋转矢量A的矢端此时刻位于P点，由M点到P点历时$\Delta t=0.5\text{s}$，转过的角度为$\dfrac{\pi}{4}$，所以$\omega\Delta t=\dfrac{\pi}{4}$，从而解得$\omega=\dfrac{\pi}{2}$，故质点的振动方程为

$$x=4\times10^{-2}\cos\left(\frac{\pi}{2}t-\frac{3}{4}\pi\right)(\text{m})$$

【延伸思考】

(1) 从振动曲线图可以获得哪些信息？振动曲线图中的信息如何在旋转矢量图中表示出？这两种方法对你开拓解题思路有哪些启发？

(2) 本题中若给出质点的质量，试求质点在某个时刻如$t=0.5\text{s}$时的动能、势能和机械能.

计算题 3 一质点同时参与两个同方向的简谐振动，其振动方程分别为$x_1=5\times10^{-2}\times\cos(4t+\pi/3)$和$x_2=3\times10^{-2}\sin(4t-\pi/6)$，画出两振动的旋转矢量图，并求合振动的振动方程.

【解题思路】 本题可借助旋转矢量图直接求出. 在旋转矢量图中画出与两个分振动相关联的两

个旋转矢量的初始位置，利用矢量合成可得合振动的旋转矢量和初相，从而得到合矢量. 也可利用公式求合振动的振幅 A 和初相 φ，$A=\sqrt{A_1^2+A_2^2+2A_1A_2\cos(\varphi_2-\varphi_1)}$，$\tan\varphi=\dfrac{A_1\sin\varphi_1+A_2\sin\varphi_2}{A_1\cos\varphi_1+A_2\cos\varphi_2}$，注意判断 φ 是第几象限角(可借助旋转矢量图). 对于复杂的问题有时需要将两种方法结合起来使用.

解　将 x_2 的表达式化成标准形式，得

$$x_2=3\times10^{-2}\sin(4t-\pi/6)=3\times10^{-2}\cos(4t-\pi/6-\pi/2)$$
$$=3\times10^{-2}\cos(4t-2\pi/3)$$

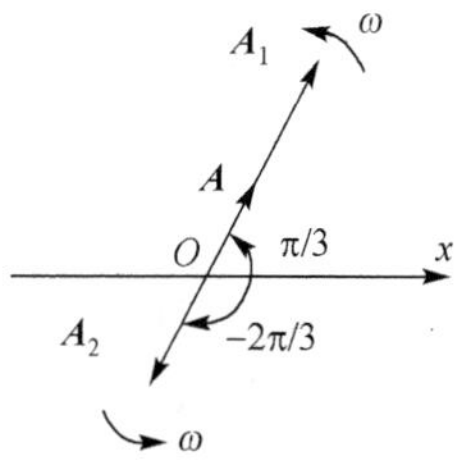

计算题 3 图

作两振动的旋转矢量图，如计算题 3 图所示.

由图可知，两分振动的初相差为 π，故合振动的振幅和初相分别为 $A=(5-3)\text{cm}=2\text{cm}$，$\varphi=\pi/3$.

合振动方程为 $x=2\times10^{-2}\cos(4t+\pi/3)$.

【延伸思考】

(1) 求合振动可以直接利用合振动公式求合振动的振幅和初相，也可以利用旋转矢量法求解，有时需要将两种方法结合起来使用，思考：用旋转矢量图求合振动有什么优点？同方向同频率的两个简谐振动的合振动振幅和初相满足的公式是什么？试利用公式求本题合振动的振幅和初相. 直接用公式求合振动初相时，如何判断初相位的大小？

(2) 本题中两分振动的初相差是 π，利用旋转矢量法非常容易求合振动，若改变两分振动的初相位，使得两分振动的初相差改为 $\pi/2$ 或别的角度，试设计两分振动表达式并求解合振动.

(3) 本题中若将分振动 x_2 中的 $-\pi/6$ 改为 $3\pi/2$，试求合振动的初相.

10.5.3　进阶题

进阶题 1　如进阶题 1 图所示，刚度系数为 k 的轻质弹簧，一端固定，另一端系在一个质量为 m 的均质圆柱体的轴上，使得圆柱体可以在水平面上绕轴做无滑动的滚动. 试证明圆柱体的质心做简谐振动，并求出振动的频率.

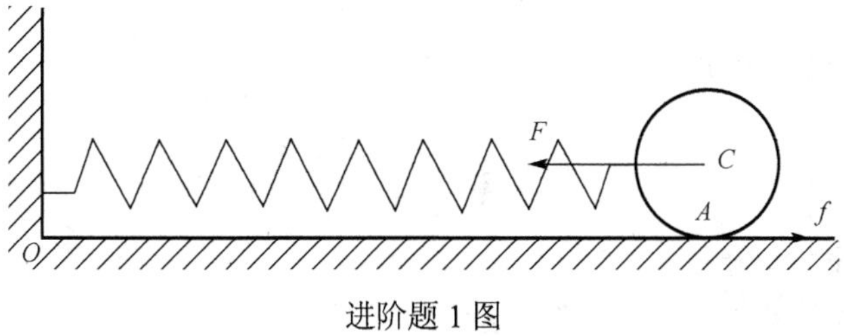

进阶题 1 图

【解题思路】　本题中弹簧上连接的是一个圆柱体，不能简单视为质点，因而不是标准的弹簧振子；此外，若使圆柱能够在水平面上绕轴做无滑动的滚动，显然只有弹力作用是不够的，还必须考虑地面的摩擦力的作用.

解 方法 1：利用刚体定轴转动定律求解.

以弹簧的平衡位置为坐标原点，水平向右为正方向建立坐标系，并对圆柱进行受力分析. 设圆柱的半径为 R，质心的坐标为 x_C，则在弹簧的拉力 F 和水平方向的摩擦力 f 的作用下，圆柱绕通过 A 点的瞬时轴滚动，其中 A 是圆柱与水平面的接触点. 根据转动定律可得

$$FR = J\alpha, \qquad F = -kx_C$$

注意这里的 J 是圆柱相对于通过 A 点的瞬时轴转动时的转动惯量，根据平行轴定理可知

$$J = J_C + mR^2 = \frac{1}{2}mR^2 + mR^2 = \frac{3}{2}mR^2$$

其中 J_C 是圆柱相对通过质心的转轴的转动惯量. 显然只有这一个转动定律方程是无法求解的，根据题意，圆柱在水平面上做无滑动滚动的约束条件给出

$$R\alpha = a_C = \frac{\mathrm{d}^2 x_C}{\mathrm{d}t^2}$$

联立上述方程可以得到振动方程为

$$-kx_C R = \frac{3}{2}mR^2 \frac{1}{R}\frac{\mathrm{d}^2 x_C}{\mathrm{d}t^2}, \quad \frac{\mathrm{d}^2 x_C}{\mathrm{d}t^2} + \frac{2k}{3m}x_C = 0$$

可见质心满足标准的简谐振动方程，因此圆柱体的质心做简谐振动，且振动频率为

$$\omega = \sqrt{\frac{2k}{3m}}$$

方法 2：利用能量法求解.

将弹簧和圆柱视为一个系统，则在圆柱的滚动过程中，系统的机械能由弹簧的弹性势能、圆柱质心的动能以及圆柱绕质心转动的动能构成，于是由机械能守恒定律可得

$$\frac{1}{2}kx_C^2 + \frac{1}{2}mv_C^2 + \frac{1}{2}J_C\omega^2 = \text{常量}$$

上式两边同时对时间求导可得

$$kx_C v_C + mv_C a_C + J_C\omega\alpha = 0$$

圆柱在水平面上做无滑动滚动的约束条件给出

$$R\omega = v_C, \qquad R\alpha = a_C$$

再将 $J_C = (1/2)mR^2$ 代入可得

$$kx_C + \frac{3}{2}ma_C = 0, \qquad \frac{\mathrm{d}^2 x_C}{\mathrm{d}t^2} + \frac{2k}{3m}x_C = 0$$

与方法 1 得到的结果完全相同.

进阶题 2 如进阶题 2 图所示，在光滑的水平面上，有一个质量为 m 的物体被两个刚度系数为 k_0 的相同的轻弹簧沿水平方向拉着，每个弹簧的原长都为 l_0，当物体在平衡位置时，弹簧的长度为 l，这时物体两边的拉力大小为 T_0. 现在将物体沿着横向(垂直于弹簧的方向)拉动一段小的距离，证明在横向位移很小时物体做简谐振动，并求振动的频率.

【解题思路】 如果物体在沿着弹簧的方向(即纵向)振动，则可以引入等效刚度系数来表

示两个弹簧的作用效果；本题中物体的位移是在垂直弹簧的方向(即横向)，可采用类似的方法，即先求出等效刚度系数，然后决定振动频率.

解 *方法1：动力学方法求解.*

以垂直于弹簧连线的方向为坐标轴的方向，以两个弹簧的中心(即物体的质心)为坐标原点建立坐标系，如进阶题2图所示. 当物体在垂直于弹簧方向的横向位移为 x 时，弹簧的长度伸长到 $\sqrt{l^2+x^2}$ ，此时每根弹簧中的拉力大小为

$$T = k_0 \Delta l = k_0(\sqrt{l^2+x^2} - l_0)$$

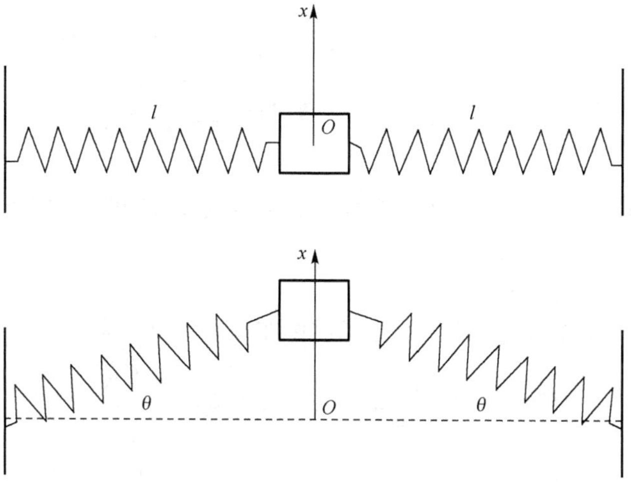

进阶题2图

物体两边同时受到两个弹簧的拉力作用，水平方向上两个弹力的分量大小相等，方向相反，因而合力为零，物体在水平方向没有运动. 两个弹簧在 x 方向上的合力为

$$F = -2T\sin\theta = -2T\frac{x}{\sqrt{l^2+x^2}} = -2k_0\left(1-\frac{l_0}{\sqrt{l^2+x^2}}\right)x$$

则由牛顿第二定律可得

$$-2k_0\left(1-\frac{l_0}{\sqrt{l^2+x^2}}\right)x = ma = m\frac{\mathrm{d}^2x}{\mathrm{d}t^2} \tag{1}$$

这就是系统的运动方程，因此一般情况下，物体的横向运动并不是简谐振动. 下面考虑横向位移很小的情况，即 $x \ll l$ 时，这时有

$$\frac{l_0}{\sqrt{l^2+x^2}} = \frac{l_0}{l}\left(1+\frac{x^2}{l^2}\right)^{-1/2} \approx \frac{l_0}{l}\left(1-\frac{x^2}{2l^2}\right)$$

则物体所受的合力近似为

$$F = -2k_0\left(1-\frac{l_0}{\sqrt{l^2+x^2}}\right)x \approx -2k_0\left[1-\frac{l_0}{l}\left(1-\frac{x^2}{2l^2}\right)\right]x \approx -2k_0\left[1-\frac{l_0}{l}\right]x$$

其中只保留了线性项而略去了高阶项. 可见，在横向位移很小时，弹簧的合力仍然具有线性回复力的形式 $F=-kx$，且系统的等效刚度系数为

$$k=2k_0\left(1-\frac{l_0}{l}\right)$$

此时的振动方程为

$$m\frac{\mathrm{d}^2x}{\mathrm{d}t^2}=-kx$$

这正是标准的简谐振动方程，因此在横向位移很小时，物体做简谐振动，且振动频率为

$$\omega=\sqrt{\frac{k}{m}}=\sqrt{\frac{2k_0}{m}\left(1-\frac{l_0}{l}\right)}$$

这便是系统振动的固有频率，它除了跟物体的质量以及弹簧的刚度系数有关外，还与系统的初始状态 l 有关.

方法 2：能量法求解.

将两个弹簧和物体作为一个系统，则当物体在横向的位移为 x 时，弹簧的弹性势能为

$$E_\mathrm{p}=\frac{1}{2}k_0(\sqrt{l^2+x^2}-l_0)^2\times 2=k_0(\sqrt{l^2+x^2}-l_0)^2$$

物体的动能为

$$E_\mathrm{k}=\frac{1}{2}mv^2=\frac{1}{2}m\left(\frac{\mathrm{d}x}{\mathrm{d}t}\right)^2$$

系统的总机械能为

$$E=E_\mathrm{p}+E_\mathrm{k}=k_0(\sqrt{l^2+x^2}-l_0)^2+\frac{1}{2}m\left(\frac{\mathrm{d}x}{\mathrm{d}t}\right)^2$$

由于系统在运动过程中只受到弹力作用，而弹力是保守力，因此满足机械能守恒定律，系统总的机械能是个常量，也即

$$\frac{\mathrm{d}E}{\mathrm{d}t}=0,\quad 2k_0(\sqrt{l^2+x^2}-l_0)\frac{x}{\sqrt{l^2+x^2}}\frac{\mathrm{d}x}{\mathrm{d}t}+m\frac{\mathrm{d}x}{\mathrm{d}t}\frac{\mathrm{d}^2x}{\mathrm{d}t^2}=0$$

整理可得

$$m\frac{\mathrm{d}^2x}{\mathrm{d}t^2}+2k_0\left(1-\frac{l_0}{\sqrt{l^2+x^2}}\right)x=0$$

与第一种方法得到的(1)式完全相同，同样的可以证明只有在横向位移很小时，物体的运动才能近似看成简谐振动，后面的步骤与第一种方法完全相同，这里不再赘述.

10.6 单元检测

10.6.1 基础检测

一、单选题

1. 【简谐振动】对一个做简谐振动的物体，下列说法正确的是[　　]

(A)物体处在运动正方向的端点时，速度和加速度都达到最大值

(B)物体位于平衡位置且向负方向运动时，速度和加速度都为零

(C)物体位于平衡位置且向正方向运动时，速度最大，加速度为零

(D)物体处在负方向的端点时，速度最大，加速度为零

2. 【振动方程】一物体做简谐振动，振动方程为 $x = A\cos\left(\omega t + \frac{\pi}{4}\right)$. 在 $t = T/4$（T 为周期）时刻，物体的加速度为[　　]

(A) $-\frac{\sqrt{2}}{2}A\omega^2$　　(B) $\frac{\sqrt{2}}{2}A\omega^2$　　(C) $-\frac{\sqrt{3}}{2}A\omega^2$　　(D) $\frac{\sqrt{3}}{2}A\omega^2$

3. 【相位差】两个同周期的简谐振动曲线如图所示. x_1 的相位比 x_2 的相位[　　]

(A)落后 $\pi/2$　　(B)超前 $\pi/2$

(C)落后 π　　(D)超前 π

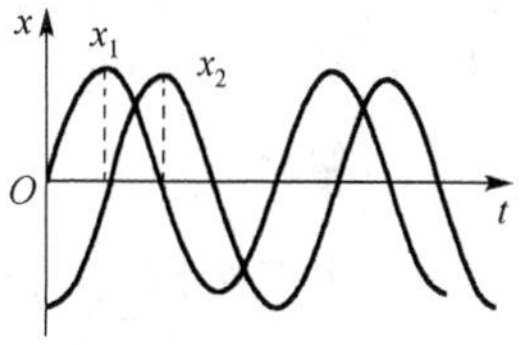

基础检测题 3 图

4. 【振动动能】一质点做简谐振动，其振动方程为 $x = A\cos(\omega t + \varphi)$. 在求解质点的振动动能时，得出下面 5 个表达式. 这些表达式中正确的是[　　]

(1) $\frac{1}{2}m\omega^2A^2\sin^2(\omega t + \varphi)$　　(2) $\frac{1}{2}m\omega^2A^2\cos^2(\omega t + \varphi)$

(3) $\frac{1}{2}kA^2\sin(\omega t + \varphi)$　　(4) $\frac{1}{2}kA^2\cos^2(\omega t + \varphi)$　　(5) $\frac{2\pi^2}{T^2}mA^2\sin^2(\omega t + \varphi)$

其中 m 是质点的质量，k 是弹簧的刚度系数，T 是振动的周期.

(A) (1)、(4)　　(B) (2)、(4)　　(C) (1)、(5)　　(D) (3)、(5)

5. 【旋转矢量法】一质点做简谐振动，振幅为 A，在初始时刻质点的位移为 $A/2$，且向 x 轴的正方向运动，则代表此简谐振动的旋转矢量图为[　　]

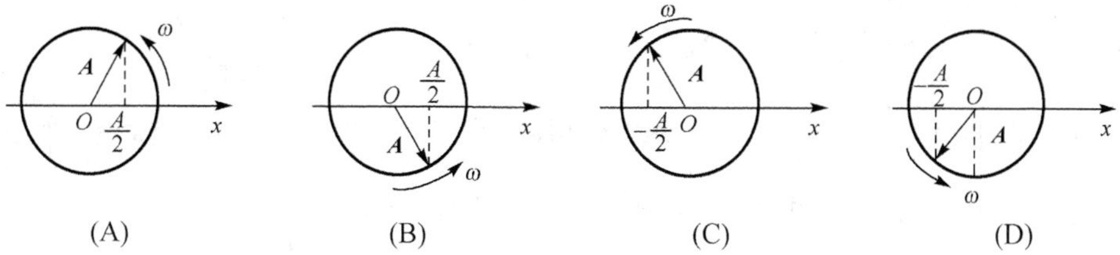

6. 【旋转矢量法应用】一质点沿 x 轴做简谐振动，振动方程为 $x = 4\times10^{-2}\cos(2\pi t + \pi/3)$ (SI). 从 $t = 0$ 时刻起，到质点位置在 $x = -2\text{cm}$ 处，且向 x 轴正向运动的最短时间间隔为[　　]

(A) $\frac{1}{8}$s　　(B) $\frac{1}{4}$s　　(C) $\frac{1}{3}$s　　(D) $\frac{1}{2}$s

二、填空题

7. 【振动周期】一竖直悬挂的弹簧振子，自然平衡时弹簧的伸长量为 x_0，此振子自由振动的周期 $T=$ ________.

8. 【振动方程】一质点做简谐振动，速度最大值 $v_m = 5\text{cm/s}$，振幅 $A = 2\text{cm}$. 若令速度具有正最大值的那一时刻为 $t=0$，则振动表达式为________.

9. 【简谐振动的合成】两个同方向、同频率的简谐振动表达式分别为：$x_1 = 6\times10^{-2}\cos(5t+\pi/2)$ (SI)，$x_2 = 2\times10^{-2}\cos(\pi-5t)$ (SI)，它们合振动的振幅为________，初相位为________.

10.6.2 巩固提高

一、单选题

1. 如图所示，三条曲线分别表示简谐振动的位移 x、速度 v 和加速度 a，下列说法中正确的是[　　]

(A) 曲线 3、1、2 分别表示 x、v、a 曲线　　(B) 曲线 2、1、3 分别表示 x、v、a 曲线

(C) 曲线 1、3、2 分别表示 x、v、a 曲线　　(D) 曲线 1、2、3 分别表示 x、v、a 曲线

2. 一质点在 x 轴上做简谐振动，振幅为 4cm，周期为 2s，取其平衡位置为坐标原点. 若当 $t=0$ 时，质点第一次通过 $x=-2\text{cm}$ 处，且向 x 轴负方向运动，则质点第二次通过 $x=-2\text{cm}$ 处的时刻为[　　]

(A) 1s　　(B) $\frac{2}{3}$s　　(C) $\frac{3}{4}$s　　(D) 2s

3. 已知某简谐振动的振动曲线如图所示，位移的单位为厘米，时间的单位为秒，则此简谐振动的振动方程为[　　]

(A) $x = 2\cos\left(\frac{2}{3}\pi t + \frac{2}{3}\pi\right)$　　(B) $x = 2\cos\left(\frac{2}{3}\pi t - \frac{2}{3}\pi\right)$

(C) $x = 2\cos\left(\frac{4}{3}\pi t + \frac{2}{3}\pi\right)$　　(D) $x = 2\cos\left(\frac{4}{3}\pi t - \frac{2}{3}\pi\right)$

4. 用余弦函数描述一简谐振动. 若其 v-t 关系曲线如图所示，则振动的初相位为[　　]

(A) $\frac{\pi}{6}$　　(B) $\frac{\pi}{3}$　　(C) $\frac{\pi}{2}$　　(D) $\frac{2\pi}{3}$

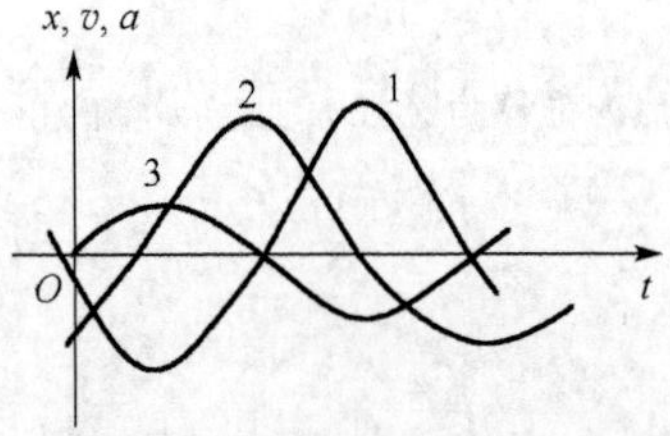

巩固提高题 1 图

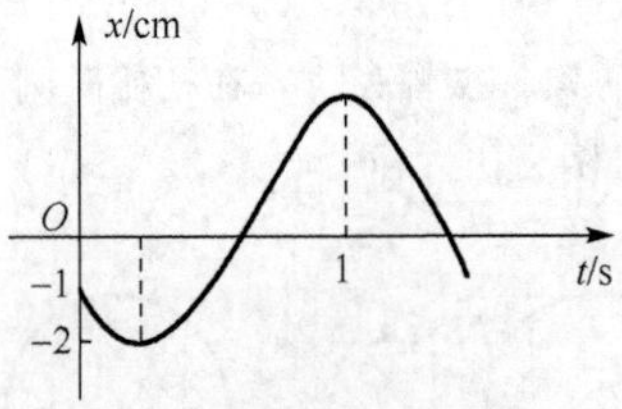

巩固提高题 3 图

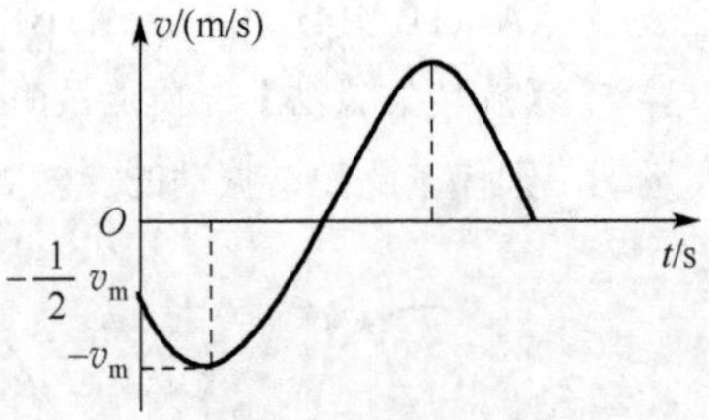

巩固提高题 4 图

5. 当质点以频率 ν 做简谐振动时，它的动能的变化频率为[　　]

(A) 4ν　　(B) 2ν　　(C) ν　　(D) $\frac{1}{2}\nu$

6. 一物体做简谐振动，振动方程为 $x = A\cos\left(\omega t + \frac{1}{2}\pi\right)$，则该物体在 $t=0$ 时刻的动能与 $t=\frac{T}{8}$（T 为振

动周期)时刻的动能之比为[　　]

(A) 1:4　　(B) 1:2　　(C) 2:1　　(D) 4:1

7. 如图所示是两个简谐振动的振动曲线. 这两个简谐振动合成的余弦振动的初相位为[　　]

(A) $\frac{3}{2}\pi$　　(B) π　　(C) $\frac{\pi}{2}$　　(D) 0

8. 一质量为 m 的物体挂在刚度系数为 k 的轻弹簧下面，振动角频率为 ω. 若把此弹簧分割成两等份，将物体 m 挂在分割后的一根弹簧上，则振动角频率是[　　]

(A) 2ω　　(B) $\sqrt{2}\omega$　　(C) $\omega/\sqrt{2}$　　(D) $\omega/2$

9. 如图所示，一刚度系数为 k 的轻弹簧截成三等份，取出其中的两根，将它们并联，下面挂一质量为 m 的物体，则振动系统的频率为[　　]

(A) $\frac{1}{2\pi}\sqrt{\frac{k}{3m}}$　　(B) $\frac{1}{2\pi}\sqrt{\frac{k}{m}}$　　(C) $\frac{1}{2\pi}\sqrt{\frac{3k}{m}}$　　(D) $\frac{1}{2\pi}\sqrt{\frac{6k}{m}}$

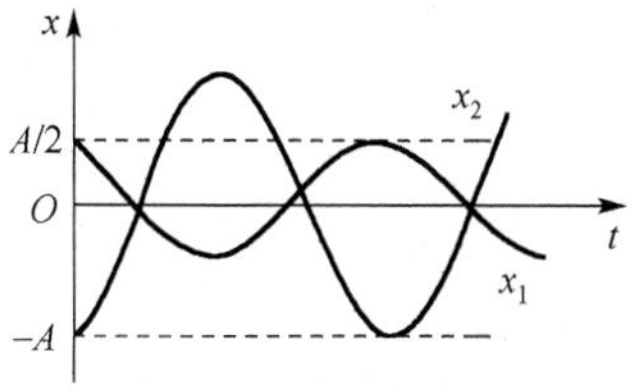

巩固提高题 7 图

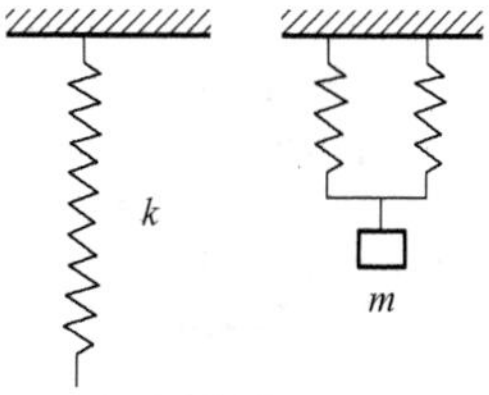

巩固提高题 9 图

10. 为测定某音叉 C 的频率，可选定两个频率已知的音叉 A 和音叉 B. 先使频率为 800Hz 的音叉 A 和音叉 C 同时振动，每秒钟听到两次强音；再使频率为 797Hz 的音叉 B 和音叉 C 同时振动，每秒钟听到一次强音，则音叉 C 的频率应为[　　]

(A) 800Hz　　(B) 799Hz　　(C) 798Hz　　(D) 797Hz

二、填空题

11. 一质点沿 x 轴做简谐振动，振动范围的中心点为 x 轴的原点. 已知周期为 T，振幅为 A.

(1)若当 $t=0$ 时，质点过 $x=0$ 处，且朝 x 轴正方向运动，则振动方程为 $x=$ ________；

(2)若当 $t=0$ 时，质点处于 $x=A/2$ 处，且向 x 轴负方向运动，则振动方程为 x ________.

12. 一质点同时参与了三个简谐振动，它们的振动方程分别为 $x_1=A\cos\left(\omega t+\frac{\pi}{3}\right)$，$x_2=A\cos\left(\omega t+\frac{5}{3}\pi\right)$，$x_3=A\cos(\omega t+\pi)$. 其合成运动的运动方程为 $x=$ ________.(提示：方法 1，可先合成两个，然后再与第三个合成；方法 2，做出三个振动对应的旋转矢量图，再进行矢量合成)

13. $t=0$ 时，周期为 T、振幅为 A 的单摆分别处于如图所示(a)、(b)、(c)的三种状态. 若选单摆的平衡位置为坐标原点，向右为正方向，则单摆做小角度摆动的振动表达式(用余弦函数表示)分别为(a)________；(b)________；(c)________.

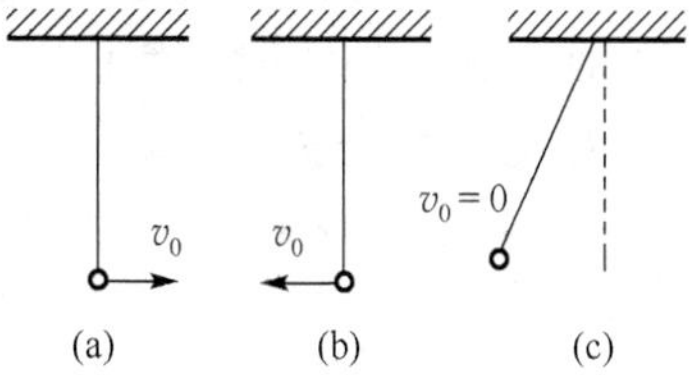

巩固提高题 13 图

三、计算题

14. 如图所示，比重计玻璃管的直径为 d，浮在密度为 ρ 的液体中. 若在竖直方向下压一下，任其自由振动，试证明：若不计液体的黏滞阻力，比重计做简谐振动；若比重计质量为 m，求其振动周期.

15. 若简谐振动方程为 $x = 2.4\times10^{-2}\cos(4\pi t+\pi)(\mathrm{SI})$，求：

(1) 频率、周期和初相位；

(2) $t = 2\mathrm{s}$ 时的相位、位移、速度和加速度.

16. 已知某质点做简谐振动，振动曲线如图所示，试根据图中数据，求：

(1) 振动表达式；

(2) 与 P 点状态对应的相位；

(3) 与 P 点状态相应的时刻.

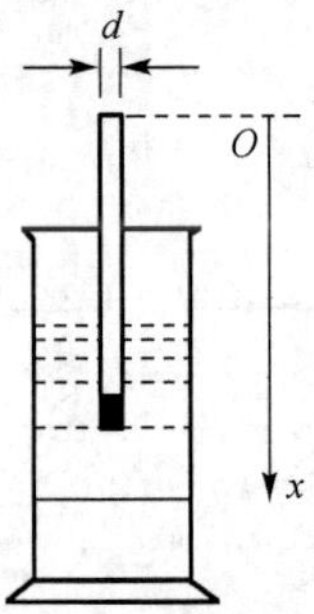

巩固提高题 14 图

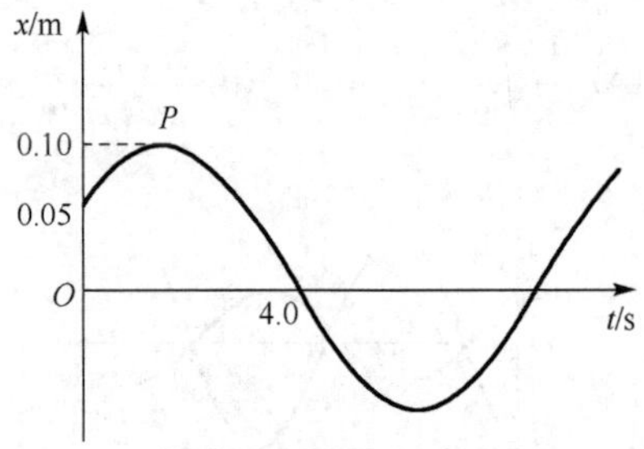

巩固提高题 16 图

17. 一质点做简谐振动，求下列情况下的振动方程：

(1) $\omega = \pi\,\mathrm{s}^{-1}$，$t=0$ 时，$x_0 = l$，$v_0 = 0$；

(2) $T = 2\mathrm{s}$，$t=0$ 时，$x_0 = 0.06\mathrm{m}$，$v_0 = 0.33\mathrm{m}\cdot\mathrm{s}^{-1}$.

18. 一物体质量为 0.25kg，在弹性力作用下做简谐振动，弹簧的刚度系数 $k = 25\mathrm{N\cdot m^{-1}}$，若开始振动时具有势能 0.06J 和动能 0.02J，求：

(1) 振幅；

(2) 动能恰等于势能时的位移；

(3) 经过平衡位置时物体的速度.

19. 质量为 m 的水银装在竖直放置的 U 型管中，管子的横截面为 S. 当水银面上下振动时，试写出水银振动周期的表达式. 设水银的密度为 ρ，忽略水银与管壁的摩擦.

20. 假想沿地球的南北极直径开凿一条贯穿地球的隧道，且将地球当作密度 $\rho = 5.5\mathrm{g/cm^3}$ 的均匀球体.

(1) 若不计阻力，试证明一物体由地面落入此隧道后做简谐振动.

(2) 求此物体由地球表面落至地心的时间. (万有引力常量 $G = 6.67\times10^{-11}\mathrm{N\cdot m^2/kg^2}$)

21. 一端固定的弹簧振子，当它在光滑水平面上做简谐振动时，振动周期为 $T = 2\pi\sqrt{m/k}$.

(1) 若使它在竖直悬挂情况下做简谐振动，其振动周期是否会改变？

(2) 把竖直悬挂的弹簧振子完全始终浸没在水中(忽略水的阻力)，其振动周期是否会改变？

(3) 从上述问题的分析中你能得出什么结论？

10.6 单元检测参考答案

第 11 章　机械波和电磁波

11.1　基 本 要 求

(1) 理解机械波产生的条件和波动的物理本质，理解波长、波速、频率的意义及三者的关系.

(2) 理解波函数及波动曲线的物理意义，掌握平面简谐行波波函数的建立方法及其物理意义.

(3) 了解波的能量传播特征以及能量密度、能流、能流密度的概念.

(4) 了解惠更斯原理及其对波的衍射、反射、折射等现象中波的传播方向的解释.

(5) 理解波的叠加原理和相干条件，掌握干涉加强和减弱的规律.

(6) 理解驻波的形成条件及其特征，了解半波损失的概念，理解驻波方程，能确定波腹和波节的位置，了解驻波与行波的区别，了解驻波的应用.

(7) 理解机械波的多普勒效应并会简单计算，了解多普勒效应的应用.

(8) 了解坡印亭矢量和电磁波的性质及其应用.

11.2　学 习 导 引

(1) 本章主要学习机械波和电磁波的传播特征、波的叠加特征和多普勒效应，主要包含平面简谐波和波动方程(波函数)、波的干涉和衍射、驻波、多普勒效应和电磁波的性质等内容.

(2) 简谐振动在弹性介质中传播时形成机械波. 波动是振动状态(相位)的传播过程，也是能量传递的过程，参与波动的各质元在各自的平衡位置附近振动，并不“随波逐流”. 在波动过程中，每一个质元都做周期性振动，具有时间周期性；每一个质元的振动状态经过一定的空间距离后又会重新出现，具有空间周期性，因此，在描述波动时不仅需要位置、速度和加速度等物理量，还引入描述波动特征的物理量：波长、周期(或频率)和波速，它们的关系为 $u=\dfrac{\lambda}{T}=\lambda\nu$.

(3) 简谐振动在均匀的弹性介质中所形成的平面波就是平面简谐波，它是最简单最基本的波，任何一种复杂波都可以由若干平面简谐波的叠加而成，因此，掌握平面简谐波的波动方程及其物理意义十分重要. 学习时注意构建平面简谐波波动方程的方法以及利用波动方程求解周期和波速的方法.

(4) 平面简谐波在传播的过程中，每一介质质元的总能量与时间有关，每一质元的动能和势能随时间的变化是同相的，在任一时刻它们都具有相同的数值. 由于相邻的质元间不断有能量交换，因此，在讨论波动能量时，除了需要确定质元的动能和势能外，还引入了波的能量密度和能流密度的概念. 平均能量密度为 $\overline{w}=\dfrac{1}{2}\rho A^2\omega^2$ ，即单位体积介质中能量在一个周期内的平均值. 平均能流密度为 $\boldsymbol{I}=\dfrac{1}{2}\rho A^2\omega^2\boldsymbol{u}$ ，它是一个矢量，其大小为通过与波的传播方向垂直的单位面积的平均能流，其方向是波速的方向. 平均能流密度又称为波强，进而可以讨论声波的声强(波强)和声强级.

(5)波动具有可叠加性，当两列相干波在空间相遇时，在相遇点引起的两个分振动的相位差$\Delta\varphi$不随时间变化，仅随空间点的位置变化，因而合振动的强度将在空间形成稳定的分布，从而形成干涉现象. 由相位差$\Delta\varphi$描述的干涉相长和干涉相消的条件，以及当两相干波源同相时由波程差描述的干涉相长和干涉相消的条件是解决波动叠加问题的关键，在光的干涉部分也会有类似的讨论.

(6)在同一直线上沿相反方向传播的振幅相同的两列相干波叠加后形成驻波. 驻波在振幅、相位分布和能量分布上具有与行波不同的特点，其本质不是波，学习时注意比较，同时注意半波损失的条件.

(7)惠更斯提出了波阵面的概念，并由此形成了关于波传播的惠更斯原理. 利用惠更斯原理可以定性解释波的衍射、反射和折射规律.

(8)多普勒效应表明，由于波源和观察者的相对运动会使观察者接收到的频率与波源发出的频率有差异，这个差异与波源与观察者的相对运动速度有关，也与波在介质中的传播速度有关. 利用多普勒效应可以测定流体的流速、监测车速等. 在医学上利用超声波多普勒效应制成的超声心动仪等可以对心脏跳动情况进行诊断.

(9)麦克斯韦预言了电磁波的存在，并揭示了光的电磁本质. 与机械波相比，电磁波既具有波的共性，满足一定的波动方程，也具有一定的特性. 学习过程中，注意理解电磁波的性质、电磁波的能量传播规律和电磁波谱.

11.3 思维导图

11.3 思维导图
(详细版)

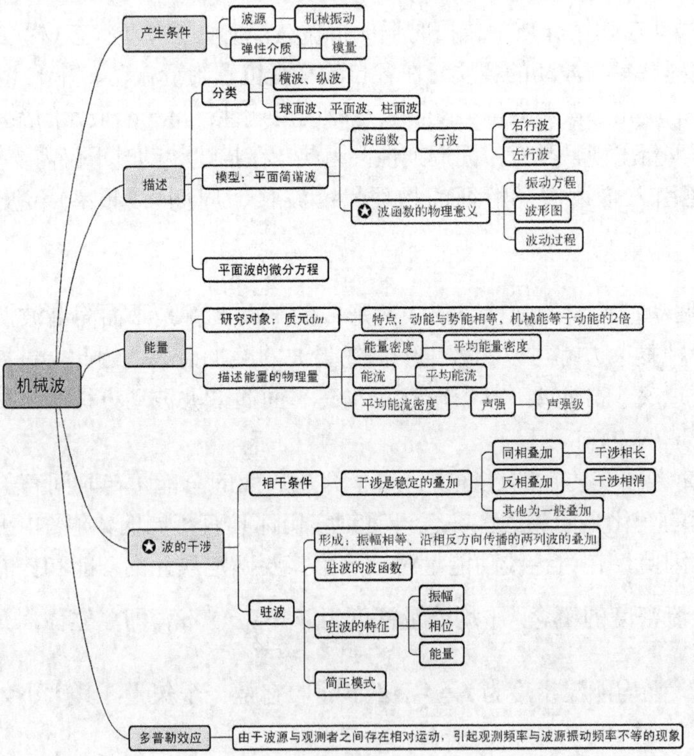

11.4 内容提要

1. 机械波的产生和传播

1) 机械波的基本概念

机械波：简谐振动在弹性介质中的传播.

波面或波阵面：在波动传播过程中，介质中振动相位相同的各点组成的面，注意波阵面上所有质元振动的相位都相同. 最前面的波阵面称为波前. 波阵面为一平面的波称为平面波；为一球面的波称为球面波.

波线或波射线：与波阵面垂直，指向波的传播方向的一系列射线.

横波：质元振动方向与波的传播方向相互垂直的波. 在机械波中，横波是由于介质的切变弹性引起的，因此固体、柔软的弦线可以传播横波，但液体和气体中不能传播横波.

纵波：质元振动方向与波的传播方向相互平行的波. 在机械波中，纵波是由介质的体变弹性或长变弹性引起的，所以固体、液体和气体中都能传播纵波.

简谐波：质元的振动是简谐振动的波.

2) 描述波动的几个物理量

波长 λ：在波传播方向上相邻的两个振动状态相同点之间的距离，即波形曲线上一个完整波形的长度，波长反映了波动在传播过程中的空间周期性.

周期 T 和频率 ν：一个完整的波形通过波线上某一固定点所需的时间称为波的周期，也就是波前进一个波长的距离所需的时间，反映了波动在传播过程中的时间周期性. 单位时间内通过波线上某一固定点的完整波形的数目称为波的频率，$\nu=\dfrac{1}{T}$. 注意：当波源的平衡位置与介质没有相对运动时，由该波源激发的机械波的周期和频率等于波源的振动周期和频率，但它们的物理意义不同.

波速 u：单位时间内某一振动状态传播的距离，即某一振动状态在介质中的传播速度. 波速仅与介质的性质有关. 几种各向同性的均匀介质中的波速公式如表 11.1 所示.

表 11.1　不同介质中波的传播速度

介质	波速	影响波速的物理量
绳或弦上的横波	$u=\sqrt{T/\rho}$	T 为绳或弦中的张力，ρ 为单位长度的绳或弦的质量
固体中的横波	$u=\sqrt{G/\rho}$	G 介质的切变模量，ρ 为介质的质量密度
固体中的纵波	$u=\sqrt{E/\rho}$	E 为介质的拉伸模量，又称杨氏模量，ρ 为介质的质量密度
液体和气体中的纵波	$u=\sqrt{K/\rho}$	K 为介质的体积模量，ρ 为介质的质量密度

波长、频率、周期和波速之间的关系式为

$$\lambda=uT=\frac{u}{\nu}$$

2. 平面简谐波的波动方程

1) 平面简谐波

定义：波源和波动所到达的各点均做简谐振动的平面波.

描述：在任一时刻 t，平衡位置位于 x 处质元的位移 $y(x,t)$ 即为描述波传播的表达式，称为波函数或波动方程. 若平面简谐波以波速 u 沿 x 正方向传播，则该平面简谐波的波动方程为

$$\begin{aligned} y(x,t) &= A\cos\left[\omega\left(t-\frac{x}{u}\right)+\varphi_0\right] \\ &= A\cos\left(\frac{2\pi}{T}t-\frac{2\pi}{\lambda}x+\varphi_0\right) \\ &= A\cos(\omega t - kx + \varphi_0) \end{aligned}$$

其中波长 $\lambda = uT$，角频率 $\omega = \dfrac{2\pi}{T}$，角波数 $k = \dfrac{2\pi}{\lambda}$. 波速为 u 沿 x 负方向传播的平面简谐波的波动方程为

$$\begin{aligned} y(x,t) &= A\cos\left[\omega\left(t+\frac{x}{u}\right)+\varphi_0\right] \\ &= A\cos\left(\frac{2\pi}{T}t+\frac{2\pi}{\lambda}x+\varphi_0\right) \\ &= A\cos(\omega t + kx + \varphi_0) \end{aligned}$$

2) 波动方程的物理意义

当 t 为某一定值，即在某一特定时刻，波动方程表示的是该时刻介质中各质元相对于各自平衡位置的位移 y，用图画出周期为 λ 的波形图 $y(x)$，如图 11.1 所示. 在同一时刻，距离坐标原点分别为 x_1、x_2 的两点的相位是不同的，其相位差 $\Delta\varphi = 2\pi\dfrac{\Delta x}{\lambda}$，式中 $\Delta x = x_2 - x_1$ 称为波程差.

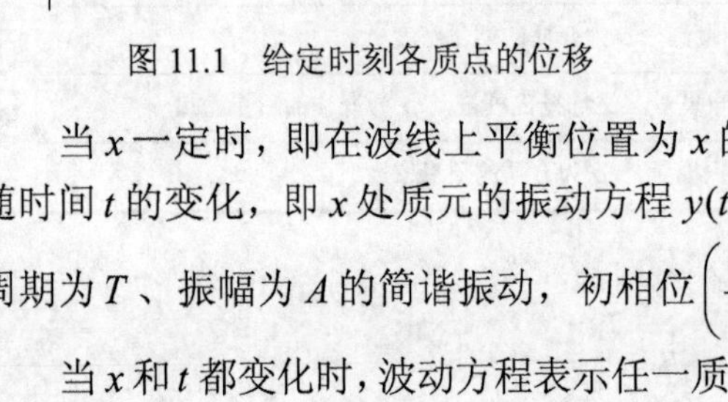

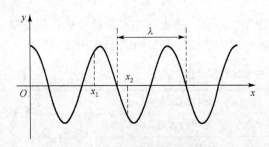

图 11.1 给定时刻各质点的位移

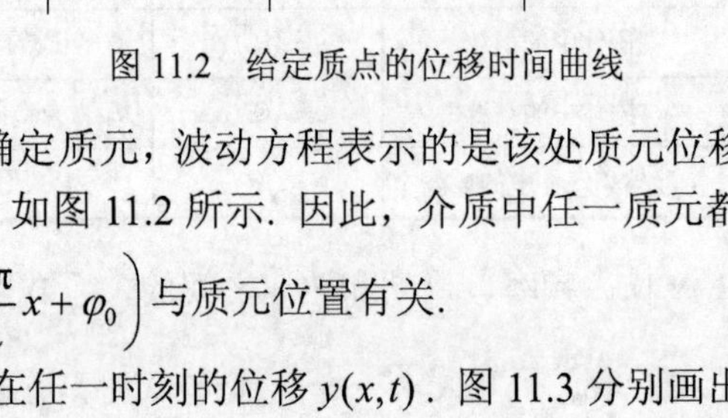

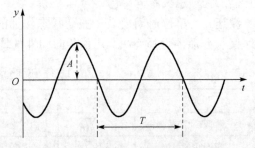

图 11.2 给定质点的位移时间曲线

当 x 一定时，即在波线上平衡位置为 x 的确定质元，波动方程表示的是该处质元位移 y 随时间 t 的变化，即 x 处质元的振动方程 $y(t)$，如图 11.2 所示. 因此，介质中任一质元都做周期为 T、振幅为 A 的简谐振动，初相位 $\left(-\dfrac{2\pi}{\lambda}x+\varphi_0\right)$ 与质元位置有关.

当 x 和 t 都变化时，波动方程表示任一质元在任一时刻的位移 $y(x,t)$. 图 11.3 分别画出了 t 时刻和 $t+\Delta t$ 时刻的波形图. 由此可见，在 Δt 时间内整个波形沿波速方向传播了一段距离

Δx，而传播的速度就是 $u=\dfrac{\Delta x}{\Delta t}$. 这表明波的传播是整个波形的传播，同时是相位的传播，是运动状态的传播，所以这种波又叫作行波.

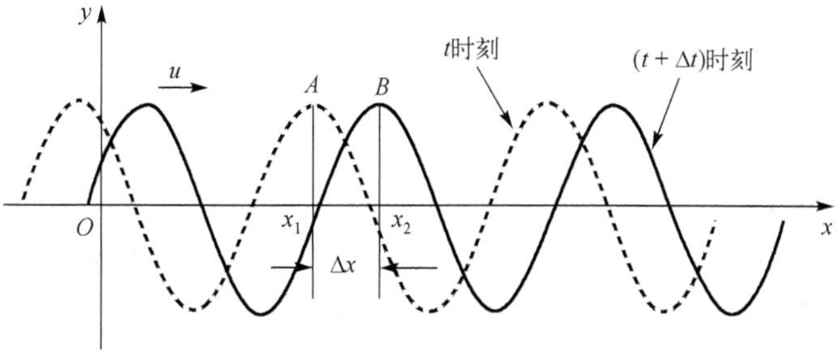

图 11.3　波的传播

3) 平面简谐波的微分方程

将平面简谐波的波函数分别对时间、空间求二阶偏导，可得出平面简谐波满足的微分方程为

$$\frac{\partial^2 y}{\partial x^2}-\frac{1}{u^2}\frac{\partial^2 y}{\partial t^2}=0$$

由于一般的平面波可分解为若干平面简谐波的叠加，所以上式是一般平面波满足的微分方程，称为平面波方程. 应用质元受力的动力学规律可导出平面波方程，并给出波速的具体表达式.

3. 波的能量、波的能量密度

1) 平面简谐波的能量

在任一时刻 t，平衡位置位于 x 处附近一段体积元 $\mathrm{d}V$ 的动能 $\mathrm{d}E_\mathrm{k}$、弹性势能 $\mathrm{d}E_\mathrm{p}$、总机械能 $\mathrm{d}E$ 分别为

$$\mathrm{d}E_\mathrm{k}=\frac{1}{2}(\rho\mathrm{d}V)A^2\omega^2\sin^2\left[\omega\left(t-\frac{x}{u}\right)+\varphi_0\right]$$

$$\mathrm{d}E_\mathrm{p}=\frac{1}{2}(\rho\mathrm{d}V)A^2\omega^2\sin^2\left[\omega\left(t-\frac{x}{u}\right)+\varphi_0\right]=\mathrm{d}E_\mathrm{k}$$

$$\mathrm{d}E=\mathrm{d}E_\mathrm{k}+\mathrm{d}E_\mathrm{p}=(\rho\mathrm{d}V)A^2\omega^2\sin^2\left[\omega\left(t-\frac{x}{u}\right)+\varphi_0\right]$$

注意：与简谐振动系统满足机械能守恒不同，在平面简谐波传播过程中，介质中任一质元的动能、势能在任一时刻都有完全相同的值；在平衡位置时，质元的动能、势能和总机械能均同时达到最大值；在位移最大时，三者又同时为零. 因此，质元的总能量是不守恒的，这表明沿着波动传播的方向，每一质元都在不断地从后方介质获得能量，其能量从零逐渐增大到最大值；又不断地把能量传递给前方的介质，其能量从最大变为零. 所以波动是能量传递的一种方式.

2) 平面简谐波的能量密度

能量密度 w：单位体积介质中的能量，单位是 $\mathrm{J/m^3}$. t 时刻、x 处介质的能量密度为

$$w=\frac{\mathrm{d}E}{\mathrm{d}V}=\rho A^2\omega^2\sin^2\left[\omega\left(t-\frac{x}{u}\right)+\varphi_0\right]$$

平均能量密度 $\overline{w}$：能量密度在一个周期 T 内的平均值，即

$$\overline{w}=\frac{1}{T}\int_0^T w\mathrm{d}t=\frac{1}{2}\rho A^2\omega^2$$

平均能量密度和介质的密度 ρ、振幅 A 的平方以及角频率 ω 的平方成正比.

3) 能流和能流密度

能流 P：单位时间内通过介质中某一面积的能量称为通过该面积的能流，单位是 W（瓦）. 在介质中垂直于波速方向取一面积 S，则在单位时间内通过面积 S 的能量就等于该面后方体积为 uS 的长方体介质中的能量，即

$$P=uSw=uS\rho A^2\omega^2\sin^2\left[\omega\left(t-\frac{x}{u}\right)+\varphi_0\right]$$

平均能流 $\overline{P}$：一个周期内能流的平均值. 通过垂直于波速方向的面积 S 的平均能流为

$$\overline{P}=uS\overline{w}=\frac{1}{2}uS\rho A^2\omega^2$$

平均能流密度 $\boldsymbol{I}$：又称波的强度，是波的强弱的一种量度，定量描述了能流的空间分布和方向，其方向是波速 $\boldsymbol{u}$ 的方向，其大小是通过与波的传播方向垂直的单位面积的平均能流，单位是 $\mathrm{W/m^2}$，即

$$I=\frac{\overline{P}}{S}=\overline{w}u=\frac{1}{2}\rho A^2\omega^2 u$$

$$\boldsymbol{I}=\overline{w}\boldsymbol{u}=\frac{1}{2}\rho A^2\omega^2\boldsymbol{u}$$

平均能流密度与波的振幅的平方、频率的平方以及介质密度成正比. 平均能流密度越大，单位时间内通过单位面积的能量就越多，波就越强. 此外，平均能流 $\overline{P}$ 和平均能流密度 $\boldsymbol{I}$ 可类比电学中的电流强度 I（单位时间内通过某一截面的电量）和电流密度矢量 $\boldsymbol{J}$（其大小是单位时间通过导体内一点附近与电荷定向运动方向相垂直的单位面积的电量）.

4) 声波的声强和声强级

声强：声波的平均能流密度，单位是 $\mathrm{W/m^2}$. 能够引起听觉的声强范围 $10^{-12}\sim 1\mathrm{W/m^2}$；声强太小，不能引起听觉；声强太大，只能使耳朵产生痛觉，也不能引起听觉.

声强级：使用对数标度作为声强级，单位是 dB（分贝）. 规定声强 $I_0=10^{-12}\ \mathrm{W/m^2}$（频率为 1000Hz）为测定声强的标准，某声强为 I 的声强级 L_I 为

$$L_I=10\lg\frac{I}{I_0}$$

4. 波的衍射、折射和反射

1) 惠更斯原理

波动传到的各点都可以看作是发射子波的新波源，其后任意时刻，这些子波的包络面就是新的波阵面，过子波中心向子波和包络面切点所引的射线即为新的波线. 利用惠更斯原理

可定性解释波的衍射、折射、反射现象.

2)波的衍射

波在传播过程中遇到障碍物时，能绕过障碍物的边缘，在障碍物的阴影区内继续传播，这就是波的衍射现象，衍射是波动的一个重要特征. 衍射现象是否明显，与障碍物的尺寸有关.

3)波的折射和反射

波入射到两种介质分界面上时，传播方向发生改变，产生反射、折射现象.

波的反射定律：$i = i'$，式中i表示入射角，i'表示反射角.

波的折射定律：$\dfrac{\sin i}{\sin r} = \dfrac{u_1}{u_2} = n_{21}$，式中$i$表示入射角，$r$表示折射角，$u_1$、$u_2$分别是入射波和折射波的波速，$n_{21}$是介质2相对于介质1的相对折射率.

5. 波的干涉

1)波的叠加原理

波传播的独立性原理：几个波源产生的波，如果波强度不太大，它们在传播过程相遇时，每个波的波长、频率、振动方向、传播方向等都不因其他波的存在而改变. 或者说，每个波的传播就像其单独存在时一样.

波的叠加原理：当几列波在介质中某点相遇时，该点的振动是各个波单独存在时在该点引起振动的合振动，即该点的位移是各个波单独存在时在该点引起的位移的矢量和.

2)波的干涉

相干条件：两个或多个波源的振动频率相同、振动方向相互平行、相位相同或相位差恒定. 满足相干条件的波源称为相干波源，从相干波源发出的波称为相干波.

干涉现象：两个相干波在空间中相遇时，某些点的振动始终加强干涉最大，或称干涉相长；在另一些点处，振动始终减弱或完全抵消干涉最小，或称干涉相消；从而在空间中形成稳定分布的振动加强或减弱的现象. 若两个相干波源的振幅分别为A_1、A_2，初相位分别为φ_{10}、φ_{20}，到空间P点距离分别为r_1、r_2，则它们在P点引起的合振动的振幅和强度分别为

$$A^2 = A_1^2 + A_2^2 + 2A_1A_2\cos\Delta\varphi$$

$$I = I_1 + I_2 + 2\sqrt{I_1I_2}\cos\Delta\varphi$$

式中$\Delta\varphi$定义了在相遇点两个振动的相位差

$$\Delta\varphi = (\varphi_{20} - \varphi_{10}) - \frac{2\pi}{\lambda}(r_2 - r_1)$$

由此可知，两列波在空间各点的振动相位差$\Delta\varphi$不随时间变化，仅随空间点的位置变化，因而合振动的强度将在空间形成稳定的分布.

干涉相长的条件：$\Delta\varphi = \pm 2k\pi,\quad k = 0,1,2,\cdots$，此处$A = A_{\max} = A_1 + A_2, I = I_{\max} = I_1 + I_2 + 2\sqrt{I_1I_2}$.

干涉相消的条件：$\Delta\varphi = \pm(2k+1)\pi,\quad k = 0,1,2,\cdots$，此处$A = A_{\min} = |A_1 - A_2|, I = I_{\min} = I_1 + I_2 - 2\sqrt{I_1I_2}$.

当两相干波源为同相波源时，即$\varphi_{20} - \varphi_{10} = 0$，定义波程差$\delta = r_2 - r_1$，干涉相长和相消的条件可简化为

同相波源的干涉相长条件：$\delta = r_2 - r_1 = \pm k\lambda$，$k = 0,1,2,\cdots$

同相波源的干涉相消条件：$\delta = r_2 - r_1 = \pm(2k+1)\dfrac{\lambda}{2}$，$k = 0,1,2,\cdots$

3) 驻波

驻波现象：当波动被约束在有限区域中，波动在界面之间来回反射时产生的特殊的干涉现象.

驻波方程：沿 x 轴正、反两方向传播的两列简谐波，设它们满足相干条件且振幅相同，波动方程分别为 $y_1 = A\cos\left(\omega t - \dfrac{2\pi}{\lambda}x\right)$、$y_2 = A\cos\left(\omega t + \dfrac{2\pi}{\lambda}x\right)$，其合成波即为驻波满足的表达式

$$y = y_1 + y_2 = 2A\cos\frac{2\pi}{\lambda}x \cdot \cos\omega t$$

上式表示驻波上各点都在做简谐振动，各点振动的频率相同，但各点振幅按 $\left|2A\cos\dfrac{2\pi}{\lambda}x\right|$ 的规律随 x 变化.

振幅特征：振幅最大的点称为波腹，对应 $\left|\cos\dfrac{2\pi}{\lambda}x\right| = 1$，其振幅为 $2A$，其位置 $x = k\dfrac{\lambda}{2}$ $(k = 0,\pm1,\pm2,\pm3,\cdots)$；振幅始终为零的点称为波节，对应 $\cos\dfrac{2\pi}{\lambda}x = 0$，其位置 $x = (2k+1)\dfrac{\lambda}{4}(k = 0,\pm1,\pm2,\pm3,\cdots)$. 注意：相邻两波腹间或相邻两波节间的距离都是 $\lambda/2$，因此，可通过测量波节间的距离来确定波长.

相位特征：在相邻两波节之间，所有质元的振动相位都相同，振动的速度方向相同；在一个波节的两侧对称位置处，质元的振动反相，振动的速度方向相反.

能量特征：驻波的能量从波腹附近传到波节附近，又从波节附近传到波腹附近，往复循环，能量没有向前定向传播. 这是驻波与行波的一个重要区别，严格地说，驻波不是波，而是介质因干涉而出现的一种特殊的集体振动状态.

4) 半波损失

波阻：$Z = \rho u$，式中 ρ 是介质的密度，u 是波速. 对于传播同一波动的不同介质，波阻较大的介质称为波密介质，波阻较小的介质称为波疏介质.

半波损失现象：波从波疏介质垂直入射到波密介质界面上反射时，反射波和入射波在界面处的振动相位相反，或者说入射波在反射时发生 $\Delta\varphi = \pi$ 的相位突变. 因为相距半个波长的两点间相位差为 π，故这种现象又称为半波损失. 发生半波损失时，入射波和反射波在反射点引起合振动的振幅为零.

6. 多普勒效应

当机械波的波源与观察者有相对运动时，观察者接收到的波频率 ν_R 不等于波源的振动频率 ν_S，这种现象称为多普勒效应. 设介质中的波速为 u，波源和观察者在同一直线上运动，其中波源相对介质运动的速度为 v_S，观察者相对介质运动的速度为 v_R，则观察者接收到的频率为

$$v_R=\frac{u+v_R}{u-v_S}v_S$$

当波源向着观察者运动时 v_S 取正，当波源背着观察者运动时 v_S 取负；当观察者向着波源运动时 v_R 取正，当观察者背着波源运动时 v_R 取正.

7. 电磁波

(1) 电磁波：变化的电场和磁场在空间中相互激发并以波的形式传播，称为电磁波. 以麦克斯韦方程组为核心的电磁场理论预言了电磁波的存在，并揭示了光的电磁本质. 1888 年赫兹用实验证实了电磁波.

(2) 平面电磁波：在远离波源的自由空间中传播的电磁波可近似地看成是平面波，其传播方式如图 11.4 所示，具有以下特点.

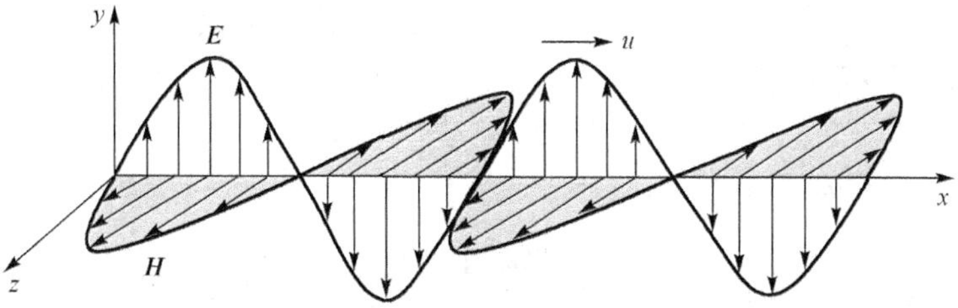

图 11.4 平面电磁波

①电矢量 $\boldsymbol{E}$ 和磁矢量 $\boldsymbol{H}$ 都与波的传播方向 $\boldsymbol{k}$ 垂直，因此电磁波是横波. $\boldsymbol{E}$ 和 $\boldsymbol{H}$ 分别在各自的平面内振动，这一特性称为偏振.

② $\boldsymbol{E}$ 和 $\boldsymbol{H}$ 始终同相位，且 $\boldsymbol{E}$ 和 $\boldsymbol{H}$ 的幅值成比例：$\sqrt{\varepsilon}E=\sqrt{\mu}H$.

③电磁波传播速度的大小为 $u=\dfrac{1}{\sqrt{\mu\varepsilon}}$，真空中电磁波的波速等于真空中的光速 $c=\dfrac{1}{\sqrt{\mu_0\varepsilon_0}}$，可见光就是一种电磁波.

④电磁波的能流密度矢量称为坡印亭矢量 $\boldsymbol{S}=\boldsymbol{E}\times\boldsymbol{H}$，其方向表示电磁波的传播方向 $\boldsymbol{u}$，其大小表示单位时间内通过与传播方向垂直的单位面积的电磁波能量，即 $S=EH$. 电磁波的平均能流密度又称为辐射强度 $I=\overline{S}=\dfrac{1}{2}E_0H_0$，式中 E_0、H_0 分别是电场强度和磁场强度的振幅.

11.5 典 型 例 题

11.5.1 思考题

思考题 1 请举例说明，如何根据振动曲线和波动曲线，判断质点的振动方向.

简答 振动曲线表示的是振动质点相对于平衡位置的位移随时间的变化. 假设某质点的振动曲线如思考题 1 图 (a) 所示，要判断 t_1 时刻质点的振动方向，则在 t_1 时刻之后再选一个时刻 t_2，使得 $t_2-t_1\to 0$，我们看到两时刻质点相对于平衡位置的位移分别是 y_1、y_2，并且

$y_2 - y_1 > 0$，由此判断质点此刻向 y 轴正方向运动；反之，$y_2 - y_1 < 0$，则说明向 y 轴负方向运动.

波动曲线表示的是所有质点在任一时刻相对于平衡位置的位移. 如思考题 1 图(b)所示，假设波向 x 轴正向传播，t_1 时刻波形曲线如图中实线所示，要判断图中 B 处质点的振动方向，则画出下一时刻 t_2 的波形曲线，如图中虚线所示，要求 $t_2 - t_1 \to 0$，即波形曲线沿着波的传播方向发生一微小平移，然后过 B 点做一平行于 y 轴的直线，分别与两个时刻的波形曲线相交，和虚线的交点在实线的上方，说明 B 处质点此刻向 y 轴正方向运动，反之，和虚线的交点在实线的下方则说明 B 处质点向 y 轴负向运动.

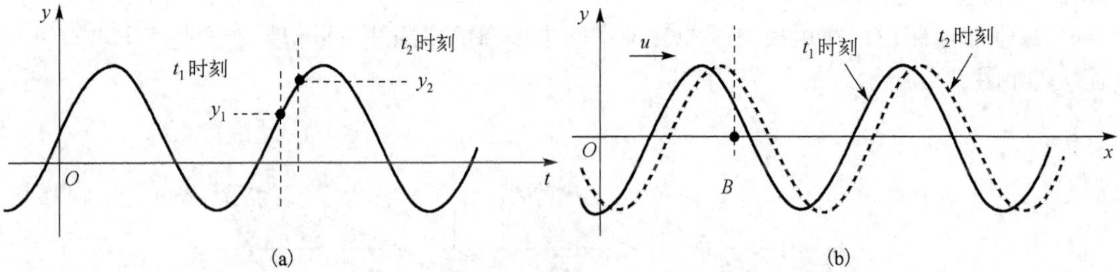

思考题 1 图

思考题 2 有人根据波长、周期和波速的关系 $u = \dfrac{\lambda}{T}$，认为波速与波源的振动周期成反比，请问这种观点正确吗？

简答 这种观点不正确. 在介质给定的情况下，机械波的传播速度 u 是不变的. 总体来说，周期 T 决定于波源，波速 u 决定于介质，波长 λ 由波源和介质共同决定，$\lambda = Tu$. 事实上，波动理论和实验都证明，机械波的波速取决于传播介质的弹性和密度，与波源的振动频率无关. 例如，固体中的波速 $u = \sqrt{G/\rho}$ (横波)，$u = \sqrt{\dfrac{E}{\rho}}$ (纵波)，式中 G 和 E 分别为介质的切变模量和杨氏模量，ρ 为介质的质量密度.

思考题 3 波的干涉会不会使某个区域内所有点的振动都加强，另一区域内所有点的振动都减弱？请举例说明.

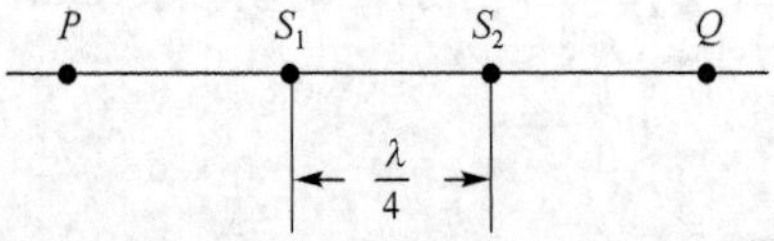

思考题 3 图

简答 波的干涉可以使某个区域内所有点的振动都加强，另一区域内所有点的振动都减弱. 如思考题 3 图所示，相干波源 S_1 和 S_2 相距 $\lambda/4$ (λ 为波长)，S_1 的相位比 S_2 的相位超前 $\pi/2$，两列波的振幅均为 A，并且在传播过程中保持不变. P、Q 为 S_1 和 S_2 连线两侧的任意点. 波源的振动传到空间任一点引起的两个振动的相位差为 $\Delta\varphi = \varphi_{20} - \varphi_{10} - \dfrac{2\pi}{\lambda}(r_2 - r_1)$，式中两振源的初相位之差 $\varphi_{20} - \varphi_{10} = -\dfrac{\pi}{2}$. 对于 P 点，$r_2 - r_1 = \dfrac{\lambda}{4}$，故 $\Delta\varphi = -\pi$，即 S_1 和 S_2 的振动传到 P 点时，相位相反，所以 P 点的合振幅为 $A_P = 0$，因此，在 S_1 和 S_2 连线的左侧延长线上各点均因干涉而静止.

同理，对于 Q 点，$r_2 - r_1 = -\dfrac{\lambda}{4}$，故 $\Delta\varphi = 0$，即 S_1 和 S_2 的振动传到 Q 点时，相位相同，所以 Q 点的合振幅为 $A_Q = 2A$，可见在 S_1 和 S_2 连线的右侧延长线上各点均因干涉而加强.

思考题 4 波动过程是能量和相位的传播过程，参与波动的介质质元并不随波动而定向迁移，但水面波形成后，可以看到漂在水面上的微小杂物沿水波前进的方向极缓慢地移动着，请问这是为什么？

简答 水面波的成因非常复杂，它既不是横波也不是纵波，水中质元的运动不是纯纵向也不是纯横向，而是在竖直面内做椭圆运动，这与水的不可压缩性和流动性有关. 如思考题 4 图所示，波峰处的质元做椭圆运动的线速度的方向与波的传播方向相同，正是这种运动推动了漂在水面上的微小杂物沿水波的前进方向缓慢移动，这种推动相当于波动质元外的物质“踏波而行”，与“波动介质的质元不随波动而定向迁移”并不矛盾.

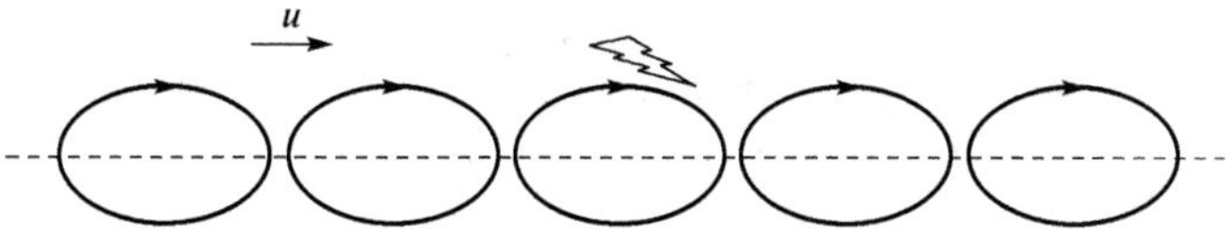

思考题 4 图

思考题 5 请问简谐振动系统、简谐波、驻波各有何能量特点？平面简谐波波动过程中体积元内的总能量随时间而变化，这是否与机械能守恒定律相矛盾？

简答 简谐振动的能量特点是平衡位置处动能最大、势能最小；最大位移处，势能最大、动能最小，整个过程，动能与势能相互转化，机械能守恒. 简谐波的能量特点是介质中任一体积元的动能和势能同相地随时间变化，它们在任一时刻都有完全相同的值. 在平衡位置时其动能、势能和总机械能均同时达到最大值，在最大位移处，三者又同时为零，在波传播过程中，体积元的总能量是不守恒的，沿着波动传播的方向，每一体积元都在不断地从后方介质获得能量，使能量从零逐渐增大到最大值，又不断地把能量传递给前方的介质，使能量从最大变为零，如此周期性地重复，能量就随着波动过程向前定向传播，所以波动是能量传递的一种方式. 驻波的能量特点是最大位移时只有势能，能量主要集中在波节附近，平衡位置时只有动能，能量主要集中在波腹附近，在驻波中能量从波腹附近传到波节附近，又从波节附近传到波腹附近，往复循环，没有向前定向传播，这是驻波与行波的一个重要区别，严格地说，驻波不是波，而是介质的一种特殊的集体振动.

波动过程任一体积元的总机械能不守恒，因为任一体积元并不是一个孤立系统，每个体积元都要与前、后介质相互作用，以此完成能量的传递. 而系统机械能守恒是指只有保守力做功的条件下，系统的机械能保持不变，因此说，波动过程体积元的机械能不守恒与械能守恒定律并不矛盾.

思考题 6 请问电磁波和机械波有何异同？

简答 机械波和电磁波的共同特征体现在：①波动具有一定的传播速度，并伴随着状态、相位和能量的传播；②波动具有时空周期性，空间某一给定点的振动随时间的变化具有时间周期性，而给定某一时刻，空间各点的振动又具有空间周期性，即波动表达式描述的是空间各点的振动随时间的变化；③波动具有可入性，在空间同一区域可同时存在多个波动，空间各点的振动是各波在该点振动的叠加；④干涉和衍射是波动的基本特征，干涉、衍射现象是鉴别波动过程最有力的手段.

但是，电磁波和机械波有着本质区别，机械波是机械振动在弹性介质中的传播，其传播依赖于介质质元间的弹性力，因此机械波的传播要同时具备振源和弹性介质；电磁波是变化的电场和磁场相互激发在空间以一定速度由近及远传播的过程，因此电磁波的传播只需要交变的电磁场而不需要弹性介质，可以在真空中传播.

思考题 7 什么叫相干波？什么叫波的干涉？

简答 如果两个波源的振动频率相同、振动方向相互平行、相位相同或相位差恒定，这样的两个波源称为相干波源. 从相干波源发出的波称为相干波. 上述三个条件称为波的相干条件.

两列相干波在空间某点相遇时，它们在该点引起的两个分振动有着恒定的相位差，但是对于空间不同的点，有着不同的恒定相位差. 因而在空间某些点，振动始终加强，而在另外一些点，振动始终减弱或完全抵消，从而在空间形成稳定的强弱分布，这种现象称为波的干涉.

思考题 8 洛阳齐云塔远近闻名，游人至此发出响声，回声宛若蛙鸣. 请对“声如蛙鸣”进行解释.

简答 “声如蛙鸣”是声波干涉的结果. 所谓干涉就是频率相同、振动方向相互平行、相位相同或相差恒定(相干条件)的两列波在空间相遇，有些地方的振动始终加强，有些地方的振动始终减弱，形成稳定强弱分布的现象. 人在齐云塔前发出响声，原声和遇塔反射回来的回声这两列声波在塔前相遇，由于回声和原声满足相干条件，因此在塔前产生了干涉现象，使塔前某些地方的声音始终加强，特殊条件下，还会形成驻波，所以当人站在塔前某些干涉加强的位置或区域时，就会感觉到回声宛若蛙鸣.

思考题 9 某寺庙里的大钟经常半夜自鸣，请对此进行解释，并让该自鸣现象消失.

简答 自鸣属于波动现象里的共振现象，俗称共鸣. 声波是机械纵波，当远处的波源发出微小波动的频率和钟的固有频率一致或非常接近时，就会发生共振，钟就会自己发出声音. 若在钟的边沿挫下一小块，使钟的质量变小，固有频率变大，或者用吸铁石吸在钟上，和钟成为一个整体、使钟的质量变大，固有频率变小，钟的固有频率偏离了波源的振动频率，就不再会出现自鸣现象.

思考题 10 什么叫半波损失？

简答 当波从波疏介质垂直入射到波密介质界面上反射时，反射波和入射波在界面处的振动相位相反，或者说入射波在反射时发生$\Delta\varphi=\pi$的相位突变. 因为相距半个波长的两点间相位差为π，故这种现象称为半波损失.

思考题 11 驻波的相位有何特点？

简答 在相邻两波节之间，所有质元的振动相位相同，振动速度方向相同；任一波节两侧对称位置处，质元的振动相位相反，振动速度方向相反，所有质元呈现出分段振动的特点. 严格说驻波不是波动，而是一种特殊形式的振动.

思考题 12 当鸣笛的列车驶向站台时，站台上的观测者听到的笛声变尖锐即频率升高；相反，当列车驶离站台时，站台上的观测者听到的笛声沉闷即频率降低，请对此进行解释.

简答 观测者不动，鸣笛的列车就是波源，当波源相对于观测者运动时，根据多普勒效应，观测者接收到的频率为$\nu_R=\dfrac{u}{u-v_S}\nu_S$，式中$u$为波在介质中的传播速率，$v_S$是波源在介质中的运动速率，$\nu_S$ 是波源的频率. 当波源向着观测者运动时，v_S 取正值，由 $\nu_R=\dfrac{u}{u-v_S}\nu_S$ 可知，观测者接收到的频率大于波源的频率；当波源远离观测者运动时，相当于在上式中用 $-v_S$ 替代 v_S，观测者接收到的频率小于波源的频率. 因此列车进站时听到笛声尖锐，离站时听到笛声沉闷.

思考题 13 波源相对于介质不动，观测者向波源运动；观测者相对于介质不动，波源向观测者运动，都会产生声波频率增高的效果，即多普勒效应，请问这两种情况有何区别？如果两种情况下波源和观测者的运动速率相同，请问接收器接收到的频率是否也相同？

简答 (1)波源相对于介质不动，观测者以速率 v_R 向着波源运动. 设波在介质中的传播速率为 u，波长为 λ，波源的振动频率为 ν_S，如思考题 13 图(a)所示，此时观测者在单位时间内所接收到的完全波的数目比他静止时要多，这是因为在单位时间内原来处于观测者位置的波阵面向右传播了 u 的距离，同时观测者自己向左运动了 v_R 的距离，这相当于单位时间内波通过观测者的总距离为 $u+v_R$，因此在单位时间内观测者所接收到的完全波的数目即观测者接收到的波的频率为 $\nu_R=\dfrac{u+v_R}{\lambda}=\dfrac{u+v_R}{u/\nu_S}=\dfrac{u+v_R}{u}\nu_S$，由此可以看出，当观测者向着波源运动时，在介质中接收到的频率大于波源的频率；当观测者远离静止波源运动时，相当于在上式中用 $-v_R$ 替代 v_R，因此接收到的频率小于波源的频率.

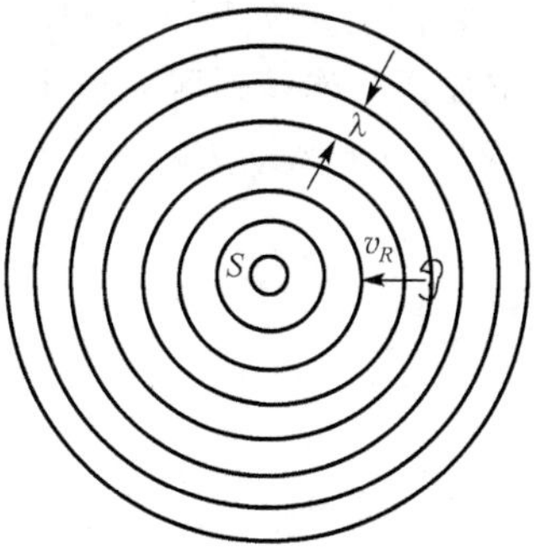

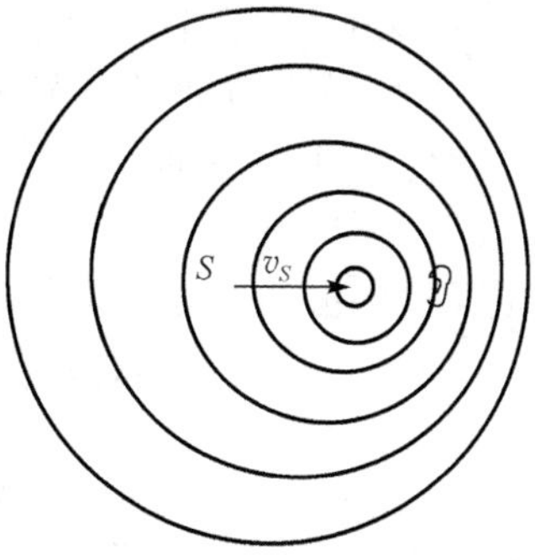

思考题 13 图

(2)观测者不动，波源相对于介质以速率 v_S 向着观测者运动. 如思考题 13 图(b)所示，波源在运动时仍按自己的频率发射波，在一个周期 T_S 内，一个波阵面在介质中传播的距离(即波长)是 uT_S，而在这段时间内波源向着观测者移动了 v_ST_S，这使得依次发出的波面都向右挤紧了. 由于波源的运动，通过观测者所在处的波长比原来缩短了 v_ST_S，即实际接收到的波长为 $\lambda=uT_S-v_ST_S=\dfrac{u-v_S}{\nu_S}$，频率(即相对于介质静止的观测者接收的频率)为 $\nu_R=\dfrac{u}{\lambda}=\dfrac{u}{u-v_S}\nu_S$，因此波源向着观测者运动时，观测者接收到的频率大于波源的频率；当波源远离观测者运动时，相当于在上式中用 $-v_S$ 替代 v_S，观测者接收到的频率小于波源的频率.

可见，两种情况的本质不同，当观测者向波源运动时，单位时间内观测者接收到的完整波的数目增加了，因此频率增为 $\nu_R=\dfrac{u+v_R}{u}\nu_S$；当波源向观测者运动时，运动前方波阵面被

“压缩”，波长缩短频率增高了，静止观测者接收到的频率为$\nu_R=\dfrac{u}{u-v_S}\nu_S$．假设两种情况下波源和观测者的运动速率$v_S$和$v_R$同为$v$，则前者为$\nu_{观测者动}=\dfrac{u+v}{u}\nu_S$，后者为$\nu_{波源动}=\dfrac{u}{u-v}\nu_S$，可见观测者接收到的频率并不相同．$\dfrac{\nu_{波源动}}{\nu_{观测者动}}=\dfrac{\dfrac{u}{u-v}}{\dfrac{u+v}{u}}=\dfrac{u^2}{u^2-v^2}>1$，即波源向接收器运动的增频效果比接收器向波源运动的增频效果好，产生的多普勒效应更加显著．

11.5.2 计算题

计算题 1　一平面简谐波沿x轴正方向传播，波速$u=200\text{m}\cdot\text{s}^{-1}$，频率$\nu=10\text{Hz}$．已知在$x_P=5\text{m}$处的质元$P$在$t=0.05\text{s}$时刻的位移为$y_P=0$，速度为$v_P=4\pi\ \text{m}\cdot\text{s}^{-1}$，求：

(1) 平面简谐波的波动方程；

(2) 设质元Q位于$x_Q=10\text{m}$处，求任意时刻质元Q和P的相位差，以及质元Q的速度和加速度．

【解题思路】 ①求平面简谐波波动方程的步骤是先求出波线上一点P的振动方程，然后根据波的传播方向，找出波线上任一点x比点P晚(或早)振动的时间或相位，最后写出波动方程．②求两点的相位差只需把两点的坐标代入相位公式并作差即可；求质元Q的振动速度和加速度，需要先把Q的位置坐标代入波动方程，求出Q的振动方程，再对其求一阶导数和二阶导得到其振动速度和加速度．

解　(1) 设质元P的振动方程和速度方程分别为

$$y_P=A\cos(2\pi\nu t+\varphi)=A\cos(20\pi t+\varphi)(\text{m})$$

$$v_P=\frac{\mathrm{d}y_P}{\mathrm{d}t}=-20\pi A\sin(20\pi t+\varphi)(\text{m}/\text{s})$$

依题意，在$t=0.05\text{s}$时，有

$$y_P=A\cos(\pi+\varphi)=0$$

$$v_P=-20\pi A\sin(\pi+\varphi)=4\pi(\text{m}\cdot\text{s}^{-1})>0$$

两式联立，可得

$$\varphi=\frac{\pi}{2},\qquad A=0.2\text{m}$$

故质元P的振动方程为

$$y_P=0.2\cos\left(20\pi t+\frac{\pi}{2}\right)(\text{m})$$

由于平面简谐波以波速$u=200\text{m}\cdot\text{s}^{-1}$沿$x$轴正向传播，且已知$x=5\text{m}$处质元$P$的振动方程，则任一位置$x$处质元的振动状态落后于质元$P$的时间为$\dfrac{x-5}{u}$，因此平面波的波函数为

$$y = 0.2\cos\left[20\pi\left(t - \frac{x-5}{u}\right) + \frac{\pi}{2}\right] = 0.2\cos\left[20\pi\left(t - \frac{x-5}{200}\right) + \frac{\pi}{2}\right](\text{m})$$

进一步化简得波动方程为

$$y = 0.2\cos(20\pi t - 0.1\pi x + \pi)(\text{m})$$

(2) 由波动方程可知，质元 Q、P 的相位差为

$$\varphi_{QP} = (20\pi t - 0.1\pi x_Q + \pi) - (20\pi t - 0.1\pi x_P + \pi) = -0.1\pi(x_Q - x_P)$$

将 $x_P = 5\text{m}$， $x_Q = 10\text{m}$ 代入上式得

$$\varphi_{QP} = -0.5\pi$$

将 $x_Q = 10\text{m}$ 代入波动方程可得质元 Q 的振动方程为

$$y_Q = 0.2\cos 20\pi t(\text{m})$$

上式对时间求导，可得质元 Q 的速度方程为

$$v_Q = \frac{\text{d}y_Q}{\text{d}t} = -4\pi\sin 20\pi t(\text{m})$$

质元 Q 的加速度方程为

$$a_Q = \frac{\text{d}v_Q}{\text{d}t} = -80\pi^2\cos 20\pi t(\text{m})$$

【延伸思考】

(1) 本题求波动方程是先求振动方程，再求波动方程，能不能先给出波动方程的标准形式，再通过 P 处质元的振动情况，最终得到波动方程？

(2) 本题若波是沿 x 轴负方向传播求解得到的波函数与沿 x 轴正方向传播有什么不同？质元 Q、P 的相位差又为多少？

(3) 本题中若质元 P 位于坐标原点，并且波沿 x 轴负方向传播，求波动方程.

计算题 2　计算题 2 图(a)所示为某平面简谐波在 $t = 0$ 时刻的波形曲线，求：

(1) 波长、周期、频率；

(2) a、b 两点的运动方向；

(3) 该波的波函数；

(4) P 点的振动方程，并画出振动曲线；

(5) $t = 1.25\text{s}$ 时刻的波动方程，并画出该波形曲线.

【解题思路】 ①本题先由波形图得出振幅、波速和波长，再由波长、波速、周期的关系得出周期、频率和角频率；②根据沿波的传播方向线，前方的质元总是重复后方质元的振动，可判断出 a、b 两点的运动方向；③求振动方程或波动方程，一般都是先设出其标准表达式，再根据图中信息，如某点在某个时刻的位移和速度方向，列方程或利用旋转矢量法求出未知量，从而得到方程；④将 P 点的位置坐标点 x_P 代入波动方程，可得该点的振动方程，并画出该点的振动曲线，注意横坐标是时间轴；⑤将 $t = 1.25\text{s}$ 代入波动方程，可得到该时刻的波形

方程，并画出该时刻的波形曲线，注意横坐标是 x 轴.

解 (1) 由 $t=0$ 时刻的波形曲线图可知：$A=0.04\text{m}$，$u=0.08\text{m/s}$，$\lambda=0.4\text{m}$. 所以

$$T=\frac{\lambda}{u}=\frac{0.4}{0.08}=5(\text{s})，\quad \nu=\frac{1}{T}=0.2\text{Hz}，\quad \omega=\frac{2\pi}{T}=0.4\pi\text{rad}\cdot\text{s}^{-1}$$

(2) 由于波沿 x 轴正方向传播，根据沿波的传播方向线，前方的质元总是重复后方质元的振动，可得 $t=0$ 时刻 a 点沿 y 轴负方向运动，b 点沿 y 轴正方向运动.

(3) 设波函数为 $y=A\cos\left(\omega t-\dfrac{2\pi}{\lambda}x+\varphi_0\right)$，代入各参量，得

$$y=0.04\cos(0.4\pi t-5\pi x+\varphi_0)(\text{m})$$

$x=0$ 处质点的振动方程为

$$y_0=0.04\cos(0.4\pi t+\varphi_0)(\text{m})$$

其速度为

$$v_0=\frac{\text{d}y_0}{\text{d}t}=-0.016\pi\sin(0.4\pi t+\varphi_0)(\text{m}\cdot\text{s}^{-1})$$

由 $t=0$ 时刻的波形曲线可知，对于 $x=0$ 的质点，$y_0=0$，$v_0<0$. 所以有

$$\cos\varphi_0=0,\qquad \sin\varphi_0>0$$

所以 $\varphi_0=\dfrac{\pi}{2}$. 因此，波函数为

$$y=0.04\cos\left(0.4\pi t-5\pi x+\frac{\pi}{2}\right)(\text{m})$$

(4) 将 $x_P=\dfrac{3}{4}\lambda=0.30\text{m}$ 代入波函数，得到 P 点的振动方程为

$$\begin{aligned}y&=0.04\cos\left(0.4\pi t-1.5\pi+\frac{\pi}{2}\right)\\&=-0.04\cos(0.4\pi t)(\text{m})\end{aligned}$$

振动曲线如计算题 2 图(b)所示.

(5) 将 $t=1.25\text{s}$ 代入波函数，得到 $t=1.25\text{s}$ 时刻波动方程为

$$y_{t=1.25}=0.04\cos(-5\pi x+\pi)=-0.04\cos(5\pi x)(\text{m})$$

波形曲线如计算题 2 图(c)所示.

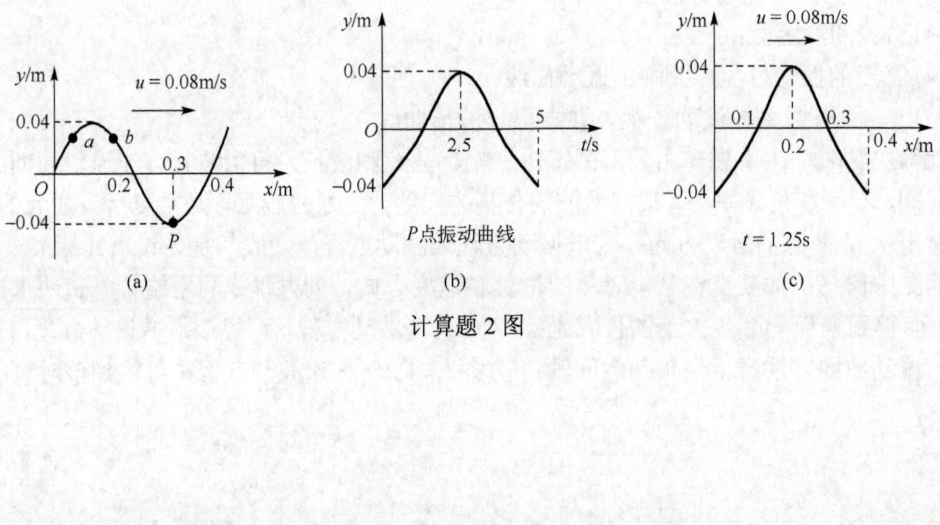

计算题 2 图

【延伸思考】

(1) 本题求波动方程中的 φ_0 时，也可利用旋转矢量法进行求解，请尝试用该方法进行求解.

(2) 波动方程或振动方程的标准形式中，余弦项里的整个括号中的表达式表示相位，求波线上某点的相位，就是把该点在 x 轴上的坐标和时间代入该表达式中即可，据此，试求 P 点在 $t=1.25\text{s}$ 时刻的相位，或在 x 轴上任意取两点，求它们在某个时刻的相位差.

(3) 本题中的波形图若给出的不是 $t=0$ 时的波形图，而是其他时刻的，如 $t=1\text{s}$ 时的波形图，试求波动方程.

(4) 波的传播是波形的传播、相位的传播，试将 $t=0$ 时刻和 $t=1.25\text{s}$ 时刻的波形图画到一个图里，并进行比较，加强对波的传播特性的理解.

计算题 3 如计算题 3 图所示，S_1、S_2 为两相干波源，它们发出的相干波在介质中传播时在 P 点相遇，$S_1P=r_1=4.00\text{m}$，$S_2P=r_2=3.75\text{m}$．两列波的频率为 $\nu=100\text{Hz}$，振幅 $A_1=A_2=1.00\times10^{-3}\text{m}$，波源 S_1 的相位比 S_2 的超前 $\pi/2$.

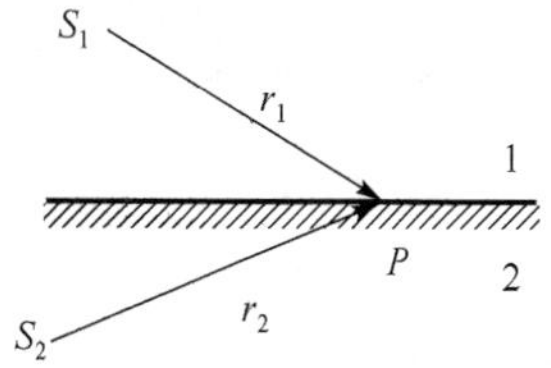

计算题 3 图

(1) 若两列波在同种介质中传播，波长为 $\lambda=2.00\text{m}$，求 P 点合振幅；

(2) 若两列波在两种不同介质中传播，在介质 1 中波速 $u_1=400\text{m/s}$，在介质 2 中的波速 $u_2=500\text{m/s}$，求介质分界面上 P 点的合振幅.

【解题思路】 ①本题是波的干涉问题，欲求两列波在相遇点的合振幅，先求相遇点的相位差，一般情况，合振幅 $A=\sqrt{(A_1^2+A_2^2+2A_1A_2\cos\Delta\varphi)}$，特殊地，当相位差 $\Delta\varphi=2k\pi(k=0,\pm1,\pm2,\cdots)$ 时，合振幅 $A=A_1+A_2$；$\Delta\varphi=(2k+1)\pi(k=0,\pm1,\pm2,\cdots)$ 时，合振幅 $A=|A_2-A_1|$. ②波在不同的介质中传播时，波的频率 ν 不变，波速 u 不同，波长 λ 也不同，由 $\lambda=\dfrac{u}{\nu}$，可得两种介质中的波长，从而计算相位差.

解 (1) 两波源发出的波到达 P 点的相位差为

$$\Delta\varphi=\varphi_2-\varphi_1-\frac{2\pi}{\lambda}(r_2-r_1)=-\frac{\pi}{2}-\frac{2\pi}{2}(3.75-4.00)=-\frac{\pi}{4}$$

P 点的合振幅

$$A=\sqrt{(A_1^2+A_2^2+2A_1A_2\cos\Delta\varphi)}\approx0.58\times10^{-3}\text{m}$$

(2) 两波源发出的波在介质 1 和 2 中的波长分别为

$$\lambda_1=\frac{u_1}{\nu},\qquad \lambda_2=\frac{u_2}{\nu}$$

到达 P 点的相位差为

$$\Delta\varphi=\varphi_2-\varphi_1-\left(\frac{2\pi}{\lambda_2}r_2-\frac{2\pi}{\lambda_1}r_1\right)=\varphi_2-\varphi_1-\left(\frac{2\pi\nu}{u_2}r_2-\frac{2\pi\nu}{u_1}r_1\right)$$

$$= -\frac{\pi}{2} - \left(\frac{2\pi \times 100}{500} \times 3.75 - \frac{2\pi \times 100}{400} \times 4.00\right) = 0$$

故 P 点的合振幅为

$$A = A_1 + A_2 = 2.00 \times 10^{-3}\,\text{m}$$

【延伸思考】

(1) 本题中，若其他条件不变，只改变波源 S_1 与 S_2 的相位差，试问当两波源的相位差满足什么条件时，P 点的合振幅为零？

(2) 若有三个或多个相干光源发出的波在传播区域的某点相遇，如何求相遇点的合振幅？如何利用旋转矢量法求解？

计算题 4 如计算题 4 图所示，平面简谐波沿 Ox 轴正向垂直于介质分界面传播，在 B 点反射并形成波节. 已知 $L = 1.75\text{m}$，波长 $\lambda = 1.4\text{m}$，入射波在原点 O 处的振动方程为

$$y_0 = 5.0 \times 10^{-3} \cos\left(500\pi t + \frac{\pi}{4}\right)(\text{SI})$$

设反射波不衰减. 求：

(1) 入射波的波动方程；

(2) 反射波的波动方程；

(3) 驻波的波动方程；

(4) O、B 间其余波节的位置；

(5) $x = 0.875\text{m}$ 处质元的振幅.

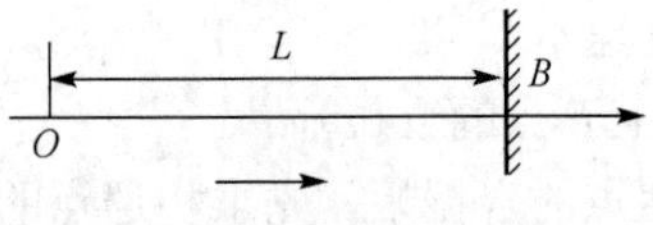

计算题 4 图

【解题思路】 ①求波动方程，可先得到波线上一点的振动方程，再写出波动方程. ②求反射波的波动方程，需先求出反射波中反射点 B 的振动方程，由于入射波在 B 点反射并形成波节，即反射时有半波损失，所以反射波上 B 点的振动方程相比入射波上 B 点的振动方程，相位改变了 π，其他都一样，从而可得到反射波中反射点 B 的振动方程及反射波的波动方程. ③反射波与入射波在 Ox 轴上叠加后形成驻波，出现波节和波腹，其中波节处入射波与反射波的相位反向，合振幅为 0. ④再求出任意位置处入射波与反射波的相位差，从而可得到波节的位置坐标. ⑤将质元的坐标代入相位差公式，并利用合振幅公式可得到该处质元的振幅大小.

解 (1) 已知 O 点振动方程为

$$y_0 = 5.0 \times 10^{-3} \cos\left(500\pi t + \frac{\pi}{4}\right)(\text{SI})$$

由此可知角频率 $\omega = 500\pi\ \text{rad}\cdot\text{s}^{-1}$，又波长 $\lambda = 1.4\text{m}$，故波速 $u = \dfrac{\lambda\omega}{2\pi} = 350\text{m}\cdot\text{s}^{-1}$. 入射波沿 Ox 轴正向传播，所以入射波的波动方程为

$$y_{\text{入}} = 5.0 \times 10^{-3} \cos\left[500\pi\left(t - \frac{x}{u}\right) + \frac{\pi}{4}\right]$$

$$=5.0\times10^{-3}\cos\left[2\pi\left(250t-\frac{5x}{7}\right)+\frac{\pi}{4}\right](\text{SI})$$

(2) 将 $x=L$ 代入入射波波动方程，可得入射波在 B 点引起的振动方程为

$$y_{入B}=5.0\times10^{-3}\cos\left[2\pi\left(250t-\frac{5L}{7}\right)+\frac{\pi}{4}\right](\text{SI})$$

由于 B 点为波节，波在此反射时有相位 π 的突变，因此 B 点处反射波的振动方程为

$$y_{反B}=5.0\times10^{-3}\cos\left[2\pi\left(250t-\frac{5L}{7}\right)+\frac{\pi}{4}+\pi\right](\text{SI})$$

所以反射波的波动方程为

$$y_{反}=5.0\times10^{-3}\cos\left[2\pi\left(250t-\frac{5(L-x)}{7}-\frac{5L}{7}\right)+\frac{5\pi}{4}\right]$$

$$=5.0\times10^{-3}\cos\left[2\pi\left(250t+\frac{5x}{7}\right)+\frac{\pi}{4}\right](\text{SI})$$

(3) 驻波方程

$$y=y_{入}+y_{反}=5\times10^{-3}\cos\left[2\pi\left(250t-\frac{5x}{7}\right)+\frac{\pi}{4}\right]+5\times10^{-3}\cos\left[2\pi\left(250t+\frac{5x}{7}\right)+\frac{\pi}{4}\right]$$

$$=1\times10^{-2}\cos\left(\frac{10\pi x}{7}\right)\cos\left(500\pi t+\frac{\pi}{4}\right)(\text{SI})$$

(4) 在点 x 处入射波与反射波的相位差为

$$\Delta\varphi=\frac{20}{7}\pi x$$

由于波节处的振幅为零，故反射波与入射波在波节处的相位差满足 $\Delta\varphi=(2k+1)\pi$，故有

$$\frac{20}{7}\pi x=(2k+1)\pi,\qquad k=0,1,2,\cdots$$

得 $x=\frac{7}{20}(2k+1)$. 取 $k=0,1,2,$ 代入上式分别得

$$x_0=0.35\text{m},\quad x_1=1.05\text{m},\quad x_2=1.75\text{m}\ (\text{即 } B \text{ 点})$$

(5) 在 $x=0.875\text{m}$ 处，入射波和反射波的相位差为

$$\Delta\varphi=\frac{20}{7}\pi\times0.875=\frac{5}{2}\pi$$

故此处质元振动的合振幅为

$$A=\sqrt{A_1^2+A_2^2+2A_1A_2\cos\Delta\varphi}=\sqrt{2}\times5\times10^{-3}=7.07\times10^{-3}(\text{m})$$

【延伸思考】

(1) 利用驻波方程，可得到驻波振幅满足的方程，而驻波波节处振幅为 0，波腹处振幅

最大，试据此求出本题中的波节和波腹位置．将质元的坐标代入驻波振幅方程中可得到该处质元的振幅大小，试用此种方法计算本题中的第(5)问．

(2)驻波的振幅、相位及能量有什么特点，并与行波进行比较．

(3)本题中已知条件若给的不是入射波在O点的振动方程，而是其他某处的振动方程，如何求入射波的波动方程？

(4)本题中入射波与反射波的波动方程只是x前的符号相反，其他地方都一样，这种情况是否具有一般性，试推导出现这种情况的条件．

计算题 5 一平面简谐波，其频率为300Hz，波速为340m/s，在截面面积为$3.00\times10^{-2}\,\text{m}^2$的空气管内传播，若在10s内通过截面的能量为$2.70\times10^{-2}\,\text{J}$，求：

(1)通过截面的平均能流；

(2)波的平均能流密度大小；

(3)波的平均能量密度．

【解题思路】 本题根据定义来求各物理量．①通过截面的平均能流为单位时间内通过某一截面的平均能量，即$\overline{P}=\dfrac{E}{t}$；②波的平均能流密度大小为通过与波的传播方向垂直的单位面积的平均能流，即$I=\dfrac{\overline{P}}{S}$；③波的平均能量密度与平均能流密度大小的关系为$I=\overline{w}u$．

解 由题意可知$u=340\text{m/s}$，$S=3.00\times10^{-2}\,\text{m}^2$，$E=2.70\times10^{-2}\,\text{J}$，$t=10\text{s}$．

(1)通过截面的平均能流

$$\overline{P}=\frac{E}{t}=\frac{2.70\times10^{-2}\,\text{J}}{10\text{s}}=2.70\times10^{-3}\,\text{J/s}$$

(2)波的平均能流密度

$$I=\frac{\overline{P}}{S}=\frac{2.70\times10^{-3}\,\text{J/s}}{3.00\times10^{-2}\,\text{m}^2}=9.00\times10^{-2}\,\text{J}/(\text{s}\cdot\text{m}^2)$$

(3)波的平均能量密度

$$\overline{w}=\frac{I}{u}=\frac{9.00\times10^{-2}\,\text{J}/(\text{s}\cdot\text{m}^2)}{340\text{m/s}}=2.65\times10^{-4}\,\text{J/m}^3$$

【延伸思考】

(1)比较能流的定义与电学中电流的定义，能流密度的定义与电学中电流密度的定义，加强对基本概念的理解．

(2)本题若未给出10s内通过截面的能量，而是给出空气的密度ρ和简谐波的振幅A，试求波的平均能流密度和单位时间内垂直通过截面的能量．

(3)电磁波中的坡印亭矢量即为波的平均能流密度，坡印亭矢量与电磁波中的电场强度矢量和磁场强度矢量的关系为$\boldsymbol{S}=\boldsymbol{E}\times\boldsymbol{H}$，本题中若将平面简谐波换为He-Ne激光器发出的功率为P的连续光束(即电磁波)，给出横截面积A，试求平均能流密度和波束的电场强度矢量和磁感应矢量的振幅．

计算题 6 真空中，一平面电磁波的电场表达式为 $E_y = 6.0\times10^{-2}\cos\left[2\pi\times10^8\left(t-\frac{x}{c}\right)\right]$(SI)，$E_x = E_z = 0$，求：

(1) 电磁波的波长、频率和传播方向；

(2) 磁感应强度的表达式；

(3) 坡印亭矢量.

【解题思路】 ①将电磁波的电场强度表达式与波动方程的标准形式对比可得到电磁波的角频率，从而得到频率以及波长；②利用平面电磁波的性质可判断电磁波的传播方向，并可求出磁感应强度的表达式；③坡印亭矢量可直接根据公式求解.

解 (1) 电场表达式为 $E_y = 6.0\times10^{-2}\cos\left[2\pi\times10^8\left(t-\frac{x}{c}\right)\right]$，将其与波动方程的标准形式 $y = A\cos\left[\omega\left(t-\frac{x}{v}\right)+\varphi\right]$ 比较，可得电磁波的角频率为 $\omega = 2\pi\times10^8\ \text{rad}\cdot\text{s}^{-1}$，频率 $\nu = \frac{\omega}{2\pi} = 1.0\times10^8\,\text{rad}\cdot\text{s}^{-1}$，波长 $\lambda = \frac{c}{\nu} = \frac{3\times10^8}{10^8} = 3.0(\text{m})$，电磁波沿 x 轴正方向传播.

(2) 根据平面电磁波的性质，电场强度 $\boldsymbol{E}$、磁场强度 $\boldsymbol{H}$ 和波的传播速度 $\boldsymbol{v}$ 三者的方向满足右手螺旋法则，可判断出 $\boldsymbol{H}$ 的方向沿 z 轴，再根据 $\boldsymbol{E}$ 与 $\boldsymbol{H}$ 的大小关系满足 $\sqrt{\varepsilon_0\varepsilon_r}E = \sqrt{\mu_0\mu_r}H$，以及 $\boldsymbol{B} = \mu_0\mu_r\boldsymbol{H}$，电磁波在真空中传播，可得

$$B_x = B_y = 0$$

$$B_z = \sqrt{\varepsilon_0\mu_0}E_y = \frac{1}{c}E_y = 2.0\times10^{-10}\cos\left[2\pi\times10^8\left(t-\frac{x}{c}\right)\right](\text{SI})$$

故磁感应强度的表达式为

$$\boldsymbol{B} = 2.0\times10^{-10}\cos\left[2\pi\times10^8\left(t-\frac{x}{c}\right)\right]\boldsymbol{k}(\text{SI})$$

(3) 坡印亭矢量

$$\begin{aligned}\boldsymbol{S} = \boldsymbol{E}\times\boldsymbol{B} &= 6.0\times10^{-2}\cos\left[2\pi\times10^8\left(t-\frac{x}{c}\right)\right]\boldsymbol{j}\times2.0\times10^{-10}\cos\left[2\pi\times10^8\left(t-\frac{x}{c}\right)\right]\boldsymbol{k}\\ &= 1.2\times10^{-11}\cos\left[2\pi\times10^8\left(t-\frac{x}{c}\right)\right]\boldsymbol{i}(\text{SI})\end{aligned}$$

【延伸思考】

(1) 总结平面电磁波的性质，并说明麦克斯韦方程组是如何预言电磁波的存在的.

(2) 与平面电磁波相比，球面电磁波的波动表达式有何特点？

计算题 7 一微波探测器位于湖岸水面以上 0.5m 处. 一发射波长 21cm 的单色微波的射

电星从地平线上缓慢升起，探测器将相继指出信号强度的极大值和极小值. 当接收到第一个极大值时，射电星位于湖面以上什么角度？

【解题思路】 本题是波的干涉问题，从射电星直接射到探测器的波与经湖面反射到探测器的波是相干波. 首先根据题意画图，并根据几何关系求角度关系，然后列出两相干波在相遇点的波程差，根据干涉相长条件列方程，求出角度. 注意写波程差时，要计入波在湖面反射时的半波损失.

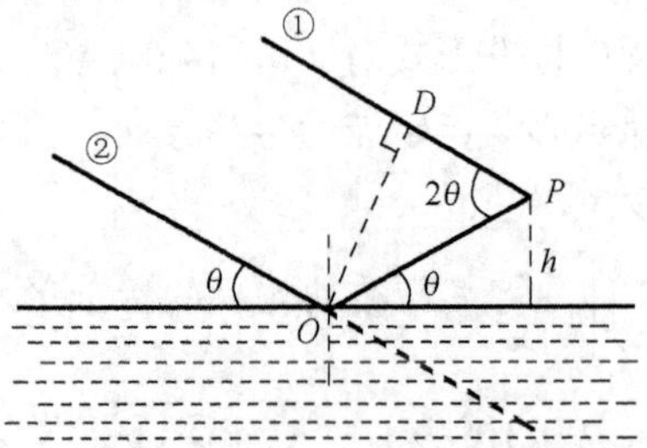

计算题 7 图

解 如计算题 7 图所示，P 处为探测器，$h=0.5\text{m}$，波长 $\lambda=21\text{cm}$，射电星直接发射到 P 点的波①与经过湖面反射有相位突变 π 的波②在 P 点相干叠加，接收到第一个信号极大值时，波程差满足

$$\delta=\overline{OP}-\overline{DP}+\frac{1}{2}\lambda=k\lambda \quad (\text{取}k=1)$$

由几何关系，可得

$$\angle DOP=\frac{\pi}{2}-2\theta, \qquad \angle DPO=2\theta$$

$$\overline{OP}=\frac{h}{\sin\theta}, \qquad \overline{DP}=\overline{OP}\cos 2\theta=\frac{h}{\sin\theta}\cos 2\theta$$

所以

$$\delta=\overline{OP}-\overline{DP}+\frac{1}{2}\lambda=\frac{h}{\sin\theta}-\frac{h}{\sin\theta}\cos 2\theta+\frac{\lambda}{2}=\lambda$$

$$h(1-\cos 2\theta)=\frac{1}{2}\lambda\sin\theta$$

将 $\cos 2\theta=1-2\sin^2\theta$ 代入上式得 $2h\sin\theta=\frac{1}{2}\lambda$，即

$$\sin\theta=\lambda/(4h)=0.105$$

得射电星与湖面的夹角 $\theta=6°$.

【延伸思考】

(1) 两列相干波相遇后干涉相长和干涉相消的条件是什么？什么情况下需要考虑半波损失？

(2) 试求本题中信号第一次极小值对应的射电星与湖面的夹角.

11.5.3 进阶题

进阶题 1 如进阶题 1 图所示，一列平面简谐波沿 x 轴正方向传播，遇到波密介质界面 BC 时发生反射，反射点为 E 且反射时没有能量损失. 设 $t=0$ 时，由入射波引起的 O 点的振动的初相位是 $-\frac{\pi}{2}$，振幅为 A，角频率为 ω，图中 $\overline{OE}=\frac{3}{4}\lambda, \overline{DE}=\frac{1}{6}\lambda$. 求 D 点的合振动的表达式.

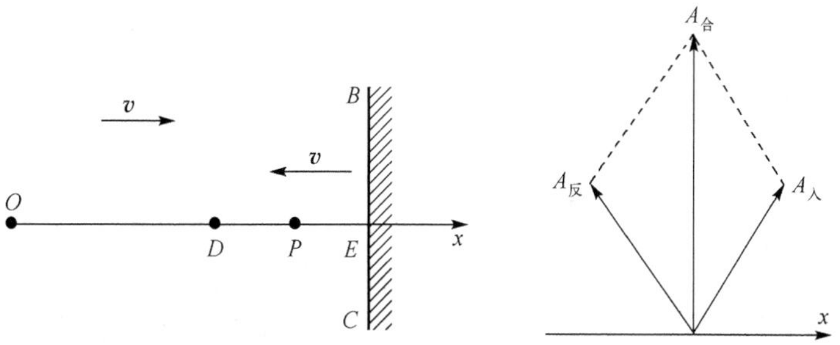

(a) (b)

进阶题 1 图

【解题思路】 要求合振动，可以分别求出入射波和反射波在 D 点引起的分振动，然后由振动的叠加来求；也可以先求出入射波和反射波的合成波，然后得到合成波在 D 点引起的振动.

解 方法 1：利用振动的叠加求解.

根据题意可以写出 O 点的振动方程

$$y_O(t)=y(0,t)=A\cos\left(\omega t-\frac{\pi}{2}\right)$$

由于入射波向右传播，则由入射波引起的 D 点的振动为

$$y_{入D}(t)=A\cos\left(\omega t-\frac{\pi}{2}-\frac{2\pi}{\lambda}\overline{OD}\right)=A\cos\left(\omega t-\frac{\pi}{2}-\frac{2\pi}{\lambda}\left(\frac{3}{4}\lambda-\frac{1}{6}\lambda\right)\right)$$
$$=A\cos\left(\omega t+\frac{\pi}{3}\right)$$

下面求出反射波在 D 点引起的振动，因为入射波在波密介质的界面上发生反射，需要考虑半波损失，而反射时没有能量损失意味着反射波的振幅仍为 A. 于是可得反射波在 D 点引起的振动为

$$y_{反D}(t)=A\cos\left(\omega t-\frac{\pi}{2}-\frac{2\pi}{\lambda}(\overline{OE}+\overline{DE})-\pi\right)=A\cos\left(\omega t-\frac{\pi}{2}-\frac{2\pi}{\lambda}\left(\frac{3}{4}\lambda+\frac{1}{6}\lambda\right)-\pi\right)$$
$$=A\cos\left(\omega t+\frac{2\pi}{3}\right)$$

为了求出 D 点的合振动，我们可以利用旋转矢量法，因为两个分振动的频率相同，只需画出初始时刻的旋转矢量即可，如进阶题 1 图(b)所示，于是可以得到

$$y_D(t)=y_{入D}(t)+y_{反D}(t)=\sqrt{3}A\cos\left(\omega t+\frac{\pi}{2}\right)$$

方法 2：利用波的叠加求解.

首先求出 O 点的振动方程，然后在 OE 上取任意点 P，设其坐标为 x，则可以写出入射波的方程为

$$y_{入}(x,t)=A\cos\left(\omega t-\frac{\pi}{2}-\frac{2\pi}{\lambda}x\right)$$

而反射波的表达式为

$$y_{反}(x,t)=A\cos\left(\omega t-\frac{\pi}{2}-\frac{2\pi}{\lambda}(\overline{OE}+\overline{PE})-\pi\right)$$

$$= A\cos\left(\omega t - \frac{\pi}{2} - \frac{2\pi}{\lambda}\left(\frac{3}{4}\lambda + \frac{3}{4}\lambda - x\right) - \pi\right)$$

$$= A\cos\left(\omega t - \frac{\pi}{2} + \frac{2\pi}{\lambda}x\right)$$

于是可得合成波的方程为

$$y_{合}(x,t) = y_{入}(x,t) + y_{反}(x,t) = A\cos\left(\omega t - \frac{\pi}{2} - \frac{2\pi}{\lambda}x\right) + A\cos\left(\omega t - \frac{\pi}{2} + \frac{2\pi}{\lambda}x\right)$$

$$= 2A\cos\left(\omega t - \frac{\pi}{2}\right)\cos\frac{2\pi}{\lambda}x$$

最后将 D 点的坐标 $x_D = \frac{3}{4}\lambda - \frac{1}{6}\lambda = \frac{7}{12}\lambda$ 代入合成波的方程即可得到 D 点的振动方程

$$y_D(t) = y_{合}(x_D,t) = 2A\cos\left(\omega t - \frac{\pi}{2}\right)\cos\left(\frac{2\pi}{\lambda}\frac{7}{12}\lambda\right) = -\sqrt{3}A\cos\left(\omega t - \frac{\pi}{2}\right)$$

$$= \sqrt{3}A\cos\left(\omega t + \frac{\pi}{2}\right)$$

与第一种方法中利用振动叠加得到的结果完全一致.

进阶题 2 交通警察的警车可以发出频率为 ν_0 的超声波，当警车相对地面以速率 u_S 向右运动时，在其前方发现一辆小汽车相对地面以速率 u_R 向左行驶. 若空气相对地面静止，且空气中的声速为 u，求小汽车接收到的超声波的频率以及反射波的波长.

【解题思路】 这是一道典型的多普勒效应问题，解题的关键在于分清楚公式中每个变量对应的物理意义.

解 方法 1: 分解为几个过程分别求解.

由于警车作为波源在运动，则警车前方相对地面静止的接收者接收到的超声波的频率为

$$\nu_1 = \frac{u}{u - u_S}\nu_0$$

然而小汽车在向着波源运动，其接收到的超声波的频率为

$$\nu_2 = \frac{u + u_R}{u}\nu_1 = \frac{u + u_R}{u - u_S}\nu_0$$

小汽车接收到超声波之后，再发生反射，反射波波源的频率即接收到的频率，且反射波的方向向左，此时小汽车作为反射波的波源，由于波源的运动导致反射波的频率变为

$$\nu_3 = \frac{u}{u - u_R}\nu_2 = \frac{u}{u - u_R}\frac{u + u_R}{u - u_S}\nu_0$$

对应的反射波的波长为

$$\lambda_3 = \frac{u}{\nu_3} = \frac{u}{u - u_R}\nu_2 = \frac{(u - u_R)(u - u_S)}{(u + u_R)\nu_0}$$

方法 2: 直接利用多普勒效应的公式求解.

此时波源和接收者都在运动，且运动的效应都是导致接收频率增大，因此可知小汽车接

收到的超声波的频率为

$$\nu_2 = \frac{u+u_R}{u-u_S}\nu_0$$

式中分子是由于接收者向着波源运动导致的效应，而分母则是由于波源向着接收者运动导致的效应. 小汽车作为反射波的波源，它的频率就是上式得到的结果. 由于波源在运动，导致反射波的波长缩短，相应的波长变为

$$\lambda_3 = \lambda_2 - u_R T_R = \frac{u}{\nu_2} - \frac{u_R}{\nu_2} = \frac{(u-u_R)(u-u_S)}{(u+u_R)\nu_0}$$

与第一种方法的结果完全相同.

11.6 单 元 检 测

11.6.1 基础检测

一、单选题

1. 【波动基本概念】下面几种说法中正确的是[　　]

(A) 波源的振动周期与波动的周期在数值上是不同的

(B) 波源振动速度与波速相同

(C) 在波传播方向上任意质点振动相位总是比波源的相位落后

(D) 在波传播方向上任意质点振动相位总是超前波源的相位

2. 【波动方程】如图所示，一平面简谐波沿 x 轴正向传播，已知 P 点的振动方程为 $y = A\cos(\omega t + \varphi_0)$，则波的表达式为[　　]

(A) $y = A\cos\{\omega[t-(x-l)/u]+\varphi_0\}$　　(B) $y = A\cos\{\omega[t-(x/u)]+\varphi_0\}$

(C) $y = A\cos\omega(t - x/u)$　　(D) $y = A\cos\{\omega[t+(x-l)/u]+\varphi_0\}$

3. 【描述波动的物理量】一平面简谐波的表达式为 $y = 0.1\cos(3\pi t - \pi x + \pi)$ (SI)，$t = 0$ 时的波形曲线如图所示，则[　　]

(A) O 点的振幅为 -0.1m　　(B) 波长为 3m

(C) a、b 两点间相位差为 $\pi/2$　　(D) 波速为 9m/s

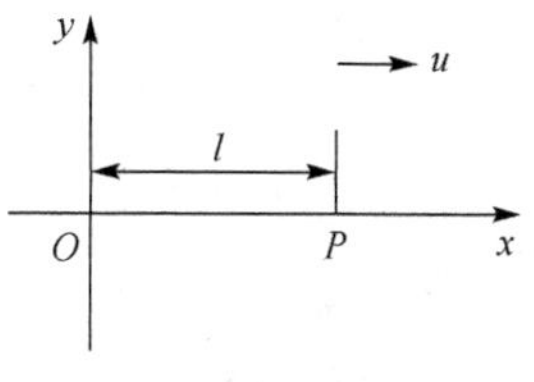

基础检测题 2 图

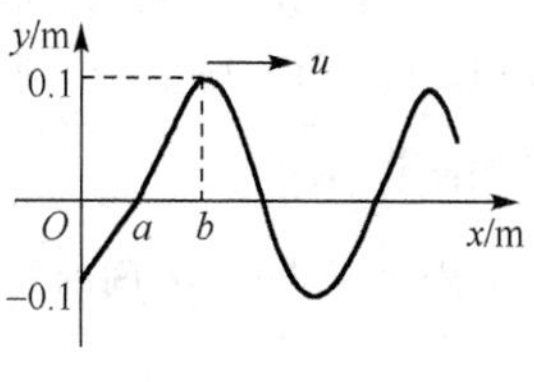

基础检测题 3 图

4. 【波动中质元的能量】波的能量随平面简谐波传播，下列几种说法中正确的是[　　]

(A) 因简谐波传播到的各介质体积元均做简谐振动，故其能量守恒

(B) 各介质体积元在平衡位置处的动能、势能最大，总能量最大

(C)各介质体积元在平衡位置处的动能最大，势能最小

(D)各介质体积元在最大位移处的势能最大，动能为 0

5. 【干涉相长】如图所示，两列波长为 λ 的相干波在 P 点相遇. 波在 S_1 点振动的初相是 φ_1，S_1 到 P 点的距离是 r_1；波在 S_2 点的初相是 φ_2，S_2 到 P 点的距离是 r_2，以 k 代表零或正、负整数，则 P 点是干涉极大的条件为[　　]

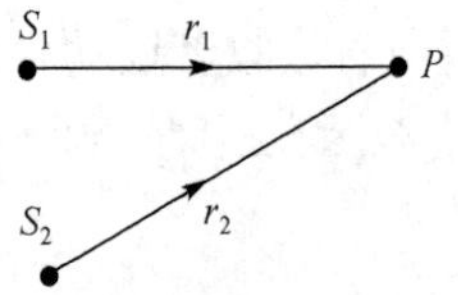

基础检测题 5 图

(A) $r_2 - r_1 = k\lambda$

(B) $\varphi_2 - \varphi_1 = 2k\pi$

(C) $\varphi_2 - \varphi_1 + 2\pi(r_2 - r_1)/\lambda = 2k\pi$

(D) $\varphi_2 - \varphi_1 + 2\pi(r_1 - r_2)/\lambda = 2k\pi$

6. 【波的叠加】两相干波源 S_1 和 S_2，相距为 $\frac{3}{2}\lambda$，其初相位相同，且振幅均为 $1.0\times10^{-2}\,\text{m}$，则在波源 S_1 和 S_2 连线的中垂线上任意一点，两列波叠加后的振幅为[　　]

(A) 0　　(B) $1.0\times10^{-2}\,\text{m}$　　(C) $\sqrt{2}\times10^{-2}\,\text{m}$　　(D) $2.0\times10^{-2}\,\text{m}$

7. 【驻波振幅】两列相干波 $y_1 = A\cos 2\pi(\nu t - x/\lambda)$ 和 $y_2 = A\cos 2\pi(\nu t + x/\lambda)$，在叠加后形成的驻波中，各处简谐振动的振幅是[　　]

(A) A　　(B) $2A$　　(C) $2A\cos(2\pi x/\lambda)$　　(D) $|2A\cos(2\pi x/\lambda)|$

8. 【驻波相位】在驻波中，两个相邻波节间各质点的振动[　　]

(A)振幅相同，相位相同　　(B)振幅不同，相位相同

(C)振幅相同，相位不同　　(D)振幅不同，相位不同

9. 【驻波相位差】某时刻驻波波形曲线如图所示，则 a、b 两点振动的相位差是[　　]

(A) 0　　(B) $\frac{1}{2}\pi$　　(C) π　　(D) $5\pi/4$

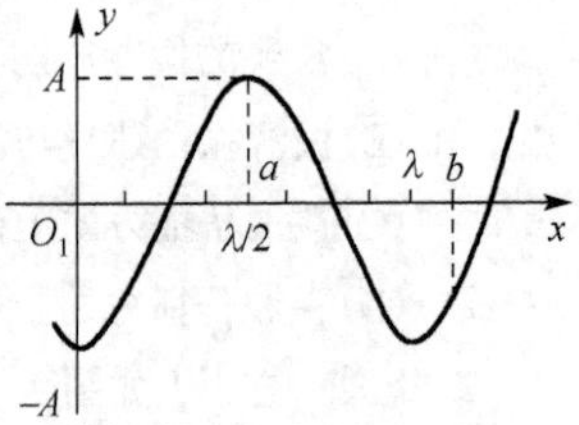

基础检测题 9 图

10. 【多普勒效应】设声波在介质中的传播速度为 u，声源的频率为 ν_S. 若声源 S 不动，而接收器 R 相对于介质以速度 v_R 沿着 S、R 连线向着声源 S 运动，则位于 S、R 连线中点的质点 P 的振动频率为[　　]

(A) ν_S　　(B) $\frac{u+v_R}{u}\nu_S$　　(C) $\frac{u}{u+v_R}\nu_S$　　(D) $\frac{u}{u-v_R}\nu_S$

11. 【电磁波】电磁波在自由空间传播时，电场强度 $\boldsymbol{E}$ 与磁场强度 $\boldsymbol{H}$[　　]

(A)在垂直于传播方向上的同一条直线上

(B)朝互相垂直的两个方向传播

(C)互相垂直，且都垂直于传播方向

(D)有相位差 $\frac{1}{2}\pi$

12. 【光速】光速 c 与 ε_0、μ_0 间的关系是[　　]

(A) $c=\sqrt{\frac{\varepsilon_0}{\mu_0}}$　　(B) $c=\sqrt{\frac{\mu_0}{\varepsilon_0}}$　　(C) $c=\sqrt{\frac{1}{\varepsilon_0\mu_0}}$　　(D) $c=\sqrt{\mu_0\varepsilon_0}$

二、填空题

13. 【波动中的相位差】一平面简谐波，波速为 6.0m/s，振动周期为 0.1s，则波长为________. 在波的传播方向上，有两质点(其间距离小于波长)的振动相位差为 $5\pi/6$，则此两质点相距________.

14. 【平面简谐波波函数的应用】一平面简谐机械波沿 x 轴正方向传播，波动表达式为 $y=0.2\cos\left(\pi t-\dfrac{1}{2}\pi x\right)$ (SI)，则 $x=-3\text{m}$ 处介质质点的振动加速度 a 的表达式为________.

15. 【平均能流】一个波源位于 O 点，以 O 为圆心作两个同心球面，它们的半径分别为 R_1 和 R_2，在两个球面上分别取相等的面积 ΔS_1 和 ΔS_2，则通过它们的平均能流之比 $\overline{P}_1/\overline{P}_2=$________.

16. 【干涉相消】如图所示，S_1、S_2 为振动频率相同、振动方向相互平行的两个点波源，振动方向垂直纸面，两者相距 $\dfrac{3}{2}\lambda$（λ 为波长），已知 S_1 的初相位为 $\dfrac{1}{2}\pi$.

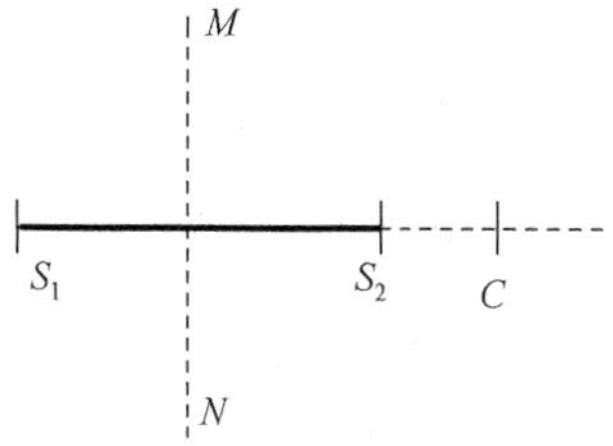

基础检测题 16 图

(1) 若使射线 S_2C 上各点由两列波引起的振动均干涉相消，则 S_2 的初相位应为________.

(2) 若使 S_1S_2 连线的中垂线 MN 上各点由两列波引起的振动均干涉相消，则 S_2 的初相位应为________.

17. 【驻波相位差】一驻波表达式为 $y=A\cos 2\pi x\cos 100\pi t$. 位于 $x_1=\dfrac{3}{8}\text{m}$ 的质元 P_1 与位于 $x_2=\dfrac{5}{8}\text{m}$ 处的质元 P_2 的振动相位差为________.

18. 【多普勒效应】一列火车以 20m/s 的速度行驶，若机车汽笛的频率为 600Hz，一静止观测者在机车前和机车后所听到的声音频率分别为________和________(设空气中声速为 340m/s).

11.6.2 巩固提高

一、单选题

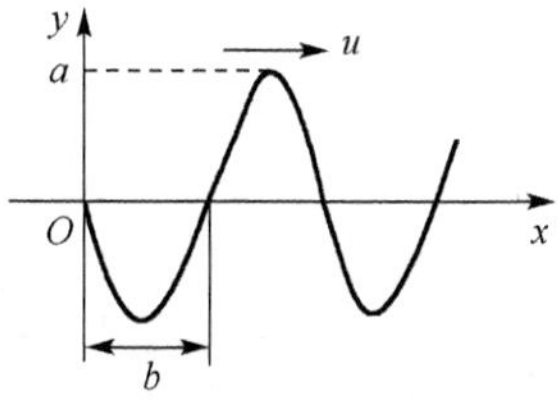

巩固提高题 1 图

1. 一平面简谐波以速度 u 沿 x 轴正方向传播，在 $t=t'$ 时波形曲线如图所示，则坐标原点 O 的振动方程为[　　]

(A) $y=a\cos\left[\dfrac{u}{b}(t-t')+\dfrac{\pi}{2}\right]$　　(B) $y=a\cos\left[2\pi\dfrac{u}{b}(t-t')-\dfrac{\pi}{2}\right]$

(C) $y=a\cos\left[\pi\dfrac{u}{b}(t+t')+\dfrac{\pi}{2}\right]$　　(D) $y=a\cos\left[\pi\dfrac{u}{b}(t-t')-\dfrac{\pi}{2}\right]$

2. 图中画出的是一向右传播的简谐波在 t 时刻的波形图，BC 为波密介质的反射面，波由 P 点反射，则反射波在 t 时刻的波形图为[　　]

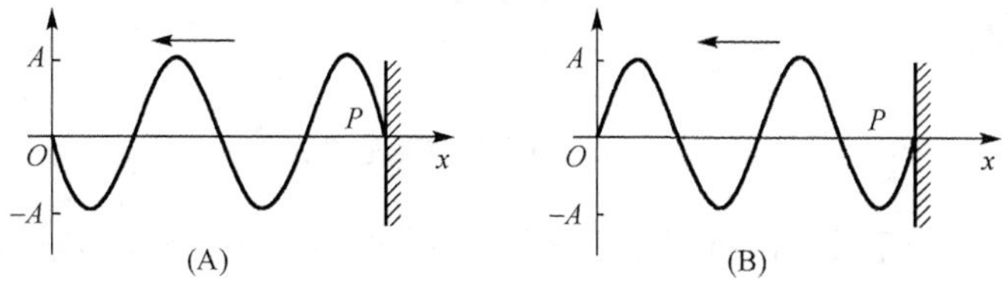

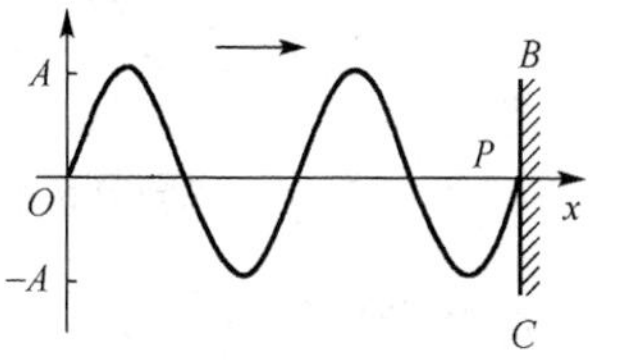

巩固提高题 2 图

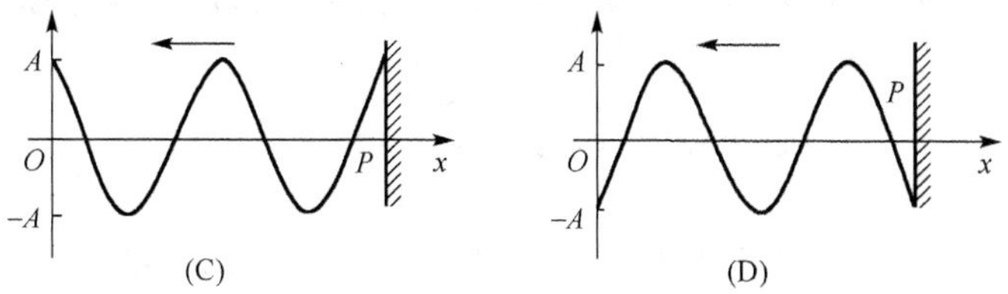

3. 如图所示，两相干波源 S_1 和 S_2 相距 $\lambda/4$（λ 为波长），S_1 的相位比 S_2 的相位超前 $\pi/2$，在 S_1、S_2 的连线上 S_1 左侧各点(例如 P 点)两波引起的两谐振动的相位差是[　　]

(A) 0　　(B) $\dfrac{1}{2}\pi$　　(C) π　　(D) $\dfrac{3}{2}\pi$

4. 如图所示，两相干波源 S_1 和 S_2 发出波长均为 λ 的平面简谐波，其振动方向均垂直于纸面，P 点是两列波相遇区域的一点，已知 $\overline{S_1P}=2\lambda$，$\overline{S_2P}=2.2\lambda$，两列波在 P 点发生相消干涉，若 S_1 的振动方程为 $y_1=A\cos\left(2\pi t+\dfrac{1}{2}\pi\right)$，则 S_2 的振动方程为[　　]

(A) $y_2=A\cos\left(2\pi t-\dfrac{1}{2}\pi\right)$　　(B) $y_2=A\cos(2\pi t-\pi)$

(C) $y_2=A\cos\left(2\pi t+\dfrac{1}{2}\pi\right)$　　(D) $y_2=A\cos(2\pi t-0.1\pi)$

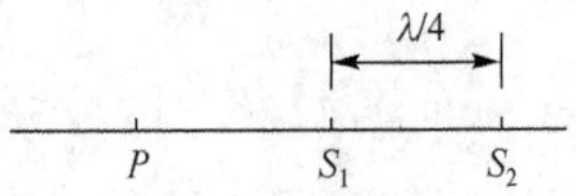

巩固提高题 3 图

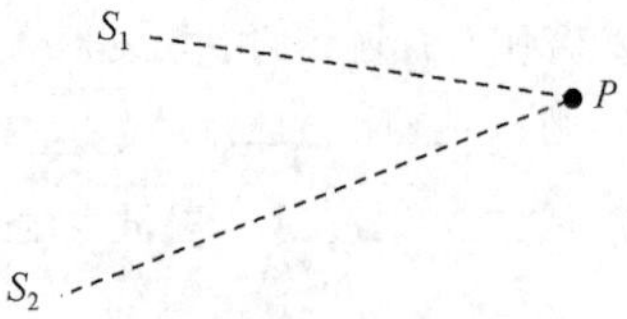

巩固提高题 4 图

5. 一列机械横波在 t 时刻的波形曲线如图所示，则该时刻能量为最大值的介质质元的位置是[　　]

(A) o'、b、d、f　　(B) a、c、e、g　　(C) o'、d　　(D) b、f

6. 一辆机车以 30m/s 的速度驶近一位静止的观察者，如果机车的汽笛的频率为 550Hz，此观察者听到的声音频率是(空气中声速为 330m/s)[　　]

(A) 605Hz　　(B) 600Hz　　(C) 540Hz　　(D) 500Hz

7. 一横波以波速 u 沿 x 轴负方向传播. t 时刻波形曲线如图所示，则该时刻[　　]

(A) A 点振动速度大于零　　(B) B 点静止不动

(C) C 点向下运动　　(D) D 点振动速度小于零

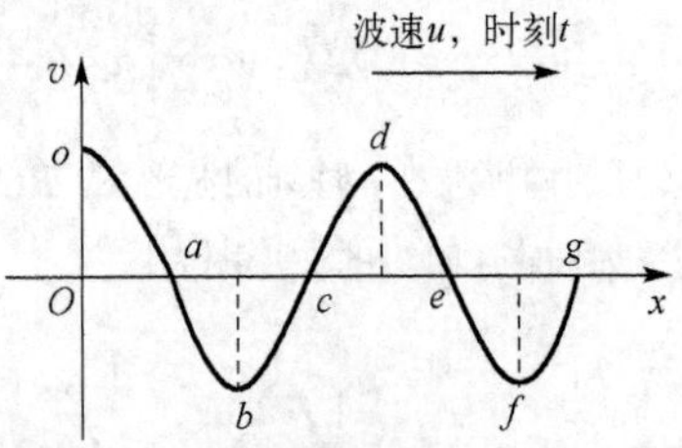

巩固提高题 5 图

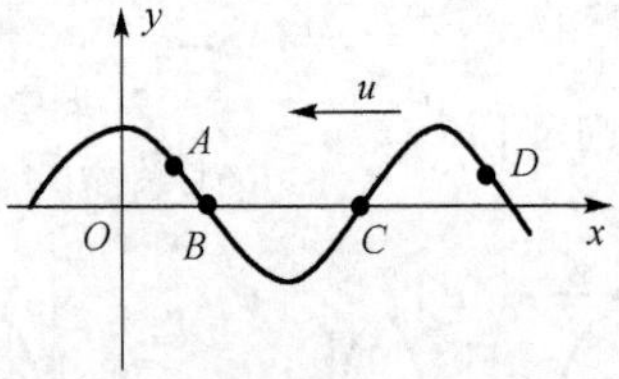

巩固提高题 7 图

8. 两质点各自沿 x 方向做简谐振动，它们的振幅相同、周期相同. 第一个质点的振动方程为 $x_1=A\cos(\omega t+\alpha)$. 当第一个质点从相对于其平衡位置的正位移处回到平衡位置时，第二个质点正在最大正位移处，则第二个质点的振动方程为[　　]

(A) $x_2=A\cos\left(\omega t+\alpha+\dfrac{1}{2}\pi\right)$　　(B) $x_2=A\cos\left(\omega t+\alpha-\dfrac{1}{2}\pi\right)$

(C) $x_2=A\cos\left(\omega t+\alpha-\dfrac{3}{2}\pi\right)$　　(D) $x_2=A\cos(\omega t+\alpha+\pi)$

9. 一简谐横波沿 Ox 轴传播. 若 Ox 轴上 P_1 和 P_2 两点相距 $\lambda/8$（其中 λ 为该波的波长），则在波的传播过

程中，这两点振动速度的[　　]

(A)方向总是相同　　(B)方向总是相反

(C)方向有时相同，有时相反　　(D)大小总是不相等

10. 如图所示，一平面简谐波以波速 u 沿 x 轴正方向传播，O 为坐标原点，已知 P 点的振动方程为 $y = A\cos\omega t$，则[　　]

(A) O 点的振动方程为 $y = A\cos\omega(t - l/u)$

(B)波的表达式为 $y = A\cos\omega[t - (l/u) - (x/u)]$

(C)波的表达式为 $y = A\cos\omega[t + (l/u) - (x/u)]$

(D) C 点的振动方程为 $y = A\cos\omega(t - 3l/u)$

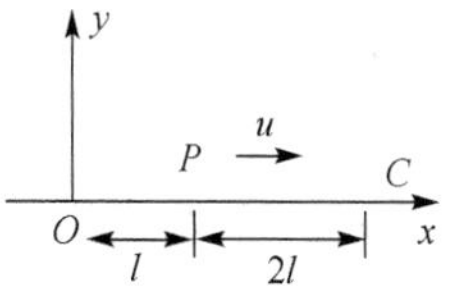

巩固提高题 10 图

二、填空题

11. 已知一平面简谐波的表达式为 $y = A\cos(at - bx)$（a、b 均为正值常量），则波沿 x 轴传播的速度为________.

12. 一平面简谐波沿 x 轴正向传播，振幅为 $2\times10^{-3}\text{m}$，周期为 0.01s，波速为 400m/s，当 $t = 0$ 时，x 轴原点处的质元正通过平衡位置向 y 轴正方向运动，则该简谐波的余弦表达式为________.

13. 一平面简谐波沿 x 轴正方向传播，已知 $x = 0$ 处质点的振动规律为 $y = \cos(\omega t + \varphi_0)$，波速为 u，则坐标为 x_2 处质点相对于 x_1 处质点的相位差为________.

14. 如图所示为两个简谐振动的振动曲线，它们合成的余弦振动的初相为________.

15. 如图所示，S_1 和 S_2 为同相位的两相干波源，相距为 L，P 点距 S_1 为 r；波源 S_1 在 P 点引起的振动振幅为 A_1，波源 S_2 在 P 点引起的振动振幅为 A_2，两波波长都是 λ，则 P 点的振幅 $A =$________.

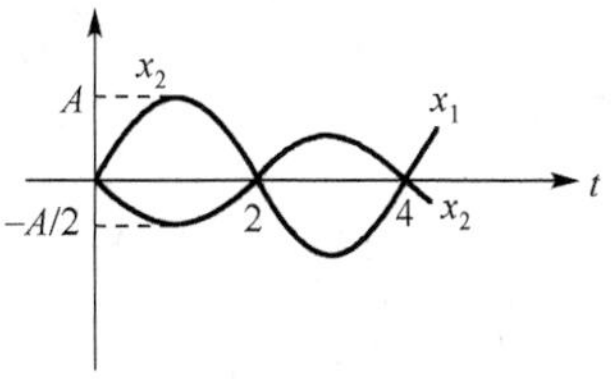

巩固提高题 14 图

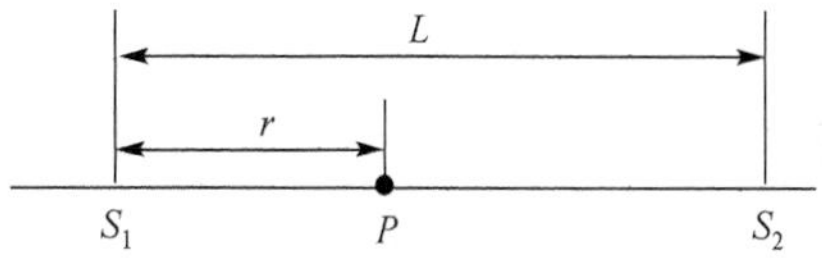

巩固提高题 15 图

16. 一平面简谐机械波在介质中传播时，若一介质质元在 t 时刻的总机械能是 10J，则在 $(t+T)$（T 为波的周期）时刻该介质质元的振动动能是________.

17. 一点波源发出均匀球面波，发射功率为 4W．不计介质对波的吸收，则距离波源为 2m 处的强度是________.

三、计算题

18. 一平面简谐波沿 x 轴正向传播，波速 $u = 200\text{m}\cdot\text{s}^{-1}$，频率 $\nu = 10\text{Hz}$．已知在 $x = 5\text{m}$ 处的质元 P 在 $t = 0.05\text{s}$ 时刻的振动状态为 $y_P = 0$，速度 $v_P = 4\pi\,\text{m}\cdot\text{s}^{-1}$，求此平面波的波函数.

19. 一平面简谐波的振动周期 $T = 0.5\text{s}$，波长 $\lambda = 10\text{m}$，振幅 $A = 1\text{m}$，$t = 0$ 时波源振动的位移恰好为正方向的最大值，若坐标原点和波源重合，且波沿 Ox 轴正方向传播，求：

(1)此波的表达式；

(2) $t_1 = T/4$ 时刻 $x_1 = \lambda/4$ 处质点的位移；

(3) $t_2 = T/2$ 时刻 $x_1 = \lambda/4$ 质点的振动速度.

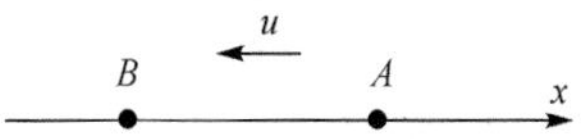

巩固提高题 20 图

20. 平面简谐波以速度 $u=20\text{m}\cdot\text{s}^{-1}$ 沿 x 轴负方向传播，轴上 A 、B 两点间的距离 $s=5.0\text{m}$ ，如图所示. 已知 A 点的振动方程为 $y_A=3.0\cos4\pi t(\text{SI})$ ，请分别以 A 、B 为坐标原点写出波动方程.

21. 如图所示，一平面简谐波沿 x 轴正方向传播，BC 为波密介质的反射面. 波由 P 点反射，$\overline{OP}=3\lambda/4$ ，$\overline{DP}=\lambda/6$. 在 $t=0$ 时，O 处质点的合振动是经过平衡位置向负向运动的. 设入射波和反射波的振幅皆为 A ，频率皆为 ν . 求：

(1) 驻波方程以及 OP 之间波节和波腹的位置；

(2) D 点处入射波和反射波的合振动方程.

22. 一声源 S 的振动频率为 $\nu_S=1000\text{Hz}$ ，相对于空气以 $v_S=30\text{m/s}$ 的速度向右运动，如图所示. 在其运动方向的前方有一反射面 M ，它相对于空气以 $v=60\text{m/s}$ 的速度向左运动. 假设声波在空气中的传播速度为 $u=330\text{m/s}$ ，求：

(1) 在声源 S 右方空气中某点测得 S 发射的声波的波长；

(2) 每秒钟到达反射面的波的数目.

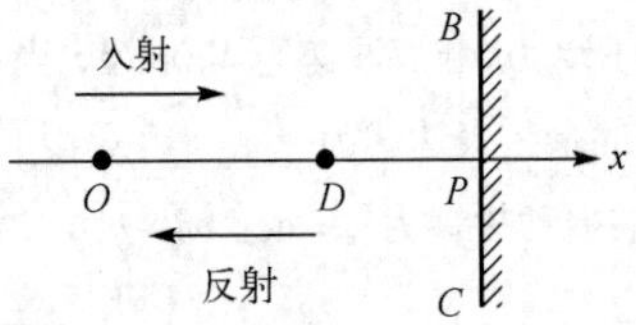

巩固提高题 21 图

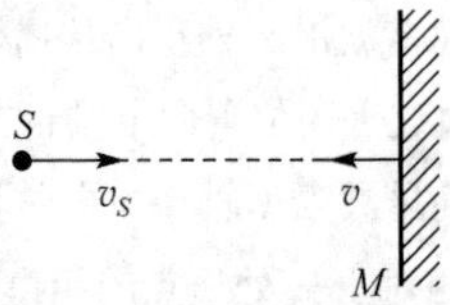

巩固提高题 22 图

23. 一驱逐舰停在海面上，它的水下声呐向一驶进的潜艇发射 $2.8\times10^4\text{Hz}$ 的超声波，该潜艇反射回来的超声波的频率和发射的相差 220Hz，求该潜艇的速度(已知海水中声速为 $1.54\times10^3\text{m/s}$).

11.6 单元检测参考答案

第五篇　波动光学

第 12 章　光的干涉

12.1　基 本 要 求

(1) 了解普通光源发光机理、光的相干条件和获得相干光的方法，理解光程和光程差的概念，掌握用光程差分析干涉现象的思路和方法.

(2) 理解杨氏双缝干涉实验的基本原理，会分析干涉条纹，了解劳埃德镜等类杨氏双缝干涉.

(3) 理解薄膜的等倾干涉，理解增透膜和增反膜的原理.

(4) 理解薄膜的等厚干涉，掌握劈尖、牛顿环等装置的干涉条纹规律.

(5) 了解迈克耳孙干涉仪的结构、原理及其典型应用.

12.2　学 习 导 引

(1) 本章主要学习光的干涉，主要包含获得相干光的方法、双缝干涉、薄膜的等倾和等厚干涉、迈克耳孙干涉仪等内容.

(2) 光的干涉是光具有波动性的主要特征之一，是波动光学的基础. 光的干涉与光的叠加有区别也有联系：光的干涉是两列光波在满足相干条件下的叠加，不满足相干条件的叠加不是光的干涉. 光波的相干条件与机械波的相干条件相同，即光矢量的振动方向相同、频率相同、相位差恒定. 相干是波动与波动的相互作用，相干的结果是两列波的能量在叠加区域内重新分配，从而产生新的能量分布，而能量的重新分布在观测屏上表现为明暗相间的条纹分布.

(3) 由于普通光源任意一列光波的发射都是偶然的、彼此不相关的，其频率、相位、振动方向各不相同，因此，由两个独立的光源或同一个光源上的不同部分所发出的光是不相干的，光源上相同部分在不同时刻发出的光也是不相干的. 学习本章时，要注意理解获得相干光的思想，即“同出一源，分之为二”的思想. 从普通光源获得相干光的方法有分波阵面法和分振幅法. 分波阵面法就是利用一束光的同一波阵面的不同部分来产生两束相干光，分振幅法就是利用一束入射光的同一波阵面上的同一部分通过反射和折射来产生相干光.

(4) 为了方便计算光矢量的相位和相位差，本章引入了光程的概念，给出了薄透镜的等光程性. 由于在不同介质中光的传播速率不同，光程是将光在介质中传播的路程换算成在真空中传播的路程. 初相位相同的两束相干光在相遇时，相位差与光程差的关系为 $\Delta\varphi=\dfrac{2\pi}{\lambda}\delta$，由此可得到用光程差表示的干涉相长和干涉相消的条件，这是判断明暗条纹分布的依据，也是本章的关键所在. 薄透镜的等光程性，即薄透镜只能改变光波的传播方向，但不引起附加光程差，这为计算光程差提供了便利.

(5)杨氏双缝干涉实验是利用分波阵面法获得相干光、观测光的干涉现象的典型实验，在光学发展史上具有重要地位. 依据杨氏双缝干涉实验可以从双缝间距、缝与屏之间的距离和入射光波的波长等信息得到明暗条纹位置的分布，反过来也可以从明暗条纹的位置分布推算出相干光的波长等信息. 菲涅耳双镜实验、劳埃德镜实验都借鉴了杨氏双缝干涉实验的思想. 在劳埃德镜实验中引入了半波损失的概念，即光从光疏介质正入射或掠入射到光密介质界面反射时，反射光较入射光有π的相位突变. 在计算光程差时，应考虑有无半波损失，如果有，则应计入与相位突变π相应的光程差$\dfrac{\lambda}{2}$，这一点与机械波的情形类似.

(6)薄膜干涉是利用分振幅法获得相干光，观测光的干涉现象的典型例子. 在计算反射光或透射光光程差时，首先要考虑由两束相干光的几何路程不同而产生的光程差，其次要考虑是否计入半波损失. 如果两束相干光都是从光疏介质到光密介质界面反射，或者都是从光密介质到光疏介质界面反射，则不会引起附加光程差，光程差中不计入半波损失，反之，如果只有一束光是从光疏介质到光密介质界面的反射，则需要计入半波损失. 当计入半波损失时，反射光或透射光光程差为$\delta = 2e\sqrt{n_2^2 - n_1^2 \sin^2 i} + \dfrac{\lambda}{2}$，当光程差为波长整数倍时形成明条纹，当光程差为半波长的奇数倍时形成暗条纹. 学习时注意反射光和透射光的光程差总是相差半个波长，即反射光的干涉条纹和透射光的干涉条纹互补.

(7)由光程差$\delta = 2e\sqrt{n_2^2 - n_1^2 \sin^2 i} + \dfrac{\lambda}{2}$可知：当薄膜厚度$e$一定时，入射角$i$相同(同一倾角)的光线产生同一级干涉条纹，即等倾干涉条纹；当入射角i一定时，薄膜厚度e相同的地方产生同一级干涉条纹，即等厚干涉条纹. 利用等倾干涉原理可以制成增反膜或增透膜来提高光学仪器对某波长光的反射率或折射率，学习时要注意等倾干涉条纹的特点. 利用等厚干涉原理可以观测劈尖干涉和牛顿环，学习时要注意劈尖干涉图样和牛顿环的特征、理解劈尖干涉的应用和牛顿环半径的求解方法.

(8)迈克耳孙干涉仪是利用分振幅法产生双光束干涉的仪器，它巧妙地利用两个相互垂直的平面镜形成一等效的空气薄膜，从而形成干涉. 如果在光路中加入某种介质还可以实现两光束的光程差变化. 通过学习，不仅要了解迈克耳孙干涉仪的结构和原理，还要了解它在光学检测中的应用.

12.3 思维导图

12.3 思维导图(详细版)

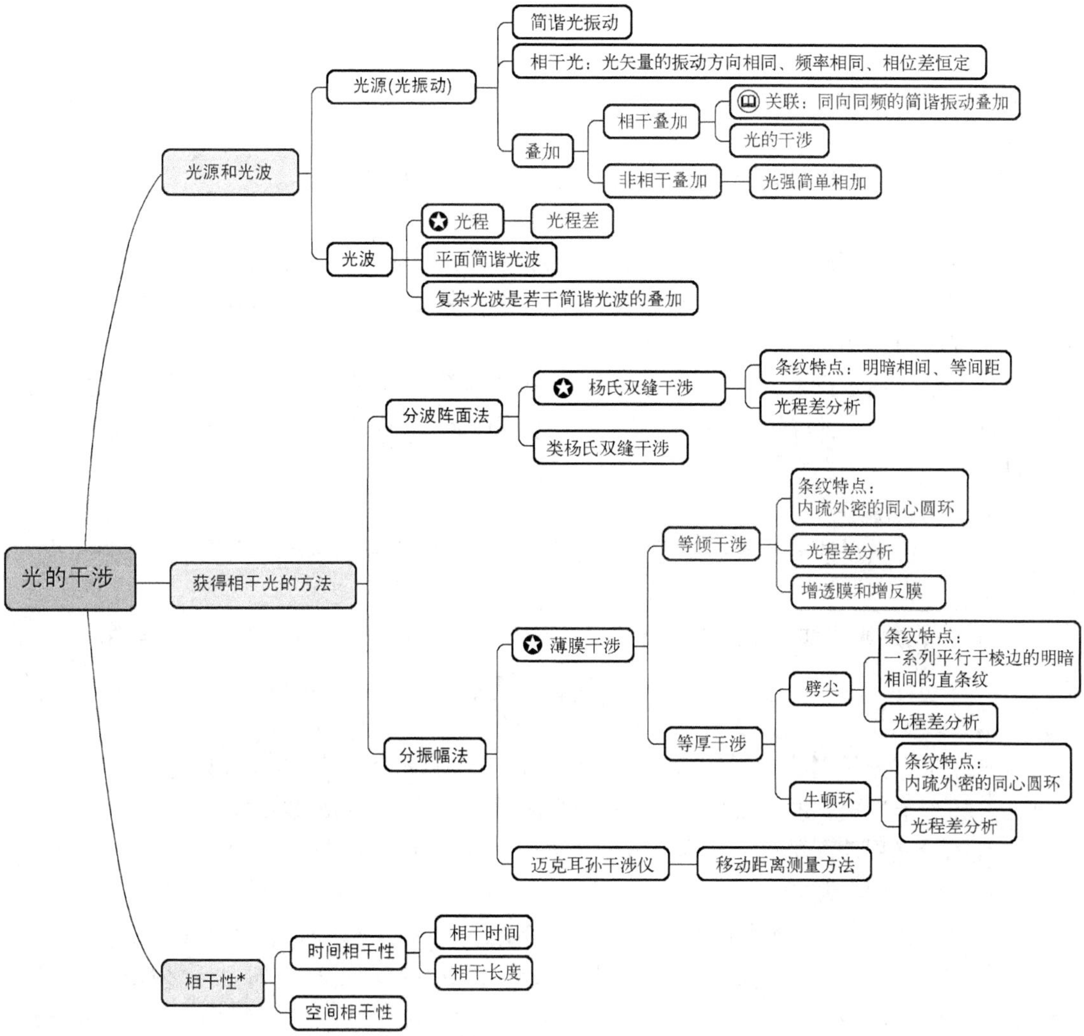

12.4 内容提要

1. 光波

(1)光矢量：电磁波中的电场强度 $\boldsymbol{E}$.

(2)单色光：具有单一频率的光波称为单色光. 实际使用的单色光源是将光波频率限制在一定小范围内的近似. 在真空中，单色光的频率 ν、波长 λ 和光速 c 满足 $c=\lambda\nu$.

当单色光由一种介质进入另一种介质时，光的频率不变；但由于介质的折射率 n 改变，使得光的传播速度 $v=c/n$ 改变，从而波长 $\lambda'=\lambda/n$ 改变.

(3)原子发光的特点：发光是处于激发态的原子(或分子)向低能态跃迁时的电磁辐射，每次发光持续约 10^{-8}s，发出一个有限长度的光波列，具有随机性和间歇性. 不同原子发出的波列，或同一原子不同时刻所发出的波列在频率、振动方向和相位上各自独立，互不相干.

2. 相干光

(1) 光的干涉现象：在光波的相遇区域内，因光振动的叠加而在空间形成光强稳定的加强和减弱的分布现象.

(2) 相干光的条件：频率相同、振动方向相同、相位差恒定.

(3) 获得相干光的方法.

分波阵面法：将同一列光波的某一波阵面分割为两个部分，使之分别通过不同路径后叠加，在一定区域产生干涉现象，杨氏双缝干涉、劳埃德镜、菲涅耳双面镜是利用分波阵面法获取相干光的典型例子.

分振幅法：通过反射或折射的方法把同一列光波分成两列，这两列光波再相遇时叠加而产生干涉. 薄膜干涉(包括增透膜、增反膜、劈尖干涉、牛顿环等)、迈克耳孙干涉是利用分振幅法获取相干光的典型例子.

(4) 光程、光程差.

光程：单色光在某一介质中所通过的几何路程 r 与该介质折射率 n 的乘积，称为光程 L，即 $L = nr$.

光程差：两束光线通过不同的传播路径相遇时的光程之差. 光程差 δ 与相位差 $\Delta\varphi$ 的关系

$$\Delta\varphi = \frac{2\pi}{\lambda}\delta$$

半波损失：光从光疏介质(折射率小)射向光密介质(折射率大)发生反射时，反射光相位突变 π，相当于光程增加或减少 $\lambda/2$，称为半波损失. 折射光无半波损失.

透镜的等光程性：透镜只改变光波的传播方向，不会产生附加光程差.

(5) 干涉加强和减弱的条件.

当相位差 $\Delta\varphi = \pm 2k\pi$ 或光程差 $\delta = \pm k\lambda (k = 0,1,2,\cdots)$ 时，干涉加强(明纹)；

当相位差 $\Delta\varphi = \pm(2k+1)\pi$ 或光程差 $\delta = \pm(2k+1)\lambda/2 (k = 0,1,2,\cdots)$ 时，干涉减弱(暗纹).

3. 杨氏双缝干涉

(1) 明暗纹条件：光程差 $\delta = \dfrac{d}{D}x = \begin{cases} \pm k\lambda, & k = 0,1,2,\cdots \quad (\text{明纹}) \\ \pm(2k-1)\dfrac{\lambda}{2}, & k = 1,2,\cdots \quad (\text{暗纹}) \end{cases}$

(2) 条纹形状：与狭缝平行的明暗相间的等间距的直条纹，如图 12.1 所示.

(3) 条纹位置(即条纹距中央明纹——0 级明纹的间距).

明纹中心：$x = \pm k\dfrac{D\lambda}{d} \quad (k = 0,1,2,\cdots)$

暗纹中心：$x = \pm(2k-1)\dfrac{D\lambda}{2d} \quad (k = 1,2,\cdots)$

(4) 相邻明纹(或暗纹)间距：$\Delta x = \dfrac{D}{d}\lambda$.

4. 薄膜干涉

(1) 明暗纹条件：如图 12.2 所示，光程差

$$\delta = 2e\sqrt{n_2^2 - n_1^2 \sin^2 i} + \delta' = \begin{cases} k\lambda, & k = 0,1,2,\cdots \quad (\text{明纹}) \\ (2k-1)\dfrac{\lambda}{2}, & k = 1,2,\cdots \quad (\text{暗纹}) \end{cases}$$

因半波损失产生的附加光程差δ'与介质折射率分布、干涉光类型有关，其取值如表 12.1 所示.

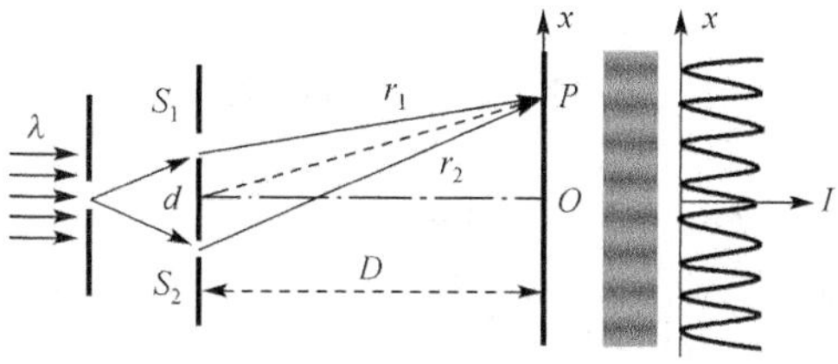

图 12.1　杨氏双缝干涉光路图

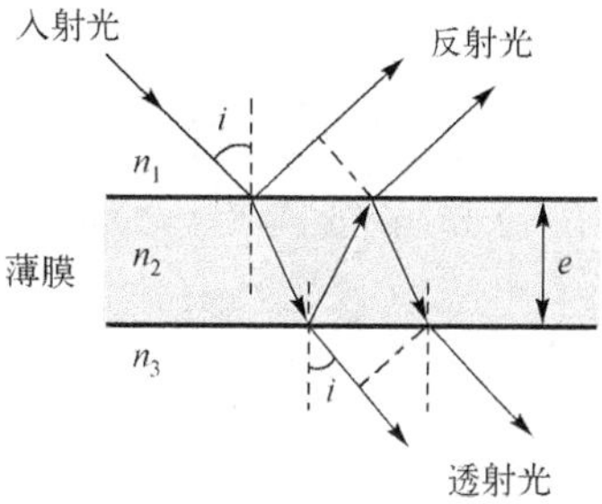

图 12.2　薄膜干涉光路图

表 12.1　不同折射率分布情况的附加光程差

折射率分布	干涉光类型	附加光程差 δ'
$n_1 > n_2 < n_3$ 或 $n_1 < n_2 > n_3$	反射光	$\lambda/2$
	透射光	0
$n_1 > n_2 > n_3$ 或 $n_1 < n_2 < n_3$	反射光	0
	透射光	$\lambda/2$

(2) 反射光与透射光：薄膜一侧的反射光可产生干涉现象，同时另一侧透射光也产生干涉现象. 透射光计算其光程差的过程与反射光干涉的计算方法相同. 透射和反射的光程差相差$\lambda/2$，因而干涉时它们的明暗条纹相反，能量互补.

(3) 增透膜与增反膜：光学成像仪器物镜前表面上均匀的镀一层适当厚度的透明介质膜，利用薄膜干涉现象达到减弱(或增强)玻璃透镜表面对某一波长光波的反射，这称为增透膜(或增反膜). 利用薄膜干涉公式计算波长为λ的单色光垂直入射$(i = 0°)$，介质折射率$n_1 < n_2 < n_3$时，可得增透膜最小厚度为$e = \lambda/(4n_2)$.

(4) 等倾干涉条纹：薄膜厚度e均匀，相同入射角i的入射光形成同一级条纹，如图 12.3 所示，其条纹形状为同心圆环.

(5) 等厚干涉条纹：入射角i固定(以下讨论均为垂直入射$i = 0°$)，相同薄膜厚度e对应同一级条纹，条纹形状与薄膜的等厚线分布有关. 典型的等厚干涉现象是劈尖和牛顿环.

劈尖：指薄膜两表面互不平行，且成很小角度的劈形膜. 如图 12.4 所示，两块平面玻璃板一端接触、另一端以很小夹角垫起，其间的空气膜就形成空气劈尖. 单色平行光垂直照射空气劈尖，光线a经劈尖膜上、下表面反射，形成两条反射光b和c，这两束光在表面附近相遇而产生干涉(注：光线a、b和c几乎在同一条直线上，图中将三条光线错开是为了直观展示光路).

以空气劈尖的折射率条件$n_1 < n_2 > n_3$为例，劈尖厚度为e的地方，b和c的光程差

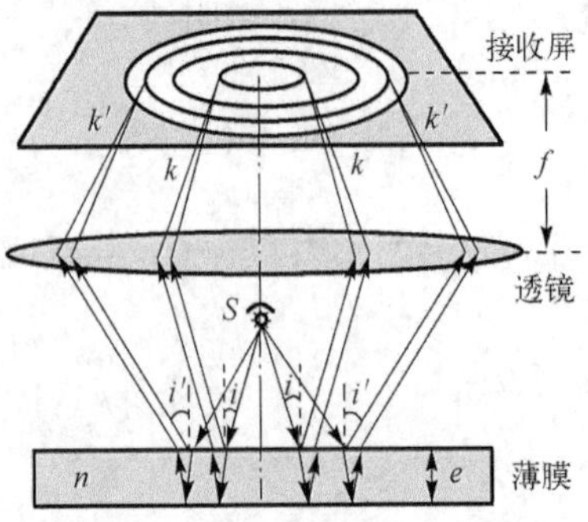

图 12.3 点光源等倾干涉光路图

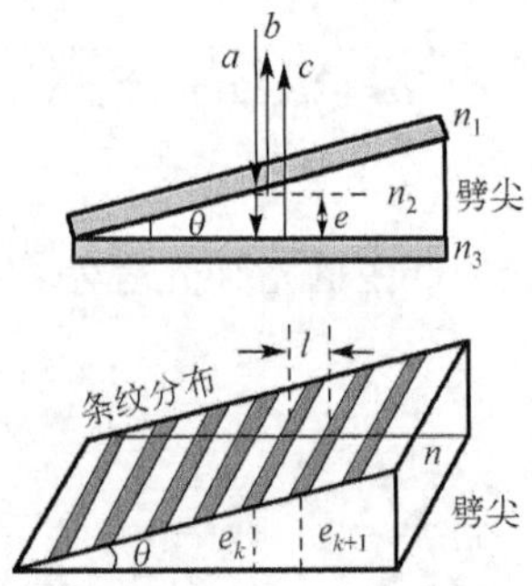

图 12.4 劈尖干涉示意图

$$\delta = 2n_2 e + \frac{\lambda}{2} = \begin{cases} k\lambda, & k = 1,2,\cdots \quad (\text{明条纹}) \\ (2k-1)\dfrac{\lambda}{2}, & k = 1,2,\cdots \quad (\text{暗条纹}) \end{cases}$$

劈尖干涉的图样是明暗相间的等间距的与棱边平行的直条纹. 特别地，在空气劈尖的棱边处，劈尖厚度 $e=0$，则光程差 $\delta = \frac{\lambda}{2}$，因此实际上观察到的是暗条纹.

相邻明纹(或相邻暗纹)之间劈尖的厚度差 $\Delta e = e_{k+1} - e_k = \frac{\lambda}{2n_2}$.

相邻明纹(或相邻暗纹)之间的条纹间距 $l = \frac{\lambda}{2n_2 \sin\theta} \approx \frac{\lambda}{2n_2\theta}$.

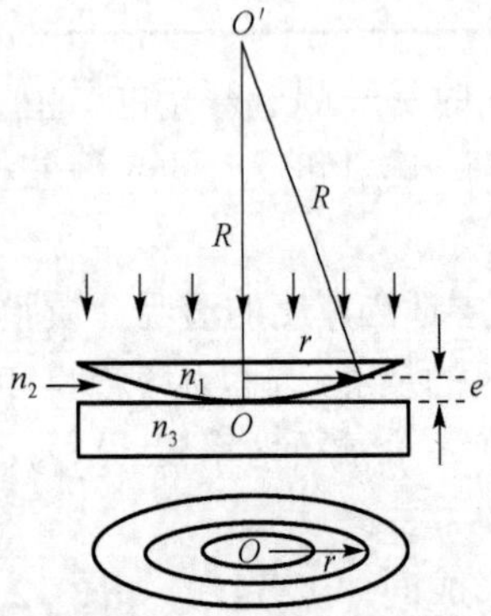

图 12.5 牛顿环示意图

牛顿环：在一块平板玻璃上放一曲率半径为 R 的平凸透镜，在两者之间形成一层平凹球面形的空气薄层，如图 12.5 所示. 用平行光垂直入射，平凸透镜凸球面所反射的光和平玻璃上表面所反射的光在空气薄层的上表面附近相遇发生等厚干涉，形成的干涉图样称为牛顿环.

牛顿环的干涉条纹为内疏外密的同心圆环，中心处为圆形暗斑(计入半波损失).

$$\text{牛顿环半径 } r = \begin{cases} \sqrt{\dfrac{(2k-1)R\lambda}{2n_2}}, & k = 1,2,3,\cdots \quad (\text{明环}) \\ \sqrt{\dfrac{kR\lambda}{n_2}}, & k = 0,1,2,\cdots \quad (\text{暗环}) \end{cases}$$

5. 迈克耳孙干涉仪

迈克耳孙干涉仪是用分振幅法产生双光束干涉的仪器，其干涉情况等效于空气薄膜干涉，可用于长度、折射率及其微小变量的测量.

在迈克耳孙干涉仪中，如图 12.6 所示，有两片精密磨光的平面反射镜 M_1 和 M_2. M_1 可通过精密丝杆前后移动，称为动镜；M_2 固定，称为定镜. G_1 和 G_2 是两块相同的平行玻璃板，但是 G_1 的后表面镀有半透明的薄层银膜，呈半透明，这银膜的作用是将入射光束分成振幅近似相等的透射光和反射光，因此 G_1 称为分光板. G_1、G_2 与 M_1、M_2 分别成 45°放置. M_2' 为 M_2 经分光板 G_1 薄层银面成的像，若 M_1 与 M_2 严格垂直，则 M_2' 与 M_1 严格平行.

从光源 S 发出的光，一路经 G_1 的薄层银面反射，再经 M_1 反射后透过 G_1，形成光束 1. 另一路透过 G_1 和 G_2，经 M_2 反射后再透过 G_2，经 G_1 的薄层银面反射形成光束 2. 两束光 1、2 是相干的，在观察屏 V 处可观察到干涉条纹. 从光路图中可以看出，由于 G_2 的插入，光束 1 同光束 2 一样地三次通过了玻璃板，这样光束 1 和光束 2 的光程差就与它们在玻璃中的光程无关，因此 G_2 称为补偿板.

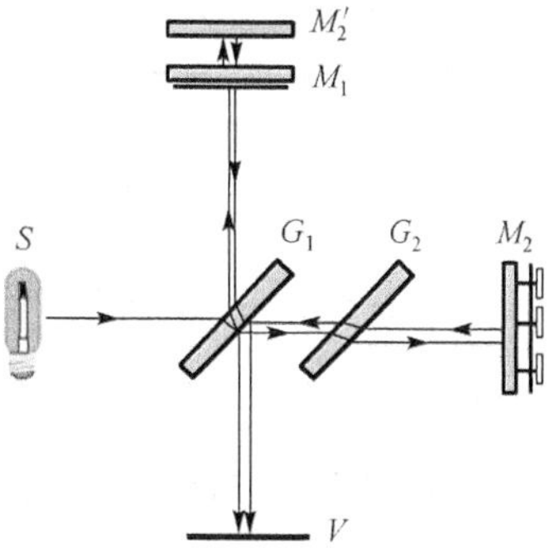

图 12.6 迈克耳孙干涉仪示意图

实验中，动镜移动距离 Δd 与观察屏上的条纹移动数 ΔN 的关系为 $2\Delta d = \Delta N \cdot \lambda$.

当在一条光路中放置厚度为 e、折射率为 n 的介质时，若条纹移动 N 条，则 $2(n-1)e = N\lambda$.

12.5 典型例题

12.5.1 思考题

思考题 1 光程是波动光学中的一个重要概念，如何理解光程？并说明引入光程这一概念的意义.

简答 介质折射率与光在该介质中通过的几何路程的乘积定义为光程. 设光在折射率为 n 的介质中的速率为 u，真空中光速为 c. 因 $n=\dfrac{c}{u}$，则光在介质中通过几何路程 r 所需时间为 $\dfrac{r}{u}=\dfrac{r}{c/n}=\dfrac{nr}{c}$，$\dfrac{nr}{c}$ 正是光在真空中通过几何路程 nr 需要的时间. 这表明光在介质中通过几何路程 r 所需时间与光在真空中通过几何路程 nr 所需时间是相等的. 这样就把光在介质中的传播等效成了光在真空中的传播，即光在介质中以速率 u 通过几何路程 r 时，相当于同一时间内在真空中以速率 c 通过了几何路程 nr.

这种等效所包含的等量关系是两者在相同时间内的相位改变量相同. 从相位改变量的角度看，若光在折射率为 n 的介质中的波长为 λ'，在真空中的波长为 λ，$\lambda'=\dfrac{\lambda}{n}$，光在介质中传播了几何路程 r，相位改变量为 $\dfrac{2\pi}{\lambda'}r=\dfrac{2\pi}{\lambda}nr$，$\dfrac{2\pi}{\lambda}nr$ 正是光在真空中传播几何路程 nr 时的相位改变量. 可见将光在不同介质中的传播统一等效为光在真空中的传播，并未影响其相位改变量，因此不影响干涉结果，避免了不同介质中波长的差异给相位改变的计算带来的麻烦. 将光在不同介质中的传播统一起来，使得讨论和计算简化.

思考题 2 对于如思考题 2 图所示的杨氏双缝干涉实验，请回答下列问题：

(1) 为何仅在中央很小的区域看到清晰的干涉条纹？

(2) 将干涉光的波长变大，干涉条纹如何变化？

(3) 将干涉装置放入水中，干涉条纹如何变化？

(4)将双缝间距变小或者双缝到屏的距离变大，干涉条纹如何变化？

简答 (1)因为离开中央，越向上或向下，两路相干光到达干涉点时光程差越大，大于相干长度时，两条光路上的相干波列就不能在空间相遇，无法进行干涉，所以看不到清晰的干涉条纹.

(2)根据条纹间距 $\Delta x=\dfrac{D\lambda}{nd}$ 可知，波长 λ 变大时，干涉条纹间距变大，反之条纹间距变小.

(3)将干涉装置放入水中，折射率 n 变大，由 $\Delta x=\dfrac{D\lambda}{nd}$ 可知，条纹间距变小.

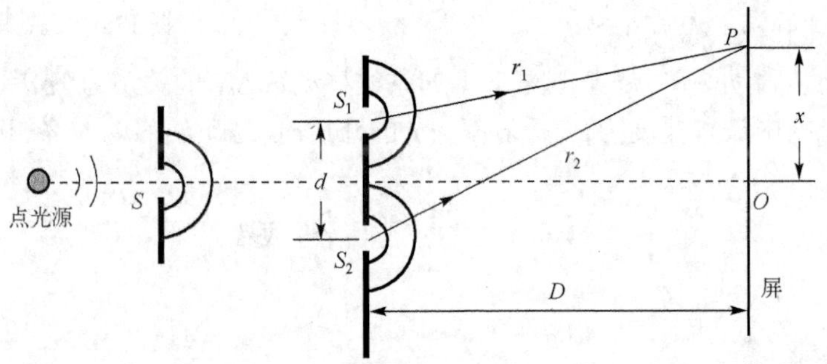

思考题 2 图

(4)将双缝间距变小或者双缝到屏的距离变大，由 $\Delta x=\dfrac{D\lambda}{nd}$ 可知条纹间距变大，反之条纹间距变小.

思考题 3 在如思考题 3 图所示的杨氏双缝干涉实验中：

(1)将单缝 S 略微向上平移，干涉条纹如何变化？若单缝 S 向上平移的幅度过大，会出现什么情况？

(2)用一透光的薄玻璃片盖住双缝中的 S_1 缝，干涉条纹如何变化？若玻璃片厚度过大，会出现什么情况？

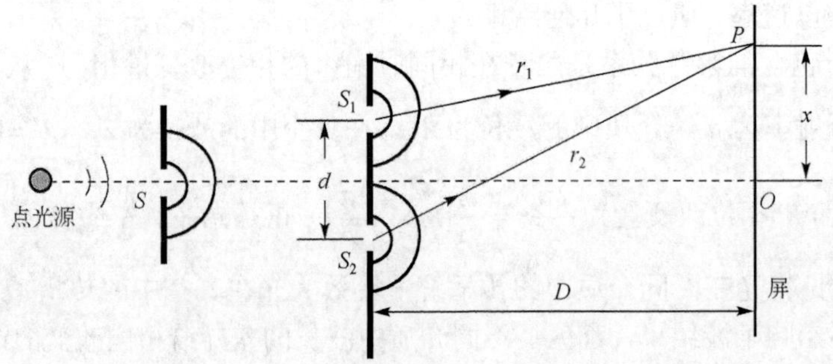

思考题 3 图

简答 (1)将单缝 S 略微向上平移，则等光程干涉点对应的中央明纹下移，条纹整体下移，但条纹间距不变. 若单缝 S 向上平移幅度过大，则两路光程差过大，波列在空间不能相遇，将看不到干涉条纹.

(2)用一透光的薄玻璃片盖住双缝中的S_1缝，则由于玻璃的折射率比空气大，对应于等光程的中央明纹，上边一条光路的几何距离就要变小，因此条纹整体上移. 若玻璃片厚度过大，则两路光程差过大，波列在空间不会相遇，将看不到干涉条纹.

思考题4 薄膜干涉中，光程差$\delta = 2e\sqrt{n_2^2 - n_1^2 \sin^2 i} + \frac{\lambda}{2}$，式中$\frac{\lambda}{2}$称为半波损失项，请问何时计入该项，何时不计入该项？

简答 半波损失项$\frac{\lambda}{2}$是否要计入光程差，与薄膜外两侧介质的折射率有关. 当光经薄膜上下表面反射时，都是由光疏介质到光密介质或都是由光密介质到光疏介质，则半波损失项$\frac{\lambda}{2}$不计入光程差，若一个面是由光疏介质到光密介质，而另外一个面是由光密介质到光疏介质，则半波损失项$\frac{\lambda}{2}$要计入光程差.

思考题5 汽车在潮湿浅水路面上洒落少许柴油，经路面扩散后被阳光一照呈现五颜六色，然而一桶油却看不到如此丰富的色彩，请问这是为什么？

简答 洒落在潮湿浅水路面上的少许柴油在水面扩散形成很薄的一层薄膜，由于薄膜很薄，在太阳光的照射下，经薄膜上下表面反射的两个波列可以在空间相遇，产生薄膜干涉，形成五颜六色的干涉条纹. 然而一桶油却不行，原因在于其油层太厚，由时间相干性可知，这时油层上下表面分出的波列间的光程差大于相干长度，不能在空间相遇，无法产生干涉，因此看不到五颜六色.

思考题6 吹起的肥皂泡在太阳光下呈现五颜六色，并且当彩色消失呈现黑色的瞬间肥皂泡破裂，请对此进行解释.

简答 这是一种薄膜干涉现象. 肥皂泡表面形成了很薄的薄膜，阳光在肥皂泡膜内外表面反射，形成两束相干光，太阳光是复色光，若在肥皂膜的某一处恰好使得某一色光的两束反射光干涉加强，此处看上去就呈现这种光的颜色，肥皂泡各处膜厚不均，则呈现五颜六色. 当肥皂膜的厚度趋于0时，由厚度引起的光程差消失，光程差只有半波损失引起的$\lambda/2$，各种颜色的光经膜的内外表面反射，相位差都是$\pi/2$，各色反射光干涉相消，呈黑色的同时肥皂泡破裂.

思考题7 为什么有些照相机的镜头在太阳光的照射下呈现蓝紫色？

简答 很多光学仪器如录像机、手机的摄像头，通常由许多透镜组成，为了减少入射光能量在透镜的玻璃表面上反射引起的损失，常在摄像头表面上镀一层透明薄膜，使其折射率介于空气和玻璃之间，膜的厚度适当时，可使某种波长的反射光因干涉而减弱，这样就增强了这种色光的透射，这种使透射光增强的薄膜称为该色光的增透膜. 如果光学仪器摄像头上镀的增透膜使对人眼视觉最灵敏的黄绿光反射减弱、透射增强，则反射光中黄绿光减少了，这种光学仪器的摄像头在太阳光的照射下，就呈现蓝紫色.

思考题8 请问在劈尖干涉实验中，保持劈尖薄膜的下表面不动，

(1)将上表面向上平移来增大膜厚；

(2)将上表面以棱边为轴向上旋转来同时增大膜厚和劈尖顶角.

两种情况各自会出现什么现象？

简答 以波长为λ的单色光垂直入射空气劈尖为例，明纹的光程差满足条件$\delta_k = 2e_k + \frac{\lambda}{2} = k\lambda$，$k = 0,1,2,\cdots$，给定的第$k$级明纹对应着确定的光程差$\delta_k$和膜厚$e_k$.

(1)当薄膜上表面向上平移时，第k级明条纹膜厚e_k的位置必然要向棱边方向平移，由于劈尖顶角不变且薄膜各处膜厚的增加量相同，所以干涉条纹保持原来的间距整体向棱边方向平移，视场中每个点移过的条纹数相等，条纹依次从棱边处消失.

(2)当薄膜上表面以棱边为轴向上微小旋转时，顶角θ变大，由条纹间距l和劈尖顶角θ之间的关系$l = \frac{\lambda}{2\sin\theta}$可知，条纹变得密集了. 劈尖各处膜厚都在增加，但距离棱边越近，膜厚的增加量越小，由膜厚改变量Δd与该处移过的条纹数N的关系$\Delta d = N\frac{\lambda}{2}$可知，视场中各点移过的条纹数不同，距离棱边越近的地方移过的条纹数越少. 这时，各级条纹整体向棱边方向移动的同时变得密集了，而棱边处的膜厚为零保持不变，因此棱边处没有条纹移过.

思考题 9 等倾干涉和牛顿环干涉均会产生同心圆环状干涉条纹，请说明这两种同心圆环状干涉条纹的区别.

简答 等倾干涉和牛顿环干涉均属于薄膜干涉，干涉条纹均是一组内疏外密的同心圆环. 等倾干涉条纹越向内，干涉级次越高；牛顿环是等厚干涉，干涉条纹越向外，干涉级次越高；若增大薄膜厚度，等倾干涉条纹将由中心向外冒出，而牛顿环干涉条纹则向中心淹没.

思考题 10 迈克耳孙干涉仪如思考题10图所示，请问什么情况下看到等倾干涉条纹，什么情况下看到等厚干涉条纹？

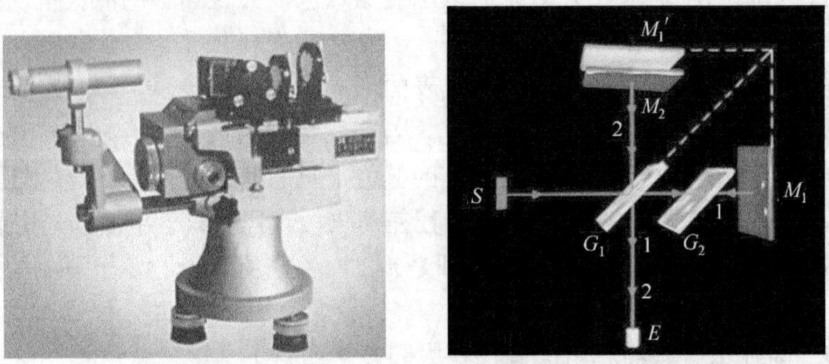

(a) (b)

思考题10图

简答 迈克耳孙干涉仪中，G_1、G_2与M_1、M_2成45°放置，M_1'为M_1经G_1成的像. 若M_1与M_2严格垂直，则M_1'与M_2严格平行，此时产生环状等倾干涉条纹；若M_1与M_2不严格垂直，则M_1'与M_2不严格平行，此时产生劈尖等厚干涉条纹.

12.5.2 计算题

计算题 1 在杨氏双缝实验中，设两缝间的距离$d = 0.2\text{mm}$，屏与缝间的距离$D = 100\text{cm}$.

(1)当波长$\lambda = 589\text{nm}$的单色光垂直入射双缝时，求10条干涉条纹之间的距离；

(2) 若以白光垂直入射，将出现彩色条纹，求第二级光谱的宽度.

【解题思路】 ①杨氏双缝干涉条纹的图样特点是等宽等间距的直条纹，只要求出相邻两个明(暗)条纹的间距，便可得到 10 条干涉条纹之间的距离，即 9 个条纹间距. ②白光由七种颜色的单色光复合而成，其波长范围在 400～760nm 之间，求白光的第二级光谱的宽度，就是利用双缝干涉明纹位置公式，求出波长为 400nm 的紫光和波长为 760nm 的红光的第二级明条纹的坐标位置差.

解 (1) 条纹间距

$$\Delta x = \frac{D\lambda}{d} = \frac{100\times10^{-2}\times589\times10^{-9}}{0.2\times10^{-3}} = 0.2945(\text{cm})$$

而 10 条条纹之间有 9 个条纹间距，所以 10 条干涉条纹之间的距离 $\Delta x'$ 为

$$\Delta x' = 9\Delta x = 2.6505\text{cm}$$

(2) 第二级彩色条纹光谱宽度是指第二级紫光明条纹中心位置到第二级红光明条纹中心位置之间的距离，紫光的波长 $\lambda_1 = 400\text{nm}$，红光的波长 $\lambda_2 = 760\text{nm}$. 杨氏双缝干涉明条纹的位置为

$$x = \frac{kD\lambda}{d}, \qquad k = 0,1,2,\cdots$$

第二级紫光明条纹中心的位置为

$$x_1 = 2\frac{D\lambda_1}{d}$$

第二级红光明条纹中心的位置为

$$x_2 = 2\frac{D\lambda_2}{d}$$

由此可得第二级彩色条纹的光谱宽度 Δx 为

$$\Delta x = x_2 - x_1 = 2\frac{D}{d}(\lambda_2-\lambda_1) = 2\times\frac{100\times10^{-2}}{0.2\times10^{-3}}\times(760-400)\times10^{-9} = 0.36(\text{cm})$$

【延伸思考】

(1) 若波长 $\lambda = 589\text{nm}$ 的单色光垂直入射，则中央明纹两侧两个第五级明纹之间的距离是多少？

(2) 若以白光垂直入射，屏上能呈现出几级清晰的光谱？

(3) 若单色光斜入射到双缝上，如何求光程差和明暗条纹位置？

(4) 若杨氏双缝干涉装置放入折射率为 n 的透明液体中，光程差和条纹间距如何变化？

计算题 2 用很薄的云母片 ($n = 1.58$) 覆盖在杨氏双缝实验中的一条缝上，这时屏幕上的中央明条纹中心由原来第 7 级明条纹中心所占据，如果入射光的波长 $\lambda = 550\text{nm}$，求此云母片的厚度.

【解题思路】 本题考察公式 $(n-1)e = \Delta k\lambda$，其中 Δk 为条纹移动的数目，$(n-1)e$ 为一条

缝覆盖上云母片后，两路光光程差的改变量，光程差改变一个波长，条纹移动一个条纹间距，故有 $(n-1)e=\Delta k\lambda$.

解 根据杨氏双缝干涉明条纹的条件

$$\delta = x\frac{d}{D} = \pm k\lambda, \qquad k=0,1,2,\cdots$$

以及相邻两明条纹间距

$$\Delta x = x_{k+1} - x_k = \frac{D}{d}\lambda$$

可知，中央明条纹每移动一个条纹间距，光程差改变一个波长. 按题意，中央明条纹移动了 7 个间距，所以光程差改变量是

$$\Delta\delta = 7\lambda$$

若云母片的厚度为 e，则由于盖上云母片后所引起的光程差的改变量为

$$\Delta\delta = ne - e = (n-1)e$$

由以上两式，有

$$(n-1)e = 7\lambda$$

解得

$$e = \frac{7\lambda}{n-1} = \frac{7\times 550\times 10^{-9}}{1.58-1} = 6.6\times 10^{-6}(\mathrm{m})$$

【延伸思考】

(1) 本题中若两条狭缝后面各覆盖一个厚度不同的薄云母片，使条纹发生移动，你能根据条纹移动的数目算出两云母片的厚度差吗?

(2) 设未覆盖云母片前，中央明纹所在位置为 O 点，请分析一条缝后面覆盖云母片前后，O 点处两路光的光程差，加深对公式 $(n-1)e=\Delta k\lambda$ 的理解.

计算题 3 两平板玻璃之间形成一个 $\theta=10^{-4}\,\mathrm{rad}$ 的空气劈尖，若用波长 $\lambda=600\mathrm{nm}$ 的单色光垂直入射.

(1) 试求第 15 条明纹距劈尖棱边的距离;

(2) 劈尖中充以某种液体后，观察到第 15 条明纹在玻璃上移动了 0.95cm，试求该液体的折射率.

【解题思路】 ①由劈尖干涉明纹条件可得第 15 条明纹对应的空气膜厚，再根据明纹到棱边的距离与膜厚、劈尖角的几何关系，可得到距离；②劈尖中充以某种液体后，膜由空气膜变为液体膜，膜的折射率发生变化，所以光程差发生变化，导致条纹发生移动. 根据第 15 条明纹移动的距离与膜厚的变化、劈尖角之间的几何关系，可计算出液体的折射率.

解 (1) 设第 15 条明纹对应的空气膜厚度为 e_{15}，则其光程差满足

$$\delta = 2e_{15} + \frac{\lambda}{2} = 15\lambda$$

由此可得

$$e_{15}=\frac{29\lambda}{4}=\frac{29}{4}\times 600\times 10^{-9}=4.35\times 10^{-6}(\text{m})$$

第 15 条明纹距劈尖棱边的距离

$$L_{15}=\frac{e_{15}}{\sin\theta}\approx\frac{e_{15}}{\theta}=\frac{4.35\times 10^{-6}}{10^{-4}}=4.35\times 10^{-2}(\text{m})$$

(2) 若劈尖中充以某种液体，则液体层上、下表面反射光的光程差由 $2e+\lambda/2$ 变为 $2ne+\lambda/2$，所以光程差增大，第 15 条明纹在玻璃片上将向棱边方向移动，设此时第 15 条明纹到棱边的距离为 L'_{15}，所对应的液体的厚度为 e'_{15}，由题意可知

$$2e_{15}=2ne'_{15},\qquad e'_{15}=\frac{e_{15}}{n}$$

$$\Delta L=L_{15}-L'_{15}\approx\frac{e_{15}-e'_{15}}{\theta}=\frac{e_{15}\left(1-\dfrac{1}{n}\right)}{\theta}$$

可解得

$$n=\frac{e_{15}}{e_{15}-\theta\Delta L}=\frac{4.35\times 10^{-6}}{4.35\times 10^{-6}-10^{-4}\times 0.95\times 10^{-2}}\approx 1.28$$

【延伸思考】

(1) 对于劈尖干涉、牛顿环、平行平面膜等薄膜干涉问题，在计算光程差时，要考虑是否需要计入半波损失，同时要注意根据光程差公式判断明暗纹的级次 k 可取哪些值，尤其是能否取零.

(2) 劈尖干涉当膜厚增加或减小时干涉条纹将向哪个方向移动？移动的条纹数目与膜厚的改变量有什么关系？

计算题 4 曲率半径为 R 的平凸透镜平放在一个标准玻璃平板上，以单色光垂直入射，观察反射光的干涉条纹.

(1) 如果测得牛顿环第 m 级和第 p 级明环之间的距离为 l，求波长；

(2) 若光的波长为 600nm，试求观察到第 5 个暗环处的空气膜厚度；

(3) 若在透镜和平玻璃之间充以水，则 (2) 中的第 5 个暗环的半径变大还是变小？

【解题思路】 ①由牛顿环明纹半径公式可求出波长；②由薄膜干涉暗纹公式可计算出第 5 个暗环处的空气膜厚度；③由薄膜干涉暗纹公式，可判断出第 5 个暗环的半径变化情况.

解 (1) 平凸透镜与玻璃平板之间形成空气薄膜，由于空气膜的折射率 $n=1$，根据牛顿环明环半径公式，可得

$$r_m=\sqrt{\frac{(2m-1)R\lambda}{2}},\qquad r_p=\sqrt{\frac{(2p-1)R\lambda}{2}}$$

所以第 m 级和第 p 级明环之间的距离 l 为

$$l=r_m-r_p=\sqrt{\frac{(2m-1)R\lambda}{2}}-\sqrt{\frac{(2p-1)R\lambda}{2}}$$

对上式两边平方并化简得

$$l^2=\left[\sqrt{\frac{(2m-1)R\lambda}{2}}-\sqrt{\frac{(2p-1)R\lambda}{2}}\right]^2$$
$$=R\lambda[m+p-1-\sqrt{(2m-1)(2p-1)}]$$

所以

$$\lambda=\frac{l^2}{R[m+p-1-\sqrt{(2m-1)(2p-1)}]}$$

(2) 空气薄膜干涉暗纹条件为

$$2ne+\frac{\lambda}{2}=(2k+1)\frac{\lambda}{2},\qquad k=0,1,2,\cdots$$

空气膜的折射率 $n=1$，由于 k 从 0 开始取，故第 5 个暗环对应 $k=4$，设第 5 个暗环处的空气膜厚度为 e_4，则由上式可得

$$e_4=\frac{k\lambda}{2}=\frac{4\times600\times10^{-9}}{2}=1.2\times10^{-6}(\mathrm{m})$$

(3) 根据牛顿环暗纹公式

$$r_{暗}=\sqrt{\frac{kR\lambda}{n}}$$

当膜为空气时，$n=1$，当在透镜和平板玻璃之间充入水时，$n=n_{水}$，由于 $n_{水}>n_{空}=1$，所以充水后，所看到的各级暗环半径都比原来变小了(明环半径也变小了).

【延伸思考】

(1) 牛顿环明暗条纹半径公式并不是固定不变的，题中所用的明暗环半径公式是在两束反射光的光程差计入半波损失后，得出的结果. 抛开本题，在某些情况下形成的牛顿环，可使得光程差不计入半波损失，这时明暗环半径公式又是怎样的？请推出来.

(2) 对于空气膜牛顿环，当膜厚增加(或减小)时，形成的明暗干涉条纹将怎样移动？

12.5.3 进阶题

进阶题 1 杨氏双缝干涉实验对光源的大小有所限制，如果光源太大，则不能在屏上观察到干涉条纹. 可采用进阶题 1 图中所示的光路图，其中扩展线光源的宽度为 b，相对双缝对称分布，双缝 S_1 和 S_2 的间距为 d，扩展光源到双缝的距离为 B，双缝到接收屏的距离为 D. 试求出光源的最大线度.

【解题思路】 标准的杨氏双缝干涉实验中要让光源先通过一个小孔或小缝，然后再通过

两个双缝发生干涉，也即相当于使用点光源通过双缝发生的干涉；假如采用扩展光源，则光源的不同部分发出的光在接收屏上形成的干涉条纹会重叠在一起，如果光源的线度太大会导致屏幕上的干涉条纹变得难以分辨.

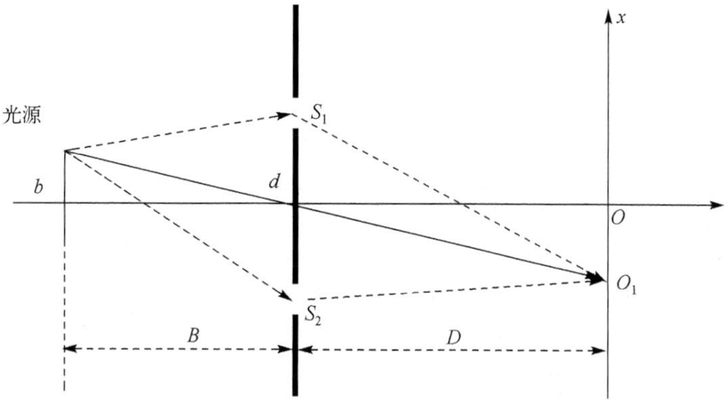

进阶题 1 图

解 方法 1：半波带法求解.

建立如图所示的坐标系，其中光源对称分布，中心位于坐标轴上. 根据杨氏双缝干涉实验的计算结果可知，扩展光源的中心在屏幕上产生的明条纹的位置为

$$x_k = k\frac{D}{d}\lambda, \qquad k = 0, \pm1, \pm2, \cdots$$

暗条纹的位置为

$$x_{\pm\left(k-\frac{1}{2}\right)} = \pm\left(k-\frac{1}{2}\right)\frac{D}{d}\lambda, \qquad k = 1, 2, \cdots$$

利用类似的方法可以得到扩展光源的上端发出的光通过两个狭缝后产生的光程差为

$$\begin{aligned}\delta = r_2 - r_1 &= \sqrt{B^2 + \left(\frac{d}{2}+\frac{b}{2}\right)^2} + \sqrt{D^2 + \left(\frac{d}{2}+x\right)^2} - \sqrt{B^2 + \left(\frac{d}{2}-\frac{b}{2}\right)^2} - \sqrt{D^2 + \left(\frac{d}{2}-x\right)^2} \\ &= x\frac{d}{D} + \frac{b}{2}\frac{d}{B} \end{aligned} \tag{1}$$

其中 r_1 是从扩展光源的上端出发，经过狭缝 S_1 到达屏幕上 O_1 点的光程，而 r_2 是从扩展光源的上端出发，经过狭缝 S_2 到达屏幕上 O_1 点的光程，且计算中假设光源到双缝的间距 B 以及双缝到屏的间距 D 都远大于光源的线度 b 和双缝的间距 d. 于是可知光源的上端发出的光在屏上形成的明条纹的位置

$$x_k' = k\frac{D}{d}\lambda - \frac{b}{2}\frac{D}{B}$$

其中 $k = 0$ 时得到中央明纹的位置为 $x_0' = -\frac{b}{2}\frac{D}{B}$.

当光源的线度增加到某个值 b_0 时，刚好可以把光源分成两个宽度为 $b_0/2$ 的子带(上半段和下半段)，这两个子带上存在一组对应的点光源，使得其中一个(上半段)产生的明条纹的位置和另一个(下半段)产生的暗条纹的位置刚好重叠在一起，此时在屏幕上的干涉条纹消失.

例如，我们可以令扩展光源上端产生的明条纹的位置和扩展光源中心产生的暗条纹的位置重叠，可知

$$x_0' = -\frac{b_0}{2}\frac{D}{B} = x_{-1/2} = -\frac{1}{2}\frac{D}{d}\lambda$$

于是可得扩展光源的最大线度为

$$b_0 = \frac{B}{d}\lambda$$

这种做法与单缝衍射问题中的菲涅耳半波带法类似.

方法 2：积分法求解.

把扩展光源划分为许多无穷小的部分，每部分的宽度为 dx'，则每部分都可以当成点光源来看待. 整个扩展光源的光强便是这些点光源光强的叠加，若单位长度光源产生的光强为 I_0，则每一部分的光强为 $I_0 dx'$. 根据光的叠加原理可得，同一个点光源发出的两束光强为 I 的相干光叠加之后的光强为 $I_{合} = I_1 + I_2 + 2\sqrt{I_1 I_2}\cos\Delta\varphi = 2I(1+\cos\Delta\varphi)$，其中 $\Delta\varphi$ 是相位差. 因此可知扩展光源中心处宽度为 dx' 的微元发出的两束光波在观察屏上的任意一点产生的叠加光强为

$$dI_S = 2I_0 dx'(1+\cos\Delta\varphi) = 2I_0 dx'\left(1+\cos\frac{2\pi}{\lambda}\delta\right)$$

其中 δ 是光程差. 则扩展光源任意位置 x' 处宽度为 dx' 的微元在观察屏上产生的叠加光强为

$$dI = 2I_0 dx'\left(1+\cos\frac{2\pi}{\lambda}\delta'\right) = 2I_0 dx'\left[1+\cos\frac{2\pi}{\lambda}\left(\delta+\frac{d}{B}x'\right)\right]$$

其中光程差 δ' 比扩展光源中心产生的光程差 δ 增加了 $\frac{d}{B}x'$. 对上式积分可得扩展光源在屏上产生的光强为

$$I = \int_{-b/2}^{b/2} 2I_0 dx'\left[1+\cos\frac{2\pi}{\lambda}\left(\delta+\frac{d}{B}x'\right)\right] = 2I_0 b + 2I_0\frac{\lambda B}{\pi d}\cos\left(\frac{2\pi}{\lambda}\delta\right)\sin\left(\frac{\pi}{\lambda}\frac{bd}{B}\right)$$

干涉条纹消失的条件为

$$\frac{b_0 d}{B} = \lambda, \qquad b_0 = \frac{B}{d}\lambda$$

与第一种方法得到的结果完全一致.

进阶题 2 平行薄膜等倾干涉的条纹是一组同心圆环，试证明这些干涉条纹中间的级次高，从中心向外条纹级次依次递减，且条纹的分布内疏外密.

【解题思路】 干涉条纹的分布由光程差决定，因此可以利用平行薄膜等倾干涉的光程差公式来分析干涉条纹的分布特征.

解 方法 1：由平行薄膜等倾干涉的光程差可得明纹条件为

$$\delta = 2e\sqrt{n_2^2 - n_1^2\sin^2 i} + \frac{\lambda}{2} = k\lambda \tag{1}$$

这里我们考虑了半波损失，式中的 k 表示干涉条纹的级次. 从上式可以看出入射光的倾角 i

越大，则光程差越小，对应的干涉条纹级次越低. 因为垂直入射时对应的倾角为 $i=0$，此时光程差最大，干涉级次最高，且最靠近中心.

为了得到条纹分布的特征，我们考虑相邻条纹对应的入射倾角的变化，这可以通过对上式两边取微分得到

$$\Delta(2e\sqrt{n_2^2-n_1^2\sin^2 i})=\Delta k\lambda$$

因为相邻条纹的干涉级次相差 1，也即 $\Delta k=1$，因此可得相邻条纹对应的入射倾角的变化为

$$\Delta i=-\frac{\lambda}{en_1^2\sin 2i}\sqrt{n_2^2-n_1^2\sin^2 i}$$

根据明纹条件(1)式，入射倾角的变化可以跟干涉级次联系起来

$$\Delta i=-\frac{\lambda}{2e^2n_1^2\sin 2i}2e\sqrt{n_2^2-n_1^2\sin^2 i}=-\frac{\lambda^2}{2e^2n_1^2\sin 2i}\left(k-\frac{1}{2}\right)$$

前面的负号再次说明了随着入射倾角 i 增大，干涉级次 k 逐渐减小，同时可以得到入射倾角的改变量 Δi (的绝对值)也越小. 换句话说，干涉级次越小，入射光倾角的改变量也越小，因此条纹分布也越密. 所以等倾干涉的条纹分布是内疏外密.

方法 2：设条纹中心的干涉级次为 m_0，则其满足的干涉条件为

$$\delta_m=2en_2+\frac{\lambda}{2}=m_0\lambda \tag{2}$$

注意一般情况下 m_0 可能不是整数，它可以写成

$$m_0=m_1+\varepsilon$$

式中 m_1 是最接近 m_0 的整数，而 ε 是剩余的小数部分. 因此 m_1 即是最靠近中心的明条纹的干涉级次. 从中心开始往外计算，第 N 个明条纹的干涉级次为 $m_1-(N-1)$，条纹的角半径(即入射光的倾角)记为 θ_{1N}，则有

$$2e\sqrt{n_2^2-n_1^2\sin^2\theta_{1N}}+\frac{\lambda}{2}=2en_2\cos\theta_{2N}+\frac{\lambda}{2}=[m_1-(N-1)]\lambda$$

其中 θ_{2N} 是和入射角 θ_{1N} 对应的折射角. 与中心条纹的干涉条件(2)式联立可得

$$2en_2(1-\cos\theta_{2N})=(N-1+\varepsilon)\lambda$$

一般情况下，θ_{1N} 和 θ_{2N} 都是小量，则有下面的近似：

$$\frac{n_2}{n_1}=\frac{\sin\theta_{1N}}{\sin\theta_{2N}}\approx\frac{\theta_{1N}}{\theta_{2N}},\quad 1-\cos\theta_{2N}\approx\frac{1}{2}\theta_{2N}^2\approx\frac{1}{2}\left(\frac{n_1}{n_2}\right)^2\theta_{1N}^2$$

于是可以得到第 N 个明条纹对应的角半径为

$$\theta_{1N}\approx\frac{1}{n_1}\sqrt{\frac{n_2\lambda}{e}}\sqrt{N-1+\varepsilon}$$

则相邻条纹对应的角间距为

$$\Delta\theta_1\approx\frac{1}{n_1}\sqrt{\frac{n_2\lambda}{e}}\frac{1}{2\sqrt{N-1+\varepsilon}}$$

因此条纹级次越高，对应的N越小，相邻条纹的角间距越大，所以等倾干涉的条纹分布是内疏外密.

12.6 单元检测

12.6.1 基础检测

一、单选题

1. 【相干光】两只电灯发出的光不能在墙壁上看到干涉现象，是由于[　　]

(A)光的波长太短　　(B)光的频率过高

(C)干涉图样太细小难以分辨　　(D)两电灯不是相干光源

2. 【光程】在相同的时间内，一束波长为λ的单色光在空气和在玻璃中[　　]

(A)传播的路程相等，走过的光程相等

(B)传播的路程相等，走过的光程不相等

(C)传播的路程不相等，走过的光程相等

(D)传播的路程不相等，走过的光程不相等

3. 【光程差】如图所示，S_1、S_2是两个相干点光源，它们到P点的距离分别为r_1和r_2. 路径S_1P垂直穿过一块厚度为t_1，折射率为n_1的介质板，路径S_2P垂直穿过厚度为t_2，折射率为n_2的另一介质板，其余部分可看作真空，这两条路径的光程差等于[　　]

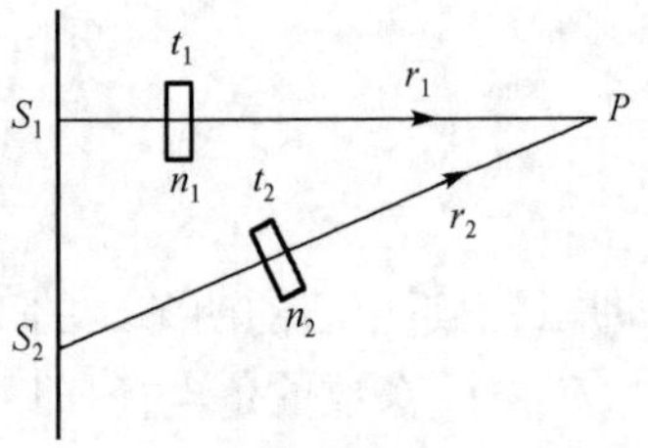

基础检测题 3 图

(A) $(r_2+n_2t_2)-(r_1+n_1t_1)$

(B) $[r_2+(n_2-1)t_2]-[r_1+(n_1-1)t_1]$

(C) $(r_2-n_2t_2)-(r_1-n_1t_1)$

(D) $n_2t_2-n_1t_1$

4. 【杨氏双缝干涉】在双缝干涉实验中，两缝间距离为d，双缝与屏幕之间的距离为$D(D\gg d)$，波长为λ的平行单色光垂直照射到双缝上. 屏幕上干涉条纹中相邻暗纹之间的距离[　　]

(A) $2\lambda D/d$　　(B) $\lambda d/D$　　(C) dD/λ　　(D) $\lambda D/d$

5. 【薄凸透镜光路】当一束平行光经薄凸透镜后，以下说法错误的是[　　]

(A)若平行光沿主光轴入射，则光束会聚在主焦点上

(B)若平行光与主光轴成任意角度θ入射，则光束会聚在副光轴与焦平面的交点(副焦点)上

(C)平行光经薄凸透镜后，不会产生附加的光程差

(D)平行光经薄凸透镜后，会产生附加的光程差

6. 【薄膜干涉光程差】单色平行光垂直照射在薄膜上，经上下两表面反射的两束光发生干涉，如图所示，若薄膜的厚度为e，且$n_1 < n_2 > n_3$，λ_1为入射光在n_1中的波长，则两束反射光的光程差为[　　]

(A) $2n_2e$　　(B) $2n_1e+\lambda_1/(2n_1)$　　(C) $2n_2e+n_1\lambda_1/2$　　(D) $2n_2e+n_2\lambda_1/2$

7. 【半波损失】如图所示，波长为λ的平行单色光垂直入射在折射率为n_2的薄膜上，经上下两个表面反射的两束光发生干涉. 若薄膜厚度为e，而且$n_1>n_2>n_3$，则两束反射光在相遇点的相位差为[　　]

(A) $4\pi n_2e/\lambda$　　(B) $2\pi n_2e/\lambda$　　(C) $(4\pi n_2e/\lambda)+\pi$　　(D) $(2\pi n_2e/\lambda)-\pi$

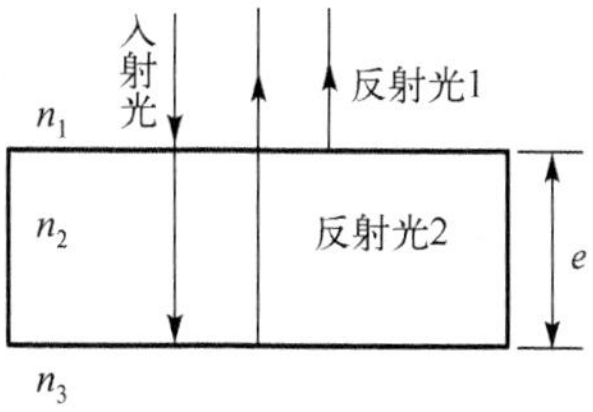

基础检测题 6 图

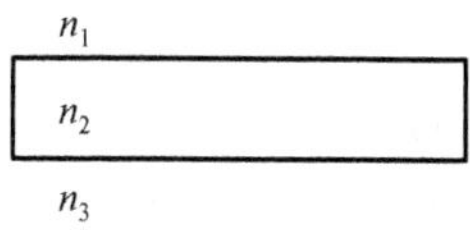

基础检测题 7 图

8. 【劈尖】两块平板玻璃构成空气劈形膜，左边为棱边，用单色平行光垂直入射. 若上面的平板玻璃慢慢地向上平移，则干涉条纹[　　]

(A) 向棱边方向平移，条纹间隔变小　　(B) 向棱边方向平移，条纹间隔变大

(C) 向棱边方向平移，条纹间隔不变　　(D) 向远离棱边的方向平移，条纹间隔不变

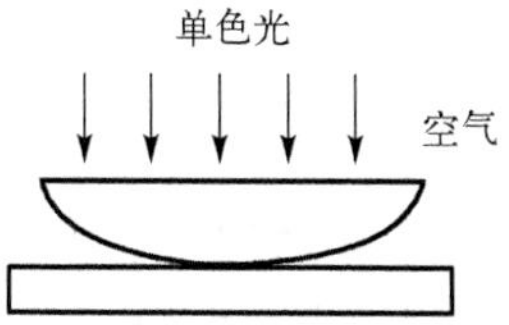

基础检测题 9 图

9. 【牛顿环】如图所示，把一平凸透镜放在平板玻璃上，构成牛顿环装置. 当平凸透镜慢慢地向上平移时，由反射光形成的牛顿环[　　]

(A) 向中心收缩，条纹间隔变小

(B) 向中心收缩，环心呈明暗交替变化

(C) 向外扩张，环心呈明暗交替变化

(D) 向外扩张，条纹间隔变大

10. 【迈克耳孙干涉仪】在迈克耳孙干涉仪的一条光路中，放入一折射率为 n，厚度为 d 的透明薄片，放入后，这条光路的光程改变了[　　]

(A) $2(n-1)d$　　(B) $2nd$　　(C) $2(n-1)d+l/2$　　(D) $(n-1)d$

二、填空题

11. 【相干光光强】光强均为 I_0 的两束相干光相遇而发生干涉时，在相遇区域内有可能出现的最大光强是________.

12. 【双缝干涉】若一双缝装置的两个缝分别被折射率为 n_1 和 n_2 的两块厚度均为 e 的透明介质所遮盖，此时由双缝到屏上原中央明纹所在处的两束光的光程差 $\delta=$________.

13. 【双缝干涉】在双缝干涉实验中，所用单色光波长为 $\lambda=562.5\text{nm}$，双缝与观察屏的距离 $D=1.2\text{m}$，若测得屏上相邻明条纹间距为 $\Delta x=1.5\text{mm}$，则双缝的间距 $d=$________.

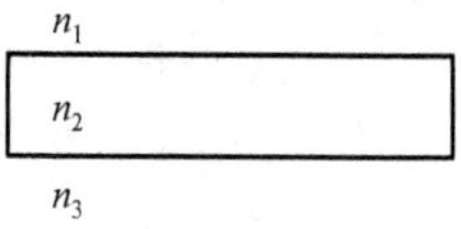

基础检测题 14 图

14. 【薄膜光程差】如图所示，当单色光垂直入射薄膜时，经上下两表面反射的两束光发生干涉. 当 $n_1<n_2<n_3$ 时，其光程差为________；当 $n_1=n_3<n_2$ 时，其光程差为________.

15. 【劈尖干涉】用波长为 λ 的单色光垂直照射折射率为 n 的劈形膜形成等厚干涉条纹，若测得相邻明条纹的间距为 l，则劈尖角 $\theta=$ ________.

16. 【迈克耳孙干涉仪】在迈克耳孙干涉仪中，当动镜移动距离 d 的过程中，观察到干涉条纹移动了 N 条，则所用光波的波长为________.

12.6.2 巩固提高

一、单选题

1. 在真空中波长为 λ 的单色光，在折射率为 n 的透明介质中从 A 沿某路径传播到 B，若 A、B 两点相

位差为 3π，则此路径 AB 的光程为[　　]

(A) 1.5λ　　(B) $1.5\lambda/n$　　(C) $1.5n\lambda$　　(D) 3λ

2. 在双缝干涉实验中，为使屏上的干涉条纹间距变大，可以采取的办法是[　　]

(A) 使屏靠近双缝　　(B) 使两缝的间距变小

(C) 把两个缝的宽度稍微调窄　　(D) 改用波长较小的单色光源

3. 在双缝干涉实验中，设缝是水平的. 若双缝稍微向上平移，其他条件不变，则屏上的干涉条纹[　　]

(A) 向下平移，间距不变　　(B) 向上平移，间距不变

(C) 不移动，但间距改变　　(D) 向上平移，间距改变

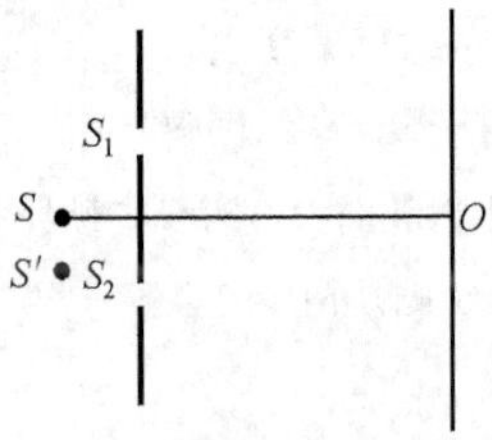

巩固提高题 4 图

4. 在双缝干涉实验中，若单色光源 S 到两缝 S_1、S_2 距离相等，则观察屏上中央明条纹位于图中 O 处. 现将光源 S 向下移动到示意图中的 S' 位置，则[　　]

(A) 中央明条纹向下移动，条纹间距不变

(B) 中央明条纹向上移动，条纹间距不变

(C) 中央明条纹向下移动，条纹间距增大

(D) 中央明条纹向上移动，条纹间距增大

5. 在双缝干涉实验中，用单色自然光，在屏上形成干涉条纹. 若在两缝后放一个偏振片，则[　　]

(A) 干涉条纹的间距不变，但明纹的亮度加强　　(B) 干涉条纹的间距不变，但明纹的亮度减弱

(C) 干涉条纹的间距变窄，且明纹的亮度减弱　　(D) 无干涉条纹

6. 在玻璃(折射率 $n_2=1.60$)表面镀一层 MgF_2 (折射率 $n_3=1.38$) 薄膜作为增透膜. 为了使波长为 500nm 的光从空气($n_1=1.00$)正入射时尽可能少反射，MgF_2 薄膜的最小厚度应是[　　]

(A) 78.1nm　　(B) 90.6nm　　(C) 125nm　　(D) 181nm

7. 由两块玻璃片($n_1=1.75$)形成的空气劈形膜，其一端厚度为零，另一端厚度为 0.002cm. 现用波长为 700nm 的单色平行光，沿入射角为 30° 的方向射在膜的上表面，则形成的明条纹数为[　　]

(A) 28　　(B) 40　　(C) 56　　(D) 100

8. 用劈尖干涉法可检测工件表面缺陷，当波长为 λ 的单色平行光垂直入射时，若观察到的干涉条纹如图所示，每一条纹弯曲部分的顶点恰好与其左边条纹的直线部分的连线相切，则工件表面与条纹弯曲处对应的部分[　　]

(A) 凸起，且高度为 $\lambda/4$　　(B) 凸起，且高度为 $\lambda/2$

(C) 凹陷，且深度为 $\lambda/2$　　(D) 凹陷，且深度为 $\lambda/4$

9. 如图所示，两个直径有微小差别的彼此平行的圆柱之间的距离为 L，夹在两块平晶的中间，形成空气劈形膜，当单色光垂直入射时产生等厚干涉条纹. 如果圆柱之间的距离 L 变大，则在 L 范围内干涉条纹的[　　]

(A) 数目减少，间距变大　　(B) 数目不变，间距变小

(C) 数目增加，间距变小　　(D) 数目不变，间距变大

10. 检验滚珠大小的干涉装置示意如图(a)所示. S 为光源，L 为会聚透镜，M 为半透半反镜. 在平晶 T_1、T_2 之间放置 A、B、C 三个滚珠，其中 A 为标准件，直径为 d_0. 用波长为λ的单色光垂直照射平晶，在 M 上方观察时观察到等厚条纹如图(b)中直线所示. 轻压 C 端，条纹间距变大，则 B 珠的直径 d_1、C 珠的直径 d_2 与 d_0 的关系分别为[　　]

(A) $d_1=d_0+\lambda,\ d_2=d_0+2\lambda$　　(B) $d_1=d_0-\lambda,\ d_2=d_0-2\lambda$

(C) $d_1=d_0+\lambda/2,\ d_2=d_0+\lambda$　　(D) $d_1=d_0-\lambda/2,\ d_2=d_0-\lambda$

11. 如图所示的牛顿环装置，全部浸入 $n=1.60$ 的液体中，凸透镜可沿 OO' 移动，用波长 $l=500$nm 的单色光垂直入射. 从上向下观察，看到中心是一个暗斑，此时凸透镜顶点距平板玻璃的距离最少是[　　]

(A) 156.3nm　　(B) 148.8nm　　(C) 78.1nm　　(D) 74.4nm

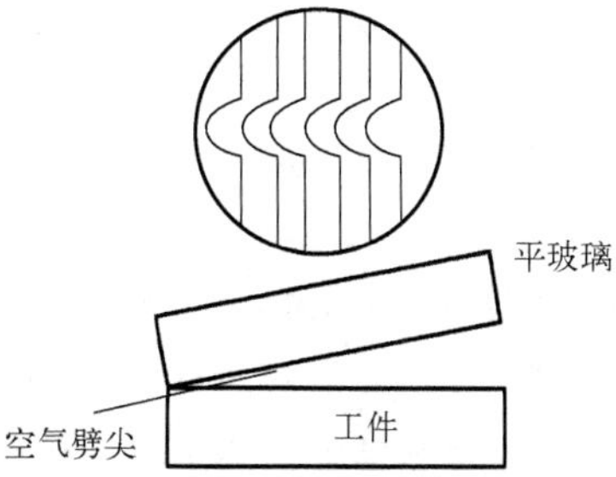

巩固提高题 8 图

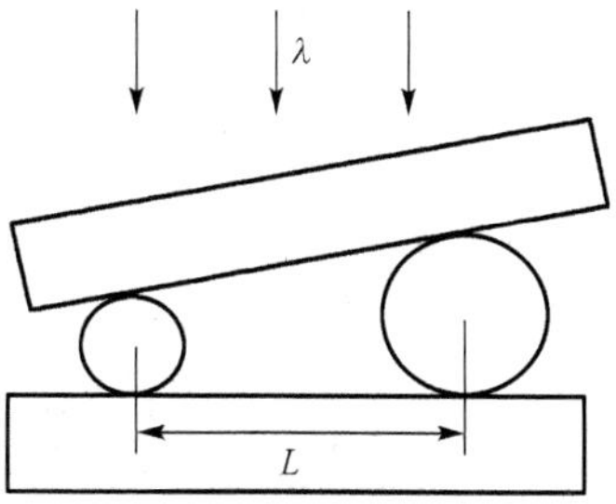

巩固提高题 9 图

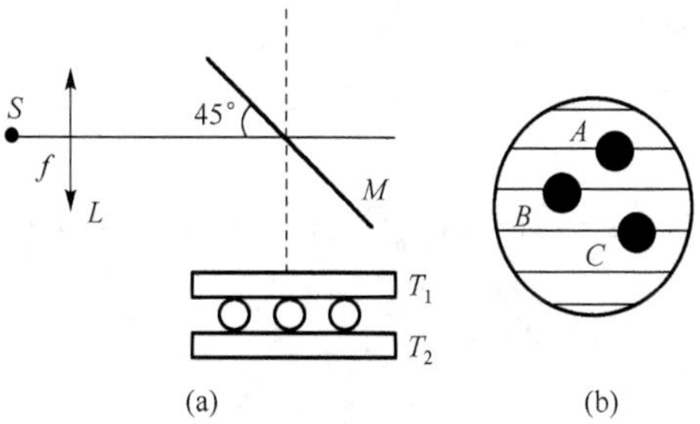

巩固提高题 10 图

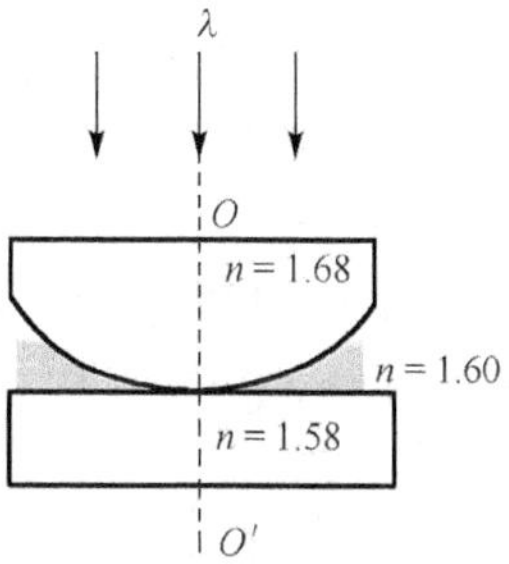

巩固提高题 11 图

二、填空题

12. 如图所示，波长为 λ 的平行单色光斜入射到间距为 d 的双缝上，入射角为 θ. 在图中的屏中央 O 处（$\overline{S_1O}=\overline{S_2O}$），两束相干光的相位差为________.

13. 如图所示，假设有两个同相的相干点光源 S_1 和 S_2，发出波长为 λ 的光. B 是它们连线的中垂线上一点. 若在 S_2 与 B 之间插入厚度为 b、折射率为 n 的薄玻璃片，则两光源发出的光在 B 点的相位差 $\Delta\varphi=$________. 若已知 $\lambda=500$nm，$n=1.5$，B 点恰为第四级明纹中心，则 $b=$________nm. ($1\text{nm}=10^{-9}\text{m}$)

14. 如图所示，在双缝干涉实验中 $SS_1=SS_2$，用波长为 λ 的单色光垂直照射单缝 S，通过空气后在屏幕 E 上形成干涉条纹. 已知 P 点处为第三级明条纹，则 S_1 和 S_2 到 P 点的光程差为________，若将整个装置放于某种透明液体中，P 点为第四级明条纹，则该液体的折射率 $n=$________.

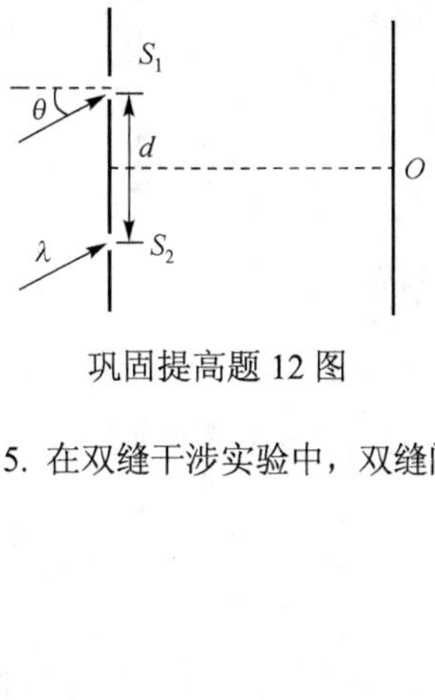

巩固提高题 12 图

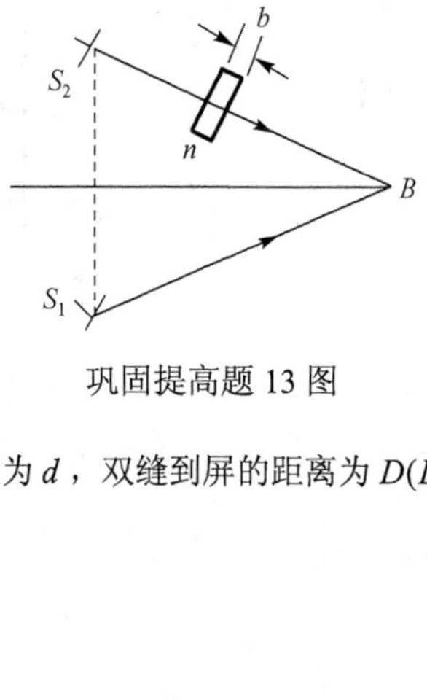

巩固提高题 13 图

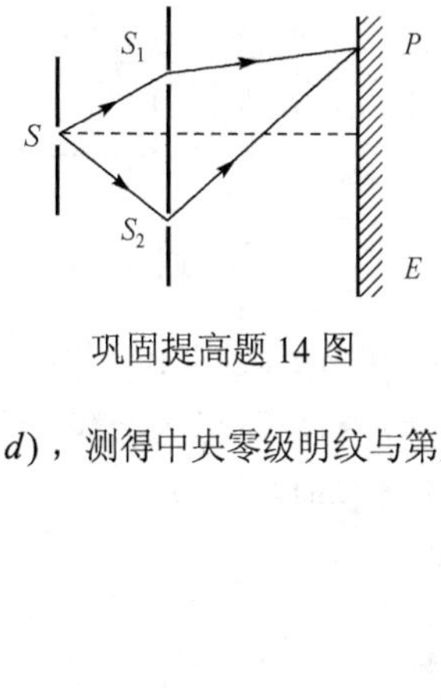

巩固提高题 14 图

15. 在双缝干涉实验中，双缝间距为 d，双缝到屏的距离为 $D(D\gg d)$，测得中央零级明纹与第五级明

纹之间的距离为 x，则入射光的波长为________.

16. 波长为 λ 的平行单色光，垂直照射到劈形膜上，劈尖角为 θ，劈形膜的折射率为 n，第三条暗纹与第六条暗纹之间的距离是________.

17. 在空气中有一劈形透明膜，劈尖角 $\theta = 1.0\times10^{-4}\text{rad}$，在波长 $\lambda = 700\text{nm}$ 的单色光垂直照射下，测得两相邻干涉明条纹间距 $l = 0.25\text{cm}$，由此可知此透明材料的折射率 $n =$________. ($1\text{nm} = 10^{-9}\text{m}$)

18. 波长为 λ 的平行单色光垂直照射到劈形膜上，劈尖角为 θ，劈形膜的折射率为 n，第 k 级明条纹与第 $k+5$ 级明条纹的间距是________.

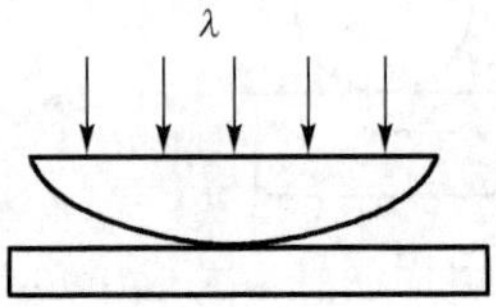

巩固提高题 19 图

19. 用波长为λ的单色光垂直照射如图所示的牛顿环装置，观察从空气膜上下表面反射的光形成的牛顿环. 若使平凸透镜慢慢地垂直向上移动，从透镜顶点与平面玻璃接触到两者距离为 d 的移动过程中，移过视场中某固定观察点的条纹数目等于________.

20. 一个平凸玻璃透镜的顶点和一平板玻璃接触，用单色光垂直照射，观察反射光形成的牛顿环，测得中央暗斑外第 k 个暗环半径为 r_1. 现将透镜和玻璃板之间的空气换成某种液体(其折射率小于玻璃的折射率)，第 k 个暗环的半径变为 r_2，由此可知该液体的折射率为________.

21. 用迈克耳孙干涉仪测微小的位移. 若入射光波波长 $\lambda = 628.9\text{nm}$，当动镜移动时，干涉条纹移动了2048条，动镜移动的距离 $d =$________.

三、计算题

22. 在双缝干涉实验中，单色光源 S_0 到两缝 S_1 和 S_2 的距离分别为 l_1 和 l_2，并且 $l_1 - l_2 = 3\lambda$，λ 为入射光的波长，双缝之间的距离为 d，双缝到屏幕的距离为 $D(D \gg d)$，如图所示. 求：

(1) 零级明纹到屏幕中央 O 点的距离；

(2) 相邻明条纹间的距离.

23. 双缝干涉装置如图所示，双缝与屏之间的距离 $D = 120\text{cm}$，两缝之间的距离 $d = 0.5\text{mm}$，用波长 $\lambda = 500\text{nm}$ 的单色光垂直照射双缝.

(1) 求原点 O (零级明条纹所在处) 上方的第五级明条纹的坐标 x_5；

(2) 如果用厚度 $l = 1.0\times10^{-2}\text{mm}$、折射率 $n = 1.58$ 的透明薄膜覆盖在图中的 S_1 缝后面，求上述第五级明条纹的坐标 x_5'.

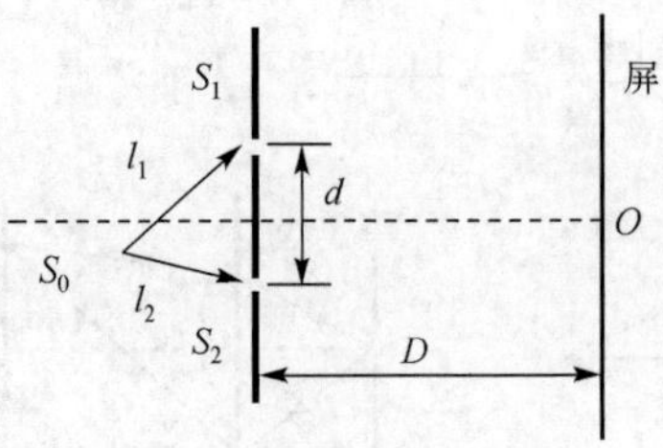

巩固提高题 22 图

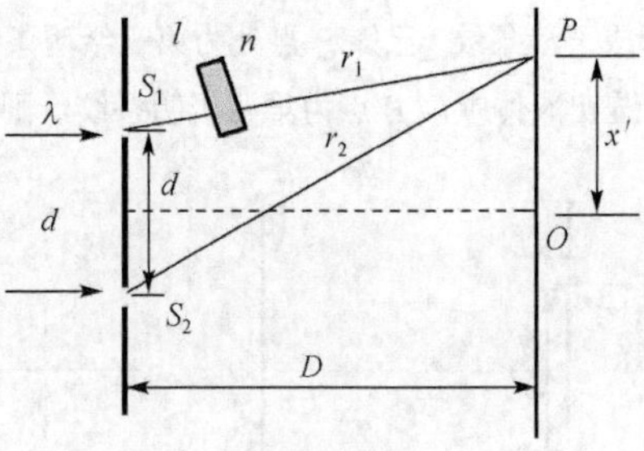

巩固提高题 23 图

24. 在双缝干涉实验装置中，屏到双缝的距离 D 远大于双缝之间的距离 d. 整个双缝装置放在空气中. 对于波长 $\lambda = 589.3\text{nm}(1\text{nm} = 10^{-9}\text{m})$ 的钠黄光，产生的干涉条纹中，相邻两明条纹的角距离(即相邻两明条纹对双缝中心处的张角)为 $0.20°$.

(1)当入射光波长为多少时，这个双缝装置所得相邻两明条纹的角距离将比用钠黄光测得的角距离大10%?

(2)假想将此整个装置浸入水中(水的折射率 $n=1.33$)，相邻两明条纹的角距离有多大?

25. 用波长为500nm的单色光垂直照射到由两块光学平板玻璃构成的空气劈尖上. 在观察反射光的干涉现象中，距劈尖棱边 $l=1.56\text{cm}$ 的 A 处是从棱边数起的第四条暗条纹中心.

(1)求此空气劈尖的劈尖角 θ ；

(2)改用600nm的单色光垂直照射此劈尖，仍观察反射光的干涉条纹，A 处是明条纹还是暗条纹?

(3)在第(2)问的情形从棱边到 A 处的范围内共有几条明纹? 几条暗纹?

(4)仍用600nm的单色光垂直照射该劈尖，观察透射光的干涉条纹，A 处是明条纹还是暗条纹?

26. 在Si的平表面上氧化了一层厚度均匀的 SiO_2 薄膜. 为了测量薄膜厚度，将它的一部分磨成劈形(示意图中的 AB 段). 现用波长为600nm的平行光垂直照射，观察反射光形成的等厚干涉条纹. 观察发现 AB 段共有8条暗纹，且 B 处恰好是一条暗纹，求薄膜的厚度. (Si的折射率为3.42，SiO_2 的折射率为1.50)

27. 折射率为1.60的两块标准平面玻璃板之间形成一个劈形膜(劈尖角 θ 很小). 用波长 $\lambda=600\text{nm}$ ($1\text{nm}=10^{-9}\text{m}$) 的单色光垂直入射，产生等厚干涉条纹. 假如在劈形膜内充满 $n=1.40$ 的液体时，相邻明纹沿斜面的间距比劈形膜内是空气时的间距缩小 $\Delta l=0.5\text{mm}$ ，那么劈尖角 θ 应是多少?

28. 一平凸透镜放在一平晶上，以波长为 $\lambda=589.3\text{nm}$ 的单色光垂直照射其上，测量反射光的牛顿环. 测得从中央数起第 k 级暗环对应的弦长 $l_k=3.00\text{mm}$ ，第 $k+5$ 级暗环的弦长为 $l_{k+5}=4.60\text{mm}$ ，如图所示. 求平凸透镜球面的曲率半径 R .

29. 如图所示为一牛顿环装置，设平凸透镜中心恰好和平板玻璃接触，透镜凸表面的曲率半径是 $R=400\text{cm}$. 用某单色平行光垂直入射，观察反射光形成的牛顿环，测得第5个明环的半径是0.30cm.

(1)求入射光的波长;

(2)设图中 $OA=1.00\text{cm}$ ，求在半径为 OA 的范围内可观察到的明环数目.

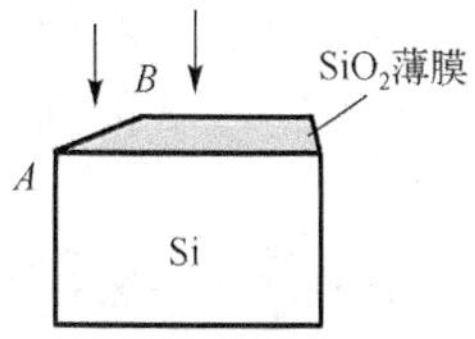

巩固提高题26图

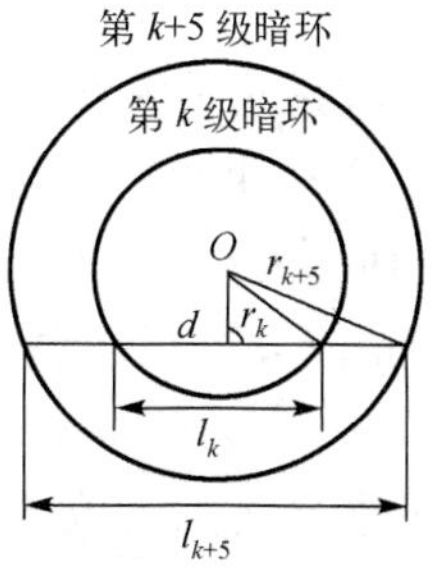

巩固提高题28图

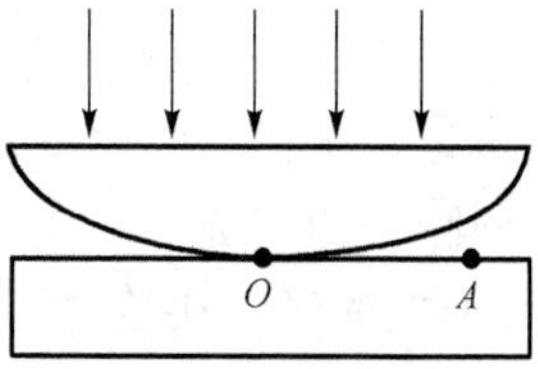

巩固提高题29图

30. 用钠光灯 ($\lambda=589.3\text{nm}$) 作光源，在迈克耳孙干涉仪的一支光路上放置一个长度为140mm的玻璃容器，当以某种气体充入容器时，观察干涉条纹移动了180条. 问该种气体的折射率多大? (已知空气的折射率为1.000276)

12.6 单元检测
参考答案

第 13 章　光的衍射

13.1　基 本 要 求

(1) 了解惠更斯-菲涅耳原理及其分析衍射问题的基本思想.

(2) 了解单缝夫琅禾费衍射的装置和图样特点，理解半波带法，掌握条纹分布规律.

(3) 了解光栅衍射的特点及其成因，理解光栅方程和缺级现象，会计算谱线位置，了解光栅光谱及其典型应用.

(4) 了解夫琅禾费圆孔衍射现象，掌握艾里斑半角公式，理解光学仪器的最小分辨角和分辨本领的概念并会简单应用.

13.2　学 习 导 引

(1) 本章主要学习光的衍射，主要包含惠更斯-菲涅耳原理、单缝夫琅禾费衍射、圆孔夫琅禾费衍射和光栅衍射等内容.

(2) 光的衍射是光具有波动性的另一个主要特征. 与光的干涉一样，光的衍射也是光波在满足相干条件下的一种叠加，但是与光的干涉不同之处在于光的干涉是指有限多分立的光束的相干叠加，而光的衍射是指同一个波阵面上连续的无限多个子波源产生的子波的相干叠加；干涉强调的是不同光束相互影响而形成相长或相消的现象；衍射强调的是光线偏离直线而进入阴影区域传播.

(3) 惠更斯原理把波阵面上各点看成是子波波源，这很好地解释了光的传播方向问题，但是不能够解释光强分布等问题. 菲涅耳在惠更斯原理的基础之上提出了子波相干叠加的思想，形成了惠更斯-菲涅耳原理. 惠更斯-菲涅耳原理是学习衍射现象的基础，利用这一原理原则上可以求解衍射图样中的光强分布. 学习时应注意对菲涅耳衍射积分公式的理解，特别是对倾斜因子的理解.

(4) 根据光源、狭缝(衍射屏)和观察屏之间的位置关系可以将衍射分为两类，一类是狭缝与光源或观测屏的距离为有限远时的衍射，即近场衍射，称为菲涅耳衍射；另一类是狭缝与光源和观察屏的距离都是无限远的衍射，即远场衍射，称为夫琅禾费衍射. 本章主要学习夫琅禾费衍射.

(5) 半波带法是运用惠更斯-菲涅耳原理分析夫琅禾费衍射的一种巧妙方法，这种方法是将单缝处的波阵面划分成等宽度的长条带——半波带，从而把讨论无限多子波源发出的子波相干叠加的问题转化为讨论偶数个半波带或奇数个半波带相干叠加的问题. 这种化无限为有限的思想大大简化了问题的复杂程度.

(6) 单缝夫琅禾费衍射明暗条纹条件公式中的光程差 $\delta = a\sin\theta$ 是衍射角为 θ 时光线的最大光程差，即衍射角为 θ 时狭缝上下边缘处两条光线的光程差. 当这个最大光程差为半波长的偶数倍时，单缝处被分成偶数个半波带，由于相邻的两个半波带的相应位置处发出的光线的光程差为半个波长，这些半波带发出的光在观察屏上干涉相消，形成暗条纹；当最大光程差为半波长的奇数倍时，单缝处被分成奇数个半波带，这些半波带两两抵消后，还剩下一个半波带发出的光在观察屏上，形成明条纹. 这与双缝干涉中明暗条纹的条件公式的物理意义不同，学习时注意比较.

(7) 将单缝夫琅禾费衍射实验中的狭缝换成小圆孔，在观测屏上可看到一系列明暗相间的同心圆环型衍射条纹，这就是圆孔衍射. 圆孔衍射图样中心的亮斑称为艾里斑，它集中了约 84%的衍射光能，其半角宽度(角半径)为 $\theta = 1.22\dfrac{\lambda}{D}$，这是计算艾里斑的大小和了解光学仪器分辨本领的基础.

(8) 因为大多数光学仪器所用透镜的边缘都是圆形，透镜就相当于一个通光的小圆孔，一个物点通过光学仪器成像时，像点不再是一个几何点而是一个光斑(艾里斑). 根据瑞利判据，光学仪器的最小分辨角就是艾里斑的半角宽度，由此可知仪器的分辨本领. 学习时注意最小分辨角和分辨本领的物理意义，了解决定光学仪器分辨本领的主要因素.

(9) 任何一种衍射单元周期性的、取向有序的重复排列所形成的阵列都可以称为光栅，本章主要学习透射光栅. 透射光栅是由大量等宽等间距的平行狭缝所组成的光学器件，当光入射光栅时，每个狭缝发生单缝衍射，由单缝衍射的性质可知每个缝的衍射条纹在屏上完全重合，而彼此又是相干光，因此通过光栅不同缝的光在相遇区域又发生相干叠加，所以光栅衍射条纹是单缝衍射和多缝干涉的综合结果. 学习时注意理解光栅衍射主极大明纹和缺级现象的物理意义，掌握光栅方程的应用.

13.3 思维导图

13.3 思维导图
(详细版)

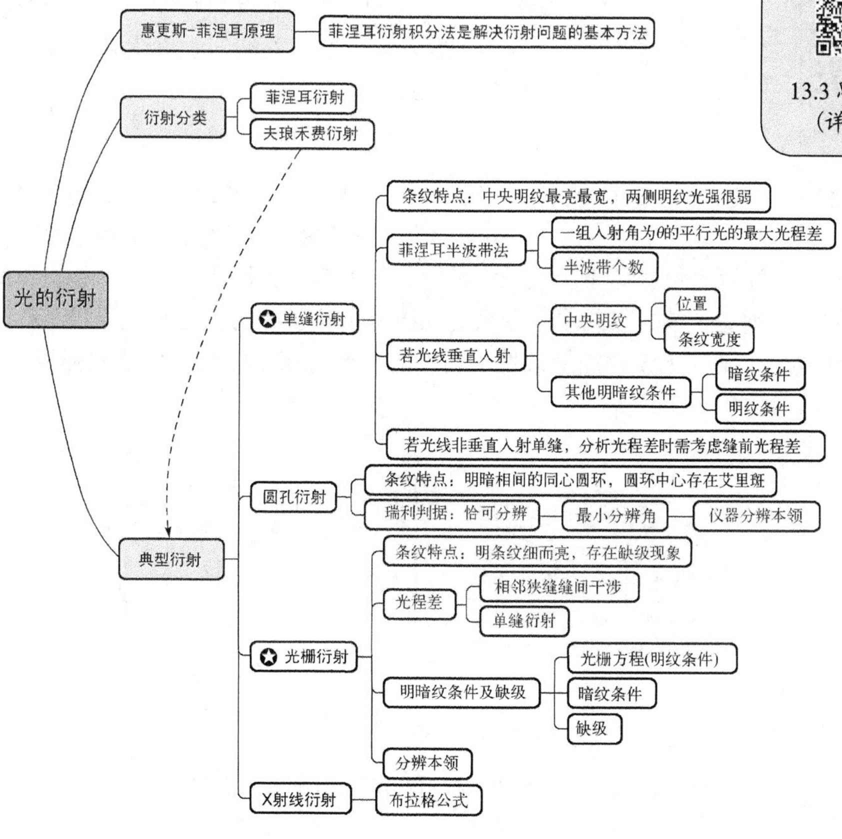

13.4 内 容 提 要

1. 光的衍射现象及其分类

(1) 衍射现象：光波在传播过程中，因遇到障碍物而偏离直线传播的现象.

(2) 衍射分类：按障碍物的类型，可将衍射现象分为单缝衍射、圆孔衍射、光栅衍射等；按光源、障碍物和接收屏的位置关系，可将衍射分为菲涅耳衍射、夫琅禾费衍射等.

菲涅耳衍射：障碍物离开光源或接收屏的距离为有限远时的衍射，如图 13.1 所示.

夫琅禾费衍射：障碍物离开光源和接收屏的距离均为无限远时的衍射，如图 13.2 所示. 若在有限远处接受到衍射条纹，如图 13.3 所示，夫琅禾费衍射通常在障碍物后放置凸透镜，接收屏则放置在凸透镜的后焦面处.

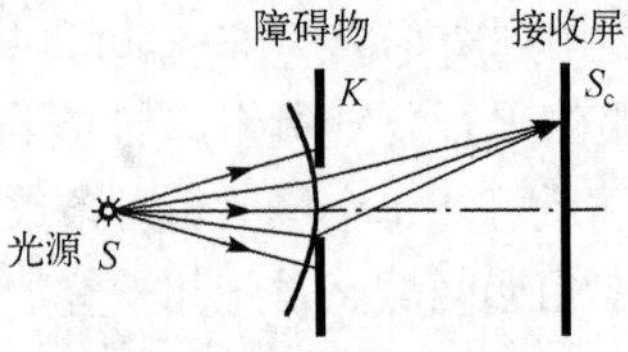

图 13.1　菲涅耳衍射示意图

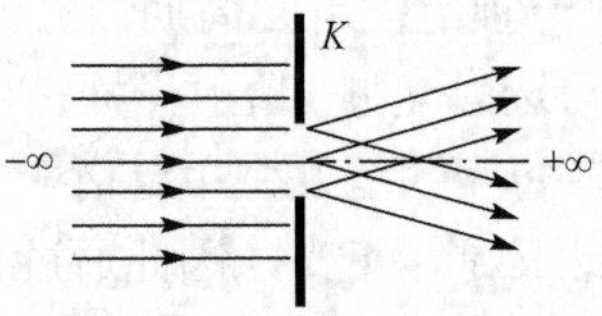

图 13.2　夫琅禾费衍射示意图

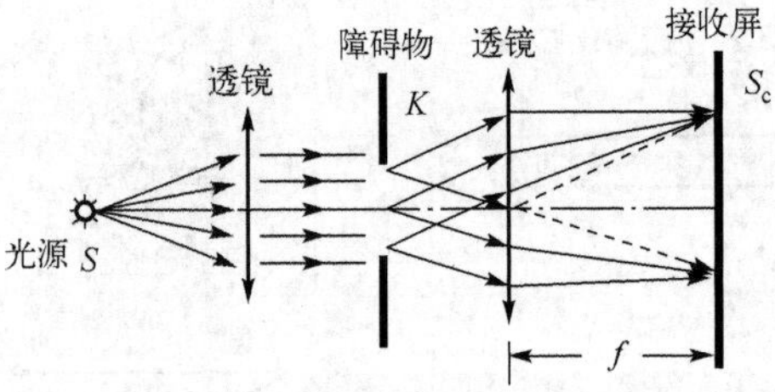

图 13.3　夫琅禾费衍射的实现

2. 惠更斯-菲涅耳原理

波阵面上各点都可看作发射子波的波源，其后波场中各点处波的强度由各子波在该点的相干叠加决定.

3. 单缝的夫琅禾费衍射

(1) 菲涅耳半波带分析法：将单缝处的波阵面分割成等宽的平行窄带，使相邻两窄带上的对应子波到观察点的光程差恰好等于半波长，故称为半波带，如图 13.4 所示. 如果单缝恰被分成偶数个半波带，则其子波叠加结果使观察点的振幅为相干减弱，出现光强极小；如果恰被分成奇数个半波带，则其子波叠加结果使观察点的振幅为相干加强，出现光强极大. 衍射条纹的强度与半波带面积大小有关.

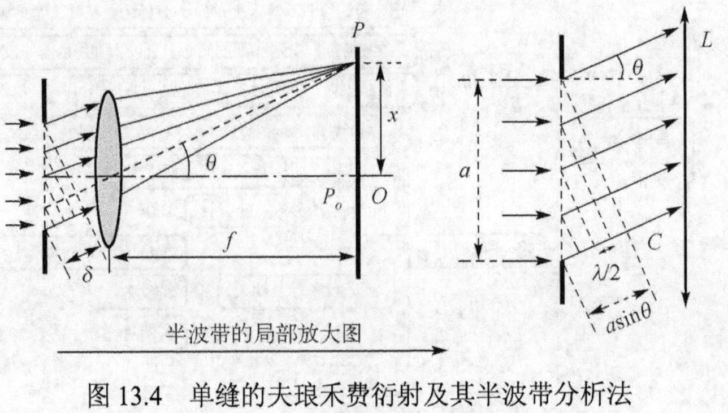

图 13.4　单缝的夫琅禾费衍射及其半波带分析法

(2) 明暗纹条件：当波长为 λ 的单色光垂直照射到缝宽为 a 的单缝时，由半波带法可知明暗纹条件为

$$a\sin\theta=\begin{cases}0, & \text{(中央明纹中心)}\\ \pm(2k+1)\dfrac{\lambda}{2}, \quad k=1,2,3,\cdots & \text{(各级明纹中心)}\\ \pm(2k)\dfrac{\lambda}{2}, \quad k=1,2,3,\cdots & \text{(暗纹)}\end{cases}$$

式中 θ 是衍射角.

(3) 衍射条纹形状：平行于单缝的一组明暗相间的直条纹，中央明纹中心在 $\theta=0$ 处，中央明纹最亮、最宽. 随着衍射角 θ 的增大(衍射级次越高)，分成的波带数越多，相应衍射条纹的光强迅速减弱.

(4) 衍射条纹位置.

衍射角较小的情况下（$\theta\approx\sin\theta\approx\tan\theta$）：

屏幕上第 k 级亮纹中心的衍射角 $\theta_k=\pm(2k+1)\dfrac{\lambda}{2a}$，坐标位置 $x_k=\pm(2k+1)\dfrac{f\lambda}{2a}$，其中 $k=1,2,3,\cdots$；

屏幕上第 k 级暗纹中心的衍射角 $\theta_k=\pm 2k\dfrac{\lambda}{2a}$，坐标位置 $x_k=\pm 2k\dfrac{f\lambda}{2a}$，其中 $k=1,2,3,\cdots$；

两相邻明纹或暗纹的间距 $\Delta x=x_{k+1}-x_k=\dfrac{f\lambda}{a}$，角宽度 $\Delta\theta=\dfrac{\lambda}{a}$；

中央明纹的线宽度 $\Delta x_0=2f\dfrac{\lambda}{a}$，中央明纹的角宽度 $\Delta\theta_0=2\dfrac{\lambda}{a}$.

当入射光波长 λ 一定时，单缝越窄，衍射条纹越宽，即衍射现象越显著. 单缝越宽，衍射越不明显. 当缝宽 $a\gg\lambda$ 时，各级衍射条纹向中央明纹靠拢，密得无法分辨，只显出单一的亮纹，这个亮纹就是光源 S 经透镜所成的几何像，与光的直线传播相对应，也就是说几何光学只是波动光学 $\lambda/a\to 0$ 的极限情形.

4. 圆孔的夫琅禾费衍射

(1) 圆孔的夫琅禾费衍射图样：如图 13.5 所示，中央为一圆形亮斑(称为艾里斑)，周围为一系列明、暗相间的同心圆环. 艾里斑集中了衍射光能的84%.

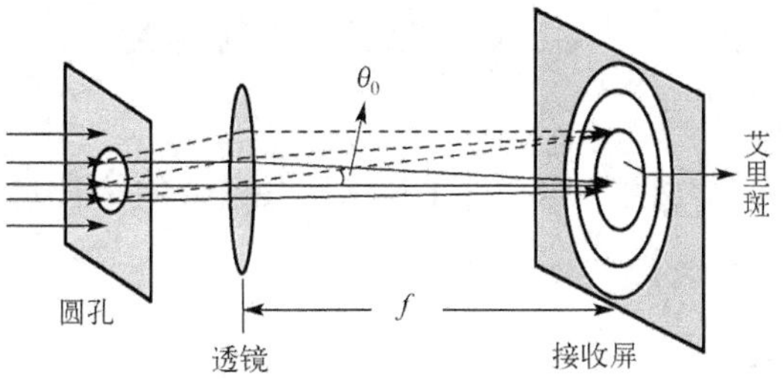

图 13.5　圆孔的夫琅禾费衍射光路图

艾里斑半角宽度$\theta_0 = 1.22\dfrac{\lambda}{D}$，其半径$R = 1.22f\dfrac{\lambda}{D}$，其中$D$是圆孔的直径，$f$是透镜的焦距，$\lambda$是入射波的波长.

(2)瑞利判据：当两个点光源经同一圆孔产生夫琅禾费衍射时，如果一个艾里斑的中心刚好落在另一个艾里斑的边缘(即一级暗环)上，就认为两个艾里斑恰好能分辨.

(3)最小分辨角：两个点光源相对透镜光心处的张角为艾里斑的半角宽度$\theta_0 = 1.22\dfrac{\lambda}{D}$.

(4)光学仪器的分辨本领：$\dfrac{1}{\theta_0} = \dfrac{D}{1.22\lambda}$.

5. 光栅衍射

(1)光栅：由一系列平行、等宽、等间距的狭缝构成的衍射屏，如图 13.6 所示. 光栅常量$d = a + b$，a为透光部分的宽度，b为遮光部分的宽度.

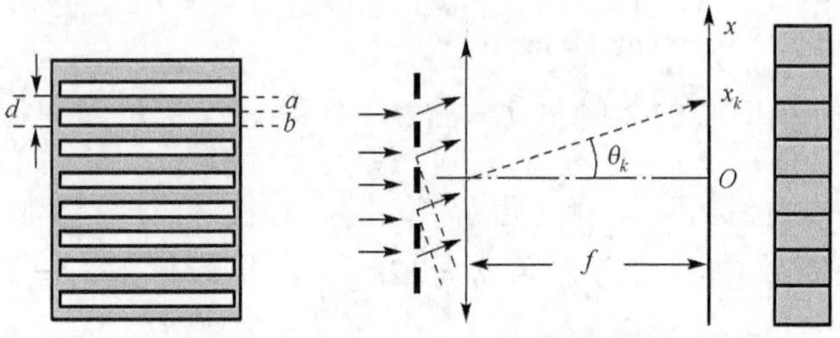

图 13.6 光栅、光栅衍射光路图

(2)光栅衍射图样：明纹细而明亮，称为主极大明纹. 主极大明纹间暗区较宽，有缺级现象.

(3)光栅方程(即第k级主极大明纹对应的衍射角θ满足的条件).

光垂直照射时的光栅方程：$d\sin\theta = \pm k\lambda,\quad k = 0,1,2,\cdots$.

光栅光强分布的暗纹条件：$Nd\sin\theta = m\lambda,\quad m = \pm1,\pm2,\cdots,kN-1,kN+1,\cdots,m \neq kN$，其中$N$是光栅的总缝数. 两相邻主极大间有$N-1$个极小和$N-2$个次极大.

光斜入射时的光栅方程：$d(\sin\theta \pm \sin\phi) = \pm k\lambda,\quad k = 0,1,2,\cdots$.

(4)缺级现象.

光栅衍射是单缝衍射和多缝干涉的总效果，当某一位置(对应衍射角θ)满足光栅方程的主极大明纹条件$d\sin\theta = \pm k\lambda$，而单缝衍射在该处恰好满足暗纹条件$a\sin\theta = \pm k'\lambda$时，该级主极大明纹不会出现，这种现象称为缺级.

缺级的主极大级次：$k = \dfrac{a+b}{a}k',\quad k' = 1,2,3,\cdots$，$k$取整数.

(5)光栅的分辨本领.

光栅恰能分辨的两条谱线的平均波长λ与这两条谱线的波长差$\Delta\lambda$之比，定义为光栅的色分辨本领，用R表示，即$R = \dfrac{\lambda}{\Delta\lambda} = kN$.

6. X 射线的衍射

晶体的点阵结构可看作三维光栅，能使波长极短的X射线产生衍射，同一晶面上的格点子波在反射线方向上产生点间干涉，各晶面上的反射0级主极大再发生面间干涉，其衍射极大值满足布拉格方程：

$$2d\sin\theta = k\lambda,\quad k=1,2,3,\cdots \text{（}\theta\text{为掠射角，}d\text{为晶格常数）}$$

13.5 典型例题

13.5.1 思考题

思考题1 为什么在传播过程中无线电波受建筑物的影响很小而光波却很大？

简答 波在传播过程中偏离直线路径、绕过障碍物的限制而进入几何影区的现象，称为衍射，也称为绕射. 衍射现象是波动的基本特征，当衍射物的线度与入射波长可比较时衍射现象较为明显. 无线电波的波长大致分布在$10^{-4}\sim10^{4}$m范围内，可见光的波长数量级约为10^{-7}m，一般的建筑物尺度与无线电波波长可比较，因而衍射现象明显，光波的波长较短，远小于一般建筑物的尺度，因而衍射现象不明显，所以无线电波受建筑物的影响很小，而光波受到障碍物的影响很大.

思考题2 夫琅禾费衍射为何要通过透镜进行观察？

简答 当障碍物或衍射孔径与光源和观察屏之间的距离均为无限远时所发生的衍射称为夫琅禾费衍射，如思考题2图(a)所示，而无限远在现实中无法实现，但是从无限远处射来或者射向无限远处的光近似为平行光，因此借助透镜产生平行光，相当于从无限远到无限远，如思考题2图(b)所示. 进行夫琅禾费衍射实验时，光源要放在前透镜的焦平面上，观察屏要放在后透镜的焦平面上.

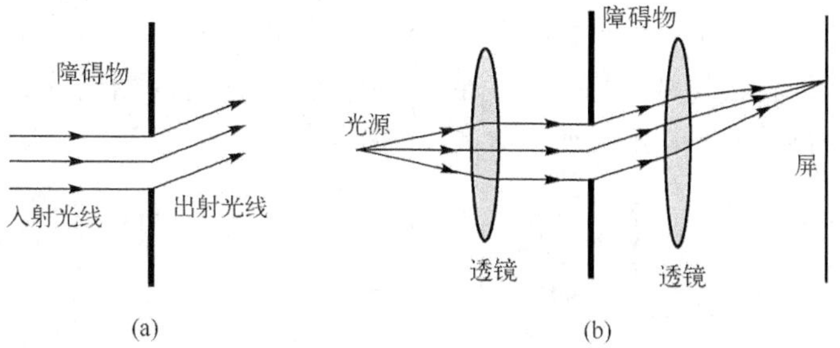

思考题2图 夫琅禾费衍射

思考题3 不管是杨氏双缝干涉，还是劈尖、牛顿环干涉，产生明暗纹的条件都是光程差等于半波长的偶数倍时产生明纹，等于半波长的奇数倍时产生暗纹. 然而，单缝衍射产生明暗纹的条件却是最大光程差等于半波长的偶数倍时为暗纹，奇数倍时为明纹，为什么？

简答 如思考题3图所示，$\overline{BC}$为单缝面AB发出的衍射角为φ的衍射光的最大光程差，用一些彼此相距为半个波长的、与同相面AC平行的平面将单缝面AB分成若干个半波带，所分的半波带数目取决于最大光程差$\overline{BC}$所分成的半波长数目，相邻半波带上对应点发出的光到达屏上的干涉点时光程差正好为半个波长，相位相反、干涉相消. 当最大光程差BC恰被分成偶数个半波长(即最大光程差$\overline{BC}=a\sin\varphi=\pm 2k\dfrac{\lambda}{2}$)时，相邻半波带发出的光到达干涉点时完全成对干涉相消，干涉点为暗纹中心；当最大光程差$\overline{BC}$恰被分成奇数个半波长(即最大光程差$\overline{BC}=a\sin\varphi=\pm(2k+1)\dfrac{\lambda}{2}$)时，相邻半波带发出的光到达干涉点时成对干涉相消后还剩下一个半波带的能量，干涉点为明纹中心，这就是菲涅耳半波带法. 总之，讨论杨氏双缝干涉和劈尖、牛顿环干涉的明暗纹条件时用的是光程差，而讨论单缝衍射的明暗纹条件时用的是单缝波阵面沿着衍射方向发出的光的最大光程差，因此二者不同.

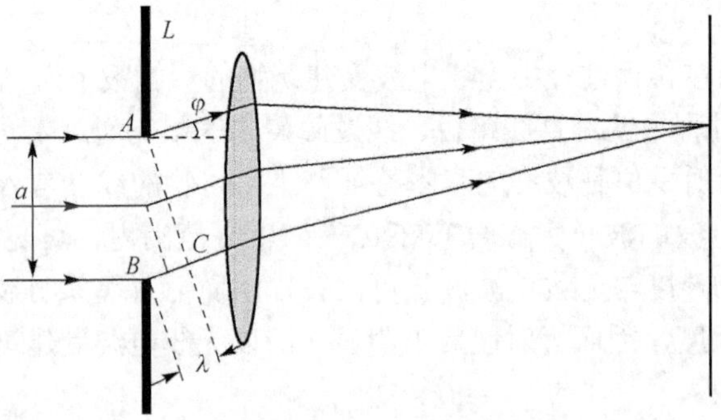

思考题 3 图　单缝衍射

思考题 4　请用菲涅耳半波带法解释在单缝衍射中，为什么衍射角φ越大明条纹的亮度越小?

简答　半波带法告诉我们，当最大光程差$\overline{BC}=a\sin\varphi=\pm(2k+1)\dfrac{\lambda}{2}$时，相邻半波带成对干涉相消后还剩下一个半波带的能量，干涉点形成明纹，明纹的亮度由剩余的那一个未被干涉相消的半波带的光能决定. 由思考题 4 图可知，衍射角φ越大，$\overline{BC}=a\sin\varphi$值越大，单缝波阵面被分成的半波带数越多，每个半波带的面积越小，透过的光能越少，未被干涉相消的那一个半波带的光能就越小，所以明条纹亮度越小.

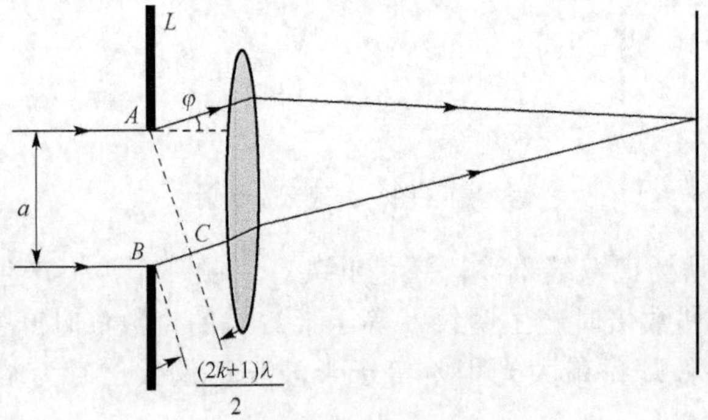

思考题 4 图　单缝衍射

思考题 5　请问在圆孔夫琅禾费衍射中为何最小分辨角是艾里斑的半角宽度?

简答　因为光的衍射，一个物点通过光学仪器成像时，像点已不再是一个几何点，而是一个光斑(称为艾里斑)和周围明暗相间的同心圆环. 由于艾里斑能量约占整个衍射光强能量的84%，因此物点的像可以近似看作是有一定大小的艾里斑. 根据瑞利判据，当一个艾里斑的中心恰好位于另一个艾里斑的边缘时，两个艾里斑以及产生这两个艾里斑的物点恰能被分辨，两个艾里斑重合得越多物点越不能被分辨. 如思考题 5 图所示，是两物点不能被透镜分辨、恰能分辨及能分辨的几种情形，图中上边是光强分布曲线，其中虚线表示两个艾里斑直接相加后的总光强.

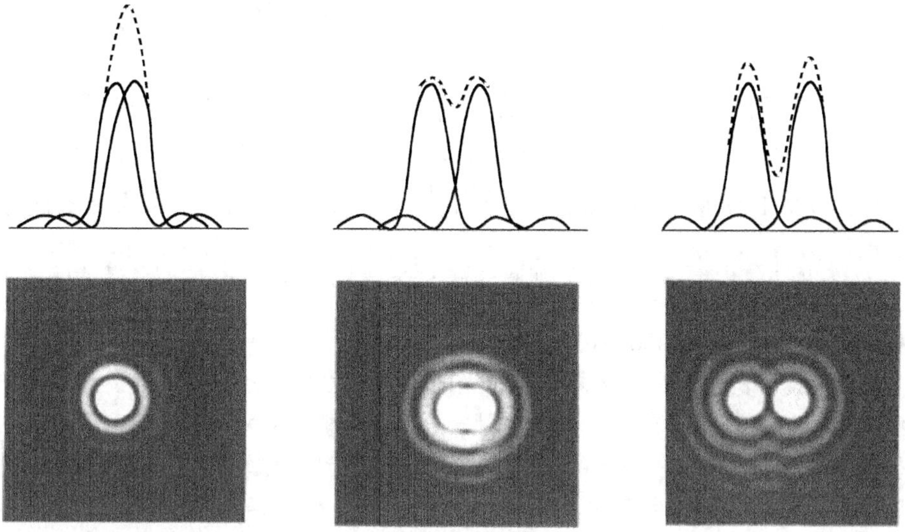

(a) 不能分辨　　(b) 恰能分辨　　(c) 能分辨

思考题 5 图　两物点经透镜成像后的三种情形

满足瑞利判据的两物点间的距离，就是光学仪器所能分辨的最小距离，此时它们对透镜光心的张角 θ_1 称为最小分辨角，艾里斑的半角宽度就是艾里斑的半径对透镜光心的张角. 对于直径为 D 的圆孔衍射来说，最小分辨角就是艾里斑的半角宽度 $\theta_1 = 1.22\dfrac{\lambda}{D}$.

思考题 6　有时我们通过一条极细的狭缝去看日光灯，会看到一些彩色条纹，在光盘表面也可以看到一些彩色条纹，请对此进行解释.

简答　通过狭缝看到的条纹是单缝衍射的结果，而光盘表面有极细微的刻痕，相当于反射光栅，因此光盘表面的条纹是光栅衍射的结果. 由单缝衍射的明纹条件 $a\sin\theta = \pm(2k+1)\dfrac{\lambda}{2}$ 以及光栅衍射的光栅方程 $d\sin\theta = \pm k\lambda$ 可知，衍射角 θ 都与波长有关，也就是说，不管对于单缝衍射还是光栅衍射，缝宽 a、光栅常量 d 给定时，k 级条纹的位置由衍射角 θ 决定，波长不同则 θ 不同，同级衍射条纹的位置就会不同，白光中含有各种色光，所以会出现彩色条纹.

思考题 7　光栅的缺级能否发生在中央明纹？

简答　不能. 光栅衍射的本质是多光束干涉和单缝衍射的综合，光栅衍射缺级的本质是在某个方向上各单缝衍射的结果呈现为干涉相消的“零光强”，多光束干涉用这个“零光强”加强，则该方向上主极大明纹就不会出现. 从单缝衍射的物理本质来看，光栅衍射中央明纹是各单缝衍射中央明纹干涉加强的结果，因此不可能发生缺级现象. 另一方面，缺级公式为 $k = \pm\dfrac{d}{a}k'$，其中 d 是光栅常量，a 是缝宽，k 是光栅衍射的主极大明纹级次，k' 是单缝衍射的暗纹级次，其值为$k'=1,2,3,\cdots$，由缺级公式可知满足$k'=1,2,3,\cdots$的k不可能取0，而光栅方程$d\sin\theta=\pm k\lambda$确定的中央明纹$k=0$，因此缺级现象不可能发生在中央条纹.

思考题 8 请问要用光栅分辨500nm和500.01nm这两条谱线的第1级明条纹，此光栅最少要有多少条狭缝？

简答 两条相邻谱线的波长分别为λ和$\lambda+\Delta\lambda$，则λ与它们的波长差$\Delta\lambda$之比是光栅的分辨本领R，$R=\dfrac{\lambda}{\Delta\lambda}$，根据瑞利判据，波长为$\lambda+\Delta\lambda$的第$k$级谱线的极大恰好与波长为$\lambda$的第$k$级极大最邻近的极小重合，即取$d\sin\theta=\pm\dfrac{k'}{N}\lambda$(式中$k'=1,2,3,\cdots$和$k$的关系为$k'=kN+1$，且$k'\neq 0,N,2N,\cdots$)时两谱线恰能分辨. 此时波长为$\lambda+\Delta\lambda$的第$k$级极大满足$d\sin\theta=k(\lambda+\Delta\lambda)$，波长为$\lambda$的第$kN+1$级极小满足$d\sin\theta=\dfrac{kN+1}{N}\lambda=k\lambda+\lambda/N$，由此可得光栅的分辨本领$R=\dfrac{\lambda}{\Delta\lambda}=kN$. 取$k=1$时，$N=\dfrac{\lambda}{\Delta\lambda}$，则要分辨500nm和500.01nm这两条谱线的第1级明条纹，光栅的缝数N至少为50000条.

思考题 9 请举例说明为什么复色光的光栅光谱会发生重叠.

简答 由光栅方程$d\sin\theta=k\lambda$可知，对于给定的光栅，在两侧某一级彩色条纹中，衍射角随波长发生变化，使得各种色光的条纹按波长排列，衍射角最小的是紫光，最大的是红光，形成内紫外红分布的一组彩色条纹，称为光栅光谱. 当k级红色条纹的衍射角大于$k+1$级紫色条纹的衍射角时，光谱开始重叠，难以分辨. 例如，白光($\lambda_{紫}=400.0\text{nm}$，$\lambda_{红}=760.0\text{nm}$)垂直入射到光栅常量为$d=2.0\times10^{-6}\text{m}$的光栅上时，第2级红色条纹的衍射角为$\theta_{2红}=49.5°$，第3级紫色条纹的衍射角为$\theta_{3紫}=36.9°$，显然$\theta_{3红}>\theta_{3紫}$，故第2级和第3级光栅光谱中的谱线会有部分重叠.

思考题 10 请谈谈干涉与衍射的区别和联系.

简答 从光波相干叠加、引起光强重新分布，形成稳定图样来看，干涉和衍射并不存在本质区别. 干涉和衍射并存的情况下，干涉要受到衍射的调制，例如光栅衍射，光通过每一个缝都存在衍射，缝与缝间的光波又要发生多光束干涉，因此光栅衍射是多缝干涉和单缝衍射的综合. 当缝宽a和缝间距d满足$a\ll d$时，单缝衍射的中央明纹范围相对很大，大多数可见的多光束干涉明纹处于单缝衍射的中央明纹之内，多光束干涉明纹近似于等强度分布，单缝衍射对多光束干涉条纹的调制作用明显减弱.

13.5.2 计算题

计算题 1 用橙黄光($\lambda=600\sim650\text{nm}$)垂直照射到缝宽为$a=0.6\text{mm}$的单缝上，缝后放置一焦距$f=40\text{cm}$的薄凸透镜. 如屏幕上距离中央明纹中心为1.4mm处的P点为第三级明纹. 求：

(1) 入射光的波长；

(2) 从P点看，单缝处波阵面被分成多少个半波带；

(3) 中央明纹的宽度；

(4) 第一级明纹所对应的衍射角；

(5) 如另有一波长为428.6nm的光一同入射，能否和600nm的光的明纹重叠？如果重叠，它们第一次重叠各是第几级？

【解题思路】 ①根据 P 点处明纹条件和几何关系可求入射光波长，在求解过程中注意判断第三级明纹的衍射角小于5°，此时有 $\sin\varphi_3 \approx \tan\varphi_3$；②半波带数目即为单缝衍射明暗纹条件中 $\frac{\lambda}{2}$ 的系数，明纹为 $2k+1$，暗纹为 $2k$；③中央明纹宽度即为中央明纹两侧两个一级暗纹中心之间的距离；④直接利用明纹公式可得到第一级明纹所对应的衍射角；⑤衍射装置确定后，一个衍射角对应屏幕上一个确定的位置，所以明纹重叠，意味着有相同的衍射角.

解 (1)单缝衍射的明纹条件为

$$a\sin\varphi = (2k+1)\frac{\lambda}{2}$$

屏幕上 P 点位置 x 与衍射角 φ_3、焦距 f 的几何关系为

$$\tan\varphi_3 = \frac{x}{f} = \frac{1.4\text{mm}}{40\text{cm}} = 3.5\times10^{-3}$$

可见 φ_3 角很小，$\varphi_3 \ll 5°$，有 $\sin\varphi_3 \approx \tan\varphi_3$，又 $a\sin\varphi_3 = (2\times3+1)\frac{\lambda}{2}$，则可得入射光的波长为

$$\lambda \approx \frac{2ax}{(2\times3+1)f}$$

将 $a = 0.60\times10^{-3}\,\text{m}$，$x = 1.4\times10^{-3}\,\text{m}$，$f = 40\times10^{-2}\,\text{m}$ 代入上式，得

$$\lambda \approx 600\text{nm}$$

(2)从 P 点看，单缝处波阵面被分成的半波带数目为

$$2k+1 = 2\times3+1 = 7$$

(3)中央明纹宽度为

$$\Delta x_0 = 2\frac{f\lambda}{a} = 2\times\frac{40\times10^{-2}\times600\times10^{-9}}{0.60\times10^{-3}} = 0.8(\text{mm})$$

(4)第一级明纹对应的衍射角 φ_1 满足

$$a\sin\varphi_1 = (2\times1+1)\frac{\lambda}{2}$$

由于 $\varphi_1 \ll 5°$，故 $\varphi_1 \approx \sin\varphi_1$，有

$$\varphi_1 \approx \frac{3\lambda}{2a} = \frac{3\times600\times10^{-9}}{2\times0.60\times10^{-3}} = 1.5\times10^{-3}(\text{rad})$$

(5)若 $\lambda_1 = 600\text{nm}$ 的 k_1 级明纹和 $\lambda_2 = 428.6\text{nm}$ 的 k_2 级明纹重叠，则其对应的衍射角相等，即

$$a\sin\varphi = (2k_1+1)\frac{\lambda_1}{2}$$

$$a\sin\varphi = (2k_2+1)\frac{\lambda_2}{2}$$

$$(2k_1+1)\frac{\lambda_1}{2}=(2k_2+1)\frac{\lambda_2}{2}$$

由此得

$$\frac{2k_1+1}{2k_2+1}=\frac{\lambda_2}{\lambda_1}=\frac{4286}{6000}\approx\frac{5}{7}$$

故第一次重叠时 $2k_1+1=5, 2k_2+1=7$，得 $k_1=2$， $k_2=3$.

可知，波长为600nm的光的第二级明纹可与波长为428.6nm的光的第三级明纹第一次重叠.

【延伸思考】

(1)对波长为600nm的光，屏幕上能看到哪些级次的明条纹？

(2)如何求屏幕上某两级条纹中心间的距离？求解时需注意哪些情况？

计算题 2 设侦察卫星在距地面160km的轨道上运行，其上有一个焦距为1.5m的透镜.要使该透镜能分辨出地面上相距为0.3m的两个物体，问该透镜的最小直径应为多大？(取波长 $\lambda=550\text{nm}$)

【解题思路】 利用光学仪器的最小分辨角公式 $\theta_0=1.22\dfrac{\lambda}{D}$ 即可，式中 θ_0 是光学仪器恰能分辨两物体时两物点或两像点(艾里斑)相对透镜中心的夹角，λ 是入射光的波长，D 是光学仪器的孔径大小. 当夹角 $\theta>\theta_0$ 时，可分辨；当 $\theta=\theta_0$ 时，恰能分辨，当 $\theta<\theta_0$ 时，不能分辨.

解 当透镜恰能分辨地面上的两个物体时，两物体相对透镜中心的夹角满足最小分辨角公式 $\theta_0=1.22\dfrac{\lambda}{D}$，根据几何关系，有

$$\theta_0=\frac{\Delta x}{L}=\frac{0.3}{160\times10^3}=1.87\times10^{-6}(\text{rad})$$

则该透镜的最小直径应为

$$D=\frac{1.22\lambda}{\theta_0}=\frac{1.22\times550\times10^{-9}}{1.87\times10^{-6}}\approx0.36(\text{m})=36(\text{cm})$$

【延伸思考】

(1)光学仪器的分辨本领，即 $\dfrac{1}{\theta_0}$ 与哪些因素有关？提高分辨本领可从哪些方面入手？

(2)人眼相当于一个凸透镜，若已知人眼的明视距离是25cm，如何测出自己眼睛的最小分辨角？

计算题 3 一光栅的光栅常量为 $d=2\times10^{-6}\text{m}$、缝宽为 $a=1\times10^{-6}\text{m}$，用波长 $\lambda=0.6\times10^{-6}\text{m}$ 的平行光观察光栅衍射，问：

(1) 若光线垂直入射到光栅上，最多可观察到第几级主极大明纹？最多能观察到几条主极大明纹？

(2) 光栅衍射图样是多缝干涉与单缝衍射的综合效果，求单缝衍射中央明条纹区域内有几条光栅衍射主极大明纹？

【解题思路】 ①对于光栅衍射，主要有两个公式，分别是描述主极大明纹的光栅方程 $d\sin\theta = k\lambda, k = 0,\pm1,\pm2,\cdots$ 和描述光栅衍射图样存在缺级现象的缺级公式 $k = \dfrac{d}{a}k', k' = \pm1, \pm2,\cdots$. 求最多观察到第几级主极大明纹，需要求当衍射角 $\theta = 90°$ 时，对应的光栅方程中的 k 值. 求能看到几条主极大明纹，就是在前面 $\theta = 90°$ 时求出 k 的基础上，利用缺级公式，去掉缺级，剩下的级次. 注意，一定不要忘掉中央明纹以及条纹关于中央明纹的对称性分布特点. ②利用缺级公式，并取公式中的单缝衍射暗纹级次 $k' = \pm1$，可得到单缝衍射中央明纹区域内的主极大明纹数.

解 (1) 光栅方程 $d\sin\theta = k\lambda$，$k = 0,\pm1,\pm2,\cdots$，d 和 λ 一定，当衍射角 $\theta = 90°$ 时，级次 k 有最大值，设最大级次为 $k_{\max}$，则代入 $\sin\theta = \sin 90° = 1$，得

$$k_{\max} = \frac{d\sin 90°}{\lambda} = \frac{2\times10^{-6}}{0.6\times10^{-6}} \approx 3.3$$

k 只能取整数，故取 $k_{\max} = 3$，故最多可观察到第 3 级谱线.

光栅衍射存在缺级现象，由缺级公式，可得

$$k = \frac{d}{a}k' = \frac{2\times10^{-6}}{1\times10^{-6}}k' = 2k', \qquad k' = \pm1, \pm2, \cdots$$

k 为光栅衍射主极大明纹级次，k' 为单缝衍射暗纹级次，可知两个二级主极大 $(k = \pm2)$ 缺级，因此最多可观察到 5 条光谱线，分别是中央明纹、±1 级、±3 级.

(2) 单缝衍射中央明条纹区域，即单缝衍射两条第一级暗纹 $(k' = \pm1)$ 之间的区域，根据缺级公式

$$k = \frac{d}{a}k' = 2k'$$

并取 $k' = \pm1$，得

$$k = \pm2$$

故单缝衍射中央明条纹区域内只有三条光谱线，分别是中央明纹和 ±1 级主极大明纹.

【延伸思考】

(1) 当光以某个角度斜入射到光栅上时，对题目中的两个问题如何分析？此时光谱中的零级光谱线在屏幕中心吗？

(2) 在光栅衍射中，若缺级公式中的光栅常量 d 与缝宽 a 的比值 d/a 是一个分数，则将有哪些主极大缺级？

(3) 光栅衍射图样特点是条纹细而明亮，条纹间暗区较宽，怎样用多缝干涉与单缝衍射的综合效果来解释光栅衍射的图样特点？

(4) 对比双(多)缝干涉、单缝衍射和光栅衍射，它们之间有什么区别和联系？

13.5.3 进阶题

进阶题 1 利用欧拉公式，我们可以将平面波光场 $E(r,t)=E_0\cos(\omega t-kr+\varphi)$（其中 $k=2\pi/\lambda$ 表示角波数）表示成

$$\tilde{E}(r,t)=E_0\mathrm{e}^{-\mathrm{i}(\omega t-kr+\varphi)}=\tilde{E}_0\mathrm{e}^{-\mathrm{i}\omega t+\mathrm{i}kr}$$

的形式（严格来说应当取实部），且我们已经将初相位吸收到复振幅中，在下面的计算中，光的频率不会改变，所以可以略去时间因子，只考虑空间依赖部分. 于是根据菲涅耳关于子波相干叠加的思想，对于夫琅禾费衍射的简单情形，可以写出如下的菲涅耳积分：

$$\tilde{E}(P)=C\iint_{\Sigma}\tilde{E}_0(Q)\mathrm{e}^{\mathrm{i}kr}\mathrm{d}S$$

式中只考虑了光波傍轴传播的情形，因此子波源发出的球面波可以近似用平面波来代替，C 在计算时可作为常数处理；$\tilde{E}(P)$ 是接收屏上任一点的复振幅；$\tilde{E}_0(Q)$ 是衍射屏 Σ（或孔）上的子波源的复振幅，可以用入射光自由传播时的复振幅来代替. 试利用上述积分计算夫琅禾费单缝衍射的光强分布.

【解题思路】 本题是惠更斯-菲涅耳原理的最简单的应用，通过本题的计算，可以更加深入理解子波相干叠加这一思想.

解 方法 1：菲涅耳积分法求解.

如图所示，选择衍射屏为矩形孔，沿 x_1 方向长为 a，沿 y_1 方向宽为 b，取矩形孔中心作为坐标原点 O_1，如果矩形孔的尺寸满足 $a\gg b$，则可以看作一条狭缝. 若入射光为平面波，则衍射屏上任意点处子波源的复振幅都可以简单取为常数 A，于是可知

$$\mathrm{d}S=b\mathrm{d}x_1,\qquad \tilde{E}_0(Q)=A$$

不同子波源发出的光要发生相干叠加，重点是光程差的计算. 设接收屏上 P 点对应的衍射角为 θ，则可知对于衍射屏上的子波源 Q 点来说

$$\delta=kr=-kx_1\sin\theta+\delta_0$$

其中 x_1 是子波源 Q 点的坐标，而 δ_0 是衍射屏中心 O_1 处的子波源对应的光程，它在积分中是一个不变量. 于是由菲涅耳积分公式可知

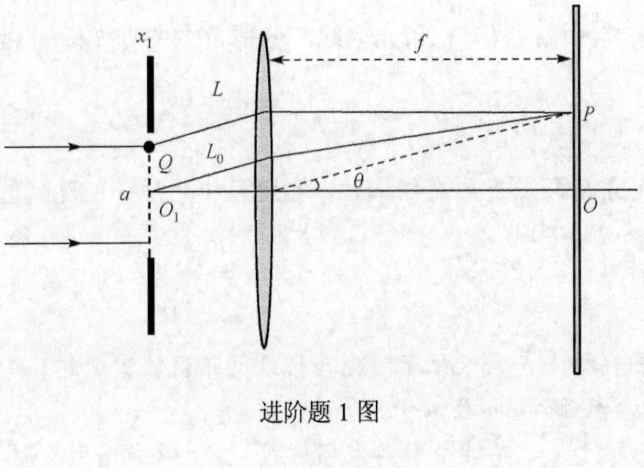

进阶题 1 图

$$\tilde{E}(P)=C\iint_{\Sigma}\tilde{E}_0(Q)\mathrm{e}^{\mathrm{i}kr}\mathrm{d}S=CAb\mathrm{e}^{\mathrm{i}\delta_0}\int_{-a/2}^{a/2}\mathrm{e}^{-\mathrm{i}kx_1\sin\theta}\mathrm{d}x_1=CAb\mathrm{e}^{\mathrm{i}\delta_0}\frac{2}{k\sin\theta}\sin\left(\frac{ka\sin\theta}{2}\right)$$

通常可以引入一个参数$u=\dfrac{ka\sin\theta}{2}=\dfrac{\pi a}{\lambda}\sin\theta$，则可将上式写成

$$\tilde{E}(P)=CAab\mathrm{e}^{\mathrm{i}\delta_0}\frac{\sin u}{u}=\tilde{E}_0\frac{\sin u}{u},\qquad \tilde{E}_0=CAab\mathrm{e}^{\mathrm{i}\delta_0}$$

于是可以得到光强分布为

$$I=\left|\tilde{E}\right|^2=I_0\left(\frac{\sin u}{u}\right)^2,\qquad I_0=\left|\tilde{E}_0\right|^2$$

从上式可以得到一个有趣的结果，即衍射光强与狭缝的面积有关，这一点是容易理解的，因为狭缝的面积大小控制着通过的光波的能量的大小.

方法 2：矢量图解法求解.

设狭缝为 AB，从上端 A 开始划分为一系列的细缝，每个细缝都可以作为一个子波源，它发出的光波对衍射屏上任意一点 P 的贡献可以用一个小矢量来表示. 所有这些细缝的宽度都相同，因此可以画出一系列对应的长度相等的小矢量，但是不同子波源发出的子波到达 P 点的光程不同，因此这些小矢量的方向依次变动，如图所示. 随着细缝划分得越来越多，这些小矢量最终趋近于一段圆弧，圆弧两个端点 A、B 处的小矢量之间的夹角可以通过狭缝上下两端的最大光程差算出

$$\Delta\varphi=\frac{2\pi}{\lambda}\delta=\frac{2\pi}{\lambda}a\sin\theta$$

于是由图中的几何关系可以得到这些小矢量合成的矢量的大小为

$$A=2R\sin\frac{\Delta\varphi}{2}=2\frac{\overset{\frown}{AB}}{\Delta\varphi}\sin\frac{\Delta\varphi}{2}=A_0\frac{\sin(\Delta\varphi/2)}{\Delta\varphi/2}$$

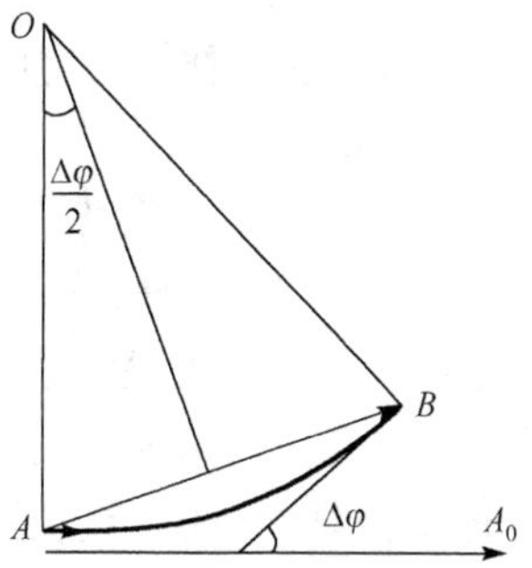

进阶题 1 图(方法 2)

其中$\overset{\frown}{AB}$是圆弧 AB 的长度，也即相当于所有小矢量沿着同样的方向叠加(光程差为零)时的合矢量的大小. 引入参数$u=\dfrac{\Delta\varphi}{2}=\dfrac{\pi a}{\lambda}\sin\theta$，即可得到接收屏上光场振幅的分布

$$A(\theta)=A_0\frac{\sin u}{u}$$

与第一种方法中通过菲涅耳积分公式得到的结果完全一致，但是由于不能确定 A_0 的具体值，这种方法得到的结果中所包含的物理信息没有菲涅耳积分公式丰富.

进阶题 2 如何理解光栅衍射是衍射和干涉的综合结果？

【解题思路】 光栅衍射的光强分布是单缝衍射和多缝干涉的光强分布函数的乘积，这可以通过菲涅耳积分来严格地证明，也可以通过几何法来形象地说明.

解 方法 1：菲涅耳积分法求解.

根据单缝衍射的光强分布公式可知，接收屏上某处的光强只取决于衍射角，而跟单缝的

具体位置无关. 因此光栅中的每条狭缝单独存在时在接收屏上形成的衍射光强分布是完全一致的，但是由于狭缝之间还存在着干涉效应，所以会对最终的光强分布有影响. 设所有狭缝组成的衍射屏为 Σ，从上到下数第 i 个狭缝对应的衍射屏为 Σ_i，则根据菲涅耳积分公式可知接收屏上的光场为

$$\tilde{E}(P)=C\iint_{\Sigma}\tilde{E}_0(Q)\mathrm{e}^{\mathrm{i}kr}\mathrm{d}S=\sum_{i=1}^{N}C\iint_{\Sigma_i}\tilde{E}_0(Q_i)\mathrm{e}^{\mathrm{i}kr_i}\mathrm{d}S=\sum_{i=1}^{N}C\iint_{\Sigma_i}\tilde{E}_0(Q_i)\mathrm{e}^{\mathrm{i}k(r_1+(i-1)\delta)}\mathrm{d}S$$

其中我们在计算每个狭缝的光程时以第一个缝为基准，$\delta=d\sin\theta$ 是相邻狭缝之间的光程差，对于光栅来说是个常数. 因此可得

$$\tilde{E}(P)=\left[C\iint_{\Sigma_1}\tilde{E}_0(Q_1)\mathrm{e}^{\mathrm{i}kr_1}\mathrm{d}S\right]\left[\sum_{i=1}^{N}\mathrm{e}^{\mathrm{i}k(i-1)\delta}\right]=\tilde{E}_0\mathrm{e}^{\mathrm{i}(N-1)\beta}\left(\frac{\sin u}{u}\right)\left(\frac{\sin N\beta}{\sin\beta}\right)$$

其中引入了参数 $\beta=\frac{k}{2}\delta=\frac{\pi d}{\lambda}\sin\theta$. 可见，经过光栅衍射之后接收屏上的光场明显可以分成两部分的乘积，其中第一部分是单缝衍射的贡献，而第二部分则来自多缝干涉的贡献，对应的光强分布为

$$I=\left|\tilde{E}\right|^2=I_0\left(\frac{\sin u}{u}\right)^2\left(\frac{\sin N\beta}{\sin\beta}\right)^2$$

于是可知光栅衍射的光强分布是单缝衍射和多缝干涉的光强分布函数的乘积，是二者综合作用的结果.

方法 2: 矢量图解法求解.

光栅衍射可以看作是每个单缝发出的光波的衍射的相干叠加，而每条狭缝单独存在时在接收屏上形成的衍射光强分布是完全一致的，因此可以把每条狭缝的衍射因子作为公因数提取出来，剩下的就是各个狭缝之间的干涉因子的贡献，正如图中所示，这是第一种方法中严格的菲涅耳积分的一个形象化的表述，有助于理解为什么单缝衍射因子和多缝干涉因子要相乘才能给出光栅衍射的光强.

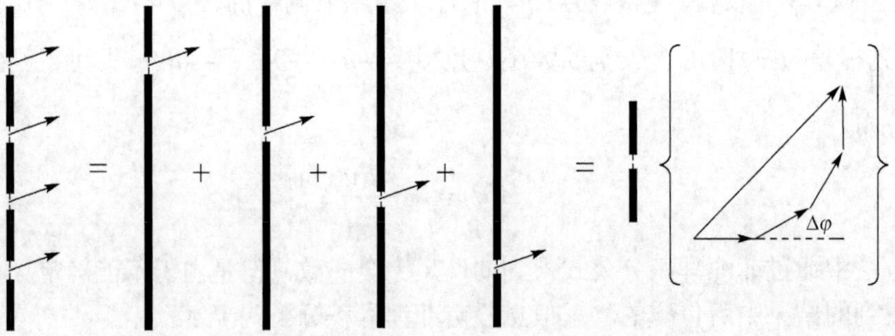

进阶题 2 图(方法 2)

根据单缝衍射的计算结果可知每条狭缝产生的衍射因子为

$$A_1=A(\theta)=A_0\frac{\sin u}{u},\qquad u=\frac{\pi a}{\lambda}\sin\theta$$

而多缝干涉的贡献可以通过下面的级数求和得到:

$$A_2 = 1 + e^{i\Delta\varphi} + e^{i2\Delta\varphi} + \cdots + e^{i(N-1)\Delta\varphi} = \frac{1 - e^{iN\Delta\varphi}}{1 - e^{i\Delta\varphi}}, \qquad \Delta\varphi = \frac{2\pi}{\lambda}\delta = \frac{2\pi}{\lambda} d\sin\theta$$

上式可以表示成更加对称的形式

$$A_2 = \frac{e^{iN\Delta\varphi/2}}{e^{i\Delta\varphi/2}} \frac{e^{-iN\Delta\varphi/2} - e^{iN\Delta\varphi/2}}{e^{-i\Delta\varphi/2} - e^{i\Delta\varphi/2}} = e^{i(N-1)\Delta\varphi/2} \frac{\sin(N\Delta\varphi/2)}{\sin(\Delta\varphi/2)} = e^{i(N-1)\Delta\varphi/2} \frac{\sin(N\beta)}{\sin\beta}, \quad \beta = \frac{\Delta\varphi}{2} = \frac{\pi}{\lambda} d\sin\theta$$

这两项的乘积给出了光栅衍射的光强分布

$$I = |A_1 A_2|^2 = I_0 \left(\frac{\sin u}{u}\right)^2 \left(\frac{\sin N\beta}{\sin\beta}\right)^2$$

与前面利用严格的菲涅耳积分公式得到的结果完全一致.

13.6 单元检测

13.6.1 基础检测

一、单选题

1. 【惠更斯-菲涅耳原理】根据惠更斯-菲涅耳原理，若已知光在某时刻的波阵面为 S，则 S 的前方某点 P 的光强度决定于波阵面 S 上所有面积元发出的子波各自传到 P 点的[　　]

(A)振动振幅之和　　(B)光强之和

(C)振动振幅之和的平方　　(D)振动的相干叠加

2. 【最大光程差】如图所示，一束波长为 λ 的平行单色光垂直入射到一单缝 AB 上，在屏幕 D 上形成衍射图样. 如果 P 是中央亮纹一侧第一个暗纹所在的位置，则 $\overline{BC}$ 的长度为[　　]

(A) $\lambda/2$　　(B) λ

(C) $3\lambda/2$　　(D) 2λ

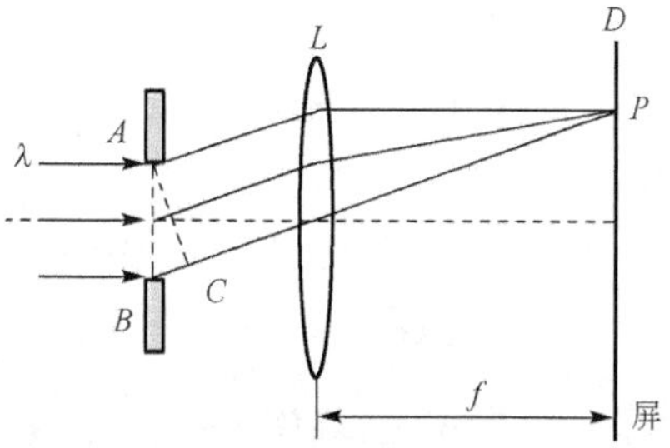

基础检测题 2 图

3. 【半波带】在单缝夫琅禾费衍射实验中，波长为 λ 的单色光垂直入射在宽度为 $a = 4\lambda$ 的单缝上，对应于衍射角为 30° 的方向，单缝处波阵面可分成的半波带数目为[　　]

(A)2 个　　(B)4 个　　(C)6 个　　(D)8 个

4. 【单缝宽度】波长为 λ 的单色平行光垂直入射到一狭缝上，若第一级暗纹的位置对应的衍射角为 $\theta = \pm\pi/6$，则缝宽的大小为[　　]

(A) $\lambda/2$　　(B) λ　　(C) 2λ　　(D) 3λ

5. 【中央明纹宽度】一单色平行光束垂直照射在宽度为 1.0mm 的单缝上，在缝后放一焦距为 2.0m 的会聚透镜. 已知位于透镜焦平面处的屏幕上的中央明条纹宽度为 2.0mm，则入射光波长约为（$1\text{nm} = 10^{-9}\text{m}$）[　　]

(A) 100nm　　(B) 400nm　　(C) 500nm　　(D) 600nm

6. 【衍射条纹角位置】在夫琅禾费单缝衍射实验中，对于给定的入射单色光，当缝宽度变小时，除中央亮纹的中心位置不变外，各级衍射条纹[　　]

(A) 对应的衍射角变小　　(B) 对应的衍射角变大

(C) 对应的衍射角也不变　　(D) 光强也不变

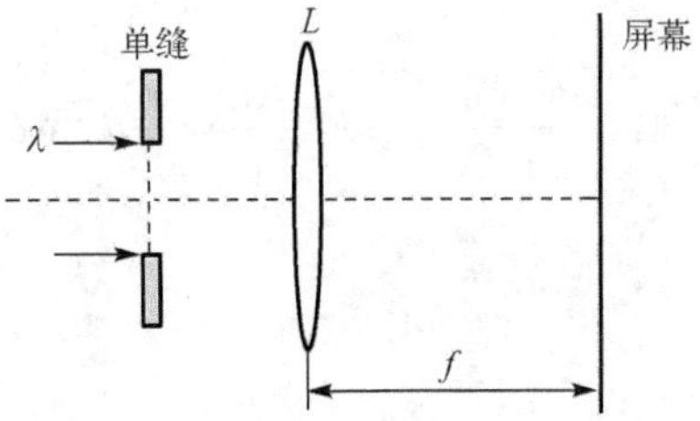

基础检测题 7 图

7. 【单缝衍射光路】在如图所示的单缝夫琅禾费衍射实验中，若将单缝沿透镜光轴方向向透镜平移，则屏幕上的衍射条纹[　　]

(A) 间距变大

(B) 间距变小

(C) 不发生变化

(D) 间距不变，但明暗条纹的位置交替变化

8. 【瑞利判据】一宇航员在160km 的高空，恰好能分辨地面上两个发射波长为550nm 的点光源，假定宇航员的瞳孔直径为5.0mm，如此两点光源的间距为[　　]

(A) 21.5m　　(B) 10.5m　　(C) 31.0m　　(D) 42.0m

9. 【光栅方程】波长为 λ 的单色光垂直入射于光栅常量为 d 、缝宽为 a 、总缝数为 N 的光栅上，取 $k=0,\pm1,\pm2,\cdots$，则决定主极大衍射角 θ 的公式可写成[　　]

(A) $Na\sin\theta = k\lambda$　　(B) $a\sin\theta = k\lambda$

(C) $Nd\sin\theta = k\lambda$　　(D) $d\sin\theta = k\lambda$

10. 【缺级】一束平行单色光垂直入射在光栅上，当光栅常量 $a+b$ 为下列哪种情况时(a 为每条缝的宽度，b 为不透光部分宽度)，$k=3,6,9,\cdots$ 等级次的主极大均不出现？[　　]

(A) $a+b=2a$　　(B) $a+b=3a$　　(C) $a+b=4a$　　(D) $a+b=6a$

11. 【最大衍射级次】波长 $\lambda=550\text{nm}$ 的单色光垂直入射于光栅常量 $d=2\times10^{-4}\text{cm}$ 的平面衍射光栅上，可能观察到的光谱线的最大级次为[　　]

(A) 2　　(B) 3　　(C) 4　　(D) 5

12. 【白光衍射光谱】一束白光垂直照射在一光栅上，在形成的同一级光栅光谱中，偏离中央明纹最远的是[　　]

(A) 紫光　　(B) 绿光　　(C) 黄光　　(D) 红光

二、填空题

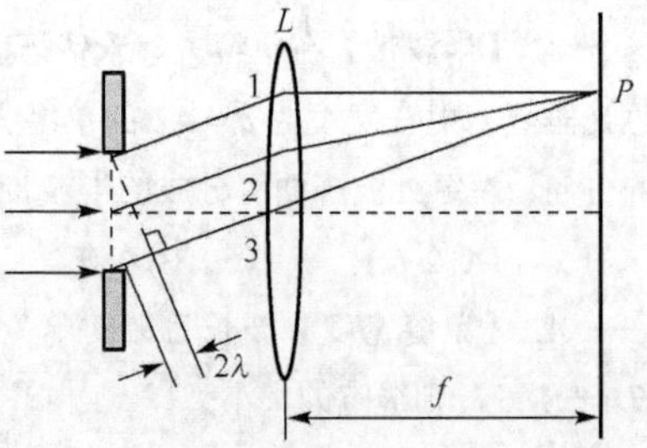

基础检测题 13 图

13. 【相位差】在单缝夫琅禾费衍射示意图中，所画出的各条正入射光线间距相等，那么光线 1 与 2 在幕上 P 点相遇时的相位差为________，P 点应为________点.

14. 【中央明纹宽度】测量未知单缝宽度 a 的一种方法是用已知波长 λ 的平行光垂直入射在单缝上，在距单缝的距离为 D 处测出衍射图样的中央明纹宽度 l (实验上应保证 $D\approx10^3a$，或 D 为几米)，则由单缝衍射的原理可标出 a 与 λ、D、l 的关系为 $a=$________.

15. 【半波带】在单缝夫琅禾费衍射实验中，屏上第三级暗纹对应于单缝处波面可划分为________个半波带，若将缝宽缩小一半，原来第三级暗纹处将是________纹.

16. 【最小分辨角】在通常亮度下，人眼瞳孔直径约为3mm．对波长为550nm 的绿光，最小分辨角约为________rad．

17.【光栅方程】某单色光垂直入射到每毫米有 800 条刻线的光栅上，如果第一级谱线的衍射角为 30°，则入射光的波长应为________.

18.【衍射光光程差】衍射光栅主极大公式 $(a+b)\sin\theta = \pm k\lambda$， $k = 0,1,2,\cdots$. 在 $k=2$ 对应的衍射方向上第一条缝与第六条缝对应点发出的两条衍射光的光程差 $\delta =$ ________.

13.6.2 巩固提高

一、单选题

1. 在如图所示的单缝夫琅禾费衍射实验中，将单缝 K 沿垂直于光的入射方向(沿图中的 x 方向)稍微平移，则[　　]

(A)衍射条纹移动，条纹宽度不变　　(B)衍射条纹中心不动，条纹变宽

(C)衍射条纹不动，条纹宽度不变　　(D)衍射条纹中心不动，条纹变窄

2. 在如图所示的单缝夫琅禾费衍射装置中，将单缝宽度 a 稍稍变宽，同时使单缝沿 y 轴正方向做微小平移(透镜屏幕位置不动)，则屏幕 C 上的中央衍射条纹将[　　]

(A)变窄，同时向上移　　(B)变窄，同时向下移

(C)变窄，不移动　　(D)变宽，不移动

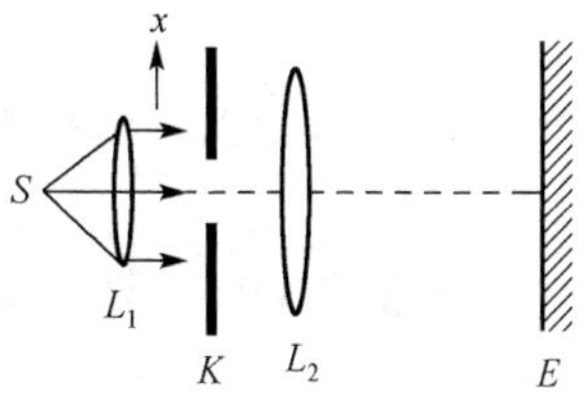

巩固提高题 1 图

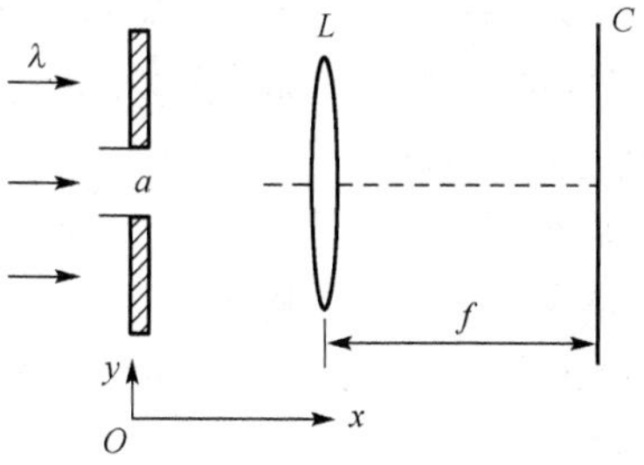

巩固提高题 2 图

3. 对某一定波长的垂直入射光，衍射光栅的屏幕上只能出现零级和一级主极大，欲使屏幕上出现更高级次的主极大，应该[　　]

(A)换一个光栅常量较小的光栅

(B)换一个光栅常量较大的光栅

(C)将光栅向靠近屏幕的方向移动

(D)将光栅向远离屏幕的方向移动

4. 某元素的特征光谱中含有波长分别为 $\lambda_1 = 450\text{nm}$ 和 $\lambda_2 = 750\text{nm}$ 的光谱线. 在光栅光谱中，这两种波长的谱线有重叠现象，重叠处 λ_2 的谱线级数将是[　　]

(A) $2,3,4,5,\cdots$　　(B) $2,5,8,11,\cdots$　　(C) $2,4,6,8,\cdots$　　(D) $3,6,9,12,\cdots$

5. 设光栅平面、透镜均与屏幕平行，则当入射的平行单色光从垂直于光栅平面入射变为斜入射时，能观察到的光谱线的最高级次 k [　　]

(A)变小　　(B)变大　　(C)不变　　(D)无法确定

6. 一束单色光垂直入射在平面光栅上，衍射光谱中共出现了 5 条明纹. 若已知此光栅缝宽度与不透明宽度相等，那么在中央明纹一侧的第二条明纹是第几级？[　　]

(A)第 1 级　　(B)第 2 级　　(C)第 3 级　　(D)第 4 级

二、填空题

7. He-Ne激光器发出波长为632.8mm($1\text{nm}=10^{-9}\text{m}$)的平行光束，垂直照射到一单缝上，在距单缝3m远的屏上观察夫琅禾费衍射图样，测得两个第二级暗纹间的距离是10cm，则单缝的宽度$b=$________.

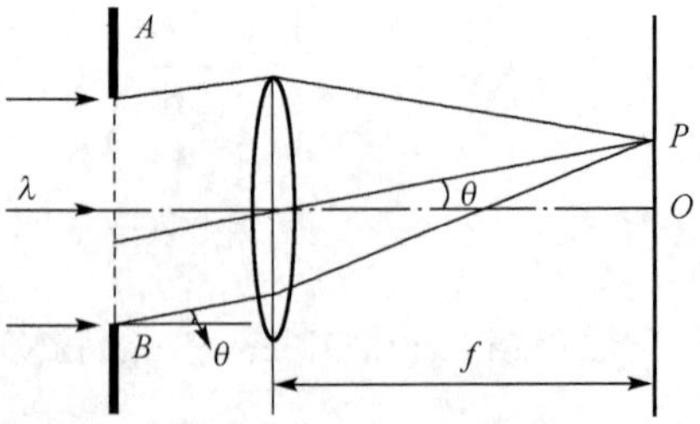

巩固提高题8图

8. 如图所示，波长为480.0nm的平行光垂直照射到缝宽为0.4mm的单缝上，单缝后透镜的焦距为$f=60\text{cm}$，当单缝两边缘点A、B射向P点的两条光线在P点的相位差为π时，P点离透镜焦点O的距离等于________.

9. 平行单色光垂直入射于单缝上，观察夫琅禾费衍射. 若屏上P点处为第二级暗纹，则单缝处波面相应地可划分为________个半波带. 若将单缝宽度缩小一半，P点处将是________级________纹.

10. 在单缝夫琅禾费衍射实验中，设第一级暗纹的衍射角很小，若钠黄光($\lambda_1=589\text{nm}$)中央明纹宽度为4.0mm，则$\lambda_2=442\text{nm}$ ($1\text{nm}=10^{-9}\text{m}$)的蓝紫色光的中央明纹宽度为________.

11. 某天文台反射式望远镜的通光孔径为2.5m，它能分辨的双星的最小夹角为________rad(设光的有效波长$\lambda=550\text{nm}$)($1\text{nm}=10^{-9}\text{m}$).

12. 一会聚透镜，直径为3cm，焦距为20cm. 照射光波长550nm($1\text{nm}=10^{-9}\text{m}$). 为了可以分辨，两个远处的点状物体对透镜中心的张角必须不小于________rad. 这时在透镜焦平面上两个衍射图样的中心间的距离不小于________μm.

13. 一束平行单色光垂直入射在一光栅上，若光栅的透光缝宽度a与不透光部分宽度b相等，则可能看到的衍射光谱的级次为________.

14. 若光栅的光栅常量d、缝宽a和入射光波长λ都保持不变，而使其缝数N增加，则光栅光谱的同级光谱线将变得________.

15. 可见光的波长范围是400~760nm. 用平行的白光垂直入射在平面透射光栅上时，它产生的不与另一级光谱重叠的完整的可见光光谱是第________级光谱.

16. 波长为500nm的平行单色光垂直入射在光栅常量为$2\times10^{-3}\text{mm}$的光栅上，光栅透光缝宽度为$1\times10^{-3}\text{mm}$，则第________级主极大缺级，屏上将出现________条明条纹.

三、计算题

17. 在某个单缝衍射实验中，光源发出的光含有两种波长λ_1和λ_2，垂直入射于单缝上. 假如λ_1的第一级衍射极小与λ_2的第二级衍射极小相重合，试问：

(1)这两种波长之间有何关系？

(2)在这两种波长的光所形成的衍射图样中，是否还有其他极小相重合？

18. 设汽车前灯光波长$\lambda=550\text{nm}$($1\text{nm}=10^{-9}\text{m}$)，两车灯的距离$d=1.22\text{m}$，在夜间人眼的瞳孔直径$D=5\text{mm}$，试根据瑞利判据计算人眼刚能分辨上述两只车灯时，人与汽车的距离L.

19. 用波长600nm的平行光观察光栅衍射. 光栅常量$a+b=2.4\times10^{-6}\text{m}$，缝宽$a=1.2\times10^{-6}\text{m}$，问：

(1)若光线垂直入射，最多能观察到第几级光谱线？最多能观察到几条光谱线？

(2)在单缝衍射中央明条纹区域内有几条光谱线？

(3)若光线以$\varphi=30°$角斜入射，最多能观察到第几级光谱线？此时，光谱中的零级光谱线在何处？

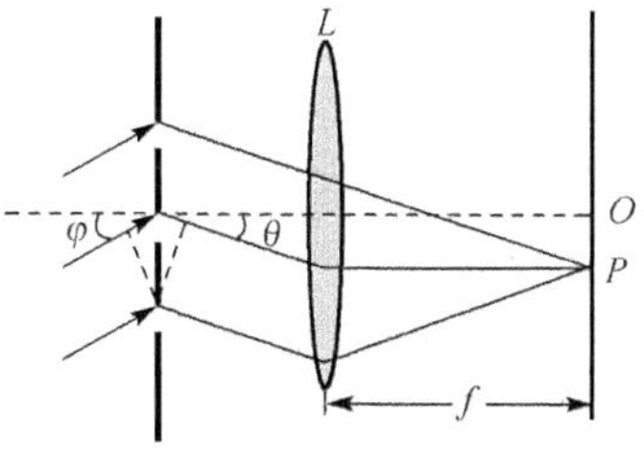

巩固提高题 19 图

20. 已知单缝宽度 $a = 1.0\times10^{-2}\,\text{cm}$，透镜焦距 $f = 50\text{cm}$.

(1) 若单缝夫琅禾费衍射实验中垂直入射的光有两种波长，即 $\lambda_1 = 400\text{nm}$，$\lambda_2 = 760\text{nm}$（$1\text{nm} = 10^{-9}\,\text{m}$）. 求两种波长的光产生的第一级衍射明纹中心之间的距离.

(2) 若用光栅常量 $d = 1.0\times10^{-3}\,\text{cm}$ 的光栅替换单缝，其他条件与 (1) 问相同，求两种波长的光产生的第一级衍射明纹中心之间的距离.

13.6 单元检测
参考答案

第 14 章　光的偏振

14.1　基 本 要 求

(1) 理解偏振光的概念，了解光的几种偏振状态.

(2) 了解起偏和检偏的方法，掌握马吕斯定律.

(3) 了解光在反射和折射时偏振状态的变化，掌握布儒斯特定律.

14.2　学 习 导 引

(1) 本章主要学习光的偏振现象，主要包含偏振光的概念和获得方法、马吕斯定律、布儒斯特定律和偏振光的应用等内容.

(2) 与光的干涉和衍射一样，光的偏振是光具有波动性的又一个主要特征. 只有横波才能产生偏振现象，因此光的偏振更有力地证明了光的波动性.

(3) 自然光与偏振光的主要区别体现在光矢量的分布上，自然光的光矢量分布在垂直于光传播方向的平面内是对称均匀的，各个方向上光矢量的振幅都相同；偏振光的光矢量分布是不对称的，在垂直于光传播方向的平面内各个方向上光矢量的振幅不相同. 如果光矢量的振动只发生在某个特定方向上，这种光称为线偏振光；如果光矢量的振动发生在不同方向上，但是在各个方向上光矢量的振幅不同，这种光称为部分偏振光. 如果在垂直于光传播方向的平面内，光矢量以一定的频率旋转，光矢量矢端的轨迹为椭圆时称其为椭圆偏振光，轨迹为圆时称其为圆偏振光. 学习时注意区别自然光和各种偏振光的异同.

(4) 偏振片可用作起偏器也可用作检偏器，它有一个特定的方向，只有平行于该方向的光振动才能通过. 自然光通过起偏器后产生线偏振光，但光的强度减小一半；线偏振光通过起偏器时，根据入射光的振动方向与起偏器的偏振化方向的不同关系可产生全部通过、部分通过和消光现象. 从偏振片透射出来的光强与入射偏振光的光强之间的关系为马吕斯定律 $I = I_0 \cos^2 \alpha$，学习时注意光振动的分解是光矢量的分解而不是光强的分解，因此透射光强和入射光强之间的关系是余弦平方的关系.

(5) 当自然光在介质表面产生反射与折射时，不仅会改变传播方向还会产生偏振光，偏振化程度与入射角相关. 当入射角满足一定条件时，折射光和反射光的传播方向互相垂直，此时，反射光成为只有光振动垂直于入射面的线偏振光，折射光为以光振动平行于入射面为主的部分偏振光，这个特定的入射角称为布儒斯特角(起偏角)，满足布儒斯特定律 $\tan i_0 = \frac{n_2}{n_1}$. 让自然光通过由许多相互平行的相同玻璃片组成的玻璃片堆，可以增强反射光的强度和提高折射光的偏振化程度.

(6) 利用光的偏振性可制作和观看立体电影，消除或减弱被拍摄物体表面的强反射、制作液晶显示器等.

14.3 思维导图

14.3 思维导图
(详细版)

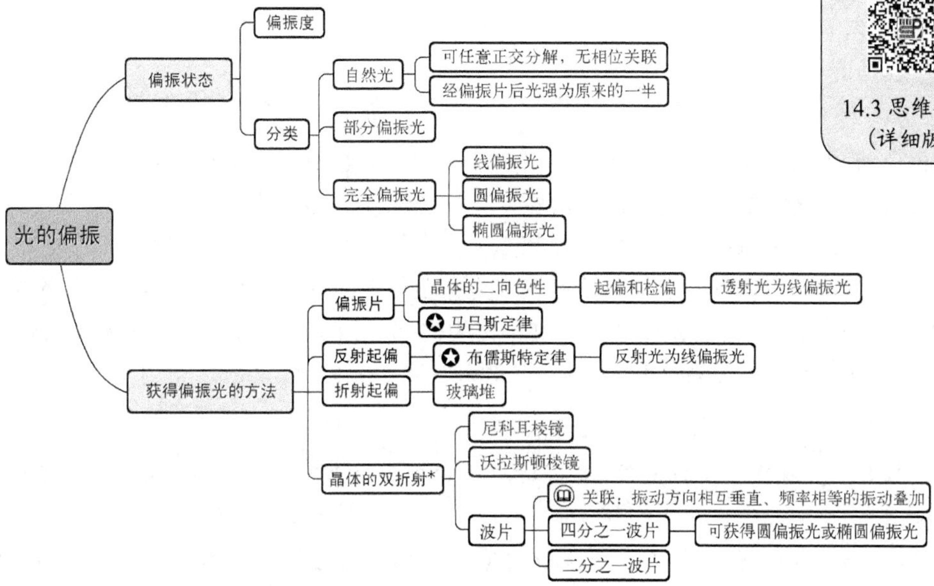

14.4 内容提要

1. 自然光和偏振光

(1) 光的偏振概念.

光波是横波，光矢量的振动对于传播方向的不对称性，称为光的偏振.

(2) 光的偏振分类.

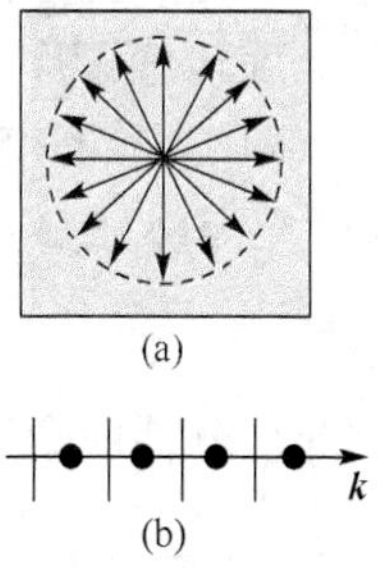

图 14.1　自然光示意图

自然光：光矢量的振动在垂直于光传播方向的平面内各方向上对称分布，振幅完全相等，如图 14.1(a) 所示，各个方向的振动彼此间无固定相位差，不显示任何偏振特性. 自然光的表示方法如图 14.1(b) 所示，圆点表示垂直于纸面的光振动，带箭头的短线表示在纸面内的光振动，圆点和短线等间距分布，表示这两个方向的光振动强度相同，没有哪一个方向的光振动占优势.

部分偏振光：若在垂直于光传播方向的平面内，各个方向的光振动都存在，但不同方向的振幅不等，在某个方向的振幅最大，而在与之垂直的方向上振幅最小，如图 14.2(a) 所示. 部分偏振光的表示法如图 14.2(b) 所示.

线偏振光：光矢量始终沿某一方向振动的光波. 光矢量的振动方向与光传播方向构成的平面称为振动面，线偏振光的振动面是固定不动的，因此，线偏振光又称平面偏振光. 线偏振光的表示方法如图 14.3 所示.

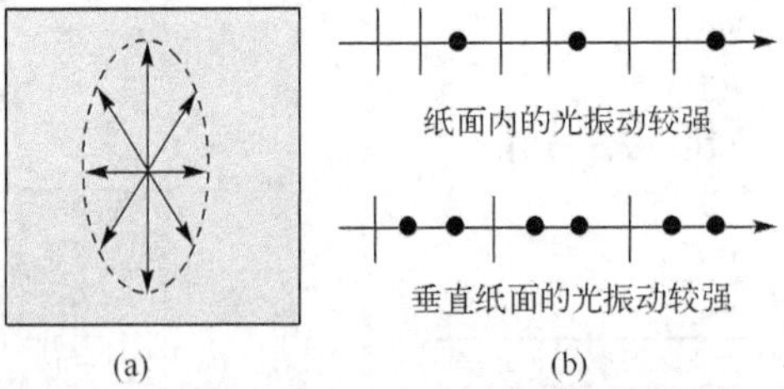

图 14.2　部分偏振光示意图

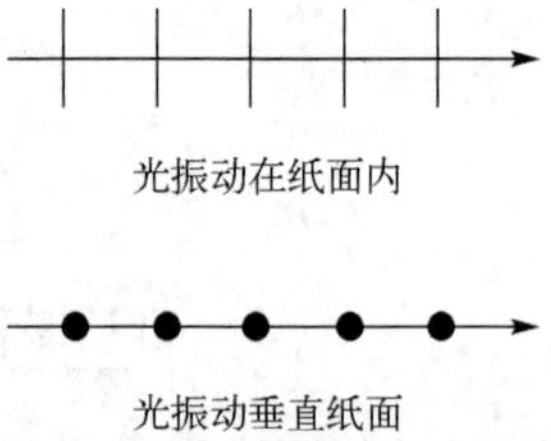

图 14.3　线偏振光示意图

椭圆偏振光：光矢量 $\boldsymbol{E}$ 在波面内高速旋转，其端点的轨迹为椭圆.

圆偏振光：光矢量在波面内高速旋转，其端点的轨迹为圆.

线偏振光、椭圆偏振光和圆偏振光都属于完全偏振光.

起偏和检偏：使自然光或部分偏振光成为完全偏振光的过程称为起偏，用到的光学元件称为起偏器. 检验一束光的偏振状态的过程称为检偏，用的光学元件称为检偏器. 偏振片、玻璃片堆、四分之一波片等是重要的起偏和检偏元件.

2. 马吕斯定律

(1) 偏振片：利用某些物质的二向色性(即对相互垂直的两个光振动选择吸收的性质)制成的偏振器件.

(2) 马吕斯定律：强度为 I_0 的线偏振光垂直入射到偏振片，透射光的振动方向平行于偏振片的偏振化方向. 设入射线偏振光光矢量的振动方向与偏振片的偏振化方向的夹角为 α，则透射后的线偏振光强度 I 为

$$I = I_0 \cos^2 \alpha$$

上式称为马吕斯定律.

强度为 I_0 的自然光透过偏振片后，透射光是线偏振光，透射光的振动方向平行于偏振片的偏振化方向，透射光的光强 $I = I_0/2$.

(3) 偏振片的起偏和检偏：在光路上放一块偏振片，可使自然光或部分偏振光变成线偏振光，这就是偏振片的起偏功能. 此外，偏振片还可以用来检验某光线是自然光、部分偏振光还是线偏振光，这就是偏振片的检偏功能. 如图 14.4 所示，当迎着入射光旋转偏振片时，若透射光的光强不发生变化，则入射光为自然光；若光强发生从全明到全暗(即消光)的变化，则入射光为线偏振光；若透射的光强有明暗变化，但没有消光现象，则入射光为部分偏振光.

3. 反射光和折射光的偏振

当自然光从折射率为 n_1 的介质入射到折射率为 n_2 的介质时，在这两种介质分界面会发生反射与折射，如图 14.5 所示，反射光和折射光的偏振状态有如下规律：

(1) 反射光为部分偏振光，垂直于入射面振动的光矢量占优势；

(2) 折射光为部分偏振光，平行于入射面振动的光矢量占优势；

(3) 布儒斯特定律：当入射角与反射角相互垂直时，反射光为线偏振光，其振动方向垂直于入射面，折射光为以平行于入射面的光振动为主的部分偏振光，该入射角称为起偏角，又称布儒斯特角 i_0，满足

$$\tan i_0 = \frac{n_2}{n_1}$$

上式称为布儒斯特定律，如图 14.6 所示.

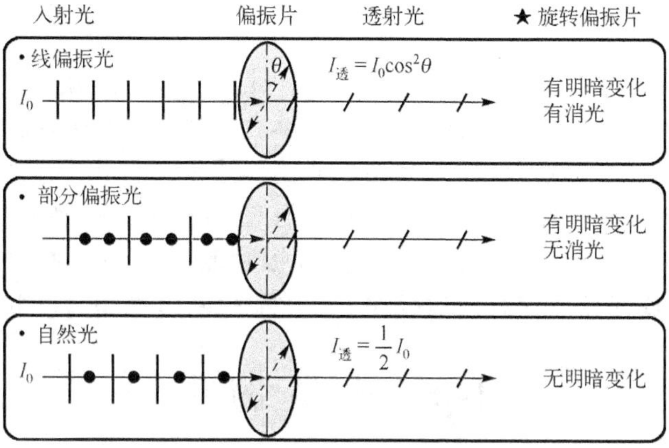

图 14.4　偏振片的起偏和检偏

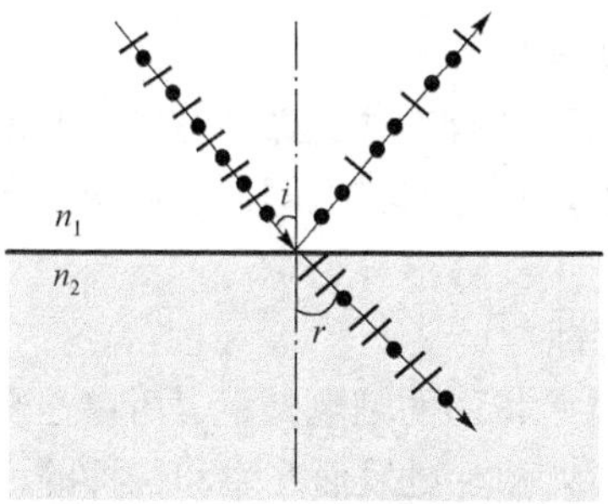

图 14.5　反射光和折射光的偏振

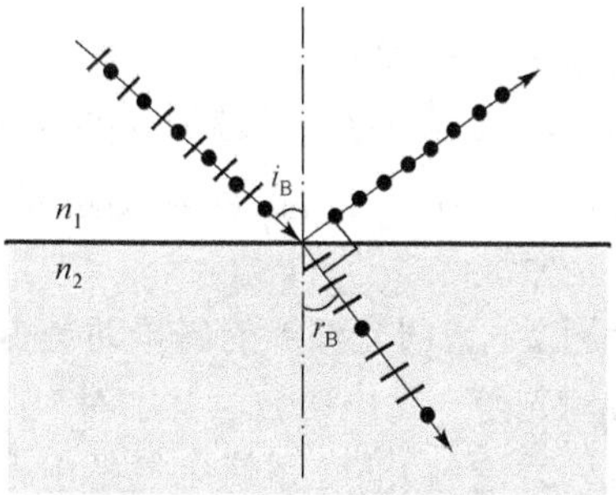

图 14.6　布儒斯特定律

(4)反射和折射的起偏：为了增强反射光的强度和提高折射光的偏振化程度，如图 14.7 所示，可以让自然光以布儒斯特角入射到许多相互平行的、由相同玻璃片组成的玻璃片堆，这样除反射光为偏振光外，多次折射后的折射光的偏振化程度将越来越高，最后也非常接近线偏振光.

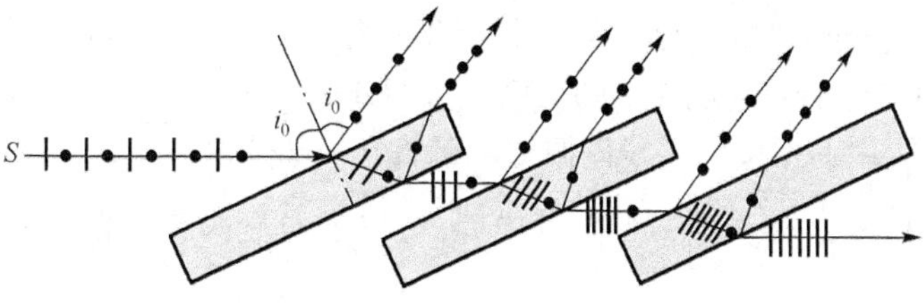

图 14.7　光通过玻璃片堆的偏振

4. 双折射现象

(1)双折射现象：光线射入各向异性的晶体后，在晶体内部产生两束折射光：遵循折射定律的称为寻常光线(o 光)，不遵循折射定律的称为非常光线(e 光). o 光和 e 光都是线偏振光.

(2) 光轴与光线的主平面：在各向异性晶体内有一确定的方向，光沿这个方向传播时不发生双折射，这个方向称为晶体的光轴. 根据晶体光轴的数目，有单轴晶体和双轴晶体之分. 由光轴和晶面法线组成的平面称为晶体的主截面. 光轴与折射光线所组成的平面称为该光线的主平面. o 光的振动方向垂直于自己的主平面，e 光的振动方向平行于自己的主平面. 入射面与主截面重合时，两个主平面重合且都在入射面内，o 光振动与 e 光振动垂直. 入射面与主截面不重合时，两个主平面不重合，e 光一般不在入射面内，此时 o 光振动与 e 光振动也不垂直.

(3) 产生双折射的原因：在晶体内 o 光和 e 光的传播速度不同，因而折射率不同所造成的. 但是，o 光和 e 光沿光轴方向的传播速度相同，所以沿光轴方向传播时不发生双折射.

(4) 偏振棱镜：利用各向异性晶体对光的双折射现象，可以制成各种偏振器件. 利用它们可以从自然光获得品质很好的线偏振光. 比如尼科耳棱镜、沃拉斯顿棱镜等.

14.5 典型例题

14.5.1 思考题

思考题 1 什么叫光的偏振？光波是横波还是纵波？

简答 在垂直于光波传播方向的平面内，光矢量可能有不同的振动方向，通常将光矢量保持在特定振动方向上的状态称为偏振态，光振动的这种方向特征即光的偏振，光的偏振特性表明光是横波.

思考题 2 请问光波中的磁振动是否具有偏振特性？

简答 光是一种电磁波，其中对人眼和感光仪器起作用的是电矢量，所以在研究光的特性时通常只讨论电矢量. 事实上光是由电振动和磁振动相互激发而产生和传播的，电振动与磁振动的方向总是彼此垂直并垂直于波的传播方向，既然电振动是偏振的，那么磁振动一定也是偏振的.

思考题 3 一束光可能是自然光、线偏振光或部分偏振光，请问如何通过实验来确定这束光是哪一种光？

简答 让该束光垂直入射到一个偏振片上，以入射光线为轴旋转偏振片，观察通过偏振片后光强的变化. 若转动过程中光的强度始终不变，则这束光为自然光；若转动过程中光强出现强弱变化且有完全消光的现象，则这束光为线偏振光；若转动过程中光的强度出现强弱变化，但并不出现完全消光的现象，则这束光为部分偏振光.

思考题 4 能否用偏振度定义线偏振光、自然光和部分偏振光？

简答 能. 偏振度 $P=\dfrac{I_{\max}-I_{\min}}{I_{\max}+I_{\min}}$，其中 $I_{\max}$、$I_{\min}$ 分别为最大振幅和最小振幅对应的光强. $P=1$ 的光是线偏振光，$P=0$ 的光是自然光，$0<P<1$ 的光是部分偏振光.

思考题 5 要使线偏振光的振动方向改变 $90°$，至少需要几块偏振片？这些偏振片如何放置才能使透射光的强度最大？

简答 至少需要在垂直于光的传播方向依次平行放置两块偏振片，要使线偏振光的振动方向改变 $90°$，第一块偏振片的偏振化方向与原线偏振光的振动方向成 α 角，则其必与第二块偏振片的偏振化方向成 $90°-\alpha$. 设原线偏振光的光强为 I_0，则出射第二块偏振片的线偏振光的光强为 $I=I_0\cos^2\alpha\cdot\cos^2(90°-\alpha)=\dfrac{I_0}{4}\sin^2(2\alpha)$， α 为 45° 时上式有最大值，即第一、二块偏振片的偏振化方向与原线偏振光的振动方向依次相差 45° 放置，透射光强才最大.

思考题 6 杨氏双缝干涉实验中，在双缝后分别装上偏振化方向相互垂直的偏振片，干涉条纹如何变化？

简答 根据相干条件，要产生干涉现象必须两束光的频率相同、振动方向相互平行、相位相同或相位差恒定. 在杨氏双缝干涉实验中，在双缝后分别装上偏振化方向相互垂直的偏振片之后，到达同一点的两束光的振动方向相互垂直，不符合相干条件，故干涉条纹消失.

思考题 7 一束光由自然光和线偏振光混合而成，让它垂直通过一偏振片，测得透射光强度的最大值是最小值的三倍，试问入射光中自然光与线偏振光的光强之比.

简答 自然光通过偏振片后光强变为原来的一半，线偏振光通过偏振片后的光强遵循马吕斯定律. 设入射光中自然光的光强为 I_1，线偏振光的光强为 I_2，则入射光垂直通过偏振片后的最大光强和最小光强分别为 $I_{最大}=\dfrac{1}{2}I_1+I_2$； $I_{最小}=\dfrac{1}{2}I_1$， 又因透射光强度的最大值是最小值的三倍，则 $I_{最大}=3I_{最小}$， 所以入射光中的自然光与线偏振光的光强之比为 $\dfrac{I_1}{I_2}=1$.

思考题 8 自然光在两种各向同性介质分界面上反射和折射，入射角满足什么条件时，反射光是线偏振光？

简答 当自然光在两种各向同性介质分界面上反射和折射时，反射光和折射光都是部分偏振光，如思考题 8 图(a)所示，反射光中垂直于入射面的振动强于平行于入射面的振动，折射光中平行于入射面的振动强于垂直于入射面的振动. 如思考题 8 图(b)所示，当入射角为布儒斯特角 i_0（i_0 满足 $\tan i_0=\dfrac{n_2}{n_1}$， n_1、n_2 分别是入射光和折射光所在介质的折射率）时，折射光和反射光的传播方向相互垂直，此时，反射光是振动方向垂直于入射面的线偏振光，而折射光仍为部分偏振光，此即布儒斯特定律.

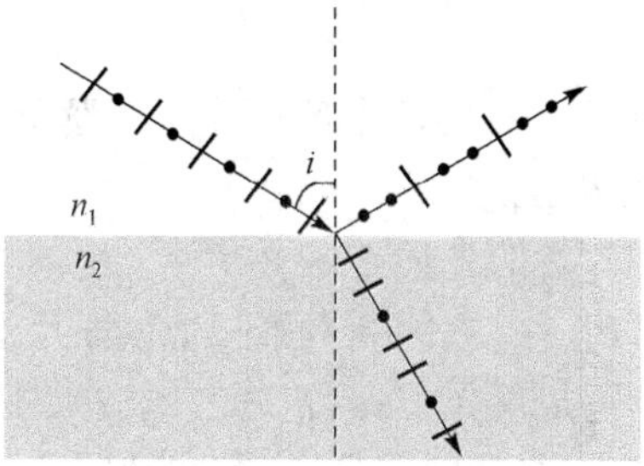

(a) 反射光和折射光的偏振

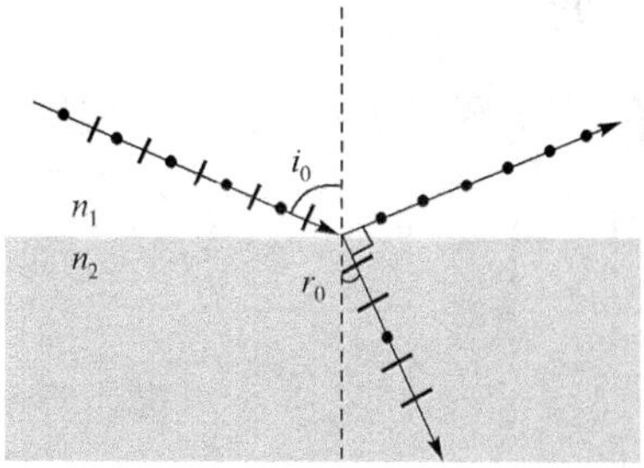

(b) 布儒斯特定律

思考题 8 图

思考题 9 若湖面反射的太阳光是线偏振光，那么此时太阳处在地平线上方多大仰角处？

简答 当自然光在两种各向同性介质分界面上反射和折射时，不仅光的传播方向要改变，而且光的振动状态也要改变. 反射光和折射光不再是自然光，折射光变为部分偏振光，反射光一般也是部分偏振光. 当入射角等于布儒斯特角时，反射光是光振动垂直于入射面的线偏振光，而折射光仍为部分偏振光. 因为空气的折射率为 1，水的折射率为 1.33，所以光从空气入射于水的布儒斯特角 i_0 满足 $\tan i_0 = \dfrac{n_2}{n_1} = 1.33$，可知 $i_0 = 53.1°$，故太阳处在地平线上方仰角为 $\theta = 36.9°$ 时，湖面反射的太阳光是线偏振光.

思考题 10 利用玻璃的反射和折射获得较强的线偏振光时要注意什么？

简答 当自然光以布儒斯特角入射到各向同性介质表面时，反射光为线偏振光. 但是，由于光在介质表面反射时，反射能量较低，这时可以采取如思考题 10 图所示多层玻璃片、多次反射的方法提高反射线偏振光的强度，同时使得最终折射出的光线偏振度非常高，近似于线偏振光. 这种方法同时获得了振动方向相互垂直的反射和折射线偏振光. 要保证入射于每层玻璃片的光线入射角都是布儒斯特角，不但要求自然光以布儒斯特角入射于第一个玻璃片，而且要求每层玻璃片严格平行，只有这样，当光线从空气进入玻璃片时以布儒斯特角入射，由玻璃片出来进入空气时也是以布儒斯特角入射.

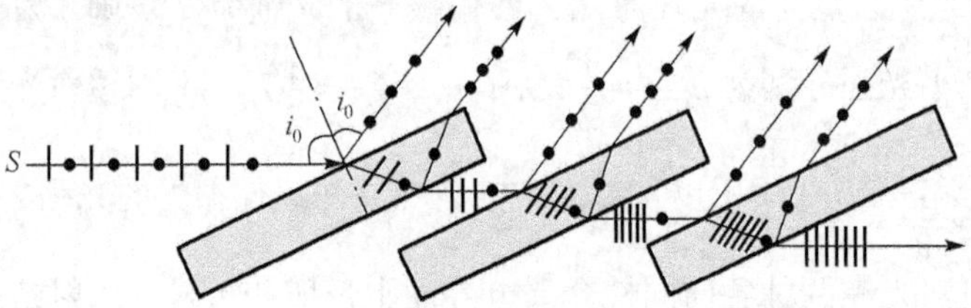

思考题 10 图

思考题 11 在隔着玻璃拍摄物体时，如何利用光的偏振去掉反射光的干扰？

简答 当自然光照在玻璃上时，玻璃反射的光会对其背后物体的拍摄产生干扰. 反射光在一般情况下是振动方向垂直于入射面振动占优的部分偏振光，若在照相机镜头前加装一偏振镜，转动偏振镜，使得偏振镜的偏振化方向平行于入射面，则垂直于入射面的光振动就不能透过偏振片进入相机，这样就可去除来自玻璃的大部分反射光，提高玻璃背后物体的拍摄效果.

14.5.2 计算题

计算题 1 如图所示，P_1、P_2 为偏振化方向相互平行的两个偏振片，光强为 I_0 的平行自然光垂直入射在 P_1 上.

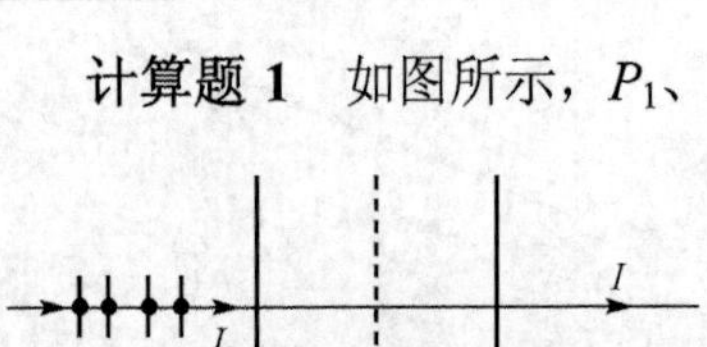

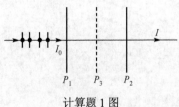

计算题 1 图

(1) 求通过 P_2 后的光强 I；

(2) 如果在 P_1、P_2 之间插入第三个偏振片 P_3，如图中虚线所示，并测得最后光强 $I = I_0/32$，求 P_3 的偏振化方向与 P_1 的偏振化方向之间的夹角 α (设 α 为锐角).

【解题思路】 自然光通过第一个偏振片后，光强减半并变为线偏振光，线偏振光通过偏振片后其光强与入射到偏振片前的光强关系遵循马吕斯定律 $I_{透} = I_{入}\cos^2\alpha$，其中 $I_{入}$、$I_{透}$ 分别表示入射到偏振片的光强和从偏振片透出的光强，α 为入射线偏振光的振动方向与偏振片的偏振化方向的夹角.

解 (1) 自然光经 P_1 后，光强

$$I_1 = \frac{1}{2} I_0$$

I_1 为线偏振光，通过 P_2 后的光强为 I，由马吕斯定律得

$$I = I_1 \cos^2 \theta$$

因为 P_1 与 P_2 偏振化方向平行，所以

$$\theta = 0$$

故

$$I = I_1 \cos^2 0 = I_1 = \frac{I_0}{2}$$

(2) 加入第三个偏振片后，设第三个偏振片的偏振化方向与第一个偏振化方向间的夹角为 α，则自然光依次透过 P_1、P_3 后光强变为 I_3

$$I_3 = \frac{1}{2} I_0 \cos^2 \alpha$$

透过 P_3 的线偏振光其振动方向与 P_2 的偏振化方向夹角为 α，再透过 P_2 后，光强变为 I

$$I = I_3 \cos^2 \alpha = \frac{1}{2} I_0 \cos^2 \alpha \cos^2 \alpha = \frac{1}{2} I_0 \cos^4 \alpha$$

由已知条件有

$$\frac{1}{2} I_0 \cos^4 \alpha = \frac{I_0}{32}$$

所以

$$\cos^4 \alpha = \frac{1}{16}$$

得

$$\cos \alpha = \frac{1}{2}$$

故

$$\alpha = 60°$$

【延伸思考】

(1) 从偏振光角度，马吕斯定律给出的是有关什么光的光强关系？请推导马吕斯定律.

(2) 在题干的第 (2) 问中，若插入中间的偏振片 P_3 旋转180°，会观察到什么现象？

(3) 若偏振片 P_1 与 P_2 的偏振化方向不是平行而是垂直，试求题干的第 (2) 问中的 α.

计算题 2 如图所示，三种透光介质Ⅰ、Ⅱ、Ⅲ的折射率分别为 $n_1 = 1.33$，$n_2 = 1.50$，$n_3 = 1$，两个交界面相互平行. 一束自然光自介质Ⅰ中入射到Ⅰ与Ⅱ的交界面上，若反射光为线偏振光，

(1)求入射角 i；

(2)介质Ⅱ、Ⅲ界面上的反射光是否是线偏振光？为什么？

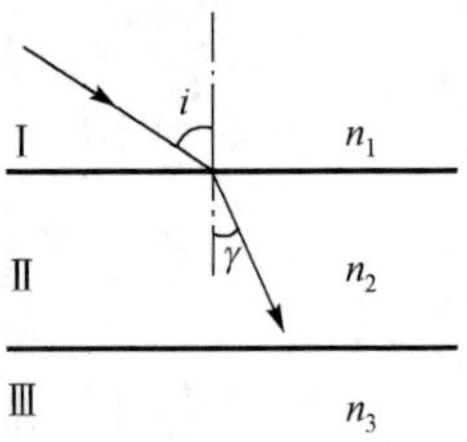

计算题 2 图

【解题思路】 自然光在界面处发生反射时，反射光和折射光都成为部分偏振光，其中反射光是振动方向以垂直于入射面为主的部分偏振光，折射光是振动方向以平行于入射面为主的部分偏振光，当入射角为某一特定角(称为布儒斯特角)时，反射光变为线偏振光，这时反射光线与折射光线夹角为90°，这时有布儒斯特定律 $\tan i=\dfrac{n_2}{n_1}$，其中 n_1 和 n_2 分别为入射光线和折射光线所在介质的折射率.

解 (1)根据布儒斯特定律，可得

$$\tan i=\frac{n_2}{n_1}=\frac{1.50}{1.33}$$

解得

$$i\approx 48.44°$$

(2)令介质Ⅱ中的折射角为 γ，则

$$\gamma=90°-i=41.56°$$

此 γ 在数值上等于在Ⅱ、Ⅲ界面上的入射角.

若Ⅱ、Ⅲ界面上的反射光是线偏振光，则必须满足布儒斯特定律

$$\tan i'=\frac{n_3}{n_2}=\frac{1}{1.50}$$

$$i'=33.69°$$

因为 $\gamma\neq i'$，故Ⅱ、Ⅲ界面上的反射光不是线偏振光.

【延伸思考】

(1)本题中当介质Ⅲ的折射率满足什么条件时，可使介质Ⅱ、Ⅲ界面上的反射光也是线偏振光？

(2)自然光在介质界面发生全反射时的临界角与布儒斯特角有什么关系？

14.5.3 进阶题

进阶题 1 如何理解布儒斯特定律？

【解题思路】 布儒斯特定律涉及光在反射和折射时偏振状态的变化，本题试图用比较简单的方法给出一个解释.

解 方法 1：利用菲涅耳公式求解.

查相关的资料可以得到光在界面上发生反射和折射时，反射光和折射光的振幅与入射光的振幅之间的关系，这就是著名的菲涅耳公式，它们可以从麦克斯韦方程组出发，再利用界面上的边界条件即可得到. 这里直接引用相关的结果. 当电场方向与入射面垂直时，有

$$\frac{E_{\perp反}}{E_{\perp入}}=-\frac{\sin(i-r)}{\sin(i+r)},\quad \frac{E_{\perp折}}{E_{\perp入}}=\frac{2\sin r\cos i}{\sin(i+r)}$$

当电场方向与入射面平行时，有

$$\frac{E_{/\!/反}}{E_{/\!/入}}=\frac{\tan(i-r)}{\tan(i+r)},\quad \frac{E_{/\!/折}}{E_{/\!/入}}=\frac{2\sin r\cos i}{\sin(i+r)\cos(i-r)}$$

式中的 i 表示入射角，而 r 表示折射角.

利用这些公式可知，当电场方向与入射面平行时，如果入射角满足 $i+r=\pi/2$，则有 $\tan(i+r)=\infty$，于是可知反射光的振幅为零，也即此时没有反射光；而电场方向垂直入射面时无论入射角为何值都不会出现反射光振幅为零的现象. 同理可得无论电场沿着什么方向，也无论入射角多大，折射光的振幅都不为零. 一般情况下，入射光中既有垂直于入射面的电场分量，又有平行于入射面的电场分量，因此可知如果 $i+r=\pi/2$，则反射光中只有垂直入射面的偏振分量，而折射光中既有平行入射面的分量又有垂直入射面的分量，这就是布儒斯特定律.

方法 2：根据电偶极子辐射的性质求解.

经典电磁理论把物质发光看作是物质内部原子形成的电偶极子的辐射. 在外界能量(即入射光)的激发下，原子的正电中心和负电中心不再重合，且正负电中心的距离在不断变化，从而形成一个振荡的电偶极子. 根据经典电动力学的结论，振荡的电偶极子会在周围空间产生交变的电磁场，即向周围辐射出电磁波. 进一步可以证明，振荡电偶极子辐射的电磁波是一个以电偶极子为中心的发散球面波，如果以电偶极子的方向为极轴，则辐射波的振幅与极角 ψ 有关，如图中所示. 具体地说，辐射波的电场和磁场的振幅都正比于 $\sin\psi$，也就是说，在平行于电偶极子的方向($\psi=0$)没有辐射波. 这是电偶极子辐射的重要特点.

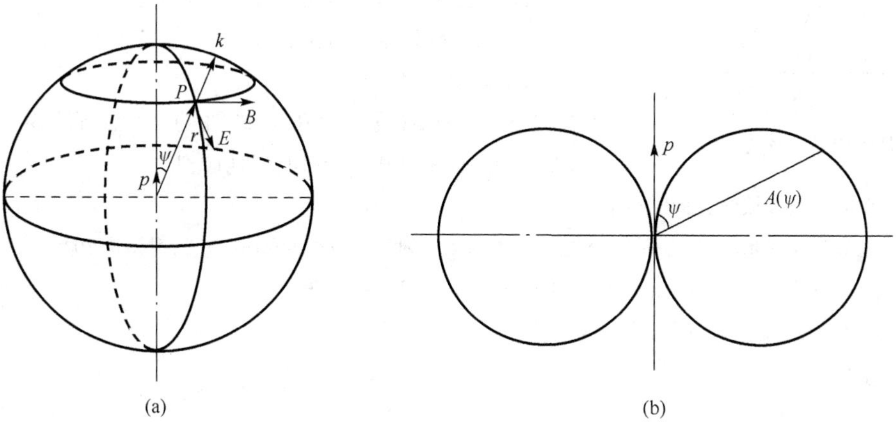

进阶题 1 图

利用这种观点，我们可以解释反射和折射时的偏振现象. 设光从介质 1 入射到介质 2，则根据上面的理论，入射光波在介质 2 中将激发原子中电子的振动，从而使得原子作为振荡电偶极子向四周辐射出电磁波. 这些电磁波在介质 1 中形成反射波，在介质 2 中形成折射波，且折射波电矢量的振动方向和原子的振动方向相同. 当反射光与折射光垂直时，根据电偶极子辐射的性质，在介质 2 中振动方向平行于入射面的原子振动在反射光的方向上没有辐射，因此反射光中就只有垂直入射面的振动分量，这就是布儒斯特定律所说的情况.

14.6 单元检测

14.6.1 基础检测

一、单选题

1.【检偏】把两块偏振片一起紧密地放置在一盏灯前，使得后面没有光通过. 当把一块偏振片旋转180°时会发生何种现象[ ]

(A)光强先增加，然后减小到零　(B)光强始终为零

(C)光强先增加后减小，而又增加　(D)光强增加，然后减小到不为零的极小值

2.【马吕斯定律】振幅为 A 的线偏振光，垂直入射到一理想偏振片上. 若偏振片的偏振化方向与入射偏振光的振动方向夹角为60°，则透过偏振片的振幅为[ ]

(A) $A/2$　(B) $\sqrt{3}A/2$　(C) $A/4$　(D) $3A/4$

3.【马吕斯定律】一束光强为 I_0 的自然光垂直穿过两个偏振片，且此两偏振片的偏振化方向成45°角，则穿过两个偏振片后的光强 I 为[ ]

(A) $I_0/4\sqrt{2}$　(B) $I_0/4$　(C) $I_0/2$　(D) $\sqrt{2}I_0/2$

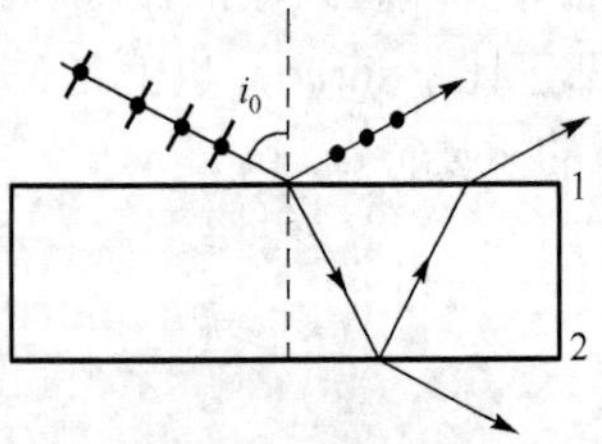

基础检测题 4 图

4.【布儒斯特定律】一束自然光自空气射向一块平板玻璃(如图)，设入射角等于布儒斯特角 i_0，则在界面 2 的反射光[ ]

(A)是自然光

(B)是线偏振光且光矢量的振动方向垂直于入射面

(C)是线偏振光且光矢量的振动方向平行于入射面

(D)是部分偏振光

5.【布儒斯特定律】自然光以60°的入射角照射到某两介质交界面时，反射光为完全线偏振光，则可知折射光为[ ]

(A)完全线偏振光且折射角是30°

(B)部分偏振光，且只是在该光由真空入射到折射率为 $\sqrt{3}$ 的介质时，折射角是30°

(C)部分偏振光，但须知两种介质的折射率才能确定折射角

(D)部分偏振光，且折射角是30°

二、填空题

6.【马吕斯定律】一束自然光垂直穿过两个偏振片，两个偏振片的偏振化方向成45°角. 已知通过此两偏振片后的光强为 I，则入射至第二个偏振片的线偏振光强度为________.

7.【布儒斯特定律】如图所示，一束自然光入射到两种介质交界平面上产生反射光和折射光. 按图中所示的各光的偏振状态，反射光是________光；折射光是________光；这时的入射角 i_0 称为________角.

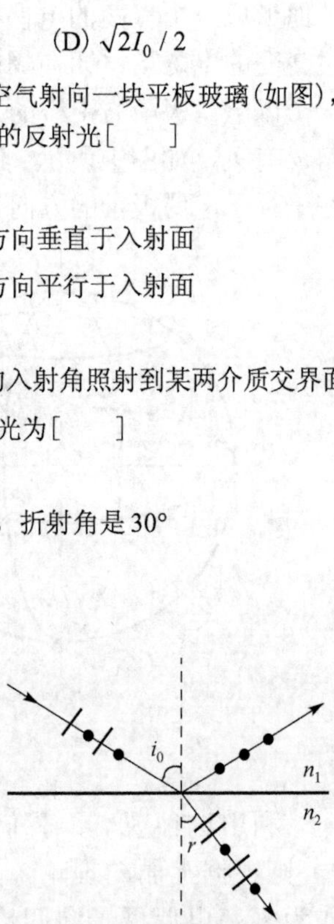

基础检测题 7 图

14.6.2 巩固提高

一、单选题

1. 使一光强为 I_0 的平面偏振光先后通过两个偏振片 P_1 和 P_2. P_1 和 P_2 的偏振化方向与原入射光光矢量振动方向的夹角分别是 α 和 90°，则通过这两个偏振片后的光强 I 是[　　]

(A) $\frac{1}{2}I_0\cos^2\alpha$　　(B) $\frac{1}{4}I_0\sin^2(2\alpha)$　　(C) $\frac{1}{4}I_0\sin^2\alpha$　　(D) $I_0\cos^4\alpha$

2. 强度为 I_0 的自然光通过两个偏振化方向互相垂直的偏振片后，出射光强度为零. 若在这两个偏振片之间再放入另一个偏振片，且其偏振化方向与第一偏振片的偏振化方向夹角为 30°，则出射光强度为[　　]

(A) 0　　(B) $3I_0/8$　　(C) $3I_0/16$　　(D) $3I_0/32$

3. 某种透明介质对于空气的全反射临界角等于 45°，光从空气射向此介质时的布儒斯特角是[　　]

(A) 35.3°　　(B) 40.9°　　(C) 45°　　(D) 54.7°

二、填空题

4. 两个偏振片叠放在一起，强度为 I_0 的自然光垂直入射其上，若通过两个偏振片后的光强为 $I_0/8$，则此两偏振片的偏振化方向间的夹角(取锐角)是________，若在两片之间再插入一片偏振片，其偏振化方向与前后两片的偏振化方向的夹角(取锐角)相等，则通过三个偏振片后的透射光强度为________.

5. 要使一束线偏振光通过偏振片之后振动方向转过 90°，至少需要让这束光通过________块理想偏振片. 在此情况下，透射光强最大是原来光强的________倍.

6. 一束自然光通过两个偏振片，若两偏振片的偏振化方向间夹角由 α_1 转到 α_2，则转动前后透射光强度之比为________.

7. 如图所示，一束自然光入射到折射率分别为 n_1 和 n_2 的两种介质的交界面上，发生反射和折射. 已知反射光是完全偏振光，那么折射角 r 为________.

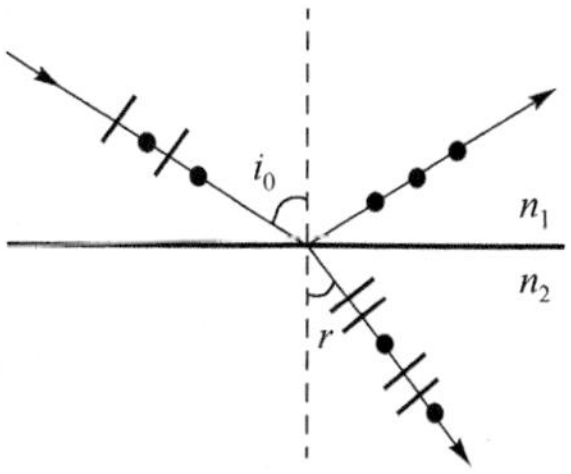

巩固提高题 7 图

8. 某一块火石玻璃的折射率是 1.65，现将这块玻璃浸没在水中 ($n=1.33$). 欲使从这块玻璃表面反射到水中的光是完全偏振的，则光由水射向玻璃的入射角应为________.

三、计算题

9. 一束光强为 I_0 的自然光垂直入射在三个叠放在一起的偏振片 P_1、P_2、P_3 上，已知 P_1 与 P_3 的偏振化方向相互垂直.

(1) 求 P_2 与 P_3 的偏振化方向之间夹角为多大时，穿过第三个偏振片的透射光强为 $I_0/8$；

(2) 若以入射光方向为轴转动 P_2，当 P_2 转过多大角度时，穿过第三个偏振片的透射光强由原来的 $I_0/8$ 单调减小到 $I_0/16$？此时 P_2、P_1 的偏振化方向之间的夹角多大？

10. 一光束由强度相同的自然光和线偏振光混合而成，此光束垂直入射到几个叠在一起的偏振片上.

(1) 欲使最后出射光的振动方向垂直于原来入射光中线偏振光的振动方向，并且入射光中两种成分光的出射光强相等，至少需要几个偏振片？它们的偏振化方向应如何放置？

(2) 这种情况下最后出射光强与入射光强的比值是多少？

11. 两个偏振片叠放在一起，其偏振化方向分别为 P_1 和 P_2，夹角为 α. 一束线偏振光垂直入射在偏振片上. 已知入射光的光矢量振动方向与 P_2 的夹角为 A (取锐角)，A 角保持不变. 接着在 $\boldsymbol{E}$ 与 P_2 之间转动 P_1，如图所示. 问 α 等于何值时，出射光强为极值？此极值是极大值还是极小值？

12. 如图安排的三种透明介质Ⅰ、Ⅱ、Ⅲ，其折射率分别为 $n_1=1.00$、$n_2=1.43$ 和 n_3，Ⅰ、Ⅱ和Ⅲ的界面相互平行. 一束自然光由介质Ⅰ中入射，若在两个交界面上的反射光都是线偏振光，则

(1) 入射角 i 是多大？

(2) 折射率 n_3 是多大？

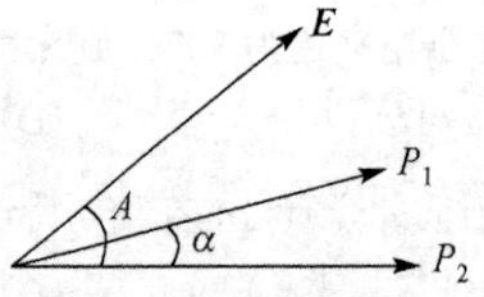

巩固提高题 11 图

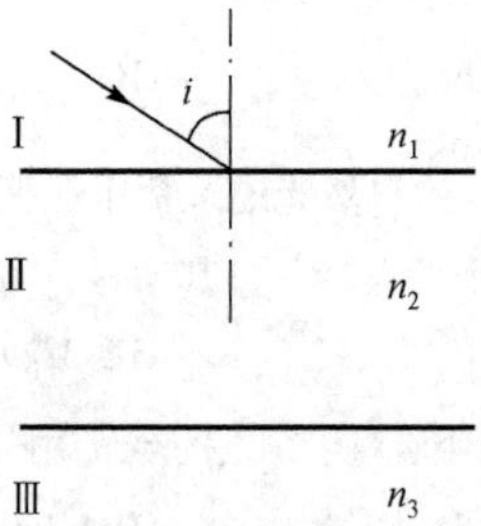

巩固提高题 12 图

14.6 单元检测参考答案

第六篇　近代物理基础

第 15 章　狭义相对论基础

15.1　基 本 要 求

(1) 了解狭义相对论产生的历史背景，理解狭义相对论的基本原理，理解洛伦兹坐标变换式和速度变换式.

(2) 理解同时的相对性和钟缓尺缩效应，掌握相关计算，理解相对论的时空观与经典时空观的差异.

(3) 理解狭义相对论的质量、动量和能量等概念，掌握相关计算.

(4) 了解狭义相对论的动力学方程，理解狭义相对论的质速关系、质能关系和能量动量关系，掌握相关计算.

15.2　学 习 导 引

(1) 本章主要学习狭义相对论的基础知识，主要包含力学的相对性原理和伽利略变换、狭义相对论的基本原理和洛伦兹变换、狭义相对论的时空观、狭义相对论的动力学基础等内容.

(2) 狭义相对论被誉为“新时空观”理论，因此，在学习中要注意体会它是如何改变人们对经典时空观的认识的. 所谓的时空观，就是人们对时间和空间的物理特性的认识，是客观存在的物质运动属性的反映. 很多同学从中学到大学，在物理学习过程中记住了很多公式，应用牛顿定律解过很多题，但很少思考过牛顿定律中蕴含的时空观思想，进入狭义相对论的学习后，同学们会感到时空观来得很突然，再加上相对论的时空观又远离日常生活经验，以至于学习同时的相对性、钟缓尺缩效应等概念时会觉得很普通又很抽象、很有趣又好像在云里雾里. 因此，在学习本章内容的过程中要把日常生活中对时空的感受提升到物理学的时空观思想上来，紧紧围绕“时空观”的转变，从绝对时空观逐步过渡到狭义相对论的时空观.

(3) 伽利略变换反映了经典力学中的力学相对性原理和绝对时空观. 在伽利略变换下，在不同的惯性系中，经典力学的规律是相同的，没有一个比其他惯性系更为优越的惯性系. 在绝对时空观下不管在哪个惯性系中对物体长度的测量和运动时间间隔的测量都是相同的，与参考系无关.

(4) 作为电磁学基本规律的麦克斯韦方程组预言了电磁波的存在，并证明了电磁波在真空中的传播速率等于真空中光的传播速率 $c=\dfrac{1}{\sqrt{\varepsilon_0\mu_0}}$. 这表明光的传播速率不仅与光源的运动无关，而且与参考系的选择和光的传播方向无关，即在任何惯性系中真空中的光速都是一个常量，这显然与伽利略速度变换相矛盾. 通过进一步探索可知，如果认为伽利略变换是正确的，那么电磁现象的基本规律就不符合相对性原理，麦克斯韦方程组只能在一个特殊的参考系中成立；如果认为电磁规律在所有惯性系中都成立，即符合相对性原理，那么伽利略变换就应当加以修正.

(5) 爱因斯坦基于相对性原理在经典力学规律和电磁学规律中存在不对称性等，创造性地提出了“两个基本原理”，创立了狭义相对论. 相对性原理是力学相对性原理的推广，它不仅适用于力学规律，也适用于光学、电磁学等所有的物理学规律；光速不变原理否定了伽利略变换，放弃了经典力学中绝对空间和绝对时间的概念，成为相对论时空观的基础.

(6) 基于狭义相对论的两条基本原理可以推导出狭义相对论的坐标变换式和速度变换式，即洛伦兹坐标变换式和速度变换式. 在洛伦兹变换下，不同的惯性系中物理学规律的数学表达式不变；真空中的光速保持不变. 在低速运动的情况下洛伦兹变换转化为伽利略变换，表明经典的牛顿力学仅是相对论力学的特殊情形，即所谓的对应原理. 洛伦兹坐标变换式是本章的重点和难点，学习时可以尝试用不同的方法进行推导. 利用洛伦兹速度变换式求解问题时注意速度变换和速度叠加的区别. 本章的所有时空变换方面的习题都可以用狭义相对论的两条基本原理或洛伦兹变换式求解.

(7) 通过洛伦兹变换可得到同时具有相对性、时间延缓和长度收缩等相对论效应. 同时的相对性：在某个惯性系中发生在同一个地点的同时事件，在其他惯性系中也是同时发生的；发生在不同地点的两个同时事件，在其他相对运动的惯性系中一定是不同时发生的. 时间延缓：相对于事件发生地点运动的惯性系中所测得的时间间隔 τ 比与事件发生地点相对静止的惯性系中所测得的时间间隔 τ_0 (称为固有时) 要长，即 $\tau=\gamma\tau_0$. 长度收缩：相对于物体运动的惯性系中测得的长度 l 比与物体相对静止的惯性系中测得的长度 l_0 (称为固有长度) 要短，即 $l=\frac{l_0}{\gamma}$.

(8) 由同时的相对性、时间延缓和长度收缩可以看出时间和空间是紧密联系在一起的；时间、空间的量度又与运动密切相关，这就是狭义相对论的时空观. 在低速运动的情况下，狭义相对论的时空观转变为伽利略变换反映的绝对时空观，这表明：绝对时空观是狭义相对论时空观在低速情况下的合理近似.

(9) 在洛伦兹变换的基础上，相对论动力学揭示了物体的质量与其运动速率之间的关系，由此得到了相对论意义下的动量、动能、能量以及动量和能量的关系. 物体的相对论质量是随着物体运动速率的增加而增加的：

$$m=\frac{m_0}{\sqrt{1-\left(\frac{v}{c}\right)^2}}$$

这表明质量的基本意义仍然是惯性的量度，随着物体运动速率的增加，物体的惯性也随之增加.

(10) 相对论的质能关系 $E=mc^2$ 表明物体的质量就是它所含能量的量度. 一个物体增加了能量，它必然相应地增加了质量，反之，一个物体释放了能量，它必然相应地减少了质量. 因此，在相对论中质量守恒定律和能量守恒定律统一起来了，二者是不可分割的定律. 相对论的质能关系为核能利用奠定了基础.

(11) 在解答本章习题时，要特别注意梳理解题思路，要摆脱“看到习题找公式，代入数据对答案”的机械式做题模式. 在利用洛伦兹变换求解问题时，一般涉及一个事件和两个参考系，这一事件在两个惯性参考系中的时空坐标是通过洛伦兹坐标变换式相联系的；在利用时间延缓效应求解两事件的时间间隔时，应注意区分“时间间隔”和“固有时”，如果在两个惯性系中测得的两事件不是同地发生的，则不能简单地利用时间延缓效应求解，而是需要利用洛伦兹变换式求解；在利用长度收缩求解两事件的空间间隔时，应注意区分“物体长度”和“固有长度”，如果要求解某一惯性系中不同时间不同地点发生的两个事件的空间间隔，则必须利用洛伦兹变换式求解.

15.3 思维导图

15.3 思维导图（详细版）

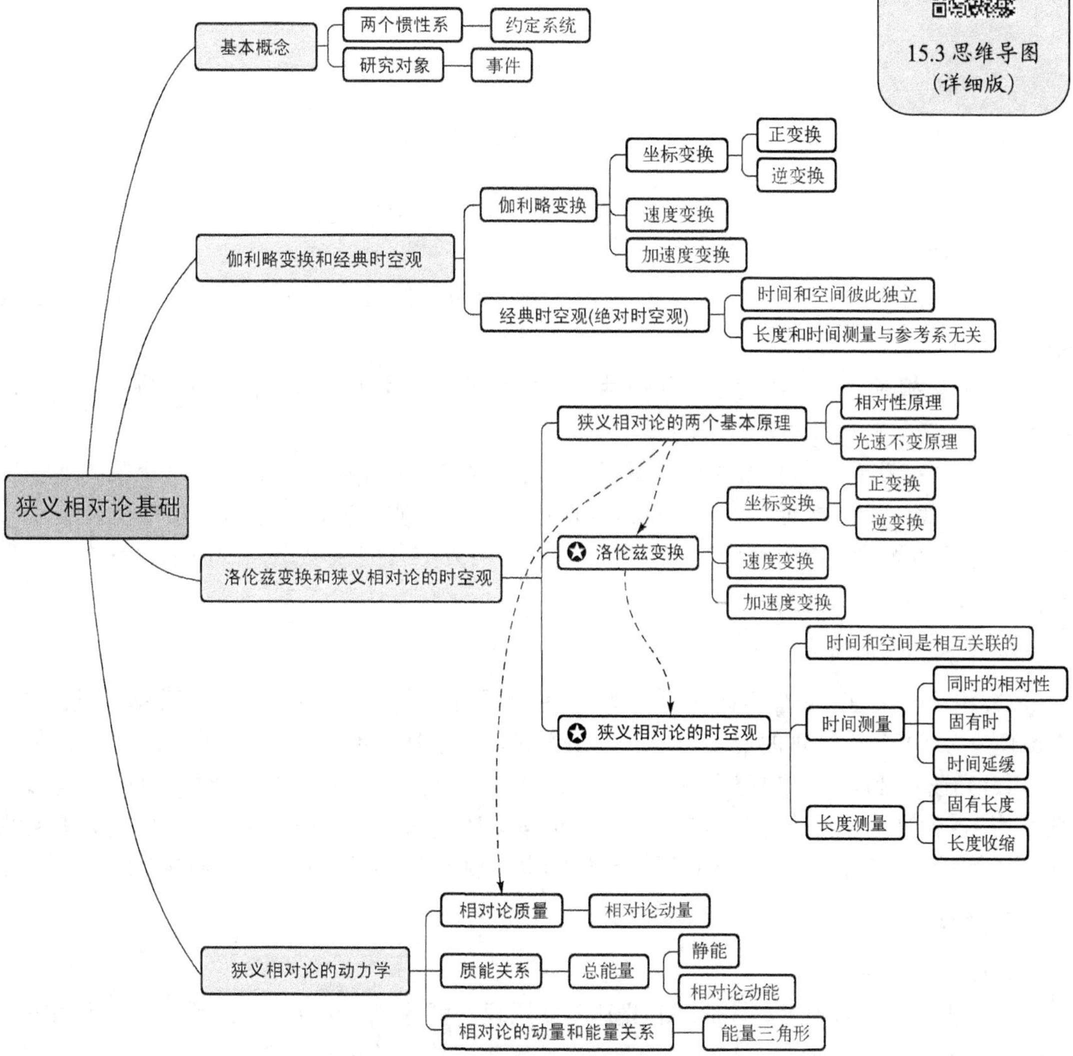

15.4 内容提要

1. 伽利略变换

(1) 事件：质点在某一时刻处于某一位置称作一个事件. 描述一个事件需要三个空间坐标和一个时间坐标.

(2) 约定系统：一个惯性系 $S'(O'x'y'z')$ 相对于另一个惯性系 $S(Oxyz)$ 以匀速度 $\boldsymbol{u}$ 沿 x 轴方向运动，运动时相应坐标轴始终保持平行，且开始计时坐标原点 O' 与 O 重合，如图 15.1 所示，这样的两个惯性系称为约定系统.

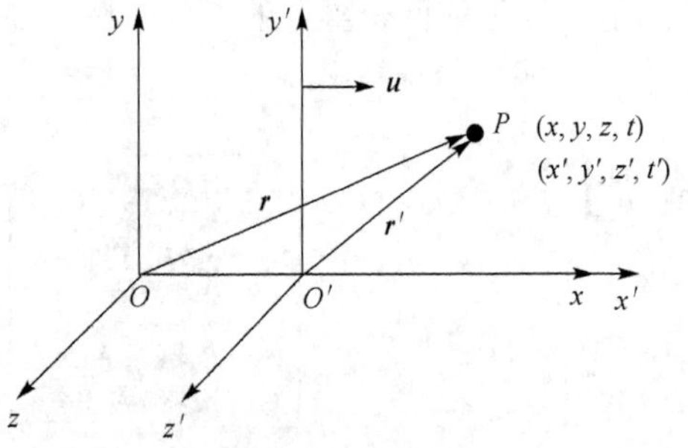

图 15.1 约定系统

(3) 伽利略变换：同一个事件在约定系统的两个参考系中具有不同的时空坐标. 在经典力学中，有

$$\text{坐标正变换}\begin{cases} x' = x - ut \\ y' = y \\ z' = z \\ t' = t \end{cases}$$

$$\text{坐标逆变换}\begin{cases} x = x' + ut' \\ y = y' \\ z = z' \\ t = t' \end{cases}$$

速度变换：$v'_x = v_x - u$, $v'_y = v_y$, $v'_z = v_z$.

加速度变换：$a'_x = a_x$, $a'_y = a_y$, $a'_z = a_z$. 即在伽利略变换下，对不同惯性系而言，加速度是不变量.

(4) 力学相对性原理：对不同的惯性系，牛顿运动定律在伽利略变换下保持形式不变，即力学规律在所有惯性系都是相同的.

(5) 绝对时空观：伽利略变换中蕴含着绝对时空观，是牛顿力学的经典时空观的数学反映. 该时空观认为"绝对的、真实的数学时间，就其本质而言，是永远均匀地流逝着，与任何外界事物无关；绝对空间，就其本质而言，与外界任何事物无关，而永远是相同的和不动的".

2. 狭义相对论的基本原理

(1) 相对性原理：物理定律在一切惯性系中都是相同的，即所有惯性系都是等价的. 相对性原理是力学相对性原理的推广，电磁学、光学的物理定律在不同惯性系中也具有相同的形式.

(2) 光速不变原理：在任何惯性系中，光在真空中的传播速率都有相同的量值 c 而与参考系无关. 也就是说，不管光源与观察者之间的运动速度如何，在任一惯性系中的观察者所测到的真空中的光速都是相等的. 在国际单位制中，规定真空中的光速 $c = 299792458\text{m/s}$.

3. 洛伦兹变换

(1) 洛伦兹坐标变换.

根据狭义相对论的相对性原理和光速不变原理，可得同一事件在约定系统中 S 系的时空坐标 (x, y, z, t) 和 S' 系的时空坐标 (x', y', z', t') 之间遵从洛伦兹坐标变换

$$\text{正变换}\begin{cases} x' = \gamma(x - ut) \\ y' = y \\ z' = z \\ t' = \gamma\left(t - \dfrac{u}{c^2}x\right) \end{cases}, \qquad \text{逆变换}\begin{cases} x = \gamma(x' + ut') \\ y = y' \\ z = z' \\ t = \gamma\left(t' + \dfrac{u}{c^2}x'\right) \end{cases}$$

式中相对论因子$\gamma=\dfrac{1}{\sqrt{1-\beta^2}}$，$\beta=\dfrac{u}{c}$.

上式表明，不仅x'是x,t的函数，而且t'也是x,t的函数，反之亦然，并且还都与两个惯性系之间的相对速度u有关. 与伽利略变换迥然不同，它集中反映了狭义相对论关于时间、空间和物质运动三者之间的紧密联系.

当两惯性系的相对运动速度u远小于光速c时，即$u\ll c$，$\beta\to 0$时，洛伦兹变换就转换为伽利略变换，或者说经典的伽利略变换是洛伦兹变换在低速情形下的近似.

(2)洛伦兹速度变换.

设同一质点在S系、S'系中的速度分别为$(v_x,v_y,v_z),(v'_x,v'_y,v'_z)$，根据洛伦兹坐标变换式，对等式两边求导，可得洛伦兹速度变换关系

正变换：$v'_x=\dfrac{v_x-u}{1-\dfrac{u}{c^2}v_x},v'_y=\dfrac{v_y\sqrt{1-\beta^2}}{1-\dfrac{u}{c^2}v_x},v'_z=\dfrac{v_z\sqrt{1-\beta^2}}{1-\dfrac{u}{c^2}v_x}$.

逆变换：$v_x=\dfrac{v'_x+u}{1+\dfrac{u}{c^2}v'_x},v_y=\dfrac{v'_y\sqrt{1-\beta^2}}{1+\dfrac{u}{c^2}v'_x},v_z=\dfrac{v'_z\sqrt{1-\beta^2}}{1+\dfrac{u}{c^2}v'_x}$.

当速度u、v远小于光速c时，即在非相对论极限下，相对论的速度变换公式即转化为伽利略速度变换式$v'_x=v_x-u,v'_y=v_y,v'_z=v_z$.

利用速度变换公式，可说明光速在任何惯性系中都是c. 设S'系中观察者测得沿x'方向传播的光信号的光速为c，则在S系中的观察者测得该光信号的速度为

$$v=\frac{c+u}{1+\dfrac{uc}{c^2}}=c$$

即光信号的速度在S系和S'系中都相同.

4. 狭义相对论时空观

(1)同时的相对性：在一个惯性系中不同地点同时发生的两个事件，在另一个与之做相对运动的惯性系中观察不会是同时发生的.

只有在一个惯性系中同一地点同时发生的两个事件，在另一惯性系中观察才是同时发生的.

(2)时间延缓：相对于事件发生地点运动的惯性系中所测的事件之间的时间间隔τ要比与在相对于事件发生地点静止的惯性系中所测出的时间间隔τ_0长一些，具体地

$$\tau=\gamma\tau_0=\frac{\tau_0}{\sqrt{1-\dfrac{u^2}{c^2}}}$$

τ_0是在某一参考系中同一地点先后发生的两个事件之间的时间间隔，称为固有时或原时.

(3)长度收缩：与物体相对运动的惯性系中测得的长度l比与物体相对静止的惯性系中测得的长度l_0要短一些，具体地

$$l=\frac{l_0}{\gamma}=l_0\sqrt{1-\frac{u^2}{c^2}}$$

在与物体相对静止的惯性系中测得的长度最长，称为固有长度 l_0.

长度收缩是一种相对效应. 两惯性系只有在做相对运动的方向才有相对论效应，由于 y、z 方向上无相对运动，所以无相对论长度收缩效应.

(4) 狭义相对论时空观：时间和空间是紧密联系的，且时间、空间的量度与运动有着密切的联系.

5. 狭义相对论动力学基础

(1) 相对论质量

$$m=\gamma m_0=\frac{m_0}{\sqrt{1-\left(\frac{v}{c}\right)^2}}$$

式中，m_0 是粒子在相对于参考系静止时的质量，称为静质量；m 是粒子相对于参考系以速率 v 运动时的质量，又称为相对论质量. 注意：v 不是两个参考系间的相对速率，而是粒子相对于某一参考系的运动速率.

如果 $v\to c$，则 $m\to\infty$，这说明当物体的速度接近光速时，其质量变得很大，在恒定的力的作用下，使之再加速就很困难，这也说明一切物体的运动速度都不可能达到和超过光速.

当 $v=c$ 时，若 $m_0\neq 0$，则 $m=\infty$，这是无意义的；若 $m_0=0$，则 m 可有一定量值，因此只有静止质量为零的粒子才能以光速运动.

(2) 相对论动量

$$\boldsymbol{p}=m\boldsymbol{v}=\frac{m_0\boldsymbol{v}}{\sqrt{1-\left(\frac{v}{c}\right)^2}}$$

可以证明，相对论动力学方程

$$\boldsymbol{F}=\frac{\mathrm{d}\boldsymbol{p}}{\mathrm{d}t}=\frac{\mathrm{d}(m\boldsymbol{v})}{\mathrm{d}t}=\frac{\mathrm{d}}{\mathrm{d}t}\left(\frac{m_0\boldsymbol{v}}{\sqrt{1-\frac{v^2}{c^2}}}\right)$$

在洛伦兹变换下形式保持不变.

(3) 相对论能量.

总能量：$E=mc^2$.

静止能量：$E_0=m_0c^2$.

相对论动能：$E_\mathrm{k}=mc^2-m_0c^2$. 当 $\boldsymbol{v}\ll c$ 时，对上式作泰勒展开

$$E_\mathrm{k}=mc^2-m_0c^2=m_0c^2\left(\frac{1}{\sqrt{1-(v/c)^2}}-1\right)=\frac{1}{2}m_0v^2+\frac{3}{8}m_0\frac{v^4}{c^2}+\cdots\approx\frac{1}{2}m_0v^2$$

这表明牛顿力学的动能公式就是相对论动能公式的低速极限.

(4) 相对论动量-能量关系式

$$E^2=(pc)^2+(m_0c^2)^2$$

若以 E、pc、m_0c^2 表示三角形的三边，它们间的关系可用图 15.2 所示的直角三角形形象地表示.

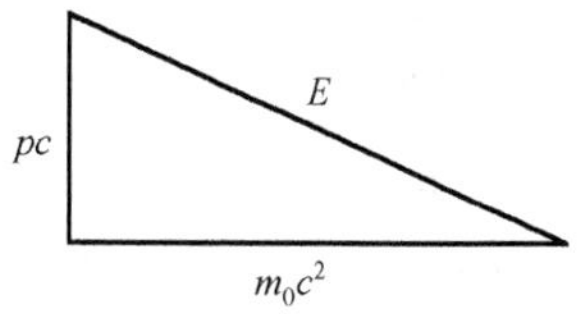

图 15.2 相对论动量-能量三角形

相对论动量-能量关系式也可写成 $E^2-(cp)^2=E_0^2$，表明在任何参考系中测得的能量和动量可以合并成一个不变量，静能 E_0 是粒子的一个不变的动力学性质. 我们把这个不变量称为能量-动量不变量.

对于光子，其静止质量 $m_0=0$，根据相对论动量-能量关系式可得光子的能量 E 和动量 p 满足 $E=pc$，光子的相对论动质量 $m=E/c^2=p/c$.

15.5 典 型 例 题

15.5.1 思考题

思考题 1 请说明洛伦兹变换符合光速不变原理.

简答 两个惯性系 S 和 S'，它们的 y、z 轴和 y'、z' 相互平行，x 轴和 x' 相互重合，且 S' 相对于 S 以速度 $\boldsymbol{u}$ 沿 Ox 轴正方向做匀速直线运动，原点 O 和 O' 重合时作为计时起点，符合上述约定的 S 和 S'系称为约定系统. 假设光子在约定系统的 S 系中以速度为 c 沿 x 正方向运动，将 $v_x=c$ 代入洛伦兹速度变换 $v_x'=\dfrac{v_x-u}{1-\dfrac{u}{c^2}v_x}$，可得 $v_x'=\dfrac{c-u}{1-\dfrac{u}{c^2}c}=c$，即光子在约定系统的 S 系中速度为常量 c 运动时，在 S'系中测得其速度也是常量 c，因此，在所有惯性系中，真空中的光速具有相同的量值 c，而与参考系无关，这就是光速不变原理.

思考题 2 在相对地面匀速运动的爱因斯坦列车车厢中间发出一光信号，列车上的观测者认为光信号同时到达前后壁，而地面上的观测者则认为光信号不会同时到达前后壁，请问这是否矛盾？

简答 两种说法不矛盾. 列车和地面构成约定系统，若把光信号到达前后壁看成两个事件 a 和 b，则在相对于发生地静止的车厢参考系 S 系中观测，a 和 b 是发生在不同地点的两个同时事件，即 $\Delta t=t_b-t_a=0$，$\Delta x=x_b-x_a\neq 0$. 根据洛伦兹坐标变换，在地面参考系 S' 中观测，这两个事件的时间间隔为 $\Delta t'=t_b'-t_a'=\gamma\left(\Delta t-\dfrac{v}{c^2}\Delta x\right)\neq 0$，即地面上的观测者认为光信号没有同时到达前后壁，和列车上的观测者认为光信号同时到达前后壁是一致的，所以两者都正确，这正是同时的相对性.

思考题 3 事件 1 和事件 2 先后发生在相对其静止的参考系 S' 系中的同一地点，试说明对所有惯性系而言，S' 系中测量的时间间隔是最短的.

简答 由洛伦兹坐标变换可知，其他任一惯性参考系 S 系中，两事件的时间间隔为 $t_2-t_1=\gamma\left[(t_2'-t_1')+\dfrac{u}{c^2}(x_2'-x_1')\right]$，因为在 S' 系中同一地点发生，则 $x_2'-x_1'=0$，考虑到相对论因子 $\gamma=\dfrac{1}{\sqrt{1-u^2/c^2}}\geqslant 1$，则 S 系中观测到的时间间隔，$t_2-t_1=\gamma(t_2'-t_1')\geqslant t_2'-t_1'$，即对所有惯

性系而言，S' 系中的时间间隔是最短的，这就是相对论时间延缓效应.

思考题 4 试说明相对于其他惯性系而言，相对于物体静止的惯性系中测得的物体长度是最长的.

简答 假设一细长物体相对于 S' 系保持静止，并沿 x' 轴放置，分别在 S' 和 S 系中测量物体的长度. 根据洛伦兹坐标变换，$x' = \gamma(x - ut)$，S' 系中物体的长度 $L_0 = x_2' - x_1' = \gamma[(x_2 - x_1) - u(t_2 - t_1)]$，由于物体相对于 S 系运动，则在 S 系中测量物体长度时必须同时测得物体两端坐标，即要求 $t_2 - t_1 = 0$，因此 $x_2' - x_1' = \gamma(x_2 - x_1)$，考虑到相对论因子 $\gamma = \dfrac{1}{\sqrt{1 - u^2 / c^2}} \geqslant 1$，则 $L_0 = x_2' - x_1' = \gamma(x_2 - x_1) \geqslant x_2 - x_1 = L$，即发生在相对于事件发生地静止的惯性系中不同地点的两个事件的空间间隔 $x_2' - x_1'$，对于一切惯性系来说，是最长的，这就是相对论长度收缩效应.

思考题 5 某星体距地球 5 光年，有人说他驾驶飞船可以在 3 年的时间里从地球飞抵该星体，这似乎意味着他的运动速度比光速还大，请问这可能吗？

简答 这是可能的. 因为此人所谓的 3 年是在飞船参考系上观测到的飞船从地球到星体所用的时间，即运动时间，由相对论效应可知，飞船上观测的运动距离已不是 5 光年了，而收缩为 $l = \dfrac{l_0}{\gamma}$. 设飞船的运动速度为 v，轨道长度变为 $5年 \times c \times \sqrt{1 - v^2 / c^2}$，这一运动距离要用 3 年的运动时间来完成，则必须满足 $3年 \times v = 5年 \times c \times \sqrt{1 - v^2 / c^2}$，即 $v = \sqrt{\dfrac{25}{34}}c = 0.86c$. 显然这一速度没有超过光速，是可以实现的.

思考题 6 设有一长直细杆，静止于约定系统的 S' 系，则由洛伦兹坐标变换，其两端坐标为 $x_1' = \gamma(x_1 - ut_1)$，$x_2' = \gamma(x_2 - ut_2)$，则 $x_2' - x_1' = \gamma[(x_2 - x_1) - u(t_2 - t_1)]$，因为对于运动物体而言，必须同时测量杆的两端，即 $t_1 = t_2$，因此 $x_2' - x_1' = \gamma(x_2 - x_1)$，即运动杆的长度 $x_2 - x_1$ 和固有长度 $x_2' - x_1'$ 相比变短了，这就是相对论长度收缩效应. 但是如果按洛伦兹逆变换 $x_1 = \gamma(x_1' + ut_1')$ 和 $x_2 = \gamma(x_2' + ut_2')$ 推理，则可得出 $x_2 - x_1 = \gamma[(x_2' - x_1') + u(t_2' - t_1')]$，令 $t_1' = t_2'$，则 $x_2 - x_1 = \gamma(x_2' - x_1')$，即运动长度变大了，显然，这一结果和相对论长度收缩相矛盾，请问问题出在了在哪里？

简答 问题出在了"令 $t_1' = t_2'$". 因为杆相对于 S 系运动，对于测量长度而言，在 S 系中我们必须同时测量杆两端的坐标，即在这个问题里必须令 $t_1 = t_2$，但是当 $t_1 = t_2$ 时，就不能再令 $t_1' = t_2'$，因为测量杆的两端是发生在不同地点的两个事件，由同时的相对性可知，在一个惯性系里不同地点发生的同时事件，在其他相对于其运动的惯性系里观测就不是同时发生的了，因此在令 $t_1 = t_2$ 的情况下就不能再令 $t_1' = t_2'$ 了. 换言之，如果令 $t_1' = t_2'$，那么 $t_1 \neq t_2$，S 系中测量的就不是杆的长度了.

思考题 7 在相对论时空观中，约定系统 S' 系的 x' 轴上，相距为 l' 的 A'、B' 两点放了两只同步钟，试问在 S 系中的观测者测得这两只钟是否同步？

简答 不同步. 根据同时的相对性原理，在一个惯性系中同一地点同时发生的事件，在另一惯性系中观测也一定是同时发生的；在一个惯性系中不同地点同时发生的事件在另一惯性系中观测不会同时发生. S' 系中同步就是在 S' 系中同时发生(即 A' 处的钟和 B' 处的钟有相同示数)，但却是发生在不同地点的两个同时事件，根据同时的相对性，在 S 系中观测就不会同步，因此，在 S 系中某一时刻观测，这两个钟的示数必不相同.

思考题 8 请问经典动力学方程 $\boldsymbol{F}=m\dfrac{\mathrm{d}\boldsymbol{v}}{\mathrm{d}t}$ 是否适用于狭义相对论?

简答 不适用. $\boldsymbol{F}=m\dfrac{\mathrm{d}\boldsymbol{v}}{\mathrm{d}t}$ 是由 $\boldsymbol{F}=\dfrac{\mathrm{d}(m\boldsymbol{v})}{\mathrm{d}t}$ 在经典力学中认为 m 不变得到的，在高速领域，运动物体的质量不是一个恒量，会随着运动速率而发生变化，即 $m=m_0\dfrac{1}{\sqrt{1-v^2/c^2}}$，其中 m_0 是物体静止时的质量，这时的动力学方程应为 $\boldsymbol{F}=\dfrac{\mathrm{d}(m\boldsymbol{v})}{\mathrm{d}t}=m\dfrac{\mathrm{d}\boldsymbol{v}}{\mathrm{d}t}+\boldsymbol{v}\dfrac{\mathrm{d}m}{\mathrm{d}t}$.

思考题 9 如何理解相对论动能公式和牛顿力学动能公式之间的关系?

简答 相对论动能 $E_{\mathrm{k}}=mc^2-m_0c^2$，其中相对论质量和静止质量间的关系为 $m=\dfrac{m_0}{\sqrt{1-v^2/c^2}}=\gamma m_0$，若对 γ 进行泰勒展开，则有 $\gamma=1+\dfrac{1}{2}\dfrac{v^2}{c^2}+\dfrac{3}{8}\left(\dfrac{v}{c}\right)^4+\cdots$，当 $v\ll c$ 时，略去高阶项，可得 $\gamma\approx1+\dfrac{1}{2}\dfrac{v^2}{c^2}$，相对论动能 $E_{\mathrm{k}}\approx\left(1+\dfrac{1}{2}\dfrac{v^2}{c^2}\right)m_0c^2-m_0c^2=\dfrac{1}{2}m_0v^2$，可见，牛顿力学动能公式是相对论动能在低速情况下的近似.

思考题 10 考虑相对论效应，在某惯性系中，有两个静止质量均为 m_0 的粒子以速率 v 在同一直线上相向运动，两者碰撞后结合在一起成为一个静止质量为 M_0 的复合粒子，请问 M_0 是否等于 $2m_0$?

简答 M_0 不等于 $2m_0$. 由相对论质量 $m=\dfrac{m_0}{\sqrt{1-v^2/c^2}}=\gamma m_0$ 可知，两个静止质量均为 m_0 的粒子以速率 v 在同一直线上相向运动时，相对论质量同为 $m_1=m_2=\gamma m_0$，又因两粒子相向运动，由动量守恒定律可知，$\gamma m_0v+\gamma m_0(-v)=Mv'$，由此可得复合粒子的速度 v' 为零，即复合粒子是静止的. 由能量守恒定律 $m_1c^2+m_2c^2=Mc^2=M_0c^2$，即 $\gamma m_0c^2+\gamma m_0c^2=M_0c^2$ 可知，$M_0=2\gamma m_0$，而非 $2m_0$.

思考题 11 电子的速度不能超过光速 c，请问它的动量大小有无上限?

简答 动量大小没有上限. 动量定义为 $p=mv$，相对论中 v 的上限是 c，质量 $m=m_0/\sqrt{1-v^2/c^2}$ 却没有上限，所以动量就没有上限.

15.5.2 计算题

计算题 1 一短跑运动员，在地面跑道上用 10s 的时间跑完 100m. 一艘飞船正以 $0.8c$ 的速度沿跑道方向飞行，在飞船上观测，问:

(1) 跑道有多长?

(2) 运动员跑过的距离和所用的时间为多少?

(3) 运动员的平均运动速度为多大?

【解题思路】 ①求跑道长度，可利用相对论长度收缩公式 $l=\dfrac{l_0}{\gamma}$. ②求运动员跑的距离和用的时间，需要先明确事件，用洛伦兹变换来求.

相对论长度收缩公式$l=\frac{l_0}{\gamma}$成立的条件是，在相对物体运动的惯性系中必须能够同时测两端点坐标，即两事件发生的时间间隔为 0. 在飞船上测跑道长度，可以做到同时测跑道两端点坐标，又跑道相对地面是静止的，故地面上测的跑道的长度是固有长度，求在飞船上测的跑道长度可用长度收缩公式. 运动员是在运动，在飞船上测运动员跑步，运动员起跑与跑到终点这两个事件不可能同时发生，所以不满足长度收缩公式的条件，故只能用洛伦兹坐标变换公式来求运动员跑的距离. 同样，相对论时间延缓公式$\tau=\gamma\tau_0$也是有条件的，即在相对两事件发生地点静止的惯性系中，两事件必须发生在同一地点. 而运动员从起跑到跑到终点这两个事件，无论是在地面上还是在飞船上观测，都不是发生在同一地点，所以不能用时间延缓公式，需要用洛伦兹变换来求.

解 设地面为S系，飞船为S'系，建立约定系统. 依题意有$u=0.8c$

$$\gamma=\frac{1}{\sqrt{1-\frac{u^2}{c^2}}}=\frac{1}{0.6}$$

(1) 以跑道起点为事件P_1，跑道终点为事件P_2.

在S系中观测，跑道相对地面静止，故其长度为固有长度$l_0=100\text{m}$.

在S'系中观测，跑道相对飞船在运动，跑道的长度$l=\frac{l_0}{\gamma}=60\text{m}$.

(2) 以运动员起跑为事件P_3，运动员跑到终点为事件P_4.

在S系中观测，两事件的空间间隔和时间间隔分别为

$$\Delta x=100\text{m}，\qquad \Delta t=10\text{s}$$

在S'系中观测，两事件的空间间隔，即运动员跑过的距离为

$$\Delta x'=\gamma(\Delta x-u\Delta t)\approx-4.0\times10^9\,\text{m}$$

负号表示在飞船上观测运动员沿x'轴负方向运动，即在向后倒退. 两事件的时间间隔，即运动员所用的时间为

$$\Delta t'=\gamma\left(\Delta t-\frac{u\Delta x}{c^2}\right)\approx16.67\text{s}$$

(3) 在S'系中观测，运动员的平均运动速度为

$$v'=\frac{\Delta x'}{\Delta t'}=-2.4\times10^8\,\text{m}\cdot\text{s}^{-1}$$

【延伸思考】

(1) 试用洛伦兹速度变换公式计算在飞船上观测到的运动员的平均运动速度，并判断与题解结果的一致性，思考在飞船上观测到运动员运动速度这么快的合理性.

(2) 思考狭义相对论时空观与经典时空观有什么不同?

计算题 2 (1) 以速度u沿x方向运动的粒子，在x方向上发射一光子，求地面观测者测

得的光子的速度；(2) 以速率 u 沿 x 方向运动的粒子，在 y 方向上发射一光子，求地面观测到的光子的速度.

【解题思路】 明确参考系 S 系和 S' 系，根据洛伦兹速度变换，可求得地面观测到的光子的速度. 注意第(2)问中光子与粒子的运动方向不同，因此应先求出光子相对粒子惯性系的速度分量，然后才能求出光子相对地球惯性系的速度 $\boldsymbol{v}$ 大小和方向.

解 以地面为 S 系，粒子为 S' 系，建立约定系统，并以光子为研究对象. 由题意知，S' 系相对 S 系的运动速度为 u .

(1) 在 x 方向上发射一光子时，光子相对 S' 系的速度分量分别为 $v'_x = c$ ，$v'_y = 0$ ，$v'_z = 0$ ，根据洛伦兹速度变换公式，光子在 S 系中的速度为

$$v_x = \frac{v'_x + u}{1 + \dfrac{u}{c^2} v'_x} = \frac{c + u}{1 + \dfrac{u}{c^2} c} = c\,,\quad v_y = \frac{v'_y}{1 + \dfrac{u}{c^2} v'_x}\sqrt{1 - \frac{u^2}{c^2}} = 0\,,\quad v_z = \frac{v'_z}{1 + \dfrac{u}{c^2} v'_x}\sqrt{1 - \frac{u^2}{c^2}} = 0$$

故在 S 系中光子的速度仍为 c ，沿 x 轴正方向，这符合光速不变原理.

(2) 在 y 方向上发射一光子时，光子相对 S' 系的速度分量分别为 $v'_x = 0$ ，$v'_y = c$ ，$v'_z = 0$ ，根据洛伦兹速度变换公式，光子在 S 系中的速度为

$$v_x = \frac{v'_x + u}{1 + \dfrac{u}{c^2} v'_x} = u\,,\quad v_y = \frac{v'_y}{1 + \dfrac{u}{c^2} v'_x}\sqrt{1 - \frac{u^2}{c^2}} = c\sqrt{1 - \frac{u^2}{c^2}}\,,\quad v_z = 0$$

故光子相对 S 系，即在地面上观测到的光子的速度 $\boldsymbol{v}$ 的大小为

$$v = \sqrt{v_x^2 + v_y^2 + v_z^2} = c$$

速度 $\boldsymbol{v}$ 与 x 轴的夹角为

$$\theta = \arctan\frac{v_y}{v_x} = \arctan\frac{\sqrt{c^2 - u^2}}{u}$$

这仍是光速不变原理的必然结果，但在不同惯性参考系中其速度的方向发生了变化，这就是所谓相对论视差现象.

【延伸思考】

(1) 试用伽利略速度变换计算题干中所求速度，并与洛伦兹速度变换所得结果进行比较，理解光速是运动物体的极限速度.

(2) 迈克耳孙–莫雷实验是想通过观察条纹的移动，测得光速在地球参考系下的变化，证明绝对参考系以太的存在，但实验的“零结果”即未观测到条纹的移动，却否定了以太的存在，试用狭义相对论的洛伦兹速度变换来说明迈克耳孙–莫雷实验的“零结果”.

计算题 3 地面上观测到一物体静止时质量为 m_0 ，从静止开始加速，当速度达到某高速 v 时，其质量增加了 25%，求：

(1) 物体在运动方向上长度缩短了百分之几；

(2) 此时物体的速度 v 和动量大小(设真空中的光速为 c)；

(3) 此时物体的动能是静能的多少倍.

【解题思路】 ①根据质速关系可求出γ，再根据狭义相对论长度收缩公式可求出物体在运动方向上的相对论长度；②根据γ与v的关系可得运动质量m，进而得到动量大小p；③根据相对论动能公式可得到物体的动能与静能的关系. 注意：由于物体的速度接近光速，这里求动能时不能用经典的动能公式.

解 (1) 物体的静止质量为m_0，运动质量为m，依题意知

$$m - m_0 = 0.25m_0$$

化简得

$$m = 1.25m_0$$

根据相对论质速关系

$$m = \gamma m_0$$

两式对比，得

$$\gamma = 1.25$$

设物体静止时的长度为l_0，在运动方向上，相对于其运动的惯性系中测得的长度为l，则根据相对论长度收缩公式

$$l = \frac{l_0}{\gamma} = \frac{l_0}{1.25}$$

所以其相对收缩量为

$$\frac{\Delta l}{l_0} = \frac{l_0 - l}{l_0} = \frac{1}{5} = 20\%$$

(2) 由 (1) 可知

$$\gamma = \frac{1}{\sqrt{1-\left(\frac{v}{c}\right)^2}} = 1.25$$

解得速度

$$v = 0.6c$$

动量

$$p = mv = \gamma m_0 v = 1.25m_0 \cdot 0.6c = 0.75m_0 c$$

(3) 动能

$$E_\mathrm{k} = mc^2 - m_0c^2 = (\gamma - 1)m_0c^2 = 0.25m_0c^2 = 0.25E_0$$

故此时物体的动能是其静能的 0.25 倍.

【延伸思考】

(1) 请利用相对论能量与动量的关系式求动量；

(2) 请对比狭义相对论与经典力学的动力学公式，包括力、动量、动能、动量大小与动能的关系等公式.

计算题 4 已知一粒子的静止能量为 105.7MeV，其固有寿命为$2.2\times10^{-8}\text{s}$，当粒子的动能为 150MeV 时，求：

(1) 此时粒子的速度大小；

(2) 地面上测得的粒子的寿命.

【解题思路】 ①根据相对论动能公式$E_k = mc^2 - m_0c^2 = (\gamma-1)m_0c^2$，$\gamma = \dfrac{1}{\sqrt{1-\left(\dfrac{v}{c}\right)^2}}$可求出速度大小，注意在相对论中动能不能用$E_k = \dfrac{1}{2}mv^2$表示；②求出粒子运动速度后，根据相对论时间延缓公式$\tau = \dfrac{\tau_0}{\sqrt{1-\left(\dfrac{v}{c}\right)^2}}$可求出粒子的寿命.

解 (1) 相对论动能为

$$E_k = mc^2 - m_0c^2 = (\gamma-1)m_0c^2$$

即

$$\gamma - 1 = \frac{E_k}{m_0c^2} = \frac{150}{105.7} \approx 1.419$$

$$\gamma - 1 = \frac{1}{\sqrt{1-\left(\dfrac{v}{c}\right)^2}} - 1$$

解得粒子的速度大小为

$$v = c\sqrt{1-\frac{1}{(\gamma+1)^2}} = 0.91c = 0.91\times3\times10^{-8} = 2.73\times10^{-8}(\text{m}\cdot\text{s}^{-1})$$

(2) 由相对论时间延缓效应公式，可得粒子的寿命为

$$\tau = \frac{\tau_0}{\sqrt{1-\left(\dfrac{v}{c}\right)^2}} = \gamma\tau_0 = 2.419\times2.2\times10^{-8} \approx 5.32\times10^{-8}(\text{s})$$

【延伸思考】

(1) 相对论动能公式与经典力学中的动能公式有什么不同？什么情况下用相对论动能公式，什么情况下用经典力学中的动能公式？

(2) 时间延缓和长度收缩都是相对论效应，思考这两个效应出现的原因以及时间延缓和长度收缩公式成立的条件.

计算题 5 (1) 如果将电子由静止加速到速率为$0.1c$，需对它做的功为多少 eV？(2) 如果将电子由速率为$0.8c$加速到$0.9c$，需对它做的功又为多少 eV？(已知电子的静质量$m_e = 9.1\times10^{-31}\text{kg}$，$1\text{eV} = 1.6\times10^{-19}\text{J}$)

【解题思路】 对电子做的功等于电子动能的增量，也等于电子能量的增量，根据狭义相对论能量、静能定义式即可求出.

解 (1) 电子由静止加速到速率为 $0.1c$，对电子做的功为

$$W_1 = \Delta E_1 = m_1c^2 - m_0c^2 = (\gamma - 1)m_ec^2 = \left(\frac{1}{\sqrt{1-\left(\frac{v_1}{c}\right)^2}} - 1\right)m_ec^2$$

$$= \left(\frac{1}{\sqrt{1-0.1^2}} - 1\right)\times 9.1\times 10^{-31}\times(3\times 10^8)^2$$

$$\approx 4.1\times 10^{-16}(\text{J}) \approx 2.56\times 10^3(\text{eV})$$

(2) 电子由速率为 $0.8c$ 加速到 $0.9c$，对电子做的功为

$$W_2 = \Delta E_2 = m_3c^2 - m_2c^2 = \left(\frac{1}{\sqrt{1-\left(\frac{v_3}{c}\right)^2}} - \frac{1}{\sqrt{1-\left(\frac{v_2}{c}\right)^2}}\right)m_ec^2$$

$$= \left(\frac{1}{\sqrt{1-0.9^2}} - \frac{1}{\sqrt{1-0.8^2}}\right)\times 9.1\times 10^{-31}\times(3\times 10^8)^2$$

$$= 5.14\times 10^{-14}(\text{J}) = 3.21\times 10^5(\text{eV})$$

【延伸思考】

(1) 对比题中两问的结果，会发现电子的速率从静止到加速到 $0.1c$，与从 $0.8c$ 加速到 $0.9c$，虽然速率都是增加 $0.1c$，但是需要做的功却相差很多，这是为什么？试分析其中的原因.

(2) 高能物理中能量单位常用电子伏表示，试推导电子伏与焦耳之间的换算关系.

15.5.3 进阶题

进阶题 1 静止长度为 l_0 的车厢，以速度 u 相对地面运动. 小球从车厢的后壁相对于车以速度 v_0 向前运动. 求在地面系中观测小球从后壁到达前壁的运动时间.

【解题思路】 由于小球从后壁出发和到达前壁这两个事件不是发生在同样的地点，因此不能简单利用固有时和运动时之间的变换关系，这是初学者比较容易出现的错误.

解 方法 1：利用洛伦兹变换求解.

设地面为 S 系，车厢为 S' 系，S' 系相对 S 系的运动沿着 x 方向，其速率为 u. 小球从车厢后壁出发和到达车厢前壁这两个事件分别为 1 和 2，在两个参考系中相应的坐标为

$$S:(t_1,x_1),\quad (t_2,x_2)$$

$$S':(t_1',x_1'),\quad (t_2',x_2')$$

根据题意，在 S' 系中车厢长度为 l_0，小球的速度大小为 v_0，因此可得

$$\Delta x' = x_2' - x_1' = l_0,\qquad \Delta t' = t_2' - t_1' = \frac{l_0}{v_0}$$

由洛伦兹变换可知在 S 系中有

$$\Delta t=\gamma\left(\Delta t'+\frac{u}{c^2}\Delta x'\right)=\gamma\left(\frac{l_0}{v_0}+\frac{u}{c^2}l_0\right)=\frac{l_0}{v_0}\frac{1+uv_0/c^2}{\sqrt{1-u^2/c^2}}$$

方法 2：利用速度变换公式求解.

根据题意可知在 S' 系中小球的速度和车厢的长度为

$$v'_x=v_0,\quad v'_y=v'_z=0,\quad \Delta x'=l_0$$

则根据速度变换公式，在 S 系中观测小球的速度为

$$v_x=\frac{v'_x+u}{1+v'_xu/c^2}=\frac{v_0+u}{1+v_0u/c^2},\quad v_y=v_z=0$$

且在 S 系中观测车厢的长度为

$$l=\frac{l_0}{\gamma}=l_0\sqrt{1-u^2/c^2}$$

于是可知在 S 系中观测小球运动的距离为 $v_x\Delta t$，而车厢运动的距离为 $u\Delta t$，则小球从车厢后壁运动到车厢前壁意味着小球运动的距离等于车厢运动的距离再加上车厢的长度，也即

$$v_x\Delta t=u\Delta t+l$$

从中可以解出在 S 系中观测小球运动的时间

$$\Delta t=\frac{l_0}{v_0}\frac{1+uv_0/c^2}{\sqrt{1-u^2/c^2}}$$

方法 3：利用固有时为不变量求解.

设 S'' 系为相对小球静止的参考系，则在此参考系中小球经历的时间 $\Delta t''$ 是固有时，与 S' 系中的运动时 $\Delta t'$ 的关系为

$$\Delta t''=\frac{\Delta t'}{\gamma}=\frac{l_0}{v_0}\sqrt{1-v_0{}^2/c^2}$$

其中 v_0 是 S'' 系相对于 S' 系的运动速度. $\Delta t''$ 与 S 系中的运动时 Δt 的关系为

$$\Delta t''=\frac{\Delta t}{\gamma},\quad \Delta t=\frac{\Delta t''}{\sqrt{1-v_x^2/c^2}},\quad v_x=\frac{v_0+u}{1+v_0u/c^2}$$

其中 v_x 是 S'' 系相对于 S 系的运动速度，即方法 2 中求出的小球相对 S 系的运动速度. 上面两式联立消去 $\Delta t''$ 可得

$$\Delta t=\frac{l_0}{v_0}\frac{1+uv_0/c^2}{\sqrt{1-u^2/c^2}}$$

方法 4：利用时空间隔不变量求解.

容易证明下面的式子在洛伦兹变换下是个不变量

$$\mathrm{d}s^2=c^2\mathrm{d}t^2-\mathrm{d}x^2-\mathrm{d}y^2-\mathrm{d}z^2$$

它可以认为是三维空间的空间间隔在四维时空的推广，通常称为时空间隔. 于是可得

$$c^2\Delta t^2-\Delta x^2=c^2(\Delta t')^2-(\Delta x')^2$$

另一方面，由洛伦兹变换可知

$$\Delta x=\frac{\Delta x'+u\Delta t'}{\sqrt{1-u^2/c^2}}$$

而$\Delta x'=l_0,\Delta t'=l_0/v_0$，联立可得

$$\Delta t=\frac{l_0}{v_0}\frac{1+uv_0/c^2}{\sqrt{1-u^2/c^2}}$$

进阶题 2 如图所示，在惯性参考系S中有两个静止质量都为m_0的粒子A和B，分别以速率v沿同一直线相向运动，求B相对于A的运动速度大小.

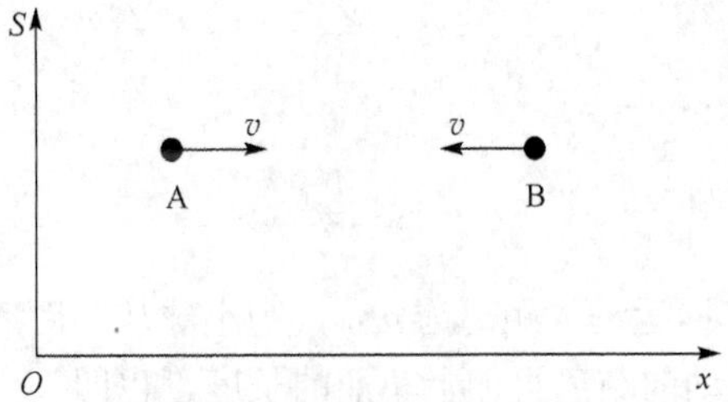

进阶题 2 图

【解题思路】 本题看似简单，却存在多种不同的思考方式，每种方式的出发点都不相同.

解 方法 1: 利用速度变换公式求解.

设A为S'系，则S'系相对于S系的速度大小为$u=v$，根据题意可知B相对S系的速度大小为$v_x=-v$，因此可知B相对S'系的速度大小为

$$v'_x=\frac{v_x-u}{1-v_xu/c^2}=\frac{-2v}{1+v^2/c^2}$$

这便是B相对A的速度大小，负号表示B相对A的速度方向水平向左.

方法 2: 利用固有时为不变量求解.

设A为S'系，则S'系相对于S系的速度大小为v，B为S''系，则S''系相对S系的速度大小为$-v$，设S''系相对于S'系的速度大小为v'_x. 对于S''系来说，小球B经历的时间$\Delta t''$为固有时，与S系中的运动时Δt的关系为

$$\Delta t''=\Delta t\sqrt{1-v^2/c^2} \tag{1}$$

与S'系中的运动时$\Delta t'$的关系为

$$\Delta t''=\Delta t'\sqrt{1-v_x'^2/c^2} \tag{2}$$

若小球B在S系中运动的空间间隔为Δx，则时间间隔为

$$\Delta t=-\frac{\Delta x}{v}$$

根据洛伦兹变换可知

$$\Delta t'=\frac{\Delta t-v\Delta x/c^2}{\sqrt{1-v^2/c^2}}$$

将$\Delta x=-v\Delta t$代入上式可知

$$\Delta t'=\frac{1+v^2/c^2}{\sqrt{1-v^2/c^2}}\Delta t$$

对比$\Delta t''$的表达式(1)和(2)可得

$$\sqrt{1-v_x'^2/c^2}=\frac{1-v^2/c^2}{1+v^2/c^2}$$

解之可得

$$v'_x = \frac{-2v}{1+v^2/c^2}$$

其中根据题意开方时取了负号.

方法 3：利用时空间隔不变量求解.

设小球 B 在 S 系中运动的空间间隔为 Δx，由方法 2 可知对应的时间间隔为 $\Delta t = -\Delta x / v$；设 A 为 S' 系，小球 B 相对 S' 系的速度大小为 v'_x，对应的时间间隔为 $\Delta t'$，则对应的空间间隔为 $\Delta x' = v'_x \Delta t'$．由时空间隔不变量可得

$$c^2\Delta t^2 - \Delta x^2 = c^2\Delta t'^2 - \Delta x'^2, \qquad c^2\Delta t^2 - v^2\Delta t^2 = c^2\Delta t'^2 - v_x'^2\Delta t'^2$$

另一方面，由洛伦兹变换可得

$$\Delta t' = \frac{\Delta t - v\Delta x/c^2}{\sqrt{1-v^2/c^2}} = \frac{1+v^2/c^2}{\sqrt{1-v^2/c^2}}\Delta t$$

这两个方程联立可得

$$\frac{c^2 - v^2}{c^2 - v_x'^2} = \left(\frac{1+v^2/c^2}{\sqrt{1-v^2/c^2}}\right)^2$$

解之可得

$$v'_x = \frac{-2v}{1+v^2/c^2}$$

其中同样根据题意开方时取了负号.

进阶题 3 在相对光源静止的惯性系中，光的频率为 ν，接收器以速率 u 沿着和光源连线的方向朝着光源匀速运动. 求接收器接收到的光的频率 ν'.

【解题思路】 本题与通常的相对论题目不同，不是求时间间隔或者空间间隔等这些可以直接利用洛伦兹变换得到的物理量，而是需要构造合适的事件才能利用各种变换求解.

解 *方法 1：利用洛伦兹变换求解.*

设相对光源静止的参考系为 S 系，而相对接收器静止的参考系为 S' 系，因为在相对论中，惯性系是等价的，我们也可以认为 S 系以速度 $-u$ 相对于 S' 系运动，如图所示. 选择光波在一个周期 T 时间内振动的始、末分别作为事件 1 和事件 2. 这两个事件在 S 系中发生的时刻分别为 t_1, t_2，在 S' 系中发生的时刻分别为 t'_1, t'_2. 进一步假设在 S 系中这两个事件发生在同一地点，因此 $t_2 - t_1 = T$ 是固有时，则在 S' 系中测得的时间间隔是运动时

$$t'_2 - t'_1 = \gamma(t_2 - t_1) = \frac{T}{\sqrt{1-u^2/c^2}}$$

但是要注意，这并非是 S' 系中测得的光波的振动周期，因为根据周期的定义，事件 1 和事件 2 发出的光先后到达接收器的时间差才是 S' 系中测得的周期 T'. 由于光源和接收器相互接近，在 S' 系中事件 1 和事件 2 发生的空间间隔为

$$x'_2 - x'_1 = -\gamma u(t_2 - t_1) = -u(t'_2 - t'_1)$$

如图所示，接收器接收到事件 1 发出的光的时刻为 $t_1'+\dfrac{x_1'}{c}$，接收到事件 2 发出的光的时刻为 $t_2'+\dfrac{x_2'}{c}$，因此接收器测得的光的周期为

$$T'=\left(t_2'+\frac{x_2'}{c}\right)-\left(t_1'+\frac{x_1'}{c}\right)=t_2'-t_1'+\frac{x_2'-x_1'}{c}=t_2'-t_1'-\frac{u(t_2'-t_1')}{c}$$
$$=T\frac{1-u/c}{\sqrt{1-u^2/c^2}}=T\sqrt{\frac{1-u/c}{1+u/c}}$$

利用周期和频率之间的倒数关系可以得到频率之间的变换为

$$\nu'=\nu\sqrt{\frac{1+u/c}{1-u/c}}$$

可见，当接收器向着光源运动时，接收到的光的频率增大，这就是光(电磁波)的多普勒效应，与机械波的多普勒效应不同的是，根据相对性原理，光源的运动和接收器的运动造成的结果应是等效的，也即只需考虑二者之间的相对运动状况即可. 上面只分析了二者相互接近的情形，不难证明，若光源和接收器相互远离，上面的公式仍然成立，只是此时应当取 $u<0$，这时接收到的光的频率减小，这就是著名的红移现象.

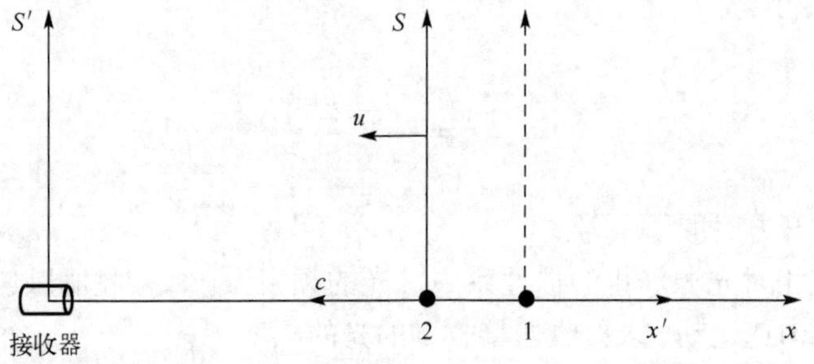

进阶题 3 图

方法 2：利用光子的动量能量关系求解.

设 S 系沿 $-x$ 方向发出的光子的动量为 $\boldsymbol{p}$，能量为 E，则根据光子的动量能量关系可知

$$p_x=-\frac{E}{c},\qquad p_y=p_z=0$$

在 S' 系接收到的能量和动量满足与时间和位置相似的洛伦兹变换关系，即

$$E'=\gamma(E-up_x)=\frac{1}{\sqrt{1-u^2/c^2}}\left(E+u\frac{E}{c}\right)=\frac{1+u/c}{\sqrt{1-u^2/c^2}}E=\sqrt{\frac{1+u/c}{1-u/c}}E$$

根据光量子理论，$E=h\nu$，$E'=h\nu'$，可知频率满足和能量相同的变换关系，也即

$$\nu'=\nu\sqrt{\frac{1+u/c}{1-u/c}}$$

这种解法用到了 $(E,\boldsymbol{p})$ 这对变量在不同惯性系中的洛伦兹变换，其形式跟常用到的 $(t,\boldsymbol{r})$ 的变换关系完全一致，而且最后还利用了爱因斯坦的光量子理论，显然这种方法要比第一种方法简单得多.

15.6 单元检测

15.6.1 基础检测

一、单选题

1. 【狭义相对论的基本原理】有下列几种说法：

(1)所有惯性系对物理基本规律都是等价的；

(2)在真空中，光的速度与光的频率、光源的运动状态无关；

(3)在任何惯性系中，光在真空中沿任何方向的传播速率都相同.

问其中说法正确的是[　　]

(A)只有(1)、(2)是正确的　　(B)只有(1)、(3)是正确的

(C)只有(2)、(3)是正确的　　(D)三种说法都是正确的

2. 【同时的相对性】关于同时性的以下结论中，正确的是[　　]

(A)在一惯性系同时发生的两个事件，在另一惯性系一定不同时发生

(B)在一惯性系不同地点同时发生的两个事件，在另一惯性系一定同时发生

(C)在一惯性系同一地点同时发生的两个事件，在另一惯性系一定同时发生

(D)在一惯性系不同地点不同时发生的两个事件，在另一惯性系一定不同时发生

3. 【狭义相对论综合】在狭义相对论中，下列说法中哪些是正确的？[　　]

(1)一切运动物体相对于观察者的速度都不能大于真空中的光速.

(2)质量、长度、时间的测量结果都是随物体与观察者的相对运动状态而改变的.

(3)在一惯性系中发生于同一时刻，不同地点的两个事件在其他一切惯性系中也是同时发生的.

(4)惯性系中的观察者观察一个与他做匀速相对运动的时钟时，会看到这时钟比与他相对静止的相同的时钟走得慢些.

(A)(1)、(3)、(4)　　(B)(1)、(2)、(4)

(C)(1)、(2)、(3)　　(D)(2)、(3)、(4)

4. 【固有时】在某地发生两件事，静止位于该地的甲测得时间间隔为 4s，若相对于甲做匀速直线运动的乙测得时间间隔为 5s，则乙相对于甲的运动速度是(c 表示真空中光速)[　　]

(A) $\frac{4}{5}c$　　(B) $\frac{3}{5}c$　　(C) $\frac{2}{5}c$　　(D) $\frac{1}{5}c$

5. 【固有长度】一宇航员要到离地球为 5 光年的星球去旅行. 如果宇航员希望把这路程缩短为 3 光年，则他所乘的火箭相对于地球的速度应是(c 表示真空中光速)[　　]

(A) $v=\frac{1}{2}c$　　(B) $v=\frac{4}{5}c$　　(C) $v=\frac{3}{5}c$　　(D) $v=\frac{9}{10}c$

6. 【长度收缩】有一直尺固定在 K' 系中，它与 Ox' 轴的夹角为 $\theta'=45°$，如果 K' 系以速度 u 沿 Ox 方向相对于 K 系运动，K 系中观察者测得该尺与 Ox 轴的夹角[　　]

(A)大于 45°　　(B)小于 45°　　(C)等于 45°　　(D)无法确定

7. 【相对论能量】设某微观粒子的总能量是它的静止能量的 K 倍，则其运动速度的大小为(以 c 表示真空中的光速)[　　]

(A) $\dfrac{c}{K-1}$　(B) $\dfrac{c}{K}\sqrt{K^2-1}$　(C) $\dfrac{c}{K}\sqrt{1-K^2}$　(D) $\dfrac{c}{K+1}\sqrt{K(K+2)}$

8. 【相对论质量】质子在加速器中被加速，当其动能为静止能量的 4 倍时，其质量为静止质量的[　　]

(A) 4 倍　(B) 5 倍　(C) 6 倍　(D) 8 倍

9. 【狭义相对论的动力学】狭义相对论力学的基本方程为[　　]

(A) $\boldsymbol{F}=m\dfrac{\mathrm{d}\boldsymbol{v}}{\mathrm{d}t}$　(B) $\boldsymbol{F}=\boldsymbol{v}\dfrac{\mathrm{d}m}{\mathrm{d}t}$

(C) $\boldsymbol{F}=\dfrac{m_0}{\sqrt{1-v^2/c^2}}\dfrac{\mathrm{d}\boldsymbol{v}}{\mathrm{d}t}$　(D) $\boldsymbol{F}=m\dfrac{\mathrm{d}\boldsymbol{v}}{\mathrm{d}t}+\boldsymbol{v}\dfrac{\mathrm{d}m}{\mathrm{d}t}$

10. 【狭义相对论的动力学方程】根据狭义相对论力学的基本方程 $\boldsymbol{F}=\mathrm{d}\boldsymbol{p}/\mathrm{d}t$，以下论断中正确的是[　　]

(A) 质点的加速度和合外力必在同一方向上，且加速度的大小与合外力的大小成正比

(B) 质点的加速度和合外力可以不在同一方向上，但加速度的大小与合外力的大小成正比

(C) 质点的加速度和合外力必在同一方向上，但加速度的大小与合外力的大小可不成正比

(D) 质点的加速度和合外力可以不在同一方向上，且加速度的大小不与合外力的大小成正比

二、填空题

11. 【洛伦兹速度变换】已知惯性系 S' 相对于惯性系 S 系以 $0.5c$ 的匀速度沿 x 轴的负方向运动，若从 S' 系的坐标原点 O' 沿 x 轴正方向发出一光波，则 S 系中测得此光波在真空中的波速为________.

12. 【固有时间】μ 子是一种基本粒子，在相对于 μ 子静止的参考系中测得其寿命为 $\tau_0=2\times10^{-6}\mathrm{s}$. 如果 μ 子相对于地球的速度为 $v=0.988\,c$（c 为真空中光速），则在地球坐标系中测出的 μ 子的寿命 $\tau=$________.

15.6.2 巩固提高

一、单选题

1. 一火箭的固有长度为 L，相对于地面做匀速直线运动的速度为 v_1，火箭上有一个人从火箭的后端向火箭前端上的一个靶子发射一颗相对于火箭的速度为 v_2 的子弹. 在火箭上测得子弹从射出到击中靶的时间间隔是（c 表示真空中光速）[　　]

(A) $\dfrac{L}{v_1+v_2}$　(B) $\dfrac{L}{v_2}$　(C) $\dfrac{L}{v_2-v_1}$　(D) $\dfrac{L}{v_1\sqrt{1-(v_1/c)^2}}$

2. 边长为 a 的正方形薄板静止于惯性系 K 的 Oxy 平面内，且两边分别与 x,y 轴平行. 今有惯性系 K' 以 $0.8c$（c 为真空中光速）的速度相对于 K 系沿 x 轴做匀速直线运动，则从 K' 系测得薄板的面积为[　　]

(A) $0.6a^2$　(B) $0.8a^2$　(C) a^2　(D) $a^2/0.6$

3. 宇宙飞船相对于地面以速度 v 做匀速直线飞行，某一时刻飞船头部的宇航员向飞船尾部发出一个光信号，经过 Δt（飞船上的钟）时间后，被尾部的接收器收到，则由此可知飞船的固有长度为（c 表示真空中光速）[　　]

(A) $c\cdot\Delta t$　(B) $v\cdot\Delta t$

(C) $\dfrac{c\cdot\Delta t}{\sqrt{1-(v/c)^2}}$　(D) $c\cdot\Delta t\cdot\sqrt{1-(v/c)^2}$

4. 一宇宙飞船相对于地球以 $0.8c$（c 表示真空中光速）的速度飞行. 现在一光脉冲从船尾传到船头，已

知飞船上的观察者测得飞船长为 90m，则地球上的观察者测得光脉冲从船尾发出和到达船头两个事件的空间间隔为[ ]

(A) 270m (B) 150m (C) 90m (D) 54m

5. 把一个静止质量为 m_0 的粒子，由静止加速到 $v = 0.6c$ (为真空中光速)需做的功等于[ ]

(A) $0.18m_0c^2$ (B) $0.25m_0c^2$ (C) $0.36m_0c^2$ (D) $1.25m_0c^2$

6. 一匀质矩形薄板，在它静止时测得其长为 a，宽为 b，质量为 m_0. 由此可算出其质量面密度为 $m_0/(ab)$. 假定该薄板沿长度方向以接近光速的速度 v 做匀速直线运动，此时再测算该矩形薄板的质量面密度则为[ ]

(A) $\dfrac{m_0\sqrt{1-(v/c)^2}}{ab}$ (B) $\dfrac{m_0}{ab\sqrt{1-(v/c)^2}}$ (C) $\dfrac{m_0}{ab[1-(v/c)^2]}$ (D) $\dfrac{m_0}{ab[1-(v/c)^2]^{3/2}}$

二、填空题

7. 一列高速火车以速度 v 驶过车站时，固定在站台上的两只机械手在车厢上同时划出两个痕迹，静止在站台上的观察者同时测出两痕迹沿火车行驶方向间的距离为 1m，则车厢上的观察者应测出这两个痕迹之间的距离为________.

8. 当惯性系 S 和 S' 的坐标原点 O和O' 重合时，有一点光源从坐标原点发出一光脉冲，在 S 系中经过一段时间 t 后(在 S' 系中经过时间 t')，此光脉冲的球面方程(用直角坐标系)分别为：S 系________；S' 系________.

9. 在 S 系中的 x 轴上相隔为 Δx 处有两只同步的钟 A 和 B，读数相同，在 S' 系的 x' 轴上也有一只同样的钟 A'，若 S' 系相对于 S 系的运动速度为 v，沿 x 轴方向且当 A' 与 A 相遇时，刚好两钟的读数均为零，那么，当 A' 钟与 B 钟相遇时，在 S 系中 B 钟的读数为________，此时在 S' 系中 A' 钟的读数为________.

10. 牛郎星距离地球约 16 光年，宇宙飞船若以________的匀速度飞行，将用 4 年的时间(宇宙飞船上的钟指示的时间)抵达牛郎星.

11. 匀质细棒静止时的质量为 m_0，长度为 l_0，当它沿棒长方向做高速的匀速直线运动时，测得它的长为 l，那么，该棒的运动速度 $v =$________，该棒所具有的动能 $E_k =$________.

12. 观察者甲以 $\frac{4}{5}c$ 的速度(c 为真空中光速)相对于静止的观察者乙运动，若甲携带一长度为 l、截面积为 S、质量为 m 的棒，此棒沿运动方向，则(1)甲测得此棒的密度为________；(2)乙测得此棒的密度为________.

三、计算题

13. 地面观察者测定某火箭通过地面上相距 120km 两观测点的时间间隔是 5×10^{-4}s，求由火箭上的观察者所测出的：

(1)这两观察点的距离；

(2)飞越两观察点的时间间隔.

14. 静止长度为 l_0 的车厢，若以接近光速 c 的速度 v 相对地面行驶，从车厢后壁以速度 u_0(相对车)向前射出一个粒子，如图所示. 求：

(1)地面上观察者测得粒子从车后壁到前壁的运动时间；

(2)地面观测者测得粒子从后壁射向前壁的距离.

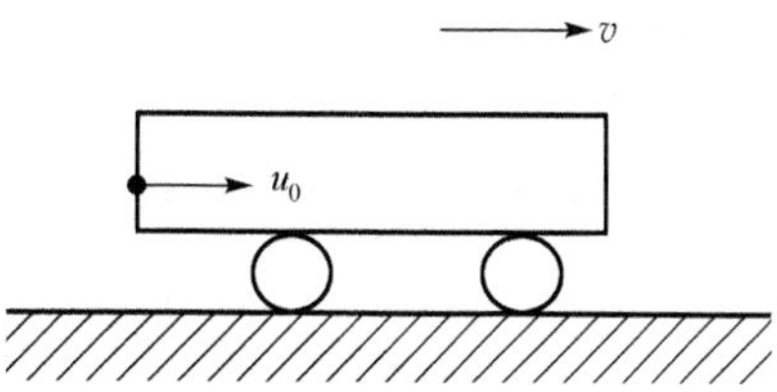

巩固提高题 14 图

15. 两个惯性系中的观察者 O 和 O' 以 $0.6c$ 的相对速度相互接近. 如果 O 测得两者的初始距离是 20m，则 O' 测得两者经过多少时间相遇?

16. 地球上的观察者发现一艘以速率 $0.6c$ 向东航行的宇宙飞船将在 5s 后同一个以速率 $v=0.8c$ 向西飞行的彗星相撞.

(1) 飞船中的人们看到彗星以多大速率向他们接近?

(2) 按照飞船中的时钟，还有多少时间允许飞船离开原来航线避免碰撞?

17. 若电子的总能量等于它静止能量的 1.25 倍，求电子的动量和速率.

18. 两个质点 A 和 B，静止质量均为 m_0. 质点 A 静止，质点 B 的动能为 $6m_0c^2$. 设 A、B 两质点相撞并结合成为一个复合质点，求复合质点的静止质量.

19. 使电子的速度从 $v_1=1.2\times10^8\,\mathrm{m\cdot s^{-1}}$ 增加到 $v_2=2.4\times10^8\,\mathrm{m\cdot s^{-1}}$，必须对它做多少功?（电子静质量 $m_e=9.11\times10^{-31}\,\mathrm{kg}$）

15.6 单元检测
参考答案

第 16 章　量子物理基础

16.1 基 本 要 求

(1) 理解黑体辐射实验规律，掌握相关计算，了解经典物理理论在解释热辐射规律时遇到的困难，理解普朗克假说及其意义.

(2) 了解光电效应的实验规律及用经典理论解释时遇到的困难，理解爱因斯坦的光量子假说，理解光电效应方程及其对光电效应的解释，掌握相关计算，了解光的波粒二象性.

(3) 理解康普顿散射的实验规律以及利用光子理论所做的解释，理解康普顿效应公式.

(4) 了解氢原子光谱的实验规律，了解经典理论在说明氢原子模型时遇到的困难，理解玻尔假设及其基本理论.

(5) 理解德布罗意的物质波假设和实物粒子的波粒二象性，理解德布罗意公式，掌握相关计算，了解波函数的物理意义.

(6) 理解不确定关系，会利用不确定关系进行简单计算，了解普朗克常量的内涵.

(7) 了解定态薛定谔方程，理解一维无限深势阱中粒子的定态薛定谔方程的建立、求解、结论及其意义，了解隧道效应及其应用.

(8) 理解氢原子能量量子化、角动量量子化、角动量空间量子化及其意义，了解施特恩-格拉赫实验，理解电子自旋的概念和自旋量子数.

(9) 理解泡利不相容原理和能量最低原理，了解原子的壳层模型，了解量子力学对化学元素周期表的解释.

16.2 学 习 导 引

(1) 本章主要学习量子物理的基础知识，主要包含光的量子性、微观粒子的波动性和状态描述、薛定谔方程、原子中的电子等内容.

(2) 量子物理带给同学们的不仅是对物质结构和物质运动的新认识，而且是思想观念的根本性转变，这些思想又超越了我们的日常生活经验，具有很强的抽象性，因此，学习这部分内容时要注重理解物理概念和物理思想从经典到量子的转变过程，克服“背公式、套用公式解题”的机械式的被动学习方法，更多地分析形成量子化有关概念的思想渊源及相关的实验和理论论证，并从中获得更多的量子物理解决问题的思想和方法.

(3) 为了定量研究热辐射现象，本章首先引入了单色辐出度 $M_\lambda(T)$ 和辐出度 $M(T)$ 的概念，引入了一个理想化模型——绝对黑体(简称黑体)，给出了黑体辐射的两条基本的实验规律，即斯特藩-玻尔兹曼定律和维恩位移律. 为了从理论上解释黑体辐射的单色辐出度与辐射波长关系的实验规律，19 世纪末的许多物理学家在经典物理学的理论基础上做了很多努力，其中最典型的是维恩、瑞利和金斯的工作，然而，维恩公式在短波段与实验结果符合得很好，但在长波段有系统的偏移；瑞利-金斯公式在长波段与实验曲线符合较好，但是在短波段完全与实验结果不符，物理学史上称之为“紫外灾难”. 在这部分的学习中要注意了解所谓“紫外灾难”出现的背景和经典物理学理论遇到的困难，从而为物理学从思想观念和理论体系上的变革做好准备.

(4)为解决所谓的“紫外灾难”问题，普朗克开创性地提出了“能量子”假设：辐射的能量不是连续变化的，而是以一个能量的基本单元一份一份改变的，这个能量的基本单元就是“能量子”. 在这个假设的基础之上普朗克从理论上推导出了著名的普朗克公式，这个公式与实验符合得很好. 在这部分的学习中要注意普朗克公式对斯特藩-玻尔兹曼定律和维恩位移律的解释；了解在短波段从普朗克公式得到维恩公式和在长波段从普朗克公式得到瑞利-金斯公式的推导方法，从而，深化对“能量子”概念的重要性的理解.

(5)光的波动说在解释光电效应实验的结果上也遇到了“灾难”，特别是遏止电压与入射光的频率呈线性关系、红限频率的存在和光电效应的瞬时性等是无法用波动说解释的. 爱因斯坦通过“光量子”假设给出了光电效应方程圆满地解决了经典电磁理论一直无法解释的光电效应这一难题. 1916 年密立根做了精确的光电效应实验测出的普朗克常量值和当时用其他方法定出的普朗克常量值一致，从而进一步证实了爱因斯坦的光量子理论. 光量子理论的深刻含义还在于它第一次揭示了光的波动性和粒子性的统一，即光具有波粒二象性，它们由普朗克常量 h 联系起来. 光电效应有很多的应用，如光电管、光电倍增管等，利用光电倍增管研制的微光夜视仪可以使微弱的光线环境变得透明.

(6) 1922 年康普顿在研究 X 射线散射时发现沿不同方向散射的 X 射线中都有两种不同波长的散射光，一种散射光的波长与入射光的波长相同，而另一种散射光的波长比入射光的波长长. 这种散射光波长变长的散射就是康普顿效应. 康普顿效应是无法用光的波动理论解释的. 康普顿应用爱因斯坦的光量子理论，根据能量守恒定律和动量守恒定律可以推导出散射光波长变长的表达式 $\Delta\lambda = \dfrac{h}{m_0 c}(1-\cos\theta)$，从而成功解释了康普顿效应. 在这部分的学习中既要注意学习康普顿效应，也要注意学习光量子理论对与入射光波长相同的散射光的解释，同时关注我国科学家吴有训对证实康普顿效应做出的重要贡献.

(7)康普顿效应和光电效应都是由入射光子与电子相互作用而引起的，康普顿效应是 X 射线光子与自由电子的完全弹性碰撞，而光电效应则是金属中的束缚电子吸收一个紫外或可见光光子产生的. 学习时注意思考为什么自由电子无法吸收一个可见光光子而产生光电效应.

(8)原子发光是原子的重要现象，光谱学的数据对研究物质结构具有重要的意义. 1885 年巴耳末得到了氢原子的可见光光谱波长满足的经验公式，1889 年里德伯提出了更一般的氢原子光谱满足的公式，即广义的巴耳末公式(里德伯公式) $\sigma = \dfrac{1}{\lambda} = R\left(\dfrac{1}{k^2}-\dfrac{1}{n^2}\right)$. 氢原子光谱的规律性与经典的电磁理论完全不符，为了解释原子光谱线系的经验公式，需要知道原子的内部结构. 1911 年卢瑟福基于α 粒子散射实验提出了原子结构的核式模型，这一模型与实验结果符合得很好，但却与经典物理理论相矛盾. 为了维持卢瑟福的原子结构核式模型，同时避免这一模型与经典电磁理论之间的矛盾，玻尔提出了定态假设、跃迁假设和量子化条件，并在经典力学的基础上得出了电子轨道半径和定态能量都是量子化的结论，利用这一结论和跃迁假设成功地解释了氢原子光谱的规律性，并从理论上导出了里德伯常量的表达式.

(9)玻尔的氢原子理论既把微观粒子看成是遵守经典力学规律的质点，同时又赋予它们量子化的特征，但是这些量子化假设又没有合理的解释，因此，它是一个半经典半量子理论，存在逻辑上的缺陷，具有很大的局限性. 例如，它不能处理多电子原子问题，也不能计算谱线的强度、宽度等，这些问题的正确解决要依靠量子力学.

(10)德布罗意在光的波粒二象性的启发下，通过对称类比方法提出了所有实物粒子都具有波粒二象性的思想，给出了物质波的德布罗意公式. 德布罗意的假设先后被电子散射实验和电子衍射实验所证实，这一思想为薛定谔创立波动力学做了重要的思想准备. 在现代科技中，微观粒子的波动性被广泛的利用，例如，利用电子波代替光波制成的电子显微镜具有极高的分辨本领等.

(11)由于微观粒子具有波粒二象性，所以不能将它们视为经典概念中的物体. 海森伯提出微观粒子在同一方向上的动量和位置坐标不能同时准确的确定. 在量子力学中可以严格证明 $\Delta x \cdot \Delta p_x \geqslant \frac{\hbar}{2}$，这就是海森伯的不确定关系，学习时可以借助于电子单缝衍射实验来加深理解，相应地，能量和时间也有类似的不确定关系 $\Delta E \cdot \Delta t \geqslant \frac{\hbar}{2}$. 不确定关系表明：对于一对共轭的物理量，其中一个物理量(如位置或能量)测量结果的不确定性必定会影响另一个物理量(如动量或时间)测量结果的不确定性，而且如果对一个物理量测量的不确定性减少，那么对另一个物理量测量结果的不确定性就会增加. 不确定关系是量子力学中的一个重要的基本规律，在微观世界的各个领域中有很广泛的应用，同学们也可以利用它估算氢原子可能具有的最低能量、解释谱线的自然宽度、判断原子核由质子和电子组成的可能性等.

(12)在量子力学中用来描述微观粒子运动状态的波函数本身并没有直接的物理意义，它并不代表任何可观测的物理量，而且也不能从实验直接测出其量值，但是其模的平方 $|\Psi|^2$ 具有实际意义，它表示微观粒子在某时刻某位置处出现的概率密度. 从这个意义上讲，物质波是一种概率波. 物质波的波函数满足标准条件(单值、连续、有限)和归一化条件. 微观粒子的量子态满足态叠加原理，而正因为是态叠加而不是概率密度的叠加才能够产生干涉现象，它是由微观粒子的波粒二象性所决定的.

(13)薛定谔方程是描述微观粒子运动状态的波函数所满足的线性偏微分方程，它在量子物理中的重要地位与牛顿运动定律在经典力学中的地位相当. 薛定谔方程是从物质平面波的复数表达式中建立起来的，它的正确性由它推导出的结果是否符合客观实际和实验的结果来检验. 学习本章时要注意理解薛定谔方程的建立过程，掌握定态薛定谔方程，理解定态的含义.

(14)用薛定谔方程讨论一维无限深势阱问题和一维势垒问题可以学习量子力学基本概念和原理的应用，体会量子力学与经典力学在处理问题时迥然不同的风格. 由于金属中的电子可以在金属内部自由运动而很难逸出金属表面，因此我们可以用一个理想的势阱模型——无限深势阱来近似描述这一现象. 利用定态薛定谔方程求解一维无限深势阱问题，要注意方程的建立和边界条件、归一化条件的运用. 通过求解，我们发现被束缚在一维无限深势阱中的粒子能量是量子化的，而且具有零点能；粒子在势阱内各个位置出现的概率密度也是不同的. 在两块金属之间夹一绝缘层构成一个称为“结”的元件，由于电子可以在金属中自由运动而不易通过绝缘层，我们可以用势垒模型来近似描述这一现象. 通过求解定态薛定谔方程，我们发现粒子有一定的概率穿透势垒，这一现象称为隧道效应. 电子的隧道效应有很多应用，如扫描隧道显微镜等.

(15)用薛定谔方程讨论氢原子问题可以看到氢原子中的电子的能量 E 、角动量的大小 L 和角动量在外磁场方向的分量 L_z 都必须是量子化的，这也表明氢原子中电子的运动存在一系列定态. 其中定态的能量 $E_n = -\dfrac{13.6\text{eV}}{n^2}$ ，n 称为主量子数，这一结论与玻尔理论完全一致，从而能够很好地解释原子发光等问题；电子的轨道角动量大小 $L = \sqrt{l(l+1)}\hbar$ ，l 称为角量子数，这一结论与玻尔理论所假设的角动量量子化条件不同，实验证明这一结论更为正确；角动量在外磁场方向的分量 $L_z = m_l\hbar$ ，m_l 称为磁量子数，表征轨道角动量的空间量子化. 注意这里沿用了“轨道”这一名称，只是为了与自旋角动量加以区别. 轨道角动量可以理解为与电子的位置变化相联系的角动量，是原子中电子运动的一种基本属性. 通过求解薛定谔方程，同学们也可以得到氢原子中电子的定态波函数，从而对氢原子的“电子云”有一个清晰的理解.

(16)为了解释施特恩-格拉赫的实验结果，乌伦贝克和古兹密特引入了电子自旋的概念，给出了自旋磁量子数 m_s ，因此一个电子的运动状态可由四个量子数 n、l、m_l、m_s 完全确定. 电子自旋所表征的运动不能简单视为电子的自转，事实上，由于人们至今对电子的内部结构还不了解，因此还不清楚电子具有自旋的内禀运动机制.

(17)如果将不同的主量子数 n（$n=1,2,3,4,\cdots$）看作是不同的主壳层（K,L,M,N,…），将角量子数 l（$l=0,1,2,\cdots,n-1$）看作是在同一主壳层内划分的若干支壳层（s, p, d, f,…）就形成了描述多电子原子中核外电子按壳层分布的形象化模型，即柯塞尔提出的原子壳层模型. 根据泡利不相容原理和能量最低原理，可以得到每一主壳层、支壳层最多能够容纳的电子数和电子填充的规律.

(18)由于本章的许多内容远离日常生活经验，在解题的过程中要注意克服经典物理图像的局限性，加深对量子物理基本概念、规律的理解. 本章涉及的基本概念、原理方面的题目可主要分为两部分. 一部分是关于对微观粒子波粒二象性的理解，其中关于波动的粒子性有黑体辐射、光电效应和康普顿效应等；关于粒子的波动性有德布罗意波、不确定性关系等. 另一部分是关于对微观粒子在一定势场中运动状态的描述，主要有波函数的统计解释、定态薛定谔方程的求解和所得结果的物理意义以及电子的量子态概念等.

16.3 思维导图

16.3 思维导图(详细版)

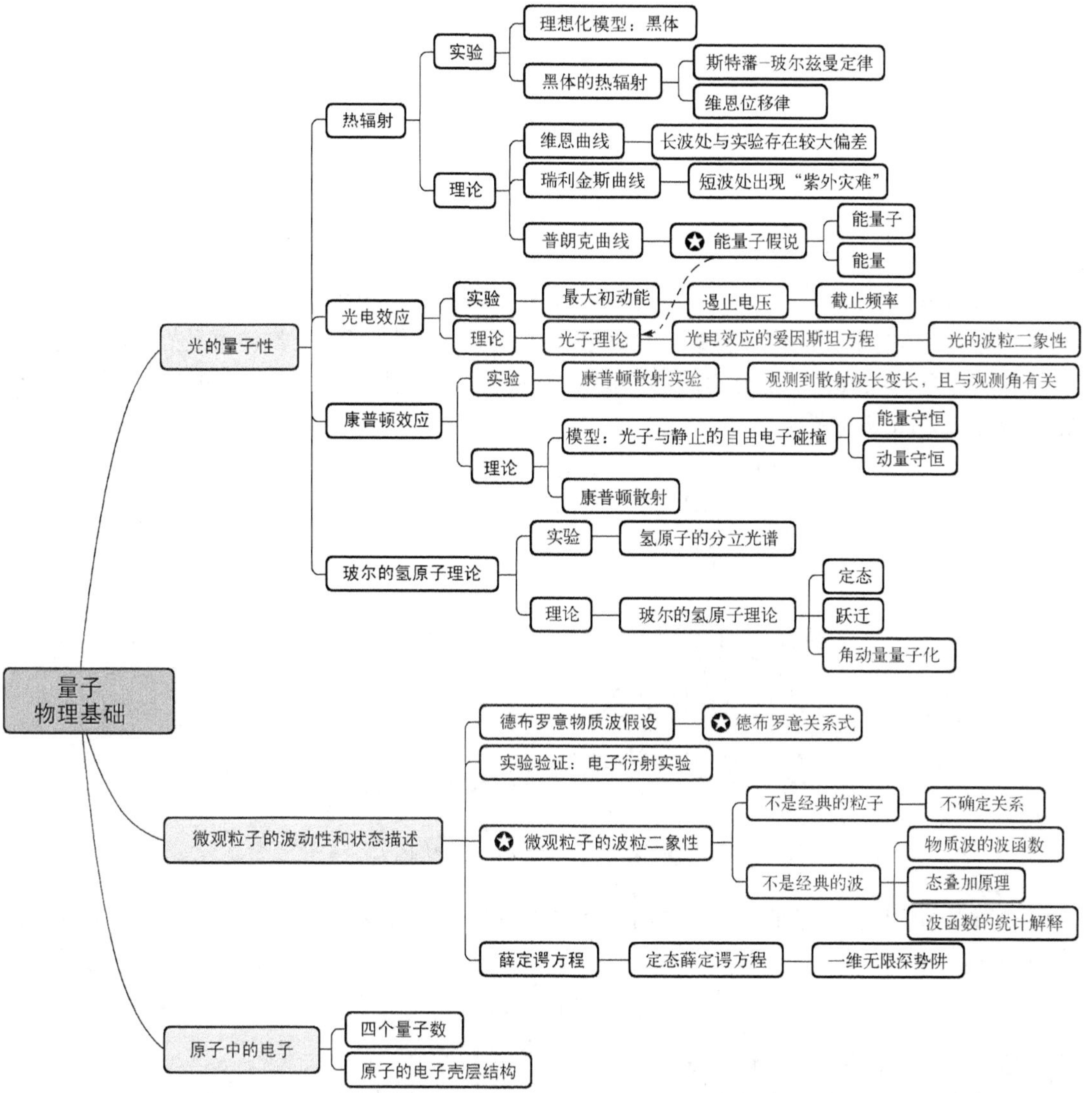

16.4 内 容 提 要

1. 光的量子性

1) 黑体辐射

热辐射：在任何温度下，一切宏观物体都要向外辐射各种波长的电磁波，这种与温度有关的电磁辐射称为热辐射. 热辐射是由于物体中的分子、原子受到热激发而发射电磁波的结果. 物体在常温时发射出的电磁波主要集中在红外波段.

单色辐出度 $M_\lambda(T)$：温度为 T 时单位时间内从物体表面单位面积上所发射的、在 λ 附近单位波长间隔内的辐射能量，其单位为 $\mathrm{W/m^3}$. 设温度为 T 时单位时间内从物体表面单位面积上所发射的、波长在 $\lambda \to \lambda + \mathrm{d}\lambda$ 范围内的辐射能为 $\mathrm{d}E_\lambda$，则

$$M_{\lambda}(T)=\frac{\mathrm{d}E_{\lambda}}{\mathrm{d}\lambda}$$

辐出度$M(T)$：温度为T时单位时间内从物体表面单位面积上所发射的各种波长的总辐射能，其单位为$\mathrm{W/m^2}$. 辐出度与单色辐出度满足的关系为

$$M(T)=\int_0^{\infty}M_{\lambda}(T)\mathrm{d}\lambda$$

辐出度$M(T)$只是温度的函数.

绝对黑体(简称黑体)：在任何温度下，对任何波长的电磁波都能完全吸收而不反射和透射的物体. 黑体是研究物体辐射的一种理想模型. 实验表明，好的吸收体也是好的辐射体，由于黑体是完全的吸收体，因此也是完全的辐射体. 黑体辐射的单色辐出度随波长和温度变化的实验曲线如图 16.1 所示.

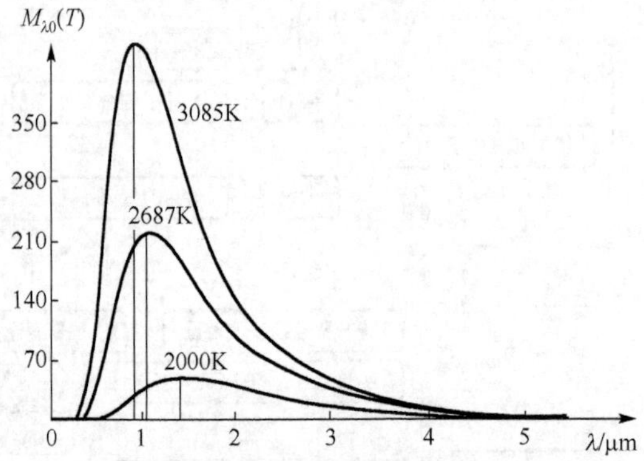

图 16.1　黑体辐射实验规律

斯特藩-玻尔兹曼定律：实验表明，黑体的辐出度$M_0(T)$与该黑体的绝对温度T的四次方成正比，

$$M_0(T)=\sigma T^4$$

式中斯特藩-玻尔兹曼常量$\sigma\approx5.67\times10^{-8}\ \mathrm{W/(m^2\cdot K^4)}$.

维恩位移律：黑体辐射的峰值波长λ_{m}(即单色辐出度极大值对应的波长)与其绝对温度T成反比，

$$T\cdot\lambda_{\mathrm{m}}=b$$

式中常数$b\approx2.897\times10^{-3}\mathrm{m\cdot K}$. 当绝对黑体的温度升高时，单色辐出度最大值对应的波长λ_{m}向短波方向移动. 根据维恩位移律，可以测出黑体的温度，例如，太阳辐射谱的峰值波长为$\lambda_{\mathrm{m}}=490\mathrm{nm}$，将太阳近似当作黑体，可估计出太阳表面温度近似为 5900K.

经典理论的失败：为了从理论上解释黑体单色辐出度随波长变化的实验曲线，寻求实验曲线的函数表示式，许多物理学家在经典物理学的理论基础上做了很多努力，但最终都失败了. 如图 16.2 所示，其中最典型的有从经典热力学得出的维恩公式，其在短波段与实验结果符合得很好，但在长波段有系统的偏移；以及从统计物理学和电磁学得到的瑞利-金斯公式，其在长波段与实验曲线符合较好，但在短波段当$\lambda\to0$时，$M_{\lambda0}(T)\to\infty$，与实验结果完全不符，物理学史上称之为“紫外灾难”.

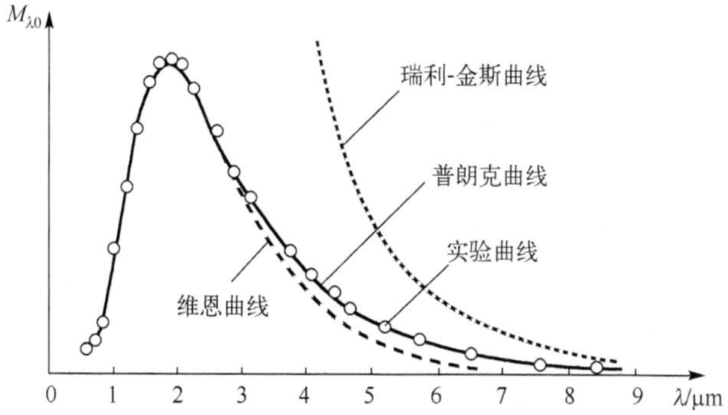

图 16.2 热辐射的几个理论公式与实验结果的比较

普朗克的能量子假说：普朗克在解释黑体辐射微观机制上提出的一个大胆的假设. 普朗克将辐射场看作由大量简谐振子组成的热力学系统，他假设这些简谐振子的能量只能取分立值，它们是某一最小能量单位 ε(ε 称为能量量子)的整数倍 $0,\varepsilon,2\varepsilon,3\varepsilon,\cdots,n\varepsilon$，其中 n 为正整数，称为量子数，这就是能量的量子化. 对于频率为 ν 的简谐振子，最小能量单位为 $\varepsilon = h\nu$，其中 2018 年第 26 届国际计量大会将普朗克常量的数值固定为 $h = 6.62607015\times10^{-34}\ \mathrm{J/s}$. 普朗克从能量子假说出发，导出了黑体辐射的普朗克公式

$$M_{\lambda0}(T) = 2\pi hc^2\lambda^{-5}\frac{1}{\mathrm{e}^{\frac{hc}{k\lambda T}}-1}$$

它与实验结果符合得很好. 而且可以证明，在长波段普朗克公式就化为瑞利-金斯公式，在短波段它就化为维恩公式. 普朗克引进量子概念后，黑体辐射实验定律得到了解释，但是它严重违反了经典物理学中"物质能量是可以连续变化"的概念，由此拉开了量子力学的序幕.

2)光电效应

光电效应：金属在光照射下发射出电子的现象. 从金属表面逸出的电子称为光电子，光电子定向运动形成光电流. 光电效应现象最早是赫兹在 1887 年发现的，爱因斯坦利用量子论成功地解释了著名的光电效应，从而使量子论得到进一步的发展.

爱因斯坦的光子理论：爱因斯坦在普朗克的量子假说基础上认为不仅发射光的振子具有量子性，发出的光也有量子性，即光在被发射、被吸收和传播时能量都是量子化的，因此可将光看作是一束以光速 c 运动的粒子流，这种粒子称为光量子或光子，每个光子的能量 ε 由光的频率 ν 决定，进一步根据相对论的质量能量关系可得光子的动量 p 由光的波长 λ 决定，具体地

$$\begin{cases}\text{光子的能量：}\varepsilon = h\nu\\ \text{光子的动量：}p = \dfrac{h}{\lambda}\\ \text{光子的质量：}m = \dfrac{\varepsilon}{c^2} = \dfrac{h\nu}{c^2}\end{cases}$$

其中能量 ε 和动量 p 描述了光子的粒子性，而频率 ν 和波长 λ 描述了光子的波动性，这种双重性质称为光的波粒二象性. 光的粒子性和波动性通过普朗克常量 h 联系起来. 光的能流密度 S (即光强)决定于单位时间内垂直通过单位面积上的光子数 N，即 $S = Nh\nu$.

光子理论对光电效应的解释：按照爱因斯坦的光子理论，光照射到金属阴极，如果电子吸收了一个光子，电子吸收的能量一部分用来提供摆脱表面束缚所需的能量，另一部分变成从金属中射出后的电子动能. 由于金属中的电子被表面束缚的程度各不相同，因此将电子从金属内移到表面外所需要的能量也是各不相同的，电子被束缚得越紧，这个能量就越大. 移走束缚最小的电子所需要的能量称为金属的逸出功 A.

光电效应的爱因斯坦方程：根据能量守恒定律，光子携带的能量 $h\nu$ 与逸出功 A（最小束缚能）之差等于发射出的电子最大初动能，即

$$h\nu=\frac{1}{2}m_e v_m^2+A$$

截止频率：对于某种材料制成的金属，存在一个极限频率 ν_0，当入射光频率 $\nu<\nu_0$ 时，光子能量低于金属的逸出功，因此无论入射光强多大、照射时间多长，都不会产生光电效应，这个极限频率 ν_0 叫做光电效应的截止频率，又叫做红限频率. 截止频率与逸出功满足

$$h\nu_0=A$$

遏止电压：从阴极发射出来的光电子具有一定的初动能，它们可以克服反向电场力做功到达阳极. 只有当反向电压为某个数值 U_c 时，光电流才减少为零. 这个反向电压 U_c 称为光电效应的遏止电压. eU_c 是光电子克服遏止电场力所做的功，能够做功 eU_c 因而刚好能到达阳极的光电子应具有最大的初动能，则

$$\frac{1}{2}m_e v_m^2=eU_c$$

如图 16.3 所示，遏止电压与入射光频率呈线性关系 $h\nu=eU_c+h\nu_0$. 1916 年，美国物理学家密立根首次实验测量了该关系式，从而证实了爱因斯坦光电效应方程，并通过计算斜率 $K=h/e$ 测量了普朗克常量 h.

3）康普顿效应

1922 年，美国物理学家康普顿研究了 X 射线经金属、石墨等物质散射后的光谱成分，实验装置如图 16.4 中所示. 实验结果表明，沿不同方向散射的 X 射线中都有两种不同波长的散射光，一种散射光的波长与入射 X 射线的波长相同，另一种散射光的波长则比入射 X 射线的波长长. 我们把这种散射光波长变长的散射称为康普顿效应.

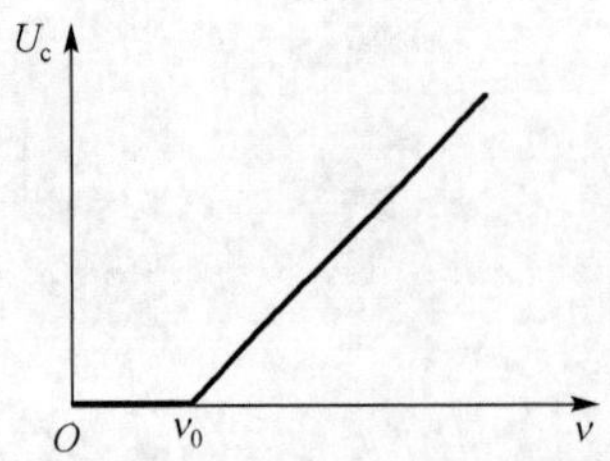

图 16.3 遏止电压与入射光频率呈线性关系

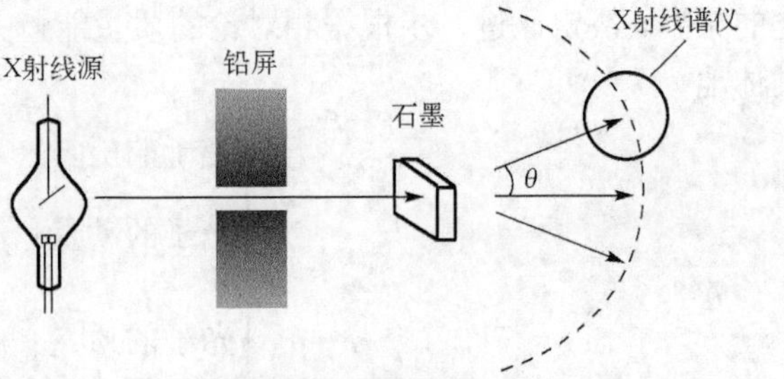

图 16.4 康普顿散射实验装置

实验结果表明：①散射光中除有与入射线波长 λ_0 相同的成分外，还有比 λ_0 长的波长 λ，$\Delta\lambda=\lambda-\lambda_0$ 随散射角 θ 而异；②当散射角 θ 确定时，波长的增加量 $\Delta\lambda$ 与散射物质的性质无关；

③康普顿散射的强度与散射物质有关. 原波长的谱线强度随原子序数的增大而增大，新波长的谱线强度随之减小. 原子序数小的散射物质，康普顿散射的相对强度较大.

光子理论解释康普顿效应：新波长的产生原因是，入射光子与散射物中原子的外层电子发生碰撞，散射光子以散射角θ沿某一方向行进，光子与自由电子之间的碰撞遵守能量守恒和动量守恒，电子受到反冲而获得一定的动量和动能，因此散射光子能量要小于入射光子能量. 由于 X 射线的波长很短，相应的光子能量与电子的静止能量可以相比，因此在光子与自由电子弹性碰撞过程中，要应用相对论的质量、能量和动量，根据能量守恒和动量守恒，根据图 16.5 所示可得

$$\begin{cases} h\nu_0 + m_0c^2 = h\nu + m_e c^2 \\ m_e v\cos\varphi = \dfrac{h}{\lambda_0} - \dfrac{h}{\lambda}\cos\theta \\ m_e v\sin\varphi = \dfrac{h}{\lambda}\sin\theta \end{cases}$$

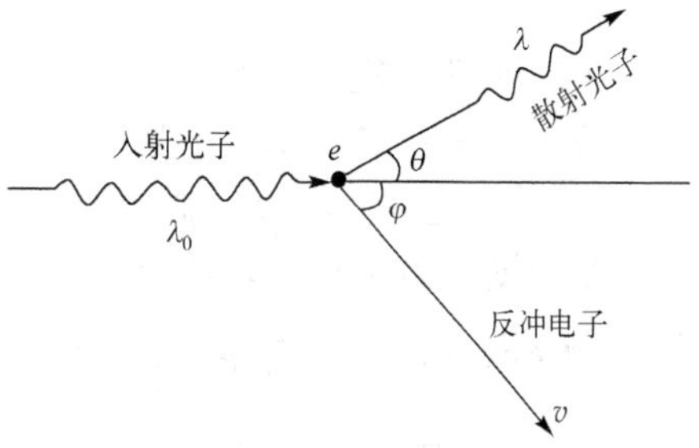

图 16.5 康普顿效应解释

式中 m_0、m_e 为电子的静质量和质量，$m_e = m_0 / \sqrt{1-(v/c)^2}$，解以上联立方程组，消去$\varphi$和$v$，可得新波长$\lambda$与入射光波长$\lambda_0$的差值$\Delta\lambda$为

$$\Delta\lambda = \lambda - \lambda_0 = \frac{2h}{m_0c}\sin^2\frac{\theta}{2} = 2\lambda_C\sin^2\frac{\theta}{2}$$

式中 $\lambda_C = \dfrac{h}{m_0c} = 2.43\times10^{-12}\,\mathrm{m}$，叫做电子的康普顿波长. 上式表明$\Delta\lambda$与散射物质的性质无关.

2. 微观粒子的波动性和状态描述

1) 实物粒子的波粒二象性

德布罗意的物质波假设：1924 年，德布罗意在他的论文中大胆地提出了物质波假设，不仅光具有波粒二象性，一切实物粒子如电子、原子、分子等都具有波粒二象性. 一个质量为m、速度为$\boldsymbol{v}$的自由粒子，可用能量E和动量p来描述它的粒子性，还可以用频率ν和波长λ来描述它的波动性，它们之间满足

$$\begin{cases} \text{实物粒子的能量：} E = h\nu \\ \text{实物粒子的动量：} p = \dfrac{h}{\lambda} \end{cases}$$

这种与实物粒子相联系的波称为物质波，或德布罗意波.

实物粒子的波粒二象性：实物粒子的波动性和粒子性是统一在实物个体上，也就是实物个体具有波粒二象性. 1927 年，戴维孙和革末做了电子束射向镍单晶靶的衍射实验，观察到了和 X 射线衍射类似的电子衍射现象，从而首次证实了电子波动性的存在.

2) 不确定关系

量子力学认为，微观粒子的一对共轭的物理量不能同时精确测定，不确定关系是粒子波动性的体现.

例如，一个方向的位置不确定量和该方向动量不确定量满足$\Delta x\cdot\Delta p_x\geqslant\dfrac{\hbar}{2}$，$\Delta y\cdot\Delta p_y\geqslant\dfrac{\hbar}{2}$，$\Delta z\cdot\Delta p_z\geqslant\dfrac{\hbar}{2}$，其中$\hbar=h/(2\pi)$称为约化普朗克常量.

物体处于某状态时的能量不确定量ΔE与物体处于此状态的时间Δt有下列不确定关系

$$\Delta E\cdot\Delta t\geqslant\frac{\hbar}{2}$$

3) 波函数与概率密度

微观粒子的状态由波函数$\Psi(\boldsymbol{r},t)$描述，一般波函数是复函数，其本身是没有直接物理意义的. 波函数的模方$|\Psi(\boldsymbol{r},t)|^2=\Psi^*\Psi\equiv w$对应于微观粒子$t$时刻在$\boldsymbol{r}$处出现的概率密度.

波函数的标准条件：单值、连续、有限.

波函数的归一化条件：$\int_V|\Psi|^2\mathrm{d}V=1$.

4) 态叠加原理

我们用波函数描述微观粒子的状态，量子力学状态也满足态叠加原理. 若波函数 Ψ_1 与 Ψ_2 都是描述某粒子的可能量子态，那么它们的线性叠加态$\Psi=C_1\Psi_1+C_2\Psi_2$也是该粒子的一个可能的量子态.

3. 薛定谔方程

薛定谔方程是量子力学中的动力学方程，它是量子力学中的基本方程，其地位和作用相当于经典力学中的牛顿运动方程. 波函数Ψ是薛定谔方程的解，它完全描述了粒子的运动状态.

一维运动自由粒子的含时薛定谔方程：$\mathrm{i}\hbar\dfrac{\partial\Psi}{\partial t}=-\dfrac{\hbar^2}{2m}\dfrac{\partial^2\Psi}{\partial x^2}$.

三维运动自由粒子的含时薛定谔方程：$\mathrm{i}\hbar\dfrac{\partial\Psi(\boldsymbol{r},t)}{\partial t}=-\dfrac{\hbar^2}{2m}\nabla^2\Psi(\boldsymbol{r},t)$.

一维势场中粒子的含时薛定谔方程：$\mathrm{i}\hbar\dfrac{\partial\Psi}{\partial t}=-\dfrac{\hbar^2}{2m}\dfrac{\partial^2\Psi}{\partial x^2}+U(x,t)\Psi$.

三维势场中粒子的含时薛定谔方程：$\mathrm{i}\hbar\dfrac{\partial\Psi(\boldsymbol{r},t)}{\partial t}=\left[-\dfrac{\hbar^2}{2m}\nabla^2+U(\boldsymbol{r},t)\right]\Psi(\boldsymbol{r},t)$.

三维势场中的定态薛定谔方程：$\nabla^2\psi(\boldsymbol{r})+\dfrac{2m}{\hbar^2}(E-V)\psi(\boldsymbol{r})=0$.

4. 氢原子

1) 氢原子光谱是线光谱

氢原子光谱的里德伯公式：$\sigma=\dfrac{1}{\lambda}=R\left(\dfrac{1}{k^2}-\dfrac{1}{n^2}\right)$，其中$\sigma$是波数，表示单位长度内所含有的波的数目，里德伯常量$R\approx1.097\times10^7\,\mathrm{m}^{-1}$，$n=1,2,3,\cdots$，$k=n+1,n+2,n+3,\cdots$. 当$n=1$时，谱线在紫外区，称为莱曼系；当$n=2$时，谱线在可见光区，称为巴耳末系，相应的公式称为巴耳末公式，这是历史上最早发现的氢原子光谱公式.

2）氢原子的玻尔理论

定态假设：原子系统只能处在一系列不连续的能量状态，称之为稳定状态，简称定态. 相应的能量依次为 $E_1, E_2, E_3, \cdots (E_1 < E_2 < E_3 < \cdots)$，相应的定态称为基态、第一激发态、第二激发态……. 在这些状态中，核外电子绕核转动，具有加速度，但并不辐射电磁波.

量子化条件：电子绕核做定态运动的轨道角动量 L 必须等于 $\hbar = h/(2\pi)$ 的整数倍，称为角动量量子化条件，即

$$L = n\hbar = n\frac{h}{2\pi}, \qquad n = 1,2,3,\cdots$$

上式又称为玻尔轨道量子化条件. 结合角动量量子化条件和牛顿运动定律，可得氢原子定态的轨道半径满足

$$r_n = \frac{\varepsilon_0 h^2}{\pi m e^2} n^2 = r_1 n^2, \qquad n = 1,2,3,\cdots$$

其中 $r_1 \approx 5.29 \times 10^{-11}\text{m}$ 为 $n=1$ 时的轨道半径，称为第一玻尔轨道半径，简称玻尔半径，通常用 a_0 来表示. 氢原子的能量也只能取一系列不连续的值，称为能量量子化

$$E_n = -\frac{1}{n^2} \cdot \frac{me^4}{8\varepsilon_0^2 h^2} = -\frac{13.6}{n^2}\text{eV}, \qquad n = 1,2,3,\cdots$$

其中 $E_1 = -13.6\text{eV}$ 是 $n=1$ 时氢原子系统的基态能量，$|E_1| = 13.6\text{eV}$ 也是把电子从氢原子的第一玻尔轨道激发到无限远处所需要的能量，称为氢原子的电离能.

跃迁假设：当原子从能量为 E_n 的定态跃迁到另一能量为 E_k 的定态时，就要吸收或放出一个光子，光子频率 ν_{kn} 由下式决定：

$$\nu_{kn} = \frac{|E_n - E_k|}{h}$$

3）氢原子的量子力学描述

能量量子化：$E_n = -\dfrac{me^4}{8\varepsilon_0^2 h^2 n^2}$，$n = 1,2,3,\cdots$ （n 为主量子数）；

轨道角动量量子化：$L = \sqrt{l(l+1)}\hbar$，$l = 0,1,2,\cdots n-1$ （l 为角量子数）；

轨道角动量空间量子化：$L_z = m_l \hbar$，$m_l = 0,\pm 1,\pm 2,\cdots \pm l$ （m_l 为磁量子数）；

电子自旋角动量大小：$S = \sqrt{s(s+1)}\hbar$，$s = \dfrac{1}{2}$ （s 为自旋量子数）；

电子自旋在空间任一方向的投影：$S_z = m_s \hbar$，$m_s = \pm\dfrac{1}{2}$ （m_s 为自旋磁量子数）.

5. 原子中电子的分布

壳层结构：主量子数 n 相同的电子组成一个主壳层，分别用 K, L, M, N, O, P, ⋯ 表示；在一主壳层内，又按轨道角量子数 l 的取值划分为若干支壳层，分别用 s, p, d, f, g, h, ⋯ 表示.

原子内电子的分布遵从泡利不相容原理和能量最低原理.

泡利不相容原理：在原子中不可能有两个或两个以上电子具有相同的量子态，即原子中任何两个电子的量子数n,l,m_l,m_s不可能完全相同.

能量最低原理：当原子处于基态时，原子中的电子尽可能地占据未被填充的最低能级. 其中各主壳层和支壳层的能级高低可按$(n+0.7l)$确定.

根据泡利不相容原理，能够计算出每一主壳层和支壳层上可容纳的电子个数.

在角量子数为l的支壳层上可容纳的电子个数为$N_l=2(2l+1)$.

在主量子数为n的壳层上可容纳的电子个数为$N_n=\sum\limits_{l=0}^{n-1}2(2l+1)=2n^2$.

16.5 典型例题

16.5.1 思考题

思考题 1 黑体模型是近代物理中很重要的理想模型，请问黑体是否一定呈现黑色?

简答 不一定呈现黑色. 如果一个物体可以在任何温度下，对任何波长的入射电磁波都能完全吸收，而不反射和透射，则称该物体为绝对黑体，简称黑体. 因为完全吸收而无反射，从对入射电磁波的反射角度来讲，黑体是黑色的. 然而根据基尔霍夫定律，好的吸收体也是好的辐射体，其吸收某波长电磁波的能力越强，则辐射该波长电磁波的能力也越强，因此，从对电磁波的辐射角度来讲，黑体并不呈现黑色.

思考题 2 既然任何物体都有热辐射，为何我们白天可以看见周围自然景物，晚上却看不见?

简答 自然景物非光源，本身不发出可见光，白天之所以能够看见这些自然景物，是因为这些自然景物反射了可见光，并非看到了这些自然景物自身的热辐射. 在一般温度下(800K以下)，物体的热辐射主要集中在红外波段，红外辐射对人眼是不可见的. 非光源类自然景物本身不发射可见光，夜晚也无可见光被其反射，这些自然景物在夜晚就不会被人眼所识别.

思考题 3 请问什么是光的波粒二象性?

简答 爱因斯坦提出光子不仅具有能量，而且还有质量、动量等粒子共有的一般特性. 根据相对论的质量能量关系，光子以光速运动，能量为$\varepsilon=h\nu$，质量为$m=\dfrac{h\nu}{c^2}$，动量为$p=\dfrac{h}{\lambda}$. 能量、质量和动量描述了光的粒子性，而频率和波长描述了光的波动性，这种双重性质称为光的波粒二象性. 光既不是经典观念中的波，也不是经典观念中的粒子. 在对光的本性的理解上，不应在波动性和粒子性之间进行简单的非此即彼的取舍，而应将其视为光的本性在不同侧面的反映. 在干涉、衍射和偏振等现象中，光主要表现出波动性，而在与其他粒子相互作用时光主要表现出粒子性.

思考题 4 请问什么是光压?

简答 光照到物体表面时施予物体表面的压强称为光压. 就像雨点撞击伞面对雨伞施加压力一样，由于光具有粒子性，受到光照射的物体就会感受到光压. 光子具有动量$\dfrac{h}{\lambda}$，入射到物体表面后或被吸收或被反射，作用前后光子动量之差等于物体表面受到的冲量，据此可以计算出物体表面所受到的光压.

俄国物理学家列别捷夫在 1900 年前后精确测定了微小的光压. 这一事实支持了光的粒子说，证实了光不仅具有能量，还像实物粒子一样具有质量和动量. 在天体物理学中，光压能产生可观测的效应，例如，当彗星接近太阳时，它的尾巴总是朝着背向太阳的方向，就是因为尾部的微粒受到光压的推斥作用引起的.

思考题 5 功率为 P 的点光源发出波长为 λ 的单色光，在距光源 d 处垂直于光传播方向单位面积上每秒钟能接收到多少个光子？若光源波长 $\lambda = 663.0\text{nm}$，功率 $P = 3\text{W}$，那么在距光源 $d = 1\text{m}$ 处垂直于光传播方向的单位面积上每秒钟能接收到多少个光子？

简答 设光源每秒发射的光子数为 n，每个光子的能量为 $h\nu$，则由 $P = nh\nu = nhc/\lambda$，得每秒发出的光子数为 $n = P\lambda/(hc)$，令每秒钟落在距光源 d 处垂直于光传播方向单位面积上的光子数为 n_0，则 $n_0 = n/(4\pi d^2) = P\lambda/(4\pi d^2hc)$. 若波长 $\lambda = 663.0\text{nm}$，功率 $P = 3W$，则在距光源 $d = 1\text{m}$ 处垂直于光传播方向的单位面积上每秒钟能接收到 $n_0 = 8\times10^{32}$ 个光子.

思考题 6 请问康普顿效应中，为何散射光中既含有波长变大的成分又含有与入射光波长相同的成分？

简答 康普顿效应一般用 X 射线进行实验，假如用波长为 0.07nm 的 X 射线在石墨上进行散射，X 射线的能量达到 $1.8\times10^4\text{eV}$，比碳的外层电子结合能要高几个数量级，所以把散射物中的电子看成是静止的自由电子是一个较好的近似. 类似于两个粒子的完全弹性碰撞，如思考题 6 图所示，一个光子与散射物中的一个自由电子发生碰撞，散射光子以散射角 θ 沿某一方向行进，光子与电子之间的碰撞遵守能量守恒和动量守恒，电子受到反冲而获得一定的动量和动能，因此散射光子的能量要小于入射光子的能量. 由光子的能量与频率间的关系 $\varepsilon = h\nu$ 可知，散射光的频率要比入射光的频率低，因此散射光的波长 λ 大于入射光的波长 λ_0，散射光中就会含有波长变大的成分.

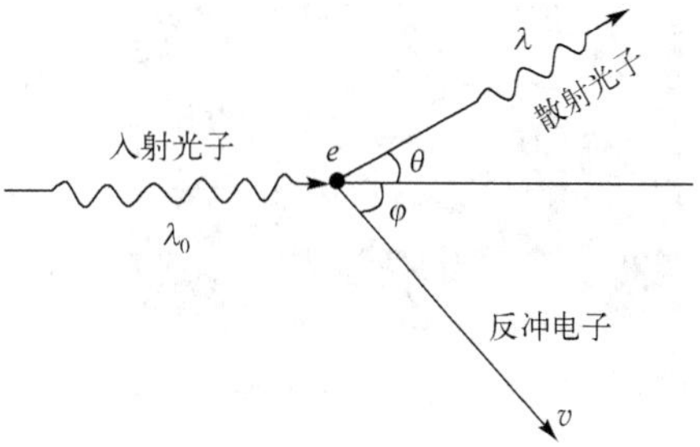

思考题 6 图 康普顿散射

原子特别是重原子的内层电子被束缚得很紧，不能看成是自由电子，入射的光子与这类电子的碰撞，相当于光子与质量很大的整个原子作弹性碰撞，光子能量 $h\nu$ 基本保持不变，此时观察到的散射光波长就与入射光波长相同.

思考题 7 为什么康普顿效应实验通常用 X 射线而不用可见光？

简答 康普顿效应中波长改变量 $\Delta\lambda = 2\lambda_c \sin^2\dfrac{\theta}{2}$，以改变量最大时的角度 $\theta = 180°$ 为例，可见光和 X 射线的波长改变量均为 $\Delta\lambda = 0.0048\text{nm}$，X 射线的波长约为 $\lambda_1 = 0.05\text{nm}$，可见光中紫光的波长约为 $\lambda_2 = 400\text{nm}$，则 X 射线波长的相对改变量为 $\dfrac{\Delta\lambda}{\lambda_1} = \dfrac{0.048}{0.5} = 9.6\%$，紫光波长的相对改变量为 $\dfrac{\Delta\lambda}{\lambda_1} = \dfrac{0.048}{4000} = 0.0012\%$，如此小的相对改变量，实验中几乎观察不到，因此，康普顿效应实验通常用 X 射线而不用可见光.

思考题 8 请问康普顿效应和光电效应有何区别？

简答 康普顿效应和光电效应都是入射光子与电子发生相互作用而引起的，但康普顿效应是光子与自由电子的相互作用，而光电效应则是光子与束缚电子的相互作用. 当光子入射到物质中时，这两种效应都可能发生，其发生的概率与物质有关，还与入射的光子能量大小有关. 一般来说，若入射光子的能量较小，发生光电效应的概率较大；若入射光子的能量较大；发生康普顿效应的概率较大.

思考题 9 经典物理理论为什么无法解释原子结构的核式模型？

简答 按照卢瑟福的核式原子模型，在最简单的氢原子中，一个电子绕着带正电的原子核做圆周运动. 由于圆周运动是加速运动，而按照经典电磁场理论，一个做加速运动的带电粒子将向外辐射电磁波. 如果电子做圆周运动的周期是 T，则它辐射的电磁波的周期也是 T，随着电子不断地辐射电磁波，原子的能量将不断地被消耗，使得电子的轨道半径连续变小，因而运动的周期也连续变小，辐射出的电磁波的频率$(1/T)$连续变大，这一过程的频谱则是连续的. 更为严重的是，随着这种辐射过程的进行，电子绕核运动的半径连续变小，最终将与原子核相遇，那么这样的原子将是一个不稳定的系统. 事实上原子系统是稳定的，物质发光的光谱也不是连续光谱，可见经典理论无法解释原子结构的核式模型.

思考题 10 图　电子轨道驻波示意图

思考题 10 请用电子的驻波理论说明玻尔氢原子理论中电子运动的轨道角动量量子化条件.

简答 原子中绕核运动的电子具有波动性，而处于定态中的电子的波动形式与端点固定的振动弦线上形成的驻波相似，原子中电子驻波如思考题 10 图所示. 氢原子的稳定性要求氢原子中的电子在半径为 r 的圆形轨道上形成驻波时，圆周长应等于波长的整数倍，即 $2\pi r = n\lambda$，将德布罗意关系 $\lambda = \dfrac{h}{p}$ 代入，得 $2\pi r = n\dfrac{h}{p}$，即 $p = \dfrac{nh}{2\pi r}$，则电子绕核运动的轨道角动量大小 $L = rp = n\dfrac{h}{2\pi} = n\hbar$，此即玻尔氢原子理论中电子绕核运动的轨道角动量量子化条件.

思考题 11 不确定关系也称为测不准关系，有人说这种测不准是由于仪器不够先进引起的，适当改进仪器就会测准，请问这种说法正确吗？

简答 这种说法不正确. 不确定关系是微观粒子波粒二象性的必然结果，是由微观粒子的本质决定的. 比如某微观粒子的波长为 λ，微观粒子波粒二象性的本质决定了波长必然存在一个不确定量 $\Delta\lambda$，粒子的动量 $p = \dfrac{h}{\lambda}$ 也就有一个不确定量 $\Delta p = \dfrac{h}{\lambda^2}\Delta\lambda$，由不确定关系 $\Delta x \cdot \Delta p_x \geqslant \dfrac{\hbar}{2}$ 可知，位置的不确定量为 $\Delta x = \dfrac{\lambda^2}{4\pi\Delta\lambda}$，即位置和动量不可能同时准确测定. 同时看到，如果粒子的位置测量得越准确(Δx 越小)，那么其动量的测量就越不准确(Δp_x 越大)，反之亦然. 这是微观粒子波粒二象性的本质反映，与测量仪器的精度和人为因素无关，与仪器是否先进也无关.

思考题 12 已知某电子和光子的德布罗意波长相同，请问它们的动量是否相同？能量是否相同？

简答 电子和光子的德布罗意波长相同时，其动量相同，能量不同. 由于动量 $p = \dfrac{h}{\lambda}$ 中波长 λ 相同，则电子和光子的动量相同；电子动量 $p = mv = h/\lambda$，质量 $m = m_0\Big/\sqrt{1-(v/c)^2}$，

则 $v^2 = h^2c^2/(h^2 + m_0^2c^2\lambda^2)$，速度 $v = c/\sqrt{1+m_0^2c^2\lambda^2/h^2}$，能量 $E_e = mc^2 = hc\sqrt{1+(m_0c\lambda/h)^2}/\lambda$，而光子的能量 $E_\lambda = h\nu = hc/\lambda < E_e$.

思考题 13 请谈谈你对物质波波函数的理解.

简答 关于物质波物理实质的解释，至今公认的是玻恩在1926年提出的观点. 他在对两个自由粒子的散射问题进行计算后，指出波函数的物理意义：波函数模的平方 $|\Psi|^2$ 对应于微观粒子在某时刻某处出现的概率密度 w，即 $w=|\Psi|^2=\Psi\Psi^*$，式中 $\Psi^*(x,t)$ 是 $\Psi(x,t)$ 的共轭复数. 玻恩认为，在量子力学中描述微观粒子的波函数 $\Psi(x, t)$，其本身没有直接的物理意义，具有直接物理意义的是波函数模的平方. 玻恩的解释将微观粒子的粒子性和波动性统一了起来. 波函数所代表的是一种概率的波动，这种波函数概念的形成是构成量子力学理论的基础.

思考题 14 量子力学中的定态是一种量子态，请问什么叫定态？

简答 当粒子所在的势场不随时间变化时，粒子在空间各处出现的概率密度也不随时间发生变化，粒子的这种状态称为定态. 处于定态的微观粒子具有确定的能量.

思考题 15 请问原子中电子的分布遵循的两个基本原理是什么？

简答 原子中电子分布遵循的两个基本原理是泡利不相容原理和能量最低原理. 泡利不相容原理是指在一个原子系统内，不可能有两个或两个以上的电子具有相同的状态，亦即原子内的各个电子不可能具有完全相同的四个量子数 n, l, m_l, m_s. 能量最低原理是指原子处于正常状态时，原子中的电子尽可能地占据未被填充的最低能级.

思考题 16 根据量子力学理论，氢原子中电子的量子态可用 n，l，m_l，m_s 四个量子数来描述，它们各自有何物理量意义？为何不用自旋量子数 s 来描述电子的量子态？

简答 主量子数 $n=1, 2, 3, \cdots$ 确定原子中电子的主要能量；角量子数 $l=0, 1, 2, \cdots, (n-1)$ 确定电子的轨道角动量大小，并对能量也稍有影响；磁量子数 $m_l=0, \pm1, \pm2, \cdots, \pm l$ 确定轨道角动量在外磁场方向上的分量，即确定轨道角动量在空间的取向；自旋磁量子数 $m_s=\pm1/2$，确定电子自旋角动量在外磁场方向上的分量，即确定自旋角动量在空间的取向. 自旋量子数 $s=\dfrac{1}{2}$，确定了自旋角动量的大小 $S=\sqrt{s(s+1)}\hbar=\dfrac{\sqrt{3}}{2}\hbar$，其值唯一，无法区分不同电子的状态，因此描述氢原子中电子的量子态时通常不用自旋量子数.

16.5.2 计算题

计算题 1 (1)天狼星表面的温度大约是11000K，试由维恩位移律计算其辐射峰值波长(已知常数 $b=2.898\times10^{-3}\,\mathrm{m\cdot K}$)；(2)测得炼钢炉口的辐出度为 $22.8\,\mathrm{W\cdot cm^{-2}}$，求炉内温度(已知斯特藩-玻尔兹曼常量 $\sigma=5.67\times10^{-8}\,\mathrm{W\cdot m^{-2}\cdot K^{-4}}$).

【解题思路】 ①已知温度，根据维恩位移律可计算出辐射峰值波长；②已知辐出度，根据斯特藩-玻尔兹曼定律可计算出温度.

解 (1)由维恩位移律，可得

$$\lambda_m = \frac{b}{T} = \frac{2.898\times10^{-3}\,\mathrm{m\cdot K}}{11000\mathrm{K}} \approx 2.63\times10^{-7}\,\mathrm{m}$$

(2)炼钢炉口可近似看作黑体，由斯特藩-玻尔兹曼定律 $M(T)=\sigma T^4$，可得

$$T=\left(\frac{M(T)}{\sigma}\right)^{\frac{1}{4}}=\left(\frac{22.8\times10^4\,\mathrm{W\cdot m^{-2}}}{5.67\times10^{-8}\,\mathrm{W\cdot m^{-2}\cdot K^{-4}}}\right)^{\frac{1}{4}}\approx1.4\times10^3\,\mathrm{K}$$

【延伸思考】

(1) 试估算人体电磁辐射中的峰值波长，并思考所有物体都在辐射电磁波，为什么我们肉眼却看不见黑暗中的物体？用什么设备才能观测到？

(2) 普朗克在解释黑体辐射规律方面做出了哪些贡献？其提出的能量子假说有什么历史意义？

计算题 2 以波长为 $\lambda = 410\text{nm}$ 的单色光照射某一金属，产生的光电子的最大初动能为 $E_k = 1.0\text{eV}$，求：

(1) 该金属的红限频率；

(2) 能使该金属产生光电效应的单色光的最大波长(已知普朗克常量 $h = 6.63\times10^{-34}\,\text{J}\cdot\text{s}$，$1\text{eV} = 1.60\times10^{-19}\,\text{J}$)．

【解题思路】 ①根据光电效应的爱因斯坦方程 $h\nu = \frac{1}{2}mv_{\max}^2 + A$ 可求出逸出功 A，再根据 $A = h\nu_0$，可求出红限频率 ν_0．②当从金属中逸出的光电子的最大初动能恰为零时，是使该金属产生光电效应所需的单色光的最大波长．

解 (1) 根据光电效应的爱因斯坦方程

$$h\nu = \frac{1}{2}mv_m^2 + A$$

可得逸出功

$$A = h\nu - \frac{1}{2}mv_m^2 = h\frac{c}{\lambda} - E_k$$

又

$$A = h\nu_0$$

所以

$$h\nu_0 = h\frac{c}{\lambda} - E_k$$

可得红限频率

$$\nu_0 = \frac{c}{\lambda} - \frac{E_k}{h} \approx 4.9\times10^{14}\,\text{Hz}$$

(2) 能使该金属产生光电效应的单色光的最大波长对应于从金属中逸出的光电子的最大初动能为零，因此有

$$h\nu_0 = A$$

即

$$h\frac{c}{\lambda_0} = A$$

$$\lambda_0 = \frac{c}{\nu_0}$$

所求最大波长

$$\lambda_0 = 612\text{nm}$$

【延伸思考】

(1)光电效应有哪些实验规律？这些实验规律用爱因斯坦的光子假说如何解释？

(2)谈谈爱因斯坦对光的本质的认识.

(3)试设计实验，利用光电效应，计算普朗克常量h.

计算题 3 康普顿效应实验中，用$\lambda = 1.88\times10^{-12}\,\text{m}$的入射γ射线在碳块上散射，当散射角$\theta = \pi/2$时，求：

(1)散射后γ射线的波长改变量$\Delta\lambda$；

(2)反冲电子获得的动能是多少?(已知普朗克常量$h = 6.63\times10^{-34}\,\text{J}\cdot\text{s}$，电子质量$m_e = 9.1\times10^{-31}\,\text{kg}$，真空中光速$c = 3\times10^8\,\text{m}\cdot\text{s}^{-1}$)

【解题思路】 ①根据康普顿散射公式可得散射后γ射线的波长改变量$\Delta\lambda$. ②根据γ光子与电子相互作用前后能量守恒，可得反冲电子获得的动能.

解 (1)散射后γ射线的波长改变量为

$$\Delta\lambda = \lambda' - \lambda = \frac{h}{m_e c}(1-\cos\theta) \approx 2.43\times10^{-12}\,\text{m}$$

(2)根据能量守恒，反冲电子获得的能量就是入射光子与散射光子能量之差，即

$$E_k = h\nu - h\nu' = hc\left(\frac{1}{\lambda} - \frac{1}{\lambda'}\right) = hc\left(\frac{1}{\lambda} - \frac{1}{\lambda+\Delta\lambda}\right) \approx 5.96\times10^{-14}\,\text{J}$$

【延伸思考】

(1)康普顿在解释康普顿效应时作了哪些假设？康普顿效应与光电效应都是光子与电子的相互作用，但是产生的实验规律却不相同，对此如何解释？

(2)为什么用可见光不能观察到康普顿效应，试分析若使康普顿效应显著，对入射光的能量有什么要求？

计算题 4 用某频率的单色光照射基态氢原子气体，使气体发射出三种频率的谱线，试求原照射单色光的频率(普朗克常量$h = 6.63\times10^{-34}\,\text{J}\cdot\text{s}$，$1\text{eV} = 1.60\times10^{-19}\,\text{J}$).

【解题思路】 基态氢原子吸收照射光的能量后，从基态跃迁到激发态，激发态不稳定，原子再从激发态自发地跃迁到低能态，并辐射出谱线. 现辐射出三种频率的谱线，说明这三条谱线分别是原子从$n=3$跃迁到$n=2$和$n=1$，以及从$n=2$跃迁到$n=1$时辐射出来的. 所以基态氢原子吸收照射光的能量后，从基态最高跃迁到了$n=3$的激发态.

解 氢原子的基态能为$E_1 = -13.6\text{eV}$. 依题意可知单色光照射的结果是使氢原子从基态被激发至$n=3$的激发态，故原照射光子的能量满足

$$\varepsilon = E_3 - E_1 = -\frac{13.6}{3^2} - (-13.6) \approx 12.09(\text{eV}) \approx 1.93 \times 10^{-18}(\text{J})$$

该单色光的频率为

$$\nu = \frac{\varepsilon}{h} \approx 2.91 \times 10^{15}\,\text{Hz}$$

【延伸思考】

(1) 氢原子光谱有什么特点？玻尔氢原子理论包括哪三个假设？

(2) 试用玻尔氢原子理论解释氢原子谱线？

(3) 比较玻尔氢原子假设与量子力学中解薛定谔方程得到的氢原子量子化条件的区别.

计算题 5 (1) 已知电子的电量绝对值为 $e = 1.60 \times 10^{-19}\,\text{C}$，电子的静质量为 $m_e = 9.1 \times 10^{-31}\,\text{kg}$，计算静止电子通过 100V 电压加速后的德布罗意波长；(2) 计算质量 $m = 0.33\,\text{kg}$、速率 $v = 30\,\text{m} \cdot \text{s}^{-1}$ 的足球的德布罗意波长，并与(1)中计算的电子的德布罗意波长进行对比.

【解题思路】 先利用动能定理求出电子被加速后的速度，再利用德布罗意关系式可求出德布罗意波长，注意判断电子被加速后的速率是否接近光速，若远小于光速用经典理论，若接近光速需要考虑相对论效应.

解 (1) 根据动能定理，电子经电压 U 加速后的速率满足

$$\frac{1}{2} m_e v_e^2 = eU$$

得

$$v_e = \sqrt{\frac{2eU}{m_e}} \approx 5.91 \times 10^6\,\text{m} \cdot \text{s}^{-1} \ll c$$

因为 $v_e \ll c$，故不考虑相对论效应. 电子波的波长为

$$\lambda_e = \frac{h}{m_e v_e} = \frac{h}{\sqrt{2m_e e}} \frac{1}{\sqrt{U}} \approx 1.23 \times 10^{-9}\,\text{m}$$

(2) 足球的德布罗意波长为

$$\lambda_{球} = \frac{h}{mv} \approx 6.70 \times 10^{-35}\,\text{m}$$

结果表明，电子的德布罗意波长远大于其自身线度(电子的经典半径约为 $10^{-15}\,\text{m}$)，与 X 射线的波长和晶体的晶格常数相近，所以利用晶体应该能观察到电子的衍射现象. 但足球的德布罗意波长远小于其本身线度，其波动性并不能表现出来.

【延伸思考】

(1) 首次验证电子具有波动性的实验是什么实验？

(2) 运动的微观粒子具有波动性，描述其波动性的物质波的本质是什么？物质波波函数的三个标准化条件是什么？

(3) 在计算电子的德布罗意波长时，当加速电压多大时，需要考虑相对论效应？(可参考进阶题3)

(4) 求微观粒子波长时，为什么不能用关系式 $\lambda=\dfrac{v}{\nu}$ 计算？

计算题 6 光子的波长为 $\lambda=300\text{nm}$，如果确定此波长的精确度 $\Delta\lambda/\lambda=10^{-5}$，试求此光子位置的不确定量.

【解题思路】 先根据波长与动量的关系 $p=\dfrac{h}{\lambda}$，得到 Δp 与 $\Delta\lambda$ 的关系，再由位置与动量的不确定关系，求出位置的不确定量.

解 由 $p=\dfrac{h}{\lambda}$ 可得光子的动量不确定量为

$$\Delta p=\frac{h}{\lambda^2}\Delta\lambda$$

由不确定关系 $\Delta x\cdot\Delta p\geqslant\dfrac{\hbar}{2}$，得

$$\Delta x\geqslant\frac{\hbar}{2\Delta p}=\frac{\lambda^2}{4\pi\Delta\lambda}=\frac{\lambda}{4\pi\dfrac{\Delta\lambda}{\lambda}}=\frac{300\times10^{-9}\,\text{m}}{4\times3.14\times10^{-5}}\approx0.0024\text{m}=2.4\text{mm}$$

【延伸思考】

请深入思考位置与动量的不确定关系与微观粒子波粒二象性之间的联系.

计算题 7 粒子在一维无限深势阱中运动，其波函数为

$$\psi_n(x)=A\sin(n\pi x/a)\quad(0<x<a,\ n=1,2,3,\cdots)$$

(1) 求归一化常数 A；(2) 若粒子处于 $n=1$ 的状态，在 $0\sim a/4$ 区间发现该粒子的概率是多少？(3) 在 $n=2$ 时，何处发现粒子的概率最大？(提示：$\int\sin^2x\text{d}x=\dfrac{1}{2}x-\dfrac{1}{4}\sin2x+C$)

【解题思路】 ①物质波波函数模的平方表示粒子在某时刻空间某点处出现的概率密度，粒子在空间出现的总概率为1，故波函数模的平方对粒子可能出现的整个空间的积分等于1，这就是波函数的归一化条件，利用此条件可求出归一化系数 A. ②求在 $0\sim a/4$ 区间发现该粒子的概率，就是对概率密度在 $0\sim a/4$ 区间内积分即可. ③发现粒子概率密度最大的位置就是求概率密度的最大值所对应的位置，可以由式子直接求，也可以用概率密度对位置求导等于零来求，但是这种方法求位置后要判断所求的位置对应的是概率密度的极大值还是极小值.

解 (1) 粒子在一维无限深势阱内运动，根据波函数的归一化条件，有

$$\int_{-\infty}^{+\infty}|\psi|^2\,\text{d}x=\int_0^a|\psi|^2\,\text{d}x=1$$

即

$$\int_0^a A^2\sin^2\frac{n\pi}{a}x\text{d}x=\frac{a}{n\pi}A^2\int_0^a\sin^2\frac{n\pi}{a}x\text{d}\left(\frac{n\pi}{a}x\right)$$

$$=\frac{a}{2n\pi}A^2\int_0^a\left(1-\cos\frac{2n\pi x}{a}\right)\mathrm{d}\left(\frac{n\pi}{a}x\right)$$

$$=\frac{a}{2n\pi}A^2 n\pi=\frac{a}{2}A^2=1$$

于是可得归一化系数

$$A=\sqrt{\frac{2}{a}}$$

粒子的归一化波函数

$$\psi(x)=\sqrt{\frac{2}{a}}\sin\frac{n\pi}{a}x$$

(2)粒子处于$n=1$的状态，在$0\sim a/4$区间的概率为

$$P=\int_0^{a/4}\frac{2}{a}\cdot\sin^2\frac{\pi x}{a}\mathrm{d}x=\int_0^{a/4}\frac{2}{a}\cdot\frac{a}{\pi}\sin^2\frac{\pi x}{a}\mathrm{d}\left(\frac{\pi x}{a}\right)=\frac{2}{\pi}\left[\frac{\frac{1}{2}\pi x}{a}-\frac{1}{4}\sin\frac{2\pi x}{a}\right]_0^{a/4}$$

$$=\frac{2}{\pi}\left[\frac{\frac{1}{2}\pi}{a}\cdot\frac{a}{4}-\frac{1}{4}\sin\left(\frac{2\pi}{a}\cdot\frac{a}{4}\right)\right]\approx 0.091$$

(3)当$n=2$时，$\psi_2=\sqrt{\frac{2}{a}}\sin\frac{2\pi}{a}x$概率密度

$$w=|\psi_2|^2=\frac{2}{a}\sin^2\frac{2\pi}{a}x=\frac{1}{a}\left(1-\cos\frac{4\pi}{a}x\right)$$

令

$$\frac{\mathrm{d}w}{\mathrm{d}x}=0\text{，即}\frac{4\pi}{a}\sin\frac{4\pi}{a}x=0$$

即

$$\sin\frac{4\pi}{a}x=0$$

$$\frac{4\pi}{a}x=k\pi\text{，}\quad k=0,1,2,\cdots$$

于是可得

$$x=k\frac{a}{4}$$

又因$0<x<a$，$k<4$，所以有$x=\frac{a}{4},\frac{a}{2},\frac{3}{4}a$，其中当$x=\frac{a}{4}$和$x=\frac{3}{4}a$时，$w$有极大值，当$x=\frac{a}{2}$时，$w=0$．因此可知极大值的地方为$\frac{a}{4}$、$\frac{3}{4}a$处.

【延伸思考】

(1) 试用定态薛定谔方程推导粒子在一维无限深势阱中的波函数和能量公式，体会利用定态薛定谔方程求解波函数的过程.

(2) 求粒子在一维无限深势阱某区间内的概率时，用量子理论与用经典理论得出的结果相同吗？试进行对比和解释.

计算题 8 (1) 求出能够占据一个 d 分壳层的最大电子数，并写出这些电子的 m_l, m_s 值. (2) 求电子处于 3d 态的轨道角动量大小，并求出轨道角动量在磁场方向上的分量的可能值.

【解题思路】 d 分壳层的角量子数 $l=2$，当 l 一定时，磁量子数可取值为 $m_l = 0, \pm 1, \pm 2, \cdots, \pm l$，自旋磁量子数可取值为 $m_s = \pm\dfrac{1}{2}$. $L=\sqrt{l(l+1)}\hbar$，$L_z = m_l\hbar$.

解 (1) d 分壳层的角量子数 $l=2$，可容纳最大电子数为 $Z_l = 2(2l+1) = 2(2\times 2+1) = 10$ 个，这些电子的

$$m_l = 0, \pm 1, \pm 2$$

$$m_s = \pm\frac{1}{2}$$

(2) 3d 态，$l=2$，$L=\sqrt{2(2+1)}\hbar=\sqrt{6}\hbar$

$$L_z = m_l\hbar = -2\hbar, -\hbar, 0, \hbar, 2\hbar$$

【延伸思考】

(1) 原子内电子的量子态由 n, l, m_l, m_s 四个量子数共同表征. 当 n, l, m_l 一定时，可能的量子态数目是多少？当 n, l 一定时，可能的量子态数目是多少？当 n 一定时，可能的量子态数目是多少？

(2) 为什么说原子内电子的运动状态用轨道来描述是错误的？

(3) 电子的自旋角动量是否表示电子在绕自身的中心轴旋转？

16.5.3 进阶题

进阶题 1 试推导普朗克的黑体辐射公式.

【解题思路】 黑体辐射公式在量子力学的发展史上具有重大的意义，但是目前的大学物理教材往往在给出普朗克的量子假说之后，便声称可以推导出黑体辐射公式，中间细节不详. 本题试图沿着历史上两个著名的思路，补上缺失的这一环.

解 方法 1：普朗克的观点.

我们将问题分成下面几个步骤分别求解.

(1) 求振子的平均能量. 将系统看成是能量离散的量子化谐振子的集合，振子的能量为

$$\varepsilon_n = nh\nu, \qquad n = 0, 1, 2, 3, \cdots$$

这便是著名的普朗克量子假说. 由于频率不同的谐振子组成的系统遵循玻尔兹曼统计，也即

能量为 $\varepsilon_n = nh\nu$ 的振子分布的概率为

$$P(\varepsilon_n = nh\nu) \propto \mathrm{e}^{-\varepsilon_n/(kT)}$$

所以振子的平均能量为

$$\overline{\varepsilon} = \frac{\sum_{n=0}^{\infty} nh\nu \mathrm{e}^{-nh\nu/(kT)}}{\sum_{n=0}^{\infty} \mathrm{e}^{-nh\nu/(kT)}} = \frac{h\nu}{\mathrm{e}^{h\nu/(kT)}-1} = \frac{hc/\lambda}{\mathrm{e}^{hc/(k\lambda T)}-1}$$

(2) 求单色能量密度. 为了计算单色辐出度，首先需要计算黑体辐射的单色能量密度 u_λ，根据单色能量密度的定义可知波长分布在 $\lambda \sim \lambda + \mathrm{d}\lambda$ 之间的单位体积内的能量为 $u_\lambda \mathrm{d}\lambda$. 设单位体积内波长处在 $\lambda \sim \lambda + \mathrm{d}\lambda$ 之间的振动的模式数目为 $\mathrm{d}N_\lambda = g_\lambda \mathrm{d}\lambda$，则相应的能量应等于振子的平均能量乘以振动的模式数目，也即

$$u_\lambda \mathrm{d}\lambda = \overline{\varepsilon}\mathrm{d}N_\lambda = \overline{\varepsilon} g_\lambda \mathrm{d}\lambda, \quad u_\lambda = \overline{\varepsilon} g_\lambda$$

因此只需求出 g_λ 即可. 我们知道，在长度为 L 的两端固定的弦上形成驻波的条件是

$$L = n\frac{\lambda}{2}, \quad \text{或者} \quad k = \frac{2\pi}{\lambda} = \frac{n\pi}{L}$$

式中的 n 是正整数，每个 n 对应一种形式的驻波模式. 与此类似，如果将黑体视为一个边长为 L 的立方体空腔，则腔内形成三维驻波的条件为

$$k_x = \frac{n_x \pi}{L}, \quad k_y = \frac{n_y \pi}{L}, \quad k_z = \frac{n_z \pi}{L}$$

每一组 (n_x, n_y, n_z) 对应一种驻波模式，换言之，每一种驻波模式在 $\boldsymbol{k}$ 空间占据的体积为

$$\Delta V_p = \Delta k_x \Delta k_y \Delta k_z = \left(\frac{\pi}{L}\right)^3$$

于是可知在 $k \sim k + \mathrm{d}k$ 的球壳内包含的驻波模式数为

$$\mathrm{d}N(k) = \frac{\Delta V}{\Delta V_p} = \frac{1}{8}\frac{4\pi k^2 \mathrm{d}k}{(\pi/L)^3} = \frac{L^3}{2\pi^2}k^2 \mathrm{d}k$$

上式中的 1/8 来自 (n_x, n_y, n_z) 只能取正整数值，也即是说只能取球壳在第一卦限的体积. 事实上，因为电磁波是横波，每一组 (k_x, k_y, k_z) 可以对应两种不同的偏振状态，因此上面的结果还要再乘以 2 才是正确的. 因为 k 和波长是一一对应的，可以将上面的结果用波长写出

$$\mathrm{d}N(k) = 2\times\frac{L^3}{2\pi^2}k^2 \mathrm{d}k = \frac{L^3}{\pi^2}\left(\frac{2\pi}{\lambda}\right)^2 \frac{2\pi}{\lambda^2}\mathrm{d}\lambda = \mathrm{d}N(\lambda)$$

于是可知单位体积内波长处在 $\lambda \sim \lambda + \mathrm{d}\lambda$ 之间的振动的模式数目为

$$\mathrm{d}N_\lambda = g_\lambda \mathrm{d}\lambda = \frac{1}{L^3}\mathrm{d}N(\lambda), \qquad g_\lambda = \frac{8\pi}{\lambda^4}$$

因此可得单色能量密度为

$$u_\lambda = \bar{\varepsilon} g_\lambda = \frac{8\pi hc\lambda^{-5}}{e^{hc/(k\lambda T)}-1}$$

(3) 求单色辐出度和单色能量密度之间的关系. 根据单色辐出度的物理意义可知，单位时间内从黑体表面单位面积辐射出的波长分布在 $\lambda \sim \lambda + d\lambda$ 之间的能量为 $dE_\lambda = M_{\lambda 0} d\lambda$. 如图所示，在 Δt 时间内，从黑体壁上面积 ΔS 向外辐射出的波长分布在 $\lambda \sim \lambda + d\lambda$ 内的电磁波的能量为

$$dE_\lambda = M_{\lambda 0} d\lambda \Delta S \Delta t = \int \frac{d\Omega}{4\pi} c\Delta t \Delta S \cos\theta u_\lambda d\lambda = \frac{1}{4\pi}\int_0^{2\pi} d\varphi \int_0^{\pi/2} d\theta \sin\theta c\Delta t \Delta S \cos\theta u_\lambda d\lambda$$
$$= \frac{c}{4} u_\lambda d\lambda \Delta S \Delta t$$

因为辐射可以沿着各个方向，因此需要对立体角进行积分，注意这里对 θ 的积分只取了一半的范围，因为要考虑的是“辐射出去”的电磁波的能量，而非通过面积 ΔS 的所有电磁波的能量；又因为 $u_\lambda d\lambda$ 是沿着各个方向辐射的平均能量密度，所以对立体角积分后还要除以 4π. 于是可得单色辐出度为

$$M_{\lambda 0} = \frac{c}{4} u_\lambda = \frac{2\pi hc^2 \lambda^{-5}}{e^{hc/(k\lambda T)}-1}$$

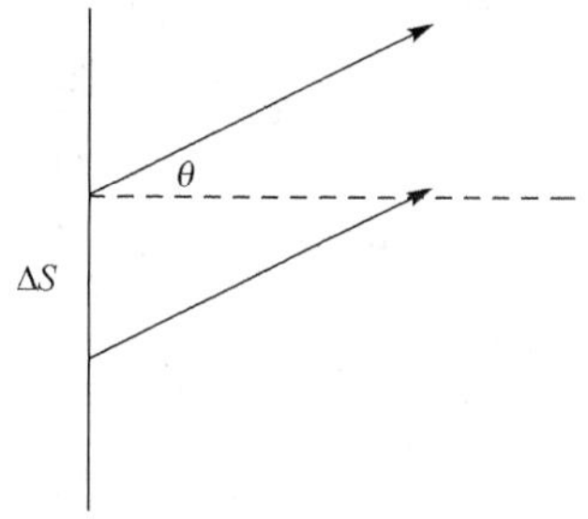

进阶题 1 图

正是教材上给出的普朗克的黑体辐射公式. 顺带一提，如果不采用普朗克的量子假说，则根据经典统计物理中的能量按自由度均分定理可知，由于电磁波有两个偏振自由度，相应的振子的平均能量为 $\bar{\varepsilon} = kT$，于是可知单色能量密度为

$$u_\lambda = \bar{\varepsilon} g_\lambda = \frac{8\pi kT}{\lambda^4}$$

则单色辐出度为

$$M_{\lambda 0} = \frac{c}{4} u_\lambda = \frac{2\pi ckT}{\lambda^4}$$

正是瑞利-金斯公式. 可见，经典物理是不能解决黑体辐射问题的，普朗克的量子假说正是其中最关键的一步，它给出了与经典物理不同的平均能量，这也暗示着能量均分定理并不是普遍成立的，经典的统计物理也需要进一步的量子化修正.

方法 2：玻色和爱因斯坦的观点.

将系统看成是光子组成的气体，即所谓的光子气，每个光子的能量为 $h\nu$. 具有这种能量的光子(称为处在具有能量 $h\nu$ 的能级上)的平均数目为

$$\bar{n} = \frac{\sum_{n=0}^{\infty} n e^{-nh\nu/(kT)}}{\sum_{n=0}^{\infty} e^{-nh\nu/(kT)}} = \frac{1}{e^{h\nu/(kT)}-1}$$

这个量通常称为光子的简并度，这种形式的分布称为玻色-爱因斯坦分布，是量子统计物理中最重要的两种分布之一，则能量为 $h\nu$ 的光子的总能量为

$$\overline{\varepsilon} = \overline{n}h\nu = \frac{h\nu}{e^{h\nu/(kT)} - 1}$$

与普朗克的振子模型得到的结果相同. 进一步可以证明，每个光波模式就等价于一个光子态，因此方法1中得到的单位体积的模式数目(即模式密度)，也是光子的状态数目(即态密度). 下面从光子的角度推导单色辐出度和单色能量密度之间的关系. 利用方法 1 中的图示，只有能够碰撞到黑体壁上的面积 ΔS 的光子才能辐射出去，因此只需要求出碰壁的光子数，即可得到辐射出去的能量. 根据单色能量密度的物理意义可知，波长分布在 $\lambda \sim \lambda + \mathrm{d}\lambda$ 内单位体积的光子数为

$$n_\lambda = \frac{u_\lambda \mathrm{d}\lambda}{h\nu} = \frac{u_\lambda \mathrm{d}\lambda}{hc/\lambda}$$

则在 Δt 时间内能够碰撞到面积 ΔS 的光子数目为

$$\begin{aligned}\mathrm{d}N_\lambda &= \int \frac{\mathrm{d}\Omega}{4\pi} n_\lambda c\Delta t\Delta S\cos\theta = \frac{1}{4\pi}\int_0^{2\pi}\mathrm{d}\varphi\int_0^{\pi/2}\mathrm{d}\theta\sin\theta c\Delta t\Delta S\cos\theta\frac{u_\lambda \mathrm{d}\lambda}{hc/\lambda} \\ &= \frac{c}{4}\frac{u_\lambda \mathrm{d}\lambda}{hc/\lambda}\Delta S\Delta t\end{aligned}$$

这些光子的总能量即是在 Δt 时间内从面积 ΔS 辐射出去的波长分布在 $\lambda \sim \lambda + \mathrm{d}\lambda$ 内的能量

$$\begin{aligned}\mathrm{d}E_\lambda &= h\nu \mathrm{d}N_\lambda = \frac{hc}{\lambda}\frac{c}{4}\frac{u_\lambda \mathrm{d}\lambda}{hc/\lambda}\Delta S\Delta t = \frac{c}{4}u_\lambda \mathrm{d}\lambda\Delta S\Delta t \\ &= M_{\lambda 0}\mathrm{d}\lambda\Delta S\Delta t\end{aligned}$$

与方法 1 的结果完全一致. 下面只需求出单色能量密度即可，步骤与方法 1 相同，这里不再赘述.

进阶题 2 如图所示，在康普顿效应中，用波长为 λ_0 的 X 射线光子与静止电子发生碰撞，试求反冲电子的动能的最大值.

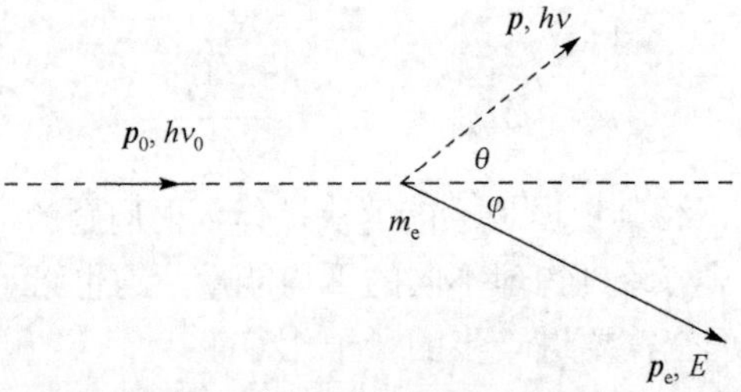

进阶题 2 图

【解题思路】 本题关注的对象不是光子而是电子，其背后的物理仍然是两个基本的守恒定律，即动量守恒定律和能量守恒定律.

解 *方法 1: 利用守恒定律求解.*

光子与静止电子发生碰撞，根据动量守恒定律可得

$$\boldsymbol{p}_0 = \boldsymbol{p} + \boldsymbol{p}_e \tag{1}$$

根据能量守恒定律可得

$$h\nu_0 + E_0 = h\nu + E \tag{2}$$

对于光子来说

$$p_0=|\boldsymbol{p}_0|=\frac{h\nu_0}{c}=\frac{h}{\lambda_0},\quad p=|\boldsymbol{p}|=\frac{h}{\lambda}$$

其中 λ 是碰撞后光子的波长. 对于电子来说

$$E_0=m_e c^2,\qquad E=\sqrt{m_e^2c^4+p_e^2c^2}$$

两式平方相减并代入动量守恒方程(1)可得

$$E^2-E_0^2=p_e^2c^2=(\boldsymbol{p}_0-\boldsymbol{p})^2c^2=(p_0^2+p^2-2p_0p\cos\theta)c^2 \tag{3}$$

另一方面，将能量守恒方程(2)代入 $E^2-E_0^2$ 可得

$$E^2-E_0^2=(h\nu_0-h\nu+E_0)^2-E_0^2=h^2(\nu_0-\nu)^2+2E_0h(\nu_0-\nu) \tag{4}$$

(3)和(4)联立并将光子动量表达式代入可得

$$h^2\nu_0\nu-p_0pc^2\cos\theta=hE_0(\nu_0-\nu)$$

$$h\nu_0\nu(1-\cos\theta)=m_ec^2(\nu_0-\nu)$$

$$\frac{h(1-\cos\theta)}{m_ec^2}=\frac{1}{\nu_0}-\frac{1}{\nu}$$

于是可得

$$\lambda=\lambda_0+\frac{h}{m_ec}(1-\cos\theta)$$

则反冲电子的动能为

$$E_k=E-E_0=h\nu_0-h\nu=\frac{hc}{\lambda_0}-\frac{hc}{\lambda}=\frac{hc}{\lambda_0}-\frac{hc}{\lambda_0+\dfrac{h}{m_ec}(1-\cos\theta)}$$

可见，当 $\theta=\pi$ 时，反冲电子的动能最大，且最大值为

$$E_k=\frac{hc}{\lambda_0}-\frac{hc}{\lambda_0+\dfrac{2h}{m_ec}}=\frac{hc}{\lambda_0}\frac{2h}{2h+m_ec\lambda_0}$$

方法 2：根据碰撞的特点求解.

当光子与电子发生正碰而返回时，光子的能量损失最大，此时电子获得最大的动能. 此时动量守恒可以简单表示为

$$\frac{h}{\lambda_0}=-\frac{h}{\lambda}+p_e$$

代入能量守恒的方程

$$\frac{hc}{\lambda_0}+m_ec^2=\frac{hc}{\lambda}+\sqrt{(m_ec^2)^2+p_e^2c^2}$$

可得光子的波长变为

$$\lambda = \lambda_0 + \frac{2h}{m_e c}$$

故可得

$$E_k = E - E_0 = h\nu_0 - h\nu = \frac{hc}{\lambda_0} - \frac{hc}{\lambda} = \frac{hc}{\lambda_0} - \frac{hc}{\lambda_0 + \dfrac{2h}{m_e c}} = \frac{hc}{\lambda_0}\frac{2h}{2h + m_e c\lambda_0}$$

这种做法充分利用了碰撞的特点，比方法 1 中直接计算要简便得多.

进阶题 3 用电压 U 对静止电子进行加速，求电子的德布罗意波长.

【解题思路】 本题要考虑相对论效应，当电压很高时，电子加速后的能量很大，必须利用相对论动量能量关系求动量，然后再计算德布罗意波长.

解 *方法 1：利用德布罗意波长公式直接计算.*

先算出电子的总能量

$$E = E_0 + eU = m_e c^2 + eU$$

再利用相对论动量能量关系计算电子的动量

$$p_e = \frac{1}{c}\sqrt{E^2 - m_e^2 c^4} = \frac{1}{c}\sqrt{(eU)^2 + 2eUm_e c^2}$$

于是可得电子的德布罗意波长为

$$\lambda = \frac{h}{p_e} = \frac{hc}{\sqrt{(eU)^2 + 2eUm_e c^2}}$$

只要将具体数据代入即可求得对应的德布罗意波长.

方法 2：利用组合物理常数计算.

虽然方法 1 的步骤非常清晰，但是由于需要用到各种物理常数，具体计算起来很不方便. 事实上，在微观领域，可以有更加简单的算法. 通常我们并不需要记忆各个常数的具体值，只需记忆一些特定的组合即可，其中最重要的是以下两个组合：

$$m_e c^2 = 0.511\text{MeV} \approx 0.5\text{MeV}, \qquad \hbar c = 197\text{fm}\cdot\text{MeV} \approx 200\text{fm}\cdot\text{MeV}(1\text{fm} = 10^{-15}\text{m})$$

其中第一个是电子的静能量，第二个是最重要的两个物理常量(光速和约化普朗克常量)的乘积，只要记住这两个组合常量，很多时候甚至可以口算出结果. 作为一个简单的例子，我们来估算一下电子的康普顿波长的大小. 将康普顿波长的公式稍加变形可得

$$\lambda_C = \frac{h}{m_e c} = 2\pi\frac{\hbar c}{m_e c^2} \approx 6\times\frac{200\text{fm}\cdot\text{MeV}}{0.5\text{MeV}} = 2.4\times10^{-12}\text{m}$$

可见，估算出来的结果是相当精确的.

下面考虑德布罗意波长的估算. 将方法 1 中的结果稍加变形可得

$$\lambda = \frac{hc}{\sqrt{(eU)^2 + 2eUm_e c^2}} = \frac{hc}{m_e c^2}\frac{1}{\sqrt{(eU/m_e c^2)^2 + 2(eU/m_e c^2)}} \approx \frac{\lambda_C}{2}\frac{1}{\sqrt{U^2 + U}}$$

其中无量纲数 U 是以百万伏特(MV)为单位的电压值(例如 2MV 的加速电压则取 $U = 2$ 即可)，

在得到最后的近似结果时我们将电子的静能量简单取为 0.5MeV. 这个结果的物理意义也很明显，它将电子的德布罗意波长和康普顿波长两个物理量联系了起来. 若取 U = 1.0MV，容易得到

$$\lambda=\frac{\lambda_C}{2}\frac{1}{\sqrt{2}}\approx\frac{2.4}{2.8}\times10^{-12}=8.6\times10^{-13}(\mathrm{m})$$

这个结果的精度是相当好的. 当加速电压很低时，$U\ll0.5\mathrm{MV}$，上式回到非相对论的情形

$$\lambda=\frac{\lambda_C}{2\sqrt{U}}\approx\frac{1.2}{\sqrt{U}}\times10^{-12}\,\mathrm{m}$$

另一方面，在电压非常高的极端相对论情形，$U\gg1.0\,\mathrm{MV}$，则可以得到

$$\lambda=\frac{\lambda_C}{2U}\approx\frac{1.2}{U}\times10^{-12}\,\mathrm{m}$$

利用上面的方法，只需记忆两个基本的组合常数，便能大大简化近代物理中的计算.

16.6 单 元 检 测

16.6.1 基础检测

一、单选题

1. 【黑体概念】下列各物体哪个是绝对黑体[ ]

(A)不能反射任何光线的物体　(B)不辐射任何光线的物体

(C)不能反射可见光的物体　(D)不辐射可见光的物体

2. 【辐出度】黑体 A 和 B 具有相同的温度 T，但 A 周围的温度低于 T，B 周围的温度高于 T，则 A、B 的辐射出射度 M_A和M_B 的关系是[ ]

(A) $M_A>M_B$　(B) $M_A<M_B$　(C) $M_A=M_B$　(D)不能确定

3. 【紫外灾难】经典理论在解释黑体辐射实验规律时，出现的紫外灾难指的是[ ]

(A)瑞利-金斯分布在短波方向发散趋于无限大

(B)维恩分布在长波部分与实验曲线严重偏离

(C)维恩分布在短波方向趋于零

(D)瑞利-金斯分布在长波方向趋于零

4. 【单色辐出峰值波长度】随着辐射黑体温度升高，对应于最大单色辐出度的波长 λ_m 将[ ]

(A)向长波方向移动

(B)不受影响

(C)先向短波方向移动，后又向长波方向移动

(D)向短波方向移动

5. 【光电效应】关于光电效应有下列说法:

(1)任何波长的可见光照射到任何金属表面都能产生光电效应.

(2)若入射光的频率均大于一给定金属的红限，则该金属分别受到不同频率的光照射时，释出的光电子的最大初动能将不同.

(3)若入射光的频率均大于一给定金属的红限频率，则当该金属分别受到不同频率、强度相等的光照射时，单位时间释出的光电子数一定相等.

(4)若入射光的频率均大于一给定金属的红限频率，则当入射光频率不变而强度增大一倍时，该金属的饱和光电流均增大一倍.

其中正确的是[　　]

(A) (1)、(2)、(3)　　(B) (2)、(3)、(4)　　(C) (2)、(3)　　(D) (2)、(4)

6. 【红限波长】已知一单色光照射在钠表面上，测得光电子的最大动能是1.2eV，而钠的红限波长是540nm，那么入射光的波长是[　　]

(A) 535nm　　(B) 500nm　　(C) 435nm　　(D) 355nm

7. 【最大初动能】用频率为ν的单色光照射某种金属时，逸出光电子的最大动能为E_k，若改用频率为2ν的单色光照射此种金属，则逸出光电子的最大动能为[　　]

(A) $2E_k$　　(B) $2h\nu - E_k$　　(C) $h\nu - E_k$　　(D) $h\nu + E_k$

8. 【康普顿散射】用X射线照射物质时，可以观察到康普顿效应，即在偏离入射光的各个方向上观察到散射光，这种散射光中[　　]

(A)只含有与入射光波长相同的成分

(B)既有与入射光波长相同的成分，也有波长变长的成分，波长的变化只与散射方向有关，与散射物质无关

(C)既有与入射光相同的成分，也有波长变长的成分和波长变短的成分，波长的变化既与散射方向有关，也与散射物质有关

(D)只包含着波长变长的成分，其波长的变化只与散射物质有关，与散射方向无关

9. 【光电效应和康普顿散射】光电效应和康普顿效应都包含有电子与光子的相互作用过程. 对此，在以下几种理解中，正确的是[　　]

(A)两种效应中电子与光子两者组成的系统都服从动量守恒定律和能量守恒定律

(B)两种效应都相当于电子与光子的弹性碰撞过程

(C)两种效应都属于电子吸收光子的过程

(D)光电效应是吸收光子的过程，而康普顿效应则相当于光子和电子的弹性碰撞过程

10. 【原子跃迁】由氢原子理论知，当大量氢原子处于$n=3$的激发态时，原子跃迁将发出[　　]

(A)一种波长的光　　(B)两种波长的光　　(C)三种波长的光　　(D)连续光谱

11. 【跃迁能量】已知氢原子从基态激发到某一定态所需能量为10.20eV，当氢原子从能量为−0.85eV的状态跃迁到上述定态时，所发射的光子的能量为[　　]

(A) 2.55eV　　(B) 3.41eV　　(C) 4.25eV　　(D) 9.95eV

12. 【德布罗意波长】如果两种不同质量的粒子，其德布罗意波长相同，则这两种粒子的[　　]

(A)动量相同　　(B)能量相同　　(C)速度相同　　(D)动能相同

13. 【波函数的统计解释】将波函数在空间各点的振幅同时增大D倍，则粒子在空间的分布概率将[　　]

(A)增大D^2倍　　(B)增大$2D$倍　　(C)增大D倍　　(D)不变

14. 【不确定关系】关于不确定关系$\Delta p_x \Delta x \geqslant \hbar \left(\hbar = \dfrac{h}{2\pi}\right)$，有以下几种理解：

(1)粒子的动量不可能确定；

(2)粒子的坐标不可能确定；

(3)粒子的动量和坐标不可能同时准确地确定；

(4)不确定关系不仅适用于电子和光子，也适用于其他粒子.

其中正确的是[　　]

(A) (1)、(2)　　(B) (2)、(4)　　(C) (3)、(4)　　(D) (4)、(1)

15. 【电子自旋】直接证实了电子自旋存在的最早的实验之一是[　　]

(A)康普顿实验　　(B)卢瑟福实验

(C)戴维孙-革末实验　　(D)施特恩-格拉赫实验

16. 【四个量子数】在原子的L壳层中，电子可能具有的四个量子数(n,l,m_l,m_s)是

(1) $\left(2,0,1,\frac{1}{2}\right)$　　(2) $\left(2,1,0,-\frac{1}{2}\right)$　　(3) $\left(2,1,1,\frac{1}{2}\right)$　　(4) $\left(2,1,-1,-\frac{1}{2}\right)$

以上四种取值中，哪些是正确的[　　]

(A)只有(1)、(2)是正确的　　(B)只有(2)、(3)是正确的

(C)只有(2)、(3)、(4)是正确的　　(D)全部是正确的

二、填空题

17. 【量子假说】在能量观点上，普朗克的能量子假设与经典理论有着本质区别，在经典的热力学理论和电磁学理论中，能量是________；按照普朗克的能量子假设，能量是________.

18. 【斯特藩-玻尔兹曼定律】从炉壁小孔用光测高温法测得辐射出射度为$22.8\text{W}\cdot\text{cm}^{-2}$(斯特藩常量$\sigma=5.67\times10^{-8}\text{W}\cdot\text{m}^{-2}\cdot\text{K}^{-4}$)，则炉内温度为________K.

19. 【维恩位移律】随着黑体温度的升高，黑体的辐出度________；若单色辐出度的峰值波长减为原来的一半，则辐出度为原来的________倍.

20. 【光电效应】已知某金属的逸出功为W，用频率为$\nu_1(\nu_1>\nu_0)$的光照射该金属能产生光电效应，则该金属的红限频率$\nu_0=$________，且遏止电压$|U_0|=$________.

21. 【玻尔的氢原子理论】玻尔的氢原子理论的三个基本假设是(1)________，(2)________，(3)________.

22. 【泡利不相容原理】根据泡利不相容原理，在主量子数$n=4$的电子壳层上最多可能有的电子数为________个.

23. 【主量子数】原子中电子的主量子数$n=2$，它可能具有的状态数最多为________个.

24. 【电子排列规律】多电子原子中，电子的排列遵循________原理和________原理.

16.6.2 巩固提高

一、单选题

1. 用辐射高温计测得炉壁小孔的辐射出射度为$28.7\text{W}\cdot\text{cm}^{-2}$，则炉内温度是($\sigma=5.67\times10^{-8}\text{W}\cdot\text{m}^{-2}\cdot\text{K}^{-4}$)[　　]

(A) 1400K　　(B) 1500K　　(C) 140K　　(D) 150K

2. 某恒星视为绝对黑体，其表面温度为6000K，则此恒星光谱的最大单色辐出度对应的波长λ_m为($b=2.898\times10^{-3}\text{m}\cdot\text{K}$)[　　]

(A) 483nm　　(B) 17.4nm　　(C) 350nm　　(D) 800nm

3. 某物体可视为绝对黑体，在 $\lambda_m = 600\text{nm}$ 处辐射为最强，若黑体被加热到使其 $\lambda_m = 500\text{nm}$，则前后两种情况的辐射总能量之比约为[　　]

(A) 1:1　　(B) 1:2　　(C) 1:4　　(D) 1:0.5

4. 用频率为 ν_1 的单色光照射某种金属时，测得饱和电流为 I_1，以频率为 ν_2 的单色光照射该金属时，测得饱和电流为 I_2，若 $I_1 > I_2$，则[　　]

(A) $\nu_1 > \nu_2$　　(B) $\nu_1 < \nu_2$

(C) $\nu_1 = \nu_2$　　(D) ν_1 与 ν_2 的关系还不能确定

5. 在均匀磁场 B 内放置一极薄的金属片，其红限波长为 λ_0. 今用单色光照射，发现有电子放出，有些放出的电子(质量为 m，电荷的绝对值为 e)在垂直于磁场的平面内做半径为 R 的圆周运动，那么此照射光光子的能量是[　　]

(A) $\dfrac{hc}{\lambda_0}$　　(B) $\dfrac{hc}{\lambda_0}+\dfrac{(eRB)^2}{2m}$　　(C) $\dfrac{hc}{\lambda_0}+\dfrac{eRB}{m}$　　(D) $\dfrac{hc}{\lambda_0}+2eRB$

6. 在康普顿散射中，如果设反冲电子的速度为光速的60%，则因散射使电子获得的能量是其静止能量的[　　]

(A) 2 倍　　(B) 1.5 倍　　(C) 0.5 倍　　(D) 0.25 倍

7. 光子能量为 0.5MeV 的 X 射线，入射到某种物质上而发生康普顿散射. 若反冲电子的能量为 0.1MeV，则散射光波长的改变量 $\Delta\lambda$ 与入射光波长 λ_0 之比值为[　　]

(A) 0.20　　(B) 0.25　　(C) 0.30　　(D) 0.35

8. 具有下列哪一能量的光子，能被处在 $n=2$ 的能级的氢原子吸收[　　]

(A) 1.51eV　　(B) 1.89eV　　(C) 2.16eV　　(D) 2.40eV

9. 要使处于基态的氢原子受激后可辐射出可见光谱线，最少应供给氢原子的能量为[　　]

(A) 12.09eV　　(B) 10.20eV　　(C) 1.89eV　　(D) 1.51eV

10. 假定氢原子原来是静止的，则氢原子从 $n=3$ 的激发状态直接通过辐射跃迁到基态时的反冲速度大约是(氢原子的质量 $m = 1.67\times10^{-27}\text{kg}$)[　　]

(A) 4m/s　　(B) 10m/s　　(C) 100m/s　　(D) 400m/s

11. 若α粒子(电荷为 $2e$)在磁感应强度为 B 的均匀磁场中沿半径为 R 的圆形轨道运动，则α粒子的德布罗意波长是[　　]

(A) $h/(2eRB)$　　(B) $h/(eRB)$　　(C) $1/(2eRBh)$　　(D) $1/(eRBh)$

12. 电子显微镜中的电子从静止开始通过电势差为 U 的静电场加速后，其德布罗意波长是 0.04nm，则 U 约为(普朗克常量 $h = 6.63\times10^{-34}\text{J}\cdot\text{s}$)[　　]

(A) 150V　　(B) 330V　　(C) 630V　　(D) 940V

13. 波长 $\lambda = 500\text{nm}$ 的光沿 x 轴正向传播，若光的波长的不确定量 $\Delta\lambda = 10^{-4}\text{nm}$，则利用不确定关系式 $\Delta p_x \Delta x \geqslant h$ 可得光子的 x 坐标的不确定量至少为[　　]

(A) 25cm　　(B) 50cm　　(C) 250cm　　(D) 500cm

14. 设粒子运动的波函数图线分别如图 (A)、(B)、(C)、(D) 所示，那么其中确定粒子动量的精确度最高的波函数是哪个图？[　　]

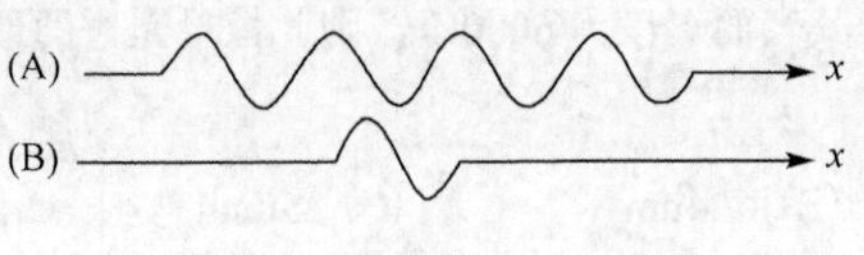

(C) (D)

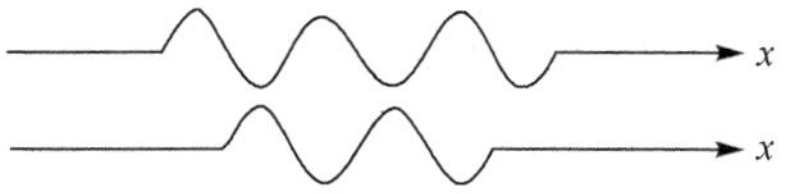

15. 已知粒子在一维矩形无限深势阱中运动，其波函数为

$$\psi(x)=\frac{1}{\sqrt{a}}\cdot\cos\frac{3\pi x}{2a}\qquad(-a\leqslant x\leqslant a)$$

那么粒子在 $x=5a/6$ 处出现的概率密度为[　　]

(A) $1/(2a)$　　(B) $1/a$　　(C) $1/\sqrt{2a}$　　(D) $1/\sqrt{a}$

16. 关于量子力学中的定态，下面表述中错误的是 [　　]

(A)系统的势函数一定与时间无关

(B)系统的波函数一定与时间无关

(C)定态具有确定的能量

(D)粒子在空间各点出现的概率不随时间变化

17. 根据量子力学原理，氢原子中，电子绕核运动的动量矩 L 的最小值为[　　]

(A) 0　　(B) $\hbar$　　(C) $\hbar/2$　　(D) $\sqrt{2}\hbar$

18. 若氢原子中的电子处于主量子数 $n=3$ 的能级，则电子轨道角动量 L 和轨道角动量在外磁场方向的分量 L_z 可能取的值分别为[　　]

(A) $L=\hbar,2\hbar,3\hbar$； $L_z=0,\pm\hbar,\pm2\hbar,\pm3\hbar$

(B) $L=0,\sqrt{2}\hbar,\sqrt{6}\hbar$； $L_z=0,\pm\hbar,\pm2\hbar$

(C) $L=0,\hbar,2\hbar$； $L_z=0,\pm\hbar,\pm2\hbar$

(D) $L=\sqrt{2}\hbar,\sqrt{6}\hbar,\sqrt{12}\hbar$； $L_z=0,\pm\hbar,\pm2\hbar,\pm3\hbar$

二、填空题

19. 设太阳表面行为和黑体表面一样，若测得太阳的辐射波谱的峰值波长 $\lambda_m=510\text{nm}$，则太阳的表面温度约为________K；辐射出射度约为________ W.m^{-2}.（$b=2.898\times10^{-3}\text{m}\cdot\text{K}$， $\sigma=5.67\times10^{-8}\text{W}\cdot\text{m}^{-2}\cdot\text{K}^{-4}$）

20. 天狼星的表面温度大约是 11000°C，则其辐射光谱中与最大单色辐出度相对应的波长为________ nm.（$b=2.898\times10^{-3}\text{m}\cdot\text{K}$）

21. 在普通灯泡中通电流使钨丝加热，温度可达到 2000K；若把钨丝看作黑体，则最大单色辐出度对应的波长 $\lambda_m=$________；对于照明电灯，λ_m 应在光谱的________部分为好.（$b=2.898\times10^{-3}\text{m}\cdot\text{K}$）

22. 已知地球跟金星的大小差不多，金星的平均温度约为 773K，地球的平均温度为 293K，若把它们作为黑体，则这两个星球的辐射出射度之比 $M_{金}/M_{地}=$________.

23. 某黑体的表面温度为 6000K，则与最大单色辐出度对应的波长为________nm；若使此波长增加，该黑体温度应该________.

24. 若人体的热辐射可近似为黑体辐射，则与人体的最大单色辐出度相对应的波长 $\lambda_m=$ ________ m.（已知常数 $b=2.898\times10^{-3}\text{m}\cdot\text{K}$）

25. 一刚度系数为 $k=2\text{N}\cdot\text{m}^{-1}$、质量为 m 的弹簧振子，以频率 $\nu=1\text{Hz}$ 做简谐运动，振幅 $A=0.1\text{m}$，按照普朗克能量子假设，与该弹簧振子的总能量相对应的能量量子数目 $n=$________.（已知普朗克常量 $h=6.63\times10^{-34}\text{J}\cdot\text{s}$）

26. 以波长为 $\lambda=0.027\mu\text{m}$ 的紫外光照射金属钯表面产生光电效应，已知钯的红限频率 $\nu_0=1.21\times$

10^{15}Hz，则其遏止电势差$|U_0|=$________V.（普朗克常量$h=6.63\times10^{-34}\,\text{J}\cdot\text{s}$，元电荷$e=1.60\times10^{-19}\,\text{C}$）

27. 静止质量为m_e的电子，经电势差为U_{12}的静电场加速后，若不考虑相对论效应，电子的德布罗意波长$\lambda=$________.

28. 在主量子数$n=2$，自旋磁量子数$m_s=\dfrac{1}{2}$的量子态中，能够填充的最大电子数是________.

29. 根据量子力学原理，当氢原子中电子的动量矩$L=\sqrt{6}\hbar$时，L在外磁场方向上的投影L_z可取的值分别为________.

三、计算题

30. 一黑体在某一温度时的辐出度为$5.7\times10^4\,\text{W/m}^2$，试求该温度下辐射波谱的峰值波长$\lambda_m$.（$b=2.897\times10^{-3}\,\text{m}\cdot\text{K}$，$a=5.67\times10^{-8}\,\text{W/(m}^2\cdot\text{K}^4)$）

31. 波长为300nm的光照射在某材料的表面上，产生光电子的动能遍及0到4.0×10^{-19}J，对于此光的 J 遏止电压是多少？此材料的红限波长是多少？（电子电量$e=1.60\times10^{-19}\,\text{C}$）

32. 用波长$\lambda_0=10\text{nm}$的光子做康普顿实验.（1）散射角$\phi=90^\circ$的康普顿散射波长是多少？（2）反冲电子获得的动能有多大？（电子静质量$m_e=9.11\times10^{-31}\,\text{kg}$，普朗克常量$h=6.63\times10^{-34}\,\text{J}\cdot\text{s}$）

33. 当氢原子从某初始状态跃迁到激发能（从基态到激发态所需的能量）为$\Delta E=10.19\text{eV}$的状态时，发射出光子的波长是$\lambda=486\text{nm}$，试求该初始状态的能量和主量子数.（普朗克常量$h=6.63\times10^{-34}\,\text{J}\cdot\text{s}$，$1\text{eV}=1.60\times10^{-19}\,\text{J}$.）

34. 考虑到相对论效应，试求实物粒子的德布罗意波长的表达式. 设E_k为粒子的动能，m_0为粒子的静止质量.

35. 设某粒子的波函数

$$\Psi(x)=\begin{cases}0 & (x<0,x>L)\\ A(L-x)x & (0\leqslant x\leqslant L)\end{cases}$$

求：（1）归一化常数A；（2）粒子出现在$0\sim0.1L$区间的概率.

16.6 单元检测
参考答案

参考文献

陈中华, 阎明. 2014. 大学物理学学习指导与能力训练. 4 版. 上海: 同济大学出版社.

崔砚生, 邓新元, 李列明. 2019. 大学物理学要义与释疑: 上册. 2 版. 北京: 清华大学出版社.

崔砚生, 邓新元, 安宇, 等. 2020. 大学物理学要义与释疑: 下册. 2 版. 北京: 清华大学出版社.

黄伯坚, 周逊选, 周述文. 2005.大学基础物理学思考题与习题解答. 武汉: 华中科技大学出版社.

黄伯坚. 2005. 普通物理学思考题与习题解答. 武汉: 华中科技大学出版社.

夏学江. 2005. 工科大学物理课程试题库. 3 版. 北京: 清华大学出版社.

康颖. 2015. 大学物理: 上册. 3 版. 北京: 科学出版社.

康颖. 2015. 大学物理: 下册. 3 版. 北京: 科学出版社.

吕金钟. 2004. 大学物理辅导. 北京: 清华大学出版社.

任保文. 2015. 大学物理学习指导概念解析与一题多解. 西安: 西安电子科技大学出版社.

谭金凤. 2018. 物理学辅导及习题精解: 马文蔚第六版(上下册). 杭州: 浙江教育出版社.

滕保华, 吴喆, 廖旭, 等. 2011. 大学物理学学习指导. 北京: 科学出版社.

王凤肆, 杨华, 卢洵, 等. 2016. 大学物理课程教学执行计划. 上海: 上海交通大学出版社.

王金良, 王天磊. 2006. 普通物理学全程导学及习题全解. 5 版. 北京: 中国时代经济出版社.

吴王杰, 王晓, 蒋敏. 2019. 大学物理学: 上册. 3 版. 北京: 高等教育出版社.

吴王杰, 王晓, 蒋敏. 2019. 大学物理学: 下册. 3 版. 北京: 高等教育出版社.

余虹. 2018. 大学物理学习指导. 2 版. 北京: 科学出版社.

张三慧. 2009. 大学物理学学习辅导与习题解答. 3 版. 北京: 清华大学出版社.

周雨青. 2009. 物理学思考题分析与解答. 5 版. 北京: 高等教育出版社.

朱鋐雄, 王世涛, 王向晖. 2010. 大学物理学习导引——导读, 导思, 导解. 北京: 清华大学出版社.

附录

附录Ⅰ　综合测试卷

综合测试卷 1　　答案 1　　综合测试卷 2　　答案 2

附录Ⅱ　常用物理基本常量表

物理量	符号	计算用值	最佳值	单位
万有引力常量	G	6.67×10^{-11}	$6.674\ 30(15)\times10^{-11}$	$m^3\cdot kg^{-1}\cdot s^{-2}$
电子静质量	m_e	9.11×10^{-31}	$9.109\ 383\ 7015(28)\times10^{-31}$	kg
质子静质量	m_p	1.67×10^{-27}	$1.672\ 621\ 923\ 69(51)\times10^{-27}$	kg
中子静质量	m_n	1.67×10^{-27}	$1.674\ 927\ 211(84)\times10^{-27}$	kg
阿伏伽德罗常量	N_A	6.02×10^{23}	$6.022\ 140\ 76\times10^{23}$（精确）	mol^{-1}
摩尔气体常量	R	8.31	8.314 462 618…	$J\cdot mol^{-1}\cdot K^{-1}$
玻尔兹曼常量	k	1.38×10^{-23}	$1.380\ 649\times10^{-23}$（精确）	$J\cdot K^{-1}$
摩尔体积 （理想气体 标准状态）	V_m	22.4	22.41410(19)	$L\cdot mol^{-1}$
基本电荷电量	e	1.60×10^{-19}	$1.602\ 176\ 634\times10^{-19}$（精确）	C
真空介电常量	ε_0	8.85×10^{-12}	$8.854\ 187\ 8128(13)\times10^{-12}$	$F\cdot m^{-1}$
真空磁导率	μ_0	$4\pi\times10^{-7}$	$1.265\ 637\ 062\ 12(19)\times10^{-7}$	$N\cdot A^{-2}$
真空光速	c	3.00×10^{8}	$2.997\ 924\ 58\times10^{8}$（精确）	$m\cdot s^{-1}$
普朗克常量	h $\hbar=h/2\pi$	6.63×10^{-34} 1.05×10^{-34}	$6.626\ 07015\times10^{-34}$（精确） $1.054\ 571\ 817\cdots\times10^{-34}$	$J\cdot s$ $J\cdot s$
里德伯常量	R_∞	1.10×10^{7}	$1.097\ 373\ 156\ 8527(73)\times10^{7}$	m^{-1}
斯特藩-玻尔兹曼常量	σ	5.67×10^{-8}	$5.670\ 374419\cdots\times10^{-8}$	$W\cdot m^{-2}\cdot K^{-4}$
电子康普顿波长	$\lambda_{C,e}$	2.43×10^{-12}	$2.426\ 310\ 2175(33)\times10^{-12}$	m
标准大气压	p_0	1.01×10^{5}	101325	Pa
电子伏特	eV	1.60×10^{-19}	$1.602\ 176\ 634\times10^{-19}$	J
重力加速度	g	9.8	—	$m\cdot s^{-2}$